中 国 国 家 标 准 汇 编

2009 年修订-23

中国标准出版社　编

中 国 标 准 出 版 社

北　京

图书在版编目（CIP）数据

中国国家标准汇编：2009年修订．23/中国标准出版社编．—北京：中国标准出版社，2010

ISBN 978-7-5066-6037-2

Ⅰ．①中… Ⅱ．①中… Ⅲ．①国家标准-汇编-中国-2009 Ⅳ．①T-652.1

中国版本图书馆CIP数据核字（2010）第170272号

中国标准出版社出版发行
北京复兴门外三里河北街16号
邮政编码：100045
网址 www.spc.net.cn
电话：68523946　68517548
中国标准出版社秦皇岛印刷厂印刷
各地新华书店经销
*
开本 880×1230 1/16　印张 45.5　字数 1 386 千字
2010年10月第一版　2010年10月第一次印刷
*
定价 220.00 元

ISBN 978-7-5066-6037-2

出 版 说 明

1.《中国国家标准汇编》是一部大型综合性国家标准全集。自1983年起，按国家标准顺序号以精装本、平装本两种装帧形式陆续分册汇编出版。它在一定程度上反映了我国建国以来标准化事业发展的基本情况和主要成就，是各级标准化管理机构，工矿企事业单位，农林牧副渔系统，科研、设计、教学等部门必不可少的工具书。

2.《中国国家标准汇编》收入我国每年正式发布的全部国家标准，分为"制定"卷和"修订"卷两种编辑版本。

"制定"卷收入上一年度我国发布的、新制定的国家标准，顺延前年度标准编号分成若干分册，封面和书脊上注明"20××年制定"字样及分册号，分册号一直连续。各分册中的标准是按照标准编号顺序连续排列的，如有标准顺序号缺号的，除特殊情况注明外，暂为空号。

"修订"卷收入上一年度我国发布的、修订的国家标准，视篇幅分设若干分册，但与"制定"卷分册号无关联，仅在封面和书脊上注明"20××年修订-1，-2，-3，……"字样。"修订"卷各分册中的标准，仍按标准编号顺序排列（但不连续）；如有遗漏的，均在当年最后一分册中补齐。需提请读者注意的是，个别非顺延前年度标准编号的新制定的国家标准没有收入在"制定"卷中，而是收入在"修订"卷中。

读者配套购买《中国国家标准汇编》"制定"卷和"修订"卷则可收齐上一年度我国制定和修订的全部国家标准。

3. 由于读者需求的变化，自1996年起，《中国国家标准汇编》仅出版精装本。

4. 2009年我国制修订国家标准共3 158项。本分册为"2009年修订-23"，收入新制修订的国家标准33项。

中国标准出版社
2010年8月

目　　录

ICS 27.120.30
F 46

中华人民共和国国家标准

GB/T 15146.6—2009
代替 GB/T 15146.6—1994

反应堆外易裂变材料的核临界安全 第6部分:硼硅酸盐玻璃拉希环及其应用准则

Nuclear criticality safety for fissile materials outside reactor—
Part 6:Borosilicate glass Raschig rings and its application criteria

2009-09-30 发布　　　　2010-02-01 实施

中华人民共和国国家质量监督检验检疫总局
中国国家标准化管理委员会　发布

前　　言

GB 15146《反应堆外易裂变材料的核临界安全》分为11个部分：

——GB 15146.1　反应堆外易裂变材料的核临界安全　第1部分：核临界安全行政管理规定

——GB 15146.2　反应堆外易裂变材料的核临界安全　第2部分：易裂变材料操作、加工、处理的基本技术规则与次临界限值

——GB 15146.3　反应堆外易裂变材料的核临界安全　第3部分：易裂变材料贮存的核临界安全要求

——GB 15146.4　反应堆外易裂变材料的核临界安全　含易裂变物质水溶液的钢质管道交接的核临界安全准则

——GB 15146.5　反应堆外易裂变材料的核临界安全　钚-天然铀混合物的核临界控制准则和次临界限值

——GB/T 15146.6　反应堆外易裂变材料的核临界安全　第6部分：硼硅酸盐玻璃拉希环及其应用准则

——GB 15146.7　反应堆外易裂变材料的核临界安全　次临界中子增殖就地测量安全规定

——GB 15146.8　反应堆外易裂变材料的核临界安全　第8部分：堆外操作、贮存、运输轻水堆燃料单元的核临界安全准则

——GB 15146.9　反应堆外易裂变材料的核临界安全　核临界事故探测与报警系统的性能及检验要求

——GB 15146.10　反应堆外易裂变材料的核临界安全　固定中子吸收体的应用安全要求

——GB/T 15146.11　反应堆外易裂变材料的核临界安全　基于限制和控制慢化剂的核临界安全

本部分为GB 15146的第6部分。

本部分修改采用ANSI/ANS-8.5—1996《在易裂变材料溶液中使用硼硅酸盐玻璃拉希环作中子吸收剂》(英文版)。

本部分与ANSI/ANS-8.5—1996相比，主要差异如下：

——使用我国国家标准和行业标准替换ANSI/ANS-8.5—1996中引用的部分美国标准；

——拉希环的耐水性应按GB/T 6582的规定测定，耐水性能应达到1级；

——密度的测定应按照GB/T 5432的规定进行；

——硼含量的测定方法采用QB/T 3572的化学分析方法。

本部分代替GB/T 15146.6—1994《反应堆外易裂变材料的核临界安全　硼硅酸盐玻璃拉希环及其应用准则》。

本部分与GB/T 15146.6—1994相比主要变化如下：

——修改并增加了引用标准；

——增加了几条术语；

——增加了将拉希环用作临界控制手段的一般要求；

——增补了铀-233的限值规定内容。

本部分的附录A为资料性附录。

本部分由中国核工业集团公司提出。

本部分由全国核能标准化技术委员会归口。

本部分起草单位：中国核电工程有限公司、中国核科技信息与经济院。

本部分主要起草人：梁志、李嘉梁。

本部分所代替标准的历次版本发布情况为：

——GB/T 15146.6—1994。

反应堆外易裂变材料的核临界安全
第6部分:硼硅酸盐玻璃拉希环及其应用准则

1 范围

GB/T 15146的本部分规定了易裂变材料溶液中使用硼硅酸盐玻璃拉希环作为中子吸收剂的物理环境、化学环境、环和装环容器的技术要求、次临界限值和维护检查程序。

本部分适用于在含有铀-235、钚-239或铀-233溶液的容器中使用硼硅酸盐玻璃拉希环中子吸收剂作为临界控制手段的场合。

2 规范性引用文件

下列文件中的条款通过GB/T 15146的本部分的引用而成为本部分的条款。凡是注日期的引用文件,其随后所有的修改单(不包括勘误的内容)或修订版均不适用于本部分,然而,鼓励根据本部分达成协议的各方研究是否可使用这些文件的最新版本。凡是不注日期的引用文件,其最新版本适用于本部分。

GB/T 5432 玻璃密度测定 浮力法

GB/T 6582 玻璃在98 ℃耐水性的颗粒试验方法和分级(GB/T 6582—1997,eqv ISO 719:1985)

GB 15146.2 反应堆外易裂变材料的核临界安全 第2部分:易裂变材料操作、加工、处理的基本技术准则与次临界限值

QB/T 3572 硼硅酸盐玻璃化学分析方法

3 术语和定义

下列术语和定义适用于GB 15146的本部分。

3.1

搅动 agitation

有可能引起玻璃环破损或重力下沉的环之间的相对物理运动。

3.2

检查用拉希环 control Raschig rings

检查环 controlled sample

定期从容器中取出进行测量,并在短时间的测试后仍放回容器内的拉希环。

3.3

玻璃体积份额 glass volume fraction

装环容器内被拉希环玻璃占据的体积份额。

3.4

拉希环 Raschig ring

环 ring

长度和直径基本相等的硼硅酸盐玻璃空心小圆管。

3.5

溶液 solution

含有已溶解易裂变材料的液体或悬浮液,但有机溶液氢浓度不得小于75 g/L,也不得大于

115 g/L。氘、氚水溶液除外。

3.6

鼓泡 sparging

流动的空气、气体或蒸汽穿过容器内液体的行为。

3.7

趋势分析 trending

由定期非破坏性测量获得的检查用拉希环的物理化学性能数据以及与容器某些性能有关的数据进行的外推，用于预测这些性能随时间的变化。

4 一般技术规定

4.1 一般要求

在涉及临界安全的场合中使用拉希环的目的，是要确保装有易裂变材料的容器在其使用寿期内在正常工况下和可信的异常工况下是次临界的。将拉希环用作临界控制手段的一般要求如下：

a) 应遵循 GB 15146.2 的要求；

b) 首次将拉希环用作临界控制手段之前，应核实其物理化学性能是否符合本标准的规定；

c) 首次使用后，应定期对拉希环进行检查，以确信它们仍保持要求的物理化学性能；

d) 拉希环物理化学性能检查的广度和频度，可以根据拉希环的性能在它们被使用的特定环境中的趋势方面的历史记录决定。否则应始终适用 8.5“检查间隔”中规定的频度；

e) 关于拉希环性能的测量方法的可用性和技术正确性，应由合格人员形成文件和进行审查；

f) 拉希环应和它浸没其中的溶液的化学环境和物理条件相容；

g) 在不同于本标准所论述的涉及临界安全的场合中如何使用拉希环，宜具体情况具体分析。

4.2 物理环境

4.2.1 机械环境

对于可信的搅动或环的运动会使环损坏且损坏程度足以危及它们作为临界控制手段的有效性的场合，不应使用拉希环。可能出现此种损坏的场合包括(但不限于)：蒸发器、可移动的容器、脉冲柱及装有鼓泡设备的容器。

4.2.2 辐射环境

拉希环不应在强电离辐射场中使用。拉希环允许受到的最大辐射剂量率如下：

a) γ 辐射——10^6 Gy/a；

b) β 辐射(能量≤0.05 MeV)——10^7 Gy/a；

c) β 辐射(能量>0.05 MeV)——10^6 Gy/a；

d) 中子辐射——500 Gy/a；

e) α 辐射——玻璃的吸收剂量率与溶液的 α 粒子总功率为 2 W/L 的均匀溶液源所引起的剂量率相当。

4.3 化学环境

4.3.1 近中性环境

普通水，以及自由氟化物和磷酸盐离子的浓度不超过 4.3.2c) 和 4.3.2d) 中规定值的其他近中性溶液，即使此类溶液的 pH 值略大于 7.0，都是可以使用拉希环的化学环境。

4.3.2 酸性环境

接触拉希环的溶液应满足下列限制条件：

a) pH 值小于或等于 7.0，4.3.1 中提到的情况除外；

b) 温度不高于 120 ℃；

c) 自由氟化物的浓度不大于 0.000 1 mol/L，浓度大于此值时拉希环与此种溶液的相容性已按照 5.4 和 8.5 得到确认的情况除外；

d) 磷酸盐离子的浓度不大于 1 mol/L。

在符合这些限制的条件下，可接受的化学环境包括有机酸或者无机酸盐类的溶液、碳氢化合物，以及络合剂或螯合剂在碳氢化合物中的溶液。

4.3.3 碱性环境

不应在碱性溶液中将拉希环用作临界控制手段，除非此种场合的化学和物理限值已经确定，并已形成文件。如果在碱性环境中使用拉希环，则宜根据趋势分析确定检查频度，以确保本标准的要求得到满足。

5 对拉希环的技术要求

5.1 组成

5.1.1 玻璃密度

在 25 ℃时，拉希环所用玻璃的密度不应小于 2.22×10^3 kg/m^3。密度的测定应按照 GB/T 5432 的规定进行。

5.1.2 玻璃中 ^{10}B 含量

拉希环所用玻璃中硼-10(^{10}B)同位素的含量，不应小于玻璃总质量的 0.655%。同位素含量可以是直接测定，或是从元素硼的测量值和 ^{10}B/^{11}B 比推断出，或是从氧化硼含量的测量值、氧化物的 B/O 比测定值及 ^{10}B/^{11}B 比推断出。硼含量的测定应按照 QB/T 3572 的规定进行。

5.2 环的直径

每个硼硅酸盐玻璃拉希环的平均外直径不应大于 3.8 cm。不过，由火焰抛光可能引起的两端直径稍微变大是可接受的。

5.3 环的外观

加工好的拉希环，其所有外表面应光滑无锐边。

5.4 化学试验

应根据拉希环将要接触的环境进行相应的化学试验，并应制定此类试验的验收标准。试验和制定标准都应由合格人员进行、形成文件和审查。对拉希环进行的试验应证明，它们在使用(例如接触硝酸、氢氧化钠以及氟化氢)期间的正常工况下和可信的异常工况下是与所处环境相容的，化学相容性测试方法参见附录 A 中 A.5。拉希环的耐水性应按 GB/T 6582 的规定测定，耐水性能应达到 1 级。

5.5 机械试验

拉希环应进行机械试验，以评价其完整性，参见附录 A 中 A.3。这些试验应证明，拉希环在其使用期间的预期的正常工况下和可信的异常工况下肯定能保持完好无损。如果拉希环基本上处于静止状态，即液体能平缓地流进流出容器而不是在环之间猛力穿行，则机械试验仅需要确认环能经得住此种静载荷。如果使用过程中涉及到有可能使环活动从而导致其破损的剧烈混合动作，则机械试验应确认环也能经得住动载荷而不破损。

6 对装环容器的技术要求

6.1 一般要求

盛装拉希环容器的设计和制造应有利于：

a) 溶液的添加与取出；

b) 环的添加与取出；

c) 测试用溶液和环的代表性样品的取出和替换；

d) 溶液体积的测量；

e) 容器内环装填高度的核实；

f) 容器和环的清洗。

排放溶液的管道设计和安装应能阻止硼硅酸盐玻璃碎片随溶液一起流出(例如在排放管上套一个网)。

6.2 拉希环的装填

容器内的所有区域都应密集装填拉希环。在装填拉希环时轻拿轻放,能使它们在使用期间不大可能进一步下沉,还可以使玻璃体积份额大于完全随机取向的环。宜使用能最大程度地减少破损、帮助下沉和最大程度地减少空隙的安装压实操作方案。首次装入容器的拉希环,可使用满足本标准要求的无标记环;但是,如果要在首批装料之外添加新的环(用于补偿下沉或顶替已取出的分析用拉希环),则这些新添加的环应全都要带标记,以防随后将它们当作最初装填的环使用。

6.3 容器中不装环的管道

装环的容器内可以有若干个不装环的区域,条件是每个不装环区域的外直径小于 6.4 cm。此类区域可以是由插在本来要密集装填拉希环的区域中的管道形成的。不装环区域边对边的间距应至少达到 30.5 cm。不装环区域可以由单根管道形成,或由一簇管道形成,条件是该簇管道的外直径也小于 6.4 cm。这些区域可以为各种用途服务(如装有一串检查用拉希环的多孔管)。

6.4 拉希环装填高度的测定

应定期检查容器内拉希环的上端面,以便探测到拉希环随着时间的推移和由于日常的使用而产生的下沉。检查可以使用目测法或非目测法(例如射线照相术)。如果使用目测法检查环的装填高度,则宜设置足够数量的检查孔或窥视玻璃窗,以便能看清楚整个上端面的情况。探测到拉希环下沉后恢复其装填体积的办法见 8.2。

6.5 玻璃体积份额的测定

每次往容器里装新的拉希环时都应测定玻璃体积份额。更换全部环或添加部分环以补偿环的下沉时也都应这样做。

6.6 在已装环容器中允许装入的溶液体积

溶液高度不应超过均匀地装填的拉希环的高度。随着时间的推移和日常的使用拉希环可能发生下沉,为此应有一种能断定即使发生了下沉此条件仍能得到满足的方法,以防止溶液出现在无环区内的可能性。这种保护可以依靠以下措施之一提供:

a) 使检查频度高得足以发现两次检查之间发生的不可接受的下沉(见 8.2);

b) 使用溢出管限制容器内的液位;

c) 采用限制容器内液位的操作规程,并在容器上装设液位指示器件和配备相应的报警系统。

7 易裂变材料溶液的次临界浓度限值

用不同的方法将拉希环装入不同的容器,容器中的玻璃体积份额会有少量的差别。表 1 列出了适用于存放在尺寸不限但装有符合本标准要求的硼硅酸盐玻璃拉希环的容器中的铀溶液或钚溶液的易裂变同位素次临界浓度限值。

表 1 不应用于铀钚混合物溶液,但一种元素被另一种元素轻微污染是允许的。表 1 中提及的溶液中的氢浓度不应小于 75 g/L,也不应大于 115 g/L。

以铀为总栏名的下面有 3 个小栏,旨在分别列出一般用铀的富集度表征的各种溶液。当同位素的组合落入一类以上时,任何一栏的浓度限值都可应用。在所有的情况下,轻微的钚污染是允许的。每一栏顶部给出的同位素浓度范围,规定了与所示浓度对应的允许的锕系核素组成。允许在表列玻璃体积份额之间进行作图内插。

8 维护与检查

8.1 一般要求

拉希环应定期进行检查,以判断环是否已下沉,环的物理或化学性能是否已发生变化,以及有无固体物积累。应给每个已装环容器各保存一份记载已安装环检查结果的记录。应通过分析这些数据来决定检查频度。检查频度的任何改变以及改变的理由都应形成文件。

8.2 下沉

一旦发现下沉，应添加符合本标准技术要求的拉希环，使之恢复到装满状态。新添加的这些环应全都是带标记的，以防随后将它们用作维护用的样品，因为它们和最初安装的那些环的特性是不一样的。新添加环的数量和有关情况，应做好记录并在装入该容器内的这批环的寿期内加以维护。下沉的趋势可以通过和以前结果的比较获得。

表 1 尺寸不限但装有硼硅酸盐玻璃拉希环的容器中的易裂变材料溶液[a] 的次临界浓度限值[b]

容器中玻璃体积份额	同位素组成(质量分数)/%				
	铀[c]			钚	
	$^{235}U\leqslant5$ 且 $^{233}U\leqslant0.01$	$^{235}U\leqslant100$ 且 $^{233}U\leqslant1$	$^{235}U\leqslant99$ 且 $^{233}U>1$	^{239}Pu 含量任意，$^{241}Pu<^{240}Pu$，$^{241}Pu\leqslant15$	
				$^{240}Pu\leqslant5$	$^{240}Pu>5$
24%	不限	270 g/L	150 g/L	115 g/L	140 g/L
28%	不限	330 g/L	180 g/L	140 g/L	170 g/L
32%	不限	400 g/L	200 g/L	180 g/L	220 g/L

a 可以在这些数据之间进行内插。

b 应把以固体物或沉淀物形式沉淀的或悬浮在溶液中的任何易裂变材料包括在“溶液”浓度的计算值中。

c 关于此 3 栏的可用性的全面描述参看第 7 章。

8.3 易裂变固体物

为了能够对拉希环和容器内壁上的易裂变固体物的积累情况进行评价，并采取合适的控制措施，应做好记录。如果沉积的固体物中包含的铀-233、铀-235、钚或者这些同位素的任意组合每升玻璃中超过 50 g，则该容器内的环应清洗或置换，容器壁也应清洗。

8.4 物理性能

在役的拉希环应定期进行再测试，以便通过测试从每个容器内的代表性区域中取出的样品拉希环来判断这些环当前的物理性能。这样做的目的是要确保本标准的要求始终得到满足。应借助操作规程保证抽取的样品确实是容器内最初安装的那部分拉希环，见 8.2。此类测试可以利用检查用拉希环进行，但要求检查用环除了每次不超过 2 周或者每年不超过 4 周的测试期外一直留在容器里面。在检查用环被取出后，该容器可以继续使用，但要求 6.3 和 6.4 的技术规定始终得到满足。

在拉希环的维护检查期间，如果任何被测试在役拉希环不满足 5.1、5.2、5.3 和 5.5 中给出的任一条技术规定，则应进行评价，以便决定是否需要采取相应的措施。这样的措施可以是(但不限于)以下的一项或多项：

a) 用同一组环重新分析不及格的参数；

b) 提取新的环样品，用这组新环重新分析不及格的参数；

c) 更换容器内的所有拉希环。

对定期的物理测试和化学测试结果进行的趋势分析，可用于预测拉希环的使用寿命。

8.5 检查间隔

拉希环应定期进行检查，以验证其临界控制性能是否得到保持。所需的测试应包括环的下沉情况(见 8.2)、固体物的积累情况(见 8.3)，以及玻璃的物理性能(见 8.4)。环的首个检查间隔不得超过：

a) 对于不受搅动的环 13 个月；

b） 对于受搅动的环 7 个月。

当有文件证明并经核准的分析表明是合理的时，首个检查间隔可以更长。

随后的检查间隔可以以数据趋势的分析结果为基础。如果记录和检查结果证实自上次检查以来容器中根本没有存放过溶液，且如果该容器没有接触到腐蚀性气体，则仅需测试下沉情况（见 8.2）。

如果拉希环接触的溶液中自由氟化物的浓度大于 0.000 1 mol/L，则应将检查频度规定得能确信这些环的化学和机械性能保持在第 5 章中规定的范围内。

附　录　A
（资料性附录）
硼硅酸盐玻璃拉希环分析方法

A.1　概述

本附录给出了一批建议性的分析方法，可供与本部分5.1～5.5和8.4有关的试验、测试和规格保证使用。本附录还列出了一批参考文献，它们能给选用满足本部分要求的分析方法提供指导。本附录无意排斥使用新方法。

A.2　硼含量测定方法

硼含量的测定方法可以采取以下方法的任一种：

——直接法；

——二氧化硅滤液法。

参见QB/T 3572 硼硅酸盐玻璃化学分析方法。

注：上述两法测量的是玻璃中三氧化二硼的百分含量。为了测定硼-10含量，还必须与其他方法一起使用。

A.3　机械强度测试方法

（1）　强度试验

参见ASTM C600—1985（1991）《玻璃管热冲击标准试验方法》。

注：虽然此法明确指出是测玻璃管强度用的，但也可用于测拉希环的强度。

（2）　转鼓试验

参见Y/CDC-8，Oak Ridge Y-12 Plant，Oak Ridge，TN（1971）《在易裂变材料溶液中使用硼硅酸盐玻璃拉希环作中子吸收剂》。

注：以前曾将此法作为本部分的一条要求，但此种试验比较粗糙，无法反映环在生产中的使用情况，人们对合格或不合格的判别标准也一直有争议。

（3）　压碎试验

参见ASTM C773-88（1994）《烧结陶瓷材料压应力（压碎）强度标准试验方法》。

注：简单的静态机械强度试验以直接测量加于拉希环样品上的力为基础，这很容易实现。容器内最底部的环实际受到的压碎力，可以由容器内其上方的环的重量求出。最好不考虑环在液体中的浮力或者传递给容器壁的侧载荷。要采用合理的安全裕度因子（如所加重量的两倍）。让容器中的环承担此载荷，每次测试一个环。

A.4　密度测定方法

参见GB/T 5432《玻璃密度测定　浮力法》。

A.5　化学相容性测试方法

（1）　硝酸试验

将随机抽取的10个清洁而干燥的拉希环称重（准确度要达到0.001 g），然后将它们装入容积为2 L并装有回流冷凝器、化学相容的容器内。注入1 L 7.0 mol/L的硝酸溶液（包含的固体物总量小于0.000 5 μg/g），将容器内温度保持在95 ℃，时间为48 h。然后用蒸馏水冲洗这些环，在105 ℃下干燥1 h，最后再次称重（准确度仍为0.001 g）。10个样品环的重量损失最好不超过0.010%。此法在本部分的上一个版本中是一条要求。与上一个版本相比,此处使用的措辞更严格(甚至使用了“允许的重量损失”)。对于环来说,这是一种消耗性试验,目标是考察环的生存能力。此处不考虑硼的浸出,因为硼含量是单独测定的。

(2) 氢氧化钠试验

将随机抽取的10个清洁而干燥的拉希环称重(准确度要达到0.001 g),然后将它们装入容积为2 L并装有回流冷凝器的、化学相容的容器内。注入1 L 1.0 mol/L的氢氧化钠溶液,将容器内温度保持在95 ℃,时间为6 h。然后用蒸馏水冲洗这些环,在105 ℃下干燥1 h,最后再次称重(准确度仍为0.001 g)。10个样品环的重量损失最好不超过0.20%。此法在本部分的上一个版本中是一条要求。与上一个版本相比,此处使用的措辞更严格(甚至使用了“允许的重量损失”)。对于环来说,这是一种消耗性试验,目标是考察环的生存能力。此处不考虑硼的浸出,因为硼含量是单独测定的。

参 考 文 献

［1］ ASTM C600—1985 (1991)《玻璃管热冲击标准试验方法》

［2］ Y/CDC-8，Oak Ridge Y-12 Plant，Oak Ridge，TN (1971)《在易裂变材料溶液中使用硼硅酸盐玻璃拉希环作中子吸收剂》

［3］ ASTM C773—1988 (1994)《烧结陶瓷材料压应力(压碎)强度标准试验方法》

ICS 13.280
F 73

中华人民共和国国家标准

GB/T 15219—2009
代替 GB 15219—1994

放射性物质运输包装质量保证

Quality assurance for packaging used in transport of radioactive material

2009-03-13 发布 2009-11-01 实施

中华人民共和国国家质量监督检验检疫总局
中国国家标准化管理委员会 发布

前言

本标准代替 GB 15219—1994《放射性物质运输包装质量保证》。

本标准与 GB 15219—1994《放射性物质运输包装质量保证》相比主要改变如下：

——原第 16 章“工作人员的培训”改为“人员配备与培训”并与“组织”一章合并。

——对包装和货包的定义按 GB 11806—2004《放射性物质安全运输规程》作了修订。

——对质量保证分级的内容进行了修订。

——将 HAF0400 改为 HAF003，且对间接引用 HAF003 的有关条款修订为直接引用。

——工艺过程控制中增加了部分内容。

——在“物项控制”一章增加了装卸、运输和贮存控制的内容。

——对章节的顺序进行了相应调整。

——增加了附录 C“质量保证记录保存要求”。

本标准的附录 A、附录 C 为规范性附录，附录 B 为资料性附录。

本标准由中国核工业集团公司提出。

本标准由全国核能标准化技术委员会(SAC/TC 58)归口。

本标准起草单位：中国核电工程有限公司。

本标准主要起草人：王庆、黄逸达、谢亮。

本标准所代替的标准历次版本发布情况为：

——GB 15219—1994。

放射性物质运输包装质量保证

1 范围

本标准规定了放射性物质运输包装的设计、采购、制造、装卸、运输、贮存、检查、试验、操作、维修以及改进的质量保证基本要求。

本标准适用于与放射性物质运输包装的质量有关的所有活动。

2 规范性引用文件

下列文件中的条款通过本标准的引用而成为本标准的条款。凡是注日期的引用文件，其随后所有的修改单(不包括勘误的内容)或修订版均不适用于本标准，然而，鼓励根据本标准达成协议的各方研究是否可使用这些文件的最新版本。凡是不注日期的引用文件，其最新版本适用于本标准。

GB 11806—2004 放射性物质安全运输规程

3 术语和定义

GB 11806—2004 中规定的以及下列术语和定义适用于本标准。

3.1

包装 packaging

完全封闭放射性内容物所必需的各种部件的组合体。通常可以包括一个或多个腔室、吸收材料、间隔构件、辐射屏蔽层和用于充气、排空、通风和减压的辅助装置，用于冷却、吸收机械冲击、装卸与栓系以及隔热的部件，以及构成货包整体的辅助器件。包装可以是箱、桶或类似的容器，也可以是货物集装箱、罐或散货集装箱。

3.2

货包 package

提交运输的包装与其放射性内容物的统称。

4 质量保证大纲

4.1 概述

4.1.1 参与影响放射性物质运输包装质量的活动的单位(以下简称有关单位)应按照质量保证大纲的要求，参照附录 A 的规定制定各自的质量保证大纲(以下称大纲)。大纲应对与放射性物质运输包装有关的工作(例如包装的设计、采购、制造、吊装、运输、贮存、检查、试验、操作、维修以及改进等)控制作出规定；有关单位应编制有计划按系统执行质量保证大纲的程序，并保证按工作进度有效地执行大纲，定期对程序进行审查和修订。

4.1.2 大纲应规定要进行的各种活动的技术方面的要求，明确应使用的工程规范、标准和技术规格书，以及保证满足这些要求的措施。

4.1.3 大纲应确定负责计划和执行质量保证活动的组织结构，并明确规定有关组织和人员的责任和权力。

4.1.4 大纲应根据放射性内容物的危害性对放射性物质的包装及其附件规定适当的管理和验证的方法或等级。应根据物项对安全的重要性，在大纲内对影响这些物项质量的活动规定相应的控制和验证的方法或水平。

4.1.5 大纲应为完成影响质量的活动规定合适的控制条件，这些条件应包括为达到要求的质量所需要的适当的环境条件、设备和技能等。

4.1.6 大纲应规定对从事影响质量活动的人员进行培训和考核。

4.1.7 大纲应规定凡影响包装质量的活动都应按适用于该活动的书面程序、细则、说明书和图纸来完成。程序、细则、说明书和图纸应包括适当的定性和(或)定量的验收标准。

4.1.8 通过大纲的实施应能证明：

a) 包装的制造方法和制造所使用的材料是符合设计技术条件的；

b) 重复使用的包装都定期进行了检查，并且在必要时进行了维护和维修或改进，处于良好状态，即使在重复使用之后，仍能符合全部有关的技术要求和技术条件。

5 质量保证的分级和要求

5.1 质量保证的分级

根据包装或包装的附件在安全上的重要性，其物项的质量保证分级如下：

QA1 级：对安全至关重要的物项。它们的失效直接影响公众健康和安全，一般指直接影响货包的包容和屏蔽的物项，而对于盛装易裂变材料的货包则指对临界有影响的物项。

QA2 级：对安全有重大影响的物项。指某些结构、部件或系统，它们的失效不直接影响公众健康和安全，而只有同某个次级事件或失效一起发生时，才处于不安全状态。

QA3 级：对安全没有或没有明显影响的物项。指某些结构、部件或系统，它们的失效不会显著减弱包装的有效性，且不大可能发生影响公众健康和安全的后果。

5.2 质量保证要求

对不同质量保证等级的质量保证要求的实例参见附录 B，附录 B 的内容是一个实例，仅阐明不同质量保证等级的物项对应于不同的质量保证要求。各质量保证等级(QA1，QA2 和 QA3)的具体质量保证要求，应遵照有关单位按本标准的基本要求编制的有关文件的规定执行。

5.3 质量保证分级与货包类型的关系

质量保证要求应与包装中放射性内容物的危害性相适应。对具有重大危险性的放射性物质(如 UF_6)，其包装物项的质量保证等级应适当提高。

5.3.1 豁免货包和 IP-1 型货包

包装的设计、制造等应符合 QA3 级质量保证要求。

5.3.2 盛装非易裂变材料的 A 型货包和 IP-2、IP-3 型货包

影响包容系统和屏蔽系统完好性的物项应符合 QA1 级质量保证要求，对安全影响小的物项应符合 QA3 级质量保证要求，其余的物项应符合 QA2 级质量保证要求。

5.3.3 盛装易裂变材料的货包(非 B 型货包)

影响临界安全的物项应符合 QA1 级质量保证要求，其余的物项按 5.3.2 处理。

5.3.4 B 型货包

影响包容系统和屏蔽系统完好性以及临界安全的物项应符合 QA1 级质量保证要求，其余的物项按 5.3.2 处理。

5.3.5 C 型货包

影响包容系统和屏蔽系统完好性以及临界安全的物项应符合 QA1 级质量保证要求，其余的物项按 5.3.2 处理。

6 组织

6.1 责任、权限和接口

6.1.1 为了管理、指导和实施质量保证大纲，应建立一个有明文规定的组织结构并明确规定其职责、权限等级及内外联络渠道。在考虑组织结构和职能分工时，应明确实施质量保证大纲的人员既包括活动

的从事者也包括验证人员，组织结构和职能分工必须做到：

a) 由被指定负责该工作的人员来实现其质量目标，可以包括由完成该工作的人员所进行的检验、校核和检查；

b) 当有必要验证是否满足规定的要求时，这种验证只能由不对该工作直接负责的人员进行。

6.1.2 必须对负责实施和验证质量保证的人员与部门的权限与职能作出书面规定。上述人员和部门行使下列质量保证职能：

a) 保证制定和有效地实施相应适用的质量保证大纲；

b) 验证各种活动是否正确地按规定进行。

这些人员和部门应拥有足够的权力和组织独立性，以便鉴别质量问题，建议、推荐或提供解决办法。必要时，对不符合、有缺陷或不满足规定要求的物项采取行动，以制止进行下一步工序、交货、安装或使用，直到作出适当的安排。

6.1.3 负责质量保证职能的人员和部门应具有必需的权力和足够的组织独立性，包括不受经费和进度约束的权力。由于人员数目、进行活动的类型和场所等有所不同，因此，只要行使质量保证职能的人员和部门已经拥有所需的权力和组织独立性，执行质量保证大纲的组织结构可以采取不同的形式。

6.1.4 单位间的工作接口

在有多个单位的情况下，应明确规定每个单位的责任，并采取适当的措施以保证各单位的接口和协调。必须对参与影响放射性物质运输包装质量的活动的单位之间和小组之间的联络做出规定。主要信息的交流应通过相应的文件，应规定文件的类型，并控制其分发。

6.2 人员配备与培训

6.2.1 为了挑选和培训从事影响质量的活动的人员，应制定相应的计划，以选定和培训合适的人员。

6.2.2 必须根据从事特定任务所要求的学历、经验和业务熟练程度，对所有从事影响放射性物质运输包装质量的活动的人员进行考核，应制定培训大纲和程序，以便确保这些人员达到并保持足够的业务熟练程度。

7 设计控制

7.1 概述

7.1.1 必须制定设计控制措施并形成文件，保证把审管部门和 GB 11806 中相应的要求都正确地体现在技术规格书、图纸、程序和说明书中。设计控制措施还应包括确保在设计文件中规定有定量和定性验收标准的条款。必须对规定的设计要求和质量标准的变更和偏离加以控制。

7.1.2 必须制定措施，以便正确选择对包装起重要作用的材料、零件、设备和工艺，并审查其适用性。

7.1.3 必须在下列方面实施设计控制措施：包装的临界物理、辐射屏蔽、应力、热工、水力和事故分析；材料相容性；在役检查、维护和维修的可达性、便于退役的相关特性以及检查和试验的验收准则等。

7.1.4 所有设计活动应形成文件，使未参加原设计的技术人员能进行充分的评价。

7.2 设计接口的控制

必须书面规定从事设计的各单位和各组成部门间的内部和外部接口，应足够详细地明确规定每一单位和组成部门的责任，包括涉及接口文件编制、审核、批准、发布、分发和修订。必须为设计各方规定涉及设计接口的设计资料(包括设计变更)交流的方法。资料交流应用文字记载并予以控制。

7.3 设计验证

7.3.1 设计控制措施应为验证设计和设计方法是否恰当作出规定(例如通过设计审查、使用其他的计算方法、执行适当的试验大纲等)。设计验证应由未参加原设计的人员或小组进行。必须由设计单位确定验证方法，并应用文件给出设计验证结果。

7.3.2 当用一个试验大纲代替其他验证或校核方法来验证具体设计特性是否适当时，应包括适当的原型试样件的鉴定试验。这个试验必须在受验证的具体设计特性的最苛刻设计工况下进行。

7.3.3 制定的设计验证管理措施应与本标准的第 4 章、第 5 章和第 6 章的要求相一致。

7.4 设计变更

必须制定设计变更(包括现场变更)的程序,并形成文件。应仔细地考虑变更所产生的技术方面的影响,所要求采用的措施要用文件记载。对这些变更应采用与原设计相同的设计控制措施。除非专门指定其他单位,设计变更文件应由审核和批准原设计文件的同一小组或单位审核和批准。在指定其他单位时,应根据其是否已掌握相关的背景材料,是否已证明能胜任有关的具体设计领域的工作,以及是否足够了解原设计的要求及意图等条件来确定。必须把有关变更资料及时发送到所有有关人员和单位。

8 采购控制

8.1 概述

8.1.1 必须制定措施并形成文件,以保证在采购物项和服务的文件中包括或引用审管部门有关的要求、设计准则、标准、技术规格书以及为保证质量所必需的其他要求。

8.1.2 采购要求中应包括本标准中规定的有关条款,特别要注意第 4 章规定的分级方法。

8.1.3 采购人员和主管部门及其代理人应有权接触供方的工厂设施、物项、材料和检验、检查记录,当需要对记录进行复查或批准时,供方应提交有关的文件和资料。

8.1.4 必要时,有关的采购文件的要求应扩展至下一层次分包商和供应厂商。

8.2 对供方的评价和选择

8.2.1 必须将被评价的供方按照采购文件的要求提供物项或服务的能力作为选择供方的基本依据。

8.2.2 对供方的评价应包括:

a) 对供方能证明其以往类似采购活动质量的资料的评价;

b) 对供方新近的可供客观评价的、成文的、定性或定量的质量保证记录的评价;

c) 到实地考察评价供方的技术能力和质量保证体系;

d) 利用抽查产品进行评价。

8.3 对所购物项和服务的控制

8.3.1 必须对所购物项和服务进行控制,以保证符合采购文件的要求。控制包括由承包者提供质量客观证据,对供方施行实地检验和监查以及物项和服务的交货检验等措施。

8.3.2 证明所购物项和服务符合采购文件要求的文字证据应按照规定提交其所有者、使用者或主管部门。

9 文件控制

9.1 文件的编制、审核和批准

必须对工作的执行和验证所需要的文件(例如程序、细则及图纸等)的编制、审核、批准和发放进行控制。控制措施中应明确负责编制、审核、批准和发放有关影响质量活动文件的人员和单位。负责审核和批准的单位或个人有权查阅作为审核和批准依据的有关背景材料。

9.2 文件的发布和分发

必须按最新的分发清单发布和分发文件,使参加活动的人员能够了解并使用完成该项活动所需的正确合适的文件。

9.3 文件变更的控制

变更文件必须按明文规定的程序进行审核和批准。审、批单位有权查阅作为批准依据的有关背景材料,并应对原文件的要求和意图有足够的了解。变更的文件应由审核和批准原文件的同一单位进行审核和批准,或者由其专门指定的其他单位审核和批准。必须把文件的修订及其实际情况迅速通知所有有关的人员和单位,以防止使用过时的或不合适的文件。同时应保存一份完整的文件,包括原始的和修改的文件。

9.4 电子记录和数据的控制

应对电子记录和数据的使用、管理、贮存和保护进行控制，防止记录和数据的丢失、损坏或无授权更改。

10 物项控制

10.1 材料、零件和部件的标识

10.1.1 必须按照制造、装配、安装和使用要求，制定标识物项(包括部分加工的组件)的措施。根据要求，通过把批号、零件号、系列号或其他适用的标识方法直接标识在物项上或记载在可以追溯到物项的记录上，以保证在整个制造、装配和安装以及使用期间保持标识。标识物项所需要的文件，应在整个制造过程中都能随时查阅。

10.1.2 必须最大可能地使用实体标识，在实际不可能或不满足要求的情况下，应采用实体分隔、程序控制或其他适用的方法，以保证标识。这些标识措施应能在各种场合下防止使用不正确的或有缺陷的材料、零件和部件。

10.1.3 在使用标记的情况下，标记必须清楚，不能含混且不易被擦掉。在使用这种方法时，不得影响物项的功能。标记不得被表面处理或涂层所遮盖，否则应用其他的标识方法代替。当把物项分成几部分时，每一部分都应保持原标识。

10.2 装卸、运输和贮存控制

必须按照说明书的要求，制定措施控制用于包装的材料和部件的吊装、贮存、运输和保管使其免受损坏或降低性能。对于特殊产品，如有必要，应明确规定特殊的保护环境条件，例如惰性气体保护、湿度和温度条件等等。

10.3 包装的使用、维护和改进控制

应当制定措施，以控制包括装卸、标识、发货和接收的所有活动，必要时，还应包括内容物的鉴别和控制、包装的清洗、装箱、保管和一些特殊工艺的控制以及对货包的密封性、辐射和污染水平的监测。这些措施应当使任何对安全性的危害减至最小，防止内容物的损坏、变质和丢失，使货包能符合有关的规定，并使货包托运能被批准。

对包装或其零部件的改进旨在提高它们的性能和安全性，应制定适当的措施以控制对包装或其零部件的改进，使其符合有关的规定，并得到相关部门的批准。

11 制造工艺过程控制

必须按照本标准和有关规范、标准、技术规格书和准则的要求对所使用的影响质量的工艺过程予以控制，对焊接、热处理和无损检验等特殊的工艺过程，应采取措施保证这些工艺过程是由合格的人员，按照认可的程序、使用合格的设备、按现有标准来完成。对于现有规范、标准、技术规格书中未涵盖的特殊工艺或质量要求，应对人员资格、程序或设备的鉴定要求另行作出规定。

12 检查和试验控制

12.1 检查大纲

12.1.1 为了验证物项、服务和在制造、维修以及使用过程中影响质量的工作符合规定的程序、细则、说明书及图纸的要求，应由从事这些工作的单位或由其指定的单位制定并执行检查大纲。

12.1.2 检查大纲应包括在规定时间内进行包装的在役检查和人员培训。

12.1.3 检查的范围应足以保证质量和验证检查项目符合原规定的要求。

12.1.4 必须保证在役检查或其他情况下发现的不符合要求的包装，在其缺陷被纠正之前不得使用。

12.1.5 对安全有影响的物项，如果要求在停工待检点进行检查或见证这种检查时，应在适当的文件中

注明这些停工待检点。未经指定的单位批准,不得进行停工待检点以后的工作。

12.2 试验大纲

12.2.1 为证实包装及零部件符合设计要求,并能长期使用,必须制定试验大纲,并保证其执行。

12.2.2 必须按书面程序做试验。书面程序应列有设计中规定的要求和验收指标,并由有资格的人员使用已检定过的仪器进行试验。

12.2.3 试验结果应以文件形式给出并加以评定,以保证满足规定的试验要求。

12.2.4 试验应包括材料试验、制造过程中的试验和验收试验,以及运行和维修条件下包装是否满足要求的各种试验。

12.3 测量和试验设备的标定和控制

12.3.1 为了确定是否符合验收准则,应制定一些措施,以保证所使用的工具、量具、仪表和其他检查、测量、试验设备和装置具有合适的量程、准确度和精度等。

12.3.2 为了使准确度保持在要求的限值内,在规定的时间间隔或在使用之前,对影响质量的活动中所使用的试验和测量设备应进行检定和调试。当发现偏差超出规定限值时,应对以前测量和试验的有效性进行评价,并重新评定已试验物项的验收。必须制定控制措施,以保证适当地装卸、贮存和使用已标定过的设备。

12.4 检查、试验和使用状态的显示

12.4.1 包装或其零部件的试验和检查状况应通过使用标记、打印、标签、工艺卡、检查记录、安全铅封或其他合适方法予以标识,指明经过试验和检查的物项是否可验收或列为不符合项。

12.4.2 必须在物项的整个制造、维修和使用过程中保留检查和试验状态标记以保证只有经过检查和试验合格的物项才能使用。

13 对不符合项的控制

13.1 必须制定措施并形成文件,以控制不满足要求的物项和工艺过程,防止其误用。在实际可行时应当用标记、标签和(或)实体分隔的方法来标识不符合项。

13.2 必须按文件规定的程序对不符合项进行审查,并确定是否验收、报废、修理或返工。

13.3 必须规定对不符合项进行审查的责任和对不符合项进行处理的权限。

13.4 对已经接受的不符合要求(包括偏离采购要求)的物项,应通知采购人员,必要时向指定的机构报告。对已接受的变更,放弃要求或偏差的说明都应形成文件,以指明不符合要求物项的“竣工”状态。

13.5 必须按合适的程序,对经修理和返工的物项重新进行检查。

14 纠正措施

质量保证大纲应规定采取适当的措施,以保证鉴别和纠正有损于质量的情况,例如故障、失灵、缺陷、偏差、有缺陷或不正确的材料和设备以及其他方面的不符合项。对于严重的有损于质量的情况,大纲应对查明起因和采取纠正措施作出规定,以防止其再次出现。对于严重的有损于质量的情况,应用文件阐明其鉴别、起因和所采取的纠正措施,并向有关管理部门报告。

15 质量保证记录

15.1 质量保证记录的收集、贮存和保管

15.1.1 必须按书面程序、细则和第4章的要求建立并执行质量保证记录制度。记录应包括审查、检查、试验、监督、材料分析等的结果以及有密切关系的资料,例如人员、程序和设备的合格证明、需作的修理和其他适当文件。

15.1.2 必须保存足够质量保证记录,以提供影响质量活动的证据。所有质量保证记录应字迹清楚和完整,并与所记述的物项相对应。

15.1.3 必须为记录的鉴别、收集、编入索引、归档、贮存、保管和处置作出规定。记录的贮存方式应便于检索，记录应保存在适当的环境中，减少发生变质或损坏情况和防止丢失。

15.2 包装记录和档案

15.2.1 包装的所有者或使用者应为每个包装建立并保存其使用和维修的记录。

15.2.2 应参照附录C的内容要求，保存每个包装的质量保证记录，并列入包装档案的索引。

15.2.3 包装的档案还应当包括以下资料和记录：

a) 审管部门对包装设计的批准证书和每个包装的设计号和货包顺序号；
b) 装卸和维修说明书；
c) 产品合格证书或交付使用证书，包括所用试验程序的摘要；
d) 供重复检查试验用的试验程序；
e) 重复检查试验合格证书；
f) 包装转移或装运记录原件；
g) 包装的修改批准证书和修改文件；
h) 明显的损伤记录；
i) 修复文件。

当包装需要在远离保存上述详细资料地点的地方进行维修或维护时，应能使包装的所有者和使用者获得完成维修或维护任务所需要的资料。

16 监查

16.1 概述

必须采取措施验证质量保证大纲的实施及其有效性。必须根据需要执行有计划的、有文件规定的内部及外部监查制度，以验证是否符合质量保证大纲的各个方面，并确定大纲实施的有效性。监查应根据书面程序和监查项目表(提问单)进行。负责监查的单位应选择和指定合格的监查人员。参加监查的人员应是对所监查的活动不负任何直接责任的。在内部监查时，对被监查的活动的实施负有直接责任的人，不得参与挑选监查小组人员的工作。监查人员应用文件给出监查结果，应由对被监查的领域负责的机构对监查中所发现的缺陷进行审核，监督被监查活动的负责人对不符合项进行纠正，并验证纠正措施的实施。

16.2 监查的计划安排

必须根据活动情况及其重要性来安排监查计划，在出现下列一种或多种情况时应进行监查：

a) 有必要对大纲实施的有效性进行系统或部分的评价时；
b) 在签订合同或发给订货单前，有必要确定承包者执行质量保证大纲的能力时；
c) 已签定合同并在质量保证大纲执行了足够长的一段时间之后，有必要检查有关部门在执行质量保证大纲、有关的规范、标准和其他合同文件中是否行使所规定的职能时；
d) 对质量保证大纲中规定的职能范围进行重大变更(例如机构的重大改组或程序的修订)时；
e) 在认为由于质量保证大纲的缺陷会危及物项或服务的质量时；
f) 有必要验证所要求的纠正措施的实施情况时。

附　录　A
（规范性附录）
质量保证大纲要点

质量保证要点	设计者	制造者	使用者	承运人	安全审评者[a]
质量保证大纲	○	○	○	○	○
组织	○	○	○	○	○
设计控制	○	—	—	—	○
采购控制	○	○	○	—	○
文件控制	○	○	○	○	○
物项控制	1)	○	○	—	○
工艺过程控制	1)	○	—	—	○
检查和试验控制	○	○	○	○	○
对不符合项的控制	○	○	○	○	○
纠正措施	○	○	○	○	○
质量保证记录	○	○	○	○	○
监查	○	○	○	○	○

注：1）如制造由设计者控制时，则应在该栏内加○；

[a] 该栏适用于由安全鉴定人员独立进行安全评价（内部和外部）的组织。此评价的范围事实上可以包括包装的设计、制造、维修和装卸以及装运操作。

附 录 B
（资料性附录）
质量保证要求

B.1 对 QA1 级物项的要求

a） 设计应以最严格的工程规范和标准为依据，并通过正式的设计审查或原型样机鉴定试验进行设计验证；
b） 材料或服务的采购文件应规定只接受合格供货商清单中的供货商的供应；
c） 制造计划应规定材料跟踪和检查，以及使用鉴定合格的焊接工艺和焊工；
d） 试验应使用经过鉴定的试验方法，检查应由有资质的人员进行；
e） 监查应由指定的有资格的人员进行；
f） 制造后物项的最终验收和准许发货，应由使用单位（或买方）或由他们指定的代理人批准。

B.2 对 QA2 级物项的要求

a） 设计应以最严格的工程规范和标准为依据，并通过替代分析计算进行设计验证；
b） 试验和检查应按规定的标准、规范或技术要求进行，应由有资质的人员进行；
c） 监查员必须是指定的有资格的人员。

B.3 对 QA3 级物项的要求

设计应采用现行的标准物项。所有物项应按使用要求进行检验。

注：本附录内容是一个实例，仅阐明不同质量保证等级的物项对应于不同的质量保证要求。各质量保证等级（QA1、QA2 和 QA3）的具体质量保证要求，应遵照责任单位（或设计等单位）按本标准的基本要求编制的有关文件的规定执行。

附 录 C
（规范性附录）
质量保证记录保存要求

C.1 对 QA1 级物项的要求

a） 用于审查和批准的设计文件，包括新包装的设计和对已有包装的设计改进；
b） 各项活动的审查、监查和监督结果；
c） 用于确认合格供货商审查和批准的文件；
d） 具有可追溯性的采购文件和合格供货商提供的材料合格证书；
e） 特定人员的资质证明，如焊工、无损检验人员、质保监查人员和质检人员；
f） 用于设计和制造活动经批准的程序；
g） 用于检查、检验的仪器仪表及设备清单和确认仪器仪表设备已经过标定的文件；
h） 质检和生产活动的检验和试验结果，检验人员的指派，检验及试验方法，验收准则，对任何偏离项的纠正措施；
i） 商品采购件的所有支持性文件。

C.2 对 QA2 级物项的要求

a） 用于审查和批准的设计文件，包括新包装的设计和对已有包装的设计改进；
b） 各项活动的审查、监查和监督结果；
c） 特定人员的资质证明，如焊工、无损检验人员、质保监查人员和质检人员；
d） 用于设计和制造活动经批准的程序；
e） 用于检查、检验的仪器仪表及设备清单和确认仪器仪表设备已经过标定的文件；
f） 质检和生产活动的检验和试验结果，检验人员的指派，检验及试验方法，验收准则，对任何偏离项的纠正措施；
g） 商品采购件的所有支持性文件。

C.3 对 QA3 级物项的要求

质量保证记录不要求保存。

ICS 77.120.70
H 15

中华人民共和国国家标准

GB/T 15249.1—2009
代替 GB/T 15249.1—1994

合质金化学分析方法 第1部分:金量的测定 火试金重量法

Methods for chemical analysis of crude gold—Part 1: Determination of gold content—Fire assay gravimetric method

2009-05-06 发布

2009-10-01 实施

中华人民共和国国家质量监督检验检疫总局
中国国家标准化管理委员会 发布

前　言

GB/T 15249《合质金化学分析方法》分为如下5个部分：

——第1部分：金量的测定　火试金重量法；

——第2部分：银量的测定　火试金重量法和EDTA滴定法；

——第3部分：铜量的测定　碘量法；

——第4部分：铅量的测定　EDTA滴定法；

——第5部分：汞量的测定　冷原子吸收光谱法。

本部分为GB/T 15249的第1部分。

本部分代替GB/T 15249.1—1994《合质金化学分析方法　火试金重量法测定金量》。

本部分与GB/T 15249.1—1994相比，主要有如下的变动：

——在“1 范围”中，增加了“当试样中含有影响火试金重量法测量准确性的干扰元素（如铱、钯、铂、铑、钌和锇等），本部分将不适用”的限定内容；

——将旧版本试剂和材料5.6条款中“纯金标样：金含量为99.95%～99.99%的片状电解精炼纯金”更改为“纯金标样：金的质量分数不小于99.98%”；将旧版本分析步骤7.1.5条款中“烘干后在高温电炉内于800 ℃灼烧5 min”更改为“烘干后在箱式高温炉（5.1）内于800 ℃灼烧3 min”；删除旧版本分析步骤7.2.2条款中“取4份标准试料测定结果的平均值作为测得标准试料金卷质量”；将旧版本分析步骤7.3.1.1条款中“将灰皿在高温电炉内于950 ℃左右预热20 min，然后将待测试料（7.2.1）与标准试料（7.2.2）以合理顺序放入灰皿中”更改为“将灰皿放入箱式高温炉（5.1）内逐步升温至950 ℃左右预热20 min，然后将待测试料（7.2.1）与标准试料（7.2.2）按顺序交叉放入灰皿中”；将旧版本分析步骤7.3.4条款中“然后在高温电炉内于800 ℃灼烧5 min”更改为“然后在箱式高温炉（5.1）内于800 ℃灼烧3 min”；

——对文本格式进行了修改；增加了“前言”，具体说明GB/T 15249《合质金化学分析方法》的组成部分和标准修订的背景信息；

——删除了旧版本中“术语”条款，对“方法原理”条款文字内容重新进行了表述；

——将旧版本中“引用标准”条款更改为“规范性引用文件”条款，增加了“试样”条款；

——在“分析结果的计算”条款内重新表述计算公式和结果的单位，并增加了计算结果表示到小数点后的位数内容；

——删除了旧版本中“允许差”条款；

——增加了“精密度”条款、“质量保证和控制”条款；

——删除了旧版本中附录A。

本部分由中国人民银行提出。

本部分由全国金融标准化技术委员会（SAC/TC 180）归口。

本部分由成都印钞公司负责起草。

本部分由长春黄金研究院、沈阳造币厂、北京矿冶研究总院、上海造币厂、南京造币厂和紫金矿业集团股份有限公司参加起草。

本部分主要起草人：陈杰、王自森、邢桂珍、徐存生、姚继扬、黄蕊、陈菲菲、赖茂明、王德雨、牟华、张波、夏珍珠、苏菁。

本部分所代替标准的历次版本发布情况为：

——GB/T 15249.1—1994。

合质金化学分析方法
第1部分:金量的测定
火试金重量法

1 范围

GB/T 15249的本部分规定了合质金中金量的测定方法。

本部分适用于合质金(矿金、冶炼粗金产品和回收金等)中金量的测定。测定金的质量分数范围:30.00%~99.90%。

当试样中含有影响火试金重量法测量准确性的干扰元素(如铱、钯、铂、铑、钌和锇等),本部分将不适用。

2 规范性引用文件

下列文件中的条款通过GB/T 15249的本部分的引用而成为本部分的条款。凡是注日期的引用文件,其随后所有的修改单(不包括勘误的内容)或修订版均不适用于本部分,然而,鼓励根据本部分达成协议的各方研究是否可使用这些文件的最新版本。凡是不注日期的引用文件,其最新版本适用于本部分。

GB/T 17373 合质金化学分析取样方法

3 方法原理

称取一定量的合质金试料并定量加入适量的银,包于铅箔中在高温熔融状态下进行灰吹,铅及贱金属被氧化与金银分离,由金银合金颗粒制成的合金卷经硝酸分金后称量,用随同测定的纯金标样校正后计算试料中金的质量分数。

4 试剂和材料

除非另有说明,在分析中仅使用确认为分析纯的试剂和蒸馏水或去离子水或相当纯度的水。

4.1 铅箔:纯铅(质量分数不小于99.99%)加工成边长约51 mm、厚度约0.1 mm的正方形薄片。

4.2 纯银:银的质量分数不小于99.99%。

4.3 纯金标样:金的质量分数不小于99.98%。

4.4 硝酸(ρ1.42 g/mL)。

4.5 硝酸(1+1)。

4.6 硝酸(2+1)。

5 仪器和器具

5.1 箱式高温炉。

5.2 天平:感量0.01 mg。

5.3 碾片机:小型,压延厚度可达0.1 mm。

5.4 灰皿

5.4.1 骨灰皿:用动物骨灰制成,牛羊骨灰最佳。将动物骨骼烧成骨灰后碾成粒度0.175 mm以下的骨灰粉,加10%~15%的水在灰皿机上压制成灰皿,自然干燥后使用。骨灰皿尺寸:直径30 mm,高度

23 mm，内径 26 mm，凹面深度 10 mm。

5.4.2 氧化镁灰皿：用煅烧镁砂粉（粒度 0.147 mm）与 525 号硅酸盐水泥按 85：15 混合加入少量水压制成型，自然风干后使用。氧化镁灰皿尺寸：直径 40 mm，高度 25 mm，内径 30 mm，凹面深度 15 mm。

5.5 分金篮：用厚度为 0.5 mm～1.0 mm 不锈钢片或铂片制成。

6 试样

试样的制备按 GB/T 17373 规定进行。

7 分析步骤

7.1 金、银量的预测定

7.1.1 称取 0.5 g 试样（6）两份，精确到 0.000 01 g，其中一份包铅箔（4.1），另一份根据估计的含金量加 2～2.5 倍的纯银（4.2），然后包铅箔（4.1）。将两份试料于 920 ℃±10 ℃（骨灰皿）或 960 ℃±10 ℃（氧化镁灰皿）在箱式高温炉（5.1）内同时灰吹。

7.1.2 由未加纯银的试料灰吹后的金银合粒质量计算出试料的金银合量预测值。

7.1.3 将加纯银的试料灰吹后的金银合粒用手锤轻敲两侧，使合粒呈扁圆形，刷去底部附着物，在箱式高温炉（5.1）内于 800 ℃左右退火 5 min。取出冷却后在碾片机（5.3）上碾成厚度为 0.15 mm±0.02 mm的薄片，在箱式高温炉（5.1）内于 750 ℃退火 3 min，取出冷却后卷成空心卷。

7.1.4 将合金卷放入已加热至 90 ℃的硝酸（4.5）中分金 30 min，将硝酸溶液倾泻，再加入经预热的硝酸（4.6），继续加热分金 30 min。

7.1.5 倒去硝酸溶液，用热水洗 5 次，将卷金（或已成碎金）移入瓷坩埚中，烘干后在箱式高温炉（5.1）内于 800 ℃灼烧 3 min，取出冷却后称量，计算试料的金量预测值。

7.1.6 根据试料的金银合量（7.1.2）和金量预测值（7.1.5）计算试料的银量预测值。

7.2 试料

7.2.1 待测试料

7.2.1.1 根据金、银量预测值按表 1 称取试样（6）两份分别放入铅箔（4.1）中，精确到 0.000 01 g。

表 1 试料量及分金时间

金的质量分数/%	试料含金量/g	铅箔量/g	分金次序	分金时间/min
30.0～45.0	0.30	13	1	20
			2	25
45.0～55.0	0.40	13	1	25
			2	30
55.0～99.9	0.50	9～13	1	30
			2	40

7.2.1.2 每份试料均准确配入纯银（4.2），使其金银比例为 1：2.5，按表 1 给出的铅箔量配入铅箔包成球形。

7.2.2 标准试料

按表 1 给出的试料含金量称取纯金标样（4.3）4 份，精确到 0.000 01 g，以下操作同 7.2.1.2 条款。

7.3 灰吹

7.3.1 将灰皿放入箱式高温炉（5.1）内逐步升温至 950 ℃左右预热 20 min，然后将待测试料（7.2.1）与标准试料（7.2.2）按顺序交叉放入灰皿中，使每个待测试料都能靠近标准试料，关闭炉门。

7.3.2 待试料全部熔化后，稍开炉门通风，在 920 ℃+10 ℃（骨灰皿）或 960 ℃±10 ℃（氧化镁灰皿）进行灰吹。当熔珠表面出现彩色薄膜时，关闭炉门。保持温度 2 min 后关闭电源，当炉温降至 750 ℃取出灰皿冷却。

7.4 退火与碾片

7.4.1 用镊子将金银合粒从灰皿中取出，用手锤轻敲合粒两侧，使之呈扁圆形，刷去底部附着物，用手锤砸合粒表面至厚度约为 2 mm，放入瓷舟中，在箱式高温炉(5.1)内于 800 ℃退火 5 min。

7.4.2 取出瓷舟冷却，将金银合粒碾成厚度为 0.15 mm±0.02 mm 的薄片，在箱式高温炉(5.1)内于 750 ℃退火 3 min。

7.4.3 将退火后的金银合金薄片取出冷却后卷成空心卷，依次放入分金篮(5.5)中。

7.5 分金

7.5.1 第一次分金：将装入合金卷的分金篮放入预热至 90 ℃～95 ℃的硝酸(4.5)中分金，分金时间按表 1 进行。取出分金篮，用热水洗涤 3 次。

7.5.2 第二次分金：将水洗后的分金篮放入预热至约 110 ℃的硝酸(4.6)中分金，分金时间按表 1 进行。取出分金篮，用热水洗涤 5～7 次。

7.6 灼烧与称量

将金卷从分金篮中取出，依次放入瓷坩埚中在电热板上干燥，然后在箱式高温炉(5.1)内于 800 ℃灼烧 3 min，取出冷却后在天平(5.2)上依次称量金卷的质量。

8 分析结果的计算

试料金量以金的质量分数 $w(\mathrm{Au})$ 计，数值以%表示，按下列步骤计算：

8.1 计算标样金卷分金后增量：

$$\Delta m = m_3 - m_4 \cdot D \qquad \cdots\cdots(1)$$

式中：

Δm——标样金卷分金后增量，单位为克(g)；

m_3——测得标样金卷质量，单位为克(g)；

m_4——称取标样质量，单位为克(g)；

D——标样金的质量分数。

8.2 若标样金卷分金后增量极差值不大于 0.000 15 g 时，计算四份标样金卷分金后增量平均值 $\overline{\Delta m}$；否则应重新进行测定。

8.3 计算试料金的质量分数，数值以%表示：

$$w(\mathrm{Au}) = \frac{m_1 - \overline{\Delta m}}{m_2} \times 100 \qquad \cdots\cdots(2)$$

式中：

$\overline{\Delta m}$——标样金卷分金后增量平均值，单位为克(g)；

m_1——测得试料金卷质量，单位为克(g)；

m_2——称取试料质量，单位为克(g)。

计算结果表示到小数点后第三位。

9 精密度

9.1 重复性

在重复性条件下获得的两次独立测试结果的测定值，在以下给出的平均值范围内，这两个测试结果的绝对差值不大于重复性限(r)，以大于重复性限(r)的情况不超过 5%为前提，重复性限(r)按表 2 数据采用线性内插法求得。

表 2 重复性限

金的质量分数/%	30.010	58.009	80.016	98.000	99.880
重复性限(r)/%	0.040	0.030	0.020	0.020	0.015
注：重复性限(r)为 $2.8S_r$，S_r 为重复性标准差。					

9.2 再现性

在再现性条件下获得的两次独立测试结果的测定值，在以下给出的平均值范围内，这两个测试结果的绝对差值不大于再现性限(R)，以大于再现性限(R)的情况不超过 5%为前提，再现性限(R)按表 3 数据采用线性内插法求得。

表 3 再现性限

金的质量分数/%	30.010	58.009	80.016	98.000	99.880
再现性限(R)/%	0.050	0.040	0.030	0.030	0.020
注：再现性限(R)为 $2.8S_R$，S_R 为再现性标准差。					

10 质量保证和控制

应用国家级标准样品或行业标准样品(当前两者没有时，也可用控制标样替代)，每周或两周校核一次本分析方法标准的有效性。当过程失控时，应找出原因，纠正错误后，重新进行校核。

ICS 77.120.70
H 15

中华人民共和国国家标准

GB/T 15249.2—2009
代替 GB/T 15249.2—1994

合质金化学分析方法 第2部分：银量的测定 火试金重量法和EDTA滴定法

Methods for chemical analysis of crude gold—Part 2: Determination of silver content—Fire assay gravimetric and EDTA titrimetric methods

2009-05-06 发布　　2009-10-01 实施

中华人民共和国国家质量监督检验检疫总局
中国国家标准化管理委员会　发布

前　言

GB/T 15249《合质金化学分析方法》分为如下 5 个部分：

——第 1 部分：金量的测定　火试金重量法；

——第 2 部分：银量的测定　火试金重量法和 EDTA 滴定法；

——第 3 部分：铜量的测定　碘量法；

——第 4 部分：铅量的测定　EDTA 滴定法；

——第 5 部分：汞量的测定　冷原子吸收光谱法。

本部分为 GB/T 15249 的第 2 部分。

本部分代替 GB/T 15249.2—1994《合质金化学分析方法　EDTA 滴定法测定银量》。

本部分与 GB/T 15249.2—1994 相比，主要有如下的变动：

——在原标准内容的基础上增加了火试金重量法测定银量的内容，并将该方法作为仲裁方法；

——对文本格式进行了修订；增加了“前言”，具体说明 GB/T 15249《合质金化学分析方法》的组成部分和标准修订的背景信息；

——删除旧版本中“引用标准”条款、“术语”条款，并对“方法原理”条款文字内容重新进行了表述；

——增加了“试样”条款；

——删除旧版本中“允许差”条款；

——增加了“精密度”条款、“质量保证和控制”条款。

本部分由中国人民银行提出。

本部分由全国金融标准化技术委员会(SAC/TC 180)归口。

本部分由沈阳造币厂负责起草。

本部分由成都印钞公司、长春黄金研究院、上海造币厂、北京矿冶研究总院、南京造币厂参加起草。

本部分主要起草人：王德雨、陈杰、陈菲菲、王自森、林乐琴、鲍珠玲、龙淑杰、孟波、朱慕平、杜培勇、朱秀芬、黄敏华。

本部分所代替标准的历次版本发布情况为：

——GB/T 15249.2—1994。

合质金化学分析方法 第2部分：银量的测定 火试金重量法和EDTA滴定法

1 方法一 火试金重量法测定银量

1.1 范围

GB/T 15249的本部分规定了合质金中银量的测定方法。

本部分适用于合质金(矿金、冶炼粗金产品和回收金等)中银量的测定。测定银的质量分数范围：0.50%～40.00%。

当试样中含有影响火试金重量法测量准确性的干扰元素(如铱、钯、铂、铑、钌和锇等)，本部分将不适用。

1.2 方法原理

称取一定质量的合质金试料，包于铅箔中在高温熔融状态下进行灰吹，铅及贱金属被氧化与金银分离，称得金银合粒质量与火试金法测得试料的金量进行差减计算，并用随同测定的合成金银标样校正后计算银的质量分数。

1.3 试剂和材料

除非另有说明，在分析中仅使用确认为分析纯的试剂和蒸馏水或去离子水或相当纯度的水。

1.3.1 铅箔：纯铅(质量分数不小于99.99%)加工成边长约51 mm、厚度约0.1 mm的正方形薄片。

1.3.2 纯银：质量分数不小于99.99%。

1.3.3 纯金：质量分数不小于99.99%。

1.3.4 硝酸(1+1)。

1.3.5 硝酸(2+1)。

1.4 仪器和器具

1.4.1 箱式高温炉。

1.4.2 天平：感量0.01 mg。

1.4.3 灰皿

1.4.3.1 骨灰皿：用动物骨灰制成，牛羊骨灰最佳。将动物骨骼烧成骨灰后碾成粒度0.175 mm以下的骨灰粉，加10%～15%的水在灰皿机上压制成灰皿，自然干燥后使用。骨灰皿尺寸：直径30 mm，高度23 mm，内径26 mm，凹面深度10 mm。

1.4.3.2 氧化镁灰皿：用煅烧镁砂粉(粒度0.147 mm)与525号硅酸盐水泥按85∶15混合加入少量水压制成型，自然风干后使用。氧化镁灰皿尺寸：直径40 mm，高度25 mm，内径30 mm，凹面深度15 mm。

1.4.4 碾片机：小型，压延厚度可达0.1 mm。

1.5 试样

为避免试样表面污染，可用热盐酸(1+1)浸泡15 min。由水洗净后用酒精或丙酮冲洗2次，在105 ℃～110 ℃烘箱内烘干。

1.6 分析步骤

1.6.1 金、银量的预测定

1.6.1.1 称取0.5 g试样(1.5)两份，精确到0.000 01 g，其中一份包铅箔(1.3.1)，另一份根据估计的含金量加2～2.5倍的纯银(1.3.2)，然后包铅箔(1.3.1)。将两份试料于920 ℃±10 ℃(骨灰皿)或960 ℃±10 ℃(氧化镁灰皿)在箱式高温炉(1.4.1)内同时灰吹。

1.6.1.2 由未加纯银的试料灰吹后的金银合粒质量计算出试料的金银合量预测值。

1.6.1.3 将加纯银的试料灰吹后的金银合粒用手锤轻敲两侧，使合粒呈扁圆形，刷去底部附着物，在箱式高温炉(1.4.1)内于800 ℃左右退火5 min。取出冷却后在碾片机(1.4.4)上碾成厚度为0.15±0.02 mm的薄片，在箱式高温炉(1.4.1)内于750 ℃退火3 min，取出冷却后卷成空心卷。

1.6.1.4 将合金卷放入已加热至90 ℃的硝酸(1.3.4)中分金30 min，将硝酸溶液倾泻，再加入经预热的硝酸(1.3.5)，继续加热分金30 min。

1.6.1.5 倒去硝酸溶液，用热水洗5次，将卷金(或已成碎金)移入瓷坩埚中，烘干后在箱式高温炉(1.4.1)内于800 ℃灼烧3 min，取出冷却后称量，计算试料的金量预测值。

1.6.1.6 根据试料的金银合量(1.6.1.2)和金量预测值(1.6.1.5)计算试料的银量预测值。

1.6.2 试料

1.6.2.1 待测试料

称取1.0 g试样(1.5)三份，精确到0.000 01 g，分别放入铅箔(1.3.1)中，按杂质含量(根据试料中金银量预测值计算)包3 g～5 g铅箔(1.3.1)，加工成球形。

1.6.2.2 标准试料

按试料中金量和银量预测值使用纯金(1.3.3)、纯银(1.3.2)配制质量分数相近的合成金银标样4份，精确到0.000 01 g，以下操作同1.6.2.1。

1.6.3 灰吹

1.6.3.1 将灰皿放入箱式高温炉(1.4.1)内逐步升温至1 000 ℃左右预热20 min，然后将待测试料(1.6.2.1)与标准试料(1.6.2.2)按顺序交叉放入灰皿中，使每个待测试料都能靠近标准试料，关闭炉门。

1.6.3.2 待试料全部熔化后，稍开炉门通风，在950 ℃±10 ℃(骨灰皿)或1 000 ℃±10 ℃(氧化镁灰皿)进行灰吹。当熔珠表面出现彩色薄膜时，关闭炉门。保持温度2 min后关闭电源，当炉温降至750 ℃取出灰皿冷却。

1.6.3.3 用镊子将金银合粒从灰皿中取出，用手锤轻敲合粒两侧，使之呈扁圆形，刷去底部附着物。

1.6.4 称量

冷却后在天平(1.4.2)上依次称出金银合粒的质量。

1.7 分析结果的计算

试料银量以银的质量分数 $w(\mathrm{Ag})$ 计，数值以%表示，按下列步骤计算：

1.7.1 计算合成金银标样灰吹损失量：

$$\Delta m = m_1 - m_2 \quad \cdots\cdots(1)$$

式中：

Δm——合成金银标样灰吹损失量，单位为克(g)；

m_1——合成金银标样称取量，单位为克(g)；

m_2——合成金银标样灰吹后金银合粒质量，单位为克(g)。

1.7.2 若合成金银标样灰吹损失量极差值不大于0.000 40 g时，计算四份合成金银标样灰吹损失量平均值$\overline{\Delta m}$；否则应重新进行测定。

1.7.3 计算试料银的质量分数，以%表示：

$$w(\mathrm{Ag}) = \frac{m_2 + \overline{\Delta m} - m_1}{m} \times 100 \quad \cdots\cdots(2)$$

式中：

$\overline{\Delta m}$——合成金银标样灰吹损失量平均值，单位为克(g)；

m_1——火试金重量法测定的试料中金的质量，单位为克(g)；

m_2——测得试料灰吹后金银合粒质量，单位为克(g)；

m——称取试料质量，单位为克(g)。

计算结果表示到小数点后第2位。

1.8 精密度

1.8.1 重复性

在重复性条件下获得的两次独立测试结果的测定值，在以下给出的平均值范围内，这两个测试结果的绝对差值不大于重复性限(r)，以大于重复性限(r)的情况不超过5%为前提，重复性限(r)按表1数据采用线性内插法求得；不在表1范围内的质量分数，其重复性限(r)则采用线性外推法求得。

表1 重复性限

银的质量分数/%	1.00	10.00	20.00	35.00
重复性限(r)/%	0.04	0.07	0.10	0.15
注：重复性限(r)为$2.8S_r$，S_r为重复性标准差。				

1.8.2 再现性

在再现性条件下获得的两次独立测试结果的测定值，在以下给出的平均值范围内，这两个测试结果的绝对差值不大于再现性限(R)，以大于再现性限(R)的情况不超过5%为前提，再现性限(R)按表2数据采用线性内插法求得；不在表2范围内的质量分数，其再现性限(R)则采用线性外推法求得。

表2 再现性限

银的质量分数/%	1.00	10.00	20.00	35.00
再现性限(R)/%	0.06	0.10	0.15	0.20
注：再现性限(R)为$2.8S_R$，S_R为再现性标准差。				

1.9 质量保证和控制

应用国家级标准样品或行业标准样品(当前两者没有时，也可用控制标样替代)，每周或两周校核一次本分析方法标准的有效性。当过程失控时，应找出原因，纠正错误后，重新进行校核。

2 方法二 EDTA滴定法测定银量

2.1 范围

GB/T 15249的本部分规定了合质金中银量的测定方法。

本部分适用于合质金(矿金、冶炼粗金产品和回收金等)中银量的测定。测定银量的质量分数范围：0.50%～40.00%。

2.2 方法原理

称取一定质量的合质金试料，用硝酸、盐酸溶解后稀释，过滤，用氨水溶解氯化银沉淀，在氨性溶液中加入镍氰化钾，镍被银定量取代，以紫脲酸铵为指示剂，用EDTA标准滴定溶液滴定镍，从而计算银的质量分数。

2.3 试剂和材料

除非另有说明，在分析中仅使用确认为分析纯的试剂和蒸馏水或去离子水或相当纯度的水。

2.3.1 纯银：质量分数不小于99.99%。

2.3.2 纯金：质量分数不小于99.99%。

2.3.3 硝酸(ρ1.42 g/mL)。

2.3.4 盐酸(ρ1.19 g/mL)。

2.3.5 氨水(1+1)。

2.3.6 紫脲酸铵指示剂：称取0.3 g紫脲酸铵与25 g氯化钠，研磨混合均匀。

2.3.7 镍氰化钾溶液(60 g/L)：称取15 g镍氰化钾[$KNi(CN)_3$]，用200 mL热水溶解，冷却后稀释至250 mL(用时配制)。

2.3.8 EDTA(乙二胺四乙酸二钠)标准滴定溶液[c(EDTA)≈0.030 mol/L]：称取11.2 g EDTA($C_{10}H_{14}N_2O_8Na_2 \cdot 2H_2O$)，用热水溶解，冷却后移入1 000 mL容量瓶中稀释至刻度。

2.4 试样

为避免试样表面污染，可用热盐酸(1+1)浸泡15 min。由水洗净后用酒精或丙酮冲洗2次，在105 ℃～110 ℃烘箱内烘干。

2.5 分析步骤

2.5.1 试料

2.5.1.1 待测试料

按表3称取试样(2.4)，精确至0.000 1 g。

表3 试料量

银的质量分数/%	试料量/g
0.50～2.00	4.000 0
>2.00～5.00	1.000 0
>5.00～15.00	0.300 0
>15.00～40.00	0.200 0

2.5.1.2 标准试料

根据试样的化学成分，用纯金(2.3.2)及纯银(2.3.1)配制两个标准试料。

2.5.2 测定

2.5.2.1 将试料(2.5.1)分别置于400 mL烧杯中，加20 mL水，5 mL硝酸(2.3.3)，盖上表皿，低温加热溶解30 min。

2.5.2.2 加入20 mL盐酸(2.3.4)，低温加热使试料完全溶解，并生成氯化银沉淀，取下，洗涤表皿及杯壁，冷至室温后稀释至200 mL，在电热板上低温加热至溶液清亮，使氯化银沉淀凝聚，取下稍冷。

2.5.2.3 洗涤表皿及杯壁，用ϕ9 cm的中速定量滤纸过滤，氯化银沉淀用温水冲洗2～3次并移入漏斗中，洗涤烧杯3次，洗涤沉淀6～8次至滤纸无色。

2.5.2.4 将滤纸展开同氯化银沉淀一起放回原烧杯中，在不断摇动下滴加15 mL氨水(2.3.5)，至氯化银完全溶解。

2.5.2.5 将溶液(2.5.2.4)稀释至100 mL左右，加入5 mL镍氰化钾溶液(2.3.7)、50 mg～100 mg紫脲酸铵指示剂(2.3.6)，立即用EDTA标准滴定溶液(2.3.8)滴定至溶液由黄色经红色变到紫色为终点。

2.6 分析结果的计算

试料银量以银的质量分数w(Ag)计，数值以%表示，按式(3)计算：

$$w(\mathrm{Ag}) = \frac{V_2 \cdot m_1}{V_1 \cdot m_2} \times 100 \qquad \cdots\cdots(3)$$

式中：

V_1——滴定标准试料消耗的EDTA标准滴定溶液体积，单位为毫升(mL)；

V_2——滴定试料消耗的EDTA标准滴定溶液体积，单位为毫升(mL)；

m_1——标准试料中的纯银质量，单位为克(g)；

m_2——试料的质量，单位为克(g)。

计算结果表示到小数点后第二位。

2.7 精密度

2.7.1 重复性

在重复性条件下获得的两次独立测试结果的测定值，在以下给出的平均值范围内，这两个测试结果的绝对差值不大于重复性限(r)，以大于重复性限(r)的情况不超过5%为前提，重复性限(r)按表4数据采用线性内插法求得。

表4 重复性限

银的质量分数/%	0.51	6.99	14.97	39.97
重复性限(r)/%	0.03	0.07	0.10	0.15
注：重复性限(r)为$2.8S_r$，S_r为重复性标准差。				

2.7.2 再现性

在再现性条件下获得的两次独立测试结果的测定值，在以下给出的平均值范围内，这两个测试结果的绝对差值不大于再现性限(R)，以大于再现性限(R)的情况不超过5%为前提，再现性限(R)按表5数据采用线性内插法求得。

表5 再现性限

银的质量分数/%	0.51	6.99	14.97	39.97
再现性限(R)/%	0.04	0.09	0.15	0.20
注：再现性限(R)为$2.8S_R$，S_R为再现性标准差。				

2.8 质量保证和控制

应用国家级标准样品或行业标准样品(当前两者没有时，也可用控制标样替代)，每周或两周校核一次本分析方法标准的有效性。当过程失控时，应找出原因，纠正错误后，重新进行校核。

ICS 77.120.70
H 15

中华人民共和国国家标准

GB/T 15249.3—2009
代替 GB/T 15249.3—1994

合质金化学分析方法 第3部分:铜量的测定 碘量法

Methods for chemical analysis of crude gold—
Part 3: Determination of copper content—Iodometric method

2009-05-06 发布　　2009-10-01 实施

中华人民共和国国家质量监督检验检疫总局
中国国家标准化管理委员会　发布

前　言

GB/T 15249《合质金化学分析方法》分为如下 5 个部分：

——第 1 部分：金量的测定　火试金重量法；

——第 2 部分：银量的测定　火试金重量法和 EDTA 滴定法；

——第 3 部分：铜量的测定　碘量法；

——第 4 部分：铅量的测定　EDTA 滴定法；

——第 5 部分：汞量的测定　冷原子吸收光谱法。

本部分为 GB/T 15249 的第 3 部分。

本部分代替 GB/T 15249.3—1994《合质金化学分析方法　碘量法测定铜量》。

本部分与 GB/T 15249.3—1994 相比，主要有如下的变动：

——对文本格式进行了修改；

——删除了“允许差”条款；

——增加了“精密度”条款(重复性和再现性)；

——增加了质量保证和控制条款。

本部分由中国人民银行提出。

本部分由全国金融标准化技术委员会(SAC/TC 180)归口。

本部分负责起草单位：北京矿冶研究总院。

本部分参加起草单位：成都印钞公司、长春黄金研究院、沈阳造币厂、上海造币厂和南京造币厂。

本部分主要起草人：汤淑芳、于力、周以华、邓海虹。

本部分所代替标准的历次版本发布情况为：

——GB/T 15249.3—1994。

合质金化学分析方法
第3部分:铜量的测定　碘量法

1　范围

GB/T 15249的本部分规定了合质金中铜量的测定方法。

本部分适用于合质金(矿金、冶炼粗金产品和回收金等)中铜量的测定。测定铜的质量分数范围:0.50%~30.00%。

2　方法原理

用稀硝酸、盐酸分解试料,以氯化银沉淀分离银,亚硫酸还原Au(Ⅲ)成单质金,分离金、银后,加入硫酸冒三氧化硫烟,以驱除氮的氧化物,用稀氨水调节酸度,氟化氢铵掩蔽铁,在pH3.0~4.0的微酸性溶液中,铜(Ⅱ)与碘化钾作用游离出碘,以淀粉为指示剂,用硫代硫酸钠标准滴定溶液滴定。

3　试剂

除非另有说明,在分析中仅使用确认为分析纯的试剂和蒸馏水或去离子水或相当纯度的水。

3.1　碘化钾。

3.2　氟化氢铵。

3.3　硫氰酸钾。

3.4　盐酸(ρ1.19 g/mL)。

3.5　硝酸(ρ1.42 g/mL)。

3.6　硝酸(1+1)。

3.7　硫酸(1+1),由硫酸(ρ1.84 g/mL)配制。

3.8　亚硫酸(ρ1.03 g/mL)。

3.9　氨水(1+1)。

3.10　淀粉溶液(5 g/L)。

3.11　铜标准溶液:称取1.000 0 g铜(质量分数不小于99.99%)置于300 mL烧杯中,缓缓加入40 mL硝酸(3.6),盖上表面皿,加热至完全溶解,取下,用水洗涤表面皿及杯壁,冷却至室温,移入1 000 mL容量瓶中,以水稀释至刻度,混匀。此溶液1 mL含1 mg铜。

3.12　硫代硫酸钠标准滴定溶液[$c(Na_2S_2O_3)\approx 0.016$ mol/L]:称取4 g硫代硫酸钠($Na_2S_2O_3\cdot 5H_2O$)于300 mL烧杯中,加入煮沸过的冷蒸馏水溶解,加入0.1 g碳酸钠,溶解后移入1 000 mL容量瓶中,以水稀释至刻度,混匀。于暗处放置7 d以后标定。

标定:移取三份25.00 mL铜标准溶液(3.11),分别置于250 mL烧杯中,加5 mL硫酸(3.7),加热蒸发至冒三氧化硫浓白烟,取下冷却。用水吹洗杯壁,继续加热蒸发至冒尽三氧化硫烟,冷却后加6滴硫酸(3.7),吹洗杯壁,加水至约30 mL,加热至盐类完全溶解,冷却至室温。以下按4.3.8操作。

计算:按式(1)计算硫代硫酸钠标准滴定溶液对铜的滴定系数:

$$F=\frac{m}{V} \qquad \cdots\cdots(1)$$

式中:

F——硫代硫酸钠标准滴定溶液对铜的滴定系数,单位为毫克每毫升(mg/mL);

m——移取的铜标准溶液中铜的质量,单位为毫克(mg);

V——滴定铜标准溶液消耗的硫代硫酸钠标准滴定溶液的体积，单位为毫升(mL)。

平行标定所消耗的硫代硫酸钠标准滴定溶液体积的极差值应不超过0.10 mL，取其平均值。

4 试样

试样加工成粉末状或屑状。

5 分析步骤

5.1 试料

按表1称取试样(4)，精确至0.000 1 g。

表1 试料量及分取体积

铜的质量分数/%	试料量/g	试液总体积/mL	分取试液体积/mL
0.500～3.50	1.000	—	全量
>3.50～7.00	0.500	—	全量
>7.00～15.00	0.500	50	20.00
>15.00～30.00	0.500	100	20.00

5.2 测定次数

独立地进行二次测定，取其平均值。

5.3 测定

5.3.1 将试料(5.1)置于250 mL烧杯中，加入20 mL水、5 mL硝酸(3.5)，盖上表面皿，低温加热约微沸30 min后，取下稍冷，缓慢加入20 mL盐酸(3.4)，低温加热使试料完全溶解。

5.3.2 蒸发至近干，取下稍冷，用水吹洗表面皿及杯壁，加水至体积约100 mL，摇匀，加热煮沸使可溶性盐类溶解，取下。

5.3.3 用少量水吹洗表面皿及杯壁，在不断搅拌下，缓慢加入15 mL亚硫酸(3.8)，加热至微沸并保持30 min。

5.3.4 洗净表面皿，用中速定量滤纸以倾析法过滤，用热水洗涤烧杯4次，用热水洗涤滤纸及沉淀6次，再用滴管以硝酸(3.6)洗涤3次[共用硝酸(3.6)的量约为2 mL]，用热水洗涤3次。

5.3.5 滤液摇匀，蒸发至溶液体积约为40 mL时，加5 mL硫酸(3.7)，摇匀，蒸发至冒浓三氧化硫烟，取下冷却，用水吹洗杯壁，蒸发至冒尽三氧化硫烟，取下冷却。

5.3.6 滴加0.7 mL(取全量时，加0.3 mL)硫酸(3.7)，吹洗杯壁至溶液体积约30 mL，盖上表面皿，加热煮沸至盐类完全溶解，冷却至室温，按表1试液总体积数据移入容量瓶中(V_2)(或全量滴定)，以水定容。

5.3.7 按表1分取一定量(V_3)试液(5.3.6)于250 mL缩口烧杯中，加10 mL水。

5.3.8 用氨水(3.9)调至蓝色铜氨络离子呈现，加入约0.5 g氟化氢铵，摇匀，加入3 g碘化钾，立即用硫代硫酸钠标准滴定溶液(3.12)滴定至淡黄色，加入5 mL淀粉溶液(3.10)，继续滴定至淡蓝色，加入0.5 g～1 g硫氰酸钾(铜的质量分数低于1%则不加)，激烈振荡至蓝色加深，再滴定至蓝色恰好消失即为终点(干扰元素多时滴定溶液终点为黄色)。记下消耗的硫代硫酸钠标准滴定溶液体积(V_1)。

6 分析结果的计算

按式(2)计算铜的质量分数$w(\mathrm{Cu})$，数值以%表示：

$$w(\mathrm{Cu})=\frac{F\cdot V_1\cdot V_2\times 10^{-3}}{m_0\cdot V_3}\times 100 \qquad \cdots\cdots(2)$$

式中：

F——硫代硫酸钠标准滴定溶液对铜的滴定系数，单位为毫克每毫升(mg/mL)；

V_1——滴定试料溶液时消耗的硫代硫酸钠标准滴定溶液的体积，单位为毫升(mL)；

V_2——试液总体积，单位为毫升(mL)；

V_3——分取试液体积，单位为毫升(mL)；

m_0——试料的质量，单位为克(g)。

所得结果保留至小数点后第2位。

7 精密度

7.1 重复性

在重复条件下获得的两次独立测试结果的测试值，在表2给出的平均值范围内，两个测试结果的绝对差值不超过重复性限(r)，超过重复性限(r)的情况不超过5%，重复性限(r)按表2数据采用线性内插法求得：

表2 重复性限

铜的质量分数/%	0.50	5.00	14.96	29.90
重复性限(r)/%	0.05	0.10	0.15	0.20
注：重复性限(r)为$2.83S_r$，S_r为重复性标准偏差。				

7.2 再现性

在再现性条件下获得的两次独立测试结果的测试值，在表3给出的平均值范围内，两个测试结果的绝对差值不超过再现性限(R)，超过再现性限(R)的情况不超过5%，再现性限(R)按表3数据采用线性内插法求得：

表3 再现性限

铜的质量分数/%	0.50	5.00	14.96	29.90
再现性限(R)/%	0.10	0.15	0.20	0.25
注：再现性限(R)为$2.83S_R$，S_R为再现性标准偏差。				

8 质量保证和控制

应用国家级标准样品或行业级标准样品(当前两者没有时，也可用控制标样替代)，每周或每两周校核一次本分析方法标准的有效性。当过程失控时，应找出原因，纠正错误后，重新进行校核。

ICS 77.120.70
H 15

中华人民共和国国家标准

GB/T 15249.4—2009
代替 GB/T 15249.4—1994

合质金化学分析方法
第 4 部分：铅量的测定 EDTA 滴定法

**Methods for chemical analysis of crude gold—
Part 4: Determination of lead content—
EDTA titrimetric method**

2009-05-06 发布 2009-10-01 实施

中华人民共和国国家质量监督检验检疫总局
中国国家标准化管理委员会 发布

前　言

GB/T 15249《合质金化学分析方法》分为如下5个部分：

——第1部分：金量的测定　火试金重量法；

——第2部分：银量的测定　火试金重量法和EDTA滴定法；

——第3部分：铜量的测定　碘量法；

——第4部分：铅量的测定　EDTA滴定法；

——第5部分：汞量的测定　冷原子吸收光谱法。

本部分为GB/T 15249的第4部分。

本部分代替GB/T 15249.4—1994《合质金化学分析方法　EDTA滴定法测定铅量》。

本部分与GB/T 15249.4—1994相比，主要有如下变动：

——对文本格式进行了修改；

——增加了试样条款；

——增加了精密度条款；

——增加了质量保证和控制条款。

本部分由中国人民银行提出。

本部分由全国金融标准化技术委员会(SAC/TC 180)归口。

本部分由长春黄金研究院负责起草。

本部分由成都印钞公司、北京矿冶研究总院、沈阳造币厂、上海造币厂和南京造币厂参加起草。

本部分主要起草人：陈菲菲、黄蕊、刘烽、于力、陈杰、王自森、赖茂明、王德雨、张勃。

本部分所代替标准的历次版本发布情况为：

——GB/T 15249.4—1994。

合质金化学分析方法
第 4 部分：铅量的测定　EDTA 滴定法

1　范围

GB/T 15249 的本部分规定了合质金中铅量的测定方法。

本部分适用于合质金（矿金、冶炼粗金产品和回收金等）中铅量的测定。测定铅的质量分数范围：1.00%～15.00%。

2　方法原理

试料用稀硝酸、盐酸分解，银以氯化银沉淀分离，金以亚硫酸还原成单体金分离，加入硫酸使铅成硫酸铅沉淀过滤，使其与共存元素分离。用乙酸-乙酸钠缓冲溶液溶解硫酸铅，以二甲酚橙为指示剂，在 pH5.5～6.0 的条件下，用 EDTA 标准滴定溶液滴定，由消耗的 EDTA 标准溶液体积计算铅的质量分数。

3　试剂

除非另有说明，在分析中仅使用确认为分析纯的试剂和蒸馏水或去离子水或相当纯度的水。

3.1　盐酸（ρ1.19 g/mL）。

3.2　盐酸（2+98）。

3.3　硝酸（ρ1.42 g/mL）。

3.4　硝酸（1+1）。

3.5　硫酸（1+1）。

3.6　硫酸（1+24）。

3.7　硫酸（2+98）。

3.8　亚硫酸（ρ1.03 g/mL）。

3.9　无水乙醇。

3.10　乙酸-乙酸钠缓冲溶液（pH5.5～6.0）：将 375 g 无水乙酸钠溶于水中，加入 50 mL 冰乙酸，用水稀释至 2.5 L。

3.11　二甲酚橙指示剂溶液（5 g/L）：在 50 mL 溶液中滴加 1～2 滴氨水（1+1）。1 周内使用。

3.12　铅标准溶液：称取 2.000 0 g 金属铅（w(Pb)≥99.99%）于 250 mL 烧杯中，加入 40 mL 硝酸（3.4），盖上表面皿，置于电热板上，低温加热溶解，待完全溶解后，煮沸驱除氮的氧化物，取下，冷至室温。移入 1 000 mL 容量瓶中，用水稀释至刻度，混匀。此溶液 1 mL 含铅 2 mg。

3.13　乙二胺四乙酸二钠（Na_2EDTA）标准滴定溶液[c(Na_2EDTA)≈0.01 mol/L]。

3.13.1　配制：称取 18 g 乙二胺四乙酸二钠（Na_2EDTA）置于 400 mL 烧杯中，加水 200 mL 微热溶解，冷至室温，用水稀释至 5 L，混匀。

3.13.2　标定：移取三份 20.00 mL 铅标准溶液（3.12），分别置于 250 mL 烧杯中，加 10 mL 硫酸（3.5），低温加热至冒三氧化硫烟，取下冷却，用水洗杯壁，再低温加热至浓烟消失，取下冷却。以下按分析步骤 5.3.4～5.3.6 进行。

按式（1）计算 Na_2EDTA 标准滴定溶液的实际浓度：

$$c = \frac{c_0 \cdot V_1 \times 1\,000}{(V_2 - V_0) \times 207.2} \quad \cdots\cdots (1)$$

式中：

c——Na_2EDTA 标准滴定溶液的实际浓度，单位为摩尔每升(mol/L)；

c_0——铅标准溶液的质量浓度，单位为克每毫升(g/mL)；

V_0——空白溶液消耗的 Na_2EDTA 标准滴定溶液的体积，单位为毫升(mL)；

V_1——移取铅标准溶液的体积，单位为毫升(mL)；

V_2——滴定时消耗 Na_2EDTA 标准滴定溶液的体积，单位为毫升(mL)；

207.2——铅的摩尔质量，单位为克每摩尔(g/mol)。

测定值保留四位有效数字，平行标定所消耗 Na_2EDTA 标准滴定溶液体积的极差值应不超过 0.10 mL，取其平均值。

4 试样

试样加工成粉末状或屑状。

5 分析步骤

5.1 试料

按表 1 称取试样(4)，精确至 0.000 1 g。独立地进行两次测定，取其平均值。

表 1 试料量

铅的质量分数/%	试料质量/g
1.00～5.00	1.000 0
>5.00～15.00	0.500 0

5.2 空白试验

随同试料做空白试验。

5.3 测定

5.3.1 将试料(5.1)置于 250 mL 烧杯中，加入 20 mL 水，5 mL 硝酸(3.3)，盖上表面皿，低温微沸 30 min，取下稍冷，加入 20 mL 盐酸(3.1)，低温分解样品至溶解完全，打开表面皿，低温蒸至近干，加入 5 mL 盐酸(3.1)，低温蒸至近干，驱除氮的氧化物。取下稍冷，用水洗涤表面皿与烧杯，加入 5 mL 盐酸(3.1)，将体积稀释至 100 mL 左右，加热煮沸数分钟，取下，趁热缓慢边搅拌边加入 20 mL 亚硫酸(3.8)还原金，煮沸并保温 30 min。

5.3.2 取下，用热盐酸(3.2)洗涤表面皿，用中速定量滤纸趁热过滤，滤液滤入 250 mL 烧杯中，用热盐酸(3.2)在烧杯中洗涤单质金与氯化银混合沉淀 3 次，将沉淀用热盐酸(3.2)移至滤纸上，洗涤烧杯 3 次，用热盐酸(3.2)洗涤沉淀，直至滤液体积为 200 mL 左右。

5.3.3 用玻璃棒搅匀滤液，将滤液蒸至 20 mL 左右，加入 10 mL 硫酸(3.5)，继续加热至冒三氧化硫浓烟，取下冷却，用水洗杯壁，加热至浓烟消失，取下冷却。

5.3.4 用 50 mL 硫酸(3.6)洗涤烧杯，盖上表面皿，微沸 10 min，取下冷却至室温，加入 10 mL 无水乙醇(3.9)，放置 1 h。

5.3.5 用慢速定量滤纸以倾析法过滤，用硫酸(3.7)洗涤硫酸铅沉淀 3 次后，将沉淀移至滤纸上，再洗涤烧杯 3 次，分次洗涤滤纸和沉淀，直至滤液体积为 200 mL 左右，再用水洗涤烧杯与滤纸和沉淀各 2 次。

5.3.6 将滤纸展开，连同沉淀一起移入原烧杯中，加入 50 mL 缓冲溶液(3.10)、30 mL 水，盖上表面皿，加热微沸 10 min，搅拌使沉淀溶解，取下冷却，加水至 100 mL。加入 3 滴～4 滴二甲酚橙指示剂(3.11)，用 Na_2EDTA 标准滴定溶液(3.13)滴定至溶液由紫红色变为亮黄色为终点。

6 结果计算

按式(2)计算铅的质量分数 $w(Pb)$，数值以%表示：

$$w(\mathrm{Pb}) = \frac{c(V_3 - V_4) \times 207.2}{m_0 \times 1\,000} \times 100 \quad \cdots\cdots (2)$$

式中：

c——Na_2EDTA 标准滴定溶液的实际浓度，单位为摩尔每升(mol/L)；

V_3——试料溶液消耗 Na_2EDTA 标准滴定溶液的体积，单位为毫升(mL)；

V_4——空白溶液消耗 Na_2EDTA 标准滴定溶液的体积，单位为毫升(mL)；

m_0——试料的质量，单位为克(g)；

207.2——铅的摩尔质量，单位为克每摩尔(g/mol)。

所得结果表示至小数点后第二位。

7 精密度

7.1 重复性

在重复性条件下，获得的两次独立测试结果的绝对差值不大于重复性限(r)，大于重复性限(r)的情况以不超过5%为前提。重复性限(r)按表2数据采用线性内插法求得。

表2 重复性限

Pb 的质量分数/%	1.00	5.00	15.00
重复性限(r)/%	0.10	0.15	0.20
注：重复性限(r)为 $2.8S_r$，S_r 为重复性标准差。			

7.2 再现性

在再现性条件下，获得的两次独立测试结果的绝对差值不大于再现性限(R)，大于再现性限(R)的情况以不超过5%为前提。再现性限(R)按表3数据采用线性内插法求得。

表3 再现性限

Pb 的质量分数/%	1.00	5.00	15.00
再现性限(R)/%	0.15	0.20	0.30
注：再现性限(R)为 $2.8S_R$，S_R 为再现性标准差。			

8 质量保证和控制

应用国家级或行业级标准样品(当两者没有时，也可用自制的控制样品代替)，每周或两周验证一次本标准的有效性。当过程失控时，应找出原因，纠正错误后，重新进行校核，并采取相应的预防措施。

ICS 77.120.70
H 15

中华人民共和国国家标准

GB/T 15249.5—2009
代替 GB/T 15249.5—1994

合质金化学分析方法 第5部分：汞量的测定 冷原子吸收光谱法

Methods for chemical analysis of crude gold—
Part 5: Determination of mercury content—
Cold atomic absorption spectrometry

2009-05-06 发布　　　　2009-10-01 实施

中华人民共和国国家质量监督检验检疫总局
中国国家标准化管理委员会　发布

前　言

GB/T 15249《合质金化学分析方法》分为如下5个部分：

——第1部分：金量的测定　火试金重量法；

——第2部分：银量的测定　火试金重量法和EDTA滴定法；

——第3部分：铜量的测定　碘量法；

——第4部分：铅量的测定　EDTA滴定法；

——第5部分：汞量的测定　冷原子吸收光谱法。

本部分为GB/T 15249的第5部分。

本部分代替GB/T 15249.5—1994《合质金化学分析方法　冷原子吸收光谱法测定汞量》。

本部分与GB/T 15249.5—1994相比，主要有如下变动：

——对文本格式进行了修改；

——对仪器的要求，将灵敏度改为特征浓度；

——删除了"允许差"条款；

——增加了"精密度"条款(重复性和再现性)；

——增加了质量保证和控制条款。

本部分由中国人民银行提出。

本部分由全国金融标准化技术委员会(SAC/TC 180)归口。

本部分负责起草单位：北京矿冶研究总院。

本部分参加起草单位：成都印钞公司、长春黄金研究院、沈阳造币厂、上海造币厂和南京造币厂。

本部分主要起草人：于力、汤淑芳、孙龄高、刘春峰。

本部分所代替标准的历次版本发布情况为：

——GB/T 15249.5—1994。

合质金化学分析方法 第5部分:汞量的测定 冷原子吸收光谱法

1 范围

GB/T 15249 的本部分规定了合质金中汞量的测定方法。

本部分适用于合质金(矿金、冶炼粗金产品和回收金等)中汞量的测定。测定汞的质量分数范围:0.005 0%~0.050%。

2 方法原理

用稀硝酸、盐酸分解合质金试料,过滤除去氯化银沉淀以分离银,以硫氰酸钾掩蔽金,在强碱性介质中,以二氯化锡还原化合汞为原子汞,于波长 253.7 nm 处进行汞的冷原子吸收光谱测定。

3 试剂

除非另有说明,在分析中仅使用确认为分析纯的试剂和二次蒸馏水或去离子水或相当纯度的水。实验所用器皿均用稀硝酸(1+4)浸泡 12 h 后,用水彻底清洗。

3.1 盐酸(ρ1.19 g/mL),优级纯。

3.2 硝酸(ρ1.42 g/mL),优级纯。

3.3 重铬酸钾溶液(10 g/L)。

3.4 硫氰酸钾溶液(100 g/L)。

3.5 乙酸锌溶液(50 g/L)。

3.6 二氯化锡溶液(100 g/L):称取 10 g 二氯化锡于 10 mL 盐酸中,加热溶解后用水稀释至 100 mL。

3.7 氢氧化钠溶液(100 g/L)。

3.8 余汞吸收液(10 g/L $KMnO_4$-1.8 mol/L H_2SO_4)。

3.9 汞标准贮存溶液:称取 0.135 4 g 二氯化汞溶于少量水中,加入 50 mL 硝酸(3.2)、10 mL 重铬酸钾溶液(3.3),移入 1 000 mL 容量瓶中,以水稀释至刻度,混匀。此溶液 1 mL 含 0.100 0 mg 汞(溶液在五个月内使用)。

3.10 汞标准溶液

3.10.1 移取 10.00 mL 汞标准贮存溶液(3.9)于 100 mL 容量瓶中,加入 5 mL 硝酸(3.2)、1 mL 重铬酸钾溶液(3.3),以水稀释至刻度,混匀。此溶液 1 mL 含 10.00 μg 汞(溶液在两个月内使用)。

3.10.2 移取 1.00 mL 汞标准溶液(3.10.1)于 100 mL 容量瓶中,加入 1 mL 重铬酸钾(3.3),以水稀释至刻度,混匀。此溶液 1 mL 含 0.100 μg 汞。

4 仪器

冷原子吸收测汞仪,附 GP_3 型汞灯。

在仪器最佳工作条件下,凡能达到下列指标者均可使用:

——特征浓度:在与测量试液的基体相一致的溶液中,汞特征浓度应不大于 0.05×10^{-9} μg/mL。

——工作曲线线性:将工作曲线按浓度等分成五段,最高段的吸光度差值与最低段的吸光度差值之比,应不小于 0.80。

——精密度：用最高浓度的标准溶液测量10次吸光度，其标准偏差应不超过平均吸光度的1.0%；用最低浓度的标准溶液(不是“零”标准溶液)测量10次吸光度，其标准偏差应不超过最高浓度标准溶液平均吸光度的0.5%。

5 试样

试样加工成粉末状或屑状。

6 分析步骤

6.1 试料

按表1称取试样(5)，精确至0.000 1 g。

表1 试料量及分取体积

汞的质量分数/%	试料量/g	定容体积/mL	分取试液体积/mL
0.005 0～0.010	0.200	100	20.00
>0.010～0.020	0.200	100	10.00
>0.020～0.050	0.200	100	5.00

6.2 测定次数

独立地进行二次测定，取其平均值。

6.3 空白试验

随同试料做空白试验，并取三份空白试验之平均值。

6.4 测定

6.4.1 将试料(6.1)置于100 mL烧杯中，加入10 mL水、3 mL硝酸(3.2)，微沸溶解5 min，加入10 mL盐酸(3.1)溶解，并在低温处蒸至近干，加入5 mL盐酸(3.1)再次蒸至近干。

6.4.2 加入约50 mL水，煮沸1 min～2 min，溶液冷却至室温后，用中速滤纸过滤于100 mL容量瓶(V)中，用水洗涤滤纸及沉淀3～5次，洗液并入滤液，以水稀释至刻度，混匀。

6.4.3 按表1分取试液(6.4.2)(V_1)于50 mL容量瓶中，加入1 mL盐酸(3.1)，以水稀释至刻度，混匀。

6.4.4 取1.00 mL试液(6.4.3)于15 mL还原瓶中，加水至2 mL。

6.4.5 加入1 mL硫氰酸钾溶液(3.4)，0.4 mL乙酸锌溶液(3.5)，1.0 mL二氯化锡溶液(3.6)(每加一种试剂均需摇匀)。沿瓶壁缓缓加入2.2 mL氢氧化钠溶液(3.7)(切勿摇动)，迅速盖上还原瓶磨口塞，鼓泡并记录最大显示值(每次测定前仪器均应调零)。然后，旋转三通活塞接通余汞吸收装置，将余汞吸收于余汞吸收液(3.8)中。

6.5 工作曲线的绘制

6.5.1 移取0.00 mL，0.20 mL，0.40 mL，0.60 mL，0.80 mL，1.00 mL汞标准溶液(3.10.2)于15 mL还原瓶中，加水至2 mL，以下按6.4.5进行。

6.5.2 在与测量试液相同的条件下，同时测量标准溶液系列的吸光度，每份标准溶液测量2次，取其平均值，减去试剂空白的平均吸光度。以汞量为横坐标，吸光度为纵坐标，绘制汞的工作曲线。

7 分析结果的计算

按下式计算汞的质量分数$w(\mathrm{Hg})$，数值以%表示：

$$w(\mathrm{Hg})=\frac{\rho\times 50\times V\times 10^{-6}}{V_1\cdot m}\times 100$$

式中：

ρ——自工作曲线上查得的汞的质量，单位为微克（μg）；

V——定容体积，单位为毫升（mL）；

V_1——分取试液体积，单位为毫升（mL）；

m——试料的质量，单位为克（g）。

所得结果保留两位有效数字。

8 精密度

8.1 重复性

在重复条件下获得的两次独立测试结果的测试值，在表 2 给出的平均值范围内，两个测试结果的绝对差值不超过重复性限（r），超过重复性限（r）的情况不超过 5%，重复性限（r）按表 2 数据采用线性内插法求得：

表 2 重复性限

汞的质量分数/%	0.005 0	0.010	0.025	0.050
重复性限（r）/%	0.000 8	0.002	0.004	0.005
注：重复性限（r）为 2.83S_r，S_r 为重复性标准偏差。				

8.2 再现性

在再现性条件下获得的两次独立测试结果的测试值，在表 3 给出的平均值范围内，两个测试结果的绝对差值不超过再现性限（R），超过再现性限（R）的情况不超过 5%，再现性限（R）按表 3 数据采用线性内插法求得：

表 3 再现性限

汞的质量分数/%	0.005 0	0.010	0.025	0.050
再现性限（R）/%	0.001 5	0.003	0.004	0.006
注：再现性限（R）为 2.83S_R，S_R 为再现性标准偏差。				

9 质量保证和控制

应用国家级标准样品或行业级标准样品（当前两者没有时，也可用控制标样替代），每周或每两周校核一次本分析方法标准的有效性。当过程失控时，应找出原因，纠正错误后，重新进行校核。

ICS 13.300
A 80

中华人民共和国国家标准

GB 15258—2009
代替 GB 15258—1999

化学品安全标签编写规定

General rules for preparation of precautionary label for chemicals

2009-06-21 发布　　2010-05-01 实施

中华人民共和国国家质量监督检验检疫总局
中国国家标准化管理委员会 发布

前　言

本标准的4.1、4.2、4.3、5.1、5.2、5.4.1、5.4.2为强制性的，其余为推荐性的。

本标准对应于联合国《全球化学品统一分类和标签制度》(GHS，第二修订版)，与其一致性程度为非等效。

本标准代替GB 15258—1999《化学品安全标签编写规定》。

本标准与GB 15258—1999相比，主要差异如下：

——4.2中标签内容作了调整；

——5.3中增加了“标签尺寸”；

——4.3中增加了“简化标签”；

——调整了附录A、附录B、附录C，根据GHS设计了安全标签样例、安全标签与运输标志粘贴样例，提供了不同类别危险化学品的防范说明。

本标准的附录A、附录B、附录C为资料性附录。

本标准自实施之日起实施过渡期为1年。

本标准由全国危险化学品管理标准化技术委员会(SAC/TC 251)提出并归口。

本标准负责起草单位：国家安全生产监督管理总局化学品登记中心。

本标准参加起草单位：中国石油化工股份有限公司青岛安全工程研究院、化学品安全控制国家重点实验室。

本标准主要起草人：纪国峰、李运才、郭秀云、李永兴、李雪华、陈军、彭湘潍、曹永友、张海峰。

本标准所代替标准的历次版本发布情况为：

——GB/T 15258—1994、GB 15258—1999。

化学品安全标签编写规定

1 范围

本标准规定了化学品安全标签的术语和定义、标签内容、制作和使用要求。

本标准适用于化学品安全标签的编写、制作与使用。

产品安全标签另有标准规定的，例如农药、气瓶等，按其标准执行。

2 规范性引用文件

下列文件中的条款通过本标准的引用而成为本标准的条款。凡是注日期的引用文件，其随后所有的修改单(不包括勘误的内容)或修订版均不适用于本标准，然而，鼓励根据本标准达成协议的各方研究是否可使用这些文件的最新版本。凡是不注日期的引用文件，其最新版本适用于本标准。

GB 12268 危险货物品名表

GB 20576 化学品分类、警示标签和警示性说明安全规范 爆炸物

GB 20577 化学品分类、警示标签和警示性说明安全规范 易燃气体

GB 20578 化学品分类、警示标签和警示性说明安全规范 易燃气溶胶

GB 20579 化学品分类、警示标签和警示性说明安全规范 氧化性气体

GB 20580 化学品分类、警示标签和警示性说明安全规范 压力下气体

GB 20581 化学品分类、警示标签和警示性说明安全规范 易燃液体

GB 20582 化学品分类、警示标签和警示性说明安全规范 易燃固体

GB 20583 化学品分类、警示标签和警示性说明安全规范 自反应性物质

GB 20584 化学品分类、警示标签和警示性说明安全规范 自热物质

GB 20585 化学品分类、警示标签和警示性说明安全规范 自燃液体

GB 20586 化学品分类、警示标签和警示性说明安全规范 自燃固体

GB 20587 化学品分类、警示标签和警示性说明安全规范 遇水放出易燃气体的物质

GB 20588 化学品分类、警示标签和警示性说明安全规范 金属腐蚀物

GB 20589 化学品分类、警示标签和警示性说明安全规范 氧化性液体

GB 20590 化学品分类、警示标签和警示性说明安全规范 氧化性固体

GB 20591 化学品分类、警示标签和警示性说明安全规范 有机过氧化物

GB 20592 化学品分类、警示标签和警示性说明安全规范 急性毒性

GB 20593 化学品分类、警示标签和警示性说明安全规范 皮肤腐蚀/刺激

GB 20594 化学品分类、警示标签和警示性说明安全规范 严重眼睛损伤/眼睛刺激性

GB 20595 化学品分类、警示标签和警示性说明安全规范 呼吸或皮肤过敏

GB 20596 化学品分类、警示标签和警示性说明安全规范 生殖细胞突变性

GB 20597 化学品分类、警示标签和警示性说明安全规范 致癌性

GB 20598 化学品分类、警示标签和警示性说明安全规范 生殖毒性

GB 20599 化学品分类、警示标签和警示性说明安全规范 特异性靶器官系统毒性 一次接触

GB 20601 化学品分类、警示标签和警示性说明安全规范 特异性靶器官系统毒性 反复接触

GB 20602 化学品分类、警示标签和警示性说明安全规范 对水环境的危害

联合国《关于危险货物运输的建议书 规章范本》

3 术语和定义

下列术语和定义适用于本标准。

3.1

标签 label

用于标示化学品所具有的危险性和安全注意事项的一组文字、象形图和编码组合，它可粘贴、挂栓或喷印在化学品的外包装或容器上。

3.2

标签要素 label element

安全标签上用于表示化学品危险性的一类信息，例如象形图、信号词等。

3.3

信号词 signal word

标签上用于表明化学品危险性相对严重程度和提醒接触者注意潜在危险的词语。

3.4

图形符号 symbol

旨在简明地传达安全信息的图形要素。

3.5

象形图 pictogram

由图形符号及其他图形要素，如边框、背景图案和颜色组成，表述特定信息的图形组合。

3.6

危险性说明 hazard statement

对危险种类和类别的说明，描述某种化学品的固有危险，必要时包括危险程度。

3.7

防范说明 precautionary statement

用文字或象形图描述的降低或防止与危险化学品接触，确保正确储存和搬运的有关措施。

3.8

物理危险 physical hazard

化学品所具有的爆炸性、燃烧性（易燃或可燃性、自燃性、遇湿易燃性）、自反应性、氧化性、高压气体危险性、金属腐蚀性等危险性。

3.9

健康危害 health hazard

根据已确定的科学方法进行研究，由得到的统计资料证实，接触某种化学品对人员健康造成的急性或慢性危害。

3.10

环境危害 environmental hazard

化学品进入环境后通过环境蓄积、生物累积、生物转化或化学反应等方式，对环境产生的危害。

4 标签

4.1 标签要素

包括化学品标识、象形图、信号词、危险性说明、防范说明、应急咨询电话、供应商标识、资料参阅提示语等。

4.2 内容

4.2.1 化学品标识

用中文和英文分别标明化学品的化学名称或通用名称。名称要求醒目清晰，位于标签的上方。名称应与化学品安全技术说明书中的名称一致。

对混合物应标出对其危险性分类有贡献的主要组分的化学名称或通用名、浓度或浓度范围。当需要标出的组分较多时，组分个数以不超过5个为宜。对于属于商业机密的成分可以不标明，但应列出其危险性。

4.2.2 象形图

采用 GB 20576～GB 20599、GB 20601～GB 20602 规定的象形图。

4.2.3 信号词

根据化学品的危险程度和类别，用“危险”、“警告”两个词分别进行危害程度的警示。信号词位于化学品名称的下方，要求醒目、清晰。根据 GB 20576～GB 20599、GB 20601～GB 20602，选择不同类别危险化学品的信号词。

4.2.4 危险性说明

简要概述化学品的危险特性。居信号词下方。根据 GB 20576～GB 20599、GB 20601～GB 20602，选择不同类别危险化学品的危险性说明。

4.2.5 防范说明

表述化学品在处置、搬运、储存和使用作业中所必须注意的事项和发生意外时简单有效的救护措施等，要求内容简明扼要、重点突出。该部分应包括安全预防措施、意外情况（如泄漏、人员接触或火灾等）的处理、安全储存措施及废弃处置等内容。防范说明详见附录 C。

4.2.6 供应商标识

供应商名称、地址、邮编和电话等。

4.2.7 应急咨询电话

填写化学品生产商或生产商委托的 24 h 化学事故应急咨询电话。

国外进口化学品安全标签上应至少有一家中国境内的 24 h 化学事故应急咨询电话。

4.2.8 资料参阅提示语

提示化学品用户应参阅化学品安全技术说明书。

4.2.9 危险信息先后排序

当某种化学品具有两种及两种以上的危险性时，安全标签的象形图、信号词、危险性说明的先后顺序规定如下：

4.2.9.1 象形图先后顺序

物理危险象形图的先后顺序，根据 GB 12268 中的主次危险性确定，未列入 GB 12268 的化学品，以下危险性类别的危险性总是主危险：爆炸物、易燃气体、易燃气溶胶、氧化性气体、高压气体、自反应物质和混合物、发火物质、有机过氧化物。其他主危险性的确定按照联合国《关于危险货物运输的建议书 规章范本》危险性先后顺序确定方法确定。

对于健康危害，按照以下先后顺序：如果使用了骷髅和交叉骨图形符号，则不应出现感叹号图形符号；如果使用了腐蚀图形符号，则不应出现感叹号来表示皮肤或眼睛刺激；如果使用了呼吸致敏物的健康危害图形符号，则不应出现感叹号来表示皮肤致敏物或者皮肤/眼睛刺激。

4.2.9.2 信号词先后顺序

存在多种危险性时，如果在安全标签上选用了信号词“危险”，则不应出现信号词“警告”。

4.2.9.3 危险性说明先后顺序

所有危险性说明都应当出现在安全标签上，按物理危险、健康危害、环境危害顺序排列。

4.3 简化标签

对于小于或等于 100 mL 的化学品小包装，为方便标签使用，安全标签要素可以简化，包括化学品标识、象形图、信号词、危险性说明、应急咨询电话、供应商名称及联系电话、资料参阅提示语即可。

4.4 安全标签样例

安全标签样例见附录 A。

5 制作

5.1 编写

标签正文应使用简捷、明了、易于理解、规范的汉字表述，也可以同时使用少数民族文字或外文，但意义必须与汉字相对应，字形应小于汉字。相同的含义应用相同的文字或图形表示。

当某种化学品有新的信息发现时，标签应及时修订。

5.2 颜色

标签内象形图的颜色根据GB 20576～GB 20599、GB 20601～GB 20602的规定执行，一般使用黑色图形符号加白色背景，方块边框为红色。正文应使用与底色反差明显的颜色，一般采用黑白色。若在国内使用，方块边框可以为黑色。

5.3 标签尺寸

对不同容量的容器或包装，标签最低尺寸如表1所示。

表1 标签最低尺寸

容器或包装容积/L	标签尺寸/(mm×mm)
≤0.1	使用简化标签
>0.1～≤3	50×75
>3～≤50	75×100
>50～≤500	100×150
>500～≤1 000	150×200
>1 000	200×300

5.4 印刷

5.4.1 标签的边缘要加一个黑色边框，边框外应留大于或等于3 mm的空白，边框宽度大于或等于1 mm。

5.4.2 象形图必须从较远的距离，以及在烟雾条件下或容器部分模糊不清的条件下也能看到。

5.4.3 标签的印刷应清晰，所使用的印刷材料和胶粘材料应具有耐用性和防水性。

6 使用

6.1 使用方法

6.1.1 安全标签应粘贴、挂栓或喷印在化学品包装或容器的明显位置。

6.1.2 当与运输标志组合使用时，运输标志可以放在安全标签的另一面版，将之与其他信息分开，也可放在包装上靠近安全标签的位置，后一种情况下，若安全标签中的象形图与运输标志重复，安全标签中的象形图应删掉。

6.1.3 对组合容器，要求内包装加贴(挂)安全标签，外包装上加贴运输象形图，如果不需要运输标志可以加贴安全标签。见附录B。

6.2 位置

安全标签的粘贴、喷印位置规定如下：

a) 桶、瓶形包装：位于桶、瓶侧身；

b) 箱状包装：位于包装端面或侧面明显处；

c) 袋、捆包装：位于包装明显处。

6.3 使用注意事项

6.3.1 安全标签的粘贴、挂栓或喷印应牢固，保证在运输、储存期间不脱落，不损坏。

6.3.2 安全标签应由生产企业在货物出厂前粘贴、挂栓或喷印。若要改换包装，则由改换包装单位重新粘贴、挂栓或喷印标签。

6.3.3 盛装危险化学品的容器或包装，在经过处理并确认其危险性完全消除之后，方可撕下安全标签，否则不能撕下相应的标签。

附　录　A
（资料性附录）
化学品安全标签样例

A.1　安全标签样例

化学品名称　A组分：40%；B组分：60%

危　险

极易燃液体和蒸气，食入致死，对水生生物毒性非常大

【预防措施】
- 远离热源、火花、明火、热表面。使用不产生火花的工具作业。
- 保持容器密闭。
- 采取防止静电措施，容器和接收设备接地、连接。
- 使用防爆电器、通风、照明及其他设备。
- 戴防护手套、防护眼镜、防护面罩。
- 操作后彻底清洗身体接触部位。
- 作业场所不得进食、饮水或吸烟。
- 禁止排入环境。

【事故响应】
- 如皮肤（或头发）接触：立即脱掉所有被污染的衣服。用水冲洗皮肤、淋浴。
- 食入：催吐，立即就医。
- 收集泄漏物。
- 火灾时，使用干粉、泡沫、二氧化碳灭火。

【安全储存】
- 在阴凉、通风良好处储存。
- 上锁保管。

【废弃处置】
- 本品或其容器采用焚烧法处置。

请参阅化学品安全技术说明书

供应商：××××××××××××××××××××××　　电话：××××××

地　址：××××××××××××××××××××××　　邮编：××××××

化学事故应急咨询电话：××××××

A.2 简化标签样例

化学品名称

危险

极易燃液体和蒸气，食入致死，对水生生物毒性非常大

请参阅化学品安全技术说明书

供应商：××××××××××××××××××××××× 电话：××××××

化学事故应急咨询电话：××××××

附 录 B
（资料性附录）
化学品安全标签与运输标志粘贴样例

B.1 单一容器安全标签粘贴样例

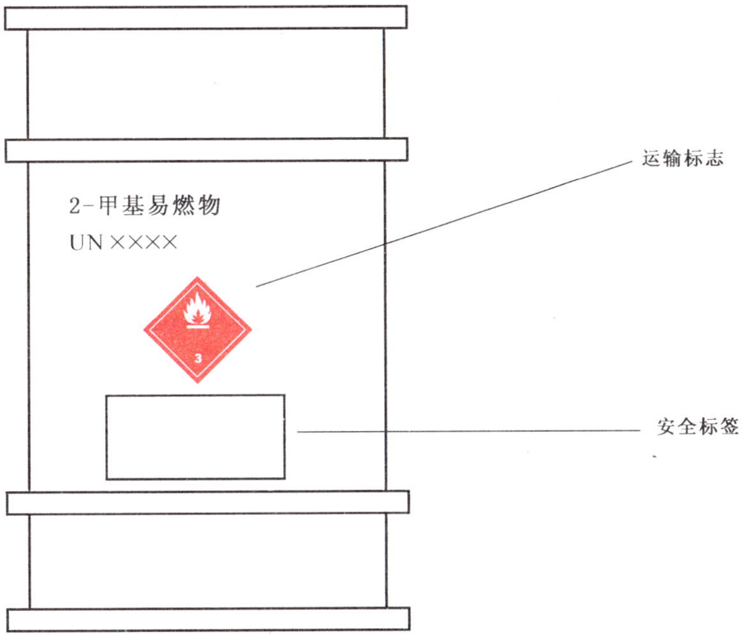

B.2 组合容器安全标签粘贴样例

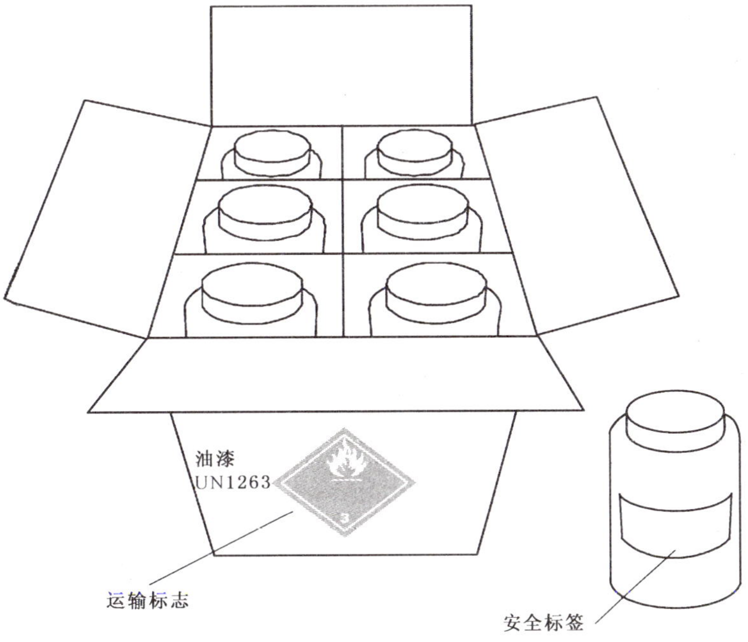

附　录　C
（资料性附录）
化学品安全标签防范说明

C.1　本防范说明可以根据化学品的实际情况进行组合、调整。表格中用语是防范说明的核心部分，“注”是解释说明的内容，根据情况选择是否出现在安全标签上。

危险类别		防范说明			
		预防措施	事故响应	安全储存	废弃处置
爆炸物	不稳定爆炸物	得到专门指导后操作。 在阅读并了解所有安全预防措施之前，切勿操作。 按要求使用个体防护装备。	火灾时有爆炸危险。 火势蔓延到爆炸物时，切勿灭火。 撤离现场。	储存…… 注：……按照地方、区域、国家、国际法规（规定）填写。	本品、容器的处置…… 注：……按照地方、区域、国家、国际法规（规定）填写。
	1.1项 1.2项 1.3项	远离热源、火花、明火、热表面。——禁止吸烟。 注：制造商、供应商或主管当局指定适当的点火源。 用……保持湿润 注：……指制造商、供应商或主管当局指定适用的物质。 如果干燥，增加爆炸危险，制造或操作程序需要干燥的情况除外。 （例如：硝化纤维） 容器和接收设备接地、连接 注：爆炸物对静电是敏感时适用。 避免研磨、撞击、……、摩擦 注：制造商、供应商或主管当局建议避免的处理方式。 戴防护面罩 注：制造商、供应商或主管当局指定的防护装备。	火灾时，撤离现场。 火灾时，有爆炸危险。 火势蔓延到爆炸物时，切勿灭火。	储存…… 注：……按照地方、区域、国家、国际法规（规定）填写。	本品、容器的处置…… 注：……按照地方、区域、国家、国际法规（规定）填写。

续表

危险类别		防范说明			
		预防措施	事故响应	安全储存	废弃处置
爆炸物	1.4 项	远离热源、火花、明火、热表面。——禁止吸烟。 注：制造商、供应商或主管当局指定适当的点火源。 容器和接收设备接地、连接 注：如果爆炸物对静电是敏感的。 避免研磨、撞击、……、摩擦 注：……指制造商、供应商或主管当局建议避免的处理方式。 戴防护面罩 注：制造商、供应商或主管当局指定的防护装备。	火灾时，撤离现场。 火灾时，有爆炸危险。 注：爆炸物是 1.4 S 的弹药及其组件除外。 火势蔓延到爆炸物时，切勿灭火。 采取通常的预防措施，在适当的距离处灭火 注：爆炸物是 1.4 S 弹药及其组件时适用。	储存…… 注：……按照地方、区域、国家、国际法规(规定)填写。	本品、容器的处置…… 注：……按照地方、区域、国家、国际法规(规定)填写。
	1.5 项	远离热源、火花、明火、热表面。——禁止吸烟。 注：制造商、供应商或主管当局指定适当的点火源。 用……保湿 注：……指制造商、供应商或主管当局指定适用的物质。 如果干燥，增加爆炸危险，制造或操作程序需要干燥的情况除外(例如，硝化纤维)。 容器和接收设备接地、连接 注：如果爆炸物对静电是敏感时适用。 避免研磨、撞击、…、摩擦 注：制造商、供应商或主管当局建议避免的处理方式。 戴面罩 注：制造商、供应商或主管当局指定的防护装备。	火灾时，撤离现场。 火灾时，有爆炸危险。 火势蔓延到爆炸物时，切勿灭火。	储存…… 注：……按照地方、区域、国家、国际法规(规定)填写。	本品、容器的处置…… 注：……按照地方、区域、国家、国际法规(规定)填写。

续表

危险类别		防范说明			
		预防措施	事故响应	安全储存	废弃处置
易燃气体	1	远离热源、火花、明火、热表面。——禁止吸烟。 注：制造商、供应商或主管当局指定适当的点火源。	泄漏气体着火：切勿灭火，除非能安全地切断泄漏源。 如果没有危险，消除一切点火源。	在通风良好处储存。	
	2	远离热源、火花、明火、热表面。——禁止吸烟。 注：制造商、供应商或主管当局指定适当的点火源。	泄漏气体着火：切勿灭火，除非能安全地切断泄漏源。 如果没有危险，消除一切点火源。	在通风良好处储存。	
易燃气溶胶	1 2	远离热源、火花、明火、热表面。——禁止吸烟。 注：制造商、供应商或主管当局指定适当的点火源。 避免往明火或其他火源上喷射。 压力容器：禁止戳穿或烧毁，即使在使用后。		避免日照。不可暴露在超过50 ℃的温度下。	
氧化性气体	1	远离衣物、……、可燃物保存。 注：……指制造商、供应商或主管当局指定的其他不相容的物质。 减压阀不得带有油脂。	火灾时，如能确保安全，堵漏。	在通风良好处储存。	
压力下气体	压缩气体 液化气体 溶解气体			避免日照。在通风良好处储存。	
	冷冻液化气体	戴防寒手套、防护面罩、防护眼镜。	用温水使受冻部位复温。 不得搓擦冻伤处。 立即就医。	在通风良好处储存。	

续表

危险类别		防范说明			
		预防措施	事故响应	安全储存	废弃处置
易燃液体	1 2 3	远离热源、火花、明火、热表面。——禁止吸烟。 注：制造商、供应商或主管当局指定适当的点火源。 保持容器密闭。 容器和接收设备接地、连接 注：如果再充装的是静电敏感物料时适用； 如果产品是易挥发的，以致产生危险的环境时适用。 使用防爆电器、通风、照明、……、设备 注：……制造商、供应商或主管当局指定的其他设备。 只能使用不产生火花的工具。 采取防止静电措施。 戴防护手套、防护眼镜、防护面罩。 注：制造商、供应商或主管当局指定的防护装备。	如皮肤(或头发)接触：立即脱掉所有被污染的衣服。用水冲洗皮肤、淋浴。 火灾时，使用……灭火 注：……制造商、供应商或主管当局指定的适当的灭火剂。 如果用水增加危险时适用。	在阴凉、通风良好处储存。	本品、容器的处置…… 注：……按照地方、区域、国家、国际法规(规定)填写。
	4	远离火焰和热表面。——禁止吸烟。 戴防护手套、防护眼镜、防护面罩。 注：制造商、供应商或主管当局指定的防护装备。	火灾时，使用……灭火 注：……指制造商、供应商或主管当局确定的适当的灭火剂。 注：如果用水增加危险时适用。	在阴凉、通风良好处储存。	本品、容器的处置…… 注：……按照地方、区域、国家、国际法规(规定)填写。
易燃固体	1 2	远离热源、火花、明火、热表面。——禁止吸烟。 注：制造商、供应商或主管当局指定适当的点火源。 容器和接收设备接地、连接 注：如果再充装的是静电敏感物料时适用。 使用防爆电器、通风、照明、……、设备 注：制造商、供应商或主管当局指定的其他设备。 如能产生粉尘云时适用。 戴防护手套、防护眼镜、防护面罩。 注：制造商、供应商或主管当局指定的防护装备。	火灾时，使用……灭火 注：……制造商、供应商或主管当局指定的适当的灭火剂。如果用水增加危险时适用。		

续表

危险类别		防范说明			
		预防措施	事故响应	安全储存	废弃处置
自反应性物质	A型	远离热源、火花、明火、热表面。——禁止吸烟。 注：制造商、供应商或主管当局指定适当的点火源。 远离……衣物、…、可燃物保存。 注：……指制造商、供应商或主管当局指定的其他不相容的物质。 仅在原容器中保存。 戴防护手套、防护眼镜、防护面罩。 注：制造商、供应商或主管当局指定的防护装备。	火灾时，使用……灭火 注：……制造商、供应商或主管当局指定的适当的灭火剂。 注：如果用水增加危险时适用。 火灾时，撤离现场，因有爆炸危险，应远距离灭火。	在阴凉、通风良好处储存。 储存温度不超过…… ℃。 注：……制造商、供应商或主管当局指定的温度。 远离其他物质储存。	本品、容器的处置…… 注：……按照地方、区域、国家、国际法规(规定)填写。
	B型	远离热源、火花、明火、热表面。——禁止吸烟。 注：制造商、供应商或主管当局指定适当的点火源。 远离衣物、……、可燃物保存。 注：……指制造商、供应商或主管当局指定的其他不相容的物质。 仅在原容器中保存。 戴防护手套、防护眼镜、防护面罩。 注：制造商、供应商或主管当局的指定的防护装备。	火灾时，使用……灭火 注：……指制造商、供应商或主管当局指定的适当的灭火剂。 如果用水增加危险时适用。 火灾时：撤离现场，因有爆炸危险，应远距离灭火。	在阴凉、通风良好处储存。 储存温度不超过… ℃。 注：……指制造商、供应商或主管当局指定的温度。 远离其他物质储存。	本品、容器的处置…… 注：……按照地方、区域、国家、国际法规(规定)填写。
	C型 D型 E型 F型	远离热源、火花、明火、热表面。——禁止吸烟。 注：制造商、供应商或主管当局指定适当的点火源。 远离衣物、…、可燃物保存。 注：……指制造商、供应商或主管当局指定的其他不相容的物质。 仅在原容器中保存。 戴防护手套、防护眼镜、防护面罩。 注：制造商、供应商或主管当局指定的防护装备。	火灾时，使用……灭火 注：……指制造商、供应商或主管当局指定的适当的灭火剂。 如果用水增加危险时适用。	在阴凉、通风良好处储存。 储存温度不超过… ℃。 注：……指制造商、供应商或主管当局指定的温度。 远离其他物质储存。	本品、容器的处置…… 注：……按照地方、区域、国家、国际法规(规定)填写。

续表

危险类别		防范说明			
		预防措施	事故响应	安全储存	废弃处置
自燃液体	1	远离热源、火花、明火、热表面。——禁止吸烟。 注：制造商、供应商或主管当局指定适当的点火源。 不得与空气接触。 戴防护手套、防护眼镜、防护面罩。 注：制造商、供应商或主管当局指定的防护装备。	如果皮肤接触，将接触部位浸入冷水中、用湿绷带包扎。 火灾时，使用……灭火 注：……指制造商、供应商或主管当局指定的适当的灭火剂。 如果用水增加危险时适用。	在……下储存 注：……指制造商、供应商或主管当局指定适当的液体或惰性气体。	
自燃固体	1	远离热源、火花、明火、热表面。——禁止吸烟。 注：制造商、供应商或主管当局指定适当的点火源。 不得与空气接触。 戴防护手套、防护眼镜、防护面罩。 注：制造商、供应商或主管当局指定的防护装备。	擦掉皮肤上的微粒，将接触部位浸入冷水中、用湿绷带包扎。 火灾时，使用……灭火 注：……指制造商、供应商或主管当局指定的适当的灭火剂。 如果用水增加危险时适用。	在……下储存 注：……指制造商、供应商或主管当局指定适当的液体或惰性气体。	
自热物质	1 2	保持阴凉，避免日照。 戴防护手套和防护眼镜、防护面罩。 注：制造商、供应商或主管当局指定的防护装备。		跺、货架之间留有空隙。 储存散货量大于… 千克、… 磅时，温度不超过… ℃。 注：……指制造商、供应商或主管当局规定的质量和温度。 远离其他物质储存。	
遇水放出易燃气体的物质	1 2	因与水发生剧烈反应和可能发生暴燃，应避免与水接触。 在惰性气体中操作。防潮。 戴防护手套、防护眼镜、防护面罩 注：制造商、供应商或主管当局指定的防护装备。	擦掉皮肤上的微粒，将接触部位浸入冷水中、用湿绷带包扎。 火灾时，使用……灭火 注：……指制造商、供应商或主管当局指定的适当的灭火剂。 如果用水增加危险时适用。	在干燥处和密闭的容器中储存。	本品、容器的处置…… 注：……按照地方、区域、国家、国际法规（规定）填写。
	3	在惰性气体中操作。防潮。 戴防护手套、防护眼镜、防护面罩 注：制造商、供应商或主管当局指定的防护装备。	火灾时，使用……灭火 注：……指制造商、供应商或主管当局指定的适当的灭火剂。 如果用水增加危险时适用。	在干燥处和密闭的容器中储存。	本品、容器的处置…… 注：……按照地方、区域、国家、国际法规（规定）填写。

续表

危险类别		防范说明			
		预防措施	事故响应	安全储存	废弃处置
氧化性液体	1	远离热源。 远离衣物和其他可燃物保存。 采取一切预防措施，避免与可燃物、……混合 注：……指制造商、供应商或主管当局指定的其他不相容物质。 戴防护手套、防护眼镜、防护面罩 注：制造商、供应商或主管当局指定的防护装备。 穿防火、阻燃服。	如溅到衣服上：立即用大量清水冲洗污染的衣服和皮肤，然后脱去衣服。 如果发生大火和大量物质着火：撤离现场。因有爆炸危险，应远距离灭火。 火灾时，使用……灭火 注：……指制造商、供应商或主管当局指定的适当的灭火剂。 如果用水增加危险时适用。		本品、容器的处置…… 注：……按照地方、区域、国家、国际法规（规定）填写。
	2 3	远离热源。 远离衣物、……、可燃物保存。 注：……指制造商、供应商或主管当局指定的其他不相容的物质。 采取一切预防措施，避免与可燃物、……混合 注：……指制造商、供应商或主管当局指定的其他不相容物质。 戴防护手套、防护眼镜、防护面罩 注：制造商、供应商或主管当局指定的防护装备。	火灾时，使用……灭火 注：……指制造商、供应商或主管当局指定的适当的灭火剂。 如果用水增加危险时适用。		本品、容器的处置…… 注：……按照地方、区域、国家、国际法规（规定）填写。
氧化性固体	1	远离热源。 远离衣物和其他可燃物。 采取一切预防措施，避免与可燃物、……混合 注：……指制造商、供应商或主管当局指定的其他不相容物质。 戴防护手套和防护眼镜、防护面罩 注：制造商、供应商或主管当局指定的防护装备。 穿防火、阻燃服。	如溅到衣服上：立即用大量清水冲洗污染的衣服和皮肤，然后脱去衣服。 如果发生大火和大量物质着火：撤离现场。因有爆炸危险，应远距离灭火。 火灾时，使用……灭火 注：……指制造商、供应商或主管当局指定的适当的灭火剂。 如果用水增加危险时适用。		本品、容器的处置…… 注：……按照地方、区域、国家、国际法规（规定）填写。

续表

危险类别		防范说明			
		预防措施	事故响应	安全储存	废弃处置
氧化性固体	2 3	远离热源。 远离衣物、……、可燃物保存。 注：……指制造商、供应商或主管当局指定的其他不相容物质。 采取一切预防措施，避免与可燃物、……混合 注：……指制造商、供应商或主管当局指定的其他不相容物质。 戴防护手套、防护眼镜、防护面罩。 注：制造商、供应商或主管当局指定的防护装备。	火灾时，使用……灭火 注：……指制造商、供应商或主管当局指定的适当的灭火剂。 如果用水增加危险时适用。		本品、容器的处置…… 注：……按照地方、区域、国家、国际法规(规定)填写。
有机过氧化物	A型	远离热源、火花、明火、热表面。——禁止吸烟。 注：制造商、供应商或主管当局指定适用的点火源。 远离衣物、……、可燃物保存。 注：……指制造商、供应商或主管当局指定的不相容物质。 仅在原容器中保存。 戴防护手套、防护眼镜、防护面罩。 注：制造商、供应商或主管当局指定的防护装备。		保持阴凉，储存温度不超过…℃。 注：……指制造商、供应商或主管当局指定的温度。 避免日照。 远离其他物质储存。	本品、容器的处置…… 注：……按照地方、区域、国家、国际法规(规定)填写。
	B型	远离热源、火花、明火、热表面。——禁止吸烟。 远离衣物、……、可燃物保存 注：……指制造商、供应商或主管当局确定的不相容物质。 仅在原容器中保存。 戴防护手套、防护眼镜、防护面罩。 注：制造商、供应商或主管当局指定的防护装备。		保持阴凉，储存温度不超过…℃。 注：……指制造商、供应商或主管当局指定的温度。 避免日照。 远离其他物质储存。	本品、容器的处置…… 注：……按照地方、区域、国家、国际法规(规定)填写。

续表

危险类别		防范说明			
		预防措施	事故响应	安全储存	废弃处置
有机过氧化物	C型 D型 E型 F型	远离热源、火花、明火、热表面。——禁止吸烟。 注：制造商、供应商或主管当局指定适用的点火源。 远离衣物、……、可燃物保存。 注：……指制造商、供应商或主管当局指定的不相容物质。 仅在原容器中保存。 戴防护手套、防护眼镜、防护面罩 注：制造商、供应商或主管当局指定的防护装备。		保持阴凉，储存温度不超过…℃。 注：……指制造商、供应商或主管当局指定的温度。 避免日照。 远离其他物质储存。	本品、容器的处置…… 注：……按照地方、区域、国家、国际法规(规定)填写。
金属腐蚀物	1	仅在原容器中保存。	吸收泄漏物，防止材料损坏。	储存于抗腐蚀、……有抗腐蚀内衬的容器中。 注：……指制造商、供应商或主管当局确定的其他相容材料。	
急性毒性——经口	1 2	操作后彻底清洗……。 注：……指制造商、供应商或主管当局确定操作后要清洗的身体部位。 作业场所不得进食、饮水或吸烟。	食入：立即呼叫中毒控制中心或就医。 具体治疗(见本标签……) 注：……参见补充急救说明。 如果需要立即服用解毒药。 漱口。	上锁保管。	本品、容器的处置…… 注：……按照地方、区域、国家、国际法规(规定)填写。
	3	操作后彻底清洗……。 注：……指制造商、供应商或主管当局确定操作后要清洗的身体部位。 作业场所不得进食、饮水或吸烟。	食入：立即呼叫中毒控制中心或就医。 具体治疗(见本标签……) 注：……参见补充急救说明。 如果需要立即服用解毒药。 漱口。	上锁保管。	本品、容器的处置…… 注：……按照地方、区域、国家、国际法规(规定)填写。
	4	操作后彻底清洗……。 注：……制造商、供应商或主管当局确定操作后要清洗的身体部位。 作业场所不得进食、饮水或吸烟。	食入：如果感觉不适，立即呼叫中毒控制中心或就医。 漱口。		本品、容器…… 注：……按照地方、区域、国家、国际法规(规定)填写。
	5		如果感觉不适，呼叫中毒控制中心或就医。		

续表

危险类别		防范说明			
		预防措施	事故响应	安全储存	废弃处置
急性毒性——经皮	1 2	避免接触眼睛、皮肤或衣服。 操作后彻底清洗……。 注：……制造商、供应商或主管当局确定操作后要清洗的身体部位。 作业场所不得进食、饮水或吸烟。 戴防护手套、穿防护服 注：制造商、供应商或主管当局指定的防护装备。	皮肤接触：用大量肥皂水和水轻轻地清洗。 立即呼叫中毒控制中心或就医。 具体治疗(见本标签……) 注：……参见补充急救说明。 如建议立即采取措施，如使用专用清洁剂。 立即脱去所有被污染的衣服。 被污染的衣服须经洗净后方可重新使用。	上锁保管。	本品、容器的处置…… 注：……按照地方、区域、国家、国际法规(规定)填写。
	3	戴防护手套、穿防护服 注：制造商、供应商或主管当局指定的防护装备。	皮肤接触：用大量肥皂水和水清洗。 如感觉不适，呼叫中毒控制中心或就医。 具体治疗(见本标签……) 注：……参见补充急救说明 如建议采取措施，如使用专用的清洁剂。 立即脱去所有被污染的衣服。 被污染的衣服须经洗净后方可重新使用。	上锁保管。	本品、容器的处置…… 注：……按照地方、区域、国家、国际法规(规定)填写。
	4	戴防护手套、穿防护服 注：制造商、供应商或主管当局指定的防护装备。	皮肤接触：用大量肥皂水和水清洗。 如感觉不适，呼叫中毒控制中心或就医。 具体治疗(见本标签……) 注：……参见补充急救说明。 如建议采取措施，如使用专用的清洁剂。 被污染的衣服须经洗净后方可重新使用。		本品、容器的处置…… 注：……按照地方、区域、国家、国际法规(规定)填写。
	5		如感觉不适，呼叫中毒控制中心或就医。		

续表

危险类别		防范说明			
		预防措施	事故响应	安全储存	废弃处置
急性毒性——吸入	1 2	避免吸入粉尘、烟气、气体、烟雾、蒸气、喷雾。 仅在室外或通风良好处操作。 戴呼吸防护器具。 注：制造商、供应商或主管当局指定的防护器具。	如吸入：将患者转移到空气新鲜处，休息，保持利于呼吸的体位。 立即呼叫中毒控制中心或就医。 紧急治疗（见本标签……） 注：……参见补充急救说明 如果需要立即服用解毒药。	在通风良好处储存。 保持容器密闭。 注：如果产品易于挥发，致使造成危险的环境时适用。 上锁保管。	本品、容器的处置…… 注：……按照地方、区域、国家、国际法规（规定）填写。
	3	避免吸入粉尘、烟气、气体、烟雾、蒸气、喷雾。 仅在室外或通风良好处操作。	如吸入：将患者转移到空气新鲜处，休息，保持利于呼吸的体位。 呼叫中毒控制中心或就医。 具体治疗（见本标签……） 注：……参见补充急救说明 如果需要立即采取措施时适用。	在通风良好处储存。 保持容器密闭。 注：如产品极易于挥发，致使造成危险的环境时适用。 上锁保管。	本品、容器的处置…… 注：……按照地方、区域、国家、国际法规（规定）填写。
	4	避免吸入粉尘、烟气、气体、烟雾、蒸气、喷雾。 仅在室外或通风良好处操作。	如吸入：将患者转移到空气新鲜处，休息，保持利于呼吸的体位。 如感觉不适，呼叫中毒控制中心或就医。		
	5		如吸入： 如感觉不适，呼叫中毒控制中心或就医。		

续表

危险类别		防范说明			
		预防措施	事故响应	安全储存	废弃处置
皮肤腐蚀、刺激	1A 至 1C	避免吸入粉尘或烟雾 注：如果在使用中可能产生可吸入性粉尘或烟雾微粒。 操作后彻底清洗……。 注：制造商、供应商或主管当局确定的操作后要清洗的身体部位。 戴防护手套、穿防护服、戴防护眼镜、防护面罩。 注：制造商、供应商或主管当局指定的防护装备。	食入：漱口。不要催吐。 皮肤(或头发)接触：立即脱掉所有被污染的衣服。用水冲洗皮肤、淋浴。 污染的衣服须洗净后方可重新使用。 如吸入：将患者转移到空气新鲜处，休息，保持利于呼吸的体位。 立即呼叫中毒控制中心或就医。 具体治疗(见本标签……) 注：……参见补充急救说明。 如果适用，制造商、供应商或主管当局可能指定清洁剂。 眼睛接触：用水细心地冲洗数分钟。如带隐形眼镜并可方便地取出，则取出隐形眼镜。继续冲洗。	上锁保管。	本品、容器的处置…… 注：……按照地方、区域、国家、国际法规(规定)填写。
	2	操作后彻底清洗……。 注：制造商、供应商或主管当局确定的操作后要清洗的身体部位。 戴防护手套 注：制造商、供应商或主管当局指定的防护装备。	皮肤接触：用大量肥皂水和水清洗。 具体治疗(见本标签……) 注：……参见补充急救说明。 如果适用，制造商、供应商或主管当局可能指定清洁剂。 如发生皮肤刺激，就医。 脱去被污染的衣服，洗净后方可重新使用。		
	3		如发生皮肤刺激，就医。		

续表

危险类别		防范说明			
		预防措施	事故响应	安全储存	废弃处置
严重眼睛损伤、眼睛刺激性	1	戴防护眼镜、防护面罩 注：制造商、供应商或主管当局指定的防护装备。	接触眼睛：用水细心冲洗数分钟。如戴隐形眼镜并可方便地取出，取出隐形眼镜。继续冲洗。 立即呼叫中毒控制中心或就医。		
	2A	操作后彻底清洗…… 注：……指制造商、供应商或主管当局确定的操作后要清洗的身体部位。 戴防护眼镜、防护面罩。 注：制造商、供应商或主管当局指定的防护装备。	如接触眼睛：用水细心冲洗数分钟。如戴隐形眼镜并可方便地取出，取出隐形眼镜。继续冲洗。 如果眼睛刺激持续：就医。		
	2B	操作后彻底清洗……。 注：……指制造商、供应商或主管当局确定的操作后要清洗的身体部位。	如接触眼睛：用水细心冲洗数分钟。如戴隐形眼镜并可方便地取出，取出隐形眼镜。继续冲洗。 如果眼睛刺激持续：就医。		
呼吸或皮肤过敏——呼吸	1	避免吸入粉尘、烟气、气体、烟雾、蒸气、喷雾。 注：制造商、供应商或主管当局指定的适当的条件。 通风不良时，戴呼吸防护器具 注：制造商、供应商或主管当局指定的防护器具。	如吸入：如果呼吸困难，将患者转移到空气新鲜处，休息，保持利于呼吸的体位。 如有呼吸系统症状，呼叫中毒控制中心或就医。		本品、容器的处置…… 注：……按照地方、区域、国家、国际法规(规定)填写。

续表

危险类别		防范说明			
		预防措施	事故响应	安全储存	废弃处置
呼吸或皮肤过敏——皮肤	1	避免吸入粉尘、烟气、气体、烟雾、蒸气、喷雾。 注：制造商、供应商或主管当局指定的适当的条件。 污染的工作服不得带出工作场所。 戴防护手套 注：制造商、供应商或主管当局指定的防护装备。	如皮肤接触：用大量肥皂水和水清洗。 如出现皮肤刺激或皮疹：就医。 具体治疗(见本标签……) 注：……参见补充急救说明。 如果适当，制造商、供应商或主管当局可能指定清洁剂。 污染的衣服清洗后方可重新使用。		本品、容器的处置…… 注：……按照地方、区域、国家、国际法规(规定)填写。
生殖细胞致突变性	1 2	得到专门指导后操作。 在阅读并了解所有安全预防措施之前，切勿操作。 按要求使用个体防护装备。	如果接触或有担心，就医。	上锁保管。	本品、容器的处置…… 注：……按照地方、区域、国家、国际法规(规定)填写。
致癌性	1 2	得到专门指导后操作。 在阅读并了解所有安全预防措施之前，切勿操作。 按要求使用个体防护装备。	如果接触或有担心，就医。	上锁保管。	本品、容器的处置…… 注：……按照地方、区域、国家、国际法规(规定)填写。
生殖毒性	1 2	得到专门指导后操作。 在阅读并了解所有安全预防措施之前，切勿操作。 按要求使用个体防护装备。	如果接触或有担心，就医。	上锁保管。	本品、容器的处置…… 注：……按照地方、区域、国家、国际法规(规定)填写。
	(附加的)	得到专门指导后操作。 避免吸入粉尘或烟雾。 注：如果在使用时可能产生可吸入性粉尘或烟雾微粒。 妊娠、哺乳期间避免接触。 操作后彻底清洗。 注：……指制造商、供应商或主管当局确定操作后要清洗的身体部位。 作业场所不得进食、饮水或吸烟。	如果接触或有担心，就医。		

续表

危险类别		防范说明			
		预防措施	事故响应	安全储存	废弃处置
特异性靶器官系统毒性一次接触	1	避免吸入粉尘、烟气、气体、烟雾、蒸气、喷雾。 注：制造商、供应商或主管当局指定的适当的条件。 操作后彻底清洗……。 注：制造商、供应商或主管当局确定操作后要清洗的身体部位。 作业场所不得进食、饮水或吸烟。	如果接触：立即呼叫中毒控制中心或就医。 具体治疗（见本标签……） 注：……参见补充急救说明。 如需立即采取措施时适用。	上锁保管。	本品、容器处置…… 注：……按照地方、区域、国家、国际法规（规定）填写。
	2	避免吸入粉尘、烟气、气体、烟雾、蒸气、喷雾。 注：制造商、供应商或主管当局指定适当的条件。 操作后彻底清洗……。 注：……指制造商、供应商或主管当局确定操作后要清洗的身体部位。 工作场所不得进食、饮水或吸烟。	如果接触或感觉不适：呼叫中毒控制中心或就医。	上锁保管。	本品、容器的处置…… 注：……按照地方、区域、国家、国际法规（规定）填写。
	3	避免吸入粉尘、烟气、气体、烟雾、蒸气、喷雾。 注：制造商、供应商或主管当局指定适当的条件。 仅在户外或通风良好处使用。	如吸入：将患者转移至空气新鲜处，休息，保持利于呼吸的体位。 如感觉不适，呼叫中毒控制中心或就医。	在通风良好处储存。 保持容器密闭。 注：如果产品是易挥发的，致使产生危险的环境时适用。 上锁保管。	本品、容器的处置…… 注：……按照地方、区域、国家、国际法规（规定）填写。
特异性靶器官系统毒性反复接触	1	避免吸入粉尘、烟气、气体、烟雾、蒸气、喷雾。 注：制造商、供应商或主管当局指定适当的条件。 操作后彻底清洗……。 注：……指制造商、供应商或主管当局确定操作后要清洗的身体部位。 操作现场不得进食、饮水或吸烟。	如感觉不适，就医。		本品、容器的处置…… 注：……按照地方、区域、国家、国际法规（规定）填写。
	2	避免吸入粉尘、烟气、气体、烟雾、蒸气、喷雾。 注：制造商、供应商或主管当局指定适当的条件。	如感觉不适，就医。		本品、容器的处置…… 注：……按照地方、区域、国家、国际法规（规定）填写。

续表

危险类别		防范说明			
		预防措施	事故响应	安全储存	废弃处置
吸入危险	1 2		如果食入：立即呼叫中毒控制中心或就医。 不要催吐。	上锁保管。	本品、容器的处置…… 注：……按照地方、区域、国家、国际法规(规定)填写。
危害水生环境——急性危险	1	禁止排入环境 注：如果不是指定用途时适用。	收集泄漏物。		本品、容器的处置…… 注：……按照地方、区域、国家、国际法规(规定)填写。
	2 3	禁止排入环境 注：如果不是指定用途时适用。			本品、容器的处置…… 注：……按照地方、区域、国家、国际法规(规定)填写。
危害水生环境——慢性危险	1 2	禁止排入环境 注：如果不是指定用途时适用。	收集泄漏物。		本品、容器的处置…… 注：……按照地方、区域、国家、国际法规(规定)填写。
	3 4	禁止排入环境 注：如果不是指定用途时适用。			本品、容器的处置…… 注：……按照地方、区域、国家、国际法规(规定)填写。

ICS 67.160.20
X 50

GB

中华人民共和国国家标准

GB 15266—2009
代替 GB 15266—2000

运动饮料

Sports beverage

2009-04-14 发布 2009-12-01 实施

中华人民共和国国家质量监督检验检疫总局
中国国家标准化管理委员会 发布

前　言

本标准的 4.1.2、4.2、4.3、4.4.1、4.5 及 7.1 为强制性条款，其余为推荐性条款。

本标准代替 GB 15266—2000《运动饮料》。

本标准与 GB 15266—2000 相比主要变化如下：

a) 对运动饮料的定义进行了修订，首次强调了运动饮料被机体迅速吸收的特点；

b) 取消产品分类；

c) 取消了净含量的要求；

d) 对理化指标和卫生指标进行了调整(如删除了钙、镁指标等)；

e) 取消“国际奥委会禁用物质”的附录，在本标准中仅要求“不得添加世界反兴奋剂机构(WADA)最新版规定的禁用物质”。

本标准的附录 A 为资料性附录。

本标准由中国轻工业联合会提出。

本标准由全国食品工业标准化技术委员会饮料分技术委员会归口。

本标准由中国饮料工业协会技术工作委员会、北京大学第三医学院运动医学研究所、百事(中国)佳得乐运动科学研究中心、国家体育总局运动医学研究所运动营养研究中心、杭州娃哈哈集团有限公司、可口可乐(中国)饮料有限公司、康师傅(控)有限公司饮品研发中心、广东健力宝集团有限公司、农夫山泉有限公司、大冢(中国)投资有限公司、卡夫食品(中国)有限公司、百事(中国)有限公司、乐百氏(广东)食品饮料有限公司、红牛维他命饮料有限公司负责起草。

本标准主要起草人：艾华、史小才、李羽楠、伊木清、翟鹏贵、孙伟、陈志明、赵雪梅、姚毓才、李雪驼、李滢、赵文玲、吴镇君。

本标准所代替标准的历次版本发布情况为：

——GB 15266—1994、GB 15266—2000。

运　动　饮　料

1　范围

本标准规定了运动饮料的定义、技术要求、试验方法、检验规则、标签、包装、运输和贮存的要求。

本标准适用于第3章定义的运动饮料。

2　规范性引用文件

下列文件中的条款通过本标准的引用而成为本标准的条款。凡是注日期的引用文件，其随后所有的修改单（不包括勘误的内容）或修订版均不适用于本标准，然而，鼓励根据本标准达成协议的各方研究是否可使用这些文件的最新版本。凡是不注日期的引用文件，其最新版本适用于本标准。

GB 2759.2　碳酸饮料卫生标准

GB 2760　食品添加剂使用卫生标准

GB/T 5009.84　食品中硫胺素（维生素 B_1）的测定

GB/T 5009.85　食品中核黄素的测定

GB/T 5009.91　食品中钾、钠的测定

GB 7101　固体饮料卫生标准

GB 7718　预包装食品标签通则

GB/T 12143　饮料通用分析方法

GB 13432　预包装特殊膳食用食品标签通则

GB 14880　食品营养强化剂使用卫生标准

GB 16322　植物蛋白饮料卫生标准

3　术语和定义

下列术语和定义适用于本标准。

3.1

运动饮料　sports beverage

营养素及其含量能适应运动或体力活动人群的生理特点，能为机体补充水分、电解质和能量，可被迅速吸收的饮料。

4　技术要求

4.1　原辅材料

4.1.1　应符合相应原辅材料的相应标准和有关规定。

4.1.2　不得添加世界反兴奋剂机构（WADA）最新版规定的禁用物质（参见附录A）。

4.2　感官要求

产品应具有应有的色泽、滋味，不得有异味、异臭，无正常视力可见的外来杂质。

4.3　理化指标

4.3.1　理化指标应符合表1的规定。

表 1 理化指标

项　　目	指　　标
可溶性固形物(20 ℃时折光计法)/%	3.0～8.0
钠/(mg/L)	50～1 200
钾/(mg/L)	50～250

4.3.2 需稀释或冲溶饮用的产品，按标签标注的稀释或冲溶倍数加水混匀后，理化指标应符合表 1 规定。

4.4 食品添加剂和食品营养强化剂

4.4.1 应符合 GB 2760 和 GB 14880 的规定。

4.4.2 抗坏血酸、硫胺素及其衍生物、核黄素及其衍生物为或可添加成分，在直接饮用产品中，抗坏血酸不超过 120 mg/L；硫胺素及其衍生物为 3 mg/L～5 mg/L；核黄素及其衍生物为 2 mg/L～4 mg/L。

4.5 卫生指标

固体产品应符合 GB 7101、不含气液体产品应符合 GB 16322、含气液体产品应符合 GB 2759.2 的规定。

5 试验方法

5.1 感官检验

取约 50 mL 混合均匀的被测样品于无色透明的容器中，置于明亮处，迎光观察其色泽和澄清度，并在室温下，嗅其气味，品尝其滋味。

5.2 理化检验

5.2.1 可溶性固形物

按 GB/T 12143 规定的方法检验。

5.2.2 钠和钾

按 GB/T 5009.91 规定的方法检验。

5.2.3 抗坏血酸

按 GB 12143 规定的方法检验。

5.2.4 硫胺素

按 GB/T 5009.84 规定的方法检验。

5.2.5 核黄素

按 GB/T 5009.85 规定的方法检验。

6 检验规则

6.1 取样方法和取样量

出厂检验时，每批随机抽取 12 个最小独立包装，6 个供感官指标、理化指标检验，2 个供微生物检验，另 4 个备用。型式检验时，每批随机抽取 12 个最小独立包装，6 个供感官指标、理化指标检验，2 个供微生物检验，另 4 个备用。

6.2 出厂检验

生产企业的质量管理部门按照其相应的规则确定产品的批次，每批产品出厂时，应对感官性状、可溶性固形物、钠、钾、菌落总数、大肠菌群进行检验。

6.3 型式检验

本标准技术要求中规定的所有项目均为型式检验项目。型式检验每年进行一次，或当出现下列情况之一时进行检验：

——原料、工艺发生较大变化时；

——停产后重新恢复生产时；

——出厂检验结果与平常记录有较大差别时。

6.4 判定规则

除微生物指标外，检验项目如不符合本标准时，对不合格项目从该批次产品中加倍抽样复验。复验结果仍有一项不合格，判定该批产品为不合格品。微生物指标不符合本标准时，判定该批产品为不合格品，不得复检。

7 标签、包装、运输和贮存

7.1 标签

应符合GB 7718、GB 13432等相关规定；应标注可溶性固形物、钠、钾的含量范围。

7.2 包装、贮存和运输

7.2.1 包装材料和容器应符合相关标准或规定。

7.2.2 贮存、运输过程中应远离热源、防止暴晒及冰冻。

附　录　A
（资料性附录）
世界反兴奋剂机构（WADA）最新版规定的禁用物质

世界反兴奋剂机构（WADA）最新版规定的禁用物质可在如下网站查询：

世界反兴奋剂机构（WADA）网站：http://www.wada-ama.org/；

中国反兴奋剂中心网站：http://www.cocadc.cn/。

ICS 75-010
E 04

中华人民共和国国家标准

GB/T 15281—2009
代替 GB/T 15281—1994

中国油、气田名称代码

Codes for names of oil and gas fields of China

2009-05-06 发布　　2009-11-01 实施

中华人民共和国国家质量监督检验检疫总局
中国国家标准化管理委员会　发布

前　言

本标准代替 GB/T 15281—1994《中国油、气田名称代码》。

本标准与 GB/T 15281—1994 比较，主要差异如下：

——油气田所属的管辖单位有所变化；

——所辖油、气田有所调整，参见附录 A；

——增加了第一版发布后新发现的油、气田；

——代码结构有所变化。在原来用系列顺序码区分油、气田的基础上，增加一位油、气田性质标识符号。

本标准的附录 A 为资料性附录。

本标准由中国石油天然气集团公司提出。

本标准由中国标准化研究院归口。

本标准起草单位：中国石油勘探开发研究院，中国标准化研究院，国土资源部矿产资源储量评审中心石油天然气专业办公室，中国石油化工集团公司，中国海洋石油总公司。

本标准起草人：郭军、李小林、胡晓春、李晓明、姚江、徐庆梅、江洲。

本标准于 1994 年首次发布，2009 年第一次修订。

引　言

原油、天然气是重要的国家战略资源，在国民经济中有着举足轻重的地位。油田、天然气田是勘探开发研究和管理领域最基础的信息之一，但由于历史局限，陆地与海上的命名方法不统一、陆上油气田的命名有重复，如：中石油华北分公司的大王庄油田和中石化胜利的大王庄油田、中石化中原分公司的刘庄油田与中石化江苏分公司的刘庄油田。相似的名称更多，如大庆的太平庄气田、中石化东北分公司的太平庄油田、大庆的太平屯油田、胜利的太平油田。随着新油、气田的发现，这种以地名命名的油、气田重复会更多，给计算机管理带来不便。本标准为油、气田制定唯一的编码，使油、气田的标识规范、唯一。为跨行业、跨部门的计算机管理提供了可能。

本标准中的油、气田名称采用截止到2008年报10月31日经国土资源部矿产资源储量评审中心石油天然气专业办公室审查、命名，经国土资源部备案，正式公布的油、气田名称。

本标准的油、气田管辖单位为截止到2008年报10月31日的情况。

本标准的编码方法可作为海外油、气田编码的借鉴。

中国油、气田名称代码

1 范围

本标准规定了中华人民共和国境内油、气田名称的代码。

本标准适用于原油、天然气、煤层气勘探开发生产管理的信息采集、处理和交换中对于油、气田的标识。

本标准油、气田所属管辖单位不适用于作为机构设置的依据，本标准中的油、气田代码不适用于油、气田数量的统计。

2 编码方法与代码结构

2.1 油、气田名称代码采用三层六位数字码，代码结构见图1。

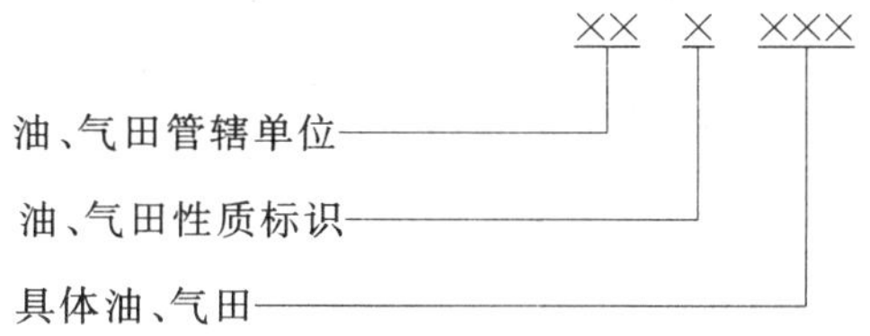

图1 油、气田名称代码结构图

2.2 第一层为两位数字码，为油、气田所属管辖单位名称的标识，见表1。

2.3 第二层为一位数字码，为油、气田性质的标识：

a) 数字“1”表示以油为主的油、气田名称或油田名称；

b) 数字“2”表示以天然气为主的油、气田名称或气田名称。

c) 数字“3”表示以煤层气为主的气田名称。

3 油、气田名称代码表

3.1 油、气田所属管辖单位名称与代码表见表1。

3.2 油、气田名称与代码表见表2。

表1 油、气田所属管辖单位名称与代码表

代码	单位名称	说明
01	大庆油田有限责任公司	
02	中国石油天然气股份有限公司吉林油田分公司	
03	中国石油天然气股份有限公司辽河油田分公司	
04	中国石油天然气股份有限公司华北油田分公司	
05	中国石油天然气股份有限公司大港油田分公司	
06	中国石油天然气股份有限公司冀东油田分公司	
07	中国石油天然气股份有限公司新疆油田分公司	
08	中国石油天然气股份有限公司塔里木油田分公司	
09	中国石油天然气股份有限公司吐哈油田分公司	
10	中国石油天然气股份有限公司玉门油田分公司	

表 1（续）

代码	单位名称	说明
11	中国石油天然气股份有限公司青海油田分公司	
12	中国石油天然气股份有限公司长庆油田分公司	
13	中国石油天然气股份有限公司西南油气田分公司	
14	中国石油天然气集团公司南方勘探开发公司	
15	中国石油天然气股份有限公司浙江油田分公司	暂无所管油气田
16	中石油煤层气有限公司	暂无所管煤层气田
31	中国石油化工股份有限公司胜利油田分公司	
32	中国石油化工股份有限公司中原油田分公司	
33	中国石油化工股份有限公司河南油田分公司	
34	中国石油化工股份有限公司江汉油田分公司	
35	中国石油化工股份有限公司江苏油田分公司	
36	中国石油化工股份有限公司上海海洋油气分公司	
37	中国石油化工股份有限公司西北油田分公司	
38	中国石油化工股份有限公司西南油气分公司	
39	中国石油化工股份有限公司东北油气分公司	
40	中国石油化工股份有限公司华北分公司	
41	中国石油化工股份有限公司华东分公司	
51	中海石油（中国）有限公司天津分公司	
52	中海石油（中国）有限公司上海分公司	
53	中海石油（中国）有限公司深圳分公司	
54	中海石油（中国）有限公司湛江分公司	
61	中联煤层气有限责任公司	暂无所管煤层气田
71	陕西延长石油股份有限公司	
72	齐齐哈尔市	
73	上海市	
74	广西壮族自治区田东	
99	其他	多家共管

4 代码的维护

4.1 新增加油、气田管辖单位或新增加油、气田的代码，在相应层次顺序后排。

如：新疆石油分公司的小拐油田，为新发现油田，本应排列在上一版巴什托普油田之后，因巴什托普油田取消，油田代码“018”废置（见 4.4），故小拐油田代码在后顺序排列为“019”。

4.2 多油、气田管辖单位合并或多油、气田合并时，保留较小编码。

如：中国石油天然气股份有限公司吐哈油田分公司的温米油田，为原温吉桑油田与原米登油田合并，因此温米油田代码为原温吉桑油田代码 09-1-005，而原米登油田代码 09-1-006 废置。

4.3 油、气田管辖单位单纯变更名称或油、气田单纯变更名称时，其代码不变。

4.4 油、气田管辖单位或油、气田取消，其代码废置。

表 2 油、气田名称代码表

代 码	油、气田管辖单位名称	油、气田名称	说 明
01	大庆油田有限责任公司		
01 1 001		喇嘛甸	合称喇萨杏油田
01 1 002		萨尔图	合称喇萨杏油田
01 1 003		杏树岗	合称喇萨杏油田
01 1 004		太平屯	
01 1 005		高台子	
01 1 006		葡萄花	
01 1 007		敖包塔	
01 1 008		杏西	
01 1 009		龙虎泡	
01 1 010		升平	
01 1 011		朝阳沟	
01 1 012		宋芳屯	
01 1 014		榆树林	
01 1 015		敖古拉	
01 1 016		徐家围子	
01 1 017		新店	
01 1 018		高西	
01 1 019		龙南	
01 1 020		齐家	
01 1 021		萨西	
01 1 022		金腾	
01 1 023		哈尔温	
01 1 025		肇州	
01 1 026		头台	
01 1 027		永乐	
01 1 028		葡西	
01 1 029		新肇	
01 1 030		呼和诺仁	
01 1 031		卫星	
01 1 032		苏仁诺尔	
01 1 033		新站	
01 1 034		肇源	
01 1 035		他拉哈	
01 1 036		双城	
01 1 037		苏德尔特	
01 1 038		巴彦塔拉	
01 1 039		古龙	
01 2 001		阿拉新	
01 2 002		汪家屯	
01 2 003		宋站	
01 2 004		羊草	
01 2 005		二站	
01 2 006		白音诺勒	
01 2 007		长春岭	
01 2 008		四站	
01 2 009		五站	
01 2 010		三站	
01 2 011		涝洲	

表 2（续）

代　码	油、气田管辖单位名称	油、气田名称	说　明
01 2 012		太平庄	
01 2 013		昌德	
01 2 014		汤原	
01 2 015		徐深	
02	中国石油天然气股份有限公司吉林油田分公司		
02 1 001		扶余	
02 1 002		红岗	
02 1 003		木头	
02 1 004		新立	
02 1 005		新北	
02 1 006		英台	
02 1 007		乾安	
02 1 008		新庙	
02 1 010		长春	
02 1 011		海坨子	
02 1 012		新民	
02 1 014		大安	
02 1 015		莫里青	
02 1 016		四五家子	
02 1 017		大老爷府	
02 1 018		套保	
02 1 019		大情字井	
02 1 020		双坨子	
02 1 021		南山湾	
02 1 022		两井	
02 1 023		孤店	
02 2 001		布海	
02 2 002		长岭 1 号	
02 2 003		小城子	
03	中国石油天然气股份有限公司辽河油田分公司		
03 1 001		兴隆台	
03 1 002		高升	
03 1 003		曙光	
03 1 004		欢喜岭	
03 1 005		双台子	
03 1 006		于楼	
03 1 007		黄金带	
03 1 008		热河台	
03 1 009		青龙台	
03 1 010		法哈牛	
03 1 011		大民屯	
03 1 012		牛居	
03 1 013		大平房	
03 1 014		静安堡	
03 1 015		茨榆坨	
03 1 016		双南	
03 1 017		边台	
03 1 018		牛心坨	
03 1 019		大洼	
03 1 020		海外河	

表 2（续）

代　码	油、气田管辖单位名称	油、气田名称	说　明
03 1 021		冷家堡	
03 1 022		荣兴屯	
03 1 023		小洼	
03 1 024		科尔沁	
03 1 025		桃园	
03 1 026		欧利坨子	
03 1 027		科尔康	
03 1 028		交力格	
03 1 029		太阳岛	
03 1 030		笔架岭	
03 1 031		葵花岛	
03 1 032		广发	
03 1 033		前河	
03 1 034		新开	
03 1 035		月海	
03 1 036		黄沙坨	
03 1 037		龙湾筒	
03 1 038		铁匠炉	
03 1 039		奈曼	
03 2 001		元宝山	
04	中国石油天然气股份有限公司华北油田分公司		
04 1 001		任丘	
04 1 002		雁翎	
04 1 003		刘李庄	
04 1 004		南孟	
04 1 005		龙虎庄	
04 1 006		河间	
04 1 007		留北	
04 1 008		留西	
04 1 009		大王庄	
04 1 010		八里庄	
04 1 011		八里庄西	
04 1 012		薛庄	
04 1 013		肃宁	
04 1 014		鄚州	
04 1 015		高家堡	
04 1 016		岔河集	
04 1 017		中岔口	
04 1 018		柳泉	
04 1 019		别古庄	
04 1 020		永清	
04 1 021		文安	
04 1 022		河西务	
04 1 023		凤河营	
04 1 024		顾辛庄	
04 1 025		南马庄	
04 1 026		深西	
04 1 027		深南	
04 1 028		何庄	
04 1 029		何庄西	

表 2（续）

代码	油、气田管辖单位名称	油、气田名称	说明
04 1 030		南小陈	
04 1 031		荆丘	
04 1 032		苏桥	
04 1 033		西柳	
04 1 034		台家庄	
04 1 035		武强	
04 1 036		榆科	
04 1 037		高阳	
04 1 038		留楚	
04 1 039		车城	
04 1 040		高邑	
04 1 041		侯尚村	
04 1 042		百户	
04 1 043		赵州桥	
04 1 501		哈达图	
04 1 502		吉格森	
04 1 503		阿尔善	
04 1 504		欣苏木	
04 1 505		赛汉	
04 1 506		锡林	
04 1 508		包尔	
04 1 509		宝饶	
04 1 510		吉和	
04 1 511		扎布	
04 1 512		乌兰诺尔	
04 1 513		宝力格	
04 1 514		乌里雅斯太	
04 3 001		沁水	
05	中国石油天然气股份有限公司大港油田分公司		
05 1 001		港东	合称北大港
05 1 002		港西	合称北大港
05 1 003		港中	合称北大港
05 1 004		六间房	合称北大港
05 1 005		联盟	合称北大港
05 1 006		马东	合称北大港
05 1 007		马西	合称北大港
05 1 008		唐家河	合称北大港
05 1 009		板桥	
05 1 010		周清庄	
05 1 011		王徐庄	
05 1 012		羊三木	
05 1 013		羊二庄	
05 1 014		孔店	
05 1 015		王官屯	
05 1 016		小集	
05 1 017		枣园	
05 1 018		段六拨	
05 1 019		齐家务	
05 1 020		舍女寺	
05 1 021		刘官庄	

表 2（续）

代　码	油、气田管辖单位名称	油、气田名称	说　明
05 1 022		扣村	
05 1 023		塘沽	
05 1 024		乌马营	
05 1 025		长芦	
05 1 026		高尘头	
05 1 029		叶三拨	
05 1 030		埕海	
05 2 001		大张坨	
05 2 002		千米桥	
06	中国石油天然气股份有限公司冀东油田分公司		
06 1 001		高尚堡	
06 1 002		柳赞	
06 1 003		北堡	
06 1 004		老爷庙	
06 1 005		唐海	
06 1 008		大清河	
06 1 009		柏各庄	
06 1 010		南堡	
07	中国石油天然气股份有限公司新疆油田分公司		
07 1 001		独山子	
07 1 002		克拉玛依	
07 1 003		百口泉	
07 1 004		乌尔禾	
07 1 005		夏子街	
07 1 006		红山嘴	
07 1 007		风城	
07 1 008		车排子	
07 1 009		齐古	
07 1 011		火烧山	
07 1 012		北三台	
07 1 013		三台	
07 1 014		甘河	
07 1 015		彩南	
07 1 016		石西	
01 1 017		玛北	
07 1 019		小拐	
07 1 020		石南	
07 1 021		沙南	
07 1 022		莫北	
07 1 023		陆梁	
07 1 024		卡因迪克	
07 1 025		沙北	
07 1 026		滴水泉	
07 2 002		五彩湾	
07 2 003		呼图壁	
07 2 004		莫索湾	
07 2 005		滴西	
08	中国石油天然气股份有限公司塔里木油田分公司		
08 1 003		轮南	
08 1 004		东河塘	
08 1 006		解放渠东	

表 2（续）

代　码	油、气田管辖单位名称	油、气田名称	说　明
08 1 007		塔中 4	
08 1 010		塔中 10	
08 1 011		塔中 16	
08 1 012		哈得逊	
08 1 013		轮古	
08 1 014		大宛齐	
08 1 015		依奇克里克	
08 1 016		巴什托普	
08 2 001		英买 7	原称英买力
08 2 002		提尔根	
08 2 005		牙哈	
08 2 006		克拉 2	
08 2 007		迪那 2	
08 2 008		柯克亚	
08 2 009		和田河	
08 2 010		羊塔克	
08 2 011		吐孜洛克	
08 2 012		吉拉克	
08 2 013		塔中 6	
08 2 014		玉东 2	
08 2 015		红旗	
08 2 016		塔中 1 号	
08 2 017		大北 1	
09	中国石油天然气股份有限公司吐哈油田分公司		
09 1 003		鄯善	
09 1 004		丘陵	
09 1 005		温米	原温吉桑油田与原米登油田合并
09 1 007		巴喀	
09 1 008		鄯勒	
09 1 009		吐鲁番	
09 1 010		葡北	
09 1 011		神泉	
09 1 012		红连	原红南油田和原连木沁油田合并
09 1 013		恰勒坎	
09 1 014		玉果	
09 1 015		伊拉湖	
09 1 016		雁木西	
09 1 017		北小湖	
09 1 018		火焰山	
09 1 019		鲁克沁	
09 1 020		三塘湖	
09 1 021		胜北	
09 2 001		丘东	
09 2 002		红台	
10	中国石油天然气股份有限公司玉门油田分公司		
10 1 001		老君庙	
10 1 002		白杨河	
10 1 003		石油沟	
10 1 004		鸭儿峡	
10 1 005		单北	

表 2（续）

代　码	油、气田管辖单位名称	油、气田名称	说　明
10 1 007		青西	
11	中国石油天然气股份有限公司青海油田分公司		
11 1 001		冷湖	
11 1 005		开特米里克	
11 1 006		尖顶山	
11 1 007		南翼山	
11 1 008		咸水泉	
11 1 009		七个泉	
11 1 010		狮子沟	
11 1 011		尕斯库勒	
11 1 012		乌南	
11 1 013		油泉子	
11 1 014		红柳泉	
11 1 015		花土沟	
11 1 016		鱼卡	
11 1 017		跃进二号	
11 1 018		南八仙	
11 1 019		马北	
11 2 001		马海	
11 2 002		盐湖	
11 2 003		涩北一号	
11 2 004		涩北二号	
11 2 005		驼峰山	
11 2 006		台南	
12	中国石油天然气股份有限公司长庆油田分公司		
12 1 001		马家滩	
12 1 002		大水坑	
12 1 003		李庄子	
12 1 004		马坊	
12 1 005		马岭	
12 1 006		吴旗	
12 1 007		城壕	
12 1 008		红井子	
12 1 009		摆宴井	
12 1 010		元城	
12 1 011		华池	
12 1 012		直罗	
12 1 013		油房庄	
12 1 014		安塞	
12 1 015		东红庄	
12 1 017		南梁	
12 1 018		樊家川	
12 1 020		王洼子	
12 1 021		白豹	
12 1 022		镇北	
12 1 023		演武	
12 1 024		姬塬	
12 1 025		绥靖	
12 1 026		胡尖山	
12 1 027		五蛟	

表 2（续）

代　码	油、气田管辖单位名称	油、气田名称	说　明
12 1 028		靖安	
12 1 029		西峰	
12 1 030		庙湾	
12 2 001		胜利井	
12 2 002		刘家庄	
12 2 004		苏里格	
12 2 005		靖边	
12 2 006		米脂	
12 2 007		子洲	
12 2 008		榆林	
12 2 009		乌审旗	
12 2 010		神木	
13	中国石油天然气股份有限公司西南油气田分公司		
13 1 005		桂花	
13 1 008		金华镇	
13 1 009		中台山	
13 1 013		莲池	
13 1 014		公山庙	
13 2 001		阳高寺	
13 2 002		九奎山	
13 2 003		黄瓜山	
13 2 004		龙洞坪	
13 2 005		坛子坝	
13 2 006		荔枝滩	
13 2 007		南井	
13 2 008		广福坪	
13 2 009		永安场	
13 2 010		桐梓园	
13 2 011		付家庙	
13 2 012		老翁场	
13 2 013		宋家场	
13 2 014		牟家坪	
13 2 015		沈公山	
13 2 016		打鼓场	
13 2 017		高木顶	
13 2 018		五通场	
13 2 019		长垣坝	
13 2 020		白节滩	
13 2 021		纳溪	
13 2 022		合江	
13 2 023		庙高寺	
13 2 024		中兴场	
13 2 025		榕山镇	
13 2 026		李子坝	
13 2 027		塘河	
13 2 028		鹿角场	
13 2 029		丹凤场	
13 2 030		朱沱镇	
13 2 031		梁董庙	
13 2 032		临峰场	

表 2（续）

代　码	油、气田管辖单位名称	油、气田名称	说　明
13 2 033		威远	
13 2 034		自流井	
13 2 035		邓井关	
13 2 036		兴隆场	
13 2 037		孔滩	
13 2 038		观音场	
13 2 039		大塔场	
13 2 040		青杠坪	
13 2 041		黄家场	
13 2 042		杨家山	
13 2 043		圣灯山	
13 2 045		瓦市	
13 2 046		龙市镇	
13 2 047		隆昌	
13 2 048		石龙峡	
13 2 049		东溪	
13 2 050		石油沟	
13 2 051		相国寺	
13 2 052		卧龙河	
13 2 053		双龙	
13 2 054		福成寨	
13 2 055		张家场	
13 2 056		黄草峡	
13 2 057		沙罐坪	
13 2 058		雷音铺	
13 2 059		大池干井	
13 2 060		亭子铺	
13 2 061		板东	
13 2 062		中坝	
13 2 063		河湾场	
13 2 065		八角场	
13 2 066		遂南	
13 2 068		沙坪坝	
13 2 069		磨溪	
13 2 070		荷包场	
13 2 071		花果山	
13 2 073		九龙山	
13 2 074		高峰场	
13 2 076		铜锣峡	
13 2 077		灵音寺	
13 2 079		铁山	
13 2 080		云和寨	
13 2 082		邻北	
13 2 083		来苏场	
13 2 084		同福场	
13 2 085		魏城	
13 2 086		赵场	
13 2 087		转龙场	
13 2 088		东山	
13 2 089		川主庙	

表 2（续）

代　码	油、气田管辖单位名称	油、气田名称	说　明
13 2 090		宝华场	
13 2 091		蒲西	
13 2 092		渡口河	
13 2 093		得胜	
13 2 094		七里峡	
13 2 095		古佛坎	
13 2 096		长宁	
13 2 097		高都铺	
13 2 098		苟西	
13 2 099		西河口	
13 2 100		白马庙	
13 2 101		秋林	
13 2 102		罗家寨	
13 2 103		宜宾	
13 2 104		麻柳场	
13 2 105		古佛山	
13 2 106		大天池	
13 2 107		邛西	
13 2 108		新店子	
13 2 109		新市	
13 2 110		广安	
13 2 111		云安厂	
13 2 112		龙女寺	
13 2 113		梓潼	
13 2 114		金珠坪	
13 2 115		充西	
13 2 116		寨沟湾	
13 2 117		七里北	
13 2 118		铁山坡	
14	中国石油天然气股份有限公司南方分公司		
14 1 001		宝月	
14 1 002		美台	
14 1 003		竹山岗	
14 2 001		花场	
15	中国石油天然气股份有限公司浙江油田分公司		暂无所管油、气田
16	中石油煤层气有限公司		暂无所管煤层气田
31	中国石油化工股份有限公司胜利油田分公司		
31 1 001		东辛	
31 1 002		胜坨	
31 1 003		纯化	
31 1 004		郝家	
31 1 005		永安镇	
31 1 006		滨南	
31 1 007		平方王	
31 1 008		尚店	
31 1 009		梁家楼	
31 1 010		金家	
31 1 011		新立村	
31 1 012		广利	
31 1 013		八面河	

表 2（续）

代　码	油、气田管辖单位名称	油、气田名称	说　明
31 1 014		乐安	原名草桥
31 1 015		王家岗	
31 1 016		现河庄	
31 1 017		史南	
31 1 018		小营	
31 1 019		乔庄	
31 1 020		利津	
31 1 021		单家寺	
31 1 022		宁海	
31 1 023		平南	
31 1 024		林樊家	
31 1 025		牛庄	
31 1 026		博兴	
31 1 027		王庄	
31 1 028		郑家	
31 1 029		高青	
31 1 031		正理庄	
31 1 032		大芦湖	原名樊家
31 1 033		孤岛	
31 1 034		垦利	
31 1 035		渤南	
31 1 036		垦西	
31 1 037		邵家	
31 1 038		义东	
31 1 039		罗家	
31 1 040		五号桩	
31 1 041		新滩	
31 1 042		孤南	
31 1 043		长堤	
31 1 044		孤东	
31 1 045		桩西	
31 1 046		河滩	
31 1 047		红柳	
31 1 048		老河口	
31 1 049		埕岛	
31 1 050		大王庄	
31 1 051		义和庄	
31 1 052		义北	
31 1 053		套尔河	
31 1 054		大王北	
31 1 055		临盘	
31 1 056		商河	
31 1 057		玉皇庙	
31 1 058		滩北	
31 1 059		埕东	
31 1 060		太平	
31 1 061		陈家庄	
31 1 062		飞雁滩	
31 1 063		临南	
31 1 064		英雄滩	

表 2（续）

代　码	油、气田管辖单位名称	油、气田名称	说　明
31 1 065		东风港	
31 1 066		曲堤	
31 1 067		富台	
31 1 068		江家店	
31 1 069		新北	
31 1 070		盐家	
31 1 071		春光	
31 2 002		花沟	
31 2 003		八里泊	
32	中国石油化工股份有限公司中原油田分公司		
32 1 001		文东	合称文留
32 1 002		文南	合称文留
32 1 005		文中	合称文留
32 1 006		濮城	
32 1 007		马厂	
32 1 008		卫城	
32 1 009		胡状集	
32 1 010		桥口	
32 1 011		文明寨	
32 1 012		古云集	
32 1 013		庆祖集	
32 1 014		马寨	
32 1 015		三春集	
32 1 016		刘庄	
32 1 017		徐集	
32 1 018		赵庄	
32 1 019		前梨园	
32 1 020		达尔其	
32 1 021		桑合	
32 1 022		富县	
32 1 023		白庙	
32 2 002		南湖	
32 2 003		普光	
33	中国石油化工股份有限公司河南油田分公司		
33 1 001		魏岗	
33 1 002		东庄	
33 1 003		张店	
33 1 004		双河	
33 1 005		下二门	
33 1 006		王集	
33 1 007		赵凹	
33 1 008		北马庄	
33 1 009		井楼	
33 1 010		古城	
33 1 011		杨楼	
33 1 013		新庄	
33 1 014		杜坡	
33 1 015		本布图	
33 1 016		宝浪	

表 2（续）

代　码	油、气田管辖单位名称	油、气田名称	说　明
34	中国石油化工股份有限公司江汉油田分公司		
34 1 001		王场	
34 1 002		钟市	
34 1 003		广华	
34 1 004		花园	
34 1 005		张港	
34 1 006		浩口	
34 1 007		习家	又称习家口
34 1 008		新沟	
34 1 009		高场	
34 1 010		浩西	
34 1 011		老新	
34 1 012		拖市	
34 1 013		黄场	
34 1 014		广北	
34 1 015		丫角	
34 1 016		潭口	
34 1 017		代河	
34 1 018		洪湖	
34 1 019		严河	
34 1 020		马王庙	
34 1 021		光明台	
34 1 022		周矶	
34 1 023		沙市	
34 1 024		荆西	
34 1 025		八岭山	
34 1 026		万城	
34 1 027		采穴	
34 1 028		南岗	
34 1 029		谢凤桥	
34 2 001		建南	
35	中国石油化工股份有限公司江苏油田分公司		
35 1 001		真武	
35 1 002		曹庄	
35 1 003		黄珏	
35 1 004		联盟庄	
35 1 005		许庄	
35 1 006		永安	
35 1 007		富民	
35 1 008		周庄	
35 1 009		马家嘴	
35 1 010		闵桥	
35 1 011		徐家庄	
35 1 012		安丰	
35 1 013		肖刘庄	
35 1 014		卞东	
35 1 015		崔庄	
35 1 016		梁垛	
35 1 018		杨家坝	
35 1 019		高集	
35 1 020		邵伯	

表 2（续）

代　码	油、气田管辖单位名称	油、气田名称	说　明
35 1 021		邱家	
35 1 022		范庄	
35 1 023		南湖	
35 1 024		李庄	
35 1 025		沙埝	
35 1 026		码头庄	
35 1 027		石港	
35 1 028		赤岸	
35 1 029		花庄	
35 1 030		陈堡	
35 1 032		王龙庄	
35 1 033		安乐	
35 1 034		瓦庄	
35 1 035		墩塘	
35 1 036		新街	
35 1 037		刘庄	
35 2 002		朱家墩	
36	中国石油化工股份有限公司上海海洋油气分公司		
37	中国石油化工股份有限公司西北油田分公司		
37 1 001		西达里亚	又称解放渠东
37 1 002		巴什托	又称巴什托普
37 1 003		塔河	
37 1 004		莫西庄	
37 2 001		大涝坝	
37 2 002		雅克拉	
37 2 003		亚松迪	
37 2 004		轮台	
38	中国石油化工股份有限公司西南油气分公司		
38 1 001		上法	
38 1 002		花茶	
38 1 003		塘寨	
38 1 004		子寅	
38 1 005		雷公	
38 1 006		那坤	
38 1 007		大牛圈	
38 1 008		柏垭	
38 2 001		太和场	
38 2 002		旺隆	
38 2 003		大嘴子	
38 2 004		永铸街	
38 2 005		宝元	
38 2 006		官渡	
38 2 007		石龙场	
38 2 008		孝泉	
38 2 009		合兴场	
38 2 010		新场	
38 2 011		东泰	
38 2 012		洛带	
38 2 013		新都	
38 2 014		马井	

表 2（续）

代　码	油、气田管辖单位名称	油、气田名称	说　明
38 2 015		曲靖	
39	中国石油化工股份有限公司东北油气分公司		
39 1 001		秦家屯	
39 1 002		四五家子	
39 1 003		所图	
39 1 004		太平庄	
39 1 005		十屋	
39 1 006		腰英台	
39 2 001		后五家户	
39 2 002		八屋	
39 2 003		长岭	
39 2 004		伏龙泉	
39 2 005		孤家子	
39 2 006		皮家	
39 2 007		松南	
40	中国石油化工股份有限公司华北分公司		
40 1 001		镇泾	
40 1 002		环池	
40 2 001		大牛地	
41	中国石油化工股份有限公司华东分公司		
41 1 001		草舍	
41 1 002		储家楼	
41 1 003		陶思庄	
41 1 004		角墩子	
41 1 005		腰滩	
41 1 006		溪南庄	
41 1 007		北汉庄	
41 1 008		边城	
41 1 009		淮建	
41 1 010		金南	原金南 1 号、金南 3 号油田合并
41 1 011		茅山	
41 1 012		台兴	
41 1 014		殷庄	
41 1 015		淤溪	
41 1 016		洲城	
41 1 017		祝庄	
41 1 018		吕家庄	
51	中海石油(中国)有限公司天津分公司		
51 1 001		石臼坨 428	原石臼坨 428 西
51 1 002		埕北	
51 1 003		渤中 34 2/4	
51 1 004		渤中 28 1	
51 1 005		绥中 36 1	
51 1 006		锦州 9 3	
51 1 007		歧口 18 1	
51 1 008		渤中 13 1	
51 1 009		渤中 19 4	
51 1 010		渤中 25 1	
51 1 011		渤中 25 1 南	
51 1 012		渤中 26 2	

表 2（续）

代　码	油、气田管辖单位名称	油、气田名称	说　明
51 1 013		渤中 28 2 南	
51 1 014		渤中 29 4	
51 1 015		渤中 3 1	
51 1 016		渤中 3 2	
51 1 017		渤中 34 1	
51 1 018		曹妃甸 11 1	
51 1 019		曹妃甸 11 2	
51 1 020		曹妃甸 11 3/5	
51 1 021		曹妃甸 11 6	
51 1 022		曹妃甸 12 1 南	
51 1 023		曹妃甸 18 1	
51 1 024		曹妃甸 2 1	
51 1 025		锦州 21 1	
51 1 026		锦州 25 1 南	
51 1 027		旅大 10 1	
51 1 028		旅大 27 2	
51 1 029		旅大 32 2	
51 1 030		旅大 4 2	
51 1 031		旅大 5 2	
51 1 032		南堡 35 2	
51 1 033		蓬莱 19 3	
51 1 034		蓬莱 25 6	
51 1 035		岐口 17 2	
51 1 036		岐口 17 3	
51 1 037		岐口 18 2	
51 1 038		秦皇岛 32 6	
51 1 039		秦皇岛 33 1	
51 1 040		垦利 20 1	
51 1 041		锦州 25 1	
51 1 042		渤中 26 3	
51 1 043		蓬莱 19 9	
51 1 044		金县 1 1	
51 2 001		锦州 20 2	
51 2 002		曹妃甸 18 2	
52	中海石油(中国)有限公司上海分公司		
52 2 001		丽水 36 1	
53	中海石油(中国)有限公司深圳分公司		
53 1 001		惠州 21 1	
53 1 002		西江 24 3	
53 1 003		惠州 26 1	
53 1 004		陆丰 13 1	
53 1 005		陆丰 22 1	
53 1 006		流花 11 1	
53 1 007		西江 30 2	
53 1 008		惠州 32 2	
53 1 009		惠州 32 3	
53 1 010		番禺 4 2	
53 1 011		番禺 5 1	
53 1 012		惠州 19 1	
53 1 013		惠州 19 2	

表 2（续）

代　码	油、气田管辖单位名称	油、气田名称	说　明
53 1 014		惠州 19 3	
53 1 015		惠州 25 3	
53 1 016		惠州 25 4	
53 1 017		惠州 26 2	
53 1 018		惠州 32 5	
53 1 019		流花 4 1	
53 1 020		陆丰 13 2	
53 1 021		西江 23 1	
53 2 001		番禺 30 1	
53 2 002		番禺 34 1	
53 2 003		流花 19 5	
54	中海石油（中国）有限公司湛江分公司		
54 1 001		涠洲 10 3	
54 1 002		涠洲 11 4	
54 1 003		涠洲 10 3 北	
54 1 004		涠洲 11 1	
54 1 005		涠洲 11 1 北	
54 1 006		涠洲 11 4 北	
54 1 007		涠洲 12 1	
54 1 008		涠洲 12 8	
54 1 009		涠洲 6 1	
54 1 010		涠洲 6 10	
54 1 011		涠洲 6 8	
54 1 012		涠洲 6 9	
54 1 013		文昌 13 1	
54 1 014		文昌 13 2	
54 1 015		文昌 14 3	
54 1 016		文昌 15 1	
54 1 017		文昌 19 1	
54 1 018		文昌 8 3	
54 1 019		涠洲 11 7	
54 1 020		涠洲 6 12	
54 2 001		崖城 13—1	
54 2 002		东方 1—1	
54 2 003		东方 29 1	
54 2 004		乐东 15—1	
54 2 005		乐东 22—1	
54 2 006		文昌 10 3	
54 2 007		文昌 9 2	
54 2 008		文昌 9 3	
54 2 009		崖城 13—4	
61	中联煤层气有限责任公司		暂无管辖煤层气田
71	陕西延长石油股份有限公司		
71 1 001		延长	
71 1 002		永坪	
71 1 003		青化砭	
71 1 004		甘谷驿	
71 1 005		子长	
71 1 006		姚店	
71 1 007		子北	

表 2（续）

代　码	油、气田管辖单位名称	油、气田名称	说　明
71 1 008		川口	
71 1 009		丰富川	
71 1 010		涧峪岔	
71 1 011		蟠龙	
72	齐齐哈尔市		
72 1 001		富拉尔基	
73	上海市		
73 1 001		平湖	
74	广西田东		
74 1 001		田东	又称仑圩油田
99	其他		中国石油化工股份有限公司上海海洋油气分公司、中海石油(中国)有限公司上海分公司共管
99 1 001		宝云亭	
99 1 002		残雪	
99 1 003		武云亭	
99 2 001		春晓	
99 2 002		断桥	
99 2 003		天外天	

附 录 A
（资料性附录）
本标准与 GB/T 15281—1994 的油、气田变更说明

A.1 新增油、气田

——各分公司新增油田、天然气田见表 2。

——华北油田分公司：增加了沁水煤层气田。

A.2 油气田调整情况

A.2.1 中国石油天然气股份有限公司管辖油气田

——大庆油田有限责任公司：删除模范屯、尚家油田。

——吉林油田分公司：删除了四方坨子、一棵树油田。

——华北油田分公司：二连油田并入华北，原油田代码序号加 500，顺序不变。删除了东乌油田。增加了沁水煤层气田。

——大港油田分公司：删除了张巨河、赵东油田。

——长庆油田分公司：删除了下寺湾、天赐湾油田。中部气田。

——新疆油田分公司：删除了依齐克里克、巴什托普油田（二油田转塔里木）。柯克亚气田。

——玉门油田分公司：删除了柳沟庄油田。

——青海油田分公司：删除了油砂山油田。冷湖三号、冷湖四号、冷湖五号三个油田合并为冷湖油田。

——西南油气田分公司：删除了南充、蓬莱、大石桥、罗渡溪、营山、税家槽、一立场油田。广安、龙女寺转为气田。删除了界石、大兴西、铁厂钩、双家坝、平落坝、五百梯、龙门气田。铁山气田代码改为 079。

——冀东油田分公司：删除杜林、蚕沙口油田。

——塔里木油田分公司：删除了克拉托、吐格尔明、桑塔木油田。吉拉克、红旗 1 号油田转为红旗气田。删除了英买 6、东河 12 气田。英买力气田改称英买 7 气田。

——吐哈油田分公司：删除了胜金口、七克台油田，温吉桑油田与米登油田合并改称温米油田，原红南油田和连木沁油田合并改称红连油田。

A.2.2 中国石油化工股份有限公司管辖油气田

——胜利：删除了羊角沟油田，盐家气田转为油田。

——中原：删除了文西、文北油田。白庙气田转为油田。

——江苏：刘庄气田转为油田。删除了张家灶油田。

——河南：删除了付湾油田。

——滇黔桂石油管理局归入中国石油化工股份有限公司西南油气分公司，仑圩、田东油田归地方管理。

A.2.3 中海石油（中国）总公司管辖油气田

——中海石油（中国）有限公司天津分公司（原渤海公司）：删除了石臼坨 427、海四油田，石臼坨 428 西油田改为石臼坨 428 油田。

参 考 文 献

[1] 二〇〇七年度全国石油天然气探明储量评审表.国土资源部石油天然气储量评审办公室,2008.

ICS 25.100.70
J 43

中华人民共和国国家标准

GB/T 15305.3—2009
代替 GB/T 15305.3—1994

涂附磨具 砂带 宽度与长度组合的选择

Coated abrasives—Abrasive belts—Selection of width/length combinations

(ISO 2976:2005,MOD)

2009-04-23 发布 2009-12-01 实施

中华人民共和国国家质量监督检验检疫总局
中国国家标准化管理委员会 发布

前　言

本部分修改采用 ISO 2976:2005《涂附磨具　砂带　宽度与长度组合的选择》(英文版)。

本部分根据 ISO 2976:2005 重新起草。

由于我国发展要求和工业的特殊需要,本部分在采用国际标准时进行了修改。这些技术性差异用垂直单线标识在他们所涉及的条款的页边空白处。

本部分与 ISO 2976:2005 的主要差异如下:

——表 1 增加了 1 350 mm×2 800 mm 的尺寸规格及其极限偏差;

——表 1 删除了宽度 T 为 13 mm 和 15 mm 的尺寸系列及其极限偏差;

——表 1 增加了宽度 T 为 14 mm 的尺寸系列及其极限偏差;

——表 2 增加了 210 mm×230 mm 的尺寸规格及其极限偏差;

——表 1 删除了宽度 $T>1\ 400$ mm 的尺寸系列及其极限偏差;

——附录 A 表 A.1 和表 A.2 随表 1 和表 2 做了相应改动。

为便于使用,本标准还做了下列编辑性修改:

——删除国际标准的前言;

——将"本国际标准"一词改为"本标准"。

本部分代替 GB/T 15305.3—1994《涂附磨具　砂带　尺寸和公差》。

本部分与 GB/T 15305.3—1994 相比主要变化如下:

——删去了 GB/T 15305.3—1994 第 2 章基本尺寸和极限偏差;

——尺寸组合除采用 ISO 2976:2005 外,适当增加了国内常用砂带尺寸规格;

——增加了不适合新设计用砂带尺寸规格;

——增加了砂带两边长度差的规定;

——增加了砂带试验条件;

——增加了砂带标记和标志。

本部分的附录 A 为资料性附录。

本部分由中国机械工业联合会提出。

本部分由全国磨料磨具标准化技术委员会(SAC/TC 139)归口。

本部分起草单位:湖北玉立砂带集团股份有限公司、郑州磨料磨具磨削研究所。

本部分起草人:黄葵花、徐雄甫、钟彦征、王伟涛。

本部分所代替标准的历次版本发布情况为:

——GB/T 15305.3—1994。

涂附磨具　砂带
宽度与长度组合的选择

1　范围

GB/T 15305 的本部分规定了砂带的基本尺寸和极限偏差。

本部分适用于手持磨削机和固定磨削机用砂带。

2　规范性引用文件

下列文件中的条款通过 GB/T 15305 的本部分的引用而成为本部分的条款。凡是注日期的引用文件，其随后所有的修改单(不包括勘误的内容)或修订版均不适用于本部分，然而，鼓励根据本部分达成协议的各方研究是否可使用这些文件的最新版本。凡是不注日期的引用文件，其最新版本适用于本部分。

ISO 554:1976　限定和(或)测试时标准大气环境　技术条件

3　要求

3.1　基本尺寸及极限偏差

砂带基本尺寸及极限偏差见图 1、表 1 和表 2(或参见附录 A)。

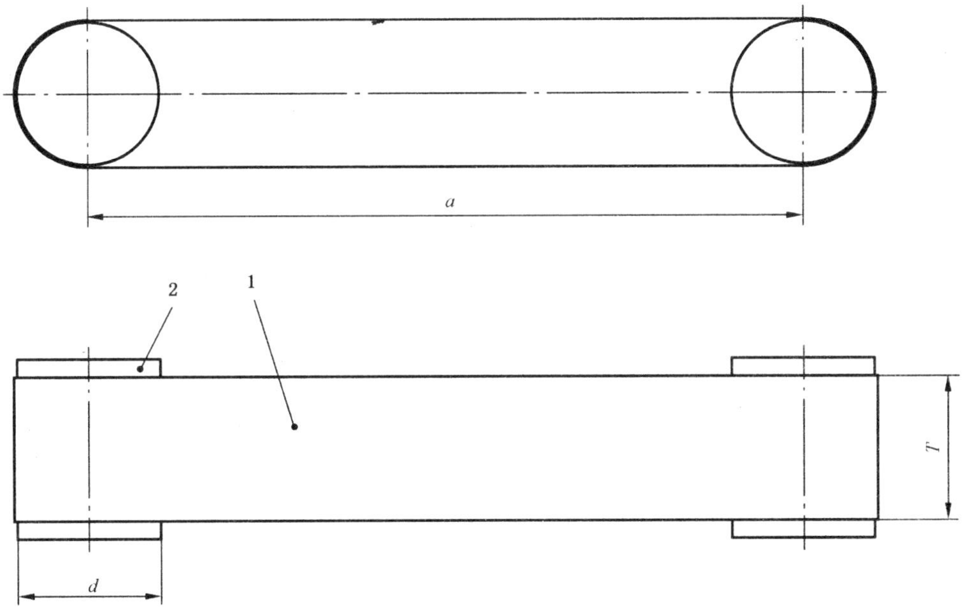

1——砂带；

2——辊轴；

a——两辊轴之间的距离；

d——辊轴直径；

T——砂带宽度。

注：砂带的长度 $L = 2a + \pi d$

图 1　砂带

表 1 优先选用的砂带尺寸

单位为毫米

T		*L*	
基本尺寸	极限偏差	基本尺寸	极限偏差
6	±1	457	±3
		520	
		533	
		610	
10	±1	330	
14	±1	330	
		457	
		480	
		520	
		610	
		760	
		1 120	±5
20	±1	450	±3
		480	
		520	
		610	
		2 000	±5
		2 500	
		3 500	
		4 000	
25	±1	450	±3
		480	
		610	
		760	
		1 000	
		1 500	±5
		2 000	
		2 500	
		3 500	
30	±1	450	±3
		620	
		800	
		1000	
		1 250	±5

表 1（续）　　单位为毫米

T		L	
基本尺寸	极限偏差	基本尺寸	极限偏差
30	±1	1 500	±5
		2 000	
		2 500	
		3 500	
		4 000	
40	±1	450	±3
		620	
		750	
		800	
		1 200	±5
		1 500	
		1 650	
		2 000	
		2 500	
		3 500	
		4 000	
50	±1	450	±3
		620	
		750	
		800	
		1 000	±5
		1 250	
		1 500	
		1 600	
		2 000	
		2 500	
		3 000	
		3 500	
		4 000	
60	±2	400	±3
		2 250	±5
		2 500	
		3 000	
		3 500	

表 1（续） 单位为毫米

T		*L*	
基本尺寸	极限偏差	基本尺寸	极限偏差
65	±2	410	±3
75	±2	457	±3
		480	
		533	
		610	
		1 500	±5
		2 000	
		2 250	
		2 500	
		3 000	
		3 500	
		4 000	
100	±2	560	±3
		610	
		620	
		800	
		860	
		900	
		1 000	
		1 100	±5
		1 500	
		1 800	
		2 000	
		2 500	
		3 000	
		3 500	
		4 000	
		8 500	±20
		9 000	
120	±2	450	±3
		1 500	±5
		2 000	
		2 500	
		3 000	

表 1（续）　　单位为毫米

T		*L*	
基本尺寸	极限偏差	基本尺寸	极限偏差
120	±2	3 500	±5
		4 000	
		7 000	±20
		7 600	
		7 800	
		8 000	
150	±2	1 500	±5
		1 750	
		2 000	
		2 250	
		2 500	
		3 000	
		3 500	
		4 000	
		5 000	±10
		6 000	±20
		6 500	
		7 000	
		7 100	
		7 200	
		7 500	
		7 700	
		7 800	
		9 000	
200	±2	550	±3
		750	
		1 500	±5
		1 600	
		1 800	
		1 850	
		2 000	
		2 500	
		3 000	
		3 500	

表 1（续）

单位为毫米

T		L	
基本尺寸	极限偏差	基本尺寸	极限偏差
250	±2	750	±3
250	±2	1 800	±5
250	±2	2 500	±5
250	±2	3 000	±5
300	±2	2 000	±5
300	±2	2 500	±5
300	±2	3 000	±5
300	±2	3 500	±5
300	±2	4 000	±5
400	±2	1 900	±5
400	±2	3 200	±5
400	±2	3 300	±5
630	±2	1 900	±5
930	±2	1 525	±5
930	±2	1 900	±5
930	±2	2 300	±5
1 100	±3	1 900	±10
1 100	±3	2 100	±10
1 120	±3	1 900	±10
1 120	±3	2 200	±10
1 120	±3	2 620	±10
1 150	±3	1 900	±10
1 150	±3	2 200	±10
1 150	±3	2 500	±10
1 150	±3	2 620	±10
1 300	±3	1 900	±10
1 300	±3	2 620	±10
1 300	±3	3 250	±10
1 320	±3	1 900	±10
1 320	±3	2 500	±10
1 320	±3	2 620	±10
1 320	±3	3 200	±10
1 350	±3	1 900	±10
1 350	±3	2 100	±10

表 1（续）

单位为毫米

T		*L*	
基本尺寸	极限偏差	基本尺寸	极限偏差
1 350	±3	2 620	±10
		2 800	
		3 150	
		3 250	
		3 800	
1 400	±3	1 900	±10
		2 500	
		2 620	
		2 800	
		3 150	
		3 250	
		3 810	

表 2　不适合新设计用的砂带尺寸

单位为毫米

T		*L*	
基本尺寸	极限偏差	基本尺寸	极限偏差
13	±1	450	±3
		533	
20	±1	457	±3
		533	
30	±1	533	±3
		740	
40	±1	600	±3
50	±1	395	±3
		1 020	±5
		2 300	
		2 400	
60	±2	2 300	±5
75	±2	510	±3
100	±2	395	±3
		550	
		920	
		950	
		1 480	±5
		1 650	

表 2（续）

单位为毫米

<table>
<tr><th colspan="2">T</th><th colspan="2">L</th></tr>
<tr><th>基本尺寸</th><th>极限偏差</th><th>基本尺寸</th><th>极限偏差</th></tr>
<tr><td rowspan="3">100</td><td rowspan="3">±2</td><td>1 830</td><td rowspan="3">±5</td></tr>
<tr><td>2 250</td></tr>
<tr><td>3 350</td></tr>
<tr><td rowspan="3">120</td><td rowspan="3">±2</td><td>6 800</td><td rowspan="3">±20</td></tr>
<tr><td>6 880</td></tr>
<tr><td>7 100</td></tr>
<tr><td rowspan="18">150</td><td rowspan="18">±2</td><td>2 170</td><td rowspan="4">±5</td></tr>
<tr><td>2 280</td></tr>
<tr><td>2 600</td></tr>
<tr><td>2 800</td></tr>
<tr><td>4 800</td><td rowspan="3">±10</td></tr>
<tr><td>4 900</td></tr>
<tr><td>5 400</td></tr>
<tr><td>6 200</td><td rowspan="11">±20</td></tr>
<tr><td>6 630</td></tr>
<tr><td>6 700</td></tr>
<tr><td>6 800</td></tr>
<tr><td>6 880</td></tr>
<tr><td>7 300</td></tr>
<tr><td>7 400</td></tr>
<tr><td>7 600</td></tr>
<tr><td>8 000</td></tr>
<tr><td>8 500</td></tr>
<tr><td>9 200</td></tr>
<tr><td rowspan="6">200</td><td rowspan="6">±2</td><td>1 900</td><td rowspan="5">±5</td></tr>
<tr><td>2 100</td></tr>
<tr><td>2 350</td></tr>
<tr><td>3 350</td></tr>
<tr><td>4 000</td></tr>
<tr><td>10 300</td><td>±20</td></tr>
<tr><td>210</td><td>±2</td><td>230</td><td>±3</td></tr>
<tr><td>610</td><td>±2</td><td>1 900</td><td>±5</td></tr>
<tr><td>910</td><td>±2</td><td>1 900</td><td>±5</td></tr>
<tr><td>930</td><td>±2</td><td>2 500</td><td>±5</td></tr>
</table>

表 2（续）

单位为毫米

T		L	
基本尺寸	极限偏差	基本尺寸	极限偏差
1 010	±3	1 900	±5
1 100	±3	2 150	±10
		2 620	
1120	±3	2 150	±10
1 300	±3	2 200	±10
1 350	±3	2 000	±10
1 400	±3	2 150	±10

3.2 两边长度差

砂带允许存在的两边长度差不应超过：

a） 砂带宽度 $T \geqslant 1\ 000$ mm 时为 5 mm；

b） 砂带宽度 $T < 1\ 000$ mm 时为 3 mm。

3.3 试验条件

本部分给出的极限偏差在下列条件下有效：

温度：20 ℃±2 ℃
相对湿度：65%±5%
} 符合 ISO 554 要求

被测砂带应在上述条件下至少放置 24 h。

4 标记

符合本部分的砂带应标记的内容为：

a） “砂带”；

b） 引用本部分，GB/T 15303.3；

c） 宽度 T，单位为毫米；

d） 长度 L，单位为毫米。

示例：宽 T=100 mm、长 L=3 000 mm 的砂带标记如下：

砂带 GB/T 15303.3-100×3000

5 标志

砂带的标识应有以下内容：

a） 生产厂家名称或注册商标；

b） 运转方向；

c） 粒度。

附 录 A
（资料性附录）
砂带尺寸，宽度/长度组合的选择

表 A.1 优先选用的砂带尺寸

单位为毫米

L		T	
基本尺寸	极限偏差	基本尺寸	极限偏差
330	±3	10	±1
		14	
400	±3	60	±2
410	±3	65	±2
450	±3	20	±1
		25	
		30	
		40	
		50	
		120	±2
457	±3	6	±1
		14	
		75	±2
480	±3	14	±1
		20	
		25	
		75	±2
520	±3	6	±1
		14	
		20	
533	±3	6	±1
		75	±2
550	±3	200	±2
560	±3	100	±2
610	±3	6	±1
		14	
		20	
		25	
		75	±2
		100	

表 A.1（续）

单位为毫米

L		T	
基本尺寸	极限偏差	基本尺寸	极限偏差
620	±3	30	±1
		40	
		50	
		100	±2
750	±3	40	±1
		50	
		200	±2
		250	
760	±3	14	±1
		25	
800	±3	30	±1
		40	
		50	
		100	±2
860	±3	100	±2
900	±3	100	±2
1 000	±3	25	±1
		30	
		50	
		100	±2
1 100	±5	100	±2
1 120	±5	14	±1
1 200	±5	40	±1
1 250	±5	30	±1
		50	
1 500	±5	25	±1
		30	
		40	
		50	
		75	±2
		100	
		120	
		150	
		200	

表 A.1（续）

单位为毫米

L		T	
基本尺寸	极限偏差	基本尺寸	极限偏差
1 525	±5	930	±2
1 600	±5	50	±1
1 600	±5	200	±2
1 650	±5	40	±1
1 750	±5	150	±2
1 800	±5	100	±2
1 800	±5	200	±2
1 800	±5	250	±2
1 850	±5	200	±2
1 900	±5	400	±2
1 900	±5	630	±2
1 900	±5	930	±2
1 900	±10	1 100	±3
1 900	±10	1 120	±3
1 900	±10	1 150	±3
1 900	±10	1 300	±3
1 900	±10	1 320	±3
1 900	±10	1 350	±3
1 900	±10	1 400	±3
2 000	±5	20	±1
2 000	±5	25	±1
2 000	±5	30	±1
2 000	±5	40	±1
2 000	±5	50	±1
2 000	±5	75	±2
2 000	±5	100	±2
2 000	±5	120	±2
2 000	±5	150	±2
2 000	±5	200	±2
2 000	±5	300	±2
2 100	±10	1 100	±3
2 100	±10	1 350	±3
2 200	±10	1 120	±3
2 200	±10	1 150	±3

表 A.1（续）

单位为毫米

L		T	
基本尺寸	极限偏差	基本尺寸	极限偏差
2 250	±5	60	±2
		75	
		150	
2 300	±5	930	±2
2 500	±5	20	±1
		25	
		30	
		40	
		50	
		60	±2
		75	
		100	
		120	
		150	
		200	
		250	
		300	
	±10	1 150	±3
		1 320	
		1 400	
2 620	±10	1 120	±3
		1 150	
		1 300	
		1 320	
		1 350	
		1 400	
2 800	±10	1 350	±3
		1 400	
3 000	±5	50	±2
		60	
		75	
		100	
		120	
		150	

表 A.1（续） 单位为毫米

L		T	
基本尺寸	极限偏差	基本尺寸	极限偏差
3 000	±5	200	±2
		250	
		300	
3 150	±10	1 350	±3
		1 400	
3 200	±5	400	±2
	±10	1 320	±3
3 250	±10	1 300	±3
		1 350	
		1 400	
3 300	±5	400	±2
3 500	±5	20	±1
		25	
		30	
		40	
		50	
		60	±2
		75	
		100	
		120	
		150	
		200	
		300	
3 800	±10	1 350	±3
3 810	±10	1 400	±3
4 000	±5	20	±1
		30	
		40	
		50	
		75	±2
		100	
		120	
		150	
		300	

表 A.1(续) 单位为毫米

L		*T*	
基本尺寸	极限偏差	基本尺寸	极限偏差
5 000	±10	150	±2
6 000	±20	150	±2
6 500	±20	150	±2
7 000	±20	120	±2
		150	
7 100	±20	150	±2
7 200	±20	150	±2
7 500	±20	150	±2
7 600	±20	120	±2
7 700	±20	150	±2
7 800	±20	120	±2
		150	
8 000	±20	120	±2
8 500	±20	100	±2
9 000	±20	100	±2
		150	

表 A.2 不适合新设计用的砂带尺寸 单位为毫米

L		*T*	
基本尺寸	极限偏差	基本尺寸	极限偏差
230	±3	210	±2
395	±3	50	±1
		100	±2
450	±3	13	±1
457	±3	20	±1
510	±3	75	±2
533	±3	13	±1
		20	
		30	
550	±3	100	±2
600	±3	40	±1
740	±3	30	±1
920	±3	100	±2
950	±3	100	±2
1 020	±5	50	±1

表 A.2（续）

单位为毫米

L		T	
基本尺寸	极限偏差	基本尺寸	极限偏差
1 480	±5	100	±2
1 650	±5	100	±2
1 830	±5	100	±2
1 900	±5	200	±2
		610	
		910	
	±10	1 010	±3
2 000	±10	1 350	±3
2 100	±5	200	±2
2 150	±10	1 100	±3
		1 120	
		1 400	
2 170	±5	150	±2
2 200	±10	1 300	±3
2 250	±5	100	±2
2 280	±5	150	±2
2 300	±5	50	±1
		60	±2
2 350	±5	200	±2
2 400	±5	50	±1
2 500	±5	930	±2
2 600	±5	150	±2
2 620	±10	1 100	±3
2 800	±5	150	±2
3 350	±5	100	±2
		200	
4 000	±5	200	±2
4 800	±10	150	±2
4 900	±10	150	±2
5 400	±10	150	±2
6 200	±20	150	±2
6 630	±20	150	±2
6 700	±20	150	±2
6 800	±20	100	±2

表 A.2（续）

单位为毫米

L		T	
基本尺寸	极限偏差	基本尺寸	极限偏差
6 800	±20	150	±2
6 880	±20	120	±2
		150	
		200	
7 100	±20	120	±2
7 300	±20	150	±2
7 400	±20	150	±2
7 600	±20	150	±2
8 000	±20	150	±2
8 500	±20	150	±2
9 200	±20	150	±2
10 300	±20	200	±2

ICS 01.140.30
A 13

中华人民共和国国家标准

GB/T 15310.1—2009
代替 GB/T 15310.1—1994

国际贸易出口单证格式 第1部分：商业发票

Form for international trade export documents—Part 1:Commercial invoice

2009-11-15 发布　　2010-02-01 实施

中华人民共和国国家质量监督检验检疫总局
中国国家标准化管理委员会　发布

前　言

GB/T 15310《国际贸易出口单证格式》目前分为四个部分：

——第 1 部分：商业发票；

——第 2 部分：装箱单；

——第 3 部分：装运通知；

——第 4 部分：原产地证书。

随着国际贸易的发展，今后还可能增加新的部分。

本部分为 GB/T 15310 的第 1 部分。

本部分代替 GB/T 15310.1—1994《外贸出口单证格式　商业发票》。

本部分与 GB/T 15310.1—1994 相比主要变化如下：

——将原标准的名称《外贸出口单证格式　商业发票》改为《国际贸易出口单证格式　第 1 部分：商业发票》；

——对标准的前言进行了修改；

——增加了标准的引言；

——增加了规范性引用文件；

——删除了附录 A，将附录 A 的内容归入第 3 章；

——重新设计了国际贸易商业发票格式；

——重新描述了格式中各项的说明。

本部分由全国电子业务标准化技术委员会提出并归口。

本部分起草单位：中国标准化研究院、中国对外贸易经济合作企业协会、商务部许可证局。

本部分主要起草人：胡涵景、孟朱明、张荫芬、刘颖、熊虹艳、王凌云、陈兵。

本部分于 1994 年 10 月首次发布，本次为第一次修订。

引　　言

国际贸易是当今世界最大的经济活动。国际贸易单证是国际贸易中的重要组成部分。根据联合国贸发会的统计，国际贸易单证费用占国际贸易总额的8%。国际贸易单证标准化主要是指单证格式和所记录数据的标准化。1982年联合国贸易简化委员会正式向联合国各成员国推荐使用“联合国贸易单证样式”。1985年ISO将它采纳为国际标准，即ISO 6422《贸易单证样式》。联合国贸易简化委员会在随后几年又相继推出了若干项有关国际贸易单证的国际标准，这些标准均以ISO 6422《贸易单证样式》为基准。

为了与国际惯例接轨，我国制定了GB/T 15310—1994《外贸出口单证格式》系列国家标准，它由商业发票、装箱单、装运声明和中华人民共和国出口货物原产地证明书四个标准组成。该系列标准自发布以来，对于规范我国贸易单证格式，促进和规范国际贸易起到了重要作用。随着我国国际贸易的发展，需要对原标准中的内容进行修改。本次修订主要考虑国际贸易的实际情况，并根据GB/T 14392—2009《国际贸易单证样式》和GB/T 15191—1997《贸易数据元目录　标准数据元》，使其在整体结构设计上符合《国际贸易单证样式》的要求，在数据元素的描述上满足电子数据交换（EDI）的要求。

本标准的修订和实施将为指导和规范我国国际贸易商业发票格式起到积极作用。

国际贸易出口单证格式
第1部分:商业发票

1 范围

GB/T 15310的本部分规定了国际贸易商业发票的格式。

本部分适用于国际贸易商业发票的缮制、打印和信息处理。

2 规范性引用文件

下列文件中的条款通过GB/T 15310的本部分的引用而成为本部分的条款。凡是注日期的引用文件,其随后所有的修改单(不包括勘误的内容)或修订版均不适用于本部分,然而,鼓励根据本部分达成协议的各方研究是否可使用这些文件的最新版本。凡是不注日期的引用文件,其最新版本适用于本部分。

GB/T 2659 世界各国和地区名称代码(GB/T 2659—2000,eqv ISO 3166-1:1997)

GB/T 7408 数据元和交换格式 信息交换 日期和时间表示法(GB/T 7408—2005,ISO 8601:2000,IDT)

GB/T 14392 国际贸易单证样式(GB/T 14392—2009,ISO 6422:1985,MOD)

GB/T 14393 贸易单证中代码的位置(GB/T 14393—2008,ISO 8440:1986;Cor.1:2000,IDT)

GB/T 15191 贸易数据元目录 标准数据元(GB/T 15191—1997,idt ISO 7372:1993)

GB/T 15421 国际贸易方式代码

GB/T 17295 国际贸易计量单位代码

GB/T 18131 国际贸易用标准运输标志

ISO 216 书写纸张和印刷品等级 实际大小 A系列和B系列

ISO 3535 表格设计和样式图

HS 海关进出口商品分类代码(WCO)

3 术语和定义

GB/T 14392确立的术语和定义适用于GB/T 15310的本部分。

4 商业发票格式

4.1 格式

国际贸易商业发票的格式应按照GB/T 14392、GB/T 14393以及GB/T 15191对设计国际贸易出口单证格式的基本要求,如图1所示。

4.2 纸张规格和图文区

4.2.1 总述

纸张规格和图文区的要求符合ISO 216和ISO 3535的规定。

4.2.2 纸张尺寸

纸张尺寸:A4型(即210 mm×297 mm)。

4.2.3 页边宽度

左边宽:20 mm±0.5 mm。

商业发票

Commercial Invoice

<table>
<tr><td rowspan="2">1 出口商 Exporter</td><td colspan="4">4 发票日期和发票号 Invoice Date and No.</td></tr>
<tr><td colspan="2">5 合同号 Contract No.</td><td colspan="2">6 信用证号 L/C No.</td></tr>
<tr><td rowspan="2">2 进口商 Importer</td><td colspan="4">7 原产地国 Country/region of origin</td></tr>
<tr><td colspan="4">8 贸易方式 Trade mode</td></tr>
<tr><td>3 运输事项 Transport details</td><td colspan="4">9 交货和付款条款 Terms of delivery and payment</td></tr>
<tr><td>10 运输标志和集装箱号
Shipping marks;Container No.</td><td>11 包装类型及件数;商品编码;商品描述
Number and kind of packages;Commodity No.;
Commodity description</td><td>12 数量
Quantity</td><td>13 单价
Unit price</td><td>14 金额
Amount</td></tr>
<tr><td colspan="5">自由处置区
Free disposal</td></tr>
<tr><td colspan="5">15 总值(用数字和文字表示) Total amount(in figure and word)</td></tr>
<tr><td>自由处置区
Free disposal</td><td colspan="4">16 出口商签章
Exporter stamp and signature</td></tr>
</table>

图 1 国际贸易商业发票

上边宽：25.4 mm±0.5 mm。

4.2.4 行距、列距

行距：两行相邻基线间的距离，即 4.233 mm。

列距：两列相邻基线间的距离，即 2.54 mm。

4.3 字符表示法的缩写

字符表示法采用下列缩写形式：

a＝字母字符；

n＝数字字符；

an＝字母和数字字符；

3＝固定的 3 字符长度；

..17＝最多可用 17 个字符位置的未定数据单位长度；

..35×5＝最多可占用 1～5 行，每行 35 个字符的未定数据单位长度；

..35×n＝每行 1～35 个字符，不确定行数的未定数据项长度；

L＝行，后接行号；

格式上边线下第一行行号为 1，第二行行号为 2，其他行行号依此类推；

P＝列，后接列号；

格式左边线的右边第一列列号为 1，第二列列号为 2，其他列列号依此类推。

示例 1：L7～12 指信息填写在第 7～12 行上。

示例 2：P1～36 指信息填写在第 1～36 列上。

4.4 单据颜色

本部分格式的单据颜色宜为白底灰线灰字。

4.5 格式说明

4.5.1 名称的位置

商业发票的中英文名称印在格式的最上方中间。

4.5.2 格式中各项说明

4.5.2.1 出口商 Exporter

说明：出口方的名称和地址，其出口申报手续可由其结关代理人或其他授权人完成，出口申报一方也可包括制造商、卖主或其他人。

区域：L1～6 P1～35

表示：an..35×6

4.5.2.2 进口商 Importer

说明：进口方的名称和地址，其进口申报可由其结关代理人或其他授权人完成，进口申报的一方也可包括货主或货物托运人。

区域：L7～12 P1～35

表示：an..35×6

4.5.2.3 运输事项 Transport details

说明：商业目的的运输信息。

区域：L13～18 P1～35

表示：an..35×6

4.5.2.4 发票日期和发票号 Invoice Date and No.

说明：卖方为商业发票指定的参考号以及签发商业发票的日期。

区域：L1～3 P36～72

表示：an..17×3

日期表示:n8

格式: YYYYMMDD,采用 GB/T 7408。

4.5.2.5 **合同号 Contract No.**

说明:买卖双方所签订的合同参考号。

区域:L4~6 P36~53

表示:an..17×3

4.5.2.6 **信用证号 L/C No.**

说明:买方的信用证号码。

区域:L4~6 P54~72

表示:an..17×3

4.5.2.7 **原产地国 Country/region of origin**

说明:根据税则标准、数量限制标准或任何其他与贸易有关措施,生产或制造货物的国家(地区)。当生产或制造货物的国家(地区)出现不一致时,应在自由处置区说明。

区域:L7~9 P36~72

表示:an..17×3

代码表示:a2,采用 GB/T 2659 两字母表示。

4.5.2.8 **贸易方式 Trade mode**

说明:根据国际贸易惯例在合同中指明贸易方式。

区域:L10~12 P36~72

表示:an..17×3

代码表示:n2,采用 GB/T 15421。

4.5.2.9 **交货和付款条款 Terms of delivery and payment**

说明:买卖双方商定的卖方根据该条款交货给买方的条款,以及买卖双方商定的付款条款。

区域:L13~18 P36~72

表示:an..35×6

4.5.2.10 **运输标志和集装箱号 Shipping marks;Container No.**

说明:标识单件包装物的标志和编号,以及出于运输目的,给一个或分别处理的几个集装箱中每一个集装箱所指定的序号。

区域:L19~28 P1~17

表示:an..17×10,采用 GB/T 18131。

4.5.2.11 **包装类型及件数;商品编码;商品描述 Number and kind of packages;Commodity No.;Commodity description**

说明:货物所呈现的外观形式的描述,以及一票发运中单件货物的数量,这些货物或是未加包装,或是已包装但不拆包无法分割;商品的编码,以及商品的描述。

区域:L19~28 P18~52

表示:an..35×10

代码表示:n10,采用 HS"海关进出口商品分类代码"。

4.5.2.12 **数量 Quantity**

说明:量的数值。

区域:L19~28 P53~58

表示:n..6×10

4.5.2.13 **单价 Unit price**

说明:计算商品金额用的单位数量价格。

区域:L19～28　P59～65

表示:n..7×10,采用 GB/T 17295。

4.5.2.14　**金额　Amount**

说明:单项货物或服务的金额。

区域:L19～28　P66～72

表示:n..7×10

4.5.2.15　**总值(用数字和文字表示)　Total amount(in figure and word)**

说明:根据交货条款卖方开出的用数字和文字表示的总发票金额。

区域:L44～46　P1～72

表示:n..70×3

4.5.2.16　**出口商签章　Exporter stamp and signature**

说明:由出口商签章。

区域:L47～61　P36～72

4.5.2.17　**自由处置区　Free disposal**

说明:给出所需的但未能纳入指定栏目的补充信息。

区域:L29～43　P1～72,L47～61　P1～35

表示:自由文本表示。

参 考 文 献

［1］ ISO 6422　贸易单证样式
［2］ 联合国贸易单证样式(UNLK)

ICS 01.140.30
A 13

中华人民共和国国家标准

GB/T 15310.2—2009
代替 GB/T 15310.2—1994

国际贸易出口单证格式 第2部分：装箱单

Form for international trade export documents—Part 2: Packing list

2009-11-15 发布　　2010-02-01 实施

中华人民共和国国家质量监督检验检疫总局
中国国家标准化管理委员会　发布

前　　言

GB/T 15310《国际贸易出口单证格式》分为四个部分：

——第 1 部分：商业发票；

——第 2 部分：装箱单；

——第 3 部分：装运通知；

——第 4 部分：原产地证书。

随着国际贸易的发展，今后还可能增加新的部分。

本部分为 GB/T 15310 的第 2 部分。

本部分代替 GB/T 15310.2—1994《外贸出口单证格式　装箱单》。

本部分与 GB/T 15310.2—1994 相比主要变化为：

——将原标准的名称《外贸出口单证格式　装箱单》改为《国际贸易出口单证格式　第 2 部分：装箱单》；

——对标准的前言进行了修改；

——增加了标准的引言；

——增加了规范性引用文件；

——删除了附录 A，将附录 A 的内容归入第 3 章；

——重新设计了国际贸易装箱单格式；

——重新描述了格式中各项的说明。

本部分由全国电子业务标准化技术委员会提出并归口。

本部分起草单位：中国标准化研究院、中国对外贸易经济合作企业协会、商务部许可证局。

本部分主要起草人：胡涵景、孟朱明、张荫芬、刘颖、熊虹艳、王凌云、徐俊荣。

本部分于 1994 年 10 月首次发布，本次为第一次修订。

引　言

国际贸易是当今世界最大的经济活动。国际贸易单证是国际贸易中的重要组成部分。根据联合国贸发会的统计，国际贸易单证费用占国际贸易总额的8%。国际贸易单证标准化主要是指单证格式和所记录数据的标准化。1982年联合国贸易简化委员会正式向联合国各成员国推荐使用"联合国贸易单证样式"。1985年ISO将它采纳为国际标准，即ISO 6422《贸易单证样式》。联合国贸易简化委员会在随后几年又相继推出了若干项有关国际贸易单证的国际标准，这些标准均以ISO 6422《贸易单证样式》为基准。

为了与国际惯例接轨，我国制定了GB/T 15310—1994《外贸出口单证格式》系列国家标准，它由商业发票、装箱单、装运声明和中华人民共和国出口货物原产地证明书四个标准组成。该系列标准自发布以来，对于规范我国贸易单证格式，促进和规范国际贸易起到了重要作用。随着我国国际贸易的发展，需要对原标准中的内容进行修改。本次修订主要考虑国际贸易的实际情况，并根据GB/T 14392—2009《国际贸易单证样式》和GB/T 15191—1997《贸易数据元目录　标准数据元》，使其在整体结构设计上符合《国际贸易单证样式》的要求，在数据元素的描述上满足电子数据交换(EDI)的要求。

本标准的修订和实施将对指导和规范我国国际贸易装箱单格式起到积极作用。

国际贸易出口单证格式
第2部分:装箱单

1 范围

GB/T 15310的本部分规定了国际贸易装箱单的格式。

本部分适用于国际贸易装箱单的缮制、打印和信息处理。

2 规范性引用文件

下列文件中的条款通过GB/T 15310的本部分的引用而成为本部分的条款。凡是注日期的引用文件,其随后所有的修改单(不包括勘误的内容)或修订版均不适用于本部分,然而,鼓励根据本部分达成协议的各方研究是否可使用这些文件的最新版本。凡是不注日期的引用文件,其最新版本适用于本部分。

GB/T 7408 数据元和交换格式 信息交换 日期和时间表示法(GB/T 7408—2005,ISO 8601:2000,IDT)

GB/T 14392 国际贸易单证样式(GB/T 14392—2009,ISO 6422:1985,MOD)

GB/T 14393 贸易单证中代码的位置(GB/T 14393—2008,ISO 8440:1986,IDT)

GB/T 15191 贸易数据元目录 标准数据元(GB/T 15191—1997,idt ISO 7372:1993)

GB/T 18131 国际贸易用标准运输标志

ISO 216 书写纸张和印刷品等级 实际大小A系列和B系列

ISO 3535 表格设计和样式图

3 术语和定义

GB/T 14392确立的术语和定义适用于GB/T 15310的本部分。

4 装箱单格式

4.1 格式

国际贸易装箱单的格式应按照GB/T 14392、GB/T 14393以及GB/T 15191对设计国际贸易出口单证格式的基本要求,如图1所示。

4.2 纸张规格和图文区

4.2.1 总述

纸张规格和图文区的要求符合ISO 216和ISO 3535的规定。

4.2.2 纸张尺寸

纸张尺寸:A4型(即210 mm×297 mm)。

4.2.3 页边宽度

左边宽:20 mm±0.5 mm。

上边宽:25.4 mm±0.5 mm。

4.2.4 行距、列距

行距:两行相邻基线间的距离,即4.233 mm。

列距:两列相邻基线间的距离,即2.54 mm。

4.3 字符表示法的缩写

字符表示法采用下列缩写形式：

a＝字母字符；

n＝数字字符；

an＝字母和数字字符；

3＝固定的3字符长度；

..17＝最多可用17个字符位置的未定数据单位长度；

..35×5＝最多可占用1～5行，每行35个字符的未定数据单位长度；

..35×n＝每行1～35个字符，不确定行数的未定数据项长度；

L＝行，后接行号；

格式上边线下第一行行号为1，第二行行号为2，其他行行号依此类推；

P＝列，后接列号；

格式左边线的右边第一列列号为1，第二列列号为2，其他列列号依此类推。

示例1：L7～12指信息填写在第7～12行上。

示例2：P1～36指信息填写在第1～36列上。

4.4 单据颜色

本部分格式的单据颜色宜为白底灰线灰字。

4.5 格式说明

4.5.1 名称的位置

装箱单的中英文名称印在格式的最上方中间。

4.5.2 编号项目

4.5.2.1 出口商 Exporter

说明：出口方的名称和地址，其出口申报手续可由其结关代理人或其他授权人完成，出口申报一方也可包括制造商、卖主或其他人。

区域：L1～6 P1～35

表示：an..35×6

4.5.2.2 进口商 Importer

说明：进口方的名称和地址，其进口申报可由其结关代理人或其他授权人完成，进口申报的一方也可包括货主或货物托运人。

区域：L7～12 P1～35

表示：an..35×6

4.5.2.3 装箱单日期 Packing list date

说明：签发装箱单的日期。

区域：L1～6 P36～72

日期表示：n8

格式：YYYYMMDD，采用GB/T 7408。

4.5.2.4 合同号 Contract No.

说明：买卖双方所签订的合同参考号。

区域：L7～9 P36～52

表示：an..17

4.5.2.5 信用证号 L/C No.

说明：买方的信用证号码。

区域:L7～9 P53～72

表示:an..17

4.5.2.6 **发票日期和发票号 Invoice Date and No.**

说明:卖方为商业发票指定的参考号以及签发商业发票的日期。

区域:L10～12 P36～72

表示:an..17×3

日期代码表示:n8

格式:YYYYMMDD,采用GB/T 7408。

4.5.2.7 **运输标志和集装箱号 Shipping marks;Container No.**

说明:标识单件包装物的标志和编号,以及出于运输目的,给一个或分别处理的几个集装箱中每一个集装箱所指定的序号。

区域:L13～17 P1～17

表示:an..17×10,采用GB/T 18131。

4.5.2.8 **包装类型及件数;商品编码;商品描述 Number and kind of packages;Commodity No.;Commodity description**

说明:货物所呈现的外观形式的描述,以及一票发运中单件货物的数量,这些货物或是未加包装,或是已包装但不拆包无法分割;商品的编码,以及商品的描述。

区域:L13～22 P18～52

表示:an..35×10

4.5.2.9 **毛重 Gross weight**

说明:包括包装物但不包括承运人设备的货物重量(质量)。

区域:L13～22 P53～59

表示:n..7×10

4.5.2.10 **净重 Net weight**

说明:不包括包装物在内的货物实际重量(质量)。

区域:L13～22 P60～66

表示:n..7×10

4.5.2.11 **体积 Cube**

说明:由件、包或运输设备的长、宽、高最大值的乘积得出的计量值。

区域:L13～22 P67～72

表示:n..6×10

4.5.2.12 **自由处置区 Free disposal**

说明:给出所需的但未能纳入指定栏目的补充信息。

区域:L23～45 P1～72,L46～61 P1～35

表示:自由文本表示。

4.5.2.13 **出口商签章 Exporter stamp and signature**

说明:由出口商签章。

区域:L46～61 P37～72

装箱单

Packing list

<table>
<tr><td colspan="2" rowspan="2">1 出口商 Exporter</td><td colspan="4">3 装箱单日期 Packing list date</td></tr>
<tr><td colspan="4"></td></tr>
<tr><td colspan="2" rowspan="2">2 进口商 Importer</td><td colspan="2">4 合同号 Contract No.</td><td colspan="2">5 信用证号 L/C No.</td></tr>
<tr><td colspan="4">6 发票日期和发票号 Invoice Date and No.</td></tr>
<tr><td>7 运输标志和集装箱号
Shipping marks;
Container No.</td><td>8 包装类型及件数;商品编码;商品描述
Number and kind of packages; Commodity No.; Commodity description</td><td>9 毛重 kg
Gross weight</td><td>10 净重 kg
Net weight</td><td colspan="2">11 体积 m^3
Cube</td></tr>
<tr><td colspan="6">自由处置区
Free disposal</td></tr>
<tr><td colspan="3"></td><td colspan="3">12 出口商签章
Exporter stamp and signature</td></tr>
</table>

图 1 国际贸易装箱单

参 考 文 献

[1] ISO 6422 贸易单证样式
[2] 联合国贸易单证样式(UNLK)

ICS 01.140.30
A 13

中华人民共和国国家标准

GB/T 15310.3—2009
代替 GB/T 15310.3—1994

国际贸易出口单证格式 第3部分：装运通知

**Form for international trade export documents—
Part 3:Shipping note**

2009-11-15 发布 2010-02-01 实施

中华人民共和国国家质量监督检验检疫总局
中国国家标准化管理委员会 发布

前　言

GB/T 15310《国际贸易出口单证格式》分为四个部分：

——第1部分：商业发票；

——第2部分：装箱单；

——第3部分：装运通知；

——第4部分：原产地证书。

随着国际贸易的发展，今后还可能增加新的部分。

本部分为GB/T 15310的第3部分。

本部分代替GB/T 15310.3—1994《外贸出口单证格式　装运声明》。

本部分与GB/T 15310.3—1994相比主要变化为：

——将原标准的名称《外贸出口单证格式　装运声明》改为《国际贸易出口单证格式　第3部分：装运通知》；

——对标准的前言进行了修改；

——增加了标准的引言；

——增加了规范性引用文件；

——删除了附录A，将附录A的内容归入第3章；

——重新设计了国际贸易装运通知格式；

——重新描述了格式中各项的说明。

本部分由全国电子业务标准化技术委员会提出并归口。

本部分起草单位：中国标准化研究院、中国对外贸易经济合作企业协会、商务部许可证局。

本部分主要起草人：胡涵景、孟朱明、张茵芬、刘颖、熊虹艳、王凌云、徐俊荣。

本部分于1994年10月首次发布，本次为第一次修订。

引　言

国际贸易是当今世界最大的经济活动。国际贸易单证是国际贸易中的重要组成部分。根据联合国贸发会的统计，国际贸易单证费用占国际贸易总额的8%。国际贸易单证标准化主要是指单证格式和所记录数据的标准化。1982年联合国贸易简化委员会正式向联合国各成员国推荐使用“联合国贸易单证样式”。1985年ISO将它采纳为国际标准，即ISO 6422《贸易单证样式》。联合国贸易简化委员会在随后几年又相继推出了若干项有关国际贸易单证的国际标准，这些标准均以ISO 6422《贸易单证样式》为基准。

为了与国际惯例接轨，我国制定了GB/T 15310—1994《外贸出口单证格式》系列国家标准，它由商业发票、装箱单、装运声明和中华人民共和国出口货物原产地证明书四个标准组成。该系列标准自发布以来，对于规范我国贸易单证格式，促进和规范国际贸易起到了重要作用。随着我国国际贸易的发展，需要对原标准中的内容进行修改。本次修订主要考虑国际贸易的实际情况，并根据GB/T 14392—2009《国际贸易单证样式》和GB/T 15191—1997《贸易数据元目录　标准数据元》，使其在整体结构设计上符合《国际贸易单证样式》的要求，在数据元素的描述上满足电子数据交换(EDI)的要求。

本标准的修订和实施将对指导和规范我国国际贸易装运通知格式起到积极作用。

国际贸易出口单证格式
第3部分：装运通知

1 范围

GB/T 15310 的本部分规定了国际贸易装运通知的格式。

本部分适用于国际贸易装运通知的缮制、打印和信息处理。

2 规范性引用文件

下列文件中的条款通过 GB/T 15310 的本部分的引用而成为本部分的条款。凡是注日期的引用文件，其随后所有的修改单(不包括勘误的内容)或修订版均不适用于本部分，然而，鼓励根据本部分达成协议的各方研究是否可使用这些文件的最新版本。凡是不注日期的引用文件，其最新版本适用于本部分。

GB/T 7408 数据元和交换格式 信息交换 日期和时间表示法(GB/T 7408—2005，ISO 8601：2000，IDT)

GB/T 14392 国际贸易单证样式(GB/T 14392—2009，ISO 6422：1985，MOD)

GB/T 14393 贸易单证中代码的位置(GB/T 14393—2008，ISO 8440：1986，IDT)

GB/T 15191 贸易数据元目录 标准数据元(GB/T 15191—1997，idt ISO 7372：1993)

GB/T 15514 中华人民共和国口岸及相关地点代码

GB/T 18131 国际贸易用标准运输标志

ISO 216 书写纸张和印刷品等级 实际大小 A 系列和 B 系列

ISO 3535 表格设计和样式图

UNLOCODE 联合国口岸及相关地点代码

HS 海关进出口商品分类代码(WCO)

3 术语和定义

GB/T 14392 确立的术语和定义适用于 GB/T 15310 的本部分。

4 装运通知格式

4.1 格式

国际贸易装运通知的格式应按照 GB/T 14392、GB/T 14393 以及 GB/T 15191 对设计国际贸易出口单证格式的基本要求，如图 1 所示。

4.2 纸张规格和图文区

4.2.1 总述

纸张规格和图文区的要求符合 ISO 216 和 ISO 3535 的规定。

4.2.2 纸张尺寸

纸张尺寸：A4 型(即 210 mm×297 mm)。

4.2.3 页边宽度

左边宽：20 mm±0.5 mm。

上边宽：25.4 mm±0.5 mm。

4.2.4 行距、列距

行距：两行相邻基线间的距离，即 4.233 mm。

列距：两列相邻基线间的距离，即 2.54 mm。

4.3 字符表示法的缩写

字符表示法采用下列缩写形式：

a＝字母字符；

n＝数字字符；

an＝字母和数字字符；

3＝固定的 3 字符长度；

..17＝最多可用 17 个字符位置的未定数据单位长度；

..35×5＝最多可占用 1～5 行，每行 35 个字符的未定数据单位长度；

..35×n＝每行 1～35 个字符，不确定行数的未定数据项长度；

L＝行，后接行号；

格式上边线下第一行行号为 1，第二行行号为 2，其他行行号依此类推；

P＝列，后接列号；

格式左边线的右边第一列列号为 1，第二列列号为 2，其他列列号依此类推。

示例 1：L7～12 指信息填写在第 7～12 行上。

示例 2：P1～36 指信息填写在第 1～36 列上。

4.4 单据颜色

本部分格式的单据颜色宜为白底灰线灰字。

4.5 格式说明

4.5.1 名称的位置

装运通知的中英文名称印在格式的最上方中间。

4.5.2 编号项目

4.5.2.1 出口商 **Exporter**

说明：出口方的名称和地址，其出口申报手续可由其结关代理人或其他授权人完成，出口申报一方也可包括制造商、卖主或其他人。

区域：L1～6 P1～35

表示：an..35×6

4.5.2.2 进口商 **Importer**

说明：进口方的名称和地址，其进口申报可由其结关代理人或其他授权人完成，进口申报的一方也可包括货主或货物托运人。

区域：L7～12 P1～35

表示：an..35×6

4.5.2.3 运输事项 **Transport details**

说明：商业目的的运输信息。

区域：L13～18 P1～35

表示：an..35×6

4.5.2.4 发票号 **Invoice No.**

说明：卖方为商业发票指定的参考号。

区域：L1～3 P36～72

表示：an..17

4.5.2.5 合同号 **Contract No.**

说明：买卖双方所签订的合同参考号。

区域:L4～6 P36～52

表示:an..17

4.5.2.6 信用证号 L/CNo.

说明:买方的信用证号码。

区域:L4～6 P53～72

表示:an..17

4.5.2.7 运输单证号 Transport document No.

说明:运输单证的号码。

区域:L7～9 P37～72

表示:an..17

4.5.2.8 价值 Value

说明:货物的价值。

区域:L10～12 P36～72

表示:an..17

4.5.2.9 装运口岸和日期 Shipping port and date

说明:装运货物的口岸(通常使用 UNLOCODE 代码表示)和日期。

区域:L13～18 P36～72

表示:an..17

口岸的代码表示:a5,采用 GB/T 15514 以及 UNLOCODE 的代码表示。

日期表示:n8

格式:YYYYMMDD,采用 GB/T 7408。

4.5.2.10 运输标志和集装箱号 Shipping marks;Container No.

说明:标识单件包装物的标志和编号,以及出于运输目的,给一个或分别处理的几个集装箱中每一个集装箱所指定的序号。

区域:L19～28 P1～17

表示:an..17×10,采用 GB/T 18131。

4.5.2.11 包装类型及件数;商品编码;商品描述 Number and kind of packages; Commodity No.; Commodity description

说明:货物所呈现的外观形式的描述,以及一票发运中单件货物的数量,这些货物或是未加包装,或是已包装但不拆包无法分割;商品的编码,以及商品的描述。

区域:L19～28 P18～72

表示:an..35×10

代码表示:n10,采用 HS"海关进出口商品分类代码"。

4.5.2.12 自由处置区 Free disposal

说明:给出所需的但未能纳入指定栏目的补充信息。

区域:L29～45 P1～72,L46～61 P1～35

表示:自由文本表示。

4.5.2.13 出口商签章 Exporter stamp and signature

说明:由出口商签章。

区域:L46～61 P36～72

装运通知

Shipping note

<table>
<tr><td colspan="2" rowspan="2">1　出口商 Exporter</td><td colspan="2">4　发票号 Invoice No.</td></tr>
<tr><td>5　合同号 Contract No.</td><td>6　信用证号 L/C No.</td></tr>
<tr><td colspan="2" rowspan="2">2　进口商 Importer</td><td colspan="2">7　运输单证号 Transport document No.</td></tr>
<tr><td colspan="2">8　价值 Value</td></tr>
<tr><td colspan="2">3　运输事项 Transport details</td><td colspan="2">9　装运口岸和日期 Shipping port and date</td></tr>
<tr><td>10　运输标志和集装箱号
Shipping marks; Container No.</td><td colspan="3">11　包装类型及件数;商品编码;商品描述
Number and kind of packages;Commodity No. ;Commodity description</td></tr>
<tr><td colspan="4">自由处置区
Free disposal</td></tr>
<tr><td colspan="2"></td><td colspan="2">12　出口商签章
Exporter stamp and signature</td></tr>
</table>

图 1　国际贸易装运通知

参 考 文 献

［1］ ISO 6422 贸易单证样式

［2］ 联合国贸易单证样式(UNLK)

ICS 27.010
F 04

中华人民共和国国家标准

GB/T 15316—2009
代替 GB/T 15316—1994

节能监测技术通则

General principles for monitoring and testing
of energy saving

2009-03-11 发布　　　　2009-11-01 实施

中华人民共和国国家质量监督检验检疫总局
中国国家标准化管理委员会　发布

前　　言

本标准代替 GB/T 15316—1994《节能监测技术通则》。

本标准与 GB/T 15316—1994 相比，主要变化如下：

——删除了原 5.2.2 有关经济运行的要求，补充了 5.2.2 关于合理用电和合理用热国家标准的要求；

——在 5.3.1 中补充了关于能耗限额的要求；

——增加了 5.3.2 关于设备能耗测试记录的要求；

——在 5.4.1 中补充了完善企业能源管理机构的要求；

——补充了第 7 章节能监测的检查和测试项目；

——在第 11 章补充了节能监测评价结论的要求。

本标准由全国能源基础与管理标准化技术委员会提出。

本标准由全国能源基础与管理标准化技术委员会能源管理分委员会归口。

本标准主要起草单位：国家发改委能源研究所、中国标准化研究院、中国节能监察信息网。

本标准主要起草人：辛定国、陈海红、李爱仙、胡秀莲、陈晓萍、张管生。

本标准所代替标准的历次版本发布情况为：

——GB/T 15316—1994。

节能监测技术通则

1 范围

本标准规定了对用能单位的能源利用状况进行监测的通用技术原则。

本标准适用于制定单项节能监测技术标准和其他用能单位的节能监测工作。

2 规范性引用文件

下列文件中的条款通过本标准的引用而成为本标准的条款。凡是注日期的引用文件，其随后所有的修改单(不包括勘误的内容)或修订版均不适用于本标准，然而，鼓励根据本标准达成协议的各方研究是否可使用这些文件的最新版本。凡是不注日期的引用文件，其最新版本适用于本标准。

GB/T 1028 工业余热术语、分类、等级及余热资源量计算方法

GB/T 3485 评价企业合理用电技术导则

GB/T 3486 评价企业合理用热技术导则

GB/T 12723 单位产品能源消耗限额编制通则

GB 17167 用能单位能源计量器具配备和管理通则

3 术语和定义

下列术语和定义适用于本标准。

3.1

能源利用状况 state of energy utilization

用能单位在能源转换、输配和利用系统的设备及网络配置上的合理性与实际运行状况，工艺及设备技术性能的先进性及实际运行操作技术水平，能源购销、分配、使用管理的科学性等方面所反映的实际耗能情况及用能水平。

3.2

供能质量 quality of energy suplyed

供能单位提供给用户的能源的品种、质量指标和技术参数。

3.3

节能监测 monitoring and testing of energy saving

依据国家有关节约能源的法规(或行业、地方规定)和能源标准，对用能单位的能源利用状况进行的监督、检查、测试和评价。

3.4

综合节能监测 comprehensive monitoring and testing of energy saving

对用能单位整体的能源利用状况进行的节能监测。

3.5

单项节能监测 simple item monitoring and testing of energy saving

对用能单位部分项目的能源利用状况进行的节能监测。

4 节能监测的范围

4.1 对重点用能单位应定期进行综合节能监测。

4.2 对用能单位的重点用能设备应进行单项节能监测。

5 节能监测的内容及要求

5.1 用能设备的技术性能和运行状况

5.1.1 通用用能设备应采用节能型产品或效率高、能耗低的产品，已明令禁止生产、使用的和能耗高、效率低的设备应限期淘汰更新。

5.1.2 用能设备或系统的实际运行效率或主要运行参数应符合该设备经济运行的要求。

5.2 能源转换、输配与利用系统的配置与运行效率

5.2.1 供热、发电、制气、炼焦等供能系统，设备管网和电网设置要合理，能源效率或能量损失应符合相应技术标准的规定。

5.2.2 能源转换、输配系统的运行应符合 GB/T 3485、GB/T 3486 合理用电、合理用热等能源合理使用标准的要求。

5.2.3 符合 GB/T 1028 的余热、余能资源应加以回收利用。

5.3 用能工艺和操作技术

5.3.1 对工艺用能的先进、合理性和实际状况包括工艺能耗或工序能耗进行评价，用能工艺技术装备应符合国家产业政策导向目录的要求，单位产品能耗指标应符合能耗限额标准的要求。

5.3.2 主要用能工艺技术装备应有能源性能测试记录，偏离设计指标的应进行原因分析，安排技术改进措施。

5.3.3 对主要用能设备的运行管理人员应进行操作技术培训、考核、持证上岗，并对是否称职做出评价。

5.4 企业能源管理技术状况

5.4.1 用能单位应有完善的能源管理机构，应收集和及时更新国家和地方能源法律、法规以及相关的国家、行业、地方标准，并对有关人员进行宣讲、培训。

5.4.2 应建立完善的能源管理规章制度（如岗位责任、部门职责分工、人员培训、耗能定额管理、奖罚等制度）。

5.4.3 用能单位的能源计量器具的配备和管理应符合 GB 17167 的相关规定。

5.4.4 能源记录台账、统计报表应真实、完整、规范。

5.4.5 应建立完善的能源技术档案。

5.5 能源利用的效果

5.5.1 用能单位应按照 GB/T 12723 制定单位产品能源消耗限额并贯彻实施。

5.5.2 产品单位产量综合能耗及实物单耗，应符合强制性能源消耗限额国家标准、行业标准或地方标准的规定。

5.6 供能质量与用能品种

5.6.1 供能应符合国家政策规定并与提供给用户的报告单一致。

5.6.2 用能单位使用的能源品种应符合国家政策规定和分类合理使用的原则。

6 节能监测的技术条件

6.1 监测应在生产正常、设备运行工况稳定条件下进行，测试工作要与生产过程相适应。

6.2 监测应按照与监测相关的国家标准进行。尚未制定出国家标准的监测项目，可按行业标准或地方标准进行监测。

6.3 监测过程所用的时间，应根据监测项目的技术要求确定。

6.4 定期监测周期为 1 年至 3 年，不定期监测时间间隔根据被监测对象的用能特点确定。

6.5 监测用的仪表、量具，其准确度应保证所测结果具有可靠性，测试误差应在被监测项目的相关标准所规定的允许范围以内。

7 节能监测的检查和测试项目

7.1 节能监测的检查项目

7.1.1 节能监测测试前应进行节能监测检查项目的检查，符合要求后方可进行节能监测测试。

7.1.2 对节能监测测试复杂、测试周期较长、标准或规范规定测试时间间隔长的项目，可以不列为节能监测的直接测试控制指标而列为节能监测的检查项目。

7.1.3 保证被监测设备或系统能正常生产运行的项目(包括符合安全要求的项目)应列为节能监测的检查项目。

7.1.4 国家节能法律、法规、政策有明确要求的项目应列为节能监测的检查项目。

7.2 节能监测的测试项目

节能监测测试项目应具有代表性，能反映被监测对象的实际运行状况和能源利用状况，同时又便于现场直接测试。

8 节能监测的方式

8.1 由监测机构进行节能监测。

8.2 由用能单位在监测机构的监督、指导下进行自检，经监测机构检验符合监测要求者，监测机构予以确认，并在此基础上进行评价和作出结论。

9 节能监测项目评价指标的确定

9.1 监测评价指标应按相关的国家标准确定。

9.2 监测项目评价指标没有国家标准者，应按行业或地方规定确定。

10 监测机构的技术要求

10.1 节能监测机构的实验室的工作环境应能满足节能监测的要求。

10.2 节能监测用的仪器、仪表、量具和设备应与所从事的监测项目相适应。

10.3 监测人员应具备节能监测所必要的专业知识和实践经验，需经技术、业务培训与考核合格。

10.4 监测机构应具有确保监测数据公正、可靠的管理制度。

11 节能监测评价结论与报告的编写

11.1 监测工作完成后，监测机构应在15个工作日内作出监测结果评价结论，写出监测报告交有关节能主管部门和被监测单位。

节能监测结论和评价，包括节能监测合格与不合格的结论、相应的评价文字说明。

11.2 节能监测检查项目合格指标和节能监测测试项目合格指标是节能监测合格的最低标准。

11.3 节能监测检查项目和测试项目均合格方可认为节能监测结果合格。节能监测检查项目和测试项目其中一项或多项不合格则视为节能监测结果不合格。

11.4 对监测不合格者，节能监测机构应作出能源浪费程度的评价报告和提出改进建议。

11.5 监测报告分为两类：单项节能监测报告和综合节能监测报告。

11.5.1 单项节能监测报告应包括：监测依据(进行监测的文件编号)、被监测单位的名称、被监测系统(设备)名称、被监测项目及内容(包括测试数据、分析判断依据等)、评价结论和处理意见的建议。

11.5.2 综合节能监测报告应包括：监测依据(进行监测的文件编号)、被监测单位名称、综合节能监测项目及内容、评价结论和处理意见的建议。

11.6　节能监测结果的分析与评价应考虑供能质量变化的影响。

11.7　综合节能监测报告格式由行业和地方节能主管部门根据能源科学管理实际需要统一拟定、印制。

11.8　单项节能监测报告的格式由单项节能监测标准规定。

ICS 27.010
F 01

中华人民共和国国家标准

GB/T 15317—2009
代替 GB/T 15317—1994

燃煤工业锅炉节能监测

Monitoring and testing for energy saving of coal fired industrial boilers

2009-10-30 发布　　2010-05-01 实施

中华人民共和国国家质量监督检验检疫总局
中国国家标准化管理委员会　发布

前　　言

本标准代替 GB/T 15317—1994《工业锅炉节能监测方法》。

本标准与 GB/T 15317—1994 相比，主要变化如下：

——本标准名称改为“燃煤工业锅炉节能监测”；

——增加了对循环流化床锅炉的节能监测要求；

——增加了对锅炉操作人员的要求；

——检查项目增加了对入炉燃料的要求；

——检查项目去掉了关于排污率的要求；

——修改了指标计算公式；

——对考核指标要求进行了调整和细化；

——规定了浪费能源量的计算方法；

——规范了节能监测报告格式。

本标准附录 A 为规范性附录、附录 B 为资料性附录。

本标准由全国能源基础与管理标准化技术委员会提出。

本标准由全国能源基础与管理标准化技术委员会能源管理分委员会归口。

本标准主要起草单位：国家发改委能源研究所、中国标准化研究院、中国节能监察信息网。

本标准主要起草人：辛定国、陈海红、李爱仙、胡秀莲、陈晓萍、张管生。

本标准所代替标准的历次版本发布情况为：

——GB/T 15317—1994。

燃煤工业锅炉节能监测

1 范围

本标准规定了燃煤工业锅炉能源利用状况的监测项目、监测方法和考核指标。

本标准适用于额定热功率(额定蒸发量)大于 0.7 MW(1 t/h)、小于或等于 24.5 MW(35 t/h)的工业蒸汽锅炉和额定供热量大于 2.5 GJ/h 的工业热水锅炉。

2 规范性引用文件

下列文件中的条款通过本标准的引用而成为本标准的条款。凡是注日期的引用文件,其随后所有的修改单(不包括勘误的内容)或修订版均不适用于本标准,然而,鼓励根据本标准达成协议的各方研究是否可使用这些文件的最新版本。凡是不注日期的引用文件,其最新版本适用于本标准。

GB/T 1576 工业锅炉水质

GB/T 10180 工业锅炉热工性能试验规程

GB/T 17954 工业锅炉经济运行

3 工业锅炉节能监测项目

3.1 工业锅炉节能监测检查项目

3.1.1 是否为列入国家淘汰目录的锅炉;锅炉如果属于增容范围,应有主管机构批准手续,其技术经济指标应符合 GB/T 17954 一级炉要求。

3.1.2 锅炉主要操作人员应持有培训合格证与上岗资格证明。

3.1.3 锅炉的给水、锅炉的水质应有定期分析记录并符合 GB/T 1576 的要求。

3.1.4 应有 3 年内热效率测试报告,锅炉在新安装、大修、技术改造后应进行热效率测试,热效率测试应由专业单位按 GB/T 10180 进行。

3.1.5 锅炉运行负荷,除短时间的负荷外,一般不应低于额定蒸发量或额定供热量的 70%。

3.2 工业锅炉节能监测测试项目

3.2.1 锅炉排烟温度。

3.2.2 排烟处空气系数。

3.2.3 炉渣含碳量。

3.2.4 炉体表面温度。

4 工业锅炉节能监测方法

4.1 测试工况

测试应在正常生产运行工况下进行。

4.2 测试时间

监测测试时间:从热工况达到稳定状态开始,测试时间应不少于 1 h;除去需要化验分析的项目以外,测试项目参数每隔 15 min 一次,取算术平均值作为测试结果。

4.3 测试仪表

监测所用仪器仪表应能满足项目测试的要求,仪表应完好,在检定周期以内,准确度不低于 2.0 级。

4.4 排烟温度的测试

排烟温度的测试应在锅炉最后一级尾部受热面出口 1 m 以内的平直烟道上进行,测温元件应插入烟道中心处并保持热电偶插入处的密封。

4.5 空气系数的测试

烟气取样应在锅炉最后一级尾部受热面出口 1 m 以内的烟道中心位置，烟气取样应与烟温测量同步进行。

空气系数采用奥氏分析仪或燃烧效率测试仪，测出烟气含氧量 $\varphi(O_2)$、一氧化碳含量 $\varphi(CO)$ 及三原子气体含量 $\varphi(RO_2)$ 按式(1)计算空气系数：

$$\alpha = \frac{21}{21 - 79 \times \dfrac{\varphi(O_2) - 0.5\varphi(CO)}{100 - \varphi(O_2) - \varphi(CO) - \varphi(RO_2)}} \qquad \cdots\cdots\cdots\cdots(1)$$

式中：

α——空气系数；

$\varphi(O_2)$、$\varphi(CO)$、$\varphi(RO_2)$——干燃烧产物的体积分数。

4.6 炉渣含碳量的测试

装有机械除渣设备的锅炉，可在出灰口处定期取样。(一般 15 min～20 min 取样一次)，取样应注意样本的均匀性和样品的代表性。

炉渣样品数量应不少于总炉渣数量的 2%，当燃煤灰分大于 40%时，炉渣样品数量应不少于总炉渣数量的 1%，但数量应不少于 2 kg，1 kg 送化验，1 kg 封存备查。

4.7 炉体表面温度测试

炉体表面温度的测试测点的选择应具有代表性，炉体表面温度的测点应均匀地布置在锅炉外壁的各个侧面上，对于额定蒸发量小于或等于 1.4 MW(2 t/h)的锅炉，每侧墙不得少于 8 个点，其余锅炉每侧墙不得少于 12 个点，窥探孔和观火门 300 mm 范围内不应布测点。

一般每 1 m^2 面积取一个测点，每个测点每隔 15 min 记录一次，以其算术平均值作为测试结果。

4.8 锅炉入炉燃料质量

锅炉入炉燃料品种质量应有相应的检验报告，检验报告应包括工业分析、低位发热量和含硫量等指标，入炉燃料应与锅炉设计燃料基本一致。

4.9 测量仪表的误差

测量仪表的误差应符合表 1 要求。

表 1 工业锅炉节能监测测量仪表误差要求

排烟温度	表面温度	$\varphi(O_2)$	$\varphi(CO)$	$\varphi(RO_2)$
≤±3%	≤±1 ℃	≤±0.2%	≤±5%	≤±0.3%

5 工业锅炉节能监测考核指标

5.1 热效率考核指标见表 2。

表 2 工业锅炉节能监测热效率考核指标

额定热功率 Q/MW[或蒸发量 D/(GJ/h)]	热效率 η/%
$0.7 \leq Q < 1.4$ $(2.5 \leq D < 5)$	≥65
$1.4 \leq Q < 2.8$ $(5 \leq D < 10)$	≥68
$2.8 \leq Q < 4.2$ $(10 \leq D < 15)$	≥70
$4.2 \leq Q < 7$ $(15 \leq D < 25)$	≥73
$7 \leq Q < 14$ $(25 \leq D < 50)$	≥76
$Q \geq 14$ $(D \geq 50)$	≥78

5.2 工业锅炉节能监测排烟温度考核指标见表3。

表3 工业锅炉节能监测排烟温度考核指标表

额定热功率 Q/MW [或蒸发量 D/(GJ/h)]	$0.7 \leqslant Q < 1.4$ $(2.5 \leqslant D < 5)$	$1.4 \leqslant Q < 2.8$ $(5 \leqslant D < 10)$	$2.8 \leqslant Q < 4.2$ $(10 \leqslant D < 15)$	$4.2 \leqslant Q < 7$ $(15 \leqslant D < 25)$	$Q \geqslant 14$ $(D \geqslant 50)$
排烟温度/℃	≤230	≤200	≤180	≤170	≤150

5.3 空气系数考核指标见表4。

表4 工业锅炉节能监测空气系数表

额定热功率 Q/MW [或蒸发量 D/(GJ/h)]	$0.7 \leqslant Q < 1.4$ $(2.5 \leqslant D < 5)$	$1.4 \leqslant Q < 2.8$ $(5 \leqslant D < 10)$	$2.8 \leqslant Q < 4.2$ $(10 \leqslant D < 15)$	$4.2 \leqslant Q < 7$ $(15 \leqslant D < 25)$	$Q \geqslant 14$ $(D \geqslant 50)$
排烟处的空气系数	≤2.2	≤2.2	≤2.2	≤2.0	≤2.0

5.4 炉渣含碳量考核指标见表5。

表5 炉渣含碳量考核指标

额定热功率 Q/MW [或蒸发量 D/(GJ/h)]	$0.7 \leqslant Q < 1.4$ $(2.5 \leqslant D < 5)$	$1.4 \leqslant Q < 2.8$ $(5 \leqslant D < 10)$	$2.8 \leqslant Q < 4.2$ $(10 \leqslant D < 15)$	$4.2 \leqslant Q < 7$ $(15 \leqslant D < 25)$	$Q \geqslant 14$ $(D \geqslant 50)$
允许炉渣含碳量/%	≤15	≤15	≤15	≤12	≤12
注：燃用无烟煤时，可放宽20%。					

5.5 锅炉炉体表面温度考核指标

锅炉炉体外表面侧面温度应不大于50℃，锅炉炉顶表面温度应不大于70℃。

5.6 循环流化床工业锅炉节能监测考核指标

循环流化床工业锅炉节能监测考核指标见表6。

表6 循环流化床锅炉节能监测考核指标

热效率 %	排烟温度 ℃	空气系数	飞灰可燃物含量 %	炉体表面温度 ℃
≥86	≤140	≤1.4	≤10	≤50

6 工业锅炉节能监测结果评价

6.1 本标准规定的能源利用监测检查项目和测试项目考核指标是监测合格的最低标准。监测机构应以此进行合格与不合格的评价。全部监测指标均合格方可认为节能监测结果合格。

6.2 对监测不合格者，监测机构应做出能源浪费程度的评价报告和提出改进建议，监测报告格式见附录A。节能监测不合格超耗能源量计算方法参见附录B。

附 录 A
（规范性附录）
燃煤工业锅炉节能监测结果

表 A.1 燃煤工业锅炉节能监测结果 节监字第 号

<table>
<tr><td>单位名称</td><td></td><td>监测日期</td><td></td><td>环境温度</td><td></td></tr>
<tr><td>设备名称</td><td></td><td>设备编号</td><td colspan="3"></td></tr>
<tr><td>规格型号</td><td></td><td>监测标准</td><td colspan="3"></td></tr>
<tr><td colspan="6"></td></tr>
<tr><td colspan="2">监测检查项目</td><td colspan="3">检查结果</td><td>结果评价</td></tr>
<tr><td colspan="2">是否为列入国家淘汰目录的锅炉；锅炉如果属于增容范围，应有主管机构批准手续，其技术经济指标应符合 GB/T 17954 一级炉要求</td><td colspan="3"></td><td></td></tr>
<tr><td colspan="2">锅炉主要操作人员应持有培训合格证与上岗资格证明</td><td colspan="3"></td><td></td></tr>
<tr><td colspan="2">锅炉的给水、锅水的水质应有定期分析记录并符合 GB/T 1576 的要求</td><td colspan="3"></td><td></td></tr>
<tr><td colspan="2">应有 3 年内热效率测试报告，锅炉在新安装、大修、技术改造后应进行热效率测试，热效率测试应由专业单位按 GB/T 10180 进行</td><td colspan="3"></td><td></td></tr>
<tr><td colspan="2">锅炉运行负荷，除短时间的负荷外，一般不应低于额定蒸发量或额定供热量的 70%</td><td colspan="3"></td><td></td></tr>
<tr><td colspan="6"></td></tr>
<tr><td colspan="2">监测测试项目</td><td>测试结果</td><td colspan="2">考核指标</td><td>结果评价</td></tr>
<tr><td colspan="2">锅炉排烟温度/℃</td><td></td><td colspan="2"></td><td></td></tr>
<tr><td colspan="2">排烟处空气系数</td><td></td><td colspan="2"></td><td></td></tr>
<tr><td colspan="2">炉渣含碳量/%</td><td></td><td colspan="2"></td><td></td></tr>
<tr><td colspan="2">炉体表面温度/℃</td><td></td><td colspan="2"></td><td></td></tr>
<tr><td colspan="6">监测结果评价：

单位名称（节能监测专用章）
年 月 日</td></tr>
<tr><td colspan="2">编制：</td><td colspan="2">审核：</td><td colspan="2">批准：</td></tr>
</table>

附 录 B
（资料性附录）
节能监测不合格超耗能源量计算

B.1 锅炉热效率

锅炉热效率按式(B.1)或式(B.2)计算，每低于考核指标1%，按超耗能源量1%计算。

$$B_{lf} = (\eta_k - \eta_s)/1\% \times 1\% B_s T \qquad \text{(B.1)}$$

$$或\ B_{lf} = (\eta_k - \eta_s)/1\% \times 1\% B_a \qquad \text{(B.2)}$$

式中：

B_{lf}——超耗能源量，单位为千克标准煤每年(kgce/a)；

η_k——锅炉热效率考核指标，以百分数表示(%)；

η_s——实测锅炉热效率，以百分数表示(%)；

B_s——锅炉实测燃料消耗量，单位为千克标准煤每小时(kgce/h)；

T——锅炉累计运行时间，单位为小时每年(h/a)；

B_a——锅炉年耗标煤量，单位为千克标准煤每年(kgce/a)。

B.2 锅炉排烟温度

锅炉排烟温度按式(B.3)或式(B.4)计算，实测温度每超过考核指标15 ℃，按超耗能源量1.4%计算。

$$B_{lf} = (\theta_{pys} - \theta_{pyk})/15 \times 1.4\% B_{sc} T \qquad \text{(B.3)}$$

$$或\ B_{lf} = (\theta_{pys} - \theta_{pyk})/15 \times 1.4\% B_a \qquad \text{(B.4)}$$

式中：

θ_{pys}——实测排烟温度，单位为摄氏度(℃)；

θ_{pyk}——排烟温度考核指标，单位为摄氏度(℃)。

B.3 锅炉炉渣可燃物含量

锅炉炉渣可燃物含量按式(B.5)或式(B.6)计算，每超考核指标2.5%，按超耗能源量1%计算。

$$B_{lf} = (C_{zs} - C_{zk})/2.5\% \times 1\% B_{sc} T \qquad \text{(B.5)}$$

$$或\ B_{lf} = (C_{zs} - C_{zk})/2.5\% \times 1\% B_a \qquad \text{(B.6)}$$

式中：

C_{zs}——实测炉渣可燃物含量，以百分数表示(%)；

C_{zk}——炉渣可燃物含量考核指标，以百分数表示(%)。

B.4 锅炉空气系数

锅炉空气系数按式(B.7)或式(B.8)计算，每超考核指标0.1，按超耗能源量0.84%计算。

$$B_{lf} = (\alpha_s - \alpha_k)/0.1 \times 0.84\% B_{sc} T \qquad \text{(B.7)}$$

$$或\ B_{lf} = (\alpha_s - \alpha_k)/0.1 \times 0.84\% B_a \qquad \text{(B.8)}$$

式中：

α_s——实测空气系数；

α_k——空气系数考核指标。

B.5 炉体表面温度

炉体表面温度按式(B.9)计算，每超考核指标 10 ℃，按每平方米每小时超耗能源量 0.037 千克标准煤计算。

$$B_{lf}=0.037\cdot(t_{bms}-t_{bmk})/10\times ST \qquad\cdots\cdots\cdots\cdots(B.9)$$

式中：

0.037——炉体外表面超考核 10 ℃，每平方米每小时超耗能源量，单位为千克标准煤每平方米小时[kgce/(m^2·h)]；

t_{bms}——炉体外表面实测温度，单位为摄氏度(℃)；

t_{bmk}——规定的炉体表面温度，单位为摄氏度(℃)；

S——炉体外表面散热面积，单位为平方米(m^2)。

注：锅炉热效率超耗能源量不能与四项监测指标超耗能源量相加重复计算。

ICS 83.160.20
G 41

中华人民共和国国家标准

GB 15323—2009
代替 GB 15323—1994

航空轮胎内胎

Inner tube of aircraft tyres

2009-12-15 发布 2010-10-01 实施

中华人民共和国国家质量监督检验检疫总局
中国国家标准化管理委员会 发布

前　　言

本标准第 4 章、第 7 章为强制性的，其余为推荐性的。

本标准代替 GB 15323—1994《航空轮胎内胎》。

本标准与 GB 15323—1994 的主要差异有：

——增加了新的航空内胎规格(本版表 1、表 2)；

——增加了航空内胎配套的气门嘴型号(本版表 1、表 2)；

——增加了内胎物理性能指标(本版 4.4)；

——增加了测量内胎厚度的取样和检验内容(本版 5.2)；

——增加了内胎规格标志的表示内容(本版 4.1)；

——增加了附录 A；

——删除了产品包装内容(1994 年版的 6.2)。

本标准的附录 A 为资料性附录。

本标准由中国石油和化学工业协会提出。

本标准由全国轮胎轮辋标准化技术委员会航空轮胎分技术委员会归口。

本标准起草单位：中橡集团曙光橡胶工业研究设计院、沈阳第三橡胶厂、银川橡胶厂。

本标准主要起草人：王顺益、宋玉亮、齐立平。

本标准代替标准的历次版本发布情况为：

——GB 15323—1994。

航空轮胎内胎

1 范围

本标准规定了民用航空轮胎内胎的要求、试验方法、检验规则、标志、贮存和使用。

本标准适用于各类民用航空轮胎内胎。

2 规范性引用文件

下列文件中的条款通过本标准的引用而成为本标准的条款。凡是注日期的引用文件，其随后所有的修改单(不包括勘误的内容)或修订版均不适用于本标准，然而，鼓励根据本标准达成协议的各方研究是否可使用这些文件的最新版本。凡是不注日期的引用文件，其最新版本适用于本标准。

GB/T 532 硫化橡胶或热塑性橡胶与织物粘合强度的测定(GB/T 532—2008,ISO 36:2005,IDT)

GB/T 6326 轮胎术语及其定义(GB/T 6326—2005,ISO 4223-1:2002,NEQ)

GB/T 15324 航空轮胎内胎物理性能试验方法

HG 2195 航空轮胎使用与保养

HG 2484 航空内胎气门嘴

HG 2485 航空内胎气门芯

3 术语和定义

GB/T 6326 确立的术语和定义适用于本标准。

4 要求

4.1 内胎规格标志

4.1.1 英制标志表示方法

例：

```
               5.00    -    4
  15     ×     6.0     -    6
  |            |            |
名义外直径   名义断面宽   名义轮辋直径
```

4.1.2 公制标志表示方法

例：

```
  660    ×    200
  330    ×    130     -      5
  |           |              |
名义外直径   名义断面宽   名义轮辋直径(英寸)
```

4.2 规格、厚度、质量及气门嘴型号

4.2.1 英制规格标志内胎的规格、厚度、质量及气门嘴型号应符合表1规定。公制规格标志内胎的规格、厚度、质量及气门嘴型号应符合表2规定。

表 1 内胎的规格、厚度、质量及气门嘴型号(英制)

内胎规格	内周帘布层数	内周帘布宽度/mm	厚度/mm(不小于)		质量/kg(不大于)	气门嘴型号
			冠部	基部		
5.00-5	—	—	1.6	1.6	0.64	—
6.00-6	—	—	1.6	1.6	0.96	HZD-45
6.50-8	—	—	1.6	1.6	1.36	HZD-45
6.50-10	—	—	1.6	2.5	1.92	HZD-50
7.00-6/8.00-6	—	—	1.6	1.6	1.25	HZD-45
7.00-8	—	—	1.8	2.6	1.47	—
7.50-10	—	—	1.8	2.6	1.18	—
7.50-14	—	—	1.8	2.6	2.27	HZE-88
8.00-4	—	—	1.6	1.6	1.09	HZD-46
8.50-10	—	—	1.8	2.6	2.31	HZD-50
9.00-6	—	—	1.6	1.8	1.81	HZE-61
11.00-12	—	—	2.3	2.8	3.65	HZD-35[a]
11.00-12	—	—	2.3	2.3	3.63	HZD-32[b]
12.5×4.5	—	—	2.0	2.5	0.81	HZC-64
12.50-16	—	—	2.6	3.3	3.85	—
15.50-20	—	—	2.6	3.6	9.63	HZE-137
15×6.0-6	—	—	1.7	2.0	0.96	HZD-45
15×6.0-5	—	—	1.7	2.0	0.62	—
16×4.4	—	34	2.4	3.8	1.27	HZH-55
17.00-16	—	—	2.5	3.6	9.62	HZE-104
18×4.4	—	34	2.5	3.8	1.47	HZH-70
18×5.5	—	41	2.5	3.8	1.59	—
19.00-23	—	197	3.0	3.8	16.30	HZE-131
20.00-20	1	—	3.6	4.6	15.42	—
22×7.25-11.5	—	—	2.5	3.8	1.67	—
24×7.7	—	64	2.5	3.8	2.73	—
25×6.0	—	—	2.3	3.5	1.70	HZH-97
26×6.6	—	51	2.5	3.8	2.74	HZE-87
29×7.7	—	51	2.5	3.8	3.29	HZE-117
30×7.7	—	67	2.3	3.8	3.40	HZE-86
32×8.8	—	80	3.0	3.8	3.86	HZE-86
34×9.9	—	90	3.0	4.1	4.54	HZE-86

a 适用于平式轮辋；

b 适用于深式轮辋。

表 2 内胎的规格、厚度、质量及气门嘴型号(公制)

内胎规格	内周帘布层数	内周帘布宽度/mm	厚度/mm (不小于)		质量/kg (不大于)	气门嘴型号
			冠部	基部		
330×130	—	—	2.0	2.5	0.55	HZH-72
330×130	—	—	2.0	2.5	0.65	Z9-65 特制
380×150-5	—	—	1.6	1.8	0.64	—
400×150	—	—	2.0	2.5	0.95	HZA-90
480×200	—	—	2.0	2.3	1.90	HZA-65
500×180	1	—	2.5	3.5	1.80	HZA-65(112°)
600×155	—	—	2.0	2.2	1.70	HZA-65
600×250	—	—	2.2	2.3	2.50	HZA-118
700×250	—	—	2.0	2.5	3.50	HZA-98
770×330	—	—	2.5	2.5	3.50	HZA-118
800×225	1	—	2.2	2.5	4.50	HZA-80
850×200	1	—	2.2	2.5	5.00	HZA-90
865×280	1	—	2.2	2.5	4.50	HZA-98
900×300	1	—	2.2	2.5	6.00	HZA-118
930×305	1	—	2.2	2.5	5.50	HZA-98
930×305	2	—	2.5	3.0	6.00	HZA-110
950×350	—	—	2.5	2.8	7.00	HZA-65
1 050×300	1	—	2.5	3.5	8.00	HZA-110
1 050×400	—	—	3.0	3.0	7.00	HZA-123
1 100×330	1	—	3.0	3.2	8.50	HZA-118
1 100×395	—	—	3.0	3.5	9.00	HZA-105
1 140×350	1	—	3.0	3.5	10.50	HZA-164
1 200×450	—	—	3.0	3.2	12.00	HZA-113
1 260×390	1	—	2.7	3.0	14.00	HZA-164
1 300×480	1	—	2.5	3.5	13.00	HZA-98
1 400×485	1	—	5.5	5.5	16.00	HZA-142
1 400×520	1	—	5.5	5.5	20.50	HZA-118

4.2.2 内胎上的气门嘴尺寸应符合 HG 2484 的规定;气门芯尺寸应符合 HG 2485 的规定。

4.3 气密性能

内胎的气密性能应按 5.1 中的任一试验方法检验合格。

4.4 物理性能

内胎物理性能应符合表3规定。

表3 物理性能和指标

试 验 项 目	指 标
拉伸强度	≥17.0 MPa
扯断伸长率	≥550%
扯断永久变形	≤30%
老化后的扯断伸长率(71 ℃±1 ℃,24 h)	≥510%
撕裂强度(直角形)	≥37.0 kN/m
脆性温度	≤−50 ℃
接头拉伸强度	≥12.5 MPa
气门嘴底座与胶垫粘合力	≥343 N
无底座气门嘴杆与胶套间粘合强度	≥3.9 kN/m
补强帘布与胎身胶粘合强度	≥5.0 kN/m
注：上表数据为全天然胶内胎物理性能指标。	

4.5 外观质量

内胎外观质量要求应符合表4的规定。

表4 航空轮胎内胎外观质量要求

序号	缺 陷	要求和处理方法
1	打褶	不允许有
2	表面海绵	不允许有
3	接头处气泡、裂口或接头薄	不允许有
4	表面沾油污或其他有害物质	不允许有
5	气门嘴胶垫与胎身间气泡、分离、裂缝	不允许有
6	冠部局部薄、缺胶、斑点	缺胶的总面积不大于内胎表面积的0.5%；内胎表面上的斑点应研磨平整。局部最薄厚度不低于冠部厚度的90%
7	胶表面杂质、气泡	表面杂质应去掉，气泡应刺破并将表面研磨平整，每条内胎不多于3处
8	冠部出胶边、合模缝错位	出胶边处胎身厚度不低于表1规定，合模缝错位不大于0.5 mm
9	接头处表面滑石粉痕迹	接头处表面不允许有重皮
10	帘布出疤	出疤部位总面积不大于内胎表面积的1%
11	帘布与胎身间气泡	气泡直径不应大于5 mm；气泡应刺破并研磨平整，并且不多于3处
12	帘布表面杂质与气泡	杂质应去掉，帘线不应受损伤，露线面积不应大于50 mm^2，不多于3处
13	帘线弯曲	允许有
14	帘线跳线、离位	帘线跳线、离位不多于3根
15	帘布边缘胶边裂口	裂口处需研磨，每条胎不多于3处，累计裂口长度不超过周长的20%
16	气门嘴损伤	不应影响气密性能
17	生产连续号不清或遗漏	补做生产连续号，并在保存和使用中能永久性辨认清楚
注：内胎如有其他缺陷，按表内相近缺陷判定，允许缺陷不应超过2项；内胎表面缺陷经研磨平整后的厚度不低于表1规定相应厚度的90%。		

5 试验方法

5.1 气密性能试验

5.1.1 充气停放试验

在室温下，将内胎充气至断面周长增加约10%后，拧紧气门芯，至少停放24 h，测量断面周长；若断面周长降低不大于1%，即为气密性能合格。

5.1.2 水槽试验

5.1.2.1 将内胎充气至断面周长增加约10%后，拧紧气门芯，使内胎全部浸入水槽中，待水平静后，如果在1 min内无气泡逸出，即为气密性能合格。

5.1.2.2 若在气门芯处有气泡逸出，更换气门芯重新试验，若在2 min内无气泡逸出，则为气密性能合格。

5.1.2.3 若内胎其他部位有气泡逸出，则可以取出内胎进行检查，允许重复试验。若在1 min内无气泡逸出，即为气密性能合格。

5.1.2.4 大规格内胎允许分段浸入水中进行试验。

5.2 内胎厚度测量

内胎测量厚度时，应避开内胎接头和气门嘴部位。以内胎内圆为基准相距90°依次截取4个宽度约25 mm长的胎筒试样，分别测量冠部中心、基部中心的厚度。取8点的平均值。

5.3 内胎称重

根据不同的内胎规格和质量要求，选择满足称内胎质量要求的台秤，台秤精度至少应为±5 g。

5.4 物理性能

凡进行物理性能试验的成品，硫化后应在室温下停放12 h以上取样。内胎胶的物理性能试验应符合GB/T 15324的规定；其中，补强帘布与胎身胶粘合强度的测定应符合GB/T 532的规定。

5.5 外观检测

内胎表面质量通过采用目测以及借助钢板尺、金卷尺（不带弧度，精度±1.0 mm）和游标卡尺（精度为±0.02 mm）等量器具进行检测。

6 检验规则

参见附录A。

7 标志、贮存与使用

7.1 标志

内胎胎侧部位应具有下列明显的标志，并在整个使用周期内都能清晰辨认：

a) 规格；

b) 商标；

c) 产品制造序号；

d) 检验印章。

7.2 贮存与使用

7.2.1 贮存条件

7.2.1.1 不允许将内胎抽成真空或折叠存放和堆放。

7.2.1.2 将符合要求的内胎充入少量空气或氮气，平放或挂在半圆形的托架上，二个月至少转动一次支点，以防内胎局部变形；也可以在内胎外表面撒上少量隔离剂后装入同规格的外胎内，并充入适量的空气或氮气。

7.2.1.3 内胎不应与油、酸、碱等化学腐蚀品、易燃物品以及其他易使橡胶变质的物品接触。

7.2.1.4 内胎应放置在通风良好的库房内，应避免阳光直射，距离各种热源及其他能产生臭氧的设备至少 2 m 以上。

7.2.2 贮存与使用

轮胎应按 HG 2195 规定贮存和使用；从制造之日起，轮胎贮存与使用时间之和不应超过 5 年。

附　录　A
（资料性附录）
检验规则

A.1　产品的组批

内胎按规格、型号组批。在连续生产周期内生产的产品以500条为一批。当生产日期中断两个月以上时，应按新的生产过程另行组批，在此之前生产的产品不足500条时，也应组成一批。

A.2　出厂检验

A.2.1　全数检验

凡出厂的每条内胎都应进行下列全数项目检验：

a）　成品外观质量；

b）　成品气密性能。

A.2.2　抽样检验

A.2.2.1　抽样方法

所抽试样必须随机地从批量中抽取，有外观缺陷但不影响试验结果的产品允许参与抽样，但不应指定为试样。

A.2.2.2　抽样检验项目和试样数量

应从每批产品中抽取一条内胎作为试样，进行下列项目的检验：

a）　质量；

b）　厚度；

c）　物理性能。

A.2.3　判定规则

A.2.3.1　成品外观质量或气密性能不符合本标准规定者，即为不合格品，应予以剔除。

A.2.3.2　成品试样的质量超过规定者，即为不合格，应予以剔除。同时，还应对该产品逐条称重，凡是超重者也应予以剔除。

A.2.3.3　若成品试样的厚度不符合本标准的规定，则应从该批产品中再抽取两条内胎进行厚度检验，两条都合格时，则视为该批产品合格，否则，为不合格。

A.2.3.4　成品试样物理性能检验结果，若有不合格项目时，则应再取两条试样进行该项目的检查，全部合格时，则视该批产品仍为合格品。若在拉伸强度、扯断伸长率和扯断永久变形三项检验中，有任一项不合格，则应对上述三项同时进行复试，全部指标合格时，则视该批产品为合格，否则，为不合格。

A.3　型式检验

有下列情况之一，一般应进行型式检验：

a）　新产品或老产品转厂生产的试制定型鉴定；

b）　正式生产后，如结构、材料、工艺有较大改变，可能影响产品性能时；

c）　产品停产超过3年，恢复生产时；

d）　出厂检验结果与上次型式检验结果有较大差异时；

e）　国家质量监督机构提出进行型式检验的要求时。

成品试样应按第4章要求全数检验，全部合格时，则型式检验合格，否则，为不合格。

A.4 产品验收文件

制造厂提交给订货方的产品应有下列文件：

a） 产品验收证书；

b） 内胎外观质量、气密性能试验报告、厚度和质量的测试报告；

c） 产品制造连续号和产品质量合格证书。

ICS 21.220.10
G 42

中华人民共和国国家标准

GB/T 15328—2009
代替 GB/T 15328—1994

普通V带疲劳试验方法　无扭矩法

Classical V-belts—Fatigue test—Non-loading method

2009-04-24 发布　　　　2009-12-01 实施

中华人民共和国国家质量监督检验检疫总局
中国国家标准化管理委员会　发布

前　言

本标准代替 GB/T 15328—1994《普通 V 带疲劳试验方法(无扭矩法)》。

本标准与 GB/T 15328—1994 相比主要变化如下：

——全部采用国际标准符号；

——试验用带轮轮槽尺寸 A 型 d_a 由 55.5 mm 代替 58 mm，d_d 由 50 mm 代替 52 mm，b_{min} 由 2.75 mm代替 2.8 mm，h_{min} 由 8.7 mm 代替 8.8 mm；B 型 w_a 由 16.01 mm 代替 16.36 mm，d_a 由 87 mm 代替 91 mm，d_d 由 80 mm 代替 82 mm，b_{min} 由 3.5 mm 代替 4.1 mm，h_{min} 由 10.8 mm 代替 10.9 mm(1994 年版的 4.1；本版的 4.1)；

——增加试验用带轮轮缘部分表面硬度要求(见 4.2)。

本标准由中国石油和化学工业协会提出。

本标准由全国带轮与带标准化技术委员会摩擦型带传动分技术委员会(SAC/TC 428/SC 3)归口。

本标准起草单位：宁波伏龙同步带有限公司、马鞍山锐生工贸有限公司、无锡市中惠橡胶科技有限公司、江苏明珠试验机械有限公司、青岛市产品质量监督检验所。

本标准主要起草人：陆红芬、潘海瑞、朱六生、朱树生、朱明、吴桂卿。

本标准所代替标准的历次版本发布情况为：

——GB/T 15328—1994。

普通 V 带疲劳试验方法　无扭矩法

1　范围

本标准规定了实验室快速检验工业用普通 V 带疲劳试验方法。

本标准适用于一般传动中使用的 A 型和 B 型环形普通 V 带(以下简称 V 带),在规定条件下测定 V 带的疲劳寿命。本试验方法不施加扭矩。

2　规范性引用文件

下列文件中的条款通过本标准的引用而成为本标准的条款。凡是注日期的引用文件,其随后所有的修改单(不包括勘误的内容)或修订版均不适用于本标准,然而,鼓励根据本标准达成协议的各方研究是否可使用这些文件的最新版本。凡是不注日期的引用文件,其最新版本适用于本标准。

GB/T 11356.1　带传动　V 带轮(基准宽度制)　槽形检验(GB/T 11356.1—2008,ISO 4183:1995,MOD)

3　装置

3.1　疲劳试验机装有两个如图 1 所示的试验用带轮,图 2 为疲劳试验机的示意图。

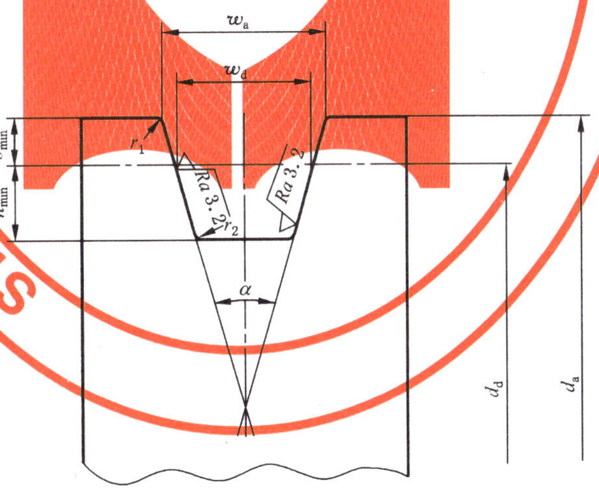

图 1　疲劳试验用带轮

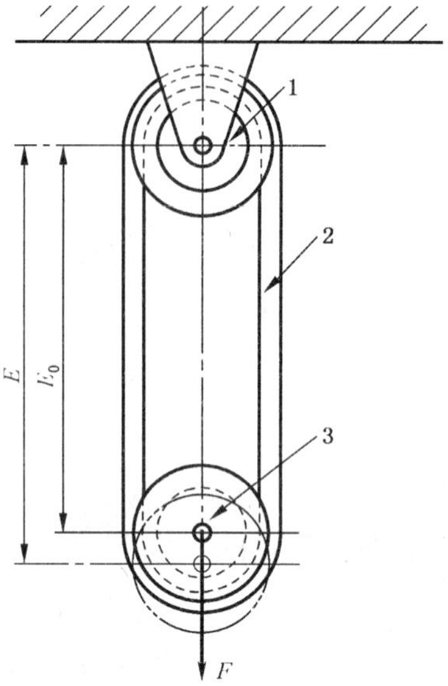

1——主动轮；

2——V带；

3——从动轮。

图2　疲劳试验机

3.2　试验设备包括电动机、主动轮、从动轮、测速仪等必要的装置和仪表。

3.3　试验机应能对V带施加规定的张紧力，并能测定试验进行到V带终止所经历的时间。

4　带轮

4.1　试验用带轮及轮槽的尺寸按表1所示，带轮槽形检验按GB/T 11356.1的有关规定进行。

表1　试验用带轮尺寸

单位为毫米

型号	w_a	d_a	α/(°)	r_1	r_2	参考值			
						w_d	d_d	b_{min}	h_{min}
A	12.58±0.1	55.5±0.25	32±0.5	0.2～0.5	0.5～1.0	11	50	2.75	8.7
B	16.01±0.1	87±0.25	32±0.5	0.2～0.5	0.5～1.0	14	80	3.5	10.8

4.2　试验用带轮采用45号钢制作并进行调质处理，轮缘部分表面硬度为(217～255)HBW。

4.3　轮槽两侧表面结构的粗糙度要求：Ra 不大于3.2 μm。

5　试样

试样长度如表2所示。

6　试验条件

6.1　实验室温度应控制在(25±5)℃之间。

6.2　试验机的传动部分应避开空气流，但由传动本身引起的空气流除外。

6.3　试验时V带的张紧力(即图2中 F)，主动轮转速如表2所示。

表 2 疲劳试验条件

型　号	主动轮转速/(r/min)	张紧力 F/N	V 带基准长度/mm
A	3 400～3 600	290±5	890～1 100
B	3 400～3 600	780±10	1 370～1 760

7 程序

7.1 将 V 带安装在试验机两带轮上，按表 2 所示对 V 带施加张紧力。

7.2 将 V 带转动至少两圈，测量带轮中心距后启动试验机。试验进行 24 h 后，再次测定带轮中心距并继续试验至 V 带断裂。

7.3 计算中心距变化率及疲劳寿命。

7.3.1 带轮中心距变化率按式(1)计算：

$$\Delta E = \frac{E - E_0}{E_0} \times 100\% \qquad \cdots\cdots(1)$$

式中：

ΔE——带轮中心距变化率，%；

E_0——初始中心距，单位为毫米(mm)；

E——试验 24 h 后的中心距，单位为毫米(mm)。

7.3.2 V 带疲劳寿命用屈挠次数表示，按式(2)计算：

$$R = 2 \times \frac{N \times d_d \times \pi \times 60 \times t}{L_d} \qquad \cdots\cdots(2)$$

式中：

R——屈挠次数；

N——主动轮平均转速，单位为转每分(r/min)；

d_d——主动轮基准直径，单位为毫米(mm)；

t——V 带终止试验前所经历的时间，单位为小时(h)；

L_d——V 带基准长度，单位为毫米(mm)。

注：V 带转一圈屈挠两次。

7.3.3 试验开始后，应每隔 48 h 测定一次主动轮转速，最后以平均值作为平均转速 N。

7.4 当 V 带发生断裂、跳槽、翻转、偏斜等现象无法继续运转时，即终止该 V 带的试验。

7.5 当中心距变化率超过规定值时，允许作为不合格品停止试验。

8 试验报告

试验报告应包括以下内容：

a) 试验 V 带的型号、尺寸和生产厂家；

b) 试验屈挠次数及中心距变化率 ΔE；

c) 主动轮转速 N，张紧轮的张紧力 F；

d) 终止理由；

e) 实验室温度；

f) 试验日期、试验人员及试验单位；

g) 偶然情况。

ICS 03.220.40;53.020.20
R 46

GB

中华人民共和国国家标准

GB/T 15361—2009
代替 GB/T 15360—1994,GB/T 15361—1994

STANDARDS PRESS OF CHINA

岸边集装箱起重机

Quayside container crane

2009-06-04 发布 2010-01-01 实施

中华人民共和国国家质量监督检验检疫总局
中国国家标准化管理委员会 发布

前　言

本标准代替 GB/T 15361—1994《岸边集装箱起重机技术条件》和 GB/T 15360—1994《岸边集装箱起重机试验方法》，将原 GB/T 15360 的内容纳入 GB/T 15361 中。

本标准与 GB/T 15361—1994 相比主要技术差异如下：

——修改了钢丝绳出入滑轮的偏角(见 3.6.1.5)；

——修改了制动带(或制动瓦)与制动轮(或制动盘)接触面积应不小于总面积的百分比。(见 3.6.2.8)；

——删除了对大车轨道的要求(见 3.6.5)；

——对“液压系统”的相关内容进行了修改和补充(见 3.6.6)；

——对“涂装和外观”进行了修改和完善(见 3.8)；

——增加并简化修改了试验方法的相关内容(见第 4 章)。

本标准的附录 A 为资料性附录。

本标准由中华人民共和国交通运输部提出。

本标准由交通部港机标准归口单位归口。

本标准起草单位：上海振华港口机械(集团)股份有限公司、上海港机重工有限公司、交通部水运科学研究院。

本标准主要起草人：丁敏、商伟军、山建国、刘晋川、杨勤、于同工。

本标准所代替标准的历次版本发布情况为：

——GB/T 15360—1994；

——GB/T 15361—1994。

岸边集装箱起重机

1 范围

本标准规定了岸边集装箱起重机(以下简称起重机)的技术要求、试验方法、检验规则、标志和运输等方面的内容。

本标准适用于岸边装卸符合GB/T 1413的20 ft和40 ft国际集装箱的起重机。

2 规范性引用文件

下列文件中的条款通过本标准的引用而成为本标准的条款。凡是注日期的引用文件,其随后所有的修改单(不包括勘误的内容)或修订版均不适用于本标准,然而,鼓励根据本标准达成协议的各方研究是否可使用这些文件的最新版本。凡是不注日期的引用文件,其最新版本适用于本标准。

GB/T 699 优质碳素结构钢

GB/T 700 碳素结构钢(GB/T 700—2006,ISO 630:1995,NEQ)

GB/T 755 旋转电机 定额和性能

GB/T 985.1 气焊、焊条电弧焊、气体保护焊和高能束焊的推荐坡口(GB/T 985.1—2008,ISO 9692-1:2003,焊接及相关工艺 推荐的焊接坡口 第1部分:钢的焊条电弧焊、熔化极气体保护焊、气焊、TIG焊和高能束焊,MOD)

GB/T 985.2 埋弧焊推荐坡口(GB/T 985.2—2008,ISO 9692-2:2003,焊接及相关工艺 推荐的焊接坡口 第2部分:钢的埋弧焊,MOD)

GB/T 1182 形状和位置公差 通则、定义、符号和图样表示方法(GB/T 1182—1996,eqv ISO 1101:96)

GB/T 1228 钢结构用高强度大六角头螺栓(GB/T 1228—2006,ISO 7412:1984,NEQ)

GB/T 1229 钢结构用高强度大六角螺母(GB/T 1229—2006,ISO 4775:1984,NEQ)

GB/T 1230 钢结构用高强度垫圈(GB/T 1230—2006,ISO 7416:1984,NEQ)

GB/T 1231 钢结构用高强度大六角头螺栓、大六角螺母、垫圈技术条件

GB/T 1413 系列1集装箱 分类、尺寸和额定质量(GB/T 1413—1998,idt ISO 668:1995)

GB/T 1591 低合金高强度结构钢(GB/T 1591—1994,neq ISO 4950:1981)

GB/T 1800.4 极限与配合 标准公差等级和孔、轴的极限偏差(GB/T 1800.4—1999,eqv ISO 286-2-88)

GB 2893 安全色(GB 2893—2001,neq ISO 3864:1984)

GB 2894 安全标志(GB 2894—1996,neq ISO 3864:1984)

GB/T 3077 合金结构钢(GB/T 3077—1999,neq DIN EN 10083-1:1991)

GB/T 3220 集装箱吊具的尺寸和起重量系列

GB/T 3323 金属熔化焊焊接接头射线照相(GB/T 3323—2005,EN 1435:1997,MOD)

GB/T 3766 液压系统通用技术条件(GB/T 3766—2001,eqv ISO 4413:1998)

GB/T 3797 电气控制设备

GB/T 3811 起重机设计规范

GB/T 3859 半导体电力变流器

GB/T 3886.1 半导体电力变流器用于调速电气传动系统的一般要求 第一部分:关于直流电动机传动额定值的规定(GB/T 3886.1—2001,idt IEC 61136-1:1992)

GB/T 5117　碳钢焊条(GB/T 5117—1995,eqv ANSI/AWSA5.1:1991)

GB/T 5118　低合金钢焊条(GB/T 5118—1995,eqv ANSI/AWSA5.5:1981)

GB 5226.2　机械安全　机械电气设备　第32部分:起重机械技术条件(GB 5226.2—2002,IEC 60204-32:1998,IDT)

GB/T 6067　起重机械安全规程(GB/T 6067—1985,neq NF E52-122:1975)

GB 6450　干式电力变压器(GB 6450—1986,eqv IEC 60726:1982)

GB 8918　重要用途钢丝绳(GB 8918—2006,ISO 3154:1988,Stranded wire ropes for mine hoisting—Technical delivery requirements,MOD)

GB/T 8923　涂装前钢材表面锈蚀等级和除锈等级(GB/T 8923—1988,eqv ISO 8501-1:1988)

GB/T 9286　色漆和清漆　漆膜的划格试验(GB/T 9286—1998,eqv ISO 2409:1992)

GB 9331.1　额定电压0.6/1 kV及以下船用电力电缆和电线一般规定

GB/T 9332.1　船用控制电缆一般规定

GB/T 10095(所有部分)　圆柱齿轮　精度制

GB/T 10096　齿条精度

GB/T 10228　干式电力变压器技术参数和要求

GB/T 10236　半导体变流器与供电系统的兼容及干扰防护导则

GB/T 11345　钢焊缝手工超声波探伤方法和探伤结果分级

GB/T 11352　一般工程用铸造碳钢件(GB/T 11352—1989,ISO 3527-75,REF)

GB/T 12668(所有部分)　调速电气传动系统(IEC 61800,IDT)

GB 12972.1　矿用橡套软电缆　第一部分:一般规定

GB/T 13384　机电产品包装通用技术条件

GB/T 14957　熔化焊用钢丝

GB/T 20303.1　起重机　司机室　第1部分:总则

GB/T 20303.5　起重机　司机室　第5部分:桥式和门式起重机(GB/T 20303.5—2006,ISO 8566-5:1992,IDT)

GB 50150　电气装置安装工程　电气设备交接试验

GB 50168　电气装置安装工程　电缆线路施工及验收规范

GB 50170　电气装置安装工程　旋转电机施工及验收规范

GB 50254　电气装置安装工程　低压电器施工及验收规范

GBJ 147　电气装置安装工程　高压电器施工及验收规范

GBJ 148　电气装置安装工程变压器、油浸电抗器、互感器施工及验收规范

CB/T 3123　船用轧制钢材气割面质量技术要求

JT/T 622　港口装卸机械电气安全规程

3　技术要求

3.1　工作级别和环境条件

3.1.1　起重机的工作级别应为A6～A8。

3.1.2　工作环境温度为-20 ℃～+40 ℃。

3.1.3　最大相对湿度应不大于95%(有凝露、盐雾)。

3.1.4　工作风速应不大于20 m/s;非工作风速应不大于50 m/s。

3.1.5　工作环境条件如有特殊要求,按供需方协议执行。

3.2　整机要求

3.2.1　起重机的设计、制造应符合GB/T 3811和本标准的有关规定。

3.2.2　起重机在做空载试验时，各机构、电气控制系统、液压系统及吊具应在规定的工作范围内正常动作，各限位器及安全装置应符合 GB/T 6067 的规定，司机室操作手柄、操作按钮与各机构动作应一致。

3.2.3　起重机在做静载试验时，各机构、结构强度应满足要求，不应产生裂纹、永久变形、油漆打皱，起重机的性能与安全不应出现异常，连接处无松动。

3.2.4　起重机在做额定载荷试验时，各机构应工作正常，各部件完好无损，连接处无松动，结构强度、刚度应满足要求，结构件不应产生裂纹、永久变形、表面油漆打皱等现象。

3.2.5　起重机在做动载试验时，各机构应工作正常，各机构、结构强度应满足要求，无残余变形和损坏现象，连接处无松动，无异常响声，固定结合面不渗油，运动结合面无异常渗油和滴油现象。

3.2.6　起重机在做可靠性试验时，不允许带故障作业，作业时不允许进行保养工作；固定结合面不允许渗油，有相对运动部位不允许有异常渗油和滴油现象。

3.2.7　起重机应完成不少于 8 000 自然箱的起重作业工业性试验。工业性试验作业时间内包括可靠性试验作业循环次数。试验中起重机不得发生重大损坏或性能异常现象。

3.3　主要工作速度的允许偏差

3.3.1　起升速度为公称值的 −3%～10%。

3.3.2　小车运行速度为公称值的 −3%～10%。

3.3.3　大车运行速度为公称值的 ±10%。

3.3.4　单程俯仰时间为公称值的 ±1 min。

3.4　材料

3.4.1　主要零件的材料应有材料生产厂的合格证书，否则应进行化验和试验，其化学成分、机械性能均达到标准规定时方可使用。

3.4.2　金属结构主要受力构件的材料性能应不低于表 1 的规定。钢号 Q235B，Q235C 应符合 GB/T 700 的规定；Q345B 应符合 GB/T 1591 的规定。

表 1

工作环境温度/℃	>−20	≤−20
钢　　号	Q235B	Q235C，Q345B

3.4.3　焊接卷筒和轧制滑轮的材料性能应不低于 GB/T 700 中的 Q235B 钢。

3.4.4　车轮、齿轮的材料性能应不低于 GB/T 699 中的 45 钢或 GB/T 11352 中的 ZG310～570 钢。

3.4.5　吊具转锁的材料性能应不低于 GB/T 3077 中的 40Cr 钢。

3.4.6　主要零件经过热处理后材料表面硬度应符合表 2 的规定。

表 2

零件名称		硬　　度	消除应力方法
钢制动轮的制动面		45 HRC～55 HRC，深度 2 mm 处不低于 40 HRC	—
车轮踏面和轮缘内侧面		300 HB～380 HB，深度不小于 15 mm	—
电缆小车滚轮踏面		45 HRC～55 HRC，深度不小于 2 mm	
消除内应力	铸件（如：箱体、制动轮、齿轮等）	—	时效
	焊接件（如卷筒、齿轮、箱体等）	—	振动或退火

3.5 结构件

3.5.1 结构件制造的允许偏差应符合表3的规定。

表3 结构件制造允许偏差

单位为毫米

<table>
<tr><th>序号</th><th>检查项目</th><th>简 图</th><th colspan="2">允许偏差</th></tr>
<tr><td>1</td><td>构件的直线度
a) 垂直方向；
b) 水平方向</td><td>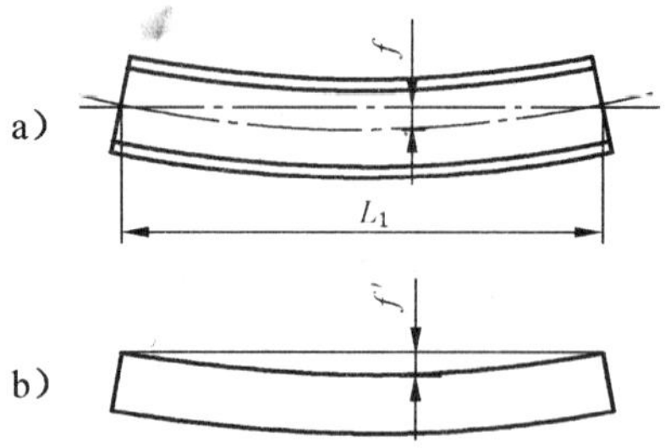</td><td colspan="2">a) $f\leqslant\frac{1}{1\ 000}L_1$
b) $f'\leqslant\frac{1}{2\ 000}L_1$</td></tr>
<tr><td>2</td><td>梁的上拱度偏差</td><td>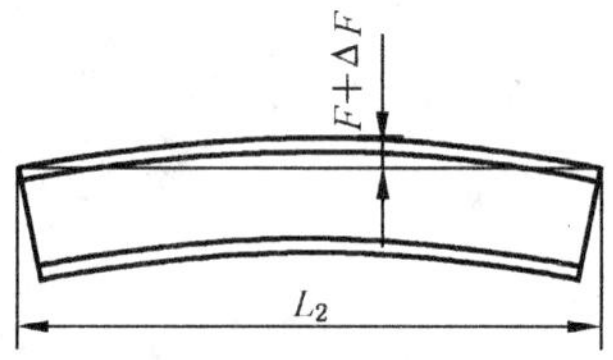</td><td colspan="2">$\Delta F=^{+0.30F}_{-0.05F}$
F 为设计规定的拱度</td></tr>
<tr><td rowspan="6">3</td><td rowspan="6">箱形梁(工字梁)
二端的扭曲度</td><td rowspan="6">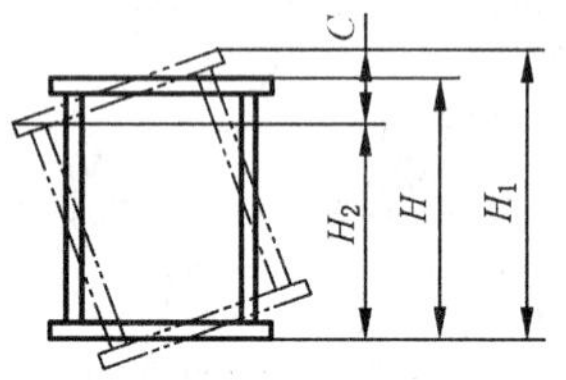</td><td>梁的长度</td><td>C</td></tr>
<tr><td>≤5 000</td><td>≤4</td></tr>
<tr><td>>5 000～10 000</td><td>≤6</td></tr>
<tr><td>>10 000～20 000</td><td>≤8</td></tr>
<tr><td>>20 000～30 000</td><td>≤10</td></tr>
<tr><td>>30 000～50 000</td><td>≤15</td></tr>
<tr><td>4</td><td>箱形梁(工字梁)
腹板的垂直度</td><td>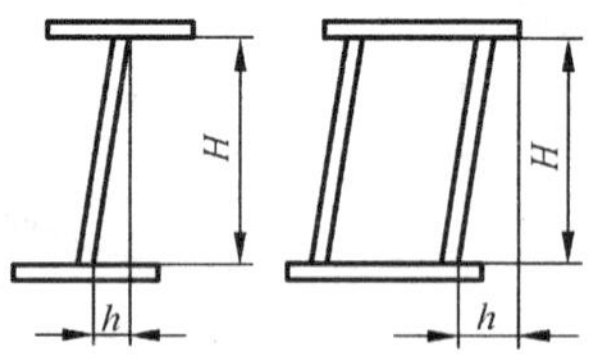</td><td colspan="2">$h\leqslant\frac{1}{200}H$
(此值在筋板或节点处测量)</td></tr>
<tr><td>5</td><td>a) 工字梁翼缘板的平面度；
b) 箱形梁(工字梁)上翼缘板的水平倾斜度</td><td>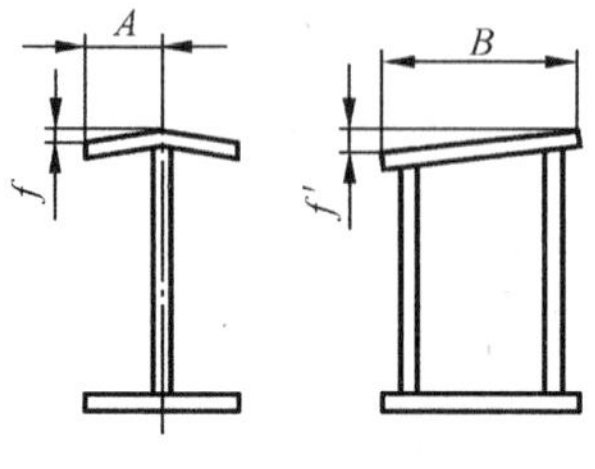</td><td colspan="2">a) $f\leqslant\frac{1}{100}A$
(f 值在筋板处测量)
b) $f'\leqslant\frac{1}{200}B$
(f'值在筋板处测量)</td></tr>
</table>

表 3（续）

单位为毫米

序号	检查项目	简　　图	允许偏差
6	相配梁高度差	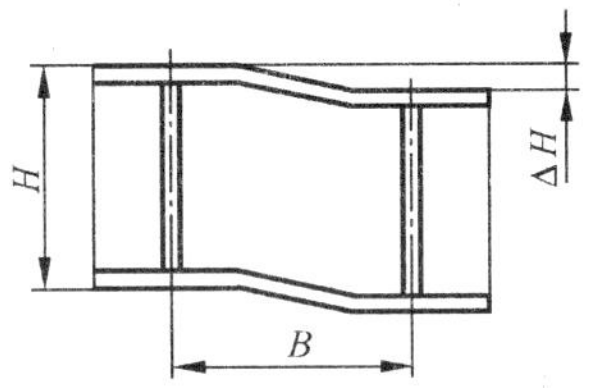	$\Delta H \leqslant \frac{1.5}{1\ 000}B$ 但不大于 10 （ΔH 在筋板处测量）
7	构件尺寸偏差和对角线偏差	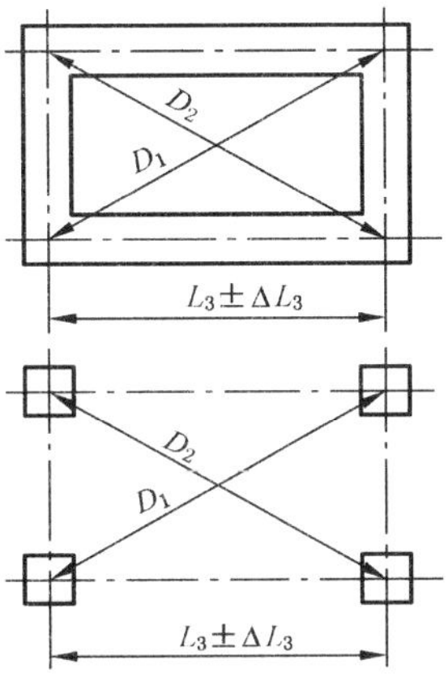	当跨距 $L_3 < 7\ 000$ 时： $\Delta L_3 \leqslant 3$，$\lvert D_1 - D_2 \rvert \leqslant 4$； 当跨距 $L_3 \geqslant 7\ 000$ 时： $\Delta L_3 \leqslant 5$，$\lvert D_1 - D_2 \rvert \leqslant 7$
8	a)　筋板（隔板）相对位置偏差； b)　筋板（隔板）对箱形梁（工字梁）腹板或翼缘板的垂直度	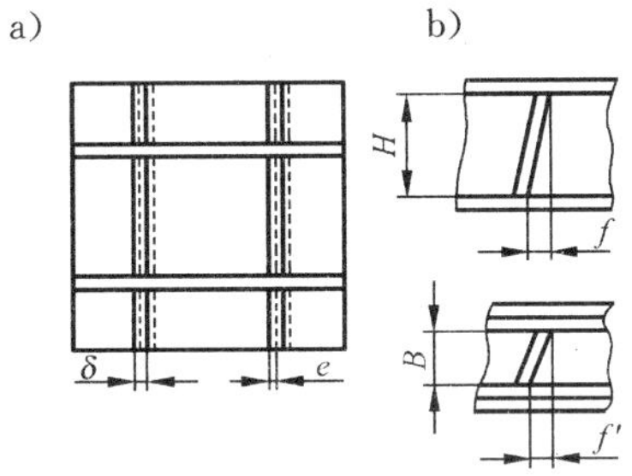	a)　$e \leqslant \frac{1}{2}\delta$ b)　$f \leqslant \frac{3}{1\ 000}H$ $f' \leqslant \frac{3}{1\ 000}B$
9	筒体圆度偏差：圆筒加工	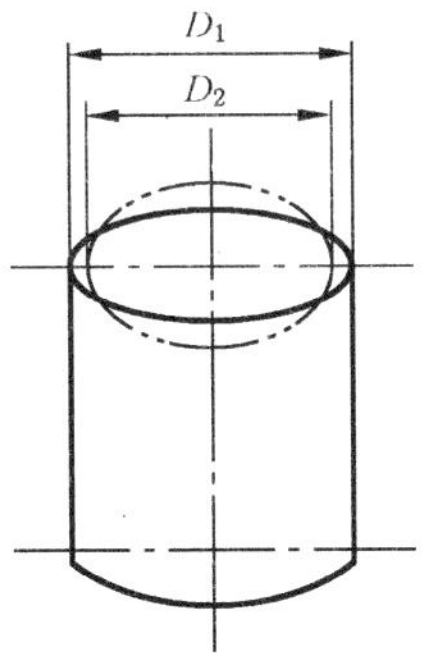	$\delta < 6$，$D > 1\ 500$： $D_1 - D_2 \leqslant \frac{5}{1\ 000}D$ $\delta < 6$，$D < 1\ 500$： $D_1 - D_2 \leqslant \frac{3}{1\ 000}D$ $\delta > 6$： $D_1 - D_2 \leqslant \frac{3}{1\ 000}D$ D——名义直径； δ——圆筒壁厚
	筒体圆度偏差：圆筒对接	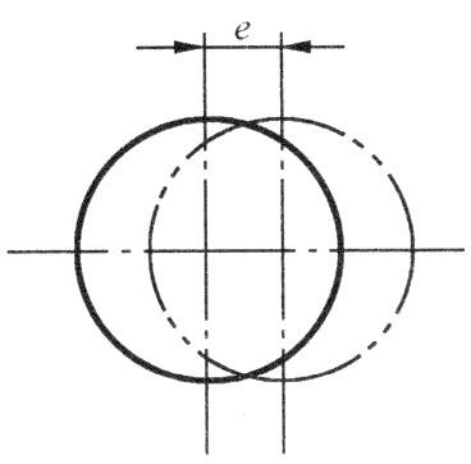	$e \leqslant \frac{1}{8}\delta$ δ 为圆筒壁厚

表 3（续）　　　　单位为毫米

<table>
<tr><th>序号</th><th>检查项目</th><th>简　　图</th><th colspan="2">允许偏差</th></tr>
<tr><td rowspan="4">10</td><td rowspan="4">扭曲变形量</td><td rowspan="4">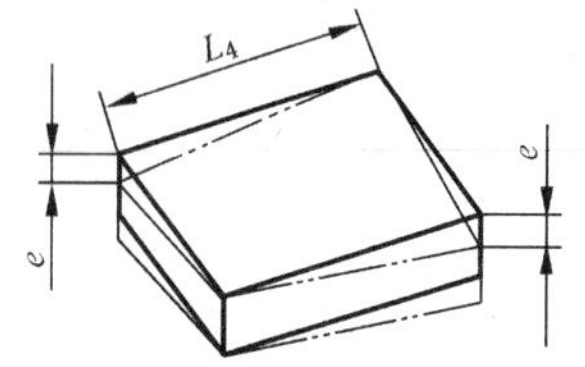</td><td>L_4</td><td>e</td></tr>
<tr><td>2 000</td><td>$\leqslant\frac{1}{1\ 000}L_4+2$</td></tr>
<tr><td>>2 000～5 000</td><td>$\leqslant\frac{1}{1\ 000}L_4+4$</td></tr>
<tr><td>>5 000～15 000</td><td>$\leqslant\frac{1}{1\ 000}L_4+7$</td></tr>
<tr><td>11</td><td>箱形梁（工字梁）腹板的波浪度</td><td>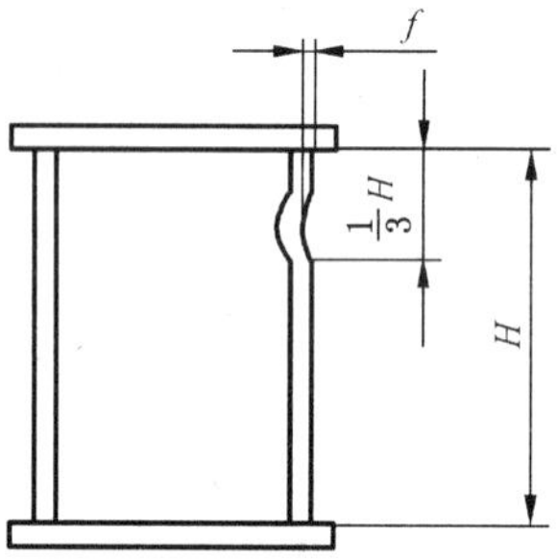</td><td colspan="2">用 1 m 平尺检查：
a)　在受压区 $\frac{1}{3}H$ 的区域内，$f\leqslant0.7\delta$；但在相邻筋板间凹凸不超过一处。
b)　其余区域内：$f\leqslant1.2\delta$</td></tr>
<tr><td>12</td><td>箱形梁（工字梁）翼缘板的波浪度</td><td>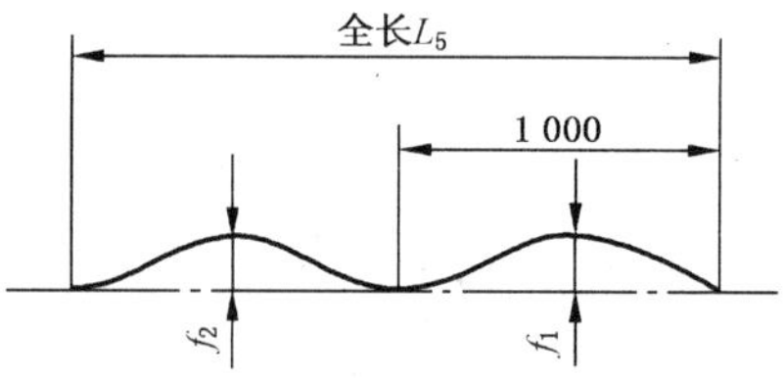</td><td colspan="2">用 1 m 平尺检查：
$f_1\leqslant3$；
全长 $f_2\leqslant\frac{1.5}{1\ 000}L_5$</td></tr>
<tr><td>13</td><td>a)　操纵室围壁波浪度；
b)　机器房围壁波浪度；
c)　棚顶波浪度；
d)　平台波浪度</td><td>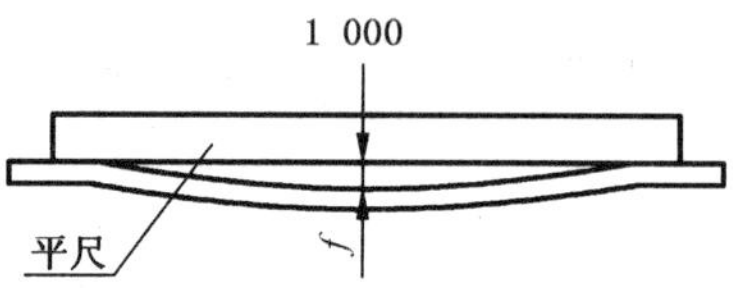</td><td colspan="2">用 1 m 平尺检查：
a)　$f\leqslant5$；
b)　$f\leqslant3$；
c)　$f\leqslant8$；
d)　$f\leqslant8$</td></tr>
<tr><td>14</td><td>贯通筋板错位量</td><td>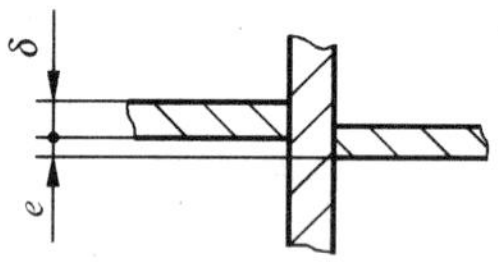</td><td colspan="2">$e\leqslant0.3\delta$</td></tr>
<tr><td>15</td><td>a)　桁架腹杆轴线对理论轴线的偏差；
b)　腹杆的直线度；
c)　桁架节距偏差</td><td>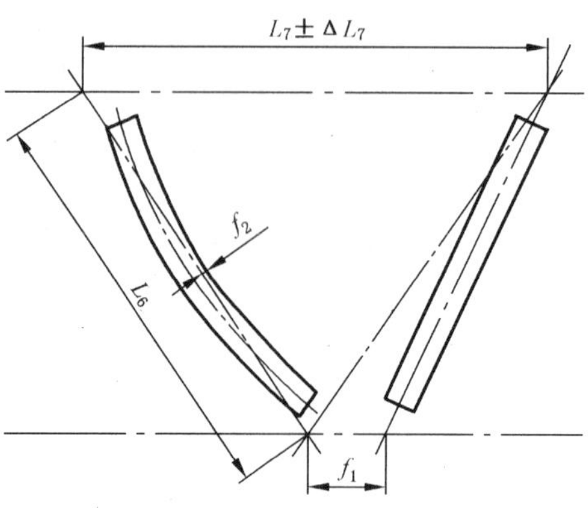</td><td colspan="2">a)　$f_1\leqslant5$
b)　$f_2\leqslant\frac{1.5}{1\ 000}L_6$
c)　$\Delta L_7\leqslant\frac{3}{1\ 000}L_7$</td></tr>
</table>

表 3（续）

单位为毫米

序号	检查项目	简　　图	允许偏差
16	a）支座耳板垂直度； b）制作开档尺寸偏差	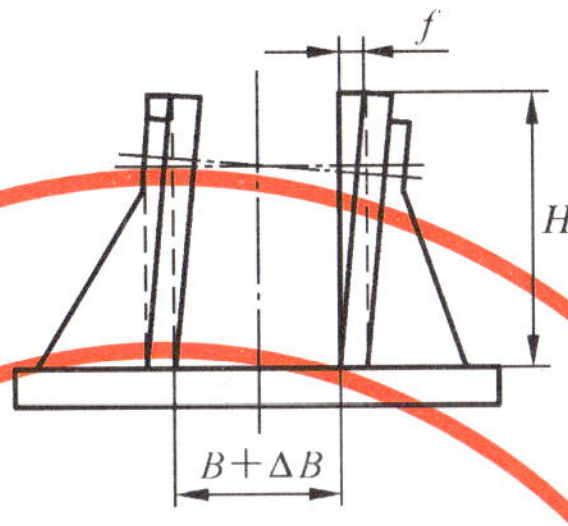	a）$f \leqslant \frac{1}{100}H$ b）$\Delta B \leqslant \frac{1}{100}H$
17	法兰面角变形偏差	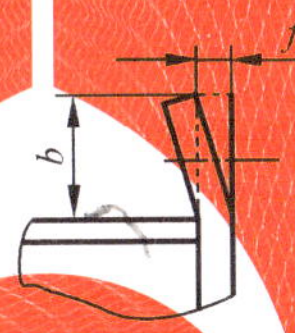	$b<100, f \leqslant \frac{1}{50}b$ $f \leqslant 1+\frac{1}{100}b$

3.5.2　凡影响产品外观质量和产品性能的切割面，不得低于 CB/T 3323 中规定的 2 级。

3.5.3　焊接用的焊条、焊丝与焊剂应符合 GB/T 5117、GB/T 5118 和 GB/T 14957 的规定，并应与被焊结构件的材料强度相适应。

3.5.4　焊缝型式应符合 GB/T 985.1 和 GB/T 985.2 的规定。

3.5.5　主要受拉结构件的对接焊缝质量不得低于 GB/T 11345 中规定的Ⅰ级和 GB/T 3323 中规定的Ⅱ级。

3.5.6　所有焊缝均不得有漏焊、烧穿、裂纹、未焊透、熔瘤、咬边、夹渣、凹坑等影响性能和外观质量的缺陷。

3.5.7　用于连接金属结构件的高强度螺栓、螺母、垫圈应符合 GB/T 1228～GB/T 1231 的规定。

3.6　主要零部件

3.6.1　钢丝绳、滑轮及卷筒

3.6.1.1　优先采用线接触钢丝绳。钢丝绳的选用应符合 GB 8918 和设计要求。

3.6.1.2　钢丝绳禁止接长使用。

3.6.1.3　钢丝绳端部固定的要求应符合 GB/T 6067 的规定。

3.6.1.4　钢丝绳出入滑轮槽的偏角不得大于 5°。

3.6.1.5　钢丝绳绕进或绕出卷筒时的允许偏角应符合 GB/T 3811 的规定。

3.6.1.6　滑轮公称直径及卷筒公称直径与钢丝绳直径的比值应符合 GB/T 3811 的规定。

3.6.1.7　卷筒切槽后，壁厚尺寸偏差不得大于 3 mm。

3.6.1.8　卷筒的安装，其理论中心线与实际中心线的偏差值应满足图 1 的要求。

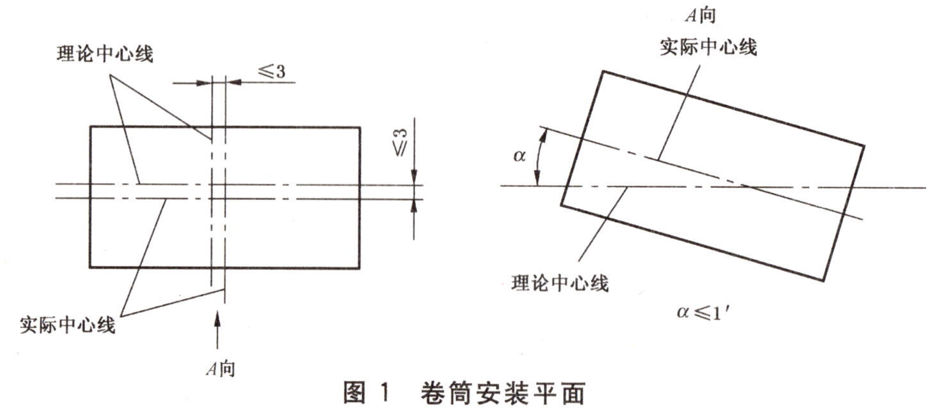

图 1 卷筒安装平面

3.6.2 **制动轮(或制动盘)及制动器**

3.6.2.1 制动轮(或制动盘)上不得有裂纹,成品制动轮(或制动盘)的制动面上不得有影响使用性能的缺陷,也不得焊补。

3.6.2.2 直接安装在轴上的制动轮,其径向圆跳动和端面跳动分别不得低于 GB/T 1182 中规定的 9 级和 10 级。

3.6.2.3 直接安装在轴上的盘式制动器圆盘对轴的端面跳动量不得大于 0.2 mm。

3.6.2.4 制动器的选取和使用应符合 GB/T 6067 的规定。

3.6.2.5 制动瓦与制动带应紧密贴合,如采用铆接,铆钉应埋入制动带厚度的一半以上,如采用粘接,应严格按有关工艺进行,保证紧密贴合。

3.6.2.6 制动器弹簧经过三次全压缩后,不得有永久变形。

3.6.2.7 制动器应留有补偿行程。

3.6.2.8 装配后的制动器,各铰点应转动灵活。制动带(或制动瓦)与制动轮(或制动盘)接触面积应不小于总面积的 70%。

3.6.3 **齿轮及减速器**

3.6.3.1 齿轮应经热处理,宜采用中硬齿面或硬齿面啮合。

3.6.3.2 齿轮副的精度应不低于 GB/T 10095 中规定的 8-8-7 级,齿条副的精度应不低于 GB/T 10096 中规定的 9-8-8 级。

3.6.3.3 减速器应无渗漏现象。

3.6.3.4 减速器在正常润滑条件下以额定转速无负载正反向运转 1 h 后,轴承处温升不得超过 45 K。

3.6.3.5 减速器以工作转速无负载运转时,在箱体剖分面等高线上,距减速器前后左右各 1 m 处测量,噪声不得大于 85 dB(A)。

3.6.3.6 减速器在安装时,其理论中心线与实际中心线的偏差值应符合图 2 要求。

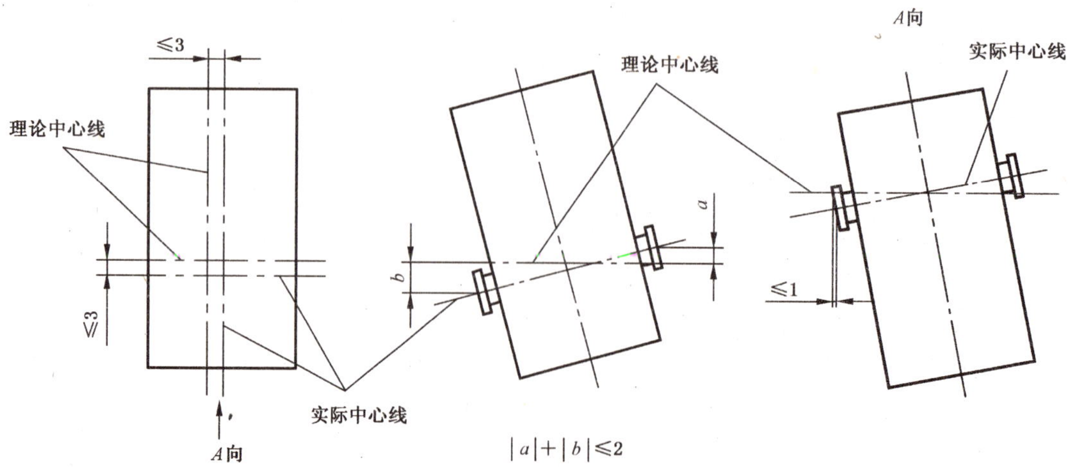

图 2 减速器安装平面

3.6.4 **联轴器**

3.6.4.1 弹性圈柱销联轴器的两个半联轴器的相对外圆的径向圆跳动 ΔY 和相对端面跳动 ΔX 偏差值见表 4 和图 3、图 4。

当联轴器的转速超过 1 000 r/min 时其跳动的偏差值按表 4 列举的数值升高一档。

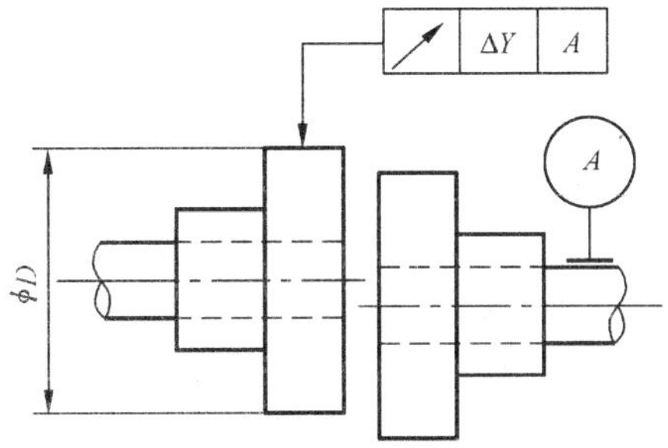

图 3

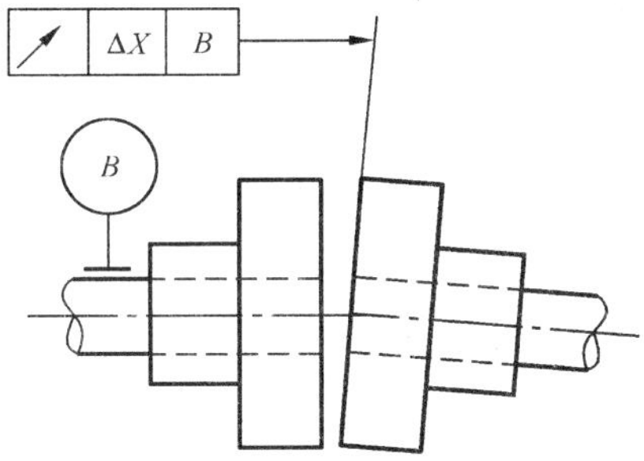

图 4

表 4 单位为毫米

D	ΔY	ΔX
$100<D\leqslant180$	0.14	0.16
$180<D\leqslant280$	0.16	0.18
$280<D\leqslant380$	0.18	0.20
$380<D\leqslant580$	0.20	0.22
$580<D\leqslant800$	0.25	0.30

3.6.4.2 齿轮联轴器的两个半联轴器的相对端面跳动和相对径向圆跳动的偏差值为 0.2 mm。

3.6.5 **车轮及轨道**

3.6.5.1 车轮踏面直径的尺寸公差应不低于 GB/T 1800.4 中的 h9 级。

3.6.5.2 车轮踏面对基准线的圆跳动公差值应不低于 GB/T 1182 中的 9 级。

3.6.5.3 车轮宜采用钢材轧制，铸造车轮的踏面和轮缘内侧不得有气孔、夹渣等缺陷。

3.6.5.4 车轮水平偏斜的偏差值 P 不大于 0.001 L 为测量长度，水平偏斜方向按图 5 所示。

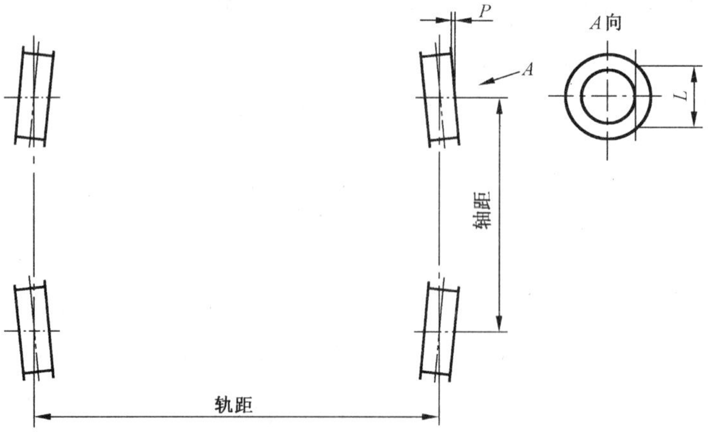

图 5

3.6.5.5 车轮垂直偏斜的偏差值 f 及 f' 见图 6：

——车轮向外倾 $f \leqslant 0.0025$ L，见图 6a)；

——车轮向内倾 $f \leqslant 0.001$ L，见图 6b)。

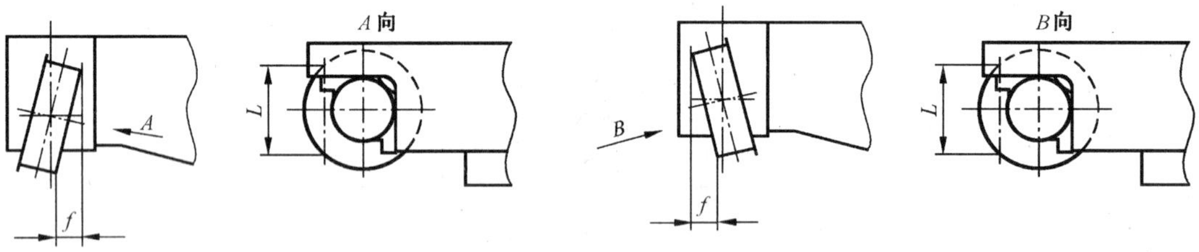

a)　　　　b)

图 6

3.6.5.6 同一侧轨道上相邻车轮的同位偏差值 Δd 不大于 2 mm，见图 7。

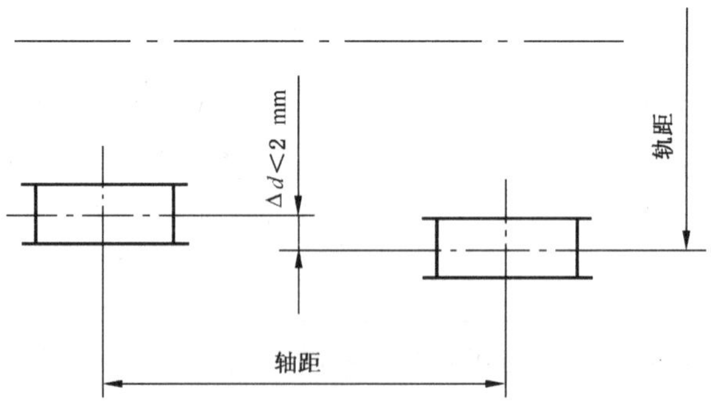

图 7

3.6.5.7 同一侧两水平导轮距离的中心线同轨道中心的偏差值不得大于±1 mm，见图 8。

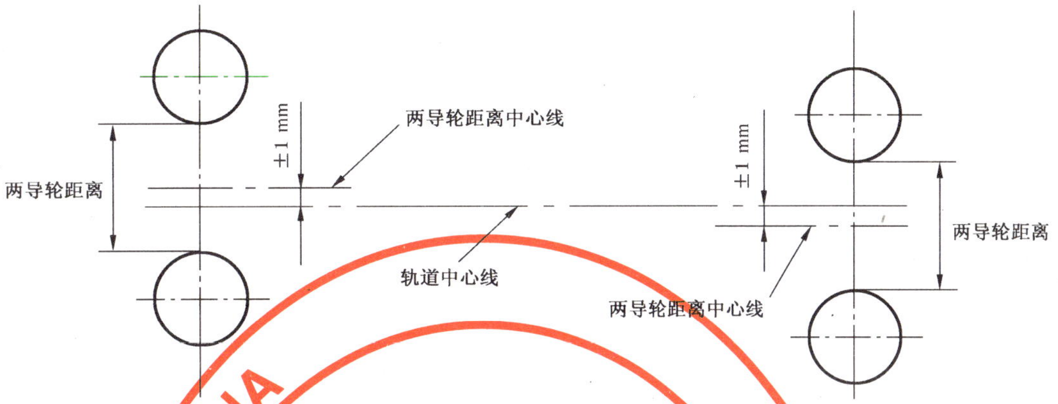

图 8

3.6.5.8 小车轨道中心线与轨道梁支承腹板中心线的位置偏差值不得大于其腹板厚度 δ 的 1/2，见图 9。

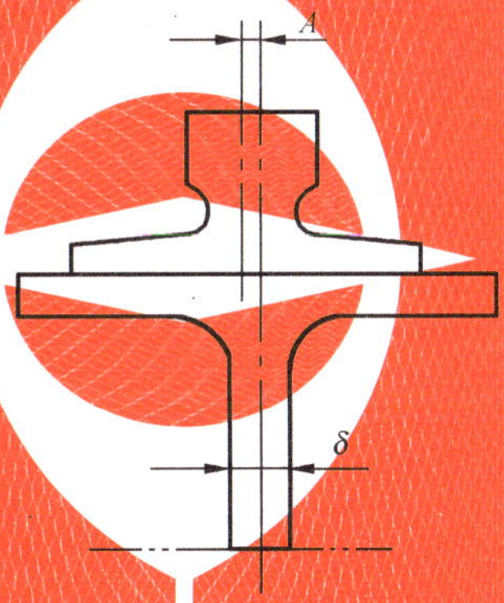

图 9

3.6.5.9 小车轨距与名义尺寸 S 的允许偏差值 ΔS 见图 10：

——轨道设在承轨梁中部：$\Delta S = \pm 3$ mm；

——轨道设在承轨梁内侧：$\Delta S = 0 \sim 6$ mm。

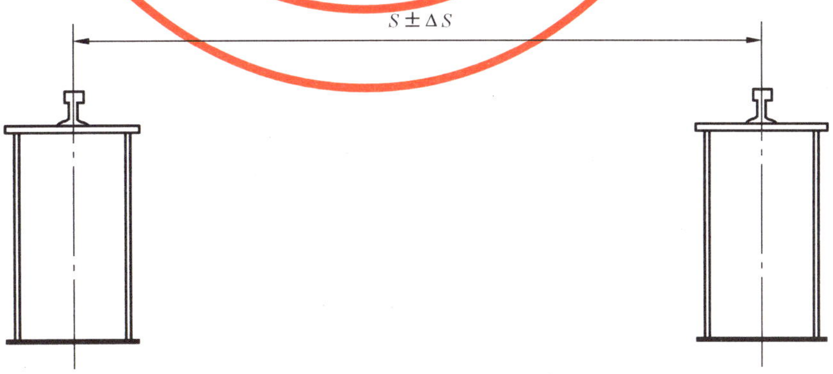

a)

图 10

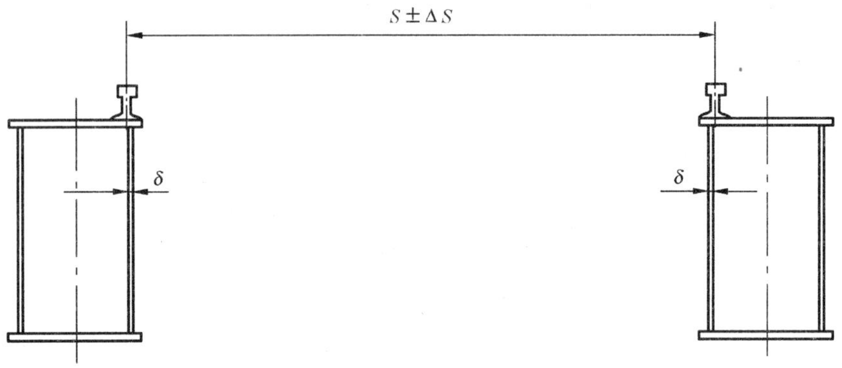

b)

图 10（续）

3.6.5.10 在垂直于小车运行方向的平面内，两根轨道顶面的高低偏差值 ΔH 不得大于轨距的0.15%，最大值不得超过 10 mm，见图 11。

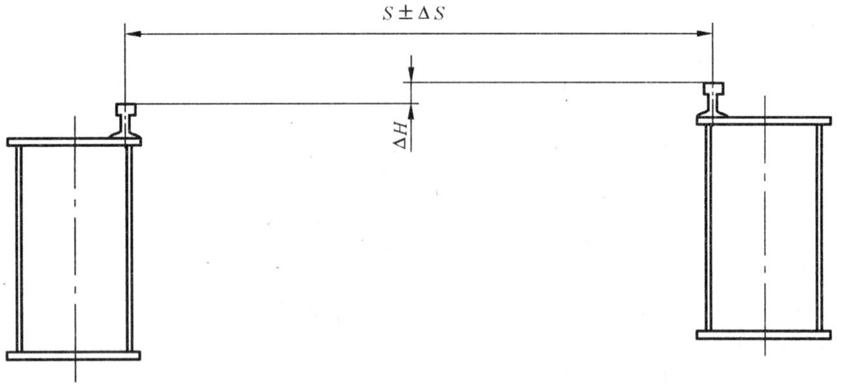

图 11

3.6.5.11 同一小车的四个车轮踏面，应在同一平面上，支承面的最大不平度当轨距不超过 3 m 时，不大于 3 mm；当轨距大于 3 m 时，则不大于轨距的±0.1%。见图 12。

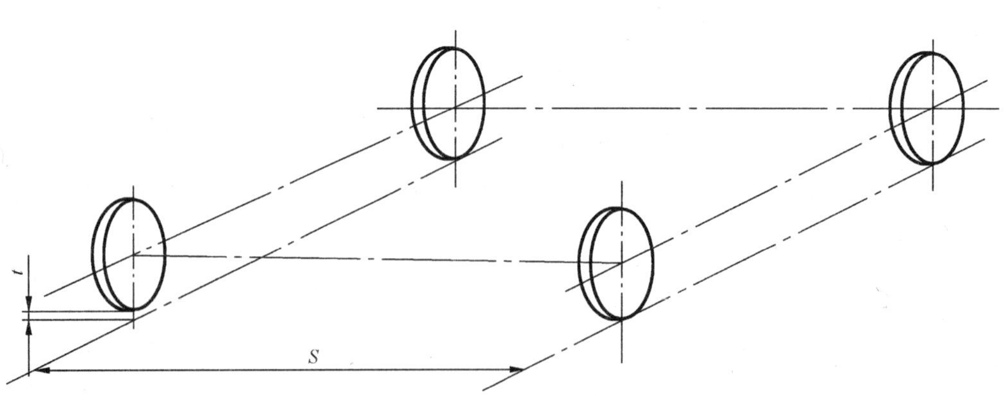

图 12

3.6.5.12 小车轨道中心线同小车轨道理论中心线之差，在任意 10 m 长度不得超过 2.5 mm。见图 13。

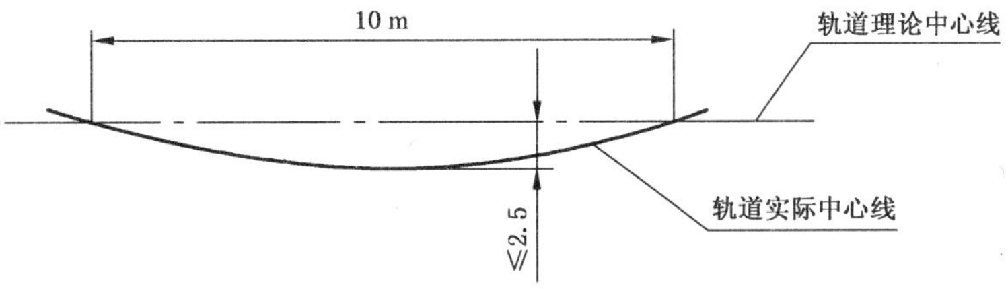

图 13

3.6.5.13 轨道接头应对齐，允许两个接头的高低和侧向错位值不大于 1 mm，间隙不大于 2 mm。

3.6.6 液压系统

3.6.6.1 主要液压元件（油缸、油泵、阀类等）应附有制造厂的合格证书。

3.6.6.2 软管、硬管和接头连接可靠，不得有渗漏现象。

3.6.6.3 液压系统应符合 GB/T 3766 的规定，液压系统装配前，接头、管路及通道（包括铸造芯孔、钻孔）应清洗干净，不允许有任何污物（如铁屑、毛刺纤维状杂物等）。

3.6.6.4 对系统的液压油应使用符合规定品质的液压油，并定期进行检查、化验、更换。

3.6.6.5 液压系统应有防止过载和冲击的安全装置，溢流阀调整压力不得大于系统额定工作压力的 110%，并且应具有防松和防止擅自调整措施。

3.6.7 润滑系统

在起重机出厂前应对每个油路各部位逐个检查确保畅通。

3.6.8 司机室

司机室应符合 GB/T 20303.1 和 GB/T 20303.5 的规定。

3.6.9 集装箱吊具及回转减摇装置

3.6.9.1 集装箱吊具应能装卸符合 GB/T 1413 的 20 ft 和 40 ft 国际集装箱，其转锁的位置尺寸和公差应不低于 GB/T 3220 的规定。

3.6.9.2 伸缩吊具宜采用具有上架的结构，吊具上架可与吊具本体分开，两者之间用易拆装的转锁或销轴连接。

3.6.9.3 吊具转锁热处理加工后，应进行无损探伤检查，不应有裂纹，并不得修补。

3.6.9.4 吊具离开地面后应能沿水平平面纵、横轴线回转±3°，沿垂直中心线回转±5°。

3.6.9.5 宜设置能抑制吊具或吊具与集装箱摇摆的自动减摇装置。

3.7 电气设备

3.7.1 一般要求

3.7.1.1 电气设备的设计和选择，应符合 GB/T 3811、GB 5226.2 和其他等效和相关专业技术标准。

3.7.1.2 设置在室内的电气设备防护等级应不低于 IP23。设置在室外的电气设备防护等级应不低 IP55，即应为防水型，凡非防水型的电气设备应另加防水措施。室内高压电动机接线盒外壳防护等级至少应达到 IP44。

3.7.1.3 电气设备应有良好的绝缘性能，按照 GB 50150，GB 50254，GBJ 147，GBJ 148、JT/T 622 的规定检查和验收。电子线路的绝缘电阻按其专业标准规定检查。

3.7.1.4 电气传动控制设备应符合 GB/T 3859，GB/T 3886.1，GB/T 3797，GB/T 12668 的技术要求。

3.7.1.5 除设计有特殊要求外，电气装置安装、施工、验收应遵照 GB 50168，GB 50170，GBJ 147，GBJ 148 的有关规定。

3.7.2 特殊要求

3.7.2.1 主、副动力变压器应选用干式自冷环氧型变压器，宜用铜芯浇铸。初级线圈应设±2×2.5% 的手动调节分接头（断电切换）。变压器的技术条件宜满足 GB 6450，GB/T 10228 的规定。

3.7.2.2 高、低压开关柜宜采用整体防护型，置于室内时，防护等级应不低于 IP23，置于室外时，防护等级不低于 IP55。柜内应设有防冷凝加热器、检修照明灯；通风口应有防尘措施；电缆进出口施工完毕应密封。所有操作、指示设备应放在正面，并设有功能指示标牌。

3.7.2.3 各主要机构驱动电动机及发电机（功率大于 15 kW）应设防冷凝加热器，宜设测温保护装置、带强迫通风机时风口应有防尘措施，并应符合 GB/T 755 的技术要求。

3.7.2.4 交流电气设备应能在供电电源谐波成分不大于 5%的情况下正常工作。

3.7.2.5 照明电源与动力电源应分开设置，当动力电源切断时，照明电源不能失电。照明箱上各支路开关应有指示标牌。

3.7.2.6 高压供电的起重机应设有码头供电的低压备用电源；当高压电源切断时，由它供应照明、防冷凝加热器、维修等电源。高压电源应有相序等联锁保护。

3.7.2.7 机内应设有机内电话系统、无线对讲机及有线扩音广播器。

3.7.2.8 机上采用的可编程序控制器（PLC）、微型计算机（PC）所有部件应坚固、可靠，适合于海港起重机的高温、振动、潮湿的恶劣工作环境。起重机动作的顺序、联锁等均由 PLC 软件完成，但紧急保护功能，行程终端保护仍须由硬件完成。

3.7.2.9 功率因素补偿和谐波抑制采用的措施和指标，应由用户和供货商协商决定，并宜符合 GB/T 10236 有关规定。

3.7.3 电气设备安装

3.7.3.1 电力电子和微电子控制的驱动调速柜、PLC 控制柜、微型计算机监控数据管理，故障诊断系统柜及设备应安装在设有空气调节设备的防振的专用电气室内。

3.7.3.2 电气设备安装应考虑必要防振措施。起重机运转时不应有不正常振动。电气柜体应用螺栓与底座紧固，严禁将开关柜与底座直接焊接。

3.7.3.3 高、低压开关柜内，应一律采用铜质母线，分相色标应符合国家标准。柜前操作距离，高压柜不小于 1 m；低压柜不小于 0.6 m。按有关安全规程配置必要防护用品。

3.7.3.4 行程（接近）开关的撞（滑）杆（块）及支架，测速、测位装置（测速发电机、编码器）的支架或底座应牢固、可靠。

3.7.3.5 风速报警器的风标，应安装于不受外物阻碍处，并宜具有瞬时风速的显示能力。荷重传感器应安装于能灵敏反映荷重变化，有利正常、可靠工作的地方。电阻器应有防护外罩，应装于通风散热良好位置。

3.7.3.6 吊具控制箱宜安装在司机室内。

3.7.4 线缆敷设

3.7.4.1 电缆的选择要求如下：

a) 室内、金属构件内部暗敷及室外电缆宜选用符合 GB 9331.1，GB/T 9332.1 的船用橡套电缆。外护层选择应着重考虑每根电缆安装使用可能受到的机械作用。如外护层机械强度不够时，应安装在管子、管道或电缆槽内，或采取其他防护措施。

b) 高压供电电缆宜选用高压橡套分相屏蔽重型挠性软电缆。6 kV 及 6 kV 以下的电缆应符合 GB 12972.1 的规定。

c) 悬挂电缆、吊具伸缩等移动电缆均应选用船用橡套软电缆；通讯及弱电控制电缆应选用专门橡套分芯屏蔽多芯软电缆。电缆小车之间应有足够强度的铁链、钢绳等连接和牵引，其长度应比同节电缆短 0.5 m～1 m；以承受运行过程中的机械拉力，并余留长度的 5%～10%，余留一定数量备用芯。

d) 吊具供电控制电缆，应选用特殊耐油橡套挠性多芯软电缆，并应设置防水型多芯插座（插头），以便快速更换吊具，余留一定数量备用芯。

e) 露天电梯轿箱的供电控制电缆应选用电梯专用电缆，并应设置张紧、防风等装置。

f) 高压电缆应单独敷设，动力电缆、强电控制电缆，弱电控制电缆应分别敷设。用于PLC，PC调速装置等弱电通讯、检测、反馈线路应选用屏蔽线缆。

g) 所有露天接线箱限位开关、进出电缆宜从箱底部出入。

3.7.4.2 起重机应采用多股铜芯电缆或电线，线芯最小截面为：

a) 动力线路 2.5 mm^2；

b) 控制线路 1.5 mm^2；

c) 电子设备、通讯设备、传感器件等内部导线不作规定。

3.7.4.3 对有机械损伤、化学腐蚀、油气浸蚀场合应采取适当防护措施。电缆穿管、槽用管子、管道、电缆槽内壁应光滑。

3.7.4.4 弯曲半径的选择要求如下：

a) 电缆穿管，每根管子90°弯头应不超过两处；管子弯曲半径不低于6倍管子外径。

b) 固定敷设的弯曲内半径不小于6倍电缆总外径。非金属护套铠包装或编结的热塑性、弹性材料绝缘电缆当总外径 D 不大于25 mm时，最小弯曲内半径 $4D$。

c) 移动电缆弯曲半径不小于8倍电缆外径。

3.7.4.5 穿管系数(电缆外径截面积之和与管子或管道或电缆槽内截面积之比)不应大于0.4。

3.7.4.6 用作电缆机械性保护的金属罩壳，应采取有效防腐蚀措施。电缆紧固件、支承、托架和附件均应采用耐蚀材料制成或进行适当防蚀处理。

3.7.4.7 电缆紧固件或扎带应坚固，并应具有足够表面积和一定形状，以紧固电缆而不损伤护套或外护层，不得由于起重机工作时的振动而产生附加应力和磨损。

3.7.4.8 所有接头应压接牢固、可靠，所有紧固件均应采用铜质或镀锌件。

3.7.4.9 电缆管、管道、电缆槽的接头处应保证机械和电气上的连续性，并应可靠接地。布置上应使水不能在内部积聚。它们的端部应采取措施以便电缆的护套或外护层不致受损。

3.7.4.10 高压电缆头应按专用工艺制作。高压电缆应按有关规定进行试验。

3.7.4.11 大于1 000 V供电电缆应尽可能远离低压电缆敷设，应敷设在不易受机械损伤的部位，应尽量远离工作人员经常操作、维修和通过的场所。

3.7.5 安全联锁及故障检测

3.7.5.1 所有安全联锁、限位、信号指示、报警、故障检测装置应符合设计要求。

3.7.5.2 至少应在司机室操纵台、变幅操纵台、电气室、机房及大车行走车架上设置"紧停按钮"，在紧急情况下能切断操作电源，停止各机构工作。

3.7.5.3 大车运行机构应设有清晰的工作性音响警告信号或声光警告信号。

3.7.5.4 除GB/T 3811规定的一般安全联锁保护外，本起重机至少应有下列各项联锁保护装置：

a) 高、低压供电系统漏电检测保护；

b) 高压进线(开关)柜应设有检修时安全接地开关；

c) 小车停车位置与外臂架动作联锁，外臂架位置与小车动作联锁；

d) 采用分离小车防摇时，分离收拢动作与起升高度、小车位置应有必要联锁；

e) 吊具各动作与升降控制应有安全联锁，吊起箱后禁止转锁转动；

f) 俯仰机构安全钩应设置完善的安全联锁；

g) 电缆卷筒收、放缆终端及方向与大车运行联锁；

h) 起升、俯仰机构的超速保护，当起升电动机超过弱磁允许最高转速115%或俯仰电动机超过额定转速的115%时，保护装置应动作停止该机构运行；

i) 大车防爬楔、锚定、夹(顶)轨器、防撞等装置与大车运行的联锁。

3.7.5.5 应设有故障显示及报警装置。主要功能为超风速、超负荷、超速(起升、俯仰)、短路、过流、过压、过载、过热，堵转过流、失压、失磁、失反馈、漏电、缺相、调速装置和PLC控制系统主要故障显示等。

宜采用故障自诊断能力强的调速驱动装置和 PLC 控制装置。

3.7.5.6 故障诊断、数据管理系统各项功能应符合设计规定要求。

3.7.6 **接地与防雷**

3.7.6.1 起重机大车轨道接地电阻应不大于 4 Ω，规定应接地的所有点整机接地电阻应不大于 10 Ω。

3.7.6.2 起重机接地、防雷安装、施工、验收应符合 GB/T 3811、GB 50168，GB 50170 各项要求。

3.7.6.3 开关柜、操作台、接地铜绞线最小截面为 2.5 mm^2。

3.7.6.4 高压电气设备接地铜绞线截面按容量选用，最小为 6 mm^2。

3.7.6.5 电缆金属护套或金属外护层应两端有效接地，但最后分路允许只作电源端接地，对于控制、通讯和仪表设备电缆，由于技术上原因，若一端接地较为有利时，应一端接地。

3.7.6.6 外臂架与后桥架间应设跨接软铜绞线，作接地线可靠电气连接，截面不小于 70 mm^2。外臂架端部和梯形架顶部，均应设避雷针。针体至少应高出航空障碍灯 300 mm。起重机应考虑设有将雷电安全引至地面轨道的设施。

3.7.6.7 采用 PLC、PC 等微电子设备的控制、监视、管理、诊断系统的接地施工应按上述设备特殊要求设计进行。

3.7.6.8 在金属结构铰接处应增设跨接软线。

3.7.7 **照明**

3.7.7.1 机器房、电气室、司机室、理货员室平均照度应为 50 lx。

3.7.7.2 起重机外臂架、主梁及小车上应装有足够功率灯具，使起重机下方工作面的平均照度达到 50 lx。

3.7.7.3 起重机各主要通道、扶梯、平台入口处、照度不小于 20 lx。

3.7.7.4 起重机门腿下部应设照明灯具加强大车行走轨道平面的照度。

3.7.7.5 起重机梯形架顶部、外臂架顶端应各安装红色航空障碍灯。当交流电源消失后应自动切换到备用电源。

3.8 **涂装和外观**

3.8.1 **表面处理**

3.8.1.1 在涂装前构件表面应进行除铁锈、焊渣、毛刺、灰尘、油脂、盐、污泥、氧化皮等预处理，以保证表面光滑平整。

3.8.1.2 除锈质量等级按 GB/T 8923 的规定：用手工方式除锈为 St3 级，用化学处理和抛（喷）丸（或其他磨料）方式除锈为 Sa2½级。

3.8.1.3 表面处理后 4 h 内应喷涂一道干膜厚度为 15 μm～20 μm 的底漆，作为钢材预处理后的短期保护，在正式涂层开始涂装时，需进行二次表面处理去除。

3.8.2 **涂层与漆膜厚度**

涂层、涂料品种、最低干膜厚及道数见表 5。

表 5

涂　　层	涂料品种	最低干膜厚/μm	道　　数
底涂层	环氧富锌底漆	60	1
中间涂层	环氧后浆漆	100	1
面涂层	脂肪族聚氨酯面漆	60	2
总干膜厚度		220	—

3.8.3 **涂装颜色**

产品的安全标志颜色应符合 GB 2893、GB 2894 的规定。

3.8.4 漆膜附着力

涂层的漆膜附着力应不低于 GB/T 9286 中规定的 1 级。

3.8.5 外观

起重机外观质量应达到：

a) 零、部件表面不得有明显变形及损伤，应平整、无粘砂和余留冒口，焊缝应均匀美观；

b) 油漆色泽均匀，没有涂斑、漏漆和剥落；

c) 紧固件无松动漏装；

d) 管线排列整齐；

e) 不得有油液外露；

f) 标牌、性能表牌、吊装标志和功能标志应齐全，安装位置应合理，表示应清楚。

4 试验方法

4.1 试验条件

4.1.1 起重机应达到正常工作状态。

4.1.2 选择无雨、无雪天气进行试验。

4.1.3 试验时风速应不大于 13.80 m/s，结构应力测试时风速应不大于 8.3 m/s。

4.1.4 试验时环境温度应在－20 ℃～＋45 ℃之间，结构试验时应在 0 ℃～40 ℃之间。

4.1.5 最大相对湿度应不大于 95%，可有凝露、盐雾。

4.1.6 试验载荷应标定准确，其允许偏差为±1%。

4.2 试验准备

4.2.1 试验前目检样机外观，样机的全部工作装置应满足生产需要与设计要求，各传动机构，电气系统调试完毕后均能正常动作，整机无异常现象。

4.2.2 所有金属结构件的焊接及高强度螺栓的连接应牢固。

4.2.3 钢丝绳的缠绕应符合设计及工作要求，钢丝绳端部的紧固应安全、可靠。

4.2.4 检查各传动件、紧固件的安装情况，连接部位应牢固，润滑和密封性应良好。

4.2.5 检查各液压元件的耐压性及管路间连接的密封性和可靠性。

4.2.6 检测电缆、电机、各电气元件、变压器的绝缘电阻值。

4.2.7 检查变压供电系统的可靠性及其变压数值，照明电源与动力电源是否分开设置。

4.2.8 检查所有安全装置和限位装置是否符合规定。

4.2.9 检查整机的避雷装置、风速报警器是否有效。

4.2.10 检查防风、锚定装置的锁定销、锚定地坑、锚链及夹轨器的工作安全性与可靠性。

4.3 质量、几何参数

4.3.1 质量

测量运行小车处于海侧轨道与陆侧轨道中间位置，吊具悬空时起重机的总质量、大车轮压值，以三次测量的算术平均值作为测定数据。

4.3.2 几何参数

测量起重机有关尺寸是否符合下列设计要求：

a) 整机外形尺寸即全长、全宽、全高(工作时与非工作时)；

b) 跨距、基距；

c) 前伸距、后伸距；

d) 主梁下净空高度；

e) 小车轨距、小车轮距。

4.4 技术性能参数

4.4.1 起升速度

分别测取空载与额定载荷下起重机以最高速度起升(下降),吊具稳定运行通过10 m行程所需的时间,以三次测量的算术平均值作为起升(下降)速度。

4.4.2 小车运行速度

分别测取空载与额定载荷下小车以最高稳定速度运行通过10 m行程所需的时间,以三次测量的算术平均值作为小车运行速度。

4.4.3 吊具回转角度、倾转角度与速度

吊具空载与额定载荷下以最高回转速度回转、倾转,测量回转角度、倾转角度及相应的回转时间、倾转时间,以三次测量的算术平均值作为吊具回转角度、倾转角度与速度。

4.4.4 前臂梁俯仰速度与角度

前臂梁以最高速度从水平状态俯仰至上升极限位置并挂钩,再脱钩下降至水平状态,分别测量前臂梁全程上升、下降所用时间及前臂梁与水平面的夹角,以三次测量的算术平均值作为前臂梁俯仰速度与角度。

4.4.5 大车运行速度

起重机沿轨道以最高速度运行,测量吊具空载下整机稳定运行通过10 m行程所需的时间,以三次测量的算术平均值作为大车运行速度。

4.5 空载试验

4.5.1 空载试验指起重机在空载情况下能否正常动作。

4.5.2 将吊具从码头平面处上升至终点和极限位置,检查减速开关上终点与极限开关动作的准确性和可靠性。

4.5.3 将前臂梁俯仰至最高位置再下降至水平状态,上、下终点报警和限位应准确,其间终点前减速保护、超速保护及断电保护应有效。俯仰安全钩装置的动作与作用应安全,可靠。

4.5.4 将小车运行至最大前伸距极限位置,反向运行至最大后伸距极限位置,前、后伸距终点低速保护及极限后报警和限位应准确。

4.5.5 将大车运行至码头端部极限位置,端部报警和限位应准确。大车移动时应有报警声。两台起重机之间防撞限位装置应有效。

4.5.6 移动整机,检查起重机供电电缆卷筒的电缆缠绕长度,电缆在缠绕过程中不得有电缆松弛现象,检查电缆卷筒终点开关的准确性和可靠性。

4.5.7 吊具的伸缩、导板动作、平面回转、倾斜及转锁动作应满足设计要求,指示灯显示、限位、联锁应可靠。

4.5.8 空载试验应在工作范围内以最低工作速度和空载额定速度分别进行起升、小车运行、大车运行、前臂梁俯仰、吊具动作试验,次数不少于三次,测量电机最大电流值、稳态电流值、励磁电流值、电压值。

4.5.9 观察司机视野,司机室应符合GB/T 20303.5的规定。

4.6 静载试验

4.6.1 静载试验是验证起重机承受1.25倍额定载荷时各零部件和结构件的承载能力。

4.6.2 试验时,吊具与试验载荷分别位于最大工作前伸距、最大工作后伸距、海侧与陆侧轨道中间位置。

4.6.3 试验时允许调整起重量限制器及液压系统安全溢流阀压力,但试验后应调回到规定的数值。

4.6.4 静载试验时,试验载荷悬空离地面100 mm～200 mm高度,并停留10 min。

4.6.5 作静载试验时,试验载荷应尽量避免出现载荷冲击现象。

4.6.6 测量前臂梁、主梁、前门形框、后门形框的挠度、变位,测量次数应不少于三次,取三次测量的算术平均值作为测量的挠度及变位量,具体要求如下:

a) 吊具与试验载荷位于最大工作前伸距，测量前臂梁最大工作前伸距位置的下挠度，监测前门形框与主梁连接处、后门形框与主梁连接处的变位量；

b) 吊具与试验载荷位于海侧与陆侧轨道中间位置，测量主梁海侧轨道与陆侧轨道中间位置的下挠度，监测前门形框与主梁连接处、后门形框与主梁连接处的变位量；

c) 吊具与试验载荷位于最大工作后伸距，测量主梁最大工作后伸距位置的下挠度，监测前门形框与主梁连接处、后门形框与主梁连接处的变位量。

4.6.7 测定前臂梁、主梁、前门形框、后门形框、前拉杆、中拉杆、后拉杆、斜撑杆、水平撑杆等主要结构件的应力，测量次数应不少于三次，取三次测量的算术平均值作为测量值。

4.7 额定载荷试验

4.7.1 额定载荷试验是检验起重机各工作机构及主要结构件在额定载荷下的工作性能及承载能力。

4.7.2 额定载荷试验的工况见表6。

表 6

序号	试验工况	一次循环内容	循环次数
1	前臂梁呈水平状态；最大工作前伸距；额定起重量	试验载荷由海侧轨道与陆侧轨道中间地面起升至最大高度(中间制动一次)——运行至最大工作前伸距处(中间制动一次)——下降至接近地面(中间制动一次)——再上升至最大高度——运行至原位——下降到地面	3
2	前臂梁呈水平状态；最大工作后伸距；额定起重量	试验载荷由海侧轨道与陆侧轨道中间地面起升至最大高度(中间制动一次)——运行至最大工作后伸距处(中间制动一次)——下降至接近地面(中间制动一次)——再上升至最大高度——运行至原位——下降到地面	3

4.7.3 测量前臂梁、主梁、前门形框、后门形框的挠度、变位，测定方法同4.6.6。

4.7.4 测定在额定载荷下吊具回转角度倾转角度与速度。测定方法见4.4.3。

4.7.5 测取电机工作时最大电流、稳态电流、励磁电流、电枢电压值。各机构起、制动时间测量值应符合设计要求。

4.7.6 在完成表6规定的试验后，应进行额定载荷下起升、小车运行同时联合动作试验三次，试验过程中，起升、小车制动各进行三次。此外按表1序号1规定的循环内容进行二次偏心载荷试验，偏心距为箱体长、宽的10%。

4.7.7 试验时，测定前臂梁、主梁、前门形框、后门形框、前拉杆、中拉杆、后拉杆、斜撑杆、水平撑杆等主要结构件的应力，测量次数应不少于三次，取三次测量的算术平均值作为测量值。

4.7.8 测量司机室座席处在起升、小车运行同时联合动作时的垂直方向和水平方向的加速度，测量值应不大于0.2g。

4.7.9 检查小车运行至前臂梁与主梁铰点附近时，前臂梁小车轨道与主梁小车轨道交岔处的下沉情况。

4.8 动载试验

4.8.1 动载试验是验证起重机的机构、结构和制动器在1.1倍额定载荷作用下的工作性能及承载能。

4.8.2 试验时，各机构均为中档速度运转或2/3高速运转。

4.8.3 试验中应包括悬挂着的载荷作空中起升运动，试验载荷在空中起动时均不得出现反向动作和瞬时下滑现象。

4.8.4 动载试验工况中起重量为1.1倍额定起重量，循环次数为两次，其他按额定载荷试验工况进行试验。

4.8.5 在完成4.8.4规定的循环内容后，应进行1.1倍额定载荷下起升、小车运行同时联合动作试验一次，试验过程中，起升、小车制动各进行二次。

4.8.6 测定前臂梁、主梁、前门形框、后门形框、前拉杆、中拉杆、后拉杆、斜撑杆、水平撑杆等主要结构件的应力，测量次数应不少于三次，取三次测量的算术平均值作为测量值。

4.9 可靠性试验

4.9.1 可靠性试验的作业循环情况和试验数据应填入记录表中，表格样式参见附录A。

4.9.2 作业可靠性试验的循环次数和基本工况见表7和表8。

表 7

机　　构	基本工况循环次数
起升机构	8 000
小车运行机构	8 000
吊具回转机构	200

表 8

序号	起重机工作机构	试验工况	一次循环的内容	循环次数占一次循环的百分数/%
1	起升机构；小车运行机构	最大工作前伸距；额定载荷；额定工作速度	试验载荷由海侧轨道与陆侧轨道中间地面起升到最大高度——运行至最大工作前伸距处——下降至某一高度——起升至某一高度——运行至原位——下降至地面	30
2	起升机构；小车运行机构；吊具回转机构	前臂梁中间位置；额定载荷；额定工作速度	试验载荷由海侧轨道与陆侧轨道中间地面起升到最大高度——运行至前臂梁中间位置——下降至某一高度——吊具回转——起升至某一高度——运行至原位——吊具回转——下降到地面	60
3	起升机构；小车运行机构	最大工作后伸距；额定载荷；额定工作速度	试验载荷由海侧轨道与陆侧轨道中间地面起升到最大高度——运行至最大工作后伸距处——下降至某一高度——起升至某一高度——运行至原位——下降到地面	10
注：表中序号2吊具回转机构只进行200次基本工况循环次数试验。				

4.9.3 微动下降作业在表8中序号2的下降行程中进行，微动下降行程为1 m～1.5 m，然后制动。

4.9.4 以额定速度完成表8规定的各种工况，每种工况的一次循环时间测量五次，取其算术平均值作为该工况完成一次循环的时间，用公式(1)计算各工况完成规定循环次数所需要的作业时间。

$$T_i = t_i n_i \qquad \cdots\cdots(1)$$

式中：

T_i——某一工况所需的作业时间，单位为小时(h)；

t_i——某一工况一次循环的时间，单位为小时(h)；

n_i——某一工况的循环次数。

完成作业可靠性试验所需的总作业时间为：

$$T = \sum_{i=1}^{n} T_i \qquad (2)$$

式中：

T——可靠性试验总作业时间，单位为小时(h)；

n——基本工况数。

4.9.5 可靠性试验后，应对起升机构，小车运行机构，吊具回转机构、吊具回转支承的关键零部件进行拆检，详细记录拆检的情况，必要的零件要拍照。详细检查结构件是否出现裂纹、焊缝开裂、结构永久变形等。对液压系统应测定液压油污染情况。

4.9.6 可靠性试验结论如下：

a) 作业率应按公式(3)计算，并满足如下的要求：

$$A \geqslant [A]$$

$$[A] = 91\%$$

作业率计算公式如下：

$$A = [T_0/(T_0 + T_1)] \times 100\% \qquad (3)$$

式中：

A——作业率；

T_0——总作业时间，单位为小时(h)；

T_1——维修时间，单位为小时(h)。

b) 试验平均无故障工作时间应不小于 200 h，试验的平均无故障工作时间按公式(4)计算：

注：故障是指在规定的作业时间内，出现危及人身安全或对产品基本功能有影响的零部件的重大损坏而使被检测样机发生停机的故障。

$$T_2 = T_0/(n+1) \qquad (4)$$

式中：

T_2——平均无故障工作时间，单位为小时(h)；

n——总故障次数。

c) 起重机应在规定的试验时间内完成表 7 规定的循环次数，规定的试验时间(包括作业时间和维修时间)按公式(5)计算：

$$T_{\mathrm{n}} = T/[A] \qquad (5)$$

式中：

T_{n}——规定的试验时间，单位为小时(h)；

T——按公式(2)确定的数值；

$[A]=91\%$。

4.9.7 新产品的可靠性试验，允许更换零件，按其损坏的性质决定是否重新进行与该部位有关的可靠性试验。

4.9.8 新产品的可靠性试验，其维修时间，只记故障排除时间。

4.10 工业性试验

4.10.1 工业性试验是对新产品和较大改进后的产品的设计、工艺和使用可靠性进行验证，为以后的产品提供实践和技术依据。

4.10.2 工业性试验应由制造厂和用户(典型用户)共同负责并详细记录作业条件、试验工况、每次起吊的载荷、总作业时间。对试验期间起重机出现的任何不正常现象或事故应详细记录并提出分析和处理意见。

4.11 噪声测定

起重机作业时,密封的司机室内噪声应符合 GB/T 20303.1 的规定。

4.12 试验结果的计算和评定

在完成本章规定的试验后,应对检测数据进行整理与计算,写出试验评定报告。

试验报告要标明所试验样机的编号、型号、规格及执行的产品标准代号,记下试验日期、地点及检测人员的姓名,详细记录每种试验工况下的载荷、位置、状态、程序和结论,并将试验结论和检测结果列成表格注明。

5 检验规则

5.1 型式检验

5.1.1 新产品的型式检验,应完成第 4 章规定的全部试验内容,试验原则上应在同一台样机上进行。

5.1.2 定型或批量生产的起重机有下列情况之一,应抽样一台进行型式检验中相应内容的试验:

——改变主要传动系总成;

——主要结构件设计及生产工艺有重大改变时;

——产品停产三年后,恢复生产时;

——国家质量监督机构提出对产品质量抽查的要求时;

——出厂检验结果与上次型式试验有较大差异时。

5.2 出厂检验

5.2.1 每台起重机都应进行出厂检验,检验合格后(包括用户特殊要求检验项目)方能出厂,出厂产品应附有产品合格证明书。

5.2.2 产品的出厂检验应按 4.3,4.4,4.6,4.7,4.8,4.11 以及 3.2 的规定进行。

6 标志和运输

6.1 标志

6.1.1 每台产品应装设醒目的起重量标志。

6.1.2 应在起重机的明显处装设制造厂标牌,内容如下:

a) 产品型号和名称;

b) 制造厂名称;

c) 主要技术参数;

d) 产品编号;

e) 制造日期。

6.1.3 在司机室内应装设主要参数表标牌。

6.1.4 各种操纵手柄、开关及信号装置近旁,应装设指示功能的标牌,并应表示位置和控制方向。

6.1.5 大型零、部件和包装箱的重量、重心、吊挂点,应有标志,并应标明件号。

6.1.6 标牌、性能表牌、吊装标志和功能标志应齐全,安装位置要合理,表示要清楚。

6.2 运输

6.2.1 长大件和可自由移动的部件,应垫平绑扎牢固,防止变形、移位、碰撞。

6.2.2 产品的包装与运输应符合 GB/T 13384 和铁路、公路、航运的有关运输要求。

附　录　A
（资料性附录）
可靠性试验记录表

岸边集装箱起重机可靠性试验记录表样式见表 A.1。

表 A.1

试验样机名称：________　试验样机型号：________

检测地点：________　检测日期：________

天气情况：晴(阴)________　风速：________　温度：________

检测仪器：________

制造厂：________　司机：________

年	月	日	开机、停机时间	作业内容及作业循环次数	累计作业时间	故障情况及修理内容	每日试验情况记录	修理时间	
								人时数	小时数

ICS 65.060.10
T 61

中华人民共和国国家标准

GB/T 15370.2—2009
部分代替 GB/T 15370—2004

农业拖拉机 通用技术条件 第2部分:50 kW~130 kW 轮式拖拉机

General requirement of agricultural tractors—Part 2:50 kW~130 kW wheeled tractors

2009-11-15 发布 2010-05-01 实施

中华人民共和国国家质量监督检验检疫总局
中国国家标准化管理委员会 发布

前　言

GB/T 15370《农业拖拉机　通用技术条件》分为5部分：

——第1部分：50 kW以下轮式拖拉机；

——第2部分：50 kW～130 kW轮式拖拉机；

——第3部分：130 kW以上大马力轮式拖拉机；

——第4部分：履带拖拉机；

——第5部分：皮带传动轮式拖拉机。

本部分是GB/T 15370的第2部分。

本部分是对GB/T 15370—2004《农业轮式和履带拖拉机　通用技术条件》中50 kW～130 kW轮式拖拉机部分内容的修订，主要修改内容如下：

——在3.3.1.2中，将"动力输出轴变负荷平均燃油消耗率应不大于335 g/(kW·h)"改为"73 kW以下拖拉机动力输出轴变负荷平均燃油消耗率应不大于350 g/(kW·h)，73 kW及以上拖拉机动力输出轴变负荷平均燃油消耗率应不大于380 g/(kW·h)"；

——在3.3.1.2中，将"大于36 kW的拖拉机动力输出轴转矩储备率不小于17%"提高到"不小于20%"；

——在3.3.2.2中，将"拖拉机最大牵引功率工况下的牵引比油耗应不大于325 g/(kW·h)"改为"73 kW以下拖拉机最大牵引功率工况下的牵引比油耗应不大于340 g/(kW·h)，73 kW及以上拖拉机最大牵引功率工况下的牵引比油耗应不大于369 g/(kW·h)"；

——在3.3.5.1中，将"每千瓦牵引功率的提升力应不小于300 N"提高到"不小于320 N"；

——在3.3.5中，取消提升时间要求；

——增加3.1.8"离合器应能接合平稳，分离彻底，接合时应能传递发动机全部转矩；操纵及助力管路系统不允许漏油、漏气"；

——安全要求及试验方法直接引用GB 18447.1；

——第4章试验方法中增加"4.1　拖拉机外观质量检查；4.2　覆盖件漆膜附着性能检查；4.6　安全项目检查"；

——对第5章检验规则内容做了调整；

——将7.4中的防锈有效期改为自出厂之日起12个月。

本部分自实施之日起代替GB/T 15370—2004中50 kW～130 kW轮式拖拉机部分内容。

本部分由中国机械工业联合会提出。

本部分由全国拖拉机标准化技术委员会(SAC/TC 140)归口。

本部分负责起草单位：中国一拖集团有限公司。

本部分参加起草单位：福田雷沃国际重工股份有限公司、常州东风农机集团有限公司、江苏常发集团、江苏悦达盐城拖拉机制造有限公司。

本部分主要起草人：田朝阳、王红、昌茂宏、廖汉平、朱金光、陈兰芳、王东青、冯春凌、罗华、苗堂运。

本部分所代替标准的历次版本发布情况为：

——GB 15370—1994、GB/T 15370—2004。

农业拖拉机　通用技术条件
第2部分:50 kW～130 kW 轮式拖拉机

1　范围

GB/T 15370 的本部分规定了 50 kW～130 kW 农业轮式拖拉机的技术要求、试验方法、检验规则、交货、标志、运输和贮存。

本部分适用于 50 kW～130 kW 农业轮式拖拉机(以下简称拖拉机)。

2　规范性引用文件

下列文件中的条款通过 GB/T 15370 的本部分的引用而成为本部分的条款。凡是注日期的引用文件,其随后所有的修改单(不包括勘误的内容)或修订版均不适用于本部分,然而,鼓励根据本部分达成协议的各方研究是否可使用这些文件的最新版本。凡是不注日期的引用文件,其最新版本适用于本部分。

GB/T 1592(所有部分)　农业拖拉机后置动力输出轴 1、2 和 3 型(GB/T 1592—2008,ISO 500:2004,IDT)

GB/T 1593.1　农业轮式拖拉机后置式三点悬挂装置　第1部分:1、2、3 和 4 类(GB/T 1593.1—1996,eqv ISO 730-1:1994)

GB/T 2780　农业拖拉机　牵引装置型式尺寸和安装要求

GB/T 2828.1　计数抽样检验程序　第1部分:按接收质量限(AQL)检索的逐批检验抽样计划(GB/T 2828.1—2003,ISO 2859-1:1999,IDT)

GB/T 3871(所有部分)　农业拖拉机　试验规程

GB/T 5862　农业拖拉机和机具　通用液压快换接头

GB 7258　机动车运行安全技术条件

GB/T 9480　农林拖拉机和机械、草坪和园艺动力机械　使用说明书编写规则(GB/T 9480—2001,eqv ISO 3600:1996)

GB/T 10916　农业轮式拖拉机　前置装置　第1部分:动力输出轴和三点悬挂装置(GB/T 10916—2003,ISO 8759-1:1998,IDT)

GB 18447.1—2008　拖拉机　安全要求　第1部分:轮式拖拉机

GB/T 19040　农业轮式拖拉机转向要求(GB/T 19040—2003,ISO 10998:1995,IDT)

GB/T 19407　农业拖拉机操纵装置最大操纵力(GB/T 19407—2003,ISO/TR 3778:1987,MOD)

GB/T 19408.1　农业车辆　挂车和牵引车的机械连接　第1部分:牵引钩尺寸(GB/T 19408.1—2003,ISO 6489-1:2001,IDT)

GB 20891　非道路移动机械用柴油机排气污染物排放限值及测量方法(中国Ⅰ、Ⅱ阶段)

JB/T 5673　农林拖拉机及机具涂漆　通用技术条件

JB/T 6697　机动车及内燃机电气设备　基本技术条件

JB/T 6712　拖拉机外观质量要求

JB/T 7734　拖拉机防泥水密封性试验方法

JB/T 9832.2—1999　农林拖拉机及机具　漆膜　附着性能测定方法　压切法

JB/T 51082　拖拉机产品可靠性考核

3 技术要求

3.1 一般要求

3.1.1 拖拉机应按照经规定程序批准的产品图样和技术文件制造。

3.1.2 拖拉机上的零件、部件用紧固件连接的，应按要求连接牢靠，不应有松动现象。

3.1.3 拖拉机正常工作时各系统不应有异常响声，不应有漏油、漏水、漏气、漏电现象。

3.1.4 拖拉机正常工作时不允许有泥水渗入机体。

3.1.5 拖拉机外观质量应符合 JB/T 6712 的规定，涂漆应符合 JB/T 5673 的规定，漆膜附着性能应不低于 JB/T 9832.2—1999 中 6.4 Ⅱ 级的规定。

3.1.6 发动机在全程调速范围内应能稳定运转，并能直接或间接通过熄火装置使发动机停止运转；手油门手柄应能可靠停在任何位置，不受脚油门操纵的影响。

3.1.7 拖拉机各操纵机构的运转应轻便灵活、松紧适度，各机构行程调整应符合使用说明书的规定。所有可自动回位的操纵件，在操纵力去除后应能自动复位；非自动回位的操纵件应能可靠地停在选定位置。各操纵机构的最大操纵力应符合 GB/T 19407 的规定。

3.1.8 离合器应接合平稳，分离彻底，接合时应能传递发动机全部转矩；操纵及助力管路系统不允许漏油、漏气。

3.1.9 73 kW 以上拖拉机有级式变速箱应至少有 10 个前进挡，在各挡工作时，变速箱不允许有乱挡和脱挡现象。

3.1.10 后置动力输出轴采用独立式，应符合 GB/T 1592(所有部分)的规定，前置动力输出轴和前悬挂装置应符合 GB/T 10916 的规定。

3.1.11 拖拉机前轮的前束应符合企业标准规定。

3.1.12 拖拉机停放在直线行驶位置时，转向盘最大自由行程不大于 30°，拖拉机应能全程平稳转向，不允许出现不连续运转和冲击现象。行驶过程中拖拉机熄火时应能实现人力转向，转向性能应满足 GB/T 19040 的要求。

3.1.13 拖拉机在硬路面直线行驶时，前轮不允许有目测能见的摆振。

3.1.14 液压悬挂装置应符合 GB/T 1593.1 的规定。

3.1.15 拖拉机牵引装置应符合 GB/T 2780 的规定，拖挂装置应符合 GB/T 19408.1 的规定，液压快换接头应符合 GB/T 5862 的规定。

3.1.16 拖拉机上的仪表应符合 JB/T 6697 的规定，显示应清晰准确，信号报警系统和电气照明及其开关的工作应可靠。

3.1.17 在磨合运行和性能试验期间，各密封面、管接头处应在调整紧固件三次后无渗漏。

3.1.18 拖拉机运输机组进行运输作业时，应符合 GB 7258 的规定。

3.1.19 拖拉机产品使用说明书应符合 GB/T 9480 的规定。

3.2 安全要求及环保要求

3.2.1 拖拉机的安全要求应符合 GB 18447.1 的规定。

3.2.2 拖拉机用柴油机应具有质量安全标志，应具有 GB 20891 规定的柴油机标签。

3.3 主要性能要求

3.3.1 动力输出轴性能

3.3.1.1 在发动机标定转速下，动力输出轴的最大功率应不低于工厂规定值的 95%。

3.3.1.2 73 kW 以下拖拉机动力输出轴变负荷平均燃油消耗率应不大于 350 g/(kW·h)，73 kW 及以上拖拉机动力输出轴变负荷平均燃油消耗率应不大于 380 g/(kW·h)；动力输出轴转矩储备率应不小于 20%；动力输出轴最大转矩点转速与动力输出轴最大功率点(在发动机标定转速下)转速之比应不大于 75%。

3.3.2 牵引性能

3.3.2.1 拖拉机最大牵引功率不小于发动机标定功率(12 小时)的 0.75 倍。

3.3.2.2 73 kW 以下拖拉机最大牵引功率工况下的牵引比油耗应不大于 340 g/(kW·h),73 kW 及以上拖拉机最大牵引功率工况下的牵引比油耗应不大于 369 g/(kW·h)。

3.3.2.3 拖拉机最大牵引力应符合工厂规定值的要求。

3.3.3 起动性能

拖拉机在-5 ℃的环境温度中应能顺利起动。

3.3.4 高温性能

在环境温度为 40 ℃情况下做拖拉机高温性能试验,发动机冷却液的温度应低于 100 ℃(压力水箱按工厂规定值),发动机润滑油温度及排气温度、拖拉机传动及液压系统油温应不高于工厂规定的最高限值。

3.3.5 液压悬挂性能

3.3.5.1 拖拉机的最大提升力(加载点在悬挂轴后 610 mm 处)应不小于工厂规定值,且每千瓦牵引功率的提升力应不小于 320 N。

3.3.5.2 在工厂规定的最大提升力时,30 min 的静沉降量应不大于加载点提升行程的 4%;提升过程中不允许出现抖动、爬行、异常响声、漏油和安全阀开启等现象。

3.3.5.3 对具有液压输出功能的拖拉机,其最大液压输出功率与发动机标定功率之比应不小于 12%。

3.3.6 可靠性

拖拉机的可靠性试验平均无故障工作时间(MTBF)值应不小于 210 h,无故障性综合评分值应不小于 70 分。

4 试验方法

4.1 拖拉机外观质量用目测法和测量量具检查。

4.2 拖拉机覆盖件漆膜附着性能的测试按 JB/T 9832.2—1999 的规定进行。

4.3 拖拉机性能的试验条件和试验方法符合 GB/T 3871 的规定。

4.4 拖拉机防泥水密封性试验按 JB/T 7734 的规定进行。

4.5 拖拉机可靠性试验按 JB/T 51082 的规定进行。

4.6 拖拉机安全项目的试验按 GB 18447.1—2008 的规定进行。

5 检验规则

5.1 出厂检验

5.1.1 每台总装完毕的拖拉机均应进行出厂检验,以检查拖拉机的制造、装配质量和主要技术指标是否符合产品标准的要求。

5.1.2 出厂检验的项目应符合表 1 的规定。

5.1.3 出厂检验所有项目全部合格方能判定为合格,否则应返修后重新提交复检,复检仍不合格则判为该批产品不合格。

5.2 型式检验

5.2.1 有下列情况之一时,一般应进行型式检验:

a) 新开发的拖拉机定型鉴定;

b) 正式生产时,如结构、原理、重要部件有较大改变;

c) 正式生产时,每五年进行一次;

d) 产品停产六个月后,恢复生产时;

e) 出厂检验结果与上次型式检验有较大差异时;

f) 国家质量监督机构提出进行型式检验时。

5.2.2 检验项目

5.2.2.1 属于5.2.1a)情况的拖拉机型式检验应进行全部整机性能试验和整机使用试验，或用部件台架耐久性试验和可靠性试验代替整机使用试验。

5.2.2.2 属于5.2.1b)情况的拖拉机型式检验应进行全部整机性能试验、经重大改进部件的台架耐久性试验或整机可靠性试验。

5.2.2.3 属于5.2.1其余情况的拖拉机型式检验项目按表1的规定。

5.2.3 不合格分类

被检项目凡不符合第3章规定的要求时均称为不合格项，按不合格项对产品质量的影响程度，分为A类不合格、B类不合格、C类不合格、D类不合格。不合格分类见表1。

表 1

不合格分类		项目	出厂检验	型式检验
A类	1	安全配置(GB 18447.1—2008中4.1)	√	√
	2	安全防护(GB 18447.1—2008中4.2)	√	√
	3	制动性能(出厂检验试验方法按工厂规定)	√	√
	4	转向性能	√	√
	5	照明、信号配置	√	√
	6	安全操作警示标志	√	√
	7	安全使用信息	√	√
	8	噪声	—	√
	9	排气烟度	—	√
	10	全身振动指标	—	√
	11	柴油机质量安全标志、柴油机标签	√	√
B类	1	动力输出轴最大功率	—	√
	2	动力输出轴变负荷平均燃油消耗率	—	√
	3	动力输出轴转矩储备率	—	√
	4	最大牵引力	—	√
	5	最大牵引功率	—	√
	6	牵引比油耗	—	√
	7	最大提升力	√	√
	8	使用说明书	√	√
C类	1	操纵力	—	√
	2	静沉降率	—	√
	3	液压输出功率	—	√
	4	高温性能	—	√
	5	低温起动性能	—	√
	6	动力输出轴最大转矩点转速与最大功率点(在发动机标定转速下)转速之比	—	√
	7	防泥水密封性	—	√

表 1（续）

不合格分类		项目	出厂检验	型式检验
D 类	1	外观质量	√	√
	2	涂漆质量	√	√
	3	窜机油	—	√
	4	密封性	√	√
注：带“√”的项目为应检验项目，带“—”的项目为不检验项目。				

5.2.4 抽样方案

5.2.4.1 按 GB/T 2828.1 的规定，采用正常检验一次抽样方案。一般情况下，产品检查批 N=26 台～50 台，样本数为 2 台，采用特殊检验水平 S-1，样本量字码为 A，AQL 为接受质量限，Ac 为接收数，Re 为拒收数。具体抽样方案见表 2。

表 2

不合格分类	A 类		B 类		C 类		D 类	
检验水平	S-1							
样本量	2							
AQL	6.5		25		40		40	
Ac Re	0	1	1	2	2	3	2	3
注：AQL 值为每百单位产品的不合格数。								

5.2.4.2 除试验样机外，根据需要可提供或抽取备用样机，备用样机只在非样机本身质量问题造成无法正常检验时启用。

5.2.5 判定规则

5.2.5.1 属于 5.2.1 中 a)、b)情况的拖拉机型式检验项目应全部达到要求，可靠性应符合 3.3.6 的要求，方判定为合格。

5.2.5.2 属于 5.2.1 中 c)、d)、e)、f)情况的拖拉机，根据表 2 的抽样方案进行判定。每一项不合格分类中，样本中的不合格数小于或等于 Ac 时该类评为合格，大于或等于 Re 时该类评为不合格。所有不合格分类全部合格时，则最终评为合格；任一类或多个类评为不合格时，则最终评为不合格。

5.2.5.3 在整个性能检测期间，因产品质量问题发生严重故障及致命故障，则应停止检测，产品按不合格处理。

6 交货

6.1 每台拖拉机应经制造厂检验合格并签发合格证书后方可出厂。

6.2 拖拉机出厂前应做以下工作：

a) 放尽燃油和冷却水（加注防冻液的不放），盖住向上开口的排气管，并按规定进行标识；

b) 检查并调整轮胎气压至工厂规定值，轮胎内不应充有液体；

c) 规定铅封处应加铅封；

d) 蓄电池应是未加过电解液的干态；

e) 如结构上可能，液压泵等附件应置于分离状态；

f) 发运前，各润滑部位应按规定加注或补足润滑油或润滑脂。

注：如用户对拖拉机交货状态有特殊要求，可与制造厂协商解决。

6.3 除了按特殊定货提供的附件外，出厂的每台拖拉机应按照产品技术文件的规定配齐全套备件、附件和随车工具。

6.4 随同出厂的每台拖拉机，制造厂应提供下列文件：

a) 使用说明书；

b) 零件目录；

c) 合格证和保修单；

d) 备件、附件及随车工具清单；

e) 装箱单。

7 标志、运输和贮存

7.1 拖拉机在车身前部外表面的易见部位上应安装一个能永久保持的商标或厂标，在车身外表面的易见部位上应装置能识别车型的标志。

7.2 拖拉机应装置能永久保持的产品标牌，标牌标明的内容至少应包括：

a) 拖拉机名称型号；

b) 发动机标定功率(12 小时)；

c) 出厂编号及年月；

d) 制造厂名称及地址；

e) 产品执行标准编号。

7.3 拖拉机的装运应保证拖拉机(包括备件、附件和随车工具)在正常运输中其零件不致损坏和丢失。

7.4 在干燥、通风的贮存条件下，拖拉机及其备件、附件和随车工具的防锈有效期为自出厂之日起12 个月。

ICS 23.020.30
J 74

中华人民共和国国家标准

GB 15382—2009
代替 GB 15382—1994,GB 10877—1989,GB 13438—1992,GB 13439—1992,GB 17877—1999

气瓶阀通用技术要求

General specifications of gas cylinder valves

2009-06-25 发布 2010-04-01 实施

中华人民共和国国家质量监督检验检疫总局
中国国家标准化管理委员会 发布

前　言

本标准的全部内容为强制性。

本标准在修订中参考了 ISO 10297:2006《可搬运气瓶　瓶阀　技术要求和型式试验》，同时也参考了美国 ANSI/UL 1769:2006《气瓶阀》和 ISO 14246:2004《可搬运气瓶　瓶阀　生产试验和检验》的部分条款。

本标准主要技术内容参考了 ISO 10297:2006 中启闭性、气密性、耐机械冲击性、耐氧气压力激燃性、阀操作机构承受阻力矩试验要求。修改了低压气密性试验，其压力定为 0.05 MPa。

本标准参考了美国 ANSI/UL 1769:2006 中的耐压性试验要求。

本标准的耐用性试验要求是按照我国在气瓶阀设计、制造、检验、使用等方面的经验，高于 ISO 10297:2006 和美国 ANSI/UL 1769:2006 的要求。

本标准代替 GB 15382—1994《气瓶阀通用技术条件》。

本标准与 GB 15382—1994 标准相比，修改内容较多，主要修改之处如下：

——标准名称中将“条件”改为“要求”，增加定义、设计要求等章节；

——充实了材料要求中各种零部件的要求，并对选择非金属材料提出了要求；

——将阀的基本类型按阀内部结构分类；

——增加了耐机械冲击性、耐氧气压力激燃性、压帽拧松力矩试验及阀操作机构承受阻力矩试验要求；

——增加橡胶密封件的热空气加速老化和耐热试验、浸泡试验、低温试验等要求；

——增加了气瓶阀低压气密性试验要求，其压力定为 0.05 MPa；

——增加压力泄放装置中复合型式和弹簧型式的动作试验要求；

——增加液氯瓶阀阀杆耐盐酸腐蚀试验要求；

——增加了阀标志要求，如工作压力、出气口连接尺寸或必要的性能参数、压力泄放装置上的动作压力或动作温度；

——修改了启闭性、耐压性试验要求的指标；明确了在规定的力矩下，活瓣式阀的耐用性要求为 8 000 次，增加了联接式阀、隔膜式阀的耐用性要求为 2 500 次，保留了针型式阀的耐用性要求为 1 000 次；

——由于 GB 10877—1989《氧气瓶阀》、GB 13438—1992《氩气瓶阀》、GB 13439—1992《液氯瓶阀》、GB 17877—1999《液氨瓶阀》这些标准是根据 GB 15382—1994《气瓶阀通用技术条件》的基本要求编制的，所以本次标准修改之处，同样也是对代替标准的修改；

——根据 GB/T 1.1 和 GB/T 1.3 的规定，本标准对规范性引用文件、文字叙述、编排、措词等进行了修改。

本标准自批准实施之日起代替 GB 15382—1994《气瓶阀通用技术条件》、GB 10877—1989《氧气瓶阀》、GB 13438—1992《氩气瓶阀》、GB 13439—1992《液氯瓶阀》和 GB 17877—1999《液氨瓶阀》。

本标准的附录 A 为规范性附录。

本标准由全国气瓶标准化技术委员会(SAC/TC 31)提出并归口。

本标准起草单位：上海气体阀门总厂、上海特种设备监督检验技术研究院、上海星地环保设备有限公司。

本标准主要起草人：施丽丽、孙黎、毛冲霓、钱发祥。

本标准所代替标准的历次版本发布情况为：

——GB 15382—1994；
——GB 10877—1989；
——GB 13438—1992；
——GB 13439—1992；
——GB 17877—1999。

气瓶阀通用技术要求

1 范围

本标准规定了气瓶阀的术语和定义、技术要求、型式试验、检验、合格判定原则、标志、包装、运输及贮存、产品合格证等。

本标准适用于环境温度为−40 ℃～+60 ℃、公称工作压力不大于30 MPa、可搬运、可重复充装的压缩、液化或溶解气体气瓶用阀(以下简称阀)。

本标准不适用于低温设备、灭火器、车用液化石油气(LPG)瓶、车用压缩天然气(CNG)瓶、呼吸用气瓶阀、非重复充装瓶阀;也不包括带有减压装置、余压保持装置和止回装置瓶阀的具体要求。

2 规范性引用文件

下列文件中的条款通过本标准的引用而成为本标准的条款。凡是注日期的引用文件,其随后所有的修改单(不包括勘误的内容)或修订版均不适用于本标准,然而,鼓励根据本标准达成协议的各方研究是否可使用这些文件的最新版本。凡是不注日期的引用文件,其最新版本适用本标准。

GB/T 196　普通螺纹　基本尺寸(GB/T 196—2003,ISO 724:1993,ISO general purpose metric screw threads—Basic dimensions,MOD)

GB/T 197　普通螺纹　公差(GB/T 197—2003,ISO 965-1:1998,ISO general purpose metric screw threads—Tolerances—Part 1:Principles and basic data,MOD)

GB/T 223.3　钢铁及合金化学分析方法　二安替比林甲烷磷钼酸重量法测定磷量(GB/T 223.3—1988,neq ASTM E30:1980)

GB/T 223.4　钢铁及合金　锰含量的测定　电位滴定或可视滴定法

GB/T 223.5　钢铁　酸溶硅和全硅含量的测定　还原型硅钼酸盐分光光度法(GB/T 223.5—2008,ISO 4829-1:1986 Steel and cast iron—Determination of total silicon content—Reduced molybosilicate spectrophotometric method—Part 1:Silicon contents between 0.05 and 1.0% & ISO 4829-2:1988 Steel and iron—Determination of total silicon content—Reduced molybosilicate spectrophotometric method—Part 2:Silicon contents between 0.01 and 0.05%,MOD)

GB/T 223.12　钢铁及合金化学分析方法　碳酸钠分离-二苯碳酰二肼光度法测定铬量

GB/T 223.23　钢铁及合金　镍含量的测定　丁二酮肟分光光度法

GB/T 223.71　钢铁及合金化学分析方法　管式炉内燃烧后重量法测定碳含量

GB/T 223.72　钢铁及合金　硫含量的测定　重量法

GB/T 528　硫化橡胶或热塑性橡胶　拉伸应力应变性能的测定(GB/T 528—2009,ISO 37:2005,IDT)

GB/T 699　优质碳素结钩钢

GB/T 1176　铸造铜合金技术条件(GB/T 1176—1987,neq ISO 1338:1977)

GB/T 1220　不锈钢棒

GB/T 1239.2　冷卷圆柱螺旋弹簧技术条件　第2部分:压缩弹簧

GB/T 2406(所有部分)　塑料　用氧指数法测定燃烧行为[ISO 4589(所有部分),IDT]

GB/T 3512　硫化橡胶或热塑性橡胶　热空气加速老化和耐热试验(GB/T 3512—2001,eqv ISO 188:1998)

GB/T 3863　工业氧

GB/T 3934 普通螺纹量规 技术条件(GB/T 3934—2003,ISO 1502:1996,ISO general-purpose metric screw threads—Gauges and gauging,MOD)

GB/T 4423 铜及铜合金拉制棒

GB/T 5121.1 铜及铜合金化学分析方法 第1部分:铜含量的测定(GB/T 5121.1—2008,ISO 1554:1976,ISO 1553:1976,Wrought and cast copper alloys and unalloyed copper containing not less than 99,90% of copper—Determination of copper content—Electrolytic method,MOD)

GB/T 5121.3 铜及铜合金化学分析方法 第3部分:铅含量的测定(GB/T 5121.3—2008,ISO 4749:1984,Copper alloys—Determination of lead content—Flame atomic absorption spectrometric method,MOD)

GB/T 5121.9 铜及铜合金化学分析方法 第9部分:铁含量的测定(GB/T 5121.9—2008,ISO 4748:1984,ISO 1812:1976,Copper alloys—Determination of iron content,MOD)

GB/T 5121.13 铜及铜合金化学分析方法 第13部分:铝含量的测定(GB/T 5121.13—2008,ISO 3110:1975,Copper alloys—Determination of aluminium as alloying element—Volumetric method,MOD)

GB/T 5121.14 铜及铜合金化学分析方法 第14部分:锰含量的测定(GB/T 5121.14—2008,ISO 2543:1973,Copper and copper alloys—Determination of manganese—Spectrophotometric method,MOD)

GB/T 5231 加工铜及铜合金化学成分和产品形状

GB/T 7307 55°非密封管螺纹(GB/T 7307—2001,eqv ISO 228-1:1994)

GB 8335 气瓶专用螺纹

GB/T 8336 气瓶专用螺纹量规

GB 8337 气瓶用易熔合金塞

GB/T 10567.2 铜及铜合金加工材残余应力检验方法 氨薰试验法

GB/T 10707 橡胶燃烧性能的测定

GB/T 12716 60°密封管螺纹[GB/T 12716—2002,eqv ANSI B1.20.1:1983(1992)]

GB/T 13005 气瓶术语

GB 15383 气瓶阀出气口连接型式和尺寸

3 术语和定义

GB/T 13005确立的以及下列术语和定义适用于本标准。

3.1

阀的操作机构 valve operating mechanism

开启或关闭阀通流孔的机构(包括:活门、阀杆、连接板、隔膜、波纹管、压帽、手轮等零部件)。

3.2

最小关闭力矩 minimum closing torque

作用到阀的操作机构上,以获得内部气密性所必须的力矩,即阀由任意开启状态至阀门完全关闭时所需的最小力矩。

3.3

阻力矩 resistance torque

作用在阀的操作机构上,阀不损坏而能承受的最大开启或关闭力矩(两者中取较小的值)。

3.4

压力泄放装置 pressure relief device

由压力产生动作和/或由温度产生动作,从而泄放气瓶压力的装置。

3.5

班 shift

不超过一天的连续工作时段。

3.6

批量 batch

相同设计的一定数量的瓶阀，取一个班的产量和5 000只瓶阀中的较小值。

4 技术要求

4.1 材料

4.1.1 通用要求

在工作环境下，阀选用的金属和非金属材料应与气瓶内盛装的介质相容，金属材料经过锻压成型和机械加工后的零部件，应保证所必须的机械性能的复现性，铜合金材料应通过残余应力试验。

4.1.2 阀体材料

阀体选择黄铜材料时，其含铜量在57.00%～65.00%范围内，含铅量在0.8%～1.9%范围内，含铁量在0.1%～0.5%范围内，杂质含量不得超过材料标准牌号的规定，材料的机械性能应符合相应国家标准的要求；选择其他材料时应满足阀体强度和钢度的要求。

4.1.2.1 乙炔气瓶阀的阀体选用黄铜材料时，铜含量不得超过65%。

4.1.2.2 氯气瓶阀的阀体材料应选用耐盐酸腐蚀的材料。

4.1.2.3 氨气瓶阀的阀体材料宜选用符合GB/T 699生产的优质碳素结构钢。

4.1.2.4 瓶阀选用不锈钢材料时，其材料应符合GB/T 1220，并与气瓶和气体相容。

4.1.3 阀操作机构材料

4.1.3.1 手轮材料应具有足够的强度，并应通过火烧试验，火烧试验方法按5.6.18执行。

4.1.3.2 阀杆、活门材料应具有足够的强度和耐腐蚀性，用于液氯介质的阀杆应进行耐盐酸腐蚀试验，试验温度25 ℃～28 ℃，试验时间96 h，试验后能承受25 N·m阻力矩，试验方法按5.6.17的要求执行。

4.1.3.3 活瓣式阀的连接板材料，应具有足够强度和耐腐蚀性，应选用符合GB/T 4423要求的黄铜板材或符合GB/T 1220要求的不锈钢板材。

4.1.3.4 内装弹簧应选用耐腐蚀不锈钢材料或耐腐蚀性能达到要求的材料。

4.1.3.5 隔膜式、波纹管式阀门，其隔膜片、波纹管应采用有弹性的不锈钢材料或锡青铜材料。

4.1.4 密封材料

4.1.4.1 橡胶密封材料应根据GB/T 3512和GB/T 528的要求，进行热空气加速老化和耐热试验，试验中的加速老化和耐热温度为70 ℃，时间为96 h，其拉伸强度变化率为－20%～＋20%，扯断伸长变化率为－30%～＋10%。

已做成的密封件，应按5.6.14.2规定的方法进行试验，试验后不得有破裂现象。

4.1.4.2 用于液化气、天然气的橡胶密封材料应进行耐介质腐蚀试验，即浸泡试验，浸泡72 h后，橡胶件体积膨胀率均不大于25%，或收缩率不大于1%，或质量损失率不大于10%。试验方法按5.6.15的要求执行。

4.1.4.3 用于液化气、天然气的橡胶密封件，应进行－40 ℃的低温试验。试验方法按5.6.16的要求执行。

4.1.4.4 用于氧气的橡胶密封件材料应选用阻燃材料，其阻燃性能应符合GB/T 10707中FV-0级的要求。

4.1.4.5 用于氧气的非橡胶密封垫材料应选用氧指数大于90%、与氧气相容的材料。试验方法按GB/T 2406(所有部分)。

4.1.4.6 用于氧气阀内的密封润滑剂应选用通过测试、在氧气下能安全使用、不可燃烧的产品。

4.1.5 压力泄放装置材料

4.1.5.1 当压力泄放装置本体材料选择符合 GB/T 4423 要求的铅黄铜时，其热加工以及机械加工的方法都应该经过严格的工艺选择和控制，从而保证其压力泄放装置在各种使用环境下具有耐应力腐蚀的特性。

4.1.5.2 爆破片应选用与介质相容的材料，并保证在设定压力范围内正常爆破，使其压力泄放。爆破片应进行严格的质量控制，以确保其性能的稳定。

4.1.5.3 易熔合金材料的配制和试验应符合 GB 8337 的要求。

4.1.5.4 弹簧应选用耐腐蚀的材料，并按 GB/T 1239.2 的要求进行弹簧特性检验。

4.2 设计

4.2.1 通用要求

阀在－40 ℃～＋60 ℃温度范围内应能正常工作。短时间(如充气)此温度范围可适当扩大，而当气瓶长时间要求用于更低或更高的使用温度范围时，供需双方应签订协议，并在供方说明书中明确。

阀应进行壁厚设计，阀的外型和内孔应符合强度、流量、气瓶瓶帽安全使用的要求。阀体宜锻压成型，表面无过烧和裂纹。阀体材料的许用应力由材料的抗拉强度除以安全系数确定。锻钢材料的安全系数取 7，铜材料的安全系数取 4。

4.2.2 阀的主要构成部分

阀由下列主要零部件构成：

a) 阀体，包括出气口、与气瓶连接的进气口；

b) 操作机构；

c) 保证内部气密性的零部件；

d) 保证外部气密性的零部件。

阀可根据使用需要增加下列零部件：

a) 压力泄放装置(图 2、图 3、图 5)；

b) 流量限制装置；

c) 防止空气进入的零部件；

d) 出气口减压机构；

e) 虹吸弯管；

f) 出气口连接处的保护零部件等。

4.2.3 基本型式

本标准根据常用阀的内部结构，列举以下几种型式：

a) 活瓣式——活门和阀杆用连接板联接(图 1，图 2，图 4)；

b) 联接式——活门、阀杆、压帽组合而不可自由分开(图 3)；

c) 针型式——通过阀杆直接密封(图 5)；

d) 隔膜式——通过膜片密封(图 6)。

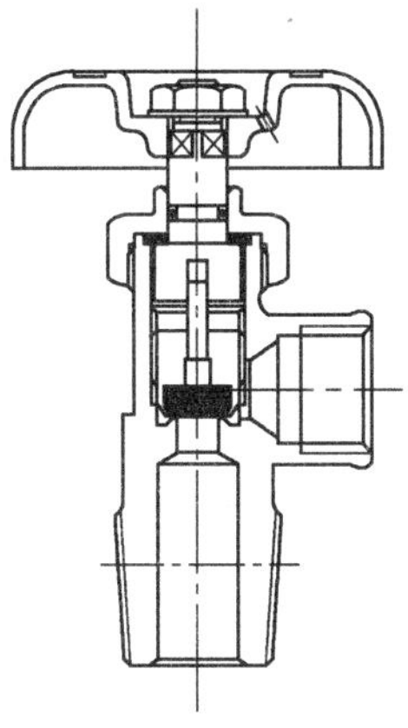

图 1

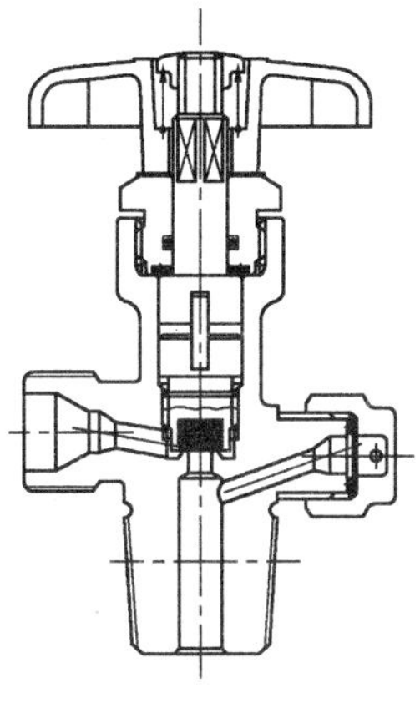

图 2

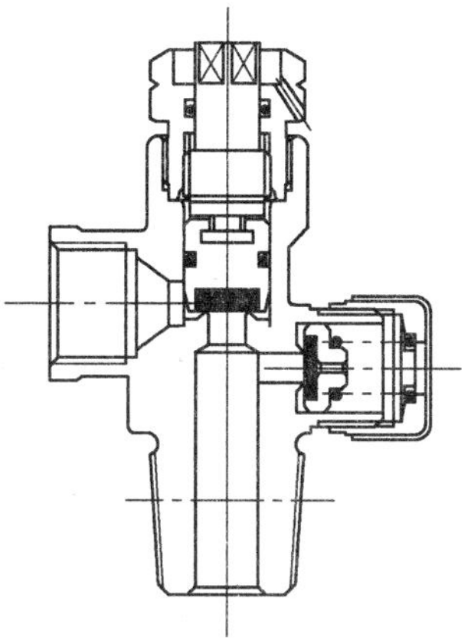

图 3

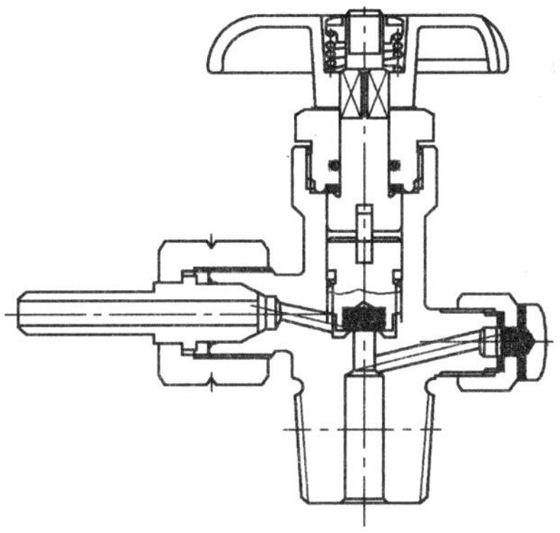

图 4

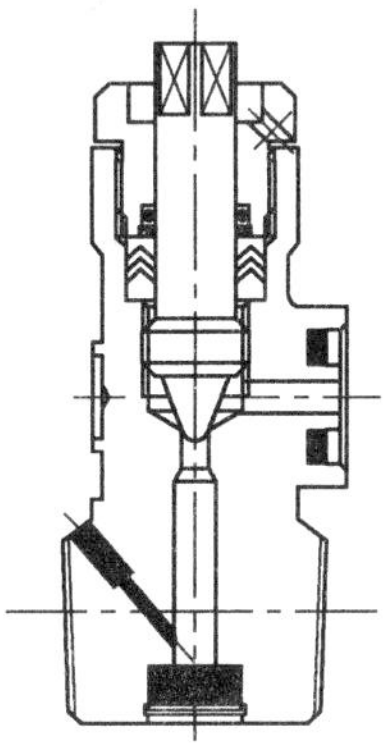

图 5

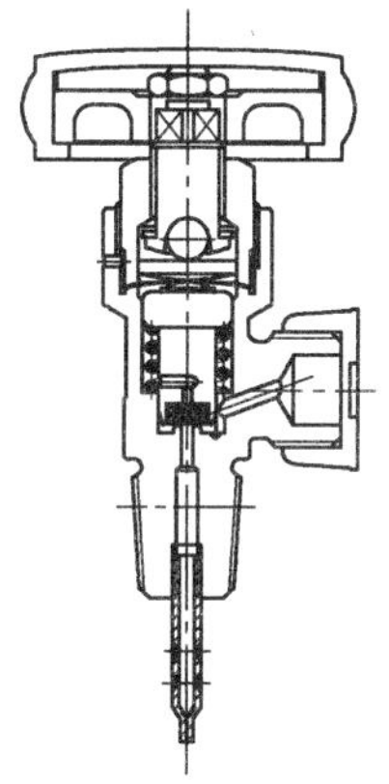

图 6

气瓶阀压力泄放装置的装配应符合有关安全技术规范要求，可根据需要带有压力泄放装置：

a） 带有爆破片的压力泄放装置（图 2）；

b） 带有易熔合金塞的压力泄放装置（图 5）；

c） 带有易熔合金塞加爆破片的复合式压力泄放装置（图 4）；

d） 带有弹簧的压力泄放装置（图 3）。

4.2.4 阀的进出气口尺寸和连接型式

4.2.4.1 阀的进、出气口连接尺寸和型式宜采用符合 GB 8335、GB/T 7307、GB 15383 和 GB/T 12716 的螺纹，当采用直螺纹时应符合 GB/T 196 和 GB/T 197 的要求。

4.2.4.2 阀的进、出气口连接螺纹的精度应符合 GB/T 8336、GB/T 197 和 GB/T 7307 的要求，其公制螺纹精度至少满足 6g、6H 要求，圆柱管螺纹精度至少满足 B 级要求。

4.2.4.3 阀的压力泄放装置的泄气通道，应满足气体在压力泄放装置动作后能快速泄放到大气中的要求，泄气通道口（即压力开口）截面积应不小于阀进气口截面积。

4.3 性能

4.3.1 启闭性

阀的启闭性要求如下：

a） 顺时针方向为关闭阀；

b） 无论气瓶中有无压力都能灵活的开启或关闭阀；

c） 在公称工作压力时，阀的启闭力矩应不大于 7 N·m；手轮直径 D<65 mm 的，启闭力矩应不大于 $7D/65$ N·m；

d） 对用于强氧化性气体的阀，为了避免压力过度急放，全开启应旋转一圈以上；

e） 为了保证在突发力矩情况下的安全性，还要进行阀操作机构承受阻力矩试验，使用 25 N·m 的力矩关闭阀，操作机构应无断裂现象，并能开启阀；手轮直径 $D<65$ mm 的，阀操作机构承受阻力矩试验可以根据供需双方协议进行。

4.3.2 气密性

阀的气密性应符合如下要求：

a） 在 1.2 倍公称工作压力时，阀处于关闭和任意开启状态，至少保压 1 min 应无泄漏；

b） 在 0.05 MPa 压力时，阀处于关闭和任意开启状态，至少保压 1 min 应无泄漏；

c） 有真空要求的阀，其真空度应不低于 13.3 Pa。

4.3.3 耐振性

在公称工作压力时，阀在位移幅值为 2 mm(P-P)，频率为 33.3 Hz，沿任一方向振动 30 min 后，所有螺纹连接处均应无松动和泄漏。

4.3.4 耐温性

阀的耐温性要求如下：

a） 在公称工作压力时，阀在－40 ℃±2 ℃温度内，保持 3 h 应无泄漏；

b） 在公称工作压力时，阀在＋60 ℃±2 ℃温度内，保持 3 h 应无泄漏。

4.3.5 耐用性

在规定的力矩时，阀应满足以下要求：

a） 启闭力矩 7 N·m，活瓣式阀全行程启闭 8 000 次应无泄漏；

b） 启闭力矩 7 N·m，联接式阀全行程启闭 2 500 次应无泄漏；

c） 启闭力矩 10 N·m，隔膜式阀全行程启闭 2 500 次应无泄漏；

d） 启闭力矩 10N·m，针型式阀全行程启闭 1 000 次应无泄漏；

e） 手轮直径 $D<65$ mm 的，启闭力矩为不大于 $7D/65$ N·m，全行程启闭次数按照以上 a)、b)、c)、d)要求应无泄漏。

4.3.6 耐压性

4.3.6.1 公称工作压力低于 7 MPa 的阀体，应能承受 5 倍公称工作压力，至少保压 5 min，无永久变形且无渗漏。

4.3.6.2 公称工作压力在 7 MPa～20 MPa 的阀体，应能承受 4 倍公称工作压力（或 69 MPa 中的较小值），至少保压 5 min，无永久变形且无渗漏。

4.3.6.3 公称工作压力高于 20 MPa 的阀体，应能承受 3 倍公称工作压力（或 83 MPa 中的较大值），至少保压 5 min，无永久变形且无渗漏。

4.3.7 耐机械冲击性

在无瓶帽和其他保护装置条件下，用于水容积大于等于 5 L 的气瓶上的阀，应承受最小速度为 3 m/s 的机械冲击，且冲击能量应等于 3.6 倍的总质量（气瓶＋内容物）（单位：千克）或 40 J 中的较大值。阀被冲击后，允许变形，关闭阀，应无泄漏。

4.3.8 耐氧气压力激燃性

为了检验阀在氧气压力激燃下是否安全，介质为氧气或强氧化性气体的阀，应进行氧气压力激燃试验，试验后阀无点燃、无灼焦痕迹。

4.3.9 压帽拧松力矩要求

操作机构用压帽固定在阀体后，不得被轻易拧开，拧松的力矩应大于 50 N·m。

4.3.10 压力泄放装置动作要求

4.3.10.1 带有爆破片的压力泄放装置，其爆破片的公称爆破压力为配套气瓶的水压试验压力，允许偏差应符合该气瓶产品标准的规定；当气瓶产品标准没有规定偏差时，其爆破片的爆破压力为 1.5 倍公称工作压力，允许偏差为$^{+0}_{-10}$%。

4.3.10.2 带有易熔合金塞的压力泄放装置，其动作温度宜为(100±5)℃或 70$^{+2}_{-4}$ ℃。

4.3.10.3 带有易熔合金塞加爆破片的复合式压力泄放装置，其压力泄放条件为温度在(100±5)℃或 70$^{+2}_{-4}$ ℃时，压力为配套气瓶的水压试验压力，允许偏差为$^{+0}_{-10}$%时动作。

4.3.10.4 带有弹簧压力泄放装置的阀，其泄放压力应为整定压力的(1.1～1.2)倍，回座压力不得低于整定压力的 0.8 倍。

4.3.10.5 压力泄放装置其泄放流量应能满足钢瓶火烧试验的要求。

4.3.11 **质量**

同一型号、规格、商标的阀其质量应相同，阀组装后的实际质量与阀的理论质量(或标记质量)允差不超过 5%。

5 型式试验

5.1 通用要求

阀开始批量生产前，应进行型式试验。型式试验由制造商自行试验合格后，送国家核准的型式试验机构进行测试。

阀在基本结构尺寸、零部件材料和工艺有重大改变时，应重新进行型式试验。

5.2 型式试验样品

试验样品至少需要 8 个阀(包括总图、说明书、合格证)，零件 5 套(包括材质报告或材料相容性报告)。

5.3 型式试验的环境

在没有其他特殊说明情况下，试验在室温 15 ℃～30 ℃下进行。试验室内保持防震、防湿、防腐蚀、通风。

5.4 型式试验用介质

在没有其他特殊说明情况下，试验用介质为纯净无油的干燥空气或氮气。考虑安全，耐压试验介质为清洁的自来水。

5.5 型式试验项目和顺序

型式试验项目和顺序分为阀整机试验和零件材料试验，分别按表 1 和表 2 进行。

表 1 阀整机试验顺序

试验顺序	试验项目及所属条款号	试样条件	试样数	试样编号
1	连接尺寸 4.2.4 *、4.3.11	阀送达时试样	8	1～8
2	启闭性 4.3.1a)、b)、c)、d)	来自试验顺序 1	8	1～8
3	启闭性 4.3.1e)	来自试验顺序 2	1	8
4	气密性 4.3.2a)、b)或 c) *	来自试验顺序 2	7	1～7
5	耐振性 4.3.3	来自试验顺序 4	3	1～3
6	耐温性 4.3.4a)、b)	来自试验顺序 5	3	1～3
7	耐用性 4.3.5 *	来自试验顺序 6	1	1
8	耐压性 4.3.6 *	来自试验顺序 6、7	2	1～2
9	耐机械冲击性 4.3.7	来自试验顺序 6	1	3

表 1（续）

试验顺序	试验项目及所属条款号	试样条件	试样数	试样编号
10	耐氧气压力激燃性 4.3.8 *	来自试验顺序 4	1	4
11	压帽拧松试验 4.3.9	来自试验顺序 8、9、10	3	1、3、4
12	压力泄放装置动作试验 4.3.10 *	来自试验顺序 4	3	5～7
13	火烧试验 4.1.3.1	来自试验顺序 12	1	5

注 1：试验顺序 10 适用于使用氧气和强氧化性介质的阀(包括使用具有潜在氧化性介质的阀)。
注 2：试验顺序 1 有质量要求的阀，应同时进行称重，并符合 4.3.11 要求。
注 3：* 为关键项目。

表 2　零件材料试验顺序

试验顺序	取样部位	试验项目及所属条款号	试样条件	试样数	试样编号
1	阀体	化学成分 4.1.2	阀试验后的零件	5	1～5
2	阀杆	化学成分 4.1.3.2	阀试验后的零件	5	1～5
3	液氯瓶阀阀杆	耐盐酸腐蚀试验 4.1.3.2	阀零件试样	5	01～05
4	连接板	化学成分 4.1.3.3	阀试验后的零件	5	1～5
5	压力泄放装置本体	化学成分 4.1.5.1	阀试验后的零件	5	1～5
6	压力泄放装置中弹簧	压力变形试验 4.1.5.4	阀零件试样	5	01～05
7	橡胶密封件	热空气加速老化和耐热试验 4.1.4.1	阀零件试样	5	01～05
8	液化气、天然气阀橡胶密封件	浸泡试验 4.1.4.2	阀零件试样	5	01～05
9	液化气、天然气阀橡胶密封件	低温试验 4.1.4.3	来自试验顺序 7	5	01～05

注：编号“1～5”号为阀整机试验后的零件，编号“01～05”号为阀零件试样。

5.6　型式试验方法

5.6.1　连接尺寸及质量检验

5.6.1.1　阀的进出气口连接处应无毛刺，螺纹表面粗糙度应符合设计要求，无碰伤。

5.6.1.2　阀与气瓶连接的锥螺纹检验采用测角目镜测量螺纹半角、螺距时，其偏差应符合 GB 8335 的要求，锥螺纹中径检验采用符合 GB/T 8336 的环规测量，其偏差应符合 GB 8335 的要求。

5.6.1.3　阀的出气口螺纹测试采用符合 GB/T 3934 和 GB/T 7307 的螺纹量规进行测量，其精度应符合 4.2.4.2 的要求。

5.6.1.4　将阀放在秤量为 0～1 000 g、分度值不超过 1 g 的天平上称量，阀的质量应符合 4.3.11 的要求。

5.6.2　启闭性试验

5.6.2.1　用目测和手感方法试验阀的启闭方向、启闭灵活性和启闭范围。

5.6.2.2　将阀装在试验装置上，按 4.3.1c)规定的力矩关闭阀，从阀进气口充入氮气或空气至公称工作压力，浸入水中至少保压 30 s 应无泄漏。然后按 4.3.1c)规定的力矩将阀缓缓打开，气体流出应顺畅。

5.6.2.3 通过上面两项试验后的阀，再按 4.3.1e)规定的力矩，关闭阀，应无断裂现象，并能开启。

5.6.3 气密性试验

5.6.3.1 关闭气密性试验

将阀装在试验装置上，从阀进气口充入氮气或空气至 1.2 倍公称工作压力，将试验装置浸入水中至少保压 1 min，应无泄漏，开启阀门，气体流出应顺畅。

5.6.3.2 开启气密性试验

将阀装在试验装置上，关闭阀出气口连接，按 4.3.1c)规定的力矩将阀开启至全开启状态，从阀的进气口充入氮气或空气至 1.2 倍公称工作压力，将试验装置浸入水中至少保压 1 min，重复启闭阀应无泄漏。

5.6.3.3 低压气密性试验

将阀装在试验装置上，从阀进气口充入 0.05 MPa 压力的氮气或空气，按 5.6.3.1 和 5.6.3.2 的方法进行试验，应无泄漏。

5.6.4 耐振性试验

阀装在振动试验台上，按 4.3.1e)规定的力矩将阀关闭，从阀进气口充入氮气或空气至公称工作压力。沿任一方向振动 30 min 后，按 5.6.3 的方法，进行气密性试验应无泄漏。

5.6.5 耐温性试验

5.6.5.1 将阀装在试验装置上，充入氮气或空气至公称工作压力，封住出气口，使阀处于半开启状态，置于 60 ℃±2 ℃的试验箱内，保持 2 h，取出后在 30 s 内开始全行程手动启闭，25 次后再置于 60 ℃±2 ℃ 的试验箱内保持 1 h，取出后 10 min 内按 5.6.3.1 和 5.6.3.2 的规定进行气密性试验，应无泄漏。

5.6.5.2 将阀装在试验装置上，充入氮气或空气至公称工作压力，封住出气口，使阀处于半开启状态，置于－40 ℃±2 ℃的试验箱内，保持 2 h，取出后在 30 s 内开始全行程手动启闭，25 次后再置于－40 ℃±2 ℃的试验箱内保持 1 h，取出后 5 min 内，按 5.6.3.1 和 5.6.3.2 规定进行气密性试验，应无泄漏。

5.6.6 耐用性试验

将阀装在试验装置上，按 4.3.5 规定的力矩，从阀的进气口充入公称工作压力的氮气或空气，开动试验机，调整阀启闭速度为(8～15)次/min，完全开启和关闭阀，在连续启闭次数符合 4.3.5 的规定后，按 5.6.3.1 和 5.6.3.2 的规定进行气密性试验，应无泄漏和启闭不灵活现象。

5.6.7 耐压性试验

将阀体进气口与试验机相连接，卸下压力泄放装置并封住连接口和阀出气口，开启阀，开动试验机，从阀的进气口注入至 4.3.6 规定压力的自来水，保持 5 min，阀体应无渗漏，且无永久变形。

5.6.8 耐机械冲击性试验

耐机械冲击性试验步骤如下：

a) 将阀装在试验装置上，关闭阀门，落锤锤头按附录 A 设计，调整冲击点至阀的进气口螺纹与阀体最远端(L)的 2/3 处，沿轴心方向(见附录 A)；

b) 阀被一个直径为 13 mm 的钢球冲击，钢球的最小速度为 3 m/s，冲击能量按 4.3.7 要求，冲击于纵轴垂直的平面；

c) 阀被冲击后，允许变形，关闭阀，按 5.6.3.1 进行试验应无泄漏。

5.6.9 耐氧气压力激燃试验

氧气压力激燃试验按以下步骤：

a) 试验前应检查氧气激燃试验装置的升压情况，在装置中各部件的相互作用情况以及试验仪表情况，符合试验装置的压力循环特性如图 7 和图 8 所示后，将阀装到试验装置上。

b) 试验介质为纯度大于等于 99.5%的氧气，其碳氢化合物符合 GB/T 3863，试验压力为阀的公称工作压力，氧气加温至 60 ℃±3 ℃。

c) 60 ℃±3 ℃的氧气通过启动快速开启阀(20 ms),经过内径为 5 mm,长 1 000 mm 的铜管直接进入被试验的阀。这个试验阀要承受从大气压力到阀的公称工作压力的 20 次压力循环(阀关闭和打开各 20 次,开启时进气口要封住)。试验结束后,把试样阀拆开并仔细检查,包括内部各零件,无点燃、无灼焦的痕迹。

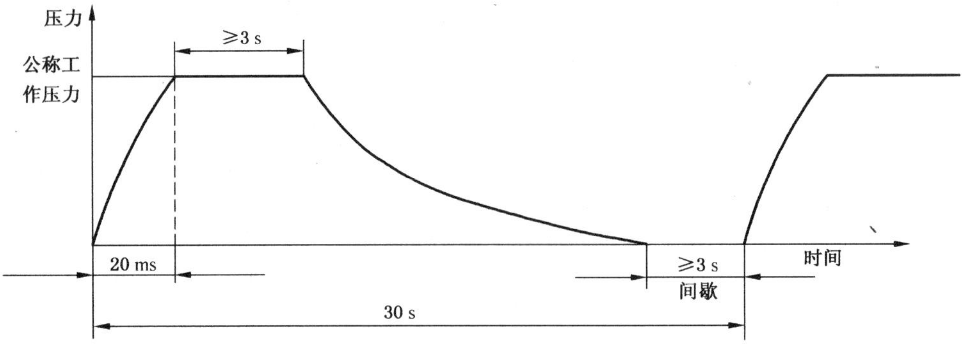

图 7 压力循环特性

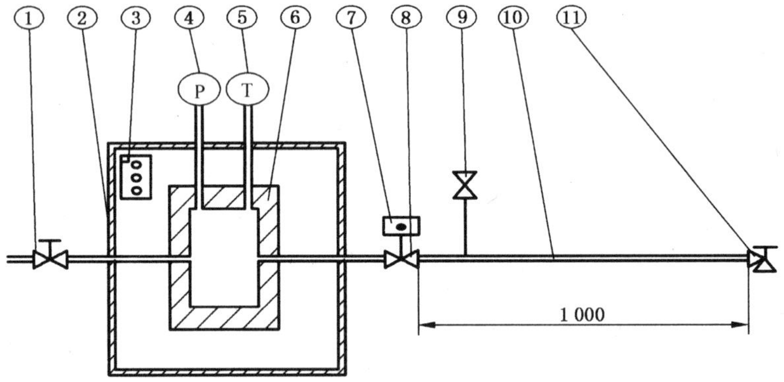

1——阀的进气口;
2——预热装置;
3——温度控制器;
4——压力表;
5——温度计;
6——氧气容器;
7——触动器;
8——快速开关阀;
9——降压阀;
10——铜管(内径 5 mm);
11——试样阀。

图 8 耐氧气压力激燃试验示意图

5.6.10 压帽拧松力矩试验

用不大于 100 N·m 力矩扳手或力矩仪按压帽拧松方向拧动阀的压帽,在 50 N·m 时,压帽不得松动。

5.6.11 压力泄放装置动作试验

5.6.11.1 爆破片式压力泄放装置动作试验

将试样零件爆破片式压力泄放装置装在试验阀或专用装置上,充入氮气或空气逐渐升压至爆破压力的 85%,保持 10 s,随后再缓慢升压,直到爆破片爆破,应符合 4.3.10 规定。

5.6.11.2 易熔合金塞式压力泄放装置试验

压力泄放动作试验和易熔合金抗挤出试验按照 GB 8337 要求的方法进行试验。

5.6.11.3 易熔合金塞加爆破片复合式压力泄放装置的动作试验

将复合式压力泄放装置安装在试验阀或专用装置上，然后放入已经升温的高温箱内，箱内温度达到高于易熔材料屈服温度的 5 ℃～7 ℃，保温至易熔合金熔化，记录熔化时间和温度，然后加压直到爆破片爆破，此时的动作压力应符合 4.3.10.3 规定。

5.6.11.4 弹簧式压力泄放装置动作试验

将阀装在试验装置上，使阀处于关闭状态，浸入水中，从阀的进气口充入氮气或空气，缓慢升压，当压力泄放装置排气口开始冒出第一个气泡时，此压力为起始泄放压力，应符合 4.3.10.4 的规定，然后继续升压，使排量达到最大，随后再缓慢降压，当气泡不能形成时，此压力为回座压力，反复试验三次，取平均值，应符合 4.3.10.4 规定。

5.6.12 材料化学成分分析方法

有色金属和黑色金属化学成分分析方法按有关国家标准执行，具体要求按表 3 进行。

表 3 材料化学成分分析方法的有关标准

金属材料	检验元素	执行标准	判别标准
黄铜 *	Cu	GB/T 5121.1	GB/T 5231
	Pb	GB/T 5121.3	GB/T 5231
	Fe	GB/T 5121.9	GB/T 5231
锰黄铜	Cu	GB/T 5121.1	GB/T 5231
	Mn	GB/T 5121.14	GB/T 5231
铝青铜	Al	GB/T 5121.13	GB/T 1176
	Fe	GB/T 5121.9	GB/T 1176
	Mn	GB/T 5121.14	GB/T 1176
不锈钢	Cr	GB/T 223.12	GB/T 1220
	Ni	GB/T 223.23	GB/T 1220
	C	GB/T 223.71	GB/T 1220
碳钢	C	GB/T 223.71	GB/T 699
	S	GB/T 223.72	GB/T 699
	P	GB/T 223.3	GB/T 699
	Mn	GB/T 223.4	GB/T 699
	Si	GB/T 223.5	GB/T 699
注：* 黄铜的分析方法可选择电解法、原子吸收法、溶量法、光谱法，但在发生疑义仲裁时应按 GB 5121 规定的方法执行。			

5.6.13 应力试验

黄铜耐应力试验方法按 GB/T 10567.2 执行。

5.6.14 橡胶密封件加速老化和耐热试验

5.6.14.1 橡胶密封件制造厂应按 GB/T 3512 的要求进行热空气加速老化和耐热试验。

5.6.14.2 阀在做型式试验时，由于橡胶密封材料已做成了特殊形状的制品，因此老化和耐热试验按以下方法进行。

将橡胶密封件置于老化试验装置中，排除该装置中的空气，充入纯度为大于等于 99.5％氧气，并使压力达到(2.3±0.2)MPa,升温至(70±5)℃,保持96 h后,取出目测检查其变化,不得有破裂现象。

5.6.15 橡胶密封件浸泡试验方法

5.6.15.1 试验环境和仪器

环境温度恒定在25 ℃±3 ℃,浸泡装置采用严实密封的金属容器(不可采用铜质容器)或玻璃器皿,用于称量试样的天平,应精确到1 mg。

5.6.15.2 橡胶试验介质

用于橡胶密封件浸泡试验的介质应符合表4的要求。

表4 密封件浸泡试验介质

密封件接触的介质	浸泡试验介质
液化石油气(液)	正戊烷或正己烷
天然气	混合液(注)
氨气	氨液
各种制冷剂	各种制冷剂
注:混合液配制 10.0 mL苯、2.5 mL 20号压缩机油、1.0 mL甲醇、1.5 mL水、0.2 mL硫醇、84.8 mL干洗溶剂汽油混匀。	

5.6.15.3 浸泡试验方法

浸泡试验步骤:

a) 在空气中称量每个试样的质量,精确到1 mg,然后在蒸馏水中称量每个试样的质量。在蒸馏水中称量时,应注意排除试样表面上的气泡。

b) 将试样悬挂在盛有试验介质的试验装置内,试验介质的体积不得少于试样总体积的15倍,每片试样之间和试样与装置壁之间不得接触,试验介质只限用一次,试验过程中应使橡胶试样避光。不同胶料的试样不得同时在同一装置中进行浸泡试验。

c) 浸泡72 h后,试样从试验介质中取出,用滤纸擦去试样表面上的介质,30 s后迅速放入培养皿中,放置3 min,并在30 s内称量试样,精确到1 mg,然后在蒸馏水中称量。

d) 计算公式:

$$\Delta V(\%) = [(M_3 - M_4) - (M_1 - M_2)]/(M_1 - M_2) \times 100\% \quad \cdots\cdots(1)$$

$$\Delta M(\%) = (M_1 - M_3)/M_1 \times 100\% \quad \cdots\cdots(2)$$

公式(1)和公式(2)中:

M_1——浸泡前试样在空气中的质量,单位为毫克(mg);

M_2——浸泡前试样在蒸馏水中的质量,单位为毫克(mg);

M_3——浸泡后试样在空气中的质量,单位为毫克(mg);

M_4——浸泡后试样在蒸馏水中的质量,单位为毫克(mg);

ΔV——体积变化;

ΔM——质量损失。

取五个试样试验结果的平均值作为试验结果,其结果应符合4.1.4.2的要求。

5.6.16 密封件低温试验

将5个橡胶密封件放入−40 ℃±2 ℃的低温箱内,保持24 h,将其拿出套在直径为"O"型圈内径1.2倍的钢制芯棒上,应无任何破裂或其他损坏。操作人员应戴手套、防止传热和冻伤。

5.6.17 耐盐酸腐蚀试验

将5件液氯瓶阀阀杆水平放入烧杯A中,加入1∶1盐酸至试样浸没约2/3,试样不碰烧杯壁,在环境温度20 ℃～28 ℃下放置12 h后取出,水平置于另一个装有固体氯化钠的烧杯B中,12 h后,记录观察现象，重复进行4次（每次24 h），记录观察外表腐蚀情况，然后将试样阀杆装入试样阀中，按照5.6.3.1的要求进行关闭气密性试验，阀应无泄漏。然后再用25 N·m的力矩启闭阀，阀杆不应断裂。

5.6.18 火烧试验

将试样阀的操作机构（如手轮）暴露在150 mm长的LPG吹管火焰中1 min，此火焰标准温度在800 ℃～1 000 ℃之间。操作装置应完全被火焰包围，试验后虽然手轮可能被损坏，但冷却后阀仍然能手动关闭。

6 检验

6.1 原材料检验

6.1.1 材料与零件进厂应具有材料质量证明书和合格证。

6.1.2 金属材料应进行力学性能和化学成分的复验，其检验项目按表5规定。

6.1.3 非金属材料应进行与介质的相容性试验，其检验项目按表5规定。

6.2 出厂检验

6.2.1 逐只检验

凡出厂的阀应进行逐只检验，其检验项目按表5规定。

6.2.2 批量检验

在批量生产中，产品应进行批量检验，批量检验应制定检验计划，规定样本，其检验项目按表5规定。

表5 检验项目表

序号	检验项目	原材料检验	出厂检验		检验方法	判定依据
			逐只检验	批量检验		
1	连接尺寸		√	√	5.6.1	4.2.4
2	启闭性 a)、b)		√	√	5.6.2	4.3.1a),b)
3	启闭性 c)、e)			√	5.6.2	4.3.1c),e)
4	气密性 a) *		√		5.6.3	4.3.2a)
5	气密性 b) *			√	5.6.3	4.3.2b)
6	气密性 c) *		√		5.6.3	4.3.2c)
7	压帽扳松试验			√	5.6.10	4.3.9
8	压力泄放装置动作试验 *			√	5.6.11	4.3.10
9	阀体材料成分分析	√			5.6.12	4.1.2
10	阀杆材料成分分析	√			5.6.12	4.1.3
11	连接板材料成分分析	√			5.6.12	4.1.3.3
12	液氯瓶阀阀杆			√	5.6.17	4.1.3.2
13	压力泄放装置本体材料成分分析	√			5.6.12	4.1.5
14	压力泄放装置弹簧压力特性检验	√			4.1.5.4	GB/T 1239.2
15	密封件浸泡试验	√			5.6.15	4.1.4.2
16	密封件低温试验	√			5.6.16	4.1.4.3

注1：序号5为有真空要求时的检验项目，序号8、13、14检验项目为阀门装有压力泄放装置时必须检验，其中序号14在阀门装有弹簧压力泄放装置时必须逐只检验；序号15、16检验项目在阀门用于介质为液化气体时必须检验。

注2：打*为关键项。

注3：批量数按3.5和3.6的要求执行。

7 合格判定原则

7.1 型式试验合格判定

7.1.1 型式试验中如出现不合格项，允许对产生的不合格项进行复测(用原试样进行，打 * 号除外)，若复验结果符合规定要求，判定合格，但报告上应注明“复验合格”；如仍不合格，加倍抽样并进行全项目试验。

7.1.2 通过上述型式试验，有一项不合格，该阀型式试验判为不合格。

7.2 检验合格判定

7.2.1 原材料检验

材料与零件经检验不合格，不得投入生产。

7.2.2 逐只检验

逐只检验时发现的不合格品，不允许出厂。但允许将不合格品处置后，再次进行逐只检验。符合规定要求的判为合格品。

7.2.3 批量检验合格判定

批量检验如出现不合格项，允许对产生的不合格项进行复测或重新加倍抽样进行全项目复试一次(打 * 号除外)，若复试结果符合规定，判该项合格。若复试仍有一项不合格，判定该项不合格。

8 标志、包装、运输及贮存

8.1 标志

8.1.1 阀上应有下列永久性清晰的标志：

a) 阀的型号；
b) 阀的公称工作压力；
c) 阀的启闭方向；
d) 阀的出气口连接尺寸代号或必要的性能参数(出气口为内螺纹阀)；
e) 生产厂名或商标；
f) 生产年月或批号；
g) 检验合格标记；
h) 液化气、乙炔气阀要有质量标记。

8.1.2 压力泄放装置应有下列永久性标志：

额定的动作压力和/或额定的动作温度。

8.2 包装、运输及贮存

包装前应清除残留在阀内的水分，包装时应保持阀的清洁，无油污，无腐蚀，进出气口螺纹不受损伤。

8.2.1 单件包装

单件包装应附有产品合格证和使用说明书。

8.2.2 成箱包装

包装箱内应附有产品合格证、使用说明书和装箱单，包装箱外应标明产品名称、制造许可证号、执行标准、生产日期、数量、质量、生产厂名称和联系地址、电话等。

8.2.3 运输、贮存

运输、贮存过程中要防止受潮、化学品侵蚀及剧烈碰撞。

9 产品合格证和产品批量检验质量证明书

9.1 产品合格证

合格证应包含如下内容：

a) 合格证编号；
b) 阀的名称、型号；
c) 公称工作压力和最小通径；
d) 气密性试验压力；
e) 产品执行的标准号；
f) 制造许可证编号；
g) 出厂检验日期；
h) 设计质量；
i) 生产厂名称和联系方式；
j) 检验员、生产厂或质检部门印章。

9.2 产品批量检验质量证明书

9.2.1 批量出厂的产品，均应有产品批量检验质量证明书。

9.2.2 产品批量检验质量证明书的内容应包括本标准规定的检验项目、产品批号、主要材料执行标准和数量。

9.2.3 产品批量检验质量证明书的签发应有制造厂最高管理者授权的产品质量检验师或质保责任师签字有效。

附 录 A
（规范性附录）
耐机械冲击性试验装置

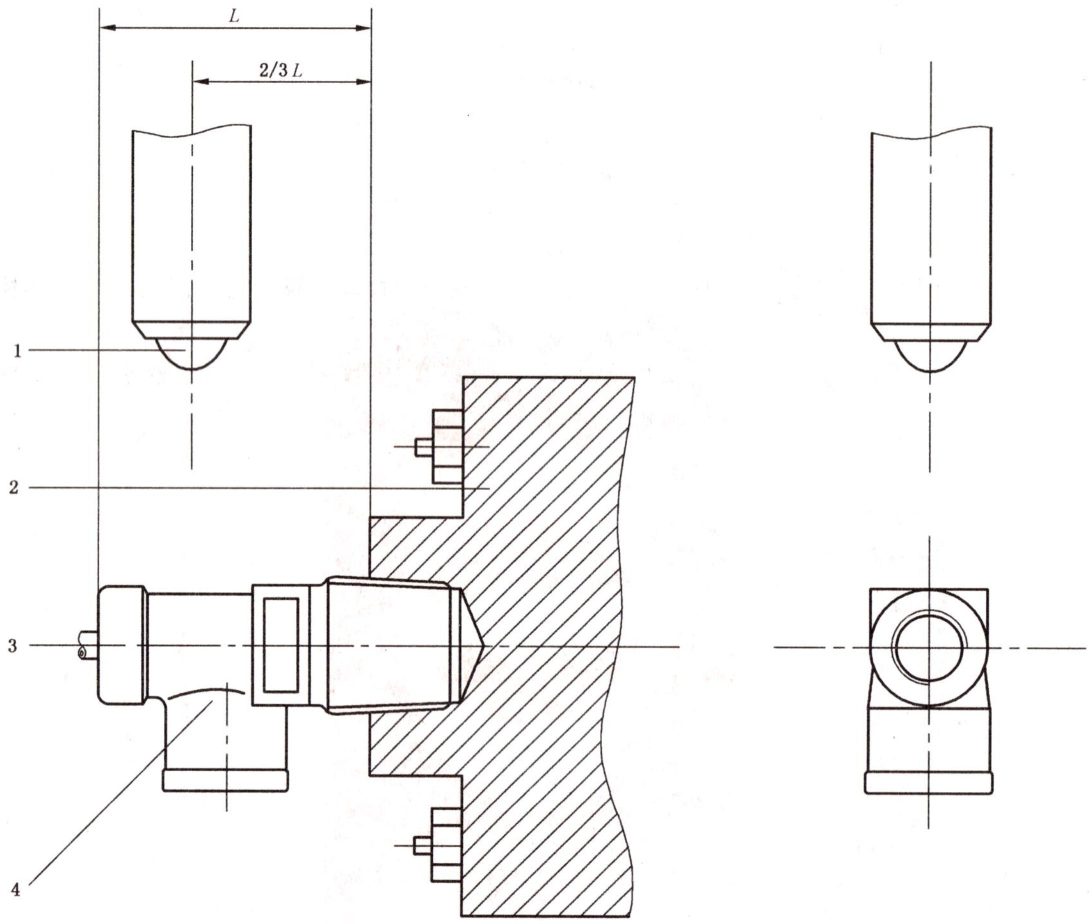

1——直径为 13 mm 的钢球；
2——装置或气瓶；
3——纵轴；
4——被试阀。

图 A.1 耐机械冲击性试验装置示意图

ICS 01.140.20
A 14

中华人民共和国国家标准

GB/T 15418—2009
代替 GB/T 15418—1994

档案分类标引规则

Guidelines for the archives classification indexing

2009-09-30 发布　　　　2010-02-01 实施

中华人民共和国国家质量监督检验检疫总局
中国国家标准化管理委员会　发布

前　言

本标准代替 GB/T 15418—1994。

本标准与 GB/T 15418—1994 相比主要变化如下：

——对标准的适用范围进行了重新界定；

——对术语进行了增删；

——增加了目次和前言。

本标准由全国信息与文献标准化技术委员会提出并归口。

本标准起草单位：国家档案局。

本标准主要起草人：王光越、宋扬、丁德胜。

本标准所代替标准的历次版本发布情况为：

——GB/T 15418—1994。

档案分类标引规则

1 范围

本标准规定了档案分类标引的基本原则、不同类型和主题的档案分类标引规则，以及档案分类标引工作程序和质量管理。

本标准适用于各级各类档案馆(室)使用《中国档案分类法》对所藏各种类型的档案进行分类标引；适用于编制档案分类目录、索引以及建立档案目录中心和数据库的档案分类标引工作。

2 术语和定义

下列术语和定义适用于本标准。

2.1

标引 indexing

对档案内容进行主题分析，赋予检索标识的过程。

2.2

分类标引 classified indexing

对档案内容进行主题分析，赋予分类号标识的过程。

3 基本规则

3.1 档案分类标引以国家机构、社会组织从事社会实践活动的职能分工为基础，结合档案记述和反映的事物属性关系，并兼顾档案的其他特征。分类标引时，应对档案文件进行周密的主题分析，把握所论述的对象，准确地给予分类标识。

3.2 档案分类标引应依据《中国档案分类法》及其使用指南。

3.3 档案分类标引时，要正确地理解类目涵义和范围，避免脱离类目之间的联系和类目注释的限定片面地理解类目涵义。

3.4 档案分类标引应充分考虑实际的检索需求和检索方式，根据档案的具体内容和用途，选定适当的标引深度。凡一份文件或案卷涉及两个或两个以上主题者，除按第一主题或最重要的主题标出确切的分类号外，必要时可对其他主题附加相应的分类号。

3.5 档案分类标引必须按专指性的要求，分入恰当的类目，切不可分入较宽的上位类或较窄的下位类。当分类表中无恰当的类目时，可分入范围较大的类目(上位类)或与档案内容密切相关的类目。

3.6 档案分类标引应保持一致性。各种文本、载体类型的同一主题档案所标引的分类号均应一致。遇有某些难以分类和分类表上无恰当类目可归的档案，无论归入上位类或归入与其密切相关的类目，以及增设类目，都应作出记录，以后遇有类似情况，均按此处理。

4 各种类型档案分类标引规则

4.1 档案分类表的选用

4.1.1 清代档案使用《清代档案分类表》进行分类标引。清代以前各历史时期档案的分类标引使用该表的一级类目。

4.1.2 民国档案使用《民国档案分类表》进行分类标引。

4.1.3 革命历史档案使用《新民主主义革命档案分类表》进行分类标引。

4.1.4 中华人民共和国成立以后的档案使用《中国档案分类法》进行分类标引。

4.1.4.1 国家档案馆、党政机关档案室所藏的中华人民共和国成立之后的档案使用《中国档案分类法》进行分类标引。

4.1.4.2 其他各类档案馆(室),在使用《中国档案分类法》进行分类标引时,本专业的档案可使用行业分类表进行分类标引。

4.2 档案分类标引级次

一般以文件级、案卷级为单元进行分类标引。若遇档案内容联系紧密或记述同一事物的几份文件或几个案卷情况,也可以作为一个单元进行分类标引。

5 各种主题档案分类标引规则

5.1 主题的类型

主题的类型依据档案内容可分为单主题和多主题两种。单主题包括单元主题和复合主题(多元主题),多主题则由几个单主题组成。

5.2 单主题档案的分类标引

5.2.1 单主题文件或案卷,一般依主题主体因素所属的类目标引;若是从一个方面对主题进行论述,就依这方面所属类目标引;若是从多方面对主题论述,一般只依主题所属类目作整体标引。

5.2.2 文件或案卷论述的主题内容互相交叉时应依据《中国档案分类法》关于集中与分散的有关规定进行标引。

5.2.3 文件或案卷论述的主题涉及国家、地区、民族、时代等因素时,若《中国档案分类法》中注明需要复分则应标出复分号,否则可以省略。

5.3 多主题档案的标引

5.3.1 文件、案卷论述的是两个以上的主题,标引时应充分考虑利用者的检索需要、参考价值大小以及各主题间的逻辑关系,加以综合分析,再确定给予一个或几个分类号。

5.3.2 文件、案卷论述的几个主题之间是并列关系,参考价值大,除对第一主题按其属性给予分类号外,第二、第三主题也应按其属性给予分类号,以便充分揭示主题,为利用者提供更多的检索途径。

5.3.3 文件、案卷论述的几个主题之间是从属关系,即上下位关系或整体与部分关系,一般依它们的上位类目作整体标引。若较小主题具有检索价值,也可依小主题的所属类目作互见标引。

5.3.4 文件、案卷论述的几个主题之间是因果或影响关系,一般依结果或受影响的主题所属类目标引。对于互为因果的,互相影响的主题做全面标引。

5.3.5 文件、案卷论述的几个主题之间,一个主题应用于多个主题,一般依被应用主题所属类目标引。必要时可以对其他主题附加相应的分类号。

6 档案分类标引工作程序

6.1 研读分类法

标引人员在标引工作开始时,应系统研读《中国档案分类法》的编制说明、主表、附表,了解该法的编制目的、适用范围、分类原则、体系结构、标识符号、类目注释,辨清上位类、同位类、下位类、理论与应用等关系,深入透彻地掌握其使用方法。

6.2 档案主题分析

应充分考虑立档单位的性质、职能和任务,通过分析题名、浏览正文、参考文件版头和案卷封面,从而了解档案的中心内容和涉及的主要问题,判明其属性特征,以便正确归类。

6.2.1 分析题名

文件和案卷的题名,是责任者或立卷人对档案内容的概括,在题名准确反映档案的中心内容的情况下,分析题名能直观地把握档案的主题。但有些文件、案卷的题名,由于拟写上的缺陷,不能准确地、直接地揭示主题内容,所以不能作为分类标引的唯一依据,还应浏览正文。

6.2.2 浏览正文

通过分析题名不能确定档案的确切内容和类别时，应浏览文件、案卷的正文。重点阅读文头、文尾、段落题名，了解作者的撰写目的和意图，从而确定档案内容论述或涉及的主题。

6.2.3 查阅文件版头和案卷封面

党、政机关行文都有固定的文件版头，标明发文机关的全称或通用简称，发文字号，文尾有发文机关、抄送机关、成文日期、盖印与签署。此外，附加标记有密级、缓急时限、阅读范围等。案卷封面上有机关全称和组织机构名称、案卷题名、年度日期、保管期限、档号以及卷内目录、卷末备考表等。它对于了解文件、案卷的主题、起草目的、利用范围、使用价值等，都能提供一定的参考。

6.3 判定类别

进行主题分析后，须确定对文件、案卷所论述的事物中，哪些主题应予以标引，能为利用者提供检索途径。然后根据主题性质，到《中国档案分类法》中查找其所属的类目。

6.4 标引分类号

用《中国档案分类法》中的类号来表达档案主题性质的标引，即将判定的类别赋予分类标识。给予分类号，应根据文件、案卷内容的属性、主题多寡、起草意图、利用对象、检索需求等特点，采用恰当的方式和方法，准确、一致、适度地标引出来。遇有难以分类的新事物、新主题的档案材料，分类表上无确切类目可归时，各档案馆、室可增设新类目予以分类标引，同时上报《中国档案分类法》编委会确认。今后若遇到同类主题的文件、案卷亦照此办理，确保一致性。

6.5 审校

审校是分类标引的最后一道工序，是确保标引质量的最后关口。审校内容包括检查验证档案的内容是否得到全面的分析，主题概念是否准确、恰当，辨类是否准确，同类档案是否归类一致，标引的类号是否充分、完整、准确，书写是否正确无误。审校程序分为自校、互校和总校。

6.5.1 自校

标引审校的第一环节。标引人员通过对自己标引结果的校对，遇有主题分析不准，前后不一致，应及时予以纠正。

6.5.2 互校

标引审校的第二环节。标引人员通过对标引结果的校对，纠正因个人理解不同引起的错误，保持彼此之间标引的一致性。

6.5.3 总校

标引审校的最重要环节。在自校、互校后，必须选派熟悉业务、通晓目录工作的人员担任总校。通过总校进一步消除档案主题分析与标引过程中的误差，保证标引工作的整体优化。同时可以对标引工作中所遇问题进行综合分析，统筹考虑合理的解决方案。

7 档案分类标引质量管理

7.1 衡量标引工作质量的因素

主要指标引的客观性、专指性、全面性、一致性与适当的标引深度。影响标引工作质量的因素是：标引工作的组织管理、标引人员的业务水平和《中国档案分类法》本身的质量。

7.2 制定分类标引的规章制度

各单位可制定标引工作细则。它是在档案分类标引规则的基础上，结合本馆、室的档案实际和利用者检索习惯而制定的工作条例。具体内容包括：分类标引的程序和具体组织规程；《中国档案分类法》简表、行业表、复分表的使用范围和使用方法，集中归类与分散归类、交替类目的采用、标引的深度，以及标引责任制等等。

7.3 分类标引人员的素质和要求

标引人员应具备所标引档案的专业知识和档案学知识；熟悉本馆、室的档案分类方法，并能用来标引档案材料;具有阅读、分析、概括、提炼档案主题和准确归类的能力。标引人员宜实行专业分工,并保持相对稳定。

7.4 建立标引人员与利用者的联系

标引人员应多与利用者接触,听取利用者对分类标引工作的要求、批评和建议,并通过对利用者提问和检索结果的分析不断改进工作。

7.5 加强《中国档案分类法》的管理

各档案馆、室在使用《中国档案分类法》过程中遇到的各种问题和处理方法要作记录,并填定“修改意见登记表”,报送主管部门,以便对《中国档案分类法》定期增补和修改,使之日臻完善。

ICS 71.040.40
G 76

中华人民共和国国家标准

GB/T 15452—2009
代替 GB/T 15452—1995

工业循环冷却水中钙、镁离子的测定 EDTA 滴定法

Industrial circulating cooling water—Determination of calcium and magnesium—EDTA titration method

(ISO 6059:1984, Water quality—Determination of the sum of calcium and magnesium—EDTA titrimetric method, NEQ)

2009-05-18 发布　　　　2010-02-01 实施

中华人民共和国国家质量监督检验检疫总局
中国国家标准化管理委员会　发布

前　言

本标准对应于ISO 6059:1984《水质　钙、镁合量的测定　EDTA滴定法》(英文版),与ISO 6059:1984的一致性程度为非等效。

本标准代替GB/T 15452—1995《工业循环冷却水中钙、镁离子的测定　EDTA滴定法》。

本标准与GB/T 15452—1995相比,在技术内容上并无变化,只是对文本结构和文字进行了修改。

本标准由中国石油和化学工业协会提出。

本标准由全国化学标准化技术委员会水处理剂分会(SAC/TC 63/SC 5)归口。

本标准负责起草单位:中海油天津化工研究设计院、广州市特种承压设备检测研究院。

本标准主要起草人:朱传俊、邵宏谦、马博群、黎华、杨麟。

本标准于1995年首次发布。

工业循环冷却水中钙、镁离子的测定 EDTA 滴定法

1 范围

本标准规定了工业循环冷却水中钙、镁离子含量的测定方法。

本标准适用于工业循环冷却水中钙含量在 2 mg/L～200 mg/L，镁含量在 2 mg/L～200 mg/L 的测定，也适用于其他工业用水及原水中钙、镁离子含量的测定。

2 规范性引用文件

下列文件中的条款通过本标准的引用而成为本标准的条款。凡是注日期的引用文件，其随后所有的修改单(不包括勘误的内容)或修订版均不适用于本标准，然而，鼓励根据本标准达成协议的各方研究是否可使用这些文件的最新版本。凡是不注日期的引用文件，其最新版本适用于本标准。

GB/T 601 化学试剂 标准滴定溶液的制备

GB/T 603 化学试剂 试验方法中所用制剂及制品的制备(GB/T 603—2002，ISO 6353-1：1982，NEQ)

GB/T 6682 分析实验室用水规格和试验方法(GB/T 6682—2008，ISO 3696：1987，MOD)

3 方法提要

钙离子测定是在 pH 为 12～13 时，以钙-羧酸为指示剂，用 EDTA 标准滴定溶液测定水样中的钙离子含量。滴定时 EDTA 与溶液中游离的钙离子仅应形成络合物，溶液颜色变化由紫红色变为亮蓝色时即为终点。

镁离子测定是在 pH 为 10 时，以铬黑 T 为指示剂，用 EDTA 标准滴定溶液测定钙、镁离子合量，溶液颜色由紫红色变为纯蓝色时即为终点，由钙镁合量中减去钙离子含量即为镁离子含量。

4 试剂和材料

本标准所用试剂，除非另有规定，应使用分析纯试剂和符合 GB/T 6682 中三级水的规定。

试验中所需标准滴定溶液、制剂及制品，在没有注明其他要求时，均按 GB/T 601、GB/T 603 之规定制备。

4.1 硫酸溶液：1+1。

4.2 过硫酸钾溶液：40 g/L，贮存于棕色瓶中(有效期 1 个月)。

4.3 三乙醇胺溶液：1+2。

4.4 氢氧化钾溶液：200 g/L。

4.5 氨-氯化铵缓冲溶液(甲)：pH=10。

4.6 乙二胺四乙酸二钠标准滴定溶液：c(EDTA)约 0.01 mol/L。

4.7 钙-羧酸指示剂：0.2 g 钙-羧酸指示剂[2-羟基-1-(2-羟基-4-磺基-1-萘偶氮)-3-萘甲酸]与 100 g 氯化钾混合研磨均匀，贮存于磨口瓶中。

4.8 铬黑 T 指示液：溶解 0.50 g 铬黑 T[1-(1-羟基-2-萘偶氨-6-硝基-萘酚-4-磺酸钠)]于 85 mL 三乙醇胺中，再加入 15 mL 乙醇。

5 分析步骤

5.1 钙离子的测定:用移液管移取 50 mL 过滤后的水样于 250 mL 锥形瓶中,加 1 mL 硫酸溶液和 5 mL过硫酸钾溶液,加热煮沸至近干,取下冷却至室温加 50 mL 水、3 mL 三乙醇胺溶液、7 mL 氢氧化钾溶液和约 0.2 g 钙-羧酸指示剂,用 EDTA 标准滴定溶液滴定,近终点时速度要缓慢,当溶液颜色由紫红色变为亮蓝色时即为终点。

5.2 镁离子的测定:用移液管移取 50 mL 过滤后的水样于 250 mL 锥形瓶中,加 1 mL 硫酸溶液和 5 mL过硫酸钾溶液加热煮沸至近干,取下冷却至室温,加 50 mL 水和 3 mL 三乙醇胺溶液。用氢氧化钾溶液调节 pH 近中性,再加 5 mL 氨-氯化铵缓冲溶液和 3 滴铬黑 T 指示液,用 EDTA 标准滴定溶液滴定,近终点时速度要缓慢,当溶液颜色由紫红色变为纯蓝色时即为终点。

注 1:原水中钙、镁离子含量的测定不用加硫酸及过硫酸钾加热煮沸。

注 2:三乙醇胺用于消除铁、铝离子对测定的干扰,原水中钙、镁离子测定不加入。

注 3:过硫酸钾用于氧化有机磷系药剂以消除对测定的干扰。

6 结果计算

6.1 钙离子含量以质量浓度 ρ_1 计,数值以 mg/L 表示,按式(1)计算:

$$\rho_1 = \frac{\left(V_1/1\,000\right)cM_1}{V/1\,000} \times 10^3 \quad \cdots\cdots(1)$$

式中:

V_1——滴定钙离子时,消耗 EDTA 标准滴定溶液的体积的数值,单位为毫升(mL);

c——EDTA 标准滴定溶液的浓度的准确数值,单位为摩尔每升(mol/L);

V——所取水样的体积的数值,单位为毫升(mL);

M_1——钙的摩尔质量的数值,单位为克每摩尔(g/mol)(M_1=40.08)。

6.2 镁离子含量以质量浓度 ρ_2 计,数值以 mg/L 表示,按式(2)计算:

$$\rho_2 = \frac{\left(V_2/1\,000 - V_1/1\,000\right)cM_2}{V/1\,000} \times 10^3 \quad \cdots\cdots(2)$$

式中:

V_2——滴定钙、镁合量时,消耗 EDTA 标准滴定溶液的体积的数值,单位为毫升(mL);

V_1——滴定钙离子含量时,消耗 EDTA 标准滴定溶液的体积的数值,单位为毫升(mL);

c——EDTA 标准滴定溶液的浓度的准确数值,单位为摩尔每升(mol/L);

V——所取水样的体积的数值,单位为毫升(mL);

M_2——镁的摩尔质量的数值,单位为克每摩尔(g/mol)(M_2=24.31)。

7 允许差

取平行测定结果的算术平均值为测定结果。平行测定结果的绝对差值不大于 0.4 mg/L。

ICS 71.040.40
G 76

中华人民共和国国家标准

GB/T 15454—2009
代替 GB/T 15454—1995

工业循环冷却水中钠、铵、钾、镁和钙离子的测定 离子色谱法

Industrial circulating cooling water—Determination of sodium, ammonium, potassium, magnesium and calcium—Ion chromatography

(ISO 14911:1998 Water quality—Determination of dissolved Li^+, Na^+, NH_4^+, K^+, Mn^{2+}, Ca^{2+}, Mg^{2+}, Sr^{2+} and Ba^{2+} using ion chromatography—Method for water and waste water, NEQ)

2009-05-18 发布　　　　2010-02-01 实施

中华人民共和国国家质量监督检验检疫总局
中国国家标准化管理委员会　发布

前　言

本标准对应于 ISO 14911:1998《水质　使用离子色谱测水及废水中可溶性 Li^+,Na^+,NH_4^+,K^+,Mn^{2+},Ca^{2+},Mg^{2+},Sr^{2+} 和 Ba^{2+} 的方法》(英文版),与 ISO 的一致性程度为非等效。

本标准代替 GB/T 15454—1995《工业循环冷却水中钠、铵、钾、镁和钙离子的测定　离子色谱法》。

本标准与 GB/T 15454—1995 相比的主要变化如下:

——在方法提要中增加了离子色谱流路图;

——增加了“5 干扰”。

本标准的附录 A、附录 B、附录 C 均为资料性附录。

本标准由中国石油和化学工业协会提出。

本标准由全国化学标准化技术委员会水处理剂分会(SAC/TC 63/SC 5)归口。

本标准负责起草单位:广州市特种承压设备检测研究院、中海油天津化工研究设计院。

本标准主要起草人:周国富、陈通林、杜玉辉、李琳、邵宏谦。

本标准于 1995 年首次发布。

工业循环冷却水中钠、铵、钾、镁和钙离子的测定　离子色谱法

1　范围

本标准规定了工业循环冷却水中 Na^+、NH_4^+、K^+、Mg^{2+} 和 Ca^{2+} 含量的测定方法。

本标准适用于工业循环冷却水中 Na^+ 含量 1.00 mg/L～50.0 mg/L，NH_4^+ 含量 1.00 mg/L～30.0 mg/L，K^+ 含量 1.00 mg/L～50.0 mg/L，Mg^{2+} 含量 1.00 mg/L～50.0 mg/L 和 Ca^{2+} 含量 1.00 mg/L～50.0 mg/L 范围的测定，如果超出此范围，可稀释在此范围内测定。

本标准也适用于地表水、地下水和其他工业用水中 Na^+、NH_4^+、K^+、Mg^{2+} 和 Ca^{2+} 含量的测定。

2　规范性引用文件

下列文件中的条款通过本标准的引用而成为本标准的条款。凡是注日期的引用文件，其随后所有的修改单(不包括勘误的内容)或修订版均不适用于本标准，然而，鼓励根据本标准达成协议的各方研究是否可使用这些文件的最新版本。凡是不注日期的引用文件，其最新版本适用于本标准。

GB/T 602　化学试剂　杂质测定用标准溶液的制备(GB/T 602—2002，ISO 6353-1:1982，NEQ)

GB/T 6682　分析实验室用水规格和试验方法(GB/T 6682—2008，ISO 3696:1987，MOD)

GB/T 6907　锅炉用水和冷却水分析方法　水样的采集方法

3　术语和定义

下列术语和定义适用于本标准。

3.1

离子色谱法　ion chromatography

通过离子交换分离离子组分，然后用适当的检测器检测，是高效液相色谱法的一个分支。

3.2

保护柱　guard column

置于分离柱之前，用于保护分离柱免受颗粒物或不可逆保留物等杂质的污染。

3.3

分离柱　separator column

根据待测离子保留特性，在检测前将被检测离子分离的交换柱。

3.4

分析柱　analytical columns

在保护柱后连接一支或多支分离柱组成一系列用以分离待测离子的分析系统。系列中所有柱子对分析柱的总柱容量均有贡献。

3.5

抑制器　suppressor device

安装在分析柱和检测器之间，用来降低淋洗液中离子组分的检测响应，增加被测离子的检测响应，进而提高信噪比的一种专用装置。

3.6

淋洗液　eluant

离子流动相，样品通过分析柱的载体。

3.7

分离度　resolution

在特定的测试条件下，一个分析柱分开连续组分的能力。

4　方法提要

本标准离子色谱流路图如图1所示(图中虚线框为可选部件)。样品阀处于装样位置时，一定体积的样品溶液(如10 μL)被注入样品定量环，当样品阀切换到进样位置时，淋洗液将样品定量环中的样品溶液(或将富集于浓缩柱上的被测离子洗脱下来)带入分析柱，被测阳离子根据其在分析柱上的保留特性不同实现分离。淋洗液携带样品通过抑制器时，所有阴离子被交换为氢氧根离子，H^-型淋洗液转换为水，背景电导率降低；与此同时，被测阳离子被转化为相应的碱，电导率升高。由电导检测器检测响应信号，数据处理系统记录并显示离子色谱图。以保留时间对被测阳离子定性，以峰高或峰面积对被测阳离子定量，测出相应离子含量。

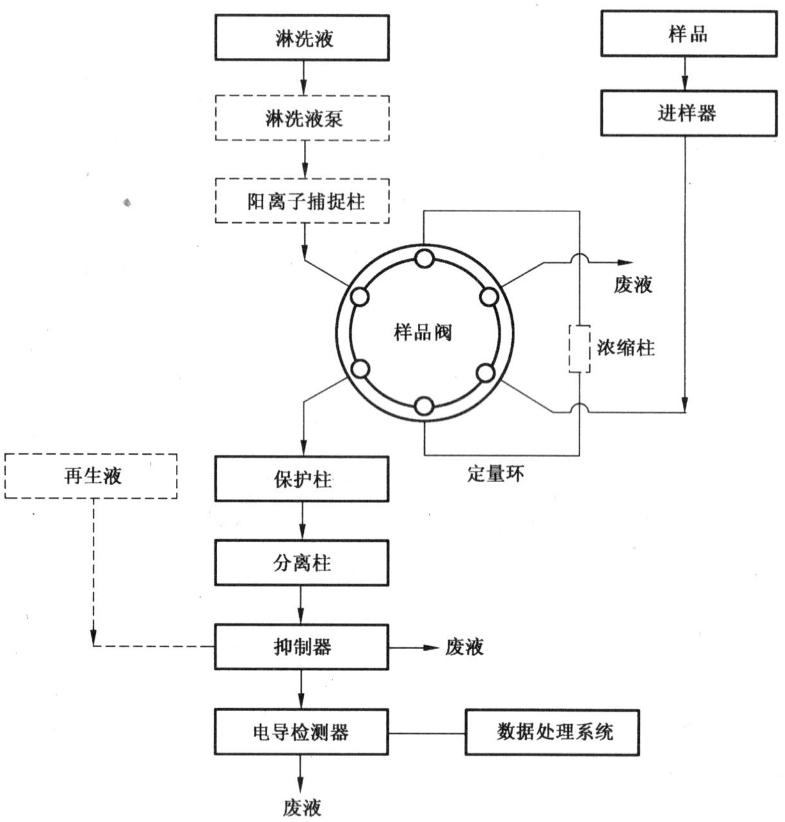

图1　离子色谱流路图

5　干扰

5.1　氨基酸和脂肪胺等有机物会干扰无机阳离子的检测。

5.2　NH_4^+和Na^+有大的浓差，会相互干扰。

5.3　由于在冷却水中加入大量缓蚀、阻垢和杀菌剂，这些有机物，特别是含苯环的有机物对分离柱的树脂永久性地吸附，使分离柱的吸附容量降低，以至损坏柱子，干扰测定。通常采用预处理柱来处理。

5.4　由于水的电导率低于淋洗液的电导率，试样中的水在淋洗时会在色谱图中产生一个峰值，参见附录A消除水负峰。

6 试剂和材料

本标准所用试剂和水，除非另有规定，应使用优级纯试剂和符合 GB/T 6682 中一级水的规定并参见附录 B 进行脱气处理。

试验中所需杂质测定用标准溶液，在没有注明其他要求时，均按 GB/T 602 之规定制备。

注：水和试剂的纯度影响方法检测限，建议使用高纯水器，用新制备的水配制低含量标准溶液。

6.1 盐酸。

6.2 硝酸溶液：1 mol/L。

6.3 标准贮备液

6.3.1 钠离子(Na^+)标准贮备液：1 000 mg/L。

称取经 500 ℃～600 ℃灼烧至恒量的氯化钠 2.542 g，溶于水，移入 1 000 mL 容量瓶，用水稀释至刻度，摇匀。贮于聚丙烯或高密度聚乙烯瓶中，4 ℃冷藏存放。

6.3.2 铵离子(NH_4^+)标准贮备液：1 000 mg/L。

称取于 105 ℃～110 ℃干燥至恒量的氯化铵 2.966 g，溶于水，移入 1 000 mL 容量瓶，用水稀释至刻度，摇匀。贮于聚丙烯或高密度聚乙烯瓶中，4 ℃冷藏存放。

6.3.3 钾离子(K^+)标准贮备液：1 000 mg/L。

称取经 500 ℃～600 ℃灼烧至恒量的氯化钾 1.907 g，溶于水，移入 1 000 mL 容量瓶，用水稀释至刻度，摇匀。贮于聚丙烯或高密度聚乙烯瓶中，4 ℃冷藏存放。

6.3.4 镁离子(Mg^{2+})标准贮备液：1 000 mg/L。

称取经 800 ℃灼烧至恒量的氧化镁 1.657 g 于 100 mL 烧杯中，用水润湿，滴加盐酸至溶解，再过量 2.5 mL，移入 1 000 mL 容量瓶，用水稀释至刻度，摇匀。贮于聚丙烯或高密度聚乙烯瓶中，4 ℃冷藏存放。

6.3.5 钙离子(Ca^{2+})标准贮备液：1 000 mg/L。

称取于 105 ℃～110 ℃干燥至恒量的碳酸钙 2.497 g 于 100 mL 烧杯中，用水润湿，滴加盐酸至溶解，再过量 2.5 mL，移入 1 000 mL 容量瓶，用水稀释至刻度，摇匀。贮于聚丙烯或高密度聚乙烯瓶中，4 ℃ 冷藏存放。

6.3.6 离子色谱测定用混合标准贮备液(根据实际测定的离子浓度范围)

移取各离子标准贮备液至容量瓶中，用水稀释至刻度，摇匀。贮于聚丙烯或高密度聚乙烯瓶中，4 ℃冷藏存放。

6.3.7 离子色谱测定用混合标准工作液(根据实际测定的离子浓度范围)

移取离子色谱测定用混合标准贮备液(6.3.6)注入五组容量瓶中，用水稀释至刻度，摇匀，至少配制五个浓度梯度的混合标准工作溶液，此溶液现用现配。

6.4 阳离子淋洗贮备液和阳离子淋洗液

按分离柱和抑制器的要求配制，贮存期为一个月。

7 仪器、设备

7.1 离子色谱仪

7.1.1 精密度要求：$RSD<3\%$。

7.1.2 柱的分离能力(R)：被检测阳离子的分离度 R 不能低于 1.3(见附录 C)。

7.1.3 淋洗液泵：泵接触流动相的部件应为非金属材料，且耐强酸耐强碱，这样不会对分析柱造成污染。也可以用高压高纯氮代替泵输送淋洗液。

7.1.4 保护柱：通常使用和分离柱一样的离子交换材料。此柱的目的是用于保护分离柱免受颗粒物或不可逆保留物等杂质的污染。

7.1.5 分析柱：对该标准规定的待测离子应达基线分离。

7.1.6 抑制器：电解自动再生微膜抑制器或其他抑制器。

7.1.7 电导检测器：可以进行温度补偿或自动调整量程。

7.1.8 浓缩柱、浓缩泵和阳离子捕捉柱(选择使用)、样品定量环。

7.1.9 样品预处理柱：可根据实际需要选用。

7.1.10 数据处理系统(色谱工作站)：用于数据的记录、处理、存储等。

7.2 电冰箱(−10 ℃)。

7.3 容量瓶：聚丙烯材质，各种规格。

7.4 样品瓶：聚丙烯或高密度聚乙烯材质，各种规格。

7.5 0.45 μm 一次性针筒微膜过滤器(水相)。

8 取样和样品预处理

8.1 水样的采集方法应符合 GB/T 6907 的规定。

8.2 用聚丙烯或高密度聚乙烯瓶取样，让水样溢流，赶出空气，盖上瓶盖。不应使用玻璃瓶取样，因为玻璃瓶会导致离子污染。

8.3 收集样品后，用 0.45 μm 孔径微膜过滤器过滤，防止膜对样品的污染(例如用少量样品润洗膜，弃去过滤液的前面部分)。用预处理柱除去水中有机物。若样品需要放置一段时间再测试，要用硝酸(7.5) 调节 pH 值到 3±0.5，防止细菌生长导致阳离子沉淀或转化。

注：如果 pH 值低于此浓度，那么硝酸根就会干扰分析。

8.4 取样后尽快分析。如果不能立刻分析，那么就把经过过滤的样品冷藏(2 ℃～6 ℃)，此情况下待测离子的检测结果不会降低。

8.5 如果需要分析铵离子，那么样品需要保存在暗处(2 ℃～6 ℃)，并在 24 h 内分析。

8.6 校准溶液和空白溶液与样品的处理方法应该一致。

9 分析步骤

9.1 仪器的准备

9.1.1 按照仪器使用说明书调试、准备仪器，平衡系统至基线平稳。选择合适的分析柱、抑制器及相应的工作条件。

9.1.2 检测器的量程是可调节的。分析所需的量程设定根据样品离子的浓度正确选择。

9.1.3 根据分析柱的性能、待测水样中离子含量等因素，选择合适的样品定量环进样，确定进样体积。

9.1.4 淋洗液经分析柱抑制器和电导池来平衡系统，直到基线稳定，并且达到使用分析柱说明书所推荐的淋洗液对应背景电导。平衡过程可在准备样品和标准溶液的过程完成。

9.2 混合标准溶液的配制

根据实际工作需要按照 6.3.7 配制。

9.3 标准工作曲线的绘制

9.3.1 分析空白溶液、混合标准工作溶液，记录色谱图上的出峰时间，确定各离子的保留时间；以阳离子浓度为横坐标，以峰高或峰面积为纵坐标，绘制标准工作曲线或计算出回归方程，线性相关系数应大于 0.990(最好 0.999 以上)。

9.3.2 根据所选择的分析柱，按照其说明书配制相应的淋洗液，其出峰顺序是相应固定的。使用不同的分析柱，其保留时间和出峰顺序也不一样，如图 2，是一个出峰顺序的例图。

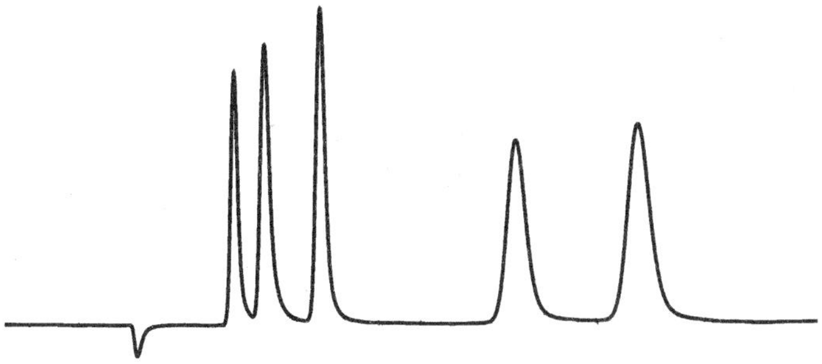

图 2 阳离子色谱图

9.3.3 标准工作溶液和水样的进样体积应保持一致。

9.4 试样溶液的制备

先用 0.45 μm 一次性针筒微膜过滤器过滤水样，然后将过滤后的水样通过预处理柱去除水中有机物。最终处理后的水样体积以保证测定需要体积量为宜。然后根据水样中实际阳离子的含量，量取一定量的处理后水样，选择适宜的比例稀释。

9.5 试样分析

在与分析标准工作溶液相同的测试条件下，对试样进行分析测定，根据被测阳离子的峰高或峰面积，由相应的标准工作曲线确定各阳离子浓度(mg/L)。

10 结果计算

分析结果保留到小数点后两位。单位 mg/L。

11 测试报告

测试报告需要包含以下信息：

11.1 注明引用本标准；

11.2 样品标识(包括样品名称、编号、采样日期、采样地点、采样人、使用单位名称等)；

11.3 依据第 10 章表述的结果；

11.4 如果需要，应描述样品的预处理方法；

11.5 描述色谱条件：仪器类型，柱类型，柱尺寸，流速，检测器类型和检测参数；

11.6 描述定量依据(峰高或峰面积)；

11.7 计算结果(线性校正方程，标准加入法)；

11.8 任何与本方法的差异和任何影响结果的情况。

附 录 A
（资料性附录）
消除水负峰的技巧

A.1 消除水负峰的技巧

A.1.1 消除水负峰的一个技巧是在样品中加所用的淋洗液（即：和分析柱相对应浓度的碳酸钠和碳酸氢钠混合溶液）来调整背景电导，可以用以下两个不同的办法：

A.1.1.1 如果样品需要稀释的话，在分析前用淋洗液稀释样品。

A.1.1.2 每 100 mL 样品加入 1 mL 淋洗液浓缩液（分析所用浓度的 100 倍）。

A.1.2 标准溶液按照 A.1.1.2 的指导准备。使用水和淋洗液浓缩液（100∶1）配制空白来抵消存在的阴离子杂质。

附 录 B
（资料性附录）
去离子水脱气

去离子水里通常含有溶解的气体，如果直接配制洗脱液，溶解的气体会造成洗脱液短路，使得洗脱液在冲洗和平衡分离柱的过程中，基线不稳，影响测定正常进行，严重的还会损坏分离柱，所以在配制洗脱液之前，首先要将去离子水脱气。

B.1 仪器、设备

B.1.1 真空泵。

B.1.2 吸滤瓶：25 L。

B.2 去离子水脱气

将去离子水放入洗净的吸滤瓶内，然后接上真空泵，将吸滤瓶口盖紧，开启真空泵，脱气 10 min，在脱气过程中，轻轻摇动吸滤瓶，以使脱气完全。但要注意，不要使水倒吸入真空泵。

附 录 C
（资料性附录）
分离度的定义

C.1 分离度(resolution，符号 R)是指两个相邻色谱峰的保留时间差与两个组分峰的平均峰宽的比值，是柱效能、选择性影响的总和，是色谱柱的总体分离效能指标。如图 C.1。

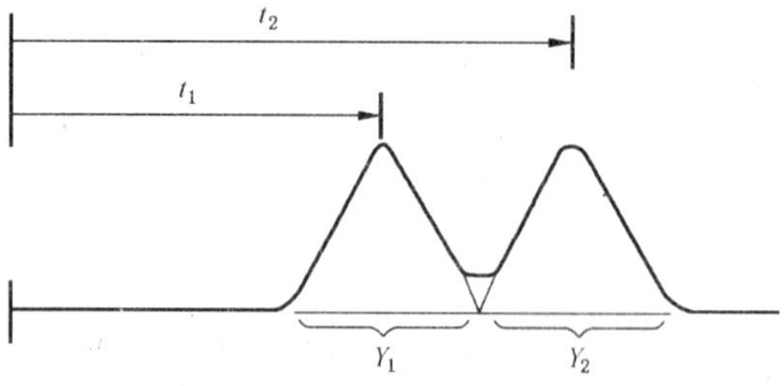

图 C.1 分离度图示

分离度 R 按式(C.1)计算：

$$R = \frac{t_2 - t_1}{(Y_1 + Y_2)/2} \quad \cdots\cdots\cdots (C.1)$$

式中：

t_1，t_2——两个组分的保留时间；

Y_1，Y_2——相应两个组分色谱峰的峰宽。

R 值越大，就意味着相邻两个组分分离越好。由图 C.1 可以看出，两个组分要达到完全分离，首先是两组分的色谱峰之间的距离必须足够大，即保留时间相差足够大；二是谱峰必须要窄。

从理论上可以证明，若峰形对称且满足于正态分布，则当 $R=1$ 时，分离程度可以达到 98%；当 $R=1.5$ 时，分离程度可达到 99.7%。因而可以用 $R=1.5$ 来作为相邻两峰完全分离的标志。

C.2 当两组分的色谱峰分离较差，峰底宽度难于测量时，可用半峰宽来代替峰宽。

分离度 R' 按式(C.2)计算：

$$R' = \frac{t_2 - t_1}{(Y_{1/2(1)} + Y_{1/2(2)})/2} \quad \cdots\cdots\cdots (C.2)$$

式中：

t_1，t_2——两个组分的保留时间；

$Y_{1/2(1)}$，$Y_{1/2(2)}$——相应两个组分色谱峰的半峰宽。

R' 与 R 的物理意义一致，但数值不同，$R=0.59R'$，应用时注意所采用分离度的计算方法。

ICS 11.020
C 05

中华人民共和国国家标准

GB/T 15492—2009
代替 GB/T 15492—1995

残疾人轮椅篮球和游泳运动员功能分级

Functional classification of wheelchair basketball and swimming for disabled athletes

2009-09-30 发布　　2009-12-01 实施

中华人民共和国国家质量监督检验检疫总局
中国国家标准化管理委员会　发布

前　言

本标准代替GB/T 15492—1995《残疾人轮椅篮球和游泳运动员功能分级》。

本标准与原GB/T 15492—1995相比有以下变化：

——轮椅篮球增加一个级别，即4.5级；场上队员总分由13.5分改为14分；

——轮椅篮球分级中，有关截肢残疾的内容进行了修订；

——游泳分级中，蛙泳由10个级别变为9个级别；

——游泳分级中，对入水和转身蹬池壁动作评分进行了修订；

——游泳分级中，对功能测试表的内容和分值进行了修订。蛙泳满分改为290分，SB9级分值改为241分～275分。对级别内容进行相应的修订。

本标准的附录A为规范性附录。

本标准由中华人民共和国民政部提出。

本标准由全国残疾人康复和专用设备标准化技术委员会(SAC/TC 148)归口。

本标准起草单位：中国康复研究中心、国家康复器械质量监督检验中心、中国残疾人奥林匹克运动管理中心。

本标准主要起草人：丁伯坦、贾亚玲、王兰。

本标准所代替标准的历次版本发布情况为：

——GB/T 15492—1995。

残疾人轮椅篮球和游泳运动员功能分级

1 范围

本标准规定了残疾人轮椅篮球和游泳运动员功能分级标准。

本标准适用于盲人、脊髓损伤、脑瘫、截肢和其他肢体残疾的运动员。

2 规范性引用文件

下列文件中的条款通过本标准的引用而成为本标准的条款。凡是注日期的引用文件，其随后所有的修改单(不包括勘误的内容)或修订版均不适用于本标准，然而，鼓励根据本标准达成协议的各方研究是否可使用这些文件的最新版本。凡是不注日期的引用文件，其最新版本适用于本标准。

GB/T 14726 残疾运动员的医学和功能分级

3 轮椅篮球运动员分级标准

轮椅篮球运动员根据其运动功能障碍分别评为1级、2级、3级、4级和4.5级(分)，功能处于两个级别之间的情况可增加0.5，从而构成1级、1.5级、2级、2.5级、3级、3.5级、4级和4.5级(分)。

3.1 1分：躯干在所有平面的运动不能控制或稍有控制，前屈和侧屈时平衡明显丧失，失去平衡时，运动员依赖上肢调整身体回到端坐位置，没有主动的躯干旋转运动。胸1～胸7平面完全性脊髓损伤，腹肌无运动功能。

3.2 2分：能控制躯干上部向前的运动，但不能控制躯干侧方运动，躯干上部能旋转，但躯干下部旋转功能差。胸8～腰1平面完全性脊髓损伤。

3.3 3分：躯干有好的运动功能，能很好的向前弯曲并无需上肢支撑抬起，躯干上部能旋转，但不能控制侧方的运动。腰2～腰4平面完全性脊髓损伤，髋关节有屈曲内收功能，但外展后伸功能丧失。儿麻后遗症者，下肢有重度功能障碍。残肢短于1/2的双膝上截肢。

3.4 4分：躯干运动功能正常，因一侧下肢功能受限，通常影响了侧屈运动。腰5～骶1平面完全性脊髓损伤，至少一侧下肢髋关节有后伸、外展功能。儿麻后遗症者，一侧下肢运动功能障碍。一侧髋关节离断；残肢短于2/3的一侧膝上截肢，残肢长于2/3的双膝上截肢，双膝下截肢(不穿假肢及绑扎、无支撑方式稳定小腿)。

3.5 4.5分：躯干在所有平面的运动功能正常，具有侧屈运动功能。残肢长于2/3的一侧膝上截肢，单侧膝下截肢，某些双膝下截肢(穿假肢稳定下肢)。髋、膝、踝关节的骨科疾患。儿麻后遗症者踝或足部有轻度功能障碍及符合最低残疾标准者。

注1：双膝上截肢，残肢长度长于正常的1/2，但不长于2/3为3.5级(分)。

注2：半骨盆离断划为3.5级(分)。

注3：场上5个队员总分不超过14分。

注4：最低残疾：

a) 运动员不能像健全人那样持久、安全、稳定、可控的进行跑、转身或跳的动作(在一定速度下)；

b) 运动员有永久性下肢残疾，能用医学手段客观检查，如测量、X线、CT、MRI等。

4 游泳运动员分级标准

视力残疾分为3个级别：11、12和13。

肢体残疾中，S——自由泳、仰泳、蝶泳分为10个级别：S1～S10。

SB——蛙泳分为9个级别:SB1～SB9。

SM——混合泳分为10个级别:SM1～SM10。

4.1 功能评价及分级方法

评价分级时要在陆地和水中进行。

混合泳的级别根据运动者的S级别和SB级别标准推算出来,如某运动者S为8级,SB为5级,其M为7级。算法为:(3×8+1×5)÷4=7.25≈7

4.2 功能评价的内容和标准

4.2.1 肌力评分标准

——0分:肌肉完全无收缩;

——1分:肌肉能蠕动,但不能带动关节运动;

——2分:肌力差,肌肉收缩能带动关节运动,但不能对抗肢体重力;

——3分:肌力一般,能对抗肢体重力,但不能抗阻力充分活动关节;

——4分:肌力好,能部分对抗阻力充分活动关节;

——5分:肌力正常,能完全对抗阻力充分活动关节。

4.2.2 功能障碍评分标准(不协调、痉挛、手足徐动、共济失调)

——0分:功能性运动完全丧失;

——1分:非常严重肌张力增高、僵硬和/或运动的协调性非常小,有非常严重的运动范围限制;

——2分:严重痉挛,肌张力增高、僵硬和/或严重运动协调障碍,有严重的运动范围限制;

——3分:中度痉挛,肌张力增高限制肢体运动和/或中度运动协调障碍,有中度的运动范围限制;

——4分:轻度痉挛,肌张力轻度增高和/或轻度运动协调障碍,运动范围基本正常;

——5分:正常。

4.2.3 关节活动范围评分标准

——0分:关节活动范围无;

——1分:关节活动范围少量(25%);

——2分:关节活动范围为正常的1/4(25%～49%);

——3分:关节活动范围为正常的1/2(50%～69%);

——4分:关节活动范围为正常的3/4(70%～89%);

——5分:关节活动范围正常(90%～100%)。

4.2.4 入水动作(S和SB)评分标准

——水中出发,有助手	0分
——水中出发,无有助手	1分～2分
——落入水中(非功能性)	1分～2分
——单腿起跳入水,动作完成差	3分～4分
——双腿起跳入水,动作完成差	5分～6分
——单腿起跳入水,动作完成好	7分～8分
——双腿起跳入水,动作完成好	9分～10分
——单侧上肢无功能或单肘关节以上截肢者起跳入水	9分
——双侧上肢无功能或双肘关节以上截肢者起跳入水	7分

4.2.5 转身蹬池壁(S和SB)评分标准

——不能用双腿蹬池壁	0分
——仅能用一个关节运动蹬池壁	1分～2分
——单腿蹬池壁,动作完成差	3分～4分
——双腿蹬池壁,动作完成差	5分～6分

——单腿蹬池壁，动作完成好　　7分～8分

——双腿蹬池壁，动作完成好　　9分～10分

——双上肢无功能或肘关节以上截肢者转身　　7分

——单侧上肢无功能或肘关节以上截肢者转身　　9分

4.3 功能评价表

功能测试及计分方法见附录A。

4.4 自由泳(S)分级标准

4.4.1 S1级(40分～65分)

a) C5平面完全性脊髓损伤，或有类似功能障碍的小儿麻痹后遗症；

b) 非常严重的四肢瘫，躯干、头部控制能力差，四肢推进运动严重受限；

c) 四肢严重关节屈曲挛缩，上肢运动和下肢推进功能严重受限。

4.4.2 S2级(66分～90分)

a) C6平面的完全性脊髓损伤，或有类似功能障碍的小儿麻痹后遗症；

b) C7平面完全性脊髓损伤，同时合并有臂丛神经损伤所致残疾，或一上肢功能障碍；

c) 严重的骨骼肌肉损伤，肩关节功能非常差，类似于C6平面完全性脊髓损伤。

4.4.3 S3级(91分～115分)

a) C7平面完全性脊髓损伤，或类似功能障碍的小儿麻痹后遗症；

b) C6平面不完全性脊髓损伤或类似功能障碍的小儿麻痹后遗症；

c) 严重痉挛性四肢瘫，躯干控制能力差，上肢推进动作不对称；

d) 严重四肢瘫、有痉挛和手足徐动，头、躯干控制能力差，四肢推进动作欠协调；

e) 中度四肢瘫，躯干控制差，痉挛、手足徐动或共济失调而致四肢只有中度推进功能；

f) 严重的四肢短肢畸形或残肢非常短的四肢高位截肢；

g) 四肢严重的肌肉萎缩；

h) 四肢严重关节屈曲挛缩，仅下肢有轻—中度推进力。

4.4.4 S4级(116分～140分)

a) C8平面完全性脊髓损伤，或残疾类似的小儿麻痹后遗症；

b) C7平面不完全性脊髓损伤或残疾类似的小儿麻痹后遗症；

c) 严重双肢麻痹，同时躯干功能受影响，肩和肘的推进功能受限；

d) 功能障碍类似C8平面不完全脊髓损伤的肌肉损害；

e) 严重的三肢短肢畸形；

f) 四肢关节屈曲挛缩，上肢有轻—中度推进力，下肢运动功能严重受限。

4.4.5 S5级(141分～165分)

a) T1～T8平面的完全性脊髓损伤，功能障碍类似的小儿麻痹后遗症；

b) C8平面不完全性脊髓损伤，有一定的躯干功能或功能障碍类似的小儿麻痹后遗症；

c) 严重双肢麻痹，躯干控制能力尚可，肩、肘推进能力尚可；

d) 重度偏瘫；

e) 中度、重度手足徐动、共济失调或痉挛；

f) 功能障碍类似C8平面不完全脊髓损伤的肌肉骨骼损伤；

g) 软骨发育不全，女性身高不超过130 cm，男性不超过137 cm并有其他残障而致推进能力障碍；

h) 中度三肢短肢畸形；

i) 四肢关节屈曲挛缩，四肢有轻—中度推进力。

4.4.6 **S6 级(166 分～190 分)**

a) T9～L1 平面完全性脊髓损伤,下肢无功能或类似功能障碍的小儿麻痹症;

b) 中度双肢瘫,躯干控制能力尚可,双肩和肘的推进功能尚可或良好;

c) 中度偏瘫;

d) 中度手足徐动症和/或共济失调;

e) 双侧肘关节以上截肢,残肢短于正常的 1/4(A5 级);

f) 同侧肘关节以上,膝关节以上截肢(A9 级);

g) 先天性三肢短肢畸形;

h) 软骨发育不全,女性身高不超过 130 cm,男性不超过 137 cm;

i) 双上肢短肢畸形为正常的 2/3,并有单侧膝关节以上截肢;

j) 在膝关节以上截肢的同侧合并严重肩关节僵硬。

4.4.7 **S7 级(191 分～215 分)**

a) L2～L3 平面完全性脊髓损伤或功能障碍类似的小儿麻痹后遗症;

b) 中度两肢瘫,躯干轻度功能障碍;

c) 中度偏瘫;

d) 双侧肘关节以下截肢(A7 级);

e) 双侧膝关节以上截肢(A1 级),残肢短于正常的 1/2;

f) 一侧肘关节以上截肢,另一侧膝关节以上截肢(A9 级);

g) 一侧上肢麻痹,并同侧下肢功能严重受限。

4.4.8 **S8 级(216 分～240 分)**

a) L4～L5 平面脊髓损伤或功能障碍类似的小儿麻痹后遗症;

b) 轻度两肢瘫伴轻度躯干功能障碍;

c) 轻度的四肢痉挛;

d) 轻度偏瘫;

e) 双膝关节以上截肢(A1 级),双侧残肢均长于正常的 1/2;

f) 双膝关节以下截肢(A3 级),双侧残肢均不长于正常的 1/3;

g) 单侧肘关节以上截肢(A6 级)或类似功能障碍的一侧全臂丛神经损伤;

h) 双手截肢,残留 1/4 或残留手掌;

i) 严重的双下肢关节功能受限。

4.4.9 **S9 级(241 分～265 分)**

a) 能步行的截瘫,双下肢轻微功能障碍;

b) 小儿麻痹后遗症,一下肢无功能;

c) 肢体轻微功能协调障碍或单肢瘫;

d) 单侧膝关节以上截肢(A2 级);

e) 双侧膝关节以下截肢(A3 级),残肢长于正常的 1/3;

f) 单侧肘关节以下截肢(A8 级);

g) 下肢部分关节僵硬,其中一侧下肢影响更大。

4.4.10 **S10 级(266 分～285 分)**

a) 小儿麻痹后遗症和马尾神经损伤综合征(S1、S2 脊髓损伤)、双下肢有轻微功能障碍;

b) 有轻微体征的痉挛和共济失调;

c) 一下肢麻痹;

d) 一侧髋关节严重僵硬;

e) 单侧膝关节以下截肢(A4 级);

f) 双脚截肢;

g) 一手截肢,残留 1/2。

注:自由泳评分,满分 300 分。

4.5 蛙泳(SB)分级标准

4.5.1 SB1 级(40 分～65 分)

a) C6 平面完全性脊髓损伤或有类似功能障碍的小儿麻痹后遗症;
b) C2 平面完全性脊髓损伤,合并臂丛神经损伤或一上肢功能障碍;
c) 非常严重四肢瘫,上肢推进功能受限;
d) 严重痉挛性手足徐动性四肢瘫,躯干控制能力差,上肢、下肢推进运动范围非常有限;
e) 类似 C6 平面完全性脊髓损伤的严重肌肉骨骼损害,肩关节功能非常差;
f) 严重先天性四肢短缺或残肢很短的四肢截肢;
g) 四肢严重关节屈曲挛缩,上肢严重功能障碍。

4.5.2 SB2 级(66 分～90 分)

a) C7 平面的完全性脊髓损伤或有类似功能障碍的小儿麻痹后遗症;
b) 某些 C6 平面的不全脊髓损伤或有类似功能障碍的小儿麻痹后遗症;
c) 中度四肢瘫,躯干控制力差,痉挛、手足徐动、共济失调、四肢有中度推进功能;
d) 类似 C7 平面的完全性脊髓损伤的肌肉骨骼损害;
e) 四肢严重肌肉萎缩;
f) 严重三肢短缺。

4.5.3 SB3 级(91 分～115 分)

a) C8 平面完全性脊髓损伤,手伸指功能良好或有类似功能障碍的小儿麻痹后遗症;
b) C7 平面的完全性脊髓损伤或有类似功能障碍的小儿麻痹后遗症;
c) T1～T5 平面的不完全性脊髓损伤或有类似功能障碍的小儿麻痹后遗症;
d) T1～T8 平面完全性脊髓损伤,合并有胸、腰椎手术内固定,或髋关节严重挛缩影响平衡功能;
e) 严重的双肢瘫,躯干功能障碍,肩、肘推进功能受限;
f) 功能障碍类似 C8 平面完全性脊髓损伤的严重肌肉骨骼损害;
g) 中度三肢短缺。

4.5.4 SB4 级(116 分～140 分)

a) T6～T10 平面的完全性脊髓损伤或有类似功能障碍的小儿麻痹后遗症;
b) T9～L1 平面完全性脊髓损伤,合并有胸、腰椎手术内固定,髋关节严重挛缩影响平衡功能;
c) C8 平面不完全性脊髓损伤,躯干控制能力好或有类似功能障碍的小儿麻痹后遗症;
d) 重度两肢瘫,躯干控制尚可,肩、肘有一定的推进功能;
e) 中到重度手足徐动,共济失调和痉挛;
f) 重度偏瘫;
g) 功能障碍类似 C8 平面脊髓损伤的肌肉骨骼损害;
h) 四肢严重关节屈曲挛缩,但有轻度-中度推进功能。

4.5.5 SB5 级(141 分～165 分)

a) T11～L1 平面的完全性脊髓损伤或有类似功能障碍的小儿麻痹后遗症;
b) L2～L3 平面完全性截瘫,手术固定从 T4～T6 到腰椎,髋关节严重挛缩影响平衡功能;
c) 中度两肢瘫,躯干控制尚可,肩、肘有较好的推进功能;
d) 中到重度手足徐动,共济失调;
e) 中到重度偏瘫;
f) 同侧膝上和肘上截肢;
g) 双膝关节以上截肢(A1 级),残肢短于 1/2;
h) 膝上截肢合并同侧肩关节严重功能障碍;

i) 软骨发育障碍，女性不超过 130 cm，男性不超过 137 cm；

j) 双上肢先天性短缺合并双下肢功能障碍。

4.5.6 **SB6 级**（166 分～190 分）

a) L2～L3 平面脊髓损伤所致的截瘫和小儿麻痹后遗症；

b) 双肢瘫，双上肢和躯干轻度痉挛；

c) 中度的偏瘫；

d) 中度的手足徐动症，共济失调；

e) 双膝关节以上截肢（A1 级），残肢长于 1/2；

f) 双上肢短肢畸形（正常 2/3），并有一膝关节以上截肢（A2）；

g) 一侧上肢麻痹，同时同侧一下肢功能受限。

4.5.7 **SB7 级**（191 分～215 分）

a) L4～L5 平面脊髓损伤所致的截瘫和小儿麻痹症；

b) 轻度两肢瘫，躯干功能轻度受限；

c) 中度偏瘫；

d) 四肢轻度痉挛；

e) 双侧肘关节以上截肢（A5 级）；

f) 双膝关节以下截肢（A3 级），残肢短于 1/2；

g) 一肘关节以上同时对侧膝关节以上截肢（A9 级）；

h) 双下肢严重功能受限。

4.5.8 **SB8 级**（216 分～240 分）

a) 下肢轻度功能障碍的能行走的截瘫；

b) 小儿麻痹后遗症，一下肢无功能；

c) 轻微偏瘫；

d) 轻微肢体协调功能问题，或单肢瘫；

e) 下肢部分关节功能受限，一侧较重；

f) 双侧肘关节以下截肢（A7 级）；

g) 单侧肘关节以上截肢（A6 级）或类似功能障碍的一侧全臂丛神经损伤；

h) 双侧膝关节以下截肢（A3 级），残肢长于 1/2；

i) 单侧膝关节以上截肢（A2 级）；

j) 单侧膝关节以下截肢（A4 级）残肢短于 1/4；

k) 单侧肘关节以下截肢，残肢短于 1/4。

4.5.9 **SB9 级**（241 分～275 分）

a) 下肢轻度功能障碍的小儿麻痹后遗症和马尾神经损伤综合征、（S1、S2 脊髓损伤）；

b) 轻度痉挛、共济失调；

c) 单侧膝关节以下截肢（A4 级），残肢长于 1/4；

d) 单侧肘关节以下截肢（A8 级），残肢长于 1/4；

e) 不完全性欧勃麻痹（Erb-palsy）或臂丛神经损伤；

f) 手截肢，残留少于 1/3；

g) 足截肢；

h) 髋关节功能严重受限并下肢还有其他功能障碍；

i) 髋关节骨骺软骨病功能受限；

j) 双踝关节僵硬并有轻度下肢肌力弱。

注：蛙泳（B）评价时腰部功能满分为 40 分，因而总分为 290 分。

附 录 A
（规范性附录）
残疾游泳运动员功能测试计分表

陆上测试上肢			功能障碍肌力测试		关节活动范围测试	
肩：			左	右	左	右
S	SB	屈				
S	×	伸				
×	×	外展				
S	SB	内收				
S	×	外旋				
S	SB	内旋				
肘：			左	右	左	右
S	SB	屈				
S	SB	伸				
S	SB	旋前				
腕：			左	右	左	右
S	SB	屈				
S	×	伸				
×	SB	尺偏				
指：			左	右	左	右
S	SB	屈				
S	SB	伸				
S	SB	向中指收				
躯干：						
S	SB	屈背				
S	SB	屈腰				
S	SB	伸背				
S	SB	伸腰				
S	×	旋转				

总分 S	总分 SB
上肢	上肢
躯干	躯干
下肢	下肢
入水	入水
＋转身	＋转身

陆下测试下肢			功能障碍肌力测试		关节活动范围测试	
髋：			左	右	左	右
S	SB	屈				
S	SB	伸				
×	SB	外展				
S	SB	内收				
×	SB	外旋				
S	SB	内旋				
膝：			左	右	左	右
S	SB	屈				
S	SB	伸				
踝：			左	右	左	右
S	SB	背屈				
S	SB	跖屈				
S	SB	外翻				
S	SB	内翻				

水中测试 S 功能		水中测试 SB 功能	
上肢功能总计分		上肢功能总计分	
左(65)	右(65)	左(55)	右(55)
躯干功能总计分		躯干功能总计分	
左(25)	右(25)	左(20)	右(20)
下肢功能总计分		下肢功能总计分	
左(50)	右(50)	左(60)	右(60)
总计 S		总计 SB	
左	右	左	右

ICS 11.020
C 05

GB

中华人民共和国国家标准

GB/T 15493—2009
代替 GB/T 15493—1995

残疾人射击和乒乓球运动员功能分级

Functional classification of shooting and table tennis for disabled athletes

2009-09-30 发布 2009-12-01 实施

中华人民共和国国家质量监督检验检疫总局
中国国家标准化管理委员会 发布

前　　言

本标准代替 GB/T 15493—1995《残疾人射击和乒乓球运动员功能分级》。

本标准与原 GB/T 15493—1995 相比有以下变化：

——射击功能分级标准由原来的四级改为二级，同时增加了视力残疾射击标准的一个级别；

——射击每一个级别中，根据躯干功能情况又各自分为三个亚级；

——对射击每个级别的内容进行了修订；

——对射击参赛最低残疾标准进行补充和修订；

——乒乓球分级标准主要增加了注 1 和注 5 的内容，TT10 级中增加了部分内容。

本标准由中华人民共和国民政部提出。

本标准由全国残疾人康复和专用设备标准化技术委员会(SAC/TC 148)归口。

本标准起草单位：中国康复研究中心、国家康复器械质量监督检验中心、中国残疾人奥林匹克运动管理中心。

本标准主要起草人：丁伯坦、贾亚玲、王兰。

本标准所代替标准的历次版本发布情况为：

——GB/T 15493—1995。

残疾人射击和乒乓球运动员功能分级

1 范围

本标准规定了残疾人射击和乒乓球运动员功能分级标准。

本标准适用于视力残疾、脊髓损伤、脑瘫、截肢和其他肢体残疾的运动员。

2 规范性引用文件

下列文件中的条款通过本标准的引用而成为本标准的条款。凡是注日期的引用文件，其随后所有的修改单(不包括勘误的内容)或修订版均不适用于本标准，然而，鼓励根据本标准达成协议的各方研究是否可使用这些文件的最新版本。凡是不注日期的引用文件，其最新版本适用于本标准。

GB/T 14726 残疾运动员的医学和功能分级

3 射击运动员分级标准

根据功能受限的情况及射击的技术要求分为3个级别比赛。

3.1 SH1级

使用手枪和步枪比赛时，不需要射击架支撑。

注：根据下肢和躯干的功能又分以下亚级。

3.1.1 SH1A级：具有站立功能的坐姿运动员，躯干功能正常，射击椅无靠背，可以选择站姿比赛。

3.1.2 SH1B级：坐姿比赛运动员，双下肢无功能或严重功能障碍，但骨盆控制功能好(背、腹肌、腰方肌功能好)，射击椅可以有低靠背。

3.1.3 SH1C级：坐姿比赛运动员，双下肢无功能或严重功能障碍，躯干功能丧失或尚可，射击椅允许高靠背。

3.2 SH2级

使用步枪比赛时，需要射击架支撑。

注：根据下肢和躯干的功能又分以下亚级。

3.2.1 SH2A级：坐姿运动员，一上肢无功能或双上肢严重功能障碍，躯干功能好，射击椅无靠背，可以选择站立比赛。

3.2.2 SH2B级：坐姿运动员，双下肢无功能或严重功能障碍，骨盆控制功能好，射击椅可以有低靠背。

3.2.3 SH2C级：坐姿运动员，双下肢无功能或严重功能障碍，躯干功能丧失或尚可，射击椅允许高靠背。

3.3 SH3级

使用步枪，最低残疾为B3级视力残疾者。无合并肢体残疾者定为SH3X，合并肢体残疾者参照3.1SH1级情况分别定为SH3A，SH3B，SH3C。

3.4 参赛最低残疾标准

3.4.1 使用手枪者非执拍手最低残疾标准

a) 非执拍手至少为通过腕关节的截肢；

b) 非执拍手肌力最少减30分，不能用非执拍手装填子弹；

c) 严重关节活动障碍并有肌力降低和/或运动协调障碍的类似本条a)、b)残疾。

3.4.2 使用步枪者上肢最低残疾标准

a) 上肢最低残疾为肘关节以下截肢，残肢长度短于2/3全肢长；

b） 一侧上肢肌力最少减 30 分或两上肢肌力最少减 50 分；

c） 严重关节活动障碍并有肌力降低和/或运动协调障碍的类似本条 a)、b)残疾。

3.4.3 使用手枪和步枪者下肢最低残疾标准

a） 下肢最低残疾为至少通过踝关节的截肢；

b） 一侧下肢肌力最少减 20 分或两下肢肌力最少减 25 分；

c） 肌力降低和/或运动协调障碍引起严重关节活动障碍造成类似本条 a)、b)残疾。但一侧膝关节或踝关节僵直在功能位或者一侧髋关节内置假体者除外。

4 乒乓球运动员分级标准

肢体残疾乒乓球比赛分为 10 个级别，1 级～5 级坐轮椅比赛(坐姿)，6 级～10 级站立比赛(站姿)。

4.1 TT1 级

——肘和手的伸展动作是由于肩部摆动而产生的，残疾上肢运动的协调性明显不同于正常上肢。躯干的活动是用非执拍手勾住轮椅或大腿，或者屈肘勾住轮椅靠背完成。相当于脊髓损伤医学分级 1A 级。

——脑瘫残疾者，对称或非对称性四肢瘫，严重躯干平衡功能障碍，上肢痉挛 3 级～4 级。

4.2 TT2 级

——除具有 TT1 级的功能外，主要是肘关节具有充分的伸展功能，手运动的协调性尚好，但无正常肌力，躯干位置的维持类似 TTl 级。相当于脊髓损伤医学分级 1B 级。

——脑瘫残疾者，三肢瘫，躯干有严重平衡功能障碍，上肢痉挛 2 级～3 级。

4.3 TT3 级

——除具有 2 级功能外，脊髓损伤平面最高可达 C8，执拍手可有轻度功能丧失，但不影响乒乓球技术的发挥，躯干的运动功能及动态平衡的维持功能差。因此躯干下部常紧靠轮椅椅背，躯干位置的轻度改变常借助非执拍手勾、推、支撑轮椅或大腿等动作来完成；由于躯干旋转功能障碍，导致上肢向后运动幅度减少；不能随意的操纵轮椅运动。相当于脊髓损伤医学分级 1C 级和 2 级。

——脑瘫残疾者，严重二肢瘫，上肢轻度控制功能障碍，中度躯干功能障碍，下肢严重痉挛 4 级。

4.4 TT 4 级

——除具有 3 级的功能外，上肢躯干功能正常，能自由端坐在轮椅上，但躯干活动范围扩大时，需要非执拍手抓住轮椅或大腿以稳定躯干，可以随意操纵轮椅运动。用一手帮助躯干前屈时，前屈有轻度障碍，无非执拍手帮助躯干不能侧屈，执拍手充分后伸时，躯干有良好的旋转功能，躯干从俯卧在大腿上后伸时，腰明显前凸。相当于脊髓损伤医学分级 3 级和 4 级。

——髋关节离断、双侧下肢膝关节以上截肢，残肢长度短于 1/3 者也可分在这一级。

——脑瘫残疾者，中度双肢瘫，躯干中度平衡功能障碍，下肢中度痉挛 3 级。

4.5 TT5 级

——除具有 4 级功能外，躯干的运动功能和动态平衡功能完全正常，不需借助非执拍手帮助，躯干能随意的屈伸运动，也能进行一些侧屈运动；手可自如操纵轮椅，可用下肢甚至足驱动轮椅。相当于脊髓损伤医学分级 5 级和 6 级。

——4 级的下肢截肢除外，禁止参加站姿比赛的髋关节、膝关节、踝关节安装假体者放在这一级。

——脑瘫残疾者，轻度单肢瘫，躯干轻度平衡功能障碍，下肢轻度痉挛，不能参加站姿比赛。

4.6 TT6 级

——执拍手和下肢均有残疾，其运动功能各至少减去 30 分，伴有严重的动态平衡功能障碍。

——双下肢膝上截肢者。

——脑瘫残疾者。

a) 对称或非对称性中度双肢瘫，下肢协调性中度障碍并伴有轻度痉挛 2 级。下肢痉挛 3 级并中度动态平衡障得。

b) 中度手足徐动或共济失调：上肢轻度痉挛 1 级～2 级，但上肢严重运动功能障碍，下肢轻、中度运动功能障碍并轻度痉挛 1 级～2 级，动态平衡功能尚可。

4.7 TT7 级

——双上肢运动功能障碍，执拍手运动功能至少减去 20 分。

——A5、A7 级截肢或执拍手截肢（A6、A8）。

——脑瘫残疾者，中度手足徐动或共济失调：上肢中度运动功能障碍并轻度痉挛 1 级～2 级。

4.8 TT8 级

——一侧下肢或两下肢严重运动功能障碍，下肢运动功能最少减去 30 分并动态平衡功能差。

——A2、A3 级截肢。

——脑瘫残疾者

a) 对称或非对称轻、中度双肢瘫，下肢痉挛 2 级～3 级并轻度动态平衡功能障碍。

b) 中度偏瘫，身体一侧中度痉挛 3 级并对侧痉挛 1 级～2 级，动态平衡功能一般。

4.9 TT9 级

——A4 级截肢。动态平衡功能好，如仅一侧下肢运动功能障碍，至少运动功能减去 10 分，如双下肢均有运动功能障碍，则至少要减去 15 分。

——对于截肢者来讲，医学分级 A4 级在这一级。双下肢不等长，其长度相差 7 cm。

——脑瘫残疾者：

a) 轻度偏瘫，下肢中度痉挛 2 级～3 级并平衡功能好。

b) 轻度双肢瘫，下肢轻度痉挛 1 级～2 级并平衡功能好。

4.10 TT10 级

——执拍手功能正常，非执拍上肢前臂截肢，但残肢长度应短于 1/3 健肢长。不佩戴矫形器时，非执拍手运动功能最少减去 35 分。但不配戴假肢。如果功能丧失少于 35 分，即便佩戴矫形器也不合格。如非执拍手先天性短缩，功能正常，其长度不应长于执拍上肢的上臂。

——脑瘫残疾者，非执拍手瘫或轻度手足徐动，平衡功能正常。

注 1：如果 2 个或以上肢体功能障碍相加达到最低的 35 分，可根据其功能障碍最大的肢体决定其级别。

注 2：关节活动度每减少 25%，减少功能 1 分。

注 3：髋、膝、踝关节安放假体者，不能参加站姿级别比赛。

注 4：肢体矮小者无运动功能障碍不具备参赛资格。

注 5：脊柱后凸或侧弯者，根据肢体动能分级。

ICS 77.020
H 01

中华人民共和国国家标准

GB/T 15512—2009
代替 GB/T 15512—1995

评价企业节约钢铁材料技术导则

Technical guides for evaluating the saving of iron and steel product in enterprise

2009-04-08 发布　　2009-12-01 实施

中华人民共和国国家质量监督检验检疫总局
中国国家标准化管理委员会　发布

前　言

本标准代替GB/T 15512—1995《评价企业节约钢材技术导则》。

本标准与GB/T 15512—1995相比，主要变化如下：

——标准名称修改为《评价企业节约钢铁材料技术导则》；

——增加了钢铁材料节约、炼钢钢铁料消耗量等相关的术语和定义；

——增加了评价原则（第4章）和评价指标（第5章）；

——合并了原标准的第5、6、7、8章，并对内容进行修改（第6章）；

——修改了管理要求的相关内容（第7章）。

本标准由全国能源基础与管理标准化技术委员会提出并归口。

本标准起草单位：中国标准化研究院、冶金工业规划研究院、中国钢研科技集团公司、莱芜钢铁集团有限公司。

本标准主要起草人：金明红、李爱仙、白雪、梁秀英、孙静、张戈、曾加庆、程小矛、李晓红、赵跃进。

本标准所代替标准的历次版本发布情况为：

——GB/T 15512—1995。

评价企业节约钢铁材料技术导则

1 范围

本标准规定节约钢铁材料的评价原则、评价指标及计算方法、技术要求和管理要求。

本标准适用于钢铁材料的生产、加工、使用、流通和废钢铁回收利用单位。

2 规范性引用文件

下列文件中的条款通过本标准的引用而成为本标准的条款。凡是注日期的引用文件，其随后所有的修改单(不包括勘误的内容)或修订版均不适用于本标准，然而，鼓励根据本标准达成协议的各方研究是否可使用这些文件的最新版本。凡是不注日期的引用文件，其最新版本适用于本标准。

GB 4223 废钢铁

GB/T 20566 钢及合金术语

3 术语和定义

GB/T 20566 确立的以及下列术语和定义适用于本标准。

3.1

钢铁材料节约 saving of iron and steel product

通过加强管理，采用技术上可行、经济上合理以及环境和社会可以承受的措施，从钢铁材料生产、加工、流通、使用以及废钢铁回收再利用等各个环节，降低消耗，制止浪费，提高钢铁材料的生产效率和利用效率。

3.2

炼钢钢铁料消耗量 consumption of iron and steel for steel making

生产单位合格钢水所消耗的生铁量、废钢铁量之和。

3.3

钢材综合成材率 comprehensive yield ratio of steel product

合格钢材产出量占锭坯(模铸锭、连铸坯)耗用量的百分比。

3.4

钢材合格率 ratio of steel product qualified

钢材检验合格量占钢材总检验量及中间废品量之和的百分比。

3.5

废钢铁回收率 recovery ratio of steel scrap

企业回收的废钢铁与企业产生废钢铁总量的百分比。

3.6

自产废钢铁 self-production scrap iron and steel

钢铁生产过程中钢厂内部产生的废钢、废铁。

3.7

加工废钢铁 processed steel scrap

制造加工工业在对钢铁产品进行机械加工时产生的废钢、废铁。

3.8

报废废钢铁 depreciated steel scrap

各种钢铁制品(机器设备、汽车、飞机轮船等耐用品、建筑物、容器以及民用物品等)使用一定年限后报废形成的废钢、废铁。

3.9

单位产品钢铁材料消耗量　consumption of iron and steel product for unit output of product

生产每单位合格产品所消耗的钢铁材料量。

3.10

钢铁材料综合利用率　rate of comprehensive utilization of iron and steel product

合格产品所包含的钢铁材料量与所投入的钢铁材料量的百分比。

3.11

钢铁材料节约量　saving of iron and steel products

统计报告期内钢铁材料实际消耗量与按基期值计算的钢铁材料消耗量之差。

3.12

钢铁材料消耗弹性系数　elastic coefficient of consumption of iron and steel products

钢铁材料消耗年平均增长速度与产品产量年平均增长速度的比值。

3.13

铁钢比　iron steel ratio

钢铁企业合格铁水产量与合格钢水产量的比值。

3.14

连铸比　continuous casting ratio

合格连铸坯产量与锭坯(模铸锭、连铸坯)产量的比值。

3.15

废钢比　scrap steel ratio

炼钢废钢铁消耗量与钢铁料消耗总量的比值。

4　节约钢铁材料评价原则

4.1　节约钢铁材料绩效应包括钢铁材料的生产、加工、流通和使用、废钢的回收和再利用等环节。

4.2　钢铁材料节约包括钢铁生产流程中节约钢铁材料和成品钢铁材料的有效利用和替代。

4.3　节约钢铁材料的评价指标应该科学、有效,具有可操作性;在同行业的企业之间应具有可比性。

5　节约钢铁材料评价指标及计算方法

5.1　钢铁生产企业节约钢铁材料绩效评价指标

——炼钢钢铁料消耗量;

——钢材综合成材率;

——钢材合格率;

——废钢铁回收率(重点评价自产废钢铁回收率、自产废钢铁利用率)。

5.2　企业节约钢铁材料绩效评价指标

——单位产品钢铁材料消耗;

——钢铁材料综合利用率;

——钢铁材料节约量;

——钢铁材料消耗弹性系数;

——废钢(细分为加工废钢铁和报废废钢铁)回收量、回收率、利用率;

——钢铁材料库存期。

5.3 节约钢铁材料评价指标的计算方法

5.3.1 炼钢钢铁料消耗量

炼钢钢铁料消耗量按式(1)计算：

$$M_r = \frac{M_R}{MS_Q} \qquad \cdots\cdots(1)$$

式中：

M_r——炼钢钢铁料消耗量，单位为千克每吨(kg/t)；

M_R——统计报告期内入炉生铁量和废钢铁量之和，单位为千克(kg)；

MS_Q——统计报告期内合格钢水产量，单位为吨(t)。

5.3.2 钢材综合成材率

钢材综合成材率按式(2)计算：

$$y_s = \frac{SQ}{SI} \times 100 \qquad \cdots\cdots(2)$$

式中：

y_s——钢材综合成材率，用%表示；

SQ——统计报告期内合格钢材产量，单位为吨(t)；

SI——统计报告期内，锭坯(模铸锭、连铸坯)消耗量，单位为吨(t)。

5.3.3 钢材合格率

钢材合格率按式(3)计算：

$$y'_s = \frac{SQ'}{S} \times 100 \qquad \cdots\cdots(3)$$

式中：

y'_s——钢材质量合格率，用%表示；

SQ'——统计报告期内钢材检验合格量，单位为吨(t)；

S——统计报告期内钢材总检验量及中间废品量之和，单位为吨(t)。

5.3.4 废钢铁回收率

废钢铁回收率按式(4)计算：

$$r_{ss} = \frac{R_{ss}}{SS} \times 100 \qquad \cdots\cdots(4)$$

式中：

r_{ss}——废钢铁回收率，用%表示；

R_{ss}——统计报告期内回收的废钢铁量，单位为吨(t)；

SS——统计报告期内废钢铁产生量，单位为吨(t)。

5.3.5 单位产品钢铁材料消耗量

单位产品钢铁材料消耗量按式(5)计算：

$$M_q = \frac{M_s}{Q} \qquad \cdots\cdots(5)$$

式中：

M_q——单位产品钢铁材料消耗量；

M_s——统计报告期内钢铁材料消耗量，单位为吨(t)；

Q——统计报告期内合格产品的产量。

5.3.6 钢铁材料节约量

钢铁材料节约量按式(6)计算：

$$SA = (M'_q - M''_q) \times Q \qquad \cdots\cdots(6)$$

式中：

SA——钢铁材料节约量，单位为吨(t)；

M'_q——基期单位产品钢铁材料消耗量；

M''_q——统计报告期内单位产品钢铁材料消耗量。

5.3.7 钢铁材料消耗弹性系数

钢铁材料消耗弹性系数按式(7)计算：

$$\varepsilon = \frac{m}{q} \qquad (7)$$

式中：

ε——钢铁材料消耗弹性系数；

m——统计报告期内，钢铁材料消耗量年平均增长率；

q——统计报告期内，产品产量年平均增长率。

5.3.8 钢铁材料综合利用率

钢铁材料综合利用率按式(8)计算：

$$\xi = \frac{M_{n'}}{M_{s'}} \times 100 \qquad (8)$$

式中：

ξ——钢铁材料综合利用率，用%表示；

$M_{n'}$——统计报告期内合格产品所包含的钢铁材料量，单位为吨(t)；

$M_{s'}$——统计报告期内生产合格产品所投入的钢铁材料量，单位为吨(t)。

6 技术要求

6.1 钢铁材料的生产

6.1.1 钢铁生产企业应采用先进技术、工艺、装备，实现全数字化、智能化的轧制工艺、装备与质量控制。

6.1.2 应发展短流程炼钢、回收利用废钢铁，降低铁钢比。

6.1.3 大力发展钢材深度加工，延伸产业链，开拓钢材发展的新领域。

6.1.4 钢材生产企业应开发生产高强度高韧性钢材、耐火耐候抗震钢材、环保节能新型钢材、耐腐蚀及特殊性能钢材和高纯净材料。

6.1.5 应采用以下措施提高钢材综合成材率：

——提高连铸比；

——减少氧化烧损量；

——减少切头切尾；

——装备大型化、连续化、自动化。

6.1.6 提高板管比，提高钢材综合利用率。

6.1.7 提高产品性能和开发新钢种，提高轧制形状与尺寸的精度。

6.1.8 采用镀层、涂层、复合等表面处理钢材，延长钢材使用寿命。

6.2 钢铁材料的流通

6.2.1 改善钢铁材料库存环境，加强流通环节的钢铁材料防护，减少钢铁材料腐蚀损失。

6.2.2 采用满足钢材贮运要求的操作规程。

6.2.3 优化金属加工工艺，减少钢铁材料下角料和加工废屑。

6.3 钢铁材料的使用

6.3.1 产品设计

设计部门要严格按照设计规范和标准进行设计，采取国际先进技术，把经济、节约型产品纳入标准设计。

6.3.2 机械加工

——采用集中下料，按实际尺寸发料，优化套裁、扩大钢材改制利用；

——采用先进的热处理技术；

——采用机械化、自动化技术，减少人工误差、提高精度；

——采用少、无切削新工艺，降低工艺损耗和废品率；

——采用摩擦焊、等离子焊等先进焊接技术及激光处理技术；

——采用高性能钢材。

6.3.3 建筑用钢

——选用3级、4级高强度钢筋；

——应用热轧H型钢等钢结构；

——应用预应力技术；

——应用冷弯型钢和轻钢结构建筑。

6.3.4 在汽车、舰船、铁轨、桥梁等采用节约钢材的先进设计方案，宜选用高性能钢材。

6.3.5 在满足产品质量和使用功能情况下，应广泛采用其他代用材料。

6.4 钢铁材料的防护

6.4.1 采用先进的防腐设计、防护材料、工艺和技术，满足钢铁材料及其制品耐腐蚀和施工要求。

6.4.2 金属各类覆盖层及涂层工艺的选择和实施应按有关国家标准执行。

6.4.3 储运防腐

——钢铁材料存放保管场所内外均应干燥通风，库内存放料物应采用硬化地面，远离产生有害气体和粉尘的车间。保持合理的相对湿度。

——钢铁材料出厂时，应遵照有关国家标准，实施涂防腐剂、化学防护膜或密封包装等，并做好搬运的保护工作。

6.4.4 零件防腐

——零件在车间、工序加工时，应采用临时防腐措施；

——对特殊要求的耐磨、耐蚀或其他要求的零件，应在所需表面采用各种表面强化工艺，如激光表面合金化处理、物理真空沉积、化学真空沉积及热喷涂等。

6.4.5 设备和设施防腐

——防腐设备应按照有关规定选用耐蚀钢铁材料进行设计和制造；

——所有地下管线，如输油管道、供水管道、燃气热力管道等，必须涂覆防腐涂层和施加阴极保护；

——高大建筑、桥梁、城市立交桥等结构工程都应采取涂层防腐和阴极保护；

——水利工程、河及海下设施等都应采用长期涂层和阴极保护措施。

6.4.6 交通运输工具及设施防腐

——车辆制造时都应采用先进的耐蚀涂层材料，在运行和保养时采用防腐蚀措施；

——舰船应同时采用涂层防腐和阴极保护；

——地下铁道应采取排流措施，以防止杂散电流对其他金属管线的腐蚀。

6.5 废钢铁回收和利用

6.5.1 钢铁生产企业应积极回收各工序的自产废钢铁，提高自产废钢铁回收率和利用率，提高废钢比。

6.5.2 企业应依据GB 4223对废钢铁进行分类回收，建立废钢铁回收体系。

7 管理要求

7.1 企业应建立钢铁材料消耗管理体系及管理制度，形成文件，并保持和持续改进其有效性。

7.2 钢铁材料消耗管理体系应包括钢铁材料消耗数据的采集、处理、汇总和档案管理，定额管理、仓储管理，防腐管理、废钢铁管理、人员培训等方面的内容。

7.3 企业应建立、保持和使用文件化的程序来规范节约钢铁材料管理人员行为，应设专人负责钢铁材料消耗的统计、核算、节约绩效考核的工作。

ICS 01.080.01
A 22

中华人民共和国国家标准

GB/T 15566.10—2009

公共信息导向系统　设置原则与要求
第10部分：街区

Guidance system for public information—
Setting principles and requirements—
Part 10：Street blocks

2009-05-06 发布　　2009-11-01 实施

中华人民共和国国家质量监督检验检疫总局
中国国家标准化管理委员会　发布

前　言

GB/T 15566《公共信息导向系统　设置原则与要求》分为以下部分：

——第1部分：总则；

——第2部分：民用机场；

——第3部分：铁路旅客车站；

——第4部分：公共交通车站；

——第5部分：购物场所；

——第6部分：医疗场所；

——第7部分：运动场所；

——第8部分：宾馆和饭店；

——第9部分：公园景点；

——第10部分：街区；

……

本部分为GB/T 15566的第10部分。

本部分由全国图形符号标准化技术委员会(SAC/TC 59)提出并归口。

本部分起草单位：中国标准化研究院、北京商务中心区管理委员会、北京视域四维城市导向系统规划设计有限公司。

本部分主要起草人：邹传瑜、白殿一、刘慧清、李菁菁、张亮、陈永权。

本部分为首次发布。

公共信息导向系统　设置原则与要求
第10部分：街区

1　范围

GB/T 15566的本部分规定了街区公共信息导向系统的设置原则和要求。

本部分适用于街区设置的公共信息导向系统。

本部分不适用于道路交通标志的设置和标线的施划。

2　规范性引用文件

下列文件中的条款通过GB/T 15566的本部分的引用而成为本部分的条款。凡是注日期的引用文件，其随后所有的修改单(不包括勘误的内容)或修订版均不适用于本部分，然而，鼓励根据本部分达成协议的各方研究是否可使用这些文件的最新版本。凡是不注日期的引用文件，其最新版本适用于本部分。

GB/T 10001(所有部分)　标志用公共信息图形符号

GB/T 15565(所有部分)　图形符号　术语

GB/T 15566.1　公共信息导向系统　设置原则与要求　第1部分：总则

GB/T 20501(所有部分)　公共信息导向系统　要素的设计原则与要求

3　术语和定义

GB/T 15565和GB/T 15566.1界定的以及下列术语和定义适用于本部分。

3.1

街区　street blocks

以道路为边界的、由建筑群构成的区域。

3.2

地名标志　place name sign

以标示地理实体专有名称为主题的标志。

注：常见的地名标志有道路(街)标志、巷牌、片区牌、单位指示牌、桥梁(含立交桥)标志牌。

4　导向系统的构成

街区公共信息导向系统(以下简称街区导向系统)由以下导向要素构成：

——位置标志；

——导向标志；

——平面示意图；

——街区导向图。

5　总则

5.1　街区导向系统的设置应符合GB/T 15566.1中规定的通用原则与要求。导向系统中导向要素的设计应符合GB/T 20501的要求。导向要素中信息的传递应优先使用图形标志，边长大于10 mm的图形标志的形成应使用GB/T 10001中规定的图形符号并应符合GB/T 20501.1的要求。

5.2 街区导向系统的设计风格宜与街区功能特点相协调，如为仿古的文化服务街区设计街区导向系统时宜考虑与周边仿古风格相协调。

5.3 应根据街区模式选择街区出入口、人员集散区(交通站点)、街区内道路交叉口和地理实体等节点设置导向要素。

5.4 当在同一地点需要设置不同类别的导向要素时应集中设置。图1为导向标志和地名标志集中设置的示例。

图1 导向要素集中设置示例

5.5 宜充分利用街道上的路灯、公共汽车(电车)候车亭、公共电话亭、报刊亭、垃圾箱等固定设施设置导向要素。

5.6 宜利用导向标志引导行车路线避开主要居民区和学校，并避开人员集中区域和拥堵点。

5.7 在街区内主要道路的节点处，应设置本街区的平面示意图。平面示意图中应着重显示不同地理实体的位置、与街区直接相邻的市区道路以及出口附近公共交通站点的信息。

5.8 街区内户外设置的公共卫生间应根据需要设置相应的导向标志和位置标志。

5.9 街区内的餐饮、购物、医疗、公共设施等服务设施宜设置相应的导向标志和位置标志。

5.10 在街区导向系统中，应按照GB/T 15566.1中的规定为无障碍设施导向。

6 设计

6.1 街区模式和功能特点

6.1.1 街区模式

常见的街区模式有：

——开放式街区：有城市公共道路贯穿其中的、没有明确出入口的街区；

——封闭式街区：内有独立道路系统，只设有限公共出入口与城市其他区域相连的街区。

6.1.2 街区功能特点

街区功能特点由街区内聚集的主要建筑物确定，如商业服务类、文化服务类、科技类、行政办公类、居住类等。

6.2 信息的选择和传递

6.2.1 街区导向系统应提供以下三类信息：

——公共交通设施信息：有关公共电汽车车站、地铁车站和火车站的方位、名称等信息，分为市郊和

市内公共交通设施信息(市内的又分为街区周边和街区内部两类);

注:常见的公共交通设施有公共汽车(电车)站、城市轨道交通车站、火车站、码头等。

——道路信息:有关道路的方位、名称等信息;

——公共服务设施信息:有关购物场所、体育场所、医疗场所、宾馆饭店、旅游景点和公共卫生间等信息,分为街区周边和街区内部两类。

注:常见的公共服务设施有行政、商业、金融、文化、体育、教育、娱乐、医疗、旅游等。

6.2.2 街区导向系统提供的主要公共服务设施信息应满足如下要求之一:

——符合本街区功能特点;

——具有标识本街区地理方位的作用;

——有相对较大的来访量;

——有固定的对外服务时间。

6.2.3 当某一公共服务设施信息代表的是单一功能的建筑(对外提供单一服务的建筑,如医院)时,应使用相应的图形符号和相关文字说明(如××医院)传递该信息,图2给出了导向标志的设计示例。

图2 导向标志设计示例

6.2.4 当某一公共服务设施信息代表的是综合性建筑(内设多种设施,如设有银行、餐饮和办公场所的建筑)时,应使用相关文字说明(如该建筑的名称,××大厦)传递该信息。图3是综合性建筑的标志示例。

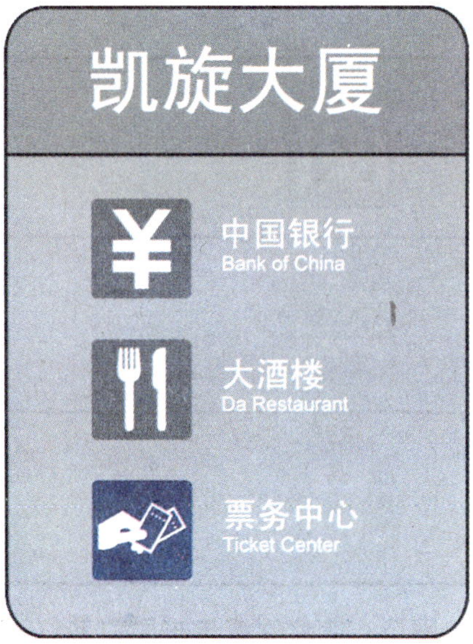

图3 综合性建筑的位置标志示例

6.3 导向标志布局

6.3.1 当导向标志同时提供6.2.1中的三类信息时,应集中布置同类信息并用不同颜色区分非同类的信息。导向标志中三类信息从上至下的排列顺序宜为道路信息、公共交通设施信息和公共服务设施信息。

6.3.2 当导向标志上有多个不同方向的目的地时,应按照向前、向左和向右的顺序布置,且同向的信息应按照6.3.3的要求集中布置。图4是不同方向的目的地的平面布局示例。

图 4 不同方向信息的布局

6.3.3 当导向标志上同方向有多个目的地时，目的地的排列顺序应按照由近及远的空间位置从上至下排列。图 5 中给出了目的地的空间位置与导向标志平面布局的关系，图中“西直门地铁站”是距离当前位置最近的地点。

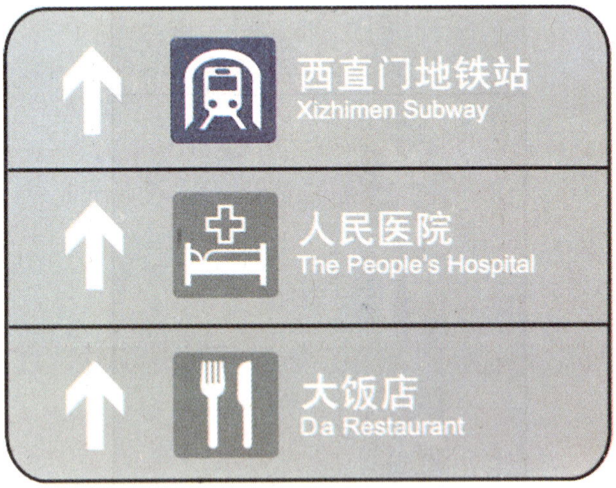

图 5 空间位置与布局关系

6.3.4 相同信息在不同导向要素中的表达形式和内容应一致。

7 设置

7.1 设置范围

街区导向系统是为行人、车辆提供该街区内公共信息的系统，其设置范围为街区周边道路、街区范围内的户外空间、公共汽车(电车)车站、地铁车站和火车站等。

7.2 封闭式街区

7.2.1 街区出入口

7.2.1.1 在街区周边主要临近路口处，宜提前 100 m～200 m 为车辆设置街区入口的导向标志。

7.2.1.2 在临近街区的公共交通站点附近，宜为行人设置街区入口的导向标志。

7.2.1.3 在街区的主要入口处应设置街区的名称标志（如××小区）和所在道路的地名标志（如：解放路）。

7.2.1.4 街区入口应设置街区的平面示意图，且宜具有较大的图幅和比例。

7.2.1.5 街区的主要出口处宜设置该出口的名称标志（如××小区南出口），并应在出口内侧设置街区导向图。

7.2.1.6 在街区出口外的适当位置，宜设置该出口附近的公共交通站点的导向标志。

7.2.1.7 停车场位于街区外时，出口外宜设置停车场的导向标志。

7.2.2 街区内道路

7.2.2.1 应在街区内道路右侧设置导向标志。当街区内符合本街区功能特点的地理实体有多个时，导向标志中应包括主要地理实体的导向信息；导向信息的选择应符合 6.3.1 和 6.3.2 的要求。

7.2.2.2 街区内设有公共停车场时，应在街区内道路右侧设置停车场导向标志。

7.2.2.3 当从街区入口到达需导向的某一地理实体的距离较远或途中有岔路时，应在道路右侧连续设置该地理实体的导向标志。

7.2.3 地理实体

7.2.3.1 地理实体应设置名称标志（如××大厦）。宜分别在地理实体的外立面（或楼顶）和主要入口处设置名称标志，其中主要入口处还宜提供该地理实体中所提供的服务信息。

7.2.3.2 地理实体出口外的适当位置宜设置街区出口的导向标志。

7.2.3.3 当停车场位于街区内时，在地理实体出口外宜设置停车场导向标志。

7.2.3.4 内设停车场的地理实体，宜在主要出入口提前设置停车场导向标志。

7.3 开放式街区

7.3.1 开放式街区应按照 7.2 中封闭式街区的基本要求设置导向系统。

7.3.2 对于有多个入口的开放式街区，导向信息应以临近的入口为主，并宜兼顾其他入口的导向。

7.3.3 宜在街区内主要道路两侧设置街区内的道路和停车场的导向标志。

7.3.4 应在街区内设置所在道路的地名标志，平面交叉的十字路口的道路地名标志不宜少于 4 块，丁字路口的道路地名标志不宜少于 2 块。平均人员密度较高的路段（如城市繁华路段），宜每隔 300 m～500 m 设置一块道路地名标志。

7.3.5 宜在地理实体出口外或者停车场出口的适当位置设置周边公共交通站点和停车场的导向标志。

7.3.6 宜在开放式街区内选择人员流动的节点处（如公共汽车车站）设置临近地理实体导向标志、停车场的导向标志和街区导向图。

ICS 65.020.01
B 16

中华人民共和国国家标准

GB 15569—2009
代替 GB 15569—1995

农业植物调运检疫规程

Quarantine protocol for the movement of agricultural plants and plant products

2009-04-27 发布　　2009-10-01 实施

中华人民共和国国家质量监督检验检疫总局
中国国家标准化管理委员会　发布

前　言

本标准的全部技术内容为强制性。

本标准代替 GB 15569—1995《农业植物调运检疫规程》。

本标准与 GB 15569—1995 相比，主要变化如下：

——修改了标准的英文名称、标准结构、部分术语；

——对国内调运应施检疫的植物及植物产品的检疫程序，及其现场检查和室内检验检测等方面进行了补充规定。

本标准的附录 A、附录 B、附录 C、附录 D、附录 E 和附录 G 均为规范性附录，附录 F 为资料性附录。

本标准由全国植物检疫标准化技术委员会提出并归口。

本标准起草单位：全国农业技术推广服务中心、陕西省植物保护工作总站。

本标准主要起草人：王福祥、杨桦、吴立峰、杨铭、项宇。

本标准所代替标准的历次版本发布情况为：

——GB 15569—1995。

农业植物调运检疫规程

1 范围

本标准规定了国内调运应施检疫的植物及植物产品的检疫程序和方法。

本标准适用于各级农业植物检疫机构对调运的应施检疫的植物及植物产品的检疫。

2 术语和定义

下列术语和定义适用于本标准。

2.1

调运检疫 quarantine for movement (of plants and plant products)

植物检疫人员依据植物检疫法规对调运(包括托运、邮寄、自运、携带、销售等)的应施检疫的植物及植物产品实施的检疫。

2.2

植物 plants

活的植物及其器官,包括种子和种质。

2.3

植物产品 plant products

未经加工的植物性材料(包括谷物)和那些虽经加工,但由于其性质或加工的性质而仍有可能造成有害生物传入和扩散危险的产品。

2.4

批 lot

同一时间、同一发运地点、同一收货地点、同一品名(种类)、同一运输工具的全部应检物品。

2.5

包装 packaging

用于支撑、保护或装载某种商品的材料。

2.6

直观检查 visual examination

对植物、植物产品或其他限定物,在没有处理的情况下,用肉眼、放大镜、体视显微镜或显微镜来检查有害生物或污染物。

3 应检疫的有害生物

3.1 国务院农业行政主管部门公布的全国植物检疫性有害生物名单。

3.2 各省(自治区、直辖市)农业行政主管部门公布的补充植物检疫性有害生物名单。

4 调运检疫程序

见图 1。

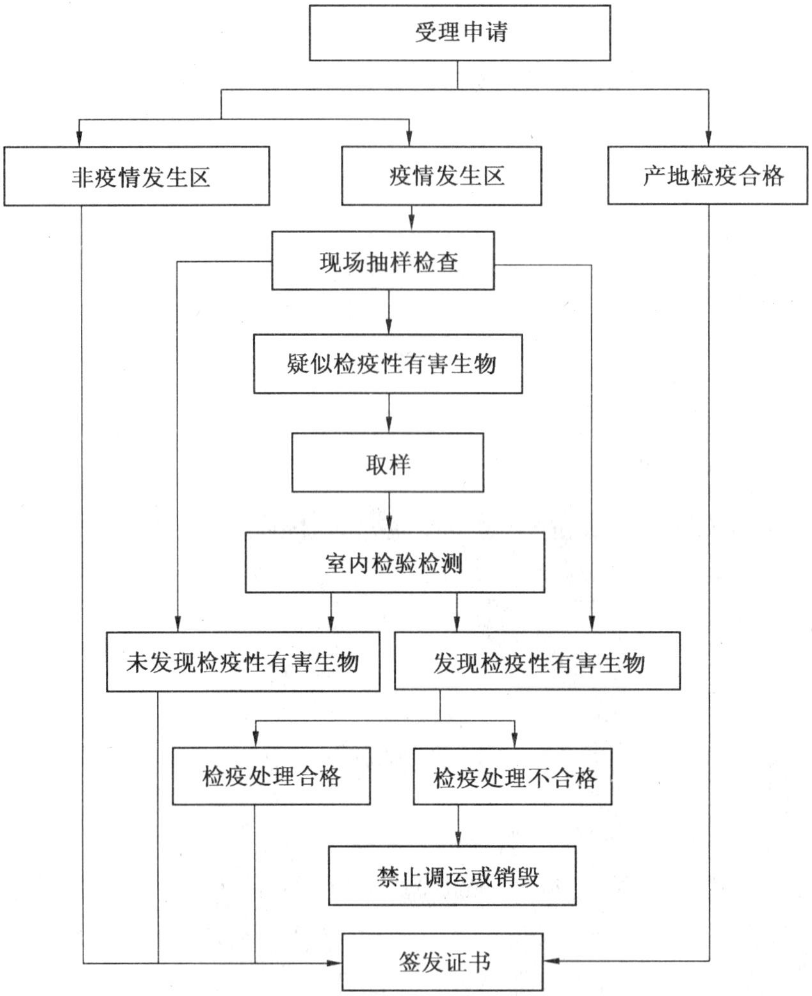

图 1 调运检疫程序

5 受理申请

5.1 植物检疫机构受理调运单位或个人提出的植物及植物产品的调运检疫申请。

5.2 审核《农业植物调运检疫申请书》(见附录 A),《农业植物调运检疫要求书》(见附录 B)以及其他有关单证。

5.3 根据调运单位或个人的申请内容,准备检疫工具,确定检疫时间、地点和方法。

6 现场检查

6.1 检查内容

检查调运的植物及植物产品、包装和铺垫材料、运载工具、堆放场所等有无检疫性有害生物。

6.2 抽样检查

根据不同种类、包装、数量,对应检植物及植物产品进行抽检。抽样方法有国家标准或行业标准的,按照国家标准或行业标准抽样。没有国家标准或行业标准的,按照检查的目标有害生物的发生分布特点、植物和植物产品以及包装的具体情况,选择采用对角线五点或分层取样等方法,按《现场抽样件数标准表》(见附录 C)的数量进行抽样。直观检查所抽的样品。对植物及植物产品检查时,主要检查有无检疫性有害生物及疑似害状;对包装和铺垫材料、运载工具、堆放场所等检查时,主要检查有无检疫性有害生物及其留存痕迹。发现疑似检疫性有害生物难以现场认定的,进行进一步的室内检验检测。

7 室内检验检测

7.1 取样

根据应检的植物及植物产品和目标检疫性有害生物的特点，选择适当的取样方法，提取代表样品。取样份数和每份样品数量见《现场取样份数》(见附录D)和《每份样品数量》(见附录E)。

7.2 检验检测

检验检测方法有国家或行业标准的，按标准执行，没有国家或行业标准的，根据应检物品的具体情况和目标有害生物的特点采用适当的检验检测方法。

常用的检验检测方法包括直接镜检、解剖检查、过筛检验、比重检验、染色检验、洗涤检验、分离培养检验、血清反应检验、噬菌体检验、萌芽检验、PCR检测等，详见《常用检验检测方法》(参见附录F)。

8 检疫结论

根据现场检查或室内检验检测结果签发《植物检疫行政许可(不)受理通知书》(见附录G)。未发现检疫性有害生物的，对该批植物或植物产品签发植物检疫证书。发现有检疫性有害生物的，提出检疫处理意见。

9 档案管理

有关原始记录、单证等妥善保存。所有样品至少保存一年，保存的样品应附有标签，注明取样地点、时间，取样数量，取样人、检验人等信息。

附　录　A
（规范性附录）
农业植物调运检疫申请书

表 A.1　农业植物调运检疫申请书

编号：

<table>
<tr><td rowspan="17">货物调运
单位或个人
填写</td><td>申请单位（盖章）</td><td colspan="3"></td></tr>
<tr><td>联系地址</td><td colspan="3"></td></tr>
<tr><td>代理人（签名）</td><td></td><td>联系电话</td><td></td></tr>
<tr><td>报检日期</td><td></td><td>邮政编码</td><td></td></tr>
<tr><td>植物（货物）名称</td><td></td><td>类型用途</td><td></td></tr>
<tr><td>包装方式</td><td></td><td>件数</td><td></td></tr>
<tr><td>原产地</td><td></td><td>重量(株数)</td><td></td></tr>
<tr><td>运输工具</td><td></td><td>工具号码</td><td></td></tr>
<tr><td>起运地点</td><td></td><td>运往地点</td><td></td></tr>
<tr><td>报检地点</td><td></td><td>受检地点</td><td></td></tr>
<tr><td>发货单位</td><td colspan="3"></td></tr>
<tr><td>收货单位</td><td colspan="3"></td></tr>
<tr><td>货物单价</td><td colspan="3"></td></tr>
<tr><td>货物合同价值</td><td></td><td>合同编号</td><td></td></tr>
<tr><td rowspan="3">要求批件
发送方式</td><td colspan="3">来人领取</td></tr>
<tr><td colspan="3">特快专递邮寄</td></tr>
<tr><td colspan="3">普通邮寄</td></tr>
</table>

附　录　B
（规范性附录）
农业植物调运检疫要求书

表 B.1　农业植物调运检疫要求书

有效期至：　　　　年　　月　　日

调运单位(人)		联系电话	
植物中文名称		植物部位	
数量(千克/株)		包装方式	
用途		产地	
起运地点		运往地点	
检疫要求 检疫员： （签发机构植物检疫专用章） 年　　月　　日			
注：本表共两联。第一联交调出地检疫机构，第二联留存签发检疫机构。			

附　录　C
（规范性附录）
现场抽样件数标准表

表 C.1　现场抽样件数标准表

种　　类	按货物总件数抽样百分率/%	抽样最低数
种子类	≥4 000 kg 的 2～5 <4 000 kg 的 5～10	不少于 10 件
苗木类	>10 000 株的 3～5 100～10 000 株的 6～10	100 株
植物产品	0.2～5.0	5 件或 100 kg
中药材、烟草	0.2～5.0	5 件

注 1：散装种子 100 kg 为一件，苗木 100 株为一件。
注 2：不足抽样最低数的全部检验。
注 3：其他类可参照表中比例抽查。

附　录　D
（规范性附录）
现场取样份数

表 D.1　现场取样份数

取样总量/件	取样份数
100 以下	1
101～500	2
501～3 000	3
3 000 以上	4

附　录　E
（规范性附录）
每份样品数量

表 E.1　每份样品数量

植　物　种　类		每份样品数量/[g 或株(个)]
种子类	块茎、块根、葱头、大蒜、枣等	200～2 500
	花生、玉米、大豆、蚕豆、菜豆等	1 000～1 500
	稻谷、麦类、高粱、绿豆、棉籽等	1 000
	谷子、芝麻、油菜籽、亚麻籽等	500
	蔬菜、牧草籽、花卉籽等	100
	烟籽等	10～30
苗木类	柑桔、苹果、花卉、薯苗等	10～100
植物产品	粮谷类、水果、蔬菜、中药材等	2 000～2 500
注：其他类参照表中类型抽取样品。		

附 录 F
（资料性附录）
常用检验检测方法

F.1 直接镜检

被查获的疑似害虫各虫态，在解剖镜下进行害虫种类鉴定。

用拨针挑取样品病变部分的病原物，沾涂于滴有蒸馏水的载玻片上，用显微镜检查病原物种类。

F.2 解剖检查

对疑难病害或隐蔽型病虫为害的应检农业植物及其产品，进行切片或解剖被害处，置解剖镜或显微镜下检查。

F.3 过筛检验

适用于种子、粮谷类。

将受检样品倒入相应孔径筛内，过筛检查有无检疫性有害生物，若发现检疫性有害生物，必要时按式(F.1)计算含量。

$$每千克含量 = 发现数量(g) / 试样重量(g) \times 1\,000 \quad \cdots\cdots (F.1)$$

F.4 比重检验

适用于种子、粮谷类。

运用病种子、虫蛀种子与健康种子间的比重差异，用不同比重的溶液区分沉浮，然后捞取浮种进一步检查。

F.5 染色检验

检验禾谷类、豆类种子时，可分别采用高锰酸钾染色法、碘化钾染色法、油浸检验法等进行检验。

F.6 洗涤检验

将受检样品 5 g～25 g 倒入 10 mL～50 mL 无菌水的三角瓶内，振荡 5 min～10 min，离心浓缩，取其浓缩的沉淀液适当稀释，置于显微镜下检查病原物种类，必要时计算病原物接种体的负荷量。

F.7 分离培养检验

将受检样品消毒，并移于相应的培养基上培养检验。

F.8 血清反应检验

分别采用特制的抗血清检验细菌、病毒、类菌原体。

F.9 噬菌体检验

利用专化性噬菌体的浸染试验快速检验细菌。

F.10 萌芽检验

常用的有保湿培养、沙土萌芽、土内萌芽、试管幼苗症状观测等检验方法。

F.11 PCR检测

包括 RT-PCR 和 IC-RT-PCR、巢式 PCR、共作 PCR、多重 PCR、实时荧光 PCR。其中 RT-PCR 和 IC-RT-PCR 检测技术用于植物病原物或害虫的检测。

附 录 G
（规范性附录）
植物检疫行政许可（不）受理通知书

表 G.1 植物检疫行政许可（不）受理通知书

编号：

<table>
<tr><td>申请单位名称</td><td colspan="2"></td></tr>
<tr><td rowspan="3">项目申请书编号</td><td>国外引种检疫审批</td><td></td></tr>
<tr><td>调运检疫</td><td></td></tr>
<tr><td>产地检疫</td><td></td></tr>
<tr><td rowspan="5">受理</td><td>受理时间</td><td>年 月 日</td></tr>
<tr><td colspan="2">一次性提供全部材料的填写此空格上面一行。
非一次性提供全部材料的填写以下两行。</td></tr>
<tr><td>初次提供材料时间</td><td>年 月 日</td></tr>
<tr><td>补齐材料并受理的时间</td><td>年 月 日</td></tr>
<tr><td>承诺时限</td><td></td></tr>
<tr><td>不予受理</td><td colspan="2">原因：</td></tr>
<tr><td rowspan="2">费用</td><td>不收费</td><td></td></tr>
<tr><td>收费</td><td></td></tr>
<tr><td rowspan="3">批件发送方式</td><td>来人领取</td><td></td></tr>
<tr><td>特快专递邮寄</td><td></td></tr>
<tr><td>普通邮寄</td><td></td></tr>
</table>

受理单位： 受理人：

咨询电话： 监督电话： 传 真：

通讯地址： 邮 编：

注 1：本通知书一式两份，一份交申请单位，一份留受理单位。

注 2：如果来人领取批件，凭此通知书和领取人身份证件领取批件。

ICS 83.080.01
G 31

中华人民共和国国家标准

GB/T 15596—2009/ISO 4582:2007
代替 GB/T 15596—1995

塑料在玻璃下日光、自然气候或实验室光源暴露后颜色和性能变化的测定

Plastics—Determination of changes in colour and variations in properties after exposure to daylight under glass, natural weathering or laboratory light sources

(ISO 4582:2007,IDT)

2009-06-15 发布　　　　2010-02-01 实施

中华人民共和国国家质量监督检验检疫总局
中国国家标准化管理委员会　发布

前　　言

本标准等同采用国际标准 ISO 4582:2007《塑料　在玻璃下日光、自然气候或实验室光源暴露后颜色和性能变化的测定》(英文版)。

为了便于使用,本标准还做了下列编辑性修改:

a) “国际标准”一词改为“国家标准”;

b) 删除了 ISO 4582:2007 的前言;

c) 增加了国家标准前言;

d) 用相应的国家标准代替国际标准。

本标准代替 GB/T 15596—1995《塑料暴露于玻璃下日光或自然气候或人工光后颜色和性能变化的测定》。

本标准与 GB/T 15596—1995 相比的主要变化如下:

——增加了标准的目次;

——增加了前言部分;

——增加了引言部分;

——将“引用标准”改为“规范性引用文件”,并修订为区分注日期和不注日期的引用文件,增加了部分规范性引用文件(1995 年版的第 2 章;本版的第 2 章);

——增加了术语和定义(见第 3 章);

——修改了颜色和其他外观性能变化的测定的内容(1995 年版的第 3 章;本版的第 4 章);

——修改了机械或其他性能变化的测定的内容(1995 年版的第 4 章;本版的第 5 章);

——修改了结果的表示的内容(1995 年版的第 5 章;本版的第 6 章);

——增加了精密度的内容(见第 7 章);

——修改了试验报告的内容;

——增加了规范性附录“以 ISO 2602 为依据用于确定平均值和标准差的统计公式及确定性能损失 50%所需时间的程序”(见附录 A);

——增加了资料性附录“表面清洁对性能评估的可能影响”(见附录 B)。

本标准的附录 A 为规范性附录。

本标准的附录 B 为资料性附录。

本标准由中国石油和化学工业协会提出。

本标准由全国塑料标准化技术委员会老化方法分技术委员会(SAC/TC 15/SC 5)归口。

本标准负责起草单位:广州合成材料研究院有限公司、东莞市贝特利新材料有限公司、珠海市远康企业有限公司、金发科技股份有限公司。

本标准参加起草单位:龙口市道恩工程塑料有限公司。

本标准主要起草人:王浩江、邵芳、雷有金、谢振平、宁凯军、杨育农、耿伟。

本标准所代替标准的历次版本发布情况为:

——GB/T 15596—1995。

引　言

多种不同的暴露方法可用于提供外部环境应力如光、热和水等对塑料影响的信息(见 ISO 877 和 GB/T 16422)。每种暴露试验都有其特定的应用和相关范围。当测定材料某一特定性能在不同暴露下的变化时,为确保试验结果的有效性,在所有暴露后宜使用相同的评定方法。

塑料暴露试验的结果取决于暴露试验类型、塑料种类和被评估的性能。即使在相同的暴露试验条件下,材料某一性能的测试结果可能与其他性能的测试结果不一致。本标准不是为了建立一个指导暴露试验的固定程序,而是为了提供一套用于表示暴露试验后材料性能变化结果的特定程序。由用户确定何种暴露试验条件最合适于具体材料及其使用环境。

考虑到材料的预期应用,宜选用测定暴露材料的外观和性能变化的试验方法。所设计的暴露试验应基于材料性能的这些变化来对其进行判别。本标准建议测定被暴露塑料变化的典型性能。

注:由于所用光源的光谱分布存在很大的差异,相同的塑料暴露在 GB/T 16422(所有部分)所述的不同类型设备中所得到的测试结果之间存在很大差异。因此,只有塑料暴露在同类试验设备和相同试验条件下才可以对试验结果进行比较。为了达到最佳的比较效果,塑料宜在同一试验设备中同时暴露。

塑料在玻璃下日光、自然气候或实验室光源暴露后颜色和性能变化的测定

1 范围

本标准规定了塑料在玻璃下日光、自然气候或实验室光源暴露后颜色及其他外观和机械或其他性能变化的测定方法。分析数据的方法取决于暴露材料的性能试验是破坏性的还是非破坏性的。暴露试验在具体的暴露标准规定条件下进行。

2 规范性引用文件

下列文件中的条款通过本标准的引用而成为本标准的条款。凡是注日期的引用文件，其随后所有的修改单(不包括勘误的内容)或修订版均不适用于本标准，然而，鼓励根据本标准达成协议的各方研究是否可使用这些文件的最新版本。凡不注明日期的引用文件，其最新版本适用于本标准。

GB 250 纺织品 色牢度试验 评定变色用灰色样卡(GB 250—2008,ISO 105-A02:1993,IDT)

GB 251 纺织品 色牢度试验 评定沾色用灰色样卡(GB 251—2008,ISO 105-A03:1993,IDT)

GB/T 1040.1 塑料 拉伸性能的测定 第1部分:总则(GB/T 1040.1—2006,ISO 527-1:1993,IDT)

GB/T 1040.2 塑料 拉伸性能的测定 第2部分:模塑和挤塑塑料的试验条件(GB/T 1040.2—2006,ISO 527-2:1993,IDT)

GB/T 1040.3 塑料 拉伸性能的测定 第3部分:薄膜和薄片的试验条件(GB/T 1040.3—2006,ISO 527-3:1993,IDT)

GB/T 1040.4 塑料 拉伸性能的测定 第4部分:各向同性和正交各向异性纤维增强复合材料的试验条件(GB/T 1040.4—2006,ISO 527-4:1997,IDT)

GB/T 1040.5 塑料 拉伸性能的测定 第5部分:单向纤维增强复合材料的试验条件(GB/T 1040.5—2008,ISO 527-5:1997,IDT)

GB/T 1043.1 塑料 简支梁冲击性能的测定 第1部分:非仪器化冲击试验(GB/T 1043.1—2008,ISO 179-1:2000,IDT)

GB/T 1633 热塑性塑料维卡软化温度(VST)的测定(GB/T 1633—2000,idt ISO 306:1994)

GB/T 1634.1 塑料 负荷变形温度的测定 第1部分:通用试验方法(GB/T 1634.1—2004,ISO 75-1:2003,IDT)

GB/T 1634.2 塑料 负荷变形温度的测定 第2部分:塑料、硬橡胶和长纤维增强复合材料(GB/T 1634.2—2004,ISO 75-2:2003,IDT)

GB/T 1634.3 塑料 负荷变形温度的测定 第3部分:高强度热固性层压材料(GB/T 1634.3—2004,ISO 75-3:2003,IDT)

GB/T 1843 塑料 悬臂梁冲击强度的测定(GB/T 1843—2008,ISO 180:2000,IDT)

GB/T 2918 塑料试样状态调节和试验的标准环境(GB/T 2918—1998,ISO 291:1997,IDT)

GB/T 9341 塑料 弯曲性能的测定(GB/T 9341—2008,ISO 178:2001,IDT)

GB/T 9754 色漆和清漆 不含金属颜料的色漆漆膜的20°、60°和85°镜面光泽的测定(GB/T 9754—2007,ISO 2813:1994,IDT)

ISO 105-A01 纺织品 色牢度的测试 A01部分:总则

ISO 2602　测试结果的统计说明　平均值的评估　置信区间

ISO 2818　塑料　试样的加工制备

ISO 4628-6　色漆和清漆　涂层退化的评估　普通类型退化的强度、数量和大小的描述　第6部分:粉化度的等级

ISO 6603-1　塑料　硬质塑料刺穿冲击性能的测定　第1部分:非仪器化冲击试验

ISO 6603-2　塑料　硬质塑料刺穿冲击性能的测定　第2部分:仪器化冲击试验

ISO 6721-1　塑料　动态机械性能的测定　第1部分:总则

ISO 6721-3　塑料　动态机械性能的测定　第3部分:弯曲振动　共振曲线方法

ISO 6721-5　塑料　动态机械性能的测定　第5部分:弯曲振动　非共振方法

ISO 7724(所有部分)　涂膜颜色的测量方法

ISO 8256　塑料　拉伸冲击性能的测定

ISO 13468-1　塑料　透明材料光透射率总量的测定　第1部分:单光束仪器

ISO 14782　塑料　透明材料的雾度的测定

CIE 出版物 No.15　比色法

3　术语和定义

下列术语和定义适用于本标准。

3.1

对照物　control

与试验材料有相似成分和结构,并同时暴露后与其进行比较的材料。

3.2

存放样品　file specimen

存放在稳定的条件下用来比较暴露前后性能变化的部分试验材料。

3.3

遮光区域　masked area

暴露试样的一部分,将其遮盖以免受到光的照射。

注:遮盖部分仍受到湿热的影响。

3.4

试验样品　test specimen

用来试验的部分试样。

3.5

平行样品　replicate specimen

同时进行暴露、处理及测试的相同批次试验材料。

4　颜色或其他外观变化的测定

4.1　颜色变化

4.1.1　原理

按规定试验方法(见第2章)暴露后塑料试样的颜色变化,用下列方法之一测定:

a)　仪器测定;

b)　目视评定。

注:在第2章中所列的性能测定方法并不详尽,其他方法也可能适用(见5.1)。

4.1.2　仪器

4.1.2.1　测试颜色或颜色变化的仪器

测定不透明样品的仪器应符合 ISO 7724(所有部分)规定的要求。而对于透明样品,仪器应符合

CIE 出版物 No.15 的要求。

4.1.2.2 评定颜色变化的灰卡

灰卡应符合 GB 250 或 GB 251 的规定(参见附录 B)。在灰卡中,1 级表示反差最大,5 级表示反差为零(两个试样颜色相同)。

注:GB 250 的变色用灰卡适合于测定相对较深颜色或深暗色材料的褪色。GB 251 的沾色用灰卡适合测定如白色或接近白色试样的沾色、黄变等褪色。

4.1.3 试验样品

试验材料和对照材料的试样应符合采用具体暴露方法的国家标准的要求(见第 2 章和 4.1.1 的注)。只要有可能,应将一种已知自然老化性能的对照材料同时进行暴露试验。除非另有规定,每种材料至少应暴露三个平行试样。

4.1.4 步骤

4.1.4.1 总则

用于颜色变化评定和任何表面清洁处理的具体方法应由相关方商定并载入试验报告。按相关国家标准的规定测定颜色变化。

为了评定因暴露引起的颜色变化级别,通常对一系列暴露阶段后的颜色变化进行测定。在某些情况下,颜色变化的测定在预定或规定的暴露增量之后进行。颜色的测定或目测应在试样暴露结束后尽快进行,以尽可能减少暗反应的影响。然而在某些情况下,由于样品结束暴露时处于湿暴露周期或干暴露周期的不同,导致暴露后立刻评定试样外观性能的结果可能有变化,最好对试样完成暴露后进行状态调节(如 24 h)。

注:因为暴露结果的差异,不同材料颜色变化的比较最好在材料在同一暴露装置或同一户外暴露地点同时暴露后进行。

4.1.4.2 仪器测定

在暴露前和每个暴露阶段后测量所有样品的颜色。必要时,同时测量每种材料暴露样品和存放样品的颜色。当用仪器法测量不透明试样颜色和颜色变化时按 ISO 7724(所有部分)规定进行。对于透明试样,则按 CIE 出版物 No.15 规定进行评定。

注:ASTM E 1347 也规定了透明材料的评定方法。

4.1.4.3 目视评定

用目视评定颜色变化时按照 ISO 105-A01 试验方法进行。使用的灰卡应符合 GB 250 或 GB 251 要求。使用灰卡比较被暴露样品和存放样品的反差级别,以相同的灰卡反差级别表示同一材料暴露样品和存放样品间的颜色变化级别。

注:有关灰卡的供应商信息可在 SAC/TC 209/SC 2 的秘书处得到。

如果所观察到的反差处在灰卡的两个级别之间,则以其中间级别表示。例如,3~4 级表示在规定的暴露阶段被暴露样品与存放样品之间的反差大于灰卡的 4 级而小于 3 级。

按照灰卡上的级别记录颜色变化的特征。此外,还宜测定和记录颜色变化的类型。用下列术语描述色调、饱和度、明度方面的变化或其综合变化:

a) 色调的变化:	蓝色变深或蓝色变浅
	绿色变深或绿色变浅
	红色变深或红色变浅
	黄色变深或黄色变浅
b) 饱和度的变化:	变淡
	变浓
c) 明度的变化:	变亮
	变暗

目视评定颜色变化的典型报告如下："黄色变深、变淡、变亮、GB 250/GB 251 灰卡 2—3"。

4.2 其他外观变化

除了颜色变化，塑料的其他外观也会因暴露而发生变化。测定这些外观的变化可按相关的国家标准进行。如果国家标准中没有评定这些外观变化的方法，则应在试验报告中描述所使用的方法。典型外观变化的测定方法见表 1。

表 1 测定典型外观变化的试验方法

评定项目	标　　准	定量数据
光泽度	GB/T 9754[a]	是
透光率	ISO 13468-1	是
雾度	ISO 14782	是
粉化度	ISO 4628-6[a]	等级[b]
质量		是
尺寸		是
裂纹或银纹		等级[b]
分层		等级[b]
变形		等级[b]
微生物生长		等级[b]
成分表面迁移		等级[b]

[a] 用于塑料涂饰的方法。

[b] 见 6.2.2 中推荐描述的等级。

5 机械或其他性能变化的测定

5.1 原理

塑料因自然老化而导致的表面性能变化远比整体性能更敏感。评估硬质塑料时，测定表面性能或受其影响极大的材料性能可能更有效。通过破坏性试验测定机械或其他性能需以下几组样品：

a） 暴露前被选作材料初始性能测定的样品；

b） 根据具体暴露试验相应的国家标准，按选定周期暴露的样品；

c） 如果需要，与暴露试样相同周期进行避光贮存的存放样品。

用完全相同的试验步骤和状态调节条件进行所有试验非常重要。

表 2 列举了可用于评定暴露效果的机械性能试验方法。这些试验可获得定量数据，但由于是破坏性试验，如需观测整个暴露过程中的变化，每个暴露增量都要有足够数量的平行试样。

表 2 评定塑料暴露效果的典型机械性能试验方法

评定的性能	标　　准
拉伸性能，尤其是断裂伸长率	GB/T 1040
弯曲性能	GB/T 9341
冲击强度	
简支梁冲击强度	GB/T 1043.1
悬臂梁冲击强度	GB/T 1843
非仪器击穿试验	ISO 6603-1
仪器击穿试验	ISO 6603-2
拉伸冲击试验	ISO 8256
维卡软化温度	GB/T 1633
负荷变形温度	GB/T 1634
动态机械热分析	ISO 6721 第 1,3,5 部分
化学变化(例如用红外光谱法)	

如果性能测试为非破坏试验，推荐在暴露前和每个暴露增量结束后对试样进行性能测定。非破坏性试验测试的典型性能包括质量、尺寸、光泽度、透光性和雾度。

5.2 仪器

仪器应符合测定性能变化的相关国家标准要求。

5.3 试验样品

测定具体性能的试样应符合相应的国家标准。除非另有规定，进行非破坏性试验时，每种被评估材料至少需要三个平行试样；进行破坏性试验时，至少需要五个平行试样。

注：用破坏性试验测定性能时，用于特定测试的试样可能须从暴露后的样材中裁取。然而，直接暴露的试样与从暴露后样材中裁取的试样所得到的测试结果可能不同。

试样在机械加工（见 ISO 2818）后应进行状态调节。此外，也可能有必要在机械加工前预处理样材以利于样品的制备。

5.4 步骤

5.4.1 初始性能的测定

除非另有规定，测定初始性能前，试验样品按 GB/T 2918 规定进行状态调节，或由相关方商定。对于易吸湿塑料，在湿度敏感性能（如机械性能、电性能）的对比试验前应在相同的湿度环境下状态调节，最好是在相对湿度 50% 和温度 23 ℃的环境中达到平衡。

性能的测定按相关的国家标准进行，或者根据相关方商定（见 5.1）。

5.4.2 存放样品的贮存

存放样品避光贮存在符合 GB/T 2918 规定的实验室中。对湿度敏感材料贮存在不会因吸收水分而产生变化的环境中，可以贮存在相对湿度较低的环境或者防潮器皿中。存放样品的贮存条件应由相关方商定，并载入报告中。

5.4.3 暴露后性能的测定

在与初始性能测定（见 5.4.1）相同或根据相关方商定的条件下，对暴露后试样和存放样品（见 5.1）进行状态调节。在初始性能测定和暴露后试样所用的状态调节方法中的任何差异都应载入试验报告中。

使用相同的测试方法对暴露后试样性能（与原始试样相同）进行测定。如有需要，对存放样品也进行相同测定（见 5.4.1）。

注：在一些测试中，试验结果依赖于试样的受暴露面。例如，在弯曲试验中，受压面是试样的暴露面还是非暴露面会得到不同结果。

6 结果的表示

6.1 颜色变化

6.1.1 仪器测定

按 ISO 7724（所有部分）规定用仪器测的色坐标来测定每个平行样品的色差。计算色差平均值及其标准差。

6.1.2 目测

按 4.1.4.3 所述测定颜色变化。

6.2 其他外观性能的变化

6.2.1 仪器测定

用来表征如光泽度、透明度等外观性能的仪器法为典型的非破坏性试验方法。进行非破坏性试验时，需要测量暴露前和每个暴露增量后所有试样的性能。

用非破坏性的仪器法测定外观性能变化时，按 ISO 2602 的规定来确定性能变化的平均值和标准差。用 A.1 中给出的公式计算性能变化的平均值和标准差。如有需要，还可计算性能变化的 95% 置信区间。

在某些情况下，需测定暴露后外观性能的保持率。用非破坏性试验测定性能保持率时，用A.2中给出的公式计算每一暴露周期后性能保持率的平均值和标准差。

6.2.2 目视评定

外观的变化由相关方商定的等级进行定性估定。推荐区分等级如下：

没有变化；

痕量变化；

稍有变化；

中等变化；

显著变化。

用目视评定外观时，推荐使用对比参考指南，如说明主观等级的图片标准。

注：这个等级是主观判定的，最好在一个人同时对多个试样进行评估时使用。因为进行目测的观测者间的差异，要谨慎地诠释由不同观察者得到的结果。

6.3 机械和其他性能的变化

按相关的国家标准来测定每个试样的机械或其他性能。机械性能的测定通常是破坏性试验。进行破坏性试验时，可以通过以下三种方式来比较暴露后样品和存放样品同一性能的测定结果：

a) 将暴露后样品中所有平行样品的相关性能测定结果和一组未暴露样品的性能测定结果进行比较，或者和与试验样品同时制备的存放样品的性能测定结果进行比较。

   用方差分析进行数据比较。除非另有规定，暴露后样品和初始样品或存放样品被测性能平均值的差异应达到95%置信度，这些变化才被认为具有统计意义。按ISO 2602给出的方法进行方差分析。

b) 被测性能保持率的平均值和标准差由测得的每个平行暴露后样品的性能值与初始性能或存放样品的测定性能的平均值的比值确定。如果为破坏性试验测得的性能，用A.3给出的方程式计算其性能保持率的平均值和标准差。

c) 被测性能变化的平均值和标准差由测得的每个平行暴露后样品的值与初始性能或存放样品的测定性能的平均值的比值决定。如果为破坏性试验测得的性能，用A.4给出的方程式计算其性能变化的平均值和标准差。

   对于一些性能，如表面光泽度，质量或尺寸的变化，其结果可通过非破坏性试验测得。进行非破坏性试验时，用A.1中给出的方程来确定性能变化的平均值和标准差，或用A.2中的方程来确定性能保持率的平均值和标准差。

   绘制性能变化对时间或辐照量的曲线可能有用，但很多情况是每一组试样得到的结果有相当大的分散性，除非将其考虑在内，否则在绘制算术平均值的曲线时会得出错误的结论。在某些应用当中，需要计算达到所测性能规定水平要求时的时间和辐照量。记录下这类数据后，应根据A.5中给出的方程来确定暴露时间和辐照量的平均值和容许区间。

7 精密度

本标准所得结果的精密度依赖于测定具体性能试验方法的精密度和暴露试验的差异，因此，可能没有具体精密度报告。本标准规定的方法期望给测试者关于通过记录所有试验结果的平均值和标准差获得结果的精密度的表示。

8 试验报告

试验报告应包括下列内容：

a) 注明采用本标准；

b) 被测产品必要的详细说明；

c) 暴露试验的完整描述，包括以下内容：

  1) 实验室光源暴露：

    暴露设备的型号，

    光源和过滤器，

    暴露循环的完整描述(温度、光暴露周期、暗暴露周期和湿暴露周期等)，

    暴露阶段的时间，

    参考的相关国家标准；

  2) 自然气候或玻璃下日光暴露：

    暴露场地，

    暴露日期，

    总暴露时间，

    如有需要，测得的暴露辐照能量和带宽，

    试样安装在暴露架上的状态描述，

    对相关国家标准的参考；

d) 性能测定方法的完整描述(按相应的国家标准)；

e) 状态调节步骤(按相应的国家标准)；

f) 如果需要，对试样进行清洁的程序(见注)；

g) 仪器测定和目视评定每个暴露阶段后的颜色变化；

h) 按5.4和(或)6中的规定确定结果的平均值和标准差。

注：清洁暴露后样品的表面会影响外观性能，更多关于测试前清洁样品的可能影响的更多信息参见附录B。

附 录 A
（规范性附录）
按 ISO 2602 规定用于确定平均值和标准差的统计公式及确定性能损失 50%所需时间的程序

A.1 用非破坏性试验测定的性能变化的平均值和标准差的计算

计算每个平行样品的变化 c_i 用以下公式：

$$c_i = x_{0,i} - x_{t,i}$$

式中：

$x_{0,i}$——初始性能值；

$x_{t,i}$——暴露时间 t 之后的性能值。

确定平均性能变化 $\bar{c}$，用以下公式：

$$\bar{c} = \frac{\sum_{i=1}^{n} c_i}{n}$$

式中：

n——平行样品的数量。

计算平均性能变化的标准差 $s_{\bar{c}}$，用以下公式：

$$s_{\bar{c}} = \sqrt{\frac{\sum_{i=1}^{n}(c_i - \bar{c})^2}{n-1}}$$

A.2 用非破坏性试验测定的性能保持率的平均值和标准差的计算

计算每个平行样品性能保持率 R_i 用以下公式：

$$R_i = \frac{x_{t,i}}{x_{0,i}} \times 100$$

式中：

$x_{0,i}$——初始性能值；

$x_{t,i}$——暴露时间 t 之后的性能值。

计算平均性能保持率 $\bar{R}$，用以下公式：

$$\bar{R} = \frac{\sum_{i=1}^{n} R_i}{n}$$

式中：

n——平行样品的数量。

计算性能保持率的标准差 $s_{\bar{R}}$，用以下公式：

$$s_{\bar{R}} = \sqrt{\frac{\sum_{i=1}^{n}(R_i - \bar{R})^2}{n-1}}$$

A.3 用破坏性试验测定的性能保持率的平均值和标准差的计算

计算初始性能测定值或存放样品性能测定值的平均值，用以下公式：

对于初始性能测定值

$$\bar{x}_0 = \frac{\sum_{i=1}^{n} x_{0,i}}{n}$$

式中：

$x_{0,i}$——初始性能值；

n——平行样品的数量。

对于存放样品性能测定值

$$\bar{x}_f = \frac{\sum_{i=1}^{n} x_{f,i}}{n}$$

式中：

$x_{f,i}$——每个存放样品的性能值；

n——平行存放样品的数量。

测定每个暴露后试样的保持率 $R_{e,i}$ 用以下公式：

$$R_{e,i} = \frac{x_{e,i}}{\bar{\bar{x}}_0} \times 100$$

或

$$R_{e,i} = \frac{x_{e,i}}{\bar{\bar{x}}_f} \times 100$$

根据保持率由被暴露试样初始性能测定值的百分数或存放样品性能测定值的百分数表示选择公式，式中 $x_{e,i}$ 是每个暴露后样品性能测定值。

确定平均性能保持率 $\bar{R}_e$，用以下公式：

$$\bar{R}_e = \frac{\sum_{i=1}^{n} \bar{R}_{e,i}}{n}$$

式中：

n——平行暴露样品的数量。

注：性能保持率平均值可以通过非破坏性试验（见 A.2）或破坏性试验（本章）的测定得到。

确定性能保持率的标准差 $s_{\bar{R}_0}$，用以下公式：

$$s_{\bar{R}_0} = \sqrt{\frac{\sum_{i=1}^{n} (R_{e,i} - \bar{R}_e)^2}{n-1}}$$

A.4 当性能的变化与性能初始测定值的平均值或存放样品的性能平均值相关时，通过破坏性试验测定的性能变化的平均值和标准差的计算

按第 A.3 章规定确定性能的初始性能平均值或存放样品性能的平均值。

确定暴露后试样的性能变化 $c_{e,i}$，用以下公式之一：

$$c_{e,i} = x_{e,i} - \bar{x}_0$$

$$c_{e,i} = x_{e,i} - \bar{x}_f$$

式中：

$x_{e,i}$——暴露后试样的性能值；

$\bar{x}_0$——性能初始值的平均值；

$\bar{x}_f$——存放样品性能平均值。

确定性能变化的平均值 $\bar{c}_{e,i}$，用以下公式：

$$\bar{c}_{e,i}=\frac{\sum_{i=1}^{n}c_{e,i}}{n}$$

式中：

n——暴露后试样的数量。

确定性能变化平均值的标准差，用以下公式：

$$s_{\bar{c}_{e,i}}=\sqrt{\frac{\sum_{i=1}^{n}(c_i-\bar{c}_{e,i})^2}{n-1}}$$

A.5 性能损失达到如50%所用的暴露时间或所需的辐照量的计算

使用以下程序确定平均暴露时间或产生规定性能变化时的平均辐照量及相应的容许区间：

a) 至少制备五组独立的暴露样品。每组样品至少包括三个平行样品。

b) 将所有样品组同时置于同一暴露装置中。依次取出试样，须确保最后一组取出试样能够接受充分的暴露，使其相关的性能损失大于50%。在暴露过程中某个适当的干周期末进行取样，并在性能测定前将试样置于温度 20 ℃～25 ℃，相对湿度 50%的黑暗环境中。

c) 将每组暴露后试样从暴露设备中取出，测定其相关性能的平均值和标准差。

d) 所有暴露完成后，绘制其相关性能的数据点、平均值、平均值－2×(标准差)和平均值＋2×(标准差)对暴露小时数或辐照量的函数图。

e) 用平均值－2×(标准差)和平均值＋2×(标准差)曲线的绘图插值法来确定达到规定损失值所需暴露时间或辐照量的容许区间。图 A.1 给出典型的曲线及说明如何确定性能损失 50%时的暴露时间或辐照量容许区间。

记录性能发生规定变化所需暴露时间或辐照量的平均值、上限和下限。

注：这个程序用于单个实验室的单个实验的数据。当考虑不同实验室的更多暴露结果时，则可能需要暴露的次数更多。

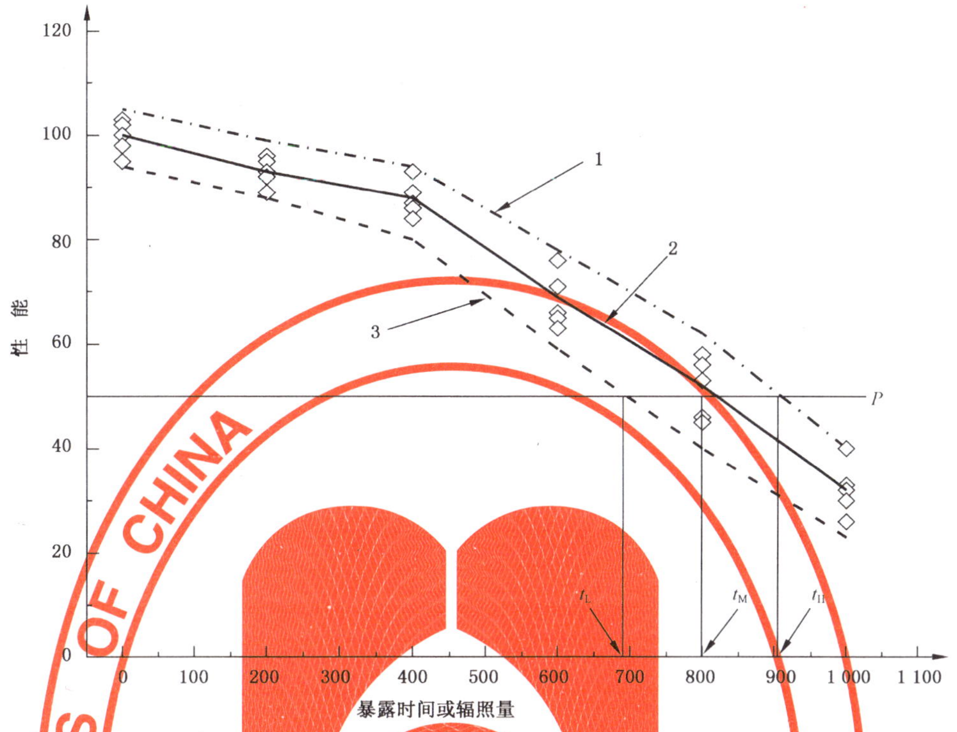

图中：

◇——数据点；

1——性能测试结果95%置信区间上限；

2——性能测试结果平均值；

3——性能测试结果95%置信区间下限；

P——损失50%相关性能值；

t_L——相关性能损失50%时的暴露时间或暴露量偏差范围下限；

t_M——相关性能损失50%时的暴露时间或暴露量平均值；

t_H——相关性能损失50%时的暴露时间或暴露量偏差范围上限。

图 A.1　加速老化试验中达到预期性能水平所需暴露时间或辐照度容许区间的计算

附 录 B
（资料性附录）
表面清洁对暴露评估的可能影响

最好用浸有蒸馏水或去离子水的软质棉纸对试样表面进行清洁，尽可能减少摩擦动作。尽管如此，对暴露后试样表面的清洁仍可能会对外观有所影响。在自然气候下的暴露尤其需要表面清洁，因为暴露表面很可能会被污物、微生物等污染。评估不透光材料的表面颜色变化或透光材料的透明度时，需进行表面清洁。

清洁会对表面产生增亮效果，从而使测得的光泽度增加。同时会除去材料本身产生并有微生物生长的一些松散粘附物，即"粉化"产物（见 ISO 4628-6）。这样就很难比较自然气候下暴露场地间和实验室间加速暴露的结果。实验室加速暴露时，即使出现粉化也不宜清除污物。试样表面积聚的污物或粉化残留物会对暴露表面产生保护效果。

为了更明确地检验表面清洁的影响，建议同时在自然气候和实验室中各对两个平行样品进行暴露测试。一个样品在整个暴露过程中宜保持不清洁，并在规定的时间间隔内进行测定（如颜色和光泽度，观测微生物生长）。另一个样品宜与未清洁样品相同时间间隔内，先在未清洁的条件下测试，仔细清洁后再进行测试。

参 考 文 献

GB/T 16422(所有部分) 塑料实验室光源暴露方法;

ISO 877 塑料 直接大气暴露、玻璃过滤日光大气暴露和Fresnel镜反射日光强化大气暴露试验方法;

ASTM E 1347 三色刺激测色法测量颜色和色差的标准试验。

ICS 83.080.10
G 32

中华人民共和国国家标准

GB/T 15597.1—2009/ISO 8257-1:1998
部分代替 GB/T 15597—1995

塑料　聚甲基丙烯酸甲酯(PMMA)模塑和挤塑材料 第1部分:命名系统和分类基础

Plastics—Poly(methyl methacrylate)(PMMA) moulding and extrusion materials—Part 1: Designation system and basis for specifications

(ISO 8257-1:1998,IDT)

2009-06-15 发布　　　　2010-02-01 实施

中华人民共和国国家质量监督检验检疫总局
中国国家标准化管理委员会　发布

前　言

GB/T 15597《塑料　聚甲基丙烯酸甲酯(PMMA)模塑和挤塑材料》共分为两个部分:

——第1部分:命名系统和分类基础;

——第2部分:试样制备和性能测定。

本部分为GB/T 15597的第1部分,等同采用ISO 8257-1:1998《塑料　聚甲基丙烯酸甲酯(PMMA)模塑和挤塑材料　第1部分:命名系统和分类基础》(英文版)。

本部分等同翻译ISO 8257-1:1998,在技术内容上完全一致。

为便于使用,本部分作了下列编辑性修改:

a) 把"本国际标准"一词改为"本部分";

b) 删除了ISO 8257-1:1998的前言;

c) 增加了本部分的前言;

d) 用我国的小数点符号"."代替国际标准中的小数点符号","。

本部分连同第2部分共同代替GB/T 15597—1995《聚甲基丙烯酸甲酯(PMMA)模塑材料》。

本部分与GB/T 15597—1995相比主要变化如下:

——更改了标准名称,增加了前言;

——更改了范围;

——引用标准变为3个;

——将产品型号变为命名和分类系统;

——去掉了原标准的技术要求,试验方法,检验规则,标志、包装、运输、贮存,附录A和附录B。

本部分由中国石油和化学工业协会提出。

本部分由全国塑料标准化技术委员会塑料树脂通用方法和产品分会(SAC/TC 15/SC 4)归口。

本部分负责起草单位:国家合成树脂和塑料质量监督检验中心。

本部分参加起草单位:广州金发科技股份有限公司、广州合成材料研究院。

本部分主要起草人:王琰、李建军、王浩江。

本部分所代替标准的历次版本发布情况为:

——GB/T 15597—1995。

塑料　聚甲基丙烯酸甲酯(PMMA)
模塑和挤塑材料
第1部分:命名系统和分类基础

1　范围

1.1　GB/T 15597 的本部分规定了热塑性塑料聚甲基丙烯酸甲酯(PMMA)材料的命名系统,它可以作为分类的基础。

1.2　PMMA 塑料的类型是以下列特征性能为基础以及相关预定用途和(或)加工方法、重要性能、添加剂和着色剂的信息组成的分类的分类系统加以区分:

a)　维卡软化温度;

b)　熔体质量流动速率;

c)　黏数(可选的)。

1.3　GB/T 15597 的本部分适用于所有聚甲基丙烯酸甲酯均聚物和共聚物,共聚物中至少含有 80%质量百分数的甲基丙烯酸甲酯(MMA),和质量分数不多于 20%的丙烯酸酯或其他单体。

适用于珠粒状、粒状的形式常态使用的材料和未改性的和添加着色剂、添加剂等改性的材料。

GB/T 15597 的本部分不适用于弹性体改性的 PMMA。

1.4　本方法不意味着命名相同的材料必定具有相同的性能。GB/T 15597 的本部分不提供用于特殊用途和/或加工方法的材料所需要的工程数据,性能数据或加工条件的数据。

如果需要这些附加性能时,可按 GB/T 15597 的第 2 部分中规定的方法测定。

1.5　为了规定热塑性材料特殊用途或为了保证加工的重现性,可以在字符组 5 中给出附加要求(见第 3 章,前段)。

2　规范性引用文件

下列文件中的条款通过 GB/T 15597 的本部分的引用而成为本部分的条款。凡是注日期的引用文件,其随后所有的修改单(不包括勘误的内容)或修订版均不适用于本部分,然而,鼓励根据本部分达成协议的各方研究是否可使用这些文件的最新版本。凡是不注日期的引用文件,其最新版本适用于本部分。

GB/T 1844.1—2008　塑料　符号和缩略语　第 1 部分:基础聚合物及其特征性能(ISO 1043-1:2001,IDT)

GB/T 2035—2008　塑料术语及其定义(ISO 472:1999,IDT)

ISO 8527-2:1998　塑料　聚甲基丙烯酸甲酯(PMMA)模塑和挤塑材料　第 2 部分:试样制备和性能测定

3　命名和分类系统

热塑性塑料的命名和分类系统按照以下标准的模式:

<table>
<tr><td colspan="7">命　　　　名</td></tr>
<tr><td rowspan="3">说明组
(可选的)</td><td colspan="6">标　　识　　组</td></tr>
<tr><td rowspan="2">国家
标准号组</td><td colspan="5">单　　项　　组</td></tr>
<tr><td>字符组
1</td><td>字符组
2</td><td>字符组
3</td><td>字符组
4</td><td>字符组
5</td></tr>
</table>

命名由可选的说明组(称作"热塑性塑料")和国家标准号与单项组组成的标识组构成。

为了使命名更明确,单项组又分为以下五个字符组:

——字符组1:按照GB/T 1844.1—2008的规定用缩写符号PMMA标识该塑料(见3.1)。

——字符组2:位置1:预定用途或加工方法(见3.2)。

位置2~8:重要性能,添加剂和附加信息(见3.2)。

——字符组3:指定性能(见3.3)。

——字符组4:填充或增强材料及其标称含量(GB/T 15597的本部分不使用)(见3.4)。

——字符组5:可在字符组5中增加分类要求的附加信息。

单项组的第1个字符是连字符。字符组之间彼此用","隔开。

如果不使用某个字符组,应以双写分隔号",,"隔开。

3.1 字符组1

在本字符组中,连字符后就是按照GB/T 1844.1—2008用缩写符号"PMMA"表示聚甲基丙烯酸甲酯塑料。

3.2 字符组2

在本字符组中,第1位置给出关于预定用途和/或加工方法的说明,第2~8位置给出关于重要性能、添加剂和着色剂的说明。所用字母代号如表1所示。

如果在第2~8位置有说明,而在位置1中没有具体说明,则应在位置1写上字母X。

3.3 字符组3

在本字符组中,用3个数字组成的代号表示维卡软化温度(见3.3.1),用3个数字组成的代号表示熔体质量流动速率(见3.3.2),用2个数字组成的代号表示黏数(见3.3.3)。这2(或3)组代号彼此间用连字符隔开。

如果特性值落在或接近临界值,制造厂应说明该材料指定的范围。如果以后个别试验值处于或落在界限的任一方,由于制造误差不影响该命名。

注:目前可得的聚合物不能提供特征性能值的所有组合。

3.3.1 维卡软化温度

维卡软化温度应按ISO 8527-2:1998测定。

维卡软化温度(VST)的可能值分为8档,每档用3个数字组成的代号表示,如表2所示。

3.3.2 熔体质量流动速率

熔体质量流动速率(MFR)应按ISO 8527-2:1998测定。

熔体质量流动速率的可能值分为6档,每档用3个数字组成的代号表示,如表3所示。

3.3.3 黏数(可选的)

如需要,黏数(VN)应按ISO 8527-2:1998测定。

黏数的可能值分为6档,每档用2个数字组成的代号表示,如表4所示。

3.4 字符组4

本字符组,表示填充和/或增强材料在GB/T 15597的本部分中不使用。

3.5 字符组5

在本可选的字符组中表述的附加要求是将材料的命名转换成特定用途材料规格的一种方法。具体做法可参考合适的国家标准或通常制定的技术要求。

表1 字符组2中所用的字母代号

字母代号	位置1	字母代号	位置2~8
		A	加工稳定
		C	着色[b]

表 1（续）

字母代号	位置 1	字母代号	位置 2～8
D	光盘制造[a]	D	珠粒状[c]
E	管材，型材和片材的挤出	E	可发泡
F	薄膜和薄片的挤出	F	特殊燃烧性
G	通用	G	粒料，小细粒[c]
H	涂敷	H	热老化稳定
L	单丝挤出	L	光稳定和/或耐候
M	注塑		
		N	本色（无色）
Q	压塑		
R	旋转模塑	R	脱模剂
S	粉末涂敷或烧结	S	润滑
		T	控制透明度
X	未指明		
		Z	抗静电

a 在 GB/T 15597 本部分，录像光盘的制造。
b C1＝透明着色；C2＝不透明着色。
c 对于珠粒状，粒状合适的定义见 GB/T 2035—2008。

表 2 字符组 3 中维卡软化温度所用的数字代号

数字代号	维卡软化温度的范围/℃
076	VST≤80
084	80<VST≤88
092	88<VST≤96
100	96<VST≤104
108	104<VST≤112
116	112<VST≤120
124	120<VST≤128
132	VST>128

表 3 字符组 3 中熔体质量流动速率所用的数字代号

数字代号	熔体质量流动速率的范围/(g/10 min)
005	MFR≤1
015	1<MFR≤2
030	2<MFR≤4
060	4<MFR≤8
120	8<MFR≤16
240	MFR>16

表 4 字符组 3 中黏数所用的数字代号

数字代号	黏数的范围/ (mL/g) (可选的)
43	VN≤48
53	48<VN≤58
63	58<VN≤68
73	68<VN≤78
83	78<VN≤88
93	VN>88

4 命名示例

某 PMMA 用于注塑材料(M),光稳定(L),本色(无色)(N),维卡软化温度为 101 ℃(100),熔体质量流动速率为 10 g/10 min(120),黏数为 50 mL/g(53),其命名为:

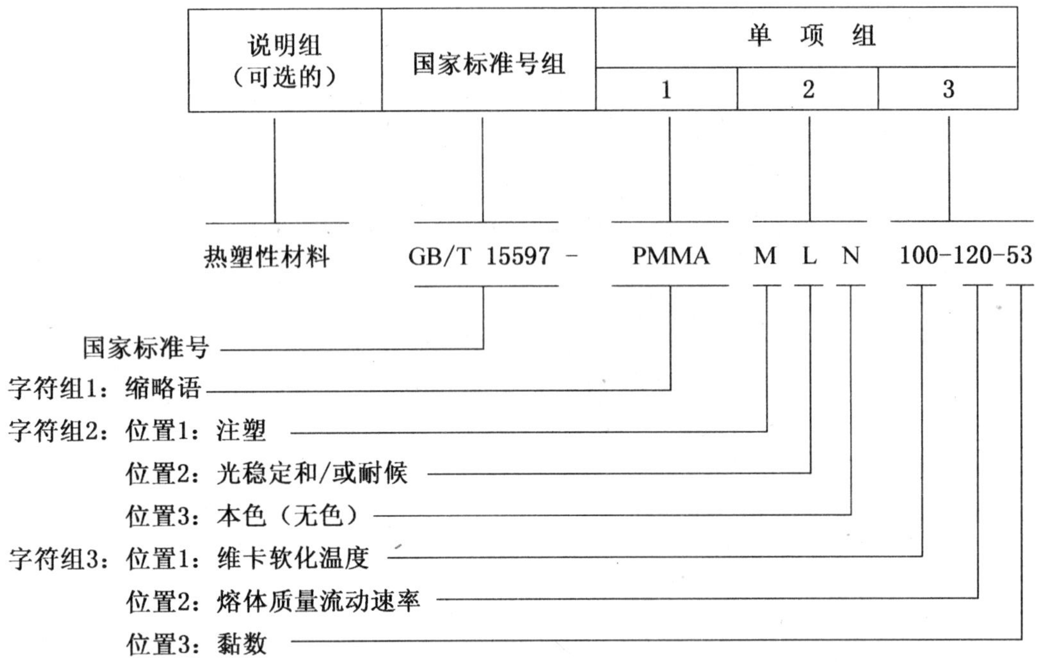

命名:(热塑性塑料)GB/T 15597-PMMA,MLN,100-120-53

ICS 13.200
E 09

中华人民共和国国家标准

GB 15599—2009
代替 GB 15599—1995

石油与石油设施雷电安全规范

Safety rules of lightning with relation to petroleum and its facilities

2009-03-31 发布　　　　2009-12-01 实施

中华人民共和国国家质量监督检验检疫总局
中国国家标准化管理委员会　发布

前　言

本标准的第3、4、5章为强制性条文。

本标准是对GB 15599—1995《石油与石油设施雷电安全规范》的修订。

本标准与GB 15599—1995相比主要变化如下：

——删除了“石油容器内壁使用导电防腐涂料的要求”(GB 15599—1995中的3.5)；

——删除了GB 15599—1995中“使用半导体消雷器的要求”(GB 15599—1995中的4.1.1)；

——将“浮顶金属储罐的浮顶与罐体间电气连接导线由25 mm^2”增加到50 mm^2，并提出浮顶与罐体沿罐周每隔30 m做均布的电气连接的要求(本标准的4.1.3，GB 15599—1995中的4.1.4)；

——增加了与金属储罐相接的电气、仪表等设施防雷的要求(本标准的4.1.5)；

——增加了生产装置设备、厂房、信息系统、低压配电防雷的要求(本标准的4.6、4.6.1～4.6.5)；

——增加了对地埋管道的接地、屏蔽的要求(本标准的4.7.4、4.7.5)；

——修改了预防雷电危害的管理措施为检测措施(本标准的5、5.1、5.2，GB 15599—1995中的5、5.1～5.5)；

——删除了附录A、附录B、附录D(GB 15599—1995中的附录A、附录B、附录D)。

本标准的附录A为资料性附录。

本标准由国家安全生产监督管理总局提出。

本标准由全国安全生产标准化技术委员会化学品安全标准化分技术委员会(TC 288/SC 3)归口。

本标准起草单位：中国石油化工股份有限公司青岛安全工程研究院、化学品安全控制国家重点实验室。

本标准主要起草人：刘全桢、刘宝全、孙立富、胡海燕、高鑫、张婷婷、李义鹏、王婷。

本标准所代替标准的历次版本发布情况为：

——GB 15599—1995。

石油与石油设施雷电安全规范

1 范围

本标准规定了石油和石油产品在生产、输送、贮存过程中避免或减少石油设施雷电危害的基本原则和措施。

本标准适用于石油设施的雷电安全防护。

2 规范性引用文件

下列文件中的条款通过本标准的引用而成为本标准的条款。凡是注日期的引用文件，其随后所有的修改单(不包括勘误的内容)或修订版均不适用于本标准，然而，鼓励根据本标准达成协议的各方研究是否可使用这些文件的最新版本。凡是不注日期的引用文件，其最新版本适用于本标准。

GB 50057—1994 建筑物防雷设计规范(2000 年修订版)

3 预防雷电危害的基本原则

3.1 石油和石油产品应贮存在密闭性的容器内，并避免油气混合物在容器周围积聚。

3.2 油气可能泄漏或积聚的区域，应避免金属导体间产生火花放电。

3.3 固定顶金属容器附件(如呼吸阀、安全阀)应装设阻火器。

3.4 石油设施应采用防雷接地。防雷、防静电、电气设备、保护及信息系统等的接地，宜共用接地装置。

4 预防雷电危害的技术措施

4.1 金属储罐

4.1.1 钢储罐顶板钢体厚度不小于 4 mm 时，不应装设避雷针。铝顶储罐顶板厚度小于 7 mm 和钢储罐顶板厚度小于 4 mm，应装设防直击雷设备，其保护范围的确定详见 GB 50057—1994 的附录四。

4.1.2 金属储罐应作环型防雷接地，其接地点不应少于两处，并应沿罐周均匀或对称布置，其罐壁周长间距不应大于 30 m，接地体距罐壁的距离应大于 3 m。引下线宜在距离地面 0.3 m 至 1.0 m 之间装设断接卡，用两个型号为 M12 的不锈钢螺栓加防松垫片连接。宜将储罐基础自然接地体与人工接地装置相连接，其接地点不应少于两处。冲击接地电阻不应大于 10 Ω。

4.1.3 浮顶金属储罐应采用两根截面不小于 50 mm^2 的扁平镀锡软铜复绞线或绝缘阻燃护套软铜复绞线将浮顶与罐体作电气连接，其连接点不少于两处。宜采用有效的、可靠的连接方式将浮顶与罐体沿罐周做均布的电气连接，连接点沿罐壁周长的间距不应大于 30 m。

4.1.4 金属储罐的阻火器、呼吸阀、量油孔、人孔、切水管、透光孔等金属附件应等电位连接。

4.1.5 与金属储罐相接的电气、仪表配线应采用金属管屏蔽保护。配线金属管上下两端与罐壁应做电气连接。在相应的被保护设备处，应安装与设备耐压水平相适应的浪涌保护器。

4.2 非金属储罐

4.2.1 非金属储罐应装设独立避雷针(网)等防直击雷设备。

4.2.2 独立避雷针与被保护物的水平距离不应小于 3 m，应设独立接地装置，其冲击接地电阻不应大于 10 Ω。

4.2.3 避雷网应采用直径不小于 12 mm 的热镀锌圆钢或截面不小于 25 mm×4 mm 的热镀锌扁钢制成，网格不宜大于 5 m×5 m 或 6 m×4 m，引下线不得少于两根，并沿四周均匀或对称布置，其间距不得大于 18 m，接地点不得少于两处。

4.2.4 非金属储罐应装设阻火器和呼吸阀。储罐的防护护栏、上罐梯、阻火器、呼吸阀、量油孔、人孔、透光孔、法兰等金属附件应接地，并应在防直击雷装置的保护范围内。

4.3 人工洞石油库

4.3.1 人工洞石油库储罐的金属呼吸管和金属通风管的露出洞外部分，应装设独立的避雷针，其保护范围应高出管口 2 m，独立避雷针距管口的水平距离不应小于 3 m。

4.3.2 进出洞内的金属管道从洞口算起，当其洞外埋地长度超过 $2\sqrt{\rho}$ m（ρ 为埋地金属管道处的土壤电阻率，单位为 Ω·m），且不小于 15 m 时，应在进入洞口处做一处接地。在其洞外部分不埋地或埋地长度不足 $2\sqrt{\rho}$ m 时，除在进入洞口处做一处接地外，应在洞外作两处接地，接地点的间距不应大于 50 m，冲击接地电阻不应大于 20 Ω。

4.3.3 电力和信息线路应采用铠装电缆埋地引入洞内。洞口电缆的外皮应与洞内的油罐、输油管道的接地装置相连。若由架空线路转换为电缆埋地引入洞内时，从洞口算起，当其洞外埋地长度超过 $2\sqrt{\rho}$ m 时，电缆金属外皮应在进入处做接地。当埋地长度不足 $2\sqrt{\rho}$ m 时，电缆金属外皮除在进入洞口处做接地外，还应在洞外做两处接地，接地点间距不应大于 50 m，接地电阻不宜大于 20 Ω。电缆与架空线路的连接处，应装设过电压保护器。过电压保护器、电缆外皮和瓷瓶铁脚，应做电气连接并接地，接地电阻不宜大于 10 Ω。

4.4 汽车槽车和铁路槽车

4.4.1 露天装卸作业，可不装设避雷针(带)。在棚内进行装卸作业的，棚应装设避雷针(带)，避雷针(带)的保护范围应为爆炸危险区域 1 区。

4.4.2 装卸油品设备(包括钢轨、管路、鹤管、栈桥等)应作电气连接并接地，冲击接地电阻应不大于 10 Ω。

4.5 金属油船和油驳

4.5.1 金属油船和油驳的金属桅杆或其他凸出物可作接闪器。如船体的结构是木质的或其他绝缘材料的，则应把桅杆或其他凸出的金属物与水线以下的铜板连接。

4.5.2 无线电天线应装浪涌保护器。

4.5.3 雷暴时宜中止装卸油品，并关闭贮器开口。

4.6 生产装置

4.6.1 生产装置内露天布置的塔、容器等，当顶板厚度不小于 4 mm 时，可不设避雷针保护，但应设防雷接地。

4.6.2 甲、乙类厂房、泵房(棚)的防雷，应符合下列规定：

——厂房、泵房(棚)应采用避雷带(网)，其引下线不应少于两根，并应沿建筑物四周均匀对称布置，间距不应大于 18 m，网格不应大于 10 m×10 m 或 12 m×8 m；

——进出厂房、泵房(棚)的金属管道、电缆的金属外皮、所穿钢管或架空电缆金属槽，在厂房、泵房(棚)外侧应做一处接地，接地装置应与保护接地装置及避雷带(网)接地装置合用。

4.6.3 丙类厂房、泵房(棚)的防雷，应符合下列规定：

——在平均雷暴日大于 40 d/a 的地区(参见附录 A)，厂房、泵房(棚)宜装设避雷带(网)，其引下线不应少于两根，间距不应大于 18 m；

——进出厂房、泵房(棚)的金属管道、电缆的金属外皮、所穿钢管或架空电缆金属槽，在厂房、泵房(棚)外侧应做一处接地，接地装置应与保护接地装置及避雷带(网)接地装置合用。

4.6.4 生产装置信息系统的防雷，应符合下列规定：

——配线电缆宜采用铠装屏蔽电缆，且宜直接埋地敷设；电缆金属外皮两端及在进入建筑物处应接地；当电缆采用穿钢管敷设时，钢管两端及在进入建筑物处应接地；建筑物内防雷接地应与交流工作接地、直流工作接地、安全保护接地共用一组接地装置，接地装置的接地电阻值应按接入设备中要求的最小值确定；

——线路首末端应装设与电子器件耐压水平相适应的浪涌保护器。

4.6.5 生产装置 380 V、220 V 供配电系统宜采用 TN-S 系统，供电系统的电缆金属外皮或金属保护管两端应接地，在各被保护的设备处，应安装与设备耐压水平相适应的浪涌保护器。

4.7 管路

4.7.1 输油管路可用其自身作接闪器，其弯头、阀门、金属法兰盘等连接处的过渡电阻大于 0.03 Ω 时，连接处应用金属线跨接，连接处应压接接线端子。对有不少于五根螺栓连接的金属法兰盘，在非腐蚀环境下，可不跨接，但应构成电气通路。

4.7.2 管路系统的所有金属件，包括护套的金属包覆层，应接地。管路两端和每隔 200 m～300 m 处，以及分支处、拐弯处均应有接地装置。接地点宜在管墩处，其冲击接地电阻不得大于 10 Ω。

4.7.3 可燃气体放空管路应安装阻火器或装设避雷针，当安装避雷针时保护范围应高于管口 2 m，避雷针距管口的水平距离不应小于 3 m。

4.7.4 地埋管道上应设置接地装置，并经隔离器或去耦合器与管道连接，接地装置的接地电阻应小于 30 Ω。

4.7.5 地埋管道附近有构筑物(高压线杆塔、变电站、电气化铁路、通信基站等)时，宜沿管线增设屏蔽线，并经去耦合器与管道连接。

5 预防雷电危害的检测措施

5.1 每年雷雨季节之前，应检查、维修防雷电设备和接地。

5.2 检查的主要项目包括：

——检查防雷设备的外观形貌、连接程度，如发现断裂、损坏、松动应及时修复，运行 15 年及以上，腐蚀较严重区域的接地装置宜进行开挖检查，发现问题及时处理；

——检测防雷设备接地电阻值、等电位连接接触电阻，如发现不符合要求，应及时修复；

——清洗堵塞的阻火芯，更换变形或腐蚀的阻火芯，并应保证密封处不漏气。

附 录 A
（资料性附录）
我国各地雷暴日期及初终期

地 名	平均全年日期	最早初日 日/月	最晚终日 日/月	地 名	平均全年日期	最早初日 日/月	最晚终日 日/月
哈尔滨	28.9	20/4	10/10	金华	61.9	14/1	23/11
齐齐哈尔	24.1	20/4	10/10	福州	63.2	11/1	20/11
牡丹江	26.8	21/4	21/10	厦门	45.8	29/1	22/12
长春	35.8	28/3	9/11	洛阳	28.3	28/2	19/10
抚顺	28.3	11/3	3/11	郑州	21.0	17/3	26/9
本溪	38.0	10/4	3/11	宜昌	45.4	11/1	28/10
鞍山	26.3	20/4	3/11	武汉	26.7	11/1	20/12
大连	18.2	4/4	7/11	长沙	48.7	10/1	22/12
沈阳	31.5	22/3	10/11	衡阳	54.3	10/1	12/12
锦州	28.7	25/3	29/10	九江	48.0	13/1	25/12
营口	30.0	22/3	4/11	南昌	58.4	14/1	25/12
满洲里	29.8	3/5	29/9	景德镇	59.8	13/1	22/12
呼和浩特	29.5	20/3	24/10	赣州	63.6	29/1	22/12
包头	37.7	20/3	22/10	桂林	76.2	13/1	16/12
乌鲁木齐	9.4	13/4	20/9	南宁	88.6	13/1	28/10
玉门	8.6	9/3	24/9	桂平	100.8	2/2	2/11
兰州	25.1	2/4	23/10	柳州	66.1	2/1	10/12
银川	28.2	3/4	23/10	梧州	97.5	10/1	2/11
西宁	39.1	8/4	2/11	信宜	108.9	2/1	28/10
西安	15.4	8/4	20/10	琼中	108.4	19/2	10/11
秦皇岛	35.9	21/3	29/10	湛江	95.6	3/1	7/11
石家庄	27.9	8/4	30/9	成都	36.9	7/3	11/10
北京	36.7	6/4	26/10	重庆	40.1	14/2	1/12
天津	26.8	9/4	29/10	西昌	75.6	2/1	14/12
上海	32.2	14/2	10/11	丽江	75.8	2/2	22/12
太原	37.1	4/4	17/10	景洪	116.4	6/1	25/12
烟台	25.0	22/3	13/11	昆明	62.8	6/1	22/12

表（续）

地　　名	平均全年日期	最早初日 日/月	最晚终日 日/月	地　　名	平均全年日期	最早初日 日/月	最晚终日 日/月
济南	25.0	27/3	17/10	河口	108.0	13/1	9/11
南京	34.4	14/2	14/10	遵义	51.6	2/1	12/12
合肥	30.4	25/2	14/10	贵阳	48.9	2/1	25/12
安庆	44.0	15/1	21/12	黑河	86.2	10/3	16/10
杭州	43.2	14/1	14/11	拉萨	75.4	9/3	3/11
宁波	47.1	29/1	4/11	日喀则	80.4	23/3	15/10
注：随气候变化，各地雷暴日期及初终期会有所变化，以气象部门公布最新数据为准。							

ICS 07.080
A 24

中华人民共和国国家标准

GB/T 15628.1—2009
代替 GB/T 15628.1—1995

中国动物分类代码
第1部分:脊椎动物

Taxonomic codes of the China fauna—
Part 1: Vertebrates

2009-10-15 发布　　2009-12-01 实施

中华人民共和国国家质量监督检验检疫总局
中国国家标准化管理委员会　发布

前　言

GB/T 15628《中国动物分类代码》将由多个部分组成，本部分为第1部分。

GB/T 15628的本部分代替GB/T 15628.1—1995《中国动物分类代码　脊椎动物》。

本部分与GB/T 15628.1—1995相比，主要变化如下：

——增加了前言和引言；

——采用六层次编码，分别为纲、目、科、属、种和亚种设置了编码层次；

——采用了字母和数字组合的编码形式，纲用字母编码，其他用数字编码；

——将原2至11位非等长代码改为等长码，统一为16位；

——代码表内各级阶元(纲、目、科、属、种)的顺序编排有所调整，各层均按拉丁字母排序；

——根据动物分类学研究的进展，对分类体系进行了调整，涉及8个目名、24个科名和252个属名。

本部分由中国标准化研究院提出。

本部分由全国信息分类编码标准化技术委员会归口。

本部分主要起草单位：中国科学院动物研究所、中国标准化研究院。

本部分主要起草人：纪力强、李小林、韩艳、乔慧捷、江洲。

GB/T 15628.1于1995年首次发布，本次为第一次修订。

引　言

GB/T 15628的本部分作为第一部动物分类国家标准，涉及的动物类群范围包括在中国分布的且在学术论文或学术著作上正式发表的脊椎动物类群。无脊椎动物的分类代码标准将构成GB/T 15628的其他部分。

本部分作为动物分类信息处理的基础数据和交换标准可供动物学及生态学等相关学科使用，并为农业、林业、检疫等相关管理部门信息系统平台建设提供标准化支持。

本部分收录了6纲、85目、469科、1994属和5812种脊椎动物。原始资料截止到2007年12月，鸟类物种资料截止到2008年10月。

为了便于查阅，本部分的代码表各级阶元(纲、目、科、属、种)在各自阶元内均按拉丁字母的顺序编排，其排列顺序不代表物种类群的系统发育顺序。此外，考虑到不同用户的应用习惯，本部分还给出了按照拉丁名和中文名的索引。

鉴于目前部分类群亚种分类地位尚有一定的不确定因素，变化较多，故本次修订暂未列入亚种编码内容，但为亚种预留码位，以保证编码系统结构的完整性。

个别属和种尚无正式的中文命名，但本部分仍对其赋予了代码。

中国动物分类代码
第1部分：脊椎动物

1 范围

GB/T 15628 的本部分规定了我国现生的脊椎动物物种的分类代码。

本部分适用于脊椎动物相关信息的处理和交换。

2 编制原则

GB/T 15628 的本部分列入了分布在我国的、在动物学学术刊物或专著上正式发表的现生脊椎动物。

本部分按纲的拉丁文字母顺序排列，目、科、属、种和亚种均按拉丁学名字母顺序排列。

为保持代码的相对稳定，目、科、属、种和亚种的代码均间隔一位赋予。新增加或变化的成员先按照拉丁字母的顺序插入在预留的空码位。如空码位用尽，则顺序排列在所属类群（目、科、属、种）的后面。

3 编码方法

GB/T 15628 的本部分采用层次编码法，由 6 层 16 位代码组成。第一层用两位字母表示纲，第二层用两位数字表示目，第三层用三位数字表示科，第四层用三位数字表示属，第五层用四位数字表示种，第六层用两位数字表示亚种。

代码结构见图 1，代码示例见图 2。

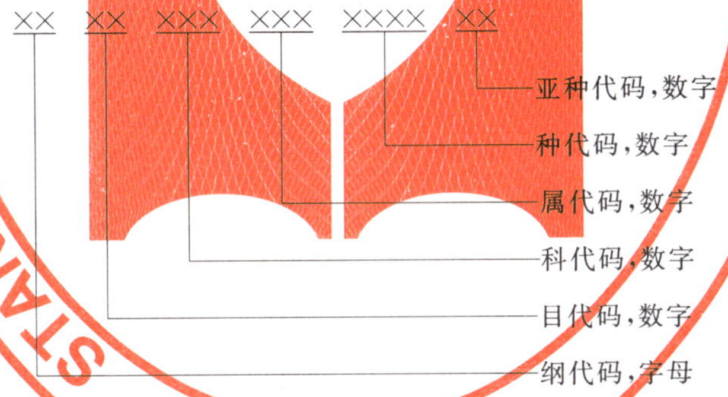

图 1 代码结构图

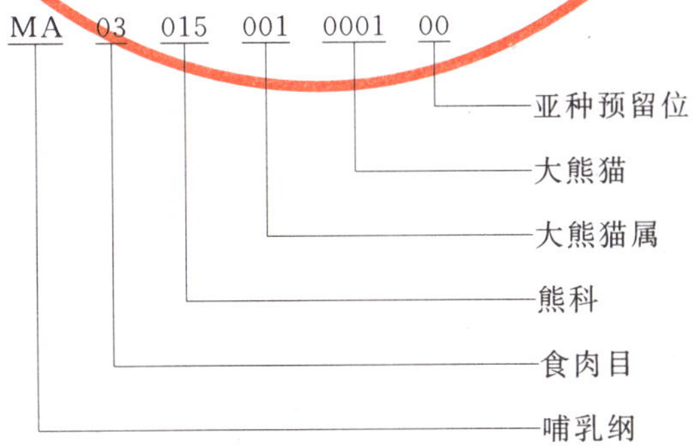

图 2 代码示例图

4 代码表

中国脊椎动物分类代码表见表 1。

表1中，中文名称带有可以省略的字词，以括号的形式表示。例如，“银喉(长尾)山雀”表示可用“银喉山雀”，也可用“银喉长尾山雀”，作为该动物的中文名称。

表1 中国脊椎动物分类代码表

代　码	中　文　名　称	拉　丁　名　称
AG00000000000000	**无颌纲**	AGNATHA
AG01000000000000	盲鳗目	MYXINIFORMES
AG01001000000000	盲鳗科	Myxinidae
AG01001001000000	盲鳗属	*Eptatretus*
AG01001001000100	蒲氏黏盲鳗	*Eptatretus burgeri* (Girard)
AG01001001000300	紫黏盲鳗	*Eptatretus okinoseanus* (Dean)
AG01001003000000	准盲鳗属	*Paramyxine*
AG01001003000100	陈氏副盲鳗	*Paramyxine cheni* Shen *et* Tao
AG01001003000300	台湾副盲鳗	*Paramyxine taiwanae* Shen *et* Tao
AG01001003000500	杨氏副盲鳗	*Paramyxine yangi* Teng
AG03000000000000	七鳃鳗目	PETROMYZONIFORMES
AG03001000000000	七鳃鳗科	Petromyzonidae
AG03001001000000	七鳃鳗属	*Lampetra*
AG03001001000100	日本七鳃鳗	*Lampetra japonica* (Martens)
AG03001001000300	东北七鳃鳗	*Lampetra morii* Berg
AG03001001000500	雷氏七鳃鳗	*Lampetra reissneri* Dybowski
AM00000000000000	**两栖纲**	**AMPHIBIA**
AM01000000000000	无尾目	ANURA
AM01001000000000	铃蟾科	Bombinatoridae
AM01001001000000	铃蟾属	*Bombina*
AM01001001000100	强婚刺铃蟾	*Bombina fortinuptialis* Tian *et* Wu
AM01001001000300	利川铃蟾	*Bombina lichuanensis* Ye *et* Fei
AM01001001000500	大蹼铃蟾	*Bombina maxima* Boulenger
AM01001001000700	微蹼铃蟾	*Bombina microdeladigitora* Liu, Hu, and Yang
AM01001001000900	东方铃蟾	*Bombina orientalis* Boulenger
AM01003000000000	蟾蜍科	Bufonidae
AM01003001000000	蟾蜍属	*Bufo*
AM01003001000100	哀牢蟾蜍	*Bufo ailaoanus* Kou
AM01003001000300	无棘溪蟾蜍	*Bufo aspinius* Yang, Liu, and Rao
AM01003001000500	盘谷蟾蜍	*Bufo bankorensis* Barbour
AM01003001000700	隐耳蟾蜍	*Bufo cryptotympanicus* Liu *et* Hu
AM01003001000900	隆枕蟾蜍	*Bufo cyphosus* Ye
AM01003001001100	头盔蟾蜍	*Bufo galeatus* Günther
AM01003001001300	中华大蟾蜍	*Bufo gargarizans* Cantor
AM01003001001500	喜山蟾蜍	*Bufo himalayanus* Günther
AM01003001001700	科氏蟾蜍	*Bufo kabischi* Herrmann *et* Kühnel
AM01003001001900	黑眶蟾蜍	*Bufo melanostictus* Schneider
AM01003001002100	缅甸蟾蜍	*Bufo pageoti* Bourret
AM01003001002300	土库曼蟾蜍	*Bufo pewzowi* Bedriaga
AM01003001002500	花背蟾蜍	*Bufo raddei* Strauch
AM01003001002700	史氏蟾蜍	*Bufo stejnegeri* Schmidt
AM01003001002900	西藏蟾蜍	*Bufo tibetanus* Zarevskij
AM01003001003100	圆疣蟾蜍	*Bufo tuberculatus* Zarevskij
AM01003001003300	卧龙蟾蜍	*Bufo wolongensis* Herrmann *et* Kühnel

表 1（续）

代　　码	中　文　名　称	拉　丁　名　称
AM01003001003500	札达蟾蜍	*Bufo zamdaensis* Fei, Ye, and Huang
AM01003003000000	小蟾属	*Parapelophryne*
AM01003003000100	鳞皮厚蹼蟾	*Parapelophryne scalpta* Liu *et* Hu
AM01005000000000	叉舌蛙科	Dicroglossidae
AM01005001000000	陆蛙属	*Fejervarya*
AM01005001000100	海蛙	*Fejervarya cancrivora* Gravenhorst
AM01005001000300	泽蛙	*Fejervarya limnocharis* Gravenhorst
AM01005003000000	虎纹蛙属	*Hoplobatrachus*
AM01005003000100	虎纹蛙	*Hoplobatrachus chinensis* Osbeck
AM01005005000000	舌突蛙属	*Ingerana*
AM01005005000100	高山舌突蛙	*Ingerana alpina* Huang *et* Ye
AM01005005000300	刘氏扁手蛙	*Ingerana liui* Yang
AM01005005000500	墨脱舌突蛙	*Ingerana medogensis* Fei, Ye, and Huang
AM01005005000700	网纹扁手蛙	*Ingerana reticulata* Zhao *et* Li
AM01005005000900	西藏扁手蛙	*Ingerana xizangensis* Hu
AM01005007000000	大头蛙属	*Limnonectes*
AM01005007000100	脆皮蛙	*Limnonectes fragilis* Liu *et* Hu
AM01005007000300	福建脆皮蛙	*Limnonectes fujianensis* Ye *et* Fei
AM01005007000500	大头蛙	*Limnonectes kuhlii* Tschudi
AM01005009000000	倭蛙属	*Nanorana*
AM01005009000100	棱背蛙	*Nanorana aenea* Smith
AM01005009000300	缅北棘蛙	*Nanorana arnoldi* Dubois
AM01005009000500	亚东棘蛙	*Nanorana blanfordii* Boulenger
AM01005009000700	察隅棘蛙	*Nanorana chayuensis* Ye
AM01005009000900	错那棘蛙	*Nanorana conaensis* Fei *et* Huang
AM01005009001100	眼斑棘蛙	*Nanorana feae* Boulenger
AM01005009001300	棘臂蛙	*Nanorana liebigii* Günther
AM01005009001500	无声囊棘蛙	*Nanorana liui* Su *et* Li
AM01005009001700	花棘蛙	*Nanorana maculosa* Liu, Hu, and Yang
AM01005009001900	墨脱棘蛙	*Nanorana medogensis* Fei *et* Ye
AM01005009002100	高山蛙	*Nanorana parkeri* Stejneger
AM01005009002300	倭蛙	*Nanorana pleskei* Günther
AM01005009002500	勃隆宁蛙	*Nanorana polunini* Smith
AM01005009002700	隆肛蛙	*Nanorana quadranus* Liu, Hu, and Yang
AM01005009002900	太行隆肛蛙	*Nanorana taihangnica* Chen *et* Jiang
AM01005009003100	棘肛蛙	*Nanorana unculuanus* Liu, Hu, and Yang
AM01005009003300	腹斑倭蛙	*Nanorana ventripunctata* Fei *et* Huang
AM01005009003500	双团棘胸蛙	*Nanorana yunnanensis* Anderson
AM01005011000000	浮蛙属	*Occidozyga*
AM01005011000100	北小岩蛙	*Occidozyga borealis* Annandale
AM01005011000300	尖舌浮蛙	*Occidozyga lima* Gravenhorst
AM01005011000500	圆舌浮蛙	*Occidozyga martensii* Peters
AM01005013000000		*Quasipaa*
AM01005013000100	棘腹蛙	*Quasipaa boulengeri* Günther
AM01005013000300	小棘蛙	*Quasipaa exilispinosa* Liu *et* Hu
AM01005013000500	九龙棘蛙	*Quasipaa jiulongensis* Huang *et* Liu
AM01005013000700	合江棘蛙	*Quasipaa robertingeri* Wu *et* Zhao

表 1（续）

代　码	中　文　名　称	拉　丁　名　称
AM01005013000900	棘侧蛙	*Quasipaa shini* Ahl
AM01005013001100	棘胸蛙	*Quasipaa spinosa* David
AM01005013001300	叶氏隆肛蛙	*Quasipaa yei* Chen, Qu, and Jiang
AM01007000000000	雨蛙科	Hylidae
AM01007001000000	雨蛙属	*Hyla*
AM01007001000100	华西雨蛙	*Hyla annectans* Jerdon
AM01007001000300	中国雨蛙	*Hyla chinensis* Günther
AM01007001000500	无斑雨蛙	*Hyla immaculata* Boettger
AM01007001000700	东北雨蛙	*Hyla japonica* Günther
AM01007001000900	三港雨蛙	*Hyla sanchiangensis* Pope
AM01007001001100	华南雨蛙	*Hyla simplex* Boettger
AM01007001001300	秦岭雨蛙	*Hyla tsinlingensis* Liu *et* Hu
AM01007001001500	昭平雨蛙	*Hyla zhaopingensis* Tang *et* Zhang
AM01009000000000	角蟾科	Megophryidae
AM01009001000000	短腿蟾属	*Brachytarsophrys*
AM01009001000100	川南短腿蟾	*Brachytarsophrys chuannanensis* Fei, Ye, and Huang
AM01009001000300	费氏短腿蟾	*Brachytarsophrys feae* Boulenger
AM01009001000500	宽头短腿蟾	*Brachytarsophrys platyparietus* Rao *et* Yang
AM01009003000000	拟髭蟾属	*Leptobrachium*
AM01009003000100	哀牢髭蟾	*Leptobrachium ailaonica* Yang, Chen, and Ma
AM01009003000300	峨眉髭蟾	*Leptobrachium boringiae* Liu
AM01009003000500	沙巴拟髭蟾	*Leptobrachium chapaense* Bourret
AM01009003000700	海南拟髭蟾	*Leptobrachium hainanense* Ye *et* Fei
AM01009003000900	华深拟髭蟾	*Leptobrachium huashen* Fei *et* Ye
AM01009003001100	雷山髭蟾	*Leptobrachium leishanensis* Liu *et* Hu
AM01009003001300	崇安髭蟾	*Leptobrachium liui* Pope
AM01009003001500	原髭蟾	*Leptobrachium promustache* Rao, Wilkinson, and Zhang
AM01009005000000	掌突蟾属	*Leptolalax*
AM01009005000100	高山掌突蟾	*Leptolalax alpinus* Fei, Ye, and Huang
AM01009005000300	福建掌突蟾	*Leptolalax liui* Fei *et* Ye
AM01009005000500	峨山掌突蟾	*Leptolalax oshanensis* Liu
AM01009005000700	蟼掌突蟾	*Leptolalax pelodytoides* Boulenger
AM01009005000900	腹斑掌突蟾	*Leptolalax ventripunctatus* Fei, Ye, and Li
AM01009007000000	拟角蟾属	*Ophryophryne*
AM01009007000100	小口拟角蟾	*Ophryophryne microstoma* Boulenger
AM01009007000300	突肛拟角蟾	*Ophryophryne pachyproctus* Kou
AM01009009000000	齿蟾属	*Oreolalax*
AM01009009000100	川北齿蟾	*Oreolalax chuanbeiensis* Tian
AM01009009000300	棘疣齿蟾	*Oreolalax granulosus* Fei, Ye, and Chen
AM01009009000500	景东齿蟾	*Oreolalax jingdongensis* Ma, Yang, and Li
AM01009009000700	凉北齿蟾	*Oreolalax liangbeiensis* Liu *et* Fei
AM01009009000900	利川齿蟾	*Oreolalax lichuanensis* Hu *et* Fei
AM01009009001100	大齿蟾	*Oreolalax major* Liu *et* Hu
AM01009009001300	密点齿蟾	*Oreolalax multipunctatus* Wu, Zhao, Inger, and Shaffer
AM01009009001500	南江齿蟾	*Oreolalax nanjiangensis*
AM01009009001700	峨眉齿蟾	*Oreolalax omeimontis* Liu *et* Hu
AM01009009001900	秉志齿蟾	*Oreolalax pingii* Liu

表 1（续）

代　　码	中　文　名　称	拉　丁　名　称
AM01009009002100	宝兴齿蟾	*Oreolalax popei* Liu
AM01009009002300	普雄齿蟾	*Oreolalax puxiongensis* Liu *et* Fei
AM01009009002500	红点齿蟾	*Oreolalax rhodostigmatus* Hu *et* Fei
AM01009009002700	疣刺齿蟾	*Oreolalax rugosus* Liu
AM01009009002900	无蹼齿蟾	*Oreolalax schmidti* Liu
AM01009009003100	魏氏齿突蟾	*Oreolalax weigoldi* Vogt
AM01009009003300	乡城齿蟾	*Oreolalax xiangchengensis* Fei *et* Huang
AM01009011000000	齿突蟾属	*Scutiger*
AM01009011000100	西藏齿突蟾	*Scutiger boulengeri* Bedriaga
AM01009011000300	金顶齿突蟾	*Scutiger chintingensis* Liu *et* Hu
AM01009011000500	胸腺齿突蟾	*Scutiger glandulatus* Liu
AM01009011000700	贡山齿突蟾	*Scutiger gongshanensis* Yang *et* Su
AM01009011000900	九龙齿突蟾	*Scutiger jiulongensis* Fei, Ye, and Jiang
AM01009011001100	六盘齿突蟾	*Scutiger liupanensis* Huang
AM01009011001300	花齿突蟾	*Scutiger maculatus* Liu
AM01009011001500	刺胸齿突蟾	*Scutiger mammatus* Günther
AM01009011001700	木里齿突蟾	*Scutiger muliensis* Fei *et* Ye
AM01009011001900	宁陕齿突蟾	*Scutiger ningshanensis* Fang
AM01009011002100	林芝齿突蟾	*Scutiger nyingchiensis* Fei
AM01009011002300	平武齿突蟾	*Scutiger pingwuensis* Liu *et* Tian
AM01009011002500	锡金齿突蟾	*Scutiger sikimmensis* Blyth
AM01009011002700	圆疣齿突蟾	*Scutiger tuberculatus* Liu *et* Fei
AM01009013000000	异角蟾属	*Xenophrys*
AM01009013000100	宾川角蟾	*Xenophrys binchuanensis* Ye *et* Fei
AM01009013000300	淡肩角蟾	*Xenophrys boettgeri* Boulenger
AM01009013000500	短肢角蟾	*Xenophrys brachykolos* Inger *et* Romer
AM01009013000700	尾突角蟾	*Xenophrys caudoprocta*
AM01009013000900	大围角蟾	*Xenophrys daweimontis* Rao *et* Yang
AM01009013001100	大花角蟾	*Xenophrys gigantica* Liu, Hu, and Yang
AM01009013001300	腺角蟾	*Xenophrys glandulosa* Fei, Ye, and Huang
AM01009013001500	黄山角蟾	*Xenophrys huangshanensis* Fei *et* Ye
AM01009013001700	景东角蟾	*Xenophrys jingdongensis* Fei *et* Ye
AM01009013001900	挂墩角蟾	*Xenophrys kuatunensis* Pope
AM01009013002100	大角蟾	*Xenophrys major* Boulenger
AM01009013002300	莽山角蟾	*Xenophrys mangshanensis* Fei *et* Ye
AM01009013002500	墨脱角蟾	*Xenophrys medoensis* Fei *et* Ye
AM01009013002700	小角蟾	*Xenophrys minor* Stejneger
AM01009013002900	南江角蟾	*Xenophrys nankiangensis* Liu *et* Hu
AM01009013003100	峨眉角蟾	*Xenophrys omeimontis* Liu
AM01009013003300	凸肛角蟾	*Xenophrys pachyproctus* Huang
AM01009013003500	粗皮角蟾	*Xenophrys palpebralespinosa* Bourret
AM01009013003700	凹顶角蟾	*Xenophrys parva* Boulenger
AM01009013003900	沙坪角蟾	*Xenophrys shapingensis* Liu
AM01009013004100	水城角蟾	*Xenophrys shuichengensis* Tian, Gu, and Sun
AM01009013004300	棘指角蟾	*Xenophrys spinata* Liu *et* Hu
AM01009013004500	瓦屋角蟾	*Xenophrys wawuensis* Fei, Jiang, and Zheng
AM01009013004700	无量山角蟾	*Xenophrys wuliangshanensis* Ye *et* Fei

表 1（续）

代　码	中 文 名 称	拉 丁 名 称
AM01009013004900	巫山角蟾	*Xenophrys wushanensis* Ye *et* Fei
AM01009013005100	张氏角蟾	*Xenophrys zhangi* Ye *et* Fei
AM01011000000000	姬蛙科	Microhylidae
AM01011001000000	小狭口蛙属	*Calluella*
AM01011001000100	云南小狭口蛙	*Calluella yunnanensis* Boulenger
AM01011003000000	细狭口蛙属	*Kalophrynus*
AM01011003000100	花细狭口蛙	*Kalophrynus interlineatus* Blyth
AM01011003000300	孟连细狭口蛙	*Kalophrynus menglienicus* Yang *et* Su
AM01011005000000	狭口蛙属	*Kaloula*
AM01011005000100	北方狭口蛙	*Kaloula borealis* Barbour
AM01011005000300	花狭口蛙	*Kaloula pulchra* Gray
AM01011005000500	四川狭口蛙	*Kaloula rugifera* Stejneger
AM01011005000700	多疣狭口蛙	*Kaloula verrucosa* Boulenger
AM01011007000000	姬蛙属	*Microhyla*
AM01011007000100	粗皮姬蛙	*Microhyla butleri* Boulenger
AM01011007000300	大姬蛙	*Microhyla fowleri* Taylor
AM01011007000500	小弧斑姬蛙	*Microhyla heymonsi* Vogt
AM01011007000700	合征姬蛙	*Microhyla mixtura* Liu *et* Hu
AM01011007000900	饰纹姬蛙	*Microhyla ornata* Boulenger
AM01011007001100	花姬蛙	*Microhyla pulchra* Hallowell
AM01011009000000	小姬蛙属	*Micryletta*
AM01011009000100	德力姬蛙	*Micryletta inornata* Boulenger
AM01011009000300	史氏姬蛙	*Micryletta steinegeri* Boulenger
AM01013000000000	蛙科	Ranidae
AM01013001000000	湍蛙属	*Amolops*
AM01013001000100	片马湍蛙	*Amolops bellulus* Liu, Yang, Ferraris, and Matsui
AM01013001000300	崇安湍蛙	*Amolops chunganensis* Pope
AM01013001000500	戴云湍蛙	*Amolops daiyunensis* Liu *et* Hu
AM01013001000700	小耳湍蛙	*Amolops gerbillus* Annandale
AM01013001000900	棘皮湍蛙	*Amolops granulosus* Liu *et* Hu
AM01013001001100	海南湍蛙	*Amolops hainanensis* Boulenger
AM01013001001300	香港湍蛙	*Amolops hongkongensis* Pope *et* Romer
AM01013001001500	金江湍蛙	*Amolops jinjiangensis* Yang, Su, and Li
AM01013001001700	康定湍蛙	*Amolops kangtingensis* Liu
AM01013001001900	凉山湍蛙	*Amolops liangshanensis* Wu *et* Zhao
AM01013001002100	理县湍蛙	*Amolops lifanensis* Liu
AM01013001002300	棕点湍蛙	*Amolops loloensis* Liu
AM01013001002500	四川湍蛙	*Amolops mantzorum* David
AM01013001002700	西域湍蛙	*Amolops marmoratus* Blyth
AM01013001002900	墨脱湍蛙	*Amolops medogensis* Li *et* Rao
AM01013001003100	勐养湍蛙	*Amolops mengyangensis* Wu *et* Tian
AM01013001003300	山湍蛙	*Amolops monticola* Anderson
AM01013001003500	华南湍蛙	*Amolops ricketti* Boulenger
AM01013001003700	小湍蛙	*Amolops torrentis* Smith
AM01013001003900	平疣湍蛙	*Amolops tuberodepressus* Liu *et* Yang
AM01013001004100	绿点湍蛙	*Amolops viridimaculatus* Jiang
AM01013001004300	武夷湍蛙	*Amolops wuyiensis* Liu *et* Hu

表 1（续）

代　码	中 文 名 称	拉 丁 名 称
AM01013003000000	拇棘蛙属	*Babina*
AM01013003000100	弹琴蛙	*Babina adenopleura* Boulenger
AM01013003000300	仙琴蛙	*Babina daunchina* Chang
AM01013003000500	林琴蛙	*Babina lini* Chou
AM01013003000700	滇蛙	*Babina pleuraden* Boulenger
AM01013005000000	腺蛙属	*Glandirana*
AM01013005000100	东北粗皮蛙	*Glandirana emeljanovi* Nikolskii
AM01013005000300	小山蛙	*Glandirana minima* Ting *et* T'sai
AM01013005000500	天台蛙	*Glandirana tientaiensis* Chang
AM01013007000000	水蛙属	*Hylarana*
AM01013007000100	版纳水蛙	*Hylarana bannanica* Rao *et* Yang
AM01013007000300	沼蛙	*Hylarana guentheri* Boulenger
AM01013007000500	阔褶蛙	*Hylarana latouchii* Boulenger
AM01013007000700	长趾蛙	*Hylarana macrodactyla* Günther
AM01013007000900	黑带蛙	*Hylarana nigrovittata* Blyth
AM01013007001100	细刺蛙	*Hylarana spinulosa* Smith
AM01013007001300	台北蛙	*Hylarana taipehensis* Van Denburgh
AM01013009000000	臭蛙属	*Odorrana*
AM01013009000100	云南臭蛙	*Odorrana andersonii* Boulenger
AM01013009000300	安龙臭蛙	*Odorrana anlungensis* Liu *et* Hu
AM01013009000500	大湍蛙	*Odorrana chapaensis* Bourret
AM01013009000700	小竹叶蛙	*Odorrana exiliversabilis* Li, Ye, and Fei
AM01013009000900	无指盘臭蛙	*Odorrana grahami* Boulenger
AM01013009001100	臭蛙	*Odorrana graminea* Boulenger
AM01013009001300	海南臭蛙	*Odorrana hainanensis* Fei, Ye, and Li
AM01013009001500	合江臭蛙	*Odorrana hejiangensis* Deng *et* Yu
AM01013009001700	景东臭蛙	*Odorrana jingdongensis* Fei, Ye, and Li
AM01013009001900	筠连臭蛙	*Odorrana junlianensis* Huang, Fei, and Ye
AM01013009002100	光雾臭蛙	*Odorrana kuangwuensis* Liu *et* Hu
AM01013009002300	龙头山臭蛙	*Odorrana leporipes* Werner
AM01013009002500	大绿臭蛙	*Odorrana livida* Blyth
AM01013009002700	龙胜臭蛙	*Odorrana lungshengensis* Liu *et* Hu
AM01013009002900	绿臭蛙	*Odorrana margaratae* Liu
AM01013009003100	长吻湍蛙	*Odorrana nasica* Boulenger
AM01013009003300	鸭嘴竹叶蛙	*Odorrana nasuta* Li, Ye, and Fei
AM01013009003500	花臭蛙	*Odorrana schmackeri* Boettger
AM01013009003700	棕背臭蛙	*Odorrana swinhoana* Boulenger
AM01013009003900	滇南臭蛙	*Odorrana tiannanensis* Yang *et* Li
AM01013009004100	凹耳蛙	*Odorrana tormota* Wu
AM01013009004300	竹叶臭蛙	*Odorrana versabilis* Liu *et* Hu
AM01013009004500	务川臭蛙	*Odorrana wuchuanensis* Xu
AM01013011000000	侧褶蛙属	*Pelophylax*
AM01013011000100	福建侧褶蛙	*Pelophylax fukienensis* Pope
AM01013011000300	湖北侧褶蛙	*Pelophylax hubeiensis* Fei *et* Ye
AM01013011000500	黑斜线侧褶蛙	*Pelophylax nigrolineatus* Liu *et* Hu
AM01013011000700	黑斑侧褶蛙	*Pelophylax nigromaculatus* Hallowell
AM01013011000900	金线侧褶蛙	*Pelophylax plancyi* Lataste

表 1（续）

代　码	中 文 名 称	拉 丁 名 称
AM01013011001100	湖侧褶蛙	*Pelophylax ridibundus* Pallas
AM01013011001300	胫腺侧褶蛙	*Pelophylax shuchinae* Liu
AM01013011001500	腾格尔蛙	*Pelophylax tenggerensis* Zhao, Macey, and Papenfuss
AM01013013000000	蛙属	*Rana*
AM01013013000100	黑龙江林蛙	*Rana amurensis* Boulenger
AM01013013000300	阿尔泰林蛙	*Rana arvalis* Nilsson
AM01013013000500	中亚林蛙	*Rana asiatica* Bedriaga
AM01013013000700	昭觉林蛙	*Rana chaochiaoensis* Liu
AM01013013000900	中国林蛙	*Rana chensinensis* David
AM01013013001100	峰斑林蛙	*Rana chevronta* Hu *et* Ye
AM01013013001300	东北林蛙	*Rana dybowskii* Gunther
AM01013013001500	桓仁林蛙	*Rana huanrenensis* Fei, Ye, and Huang
AM01013013001700	越南趾沟蛙	*Rana johnsi* Smith
AM01013013001900	高原林蛙	*Rana kukunoris* Nikolskii
AM01013013002100	昆俞林蛙	*Rana kunyuensis* Lu *et* Li
AM01013013002300	长脚赤蛙	*Rana longicrus* Stejneger
AM01013013002500	多齿蛙	*Rana multidenticulatus* Chou *et* Lin
AM01013013002700	峨眉林蛙	*Rana omeimontis* Ye *et* Fei
AM01013013002900	桑植蛙	*Rana sangzhiensis* Shen
AM01013013003100	台湾蛙	*Rana sauteri* Boulenger
AM01013013003300	威宁蛙	*Rana weiningensis* Liu, Hu, and Yang
AM01013013003500	明泉蛙	*Rana zhengi* Zhao
AM01013013003700	镇海林蛙	*Rana zhenhaiensis* Ye, Fei, and Matsui
AM01013015000000		*Sanguirana*
AM01013015000100	黑耳蛙	*Sanguirana varians* Boulenger
AM01015000000000	树蛙科	Rhacophoridae
AM01015001000000	水树蛙属	*Aquixalus*
AM01015001000100	黑眼睑小树蛙	*Aquixalus gracilipes* Bourret
AM01015001000300	吻泛树蛙	*Aquixalus naso* Annandale
AM01015001000500	锯腿小树蛙	*Aquixalus odontotarsus* Ye *et* Fei
AM01015003000000	溪树蛙属	*Buergeria*
AM01015003000100	日本溪树蛙	*Buergeria japonica* Hallowell
AM01015003000300	海南溪树蛙	*Buergeria oxycephala* Boulenger
AM01015003000500	壮溪树蛙	*Buergeria robusta* Boulenger
AM01015005000000	跳树蛙属	*Chiromantis*
AM01015005000100	背条跳树蛙	*Chiromantis doriae* Boulenger
AM01015005000300	罗默小树蛙	*Chiromantis romeri* Smith
AM01015005000500	侧条跳树蛙	*Chiromantis vittatus* Boulenger
AM01015007000000		*Feihyla*
AM01015007000100	白颊小树蛙	*Feihyla palpebralis* Smith
AM01015009000000	原指树蛙属	*Kurixalus*
AM01015009000100	琉球跳树蛙	*Kurixalus eiffingeri* Boettger
AM01015009000300	陆卵跳树蛙	*Kurixalus idiootocus* Kuramoto *et* Wang
AM01015011000000	小树蛙属	*Philautus*
AM01015011000100	白斑小树蛙	*Philautus albopunctatus* Liu *et* Hu
AM01015011000300	疣小树蛙	*Philautus andersoni* Ahl
AM01015011000500	海南小树蛙	*Philautus hainanus* Liu *et* Wu

表 1（续）

代　码	中　文　名　称	拉　丁　名　称
AM01015011000700	金秀小树蛙	*Philautus jinxiuensis* Hu
AM01015011000900	肯氏小树蛙	*Philautus kempii* Annandale
AM01015011001100	陇川小树蛙	*Philautus longchuanensis* Yang *et* Li
AM01015011001300	墨脱小树蛙	*Philautus medogensis* Ye *et* Hu
AM01015011001500	勐腊小树蛙	*Philautus menglaensis* Kou
AM01015011001700	眼斑小树蛙	*Philautus ocellatus* Liu *et* Hu
AM01015011001900	红吸盘小树蛙	*Philautus rhododiscus* Liu *et* Hu
AM01015013000000	泛树蛙属	*Polypedates*
AM01015013000100	斑腿泛树蛙	*Polypedates megacephalus* Hallowell
AM01015013000300	无声囊泛树蛙	*Polypedates mutus* Smith
AM01015015000000	树蛙属	*Rhacophorus*
AM01015015000100	诸罗树蛙	*Rhacophorus arvalis* Lue, Lai and Chen
AM01015015000300	橙腹树蛙	*Rhacophorus aurantiventris* Lue, Lai and Chen
AM01015015000500	双斑树蛙	*Rhacophorus bipunctatus* Ahl
AM01015015000700	经甫泛树蛙	*Rhacophorus chenfui* Liu
AM01015015000900	大泛树蛙	*Rhacophorus dennysi* Blanford
AM01015015001100	宝兴泛树蛙	*Rhacophorus dugritei* David
AM01015015001300	棕褶树蛙	*Rhacophorus feae* Boulenger
AM01015015001500	昭觉树蛙	*Rhacophorus hui* Liu
AM01015015001700	洪佛泛树蛙	*Rhacophorus hungfuensis* Liu *et* Hu
AM01015015001900	白颌大树蛙	*Rhacophorus maximus* Günther
AM01015015002100	大瑶山树蛙	*Rhacophorus minimus* Rao, Wilkinson, and Liu
AM01015015002300	台湾树蛙	*Rhacophorus moltrechti* Boulenger
AM01015015002500	黑点泛树蛙	*Rhacophorus nigropunctatus* Liu, Hu, and Yang
AM01015015002700	峨眉泛树蛙	*Rhacophorus omeimontis* Stejneger
AM01015015002900	翡翠树蛙	*Rhacophorus prasinatus* Mou, Risch, and Lue
AM01015015003100	黑蹼树蛙	*Rhacophorus reinwardtii* Schlegel
AM01015015003300	台北树蛙	*Rhacophorus taipeianus* Liang *et* Wang
AM01015015003500	贡山泛树蛙	*Rhacophorus taronensis* Smith
AM01015015003700	横纹树蛙	*Rhacophorus translineatus* Wu
AM01015015003900	圆疣树蛙	*Rhacophorus tuberculatus* Anderson
AM01015015004100	疣足树蛙	*Rhacophorus verrucopus* Huang
AM01015015004300	瑶山泛树蛙	*Rhacophorus yaoshanensis* Liu *et* Hu
AM01015015004500	鹦哥岭树蛙	*Rhacophorus yinggelingensis* Chou, Lau, and Chan
AM01015017000000	棱皮树蛙属	*Theloderma*
AM01015017000100	马来棱皮树蛙	*Theloderma asperum* Boulenger
AM01015017000300	广西棱皮树蛙	*Theloderma kwangsiensis* Liu *et* Hu
AM01015017000500	棘棱皮树蛙	*Theloderma moloch* Annandale
AM03000000000000	有尾目	CAUDATA
AM03001000000000	隐鳃鲵科	Cryptobranchidae
AM03001001000000	大鲵属	*Andrias*
AM03001001000100	大鲵	*Andrias davidianus* Blanchard
AM03003000000000	小鲵科	Hynobiidae
AM03003001000000	山溪鲵属	*Batrachuperus*
AM03003001000100	无斑山溪鲵	*Batrachuperus karlschmidti* Liu
AM03003001000300	龙洞山溪鲵	*Batrachuperus londongensis* Liu *et* Tian
AM03003001000500	山溪鲵	*Batrachuperus pinchonii* David

表 1（续）

代　码	中 文 名 称	拉 丁 名 称
AM03003001000700	太白山溪鲵	*Batrachuperus taibaiensis* Song, Zeng, Wu, Liu, and Fu
AM03003001000900	西藏山溪鲵	*Batrachuperus tibetanus* Schmidt
AM03003001001100	盐源山溪鲵	*Batrachuperus yenyuanensis* Liu
AM03003003000000	小鲵属	*Hynobius*
AM03003003000100	安吉小鲵	*Hynobius amjiensis* Gu
AM03003003000300	阿里山小鲵	*Hynobius arisannsis* Maki
AM03003003000500	中国小鲵	*Hynobius chinensis* Günther
AM03003003000700	台湾小鲵	*Hynobius formosanus* Maki
AM03003003000900	挂帮山小鲵	*Hynobius guabangshanensis* Shen, Deng, and Wang
AM03003003001100	东北小鲵	*Hynobius leechii* Boulenger
AM03003003001300	猫儿山小鲵	*Hynobius maoershanensis* Zhou, Jiang, and Jiang
AM03003003001500	楚南小鲵	*Hynobius sonani* Maki
AM03003003001700	义乌小鲵	*Hynobius yiwuensis* Cai
AM03003005000000	巴鲵属	*Liua*
AM03003005000100	巫山北鲵	*Liua shihi* Liu
AM03003005000300	秦巴拟小鲵	*Liua tsinpaensis* Liu *et* Hu
AM03003007000000	爪鲵属	*Onychodactylus*
AM03003007000100	爪鲵	*Onychodactylus fischeri* Boulenger
AM03003009000000	肥鲵属	*Pachyhynobius*
AM03003009000100	商城肥鲵	*Pachyhynobius shangchengensis* Fei, Qu, and Wu
AM03003011000000	原鲵属	*Protohynobius*
AM03003011000100	普雄原鲵	*Protohynobius puxiongensis* Fei *et* Ye
AM03003013000000	拟小鲵属	*Pseudohynobius*
AM03003013000100	黄斑拟小鲵	*Pseudohynobius flavomaculatus* Hu *et* Fei
AM03003013000300	宽阔水拟小鲵	*Pseudohynobius kuankoushiuensis* Xu, Zeng and Fu
AM03003013000500	水城拟小鲵	*Pseudohynobius shuichengensis* Tian, Li, and Gu
AM03003015000000	北鲵属	*Ranodon*
AM03003015000100	新疆北鲵	*Ranodon sibiricus* Kessler
AM03003017000000	极北鲵属	*Salamandrella*
AM03003017000100	极北鲵	*Salamandrella keyserlingii* Dybowski
AM03005000000000	蝾螈科	Salamandridae
AM03005001000000	蝾螈属	*Cynops*
AM03005001000100	呈贡蝾螈	*Cynops chenggongensis* Kou *et* Xing
AM03005001000300	蓝尾蝾螈	*Cynops cyanurus* Liu, Hu, and Yang
AM03005001000500	东方蝾螈	*Cynops orientalis* David
AM03005001000700	潮汕蝾螈	*Cynops orphicus* Risch
AM03005003000000	棘螈属	*Echinotriton*
AM03005003000100	琉球棘螈	*Echinotriton andersoni* Boulenger
AM03005003000300	镇海棘螈	*Echinotriton chinhaiensis* Chang
AM03005005000000	滇螈属	*Hypselotriton*
AM03005005000100	滇螈	*Hypselotriton wolterstorffi* Boulenger
AM03005007000000	肥螈属	*Pachytriton*
AM03005007000100	黑斑肥螈	*Pachytriton brevipes* Sauvage
AM03005007000300	无斑肥螈	*Pachytriton labiatus* Unterstein
AM03005009000000	瘰螈属	*Paramesotriton*
AM03005009000100	尾斑瘰螈	*Paramesotriton caudopunctatus* Liu *et* Hu
AM03005009000300	中国瘰螈	*Paramesotriton chinensis* Gray

表 1（续）

代　　码	中　文　名　称	拉　丁　名　称
AM03005009000500	富钟瘰螈	*Paramesotriton fuzhongensis* Wen
AM03005009000700	广西瘰螈	*Paramesotriton guanxiensis* Huang, Tang, and Tang
AM03005009000900	香港瘰螈	*Paramesotriton hongkongensis* Myers *et* Leviton
AM03005009001100	织金瘰螈	*Paramesotriton zhijinensis* Li, Tian, and Gu
AM03005011000000	疣螈属	*Tylototriton*
AM03005011000100	细痣疣螈	*Tylototriton asperrimus* Unterstein
AM03005011000300	海南疣螈	*Tylototriton hainanensis* Fei, Ye, and Yang
AM03005011000500	贵州疣螈	*Tylototriton kweichowensis* Fang *et* Chang
AM03005011000700	大凉疣螈	*Tylototriton taliangensis* Liu
AM03005011000900	红瘰疣螈	*Tylototriton verrucosus* Anderson
AM03005011001100	文县疣螈	*Tylototriton wenxianensis* Fei, Ye, and Yang
AM05000000000000	蚓螈目	GYMNOPHIONA
AM05001000000000	鱼螈科	Ichthyophiidae
AM05001001000000	鱼螈属	*Ichthyophis*
AM05001001000100	版纳鱼螈	*Ichthyophis bannanicus* Yang
AV00000000000000	**鸟纲**	**AVES**
AV01000000000000	雁形目	ANSERIFORMES
AV01001000000000	鸭科	Anatidae
AV01001001000000	鸳鸯属	*Aix*
AV01001001000100	鸳鸯	*Aix galericulata* (Linnaeus)
AV01001003000000	埃及雁属	*Alopochen*
AV01001003000100	埃及雁	*Alopochen aegyptiaca* Linnaeus
AV01001005000000	（河）鸭属	*Anas*
AV01001005000100	针尾鸭	*Anas acuta* Linnaeus
AV01001005000300	琵嘴鸭	*Anas clypeata* Linnaeus
AV01001005000500	绿翅鸭	*Anas crecca* Linnaeus
AV01001005000700	罗纹鸭	*Anas falcata* Georgi
AV01001005000900	花脸鸭	*Anas formosa* Georgi
AV01001005001100	赤颈鸭	*Anas penelope* Linnaeus
AV01001005001300	绿头鸭	*Anas platyrhynchos* Linnaeus
AV01001005001500	斑嘴鸭	*Anas poecilorhyncha* Forster
AV01001005001700	白眉鸭	*Anas querquedula* Linnaeus
AV01001005001900	赤膀鸭	*Anas strepera* Linnaeus
AV01001007000000	雁属	*Anser*
AV01001007000100	白额雁	*Anser albifrons* (Scopoli)
AV01001007000300	灰雁	*Anser anser* Linnaeus
AV01001007000500	雪雁	*Anser caerulescens* Linnaeus
AV01001007000700	鸿雁	*Anser cygnoides* (Linnaeus)
AV01001007000900	小白额雁	*Anser erythropus* (Linnaeus)
AV01001007001100	豆雁	*Anser fabalis* (Latham)
AV01001007001300	斑头雁	*Anser indicus* (Latham)
AV01001009000000	潜鸭属	*Aythya*
AV01001009000100	青头潜鸭	*Aythya baeri* (Radde)
AV01001009000300	红头潜鸭	*Aythya ferina* (Linnaeus)
AV01001009000500	凤头潜鸭	*Aythya fuligula* (Linnaeus)
AV01001009000700	斑背潜鸭	*Aythya marila* Linnaeus
AV01001009000900	白眼潜鸭	*Aythya nyroca* Guldenstadt

表 1（续）

代　码	中 文 名 称	拉 丁 名 称
AV01001011000000	黑雁属	*Branta*
AV01001011000100	黑雁	*Branta bernicla* (Linnaeus)
AV01001011000300	红胸黑雁	*Branta ruficollis* (Pallas)
AV01001013000000	鹊鸭属	*Bucephala*
AV01001013000100	鹊鸭	*Bucephala clangula* (Linnaeus)
AV01001015000000	长尾鸭属	*Clangula*
AV01001015000100	长尾鸭	*Clangula hyemalis* (Linnaeus)
AV01001017000000	天鹅属	*Cygnus*
AV01001017000100	小天鹅	*Cygnus columbianus* (Ord)
AV01001017000300	大天鹅	*Cygnus cygnus* (Linnaeus)
AV01001017000500	疣鼻天鹅	*Cygnus olor* (Gmelin)
AV01001019000000	树鸭属	*Dendrocygna*
AV01001019000100	（栗）树鸭	*Dendrocygna javanica* (Horsfield)
AV01001021000000	丑鸭属	*Histrionicus*
AV01001021000100	丑鸭	*Histrionicus histrionicus* (Linnaeus)
AV01001023000000	云石斑鸭属	*Marmaronetta*
AV01001023000100	云石斑鸭	*Marmaronetta angustirostris* Menetries
AV01001025000000	海番鸭属	*Melanitta*
AV01001025000100	斑脸海番鸭	*Melanitta fusca* Linnaeus
AV01001025000300	黑海番鸭	*Melanitta nigra* Linnaeus
AV01001027000000	秋沙鸭属	*Mergus*
AV01001027000100	白秋沙鸭	*Mergus albellus* Linnaeus
AV01001027000300	普通秋沙鸭	*Mergus merganser* Linnaeus
AV01001027000500	红胸秋沙鸭	*Mergus serrator* Linnaeus
AV01001027000700	中华秋沙鸭	*Mergus squamatus* Gould
AV01001029000000	狭嘴潜鸭属	*Netta*
AV01001029000100	赤嘴潜鸭	*Netta rufina* (Pallas)
AV01001031000000	棉凫属	*Nettapus*
AV01001031000100	棉凫	*Nettapus coromandelianus* (Gmelin)
AV01001033000000	硬尾鸭属	*Oxyura*
AV01001033000100	白头硬尾鸭	*Oxyura leucocephala* (Scopoli)
AV01001035000000	小绒鸭属	*Polysticta*
AV01001035000100	小绒鸭	*Polysticta stelleri* (Pallas)
AV01001037000000	瘤鸭属	*Sarkidiornis*
AV01001037000100	瘤鸭	*Sarkidiornis melanotos* Pennant
AV01001039000000	麻鸭属	*Tadorna*
AV01001039000100	赤麻鸭	*Tadorna ferruginea* (Pallas)
AV01001039000300	翘鼻麻鸭	*Tadorna tadorna* (Linnaeus)
AV03000000000000	雨燕目	APODIFORMES
AV03001000000000	雨燕科	Apodidae
AV03001001000000	金丝燕属	*Aerodramus*
AV03001001000100	短嘴金丝燕	*Aerodramus brevirostris* (McClelland)
AV03001001000300	爪哇金丝燕	*Aerodramus fuciphaga* (Thunberg)
AV03001001000500	大金丝燕	*Aerodramus maximus* Hume
AV03001003000000	雨燕属	*Apus*
AV03001003000100	小白腰雨燕	*Apus affinis* (J. E. Gray)

表 1(续)

代码	中文名称	拉丁名称
AV03001003000300	普通楼燕	*Apus apus* (Linnaeus)
AV03001003000500	白腰雨燕	*Apus pacificus* (Latham)
AV03001005000000	棕雨燕属	*Cypsiurus*
AV03001005000100	棕雨燕	*Cypsiurus parvus* (Lichtenstein)
AV03001007000000	针尾雨燕属	*Hirundapus*
AV03001007000100	白喉针尾雨燕	*Hirundapus caudacutus* (Latham)
AV03001007000300	灰喉针尾雨燕	*Hirundapus cochinchinensis* (Oustalet)
AV03003000000000	凤头雨燕科	Hemiprocnidae
AV03003001000000	凤头雨燕属	*Hemiprocne*
AV03003001000100	凤头树燕	*Hemiprocne longipennis* (Rafinesque)
AV05000000000000	夜鹰目	CAPRIMULGIFORMES
AV05001000000000	夜鹰科	Caprimulgidae
AV05001001000000	夜鹰属	*Caprimulgus*
AV05001001000100	埃及夜鹰	*Caprimulgus aegyptius* Lichtenstein
AV05001001000300	林夜鹰	*Caprimulgus affinis* Horsfield
AV05001001000500	中亚夜鹰	*Caprimulgus centralasicus* Vaurie
AV05001001000700	欧夜鹰	*Caprimulgus europaeus* Linnaeus
AV05001001000900	普通夜鹰	*Caprimulgus indicus* Latham
AV05001001001100	长尾夜鹰	*Caprimulgus macrurus* Horsfield
AV05001003000000	毛腿夜鹰属	*Eurostopodus*
AV05001003000100	毛腿夜鹰	*Eurostopodus macrotis* (Vigors)
AV05003000000000	蟆口鸱科	Pogargidae
AV05003001000000	蛙嘴夜鹰属	*Batrachostomus*
AV05003001000100	黑顶蛙口鸱	*Batrachostomus hodgsoni* (G. R. Gray)
AV07000000000000	鸻形目	CHARADRIIFORMES
AV07001000000000	石鸻科	Burhinidae
AV07001001000000	石鸻属	*Burhinus*
AV07001001000100	石鸻	*Burhinus oedicnemus* Linnaeus
AV07001003000000	大石鸻属	*Esacus*
AV07001003000100	大石鸻	*Esacus magnirostris* (Vieillot)
AV07003000000000	鸻科	Charadriidae
AV07003001000000	鸻属	*Charadrius*
AV07003001000100	环颈鸻	*Charadrius alexandrinus* Linnaeus
AV07003001000300	红胸鸻	*Charadrius asiaticus* Pallas
AV07003001000500	金眶鸻	*Charadrius dubius* Scopoli
AV07003001000700	剑鸻	*Charadrius hiaticula* Linnaeus
AV07003001000900	铁嘴沙鸻	*Charadrius leschenaultii* Lesson
AV07003001001100	蒙古沙鸻	*Charadrius mongolus* Pallas
AV07003001001300	小嘴鸻	*Charadrius morinellus* Linnaeus
AV07003001001500	长嘴剑鸻	*Charadrius placidus* J. E. Gray
AV07003001001700	东方鸻	*Charadrius veredus* Gould
AV07003003000000	斑鸻属	*Pluvialis*
AV07003003000100	金(斑)鸻	*Pluvialis dominica* (Müller)
AV07003003000300	灰斑鸻	*Pluvialis squatarola* (Linnaeus)
AV07003005000000	麦鸡属	*Vanellus*
AV07003005000100	灰头麦鸡	*Vanellus cinereus* (Blyth)
AV07003005000300	距翅麦鸡	*Vanellus duvaucelii* (Lesson)

表 1（续）

代　码	中　文　名　称	拉　丁　名　称
AV07003005000500	黄颊麦鸡	*Vanellus gregarius*
AV07003005000700	肉垂麦鸡	*Vanellus indicus* (Boddaert)
AV07003005000900	凤头麦鸡	*Vanellus vanellus* (Linnaeus)
AV07005000000000	燕鸻科	Glareolidae
AV07005001000000	燕鸻属	*Glareola*
AV07005001000100	灰燕鸻	*Glareola lactea* Temminck
AV07005001000300	普通燕鸻	*Glareola maldivarum* Forster
AV07005001000500	领燕鸻	*Glareola pratincola* (Linnaeus)
AV07007000000000	蛎鹬科	Haematopodidae
AV07007001000000	蛎鹬属	*Haematopus*
AV07007001000100	蛎鹬	*Haematopus ostralegus* (Linnaeus)
AV07009000000000	雉鸻科	Jacanidae
AV07009001000000	水雉属	*Hydrophasianus*
AV07009001000100	水雉	*Hydrophasianus chirurgus* (Scopoli)
AV07009003000000	铜翅水雉属	*Metopidius*
AV07009003000100	铜翅水雉	*Metopidius indicus* (Latham)
AV07011000000000	瓣蹼鹬科	Phalaropodidae
AV07011001000000	瓣蹼鹬属	*Phalaropus*
AV07011001000100	灰瓣蹼鹬	*Phalaropus fulicarius* (Linnaeus)
AV07011001000300	红颈瓣蹼鹬	*Phalaropus lobatus* (Linnaeus)
AV07013000000000	反嘴鹬科	Recurvirostridae
AV07013001000000	长脚鹬属	*Himantopus*
AV07013001000100	黑翅长脚鹬	*Himantopus himantopus* (Linnaeus)
AV07013003000000	鹮嘴鹬属	*Ibidorhyncha*
AV07013003000100	鹮嘴鹬	*Ibidorhyncha struthersii* Vigors
AV07013005000000	反嘴鹬属	*Recurvirostra*
AV07013005000100	反嘴鹬	*Recurvirostra avosetta* Linnaeus
AV07015000000000	彩鹬科	Rostratulidae
AV07015001000000	彩鹬属	*Rostratula*
AV07015001000100	彩鹬	*Rostratula benghalensis* (Linnaeus)
AV07017000000000	鹬科	Scoiopacidae
AV07017001000000	翻石鹬属	*Arenaria*
AV07017001000100	翻石鹬	*Arenaria interpres* (Linnaeus)
AV07017003000000	滨鹬属	*Calidris*
AV07017003000100	尖尾滨鹬	*Calidris acuminata* Horsfield
AV07017003000300	黑腹滨鹬	*Calidris alpina* Linnaeus
AV07017003000500	红腹滨鹬	*Calidris canutus* (Linnaeus)
AV07017003000700	弯嘴滨鹬	*Calidris ferruginea* (Pontoppidan)
AV07017003000900	西方滨鹬	*Calidris mauri* (Cabanis)
AV07017003001100	斑胸滨鹬	*Calidris melanotos* Vieillot
AV07017003001300	小滨鹬	*Calidris minuta* Leisler
AV07017003001500	岩滨鹬	*Calidris ptilocnemis* Coues
AV07017003001700	红颈滨鹬	*Calidris ruficollis* (Pallas)
AV07017003001900	长趾滨鹬	*Calidris subminuta* (Middendorff)
AV07017003002100	青脚滨鹬	*Calidris temminckii* (Leisler)
AV07017003002300	大滨鹬	*Calidris tenuirostris* (Horsfield)
AV07017005000000	三趾鹬属	*Crocethia*

表 1（续）

代　码	中　文　名　称	拉　丁　名　称
AV07017005000100	三趾鹬	*Crocethia alba* Pallas
AV07017007000000	勺嘴鹬属	*Eurynorhynchus*
AV07017007000100	勺嘴鹬	*Eurynorhynchus pygmeus* Linnaeus
AV07017009000000	沙锥属	*Gallinago*
AV07017009000100	扇尾沙锥	*Gallinago gallinago* (Linnaeus)
AV07017009000300	澳南沙锥	*Gallinago hardwickii* (J. E. Gray)
AV07017009000500	大沙锥	*Gallinago megala* (Swinhoe)
AV07017009000700	林沙锥	*Gallinago nemoricola* (Hodgson)
AV07017009000900	孤沙锥	*Gallinago solitaria* (Hodgson)
AV07017009001100	针尾沙锥	*Gallinago stenura* (Bonaparte)
AV07017011000000	漂鹬属	*Heteroscelus*
AV07017011000100	灰尾(漂)鹬	*Heteroscelus brevipes* Gressitt
AV07017011000300	漂鹬	*Heteroscelus incanus* Gmelin
AV07017013000000	阔嘴鹬属	*Limicola*
AV07017013000100	阔嘴鹬	*Limicola falcinellus* (Pontoppidan)
AV07017015000000	半蹼鹬属	*Limnodromus*
AV07017015000100	长嘴鹬	*Limnodromus scolopaeus* Say
AV07017015000300	半蹼鹬	*Limnodromus semipalmatus* (Blyth)
AV07017017000000	塍鹬属	*Limosa*
AV07017017000100	斑尾塍鹬	*Limosa lapponica* (Linnaeus)
AV07017017000300	黑尾塍鹬	*Limosa limosa* (Linnaeus)
AV07017019000000	姬鹬属	*Lymnocryptes*
AV07017019000100	姬鹬	*Lymnocryptes minimus* (Brünnich)
AV07017021000000	杓鹬属	*Numenius*
AV07017021000100	白腰杓鹬	*Numenius arquata* Linnaeus
AV07017021000300	大杓鹬	*Numenius madagascariensis* (Linnaeus)
AV07017021000500	小杓鹬	*Numenius minutus* Gould
AV07017021000700	中杓鹬	*Numenius phaeopus* (Linnaeus)
AV07017023000000	流苏鹬属	*Philomachus*
AV07017023000100	流苏鹬	*Philomachus pugnax* (Linnaeus)
AV07017025000000	丘鹬属	*Scolopax*
AV07017025000100	丘鹬	*Scolopax rusticola* Linnaeus
AV07017027000000	鹬属	*Tringa*
AV07017027000100	鹤鹬	*Tringa erythropus* (Pallas)
AV07017027000300	小黄脚鹬	*Tringa flavipes* (Gmelin)
AV07017027000500	林鹬	*Tringa glareola* Linnaeus
AV07017027000700	小青脚鹬	*Tringa guttifer* (Nordmann)
AV07017027000900	矶鹬	*Tringa hypoleucos* Linnaeus
AV07017027001100	青脚鹬	*Tringa nebularia* (Gunnerus)
AV07017027001300	白腰草鹬	*Tringa ochropus* Linnaeus
AV07017027001500	泽鹬	*Tringa stagnatilis* (Bechstein)
AV07017027001700	红脚鹬	*Tringa totanus* (Linnaeus)
AV07017029000000	翘嘴鹬属	*Xenus*
AV07017029000100	翘嘴鹬	*Xenus cinereus* (Güldenstaedt)
AV09000000000000	鹳形目	CICONIIFORMES
AV09001000000000	鹭科	Ardeidae
AV09001001000000	鹭属	*Ardea*

表 1（续）

代　码	中 文 名 称	拉 丁 名 称
AV09001001000100	苍鹭	*Ardea cinerea* Linnaeus
AV09001001000300	草鹭	*Ardea purpurea* Meyen
AV09001003000000	池鹭属	*Ardeola*
AV09001003000100	池鹭	*Ardeola bacchus* (Bonaparte)
AV09001005000000	麻鳽属	*Botaurus*
AV09001005000100	大麻鳽	*Botaurus stellaris* (Linnaeus)
AV09001007000000	牛背鹭属	*Bubulcus*
AV09001007000100	牛背鹭	*Bubulcus ibis* (Boddaert)
AV09001009000000	绿鹭属	*Butorides*
AV09001009000100	绿鹭	*Butorides striatus* (Linnaeus)
AV09001011000000	黑鳽属	*Dupetor*
AV09001011000100	黑鳽	*Dupetor flavicollis* (Latham)
AV09001013000000	白鹭属	*Egretta*
AV09001013000100	大白鹭	*Egretta alba* (Linnaeus)
AV09001013000300	黄嘴白鹭	*Egretta eulophotes* (Swinhoe)
AV09001013000500	白鹭	*Egretta garzetta* (Linnaeus)
AV09001013000700	中白鹭	*Egretta intermedia* (Wagler)
AV09001013000900	岩鹭	*Egretta sacra* (Gmelin)
AV09001015000000	鳽属	*Gorsachius*
AV09001015000100	栗头(夜)鳽	*Gorsachius goisagi* (Temminck)
AV09001015000300	海南(夜)鳽	*Gorsachius magnificus* (Ogilvie-Grant)
AV09001015000500	黑冠鳽	*Gorsachius melanolophus* (Raffles)
AV09001017000000	苇鳽属	*Ixobrychus*
AV09001017000100	栗(苇)鳽	*Ixobrychus cinnamomeus* (Gmelin)
AV09001017000300	紫背苇鳽	*Ixobrychus eurhythmus* (Swinhoe)
AV09001017000500	黑苇鳽	*Ixobrychus flavicollis* (Latham)
AV09001017000700	小苇鳽	*Ixobrychus minutus* (Linnaeus)
AV09001017000900	黄苇鳽	*Ixobrychus sinensis* (Gmelin)
AV09001019000000	夜鹭属	*Nycticorax*
AV09001019000100	夜鹭	*Nycticorax nycticorax* (Linnaeus)
AV09003000000000	鹳科	Ciconiidae
AV09003001000000	鹳属	*Ciconia*
AV09003001000100	东方白鹳	*Ciconia boyciana* Swinhoe
AV09003001000300	白鹳	*Ciconia ciconia* (Linnaeus)
AV09003001000500	黑鹳	*Ciconia nigra* (Linnaeus)
AV09003003000000	秃鹳属	*Leptoptilos*
AV09003003000100	秃鹳	*Leptoptilos javanicus* (Horsfield)
AV09003005000000	鹮鹳属	*Mycteria*
AV09003005000100	白头鹮鹳	*Mycteria leucocephalus* (Pennant)
AV09005000000000	红鹳科	Phoenicopteridae
AV09005001000000	红鹳属	*Phoenicopterus*
AV09005001000100	大红鹳	*Phoenicopterus ruber*
AV09007000000000	鹮科	Threskiornithidae
AV09007001000000	朱鹮属	*Nipponia*
AV09007001000100	朱鹮	*Nipponia nippon* Temminck
AV09007003000000	琵鹭属	*Platalea*
AV09007003000100	白琵鹭	*Platalea leucorodia* Linnaeus

表 1（续）

代码	中文名称	拉丁名称
AV09007003000300	黑脸琵鹭	*Platalea minor* Temminck *et* Schlegel
AV09007005000000	彩鹮属	*Plegadis*
AV09007005000100	彩鹮	*Plegadis falcinellus* (Linnaeus)
AV09007007000000	黑鹮属	*Pseudibis*
AV09007007000100	黑鹮	*Pseudibis papillosa* (Temminck)
AV09007009000000	白鹮属	*Threskiornis*
AV09007009000100	(黑头)白鹮	*Threskiornis aethiopicus* (Latham)
AV11000000000000	鸽形目	COLUMBIFORMES
AV11001000000000	鸠鸽科	Columbidae
AV11001001000000	金鸠属	*Chalcophaps*
AV11001001000100	绿翅金鸠	*Chalcophaps indica* (Linnaeus)
AV11001003000000	鸽属	*Columba*
AV11001003000100	中亚鸽	*Columba eversmanni* Bonaparte
AV11001003000300	点斑林鸽	*Columba hodgsonii* Vigors
AV11001003000500	黑林鸽	*Columba janthina* Temminck
AV11001003000700	雪鸽	*Columba leuconota* Vigors
AV11001003000900	原鸽	*Columba livia* Gmelin
AV11001003001100	欧鸽	*Columba oenas* Linnaeus
AV11001003001300	斑尾林鸽	*Columba palumbus* Linnaeus
AV11001003001500	灰林鸽	*Columba pulchricollis* Blyth
AV11001003001700	紫林鸽	*Columba punicea* Blyth
AV11001003001900	岩鸽	*Columba rupestris* Pallas
AV11001005000000	皇鸠属	*Ducula*
AV11001005000100	绿皇鸠	*Ducula aenea* (Linnaeus)
AV11001005000300	山皇鸠	*Ducula badia* (Raffles)
AV11001007000000	鹃鸠属	*Macropygia*
AV11001007000100	栗褐鹃鸠	*Macropygia phasianella* (Temminck)
AV11001007000300	棕头鹃鸠	*Macropygia ruficeps* (Temminck)
AV11001007000500	斑尾鹃鸠	*Macropygia unchall* (Wagler)
AV11001009000000	火斑鸠属	*Oenopopelia*
AV11001009000100	火斑鸠	*Oenopopelia tranquebarica* (Hermann)
AV11001011000000	果鸠属	*Ptilinopus*
AV11001011000100	黑颏果鸠	*Ptilinopus leclancheri* (Bonaparte)
AV11001013000000	斑鸠属	*Streptopelia*
AV11001013000100	珠颈斑鸠	*Streptopelia chinensis* (Scopoli)
AV11001013000300	灰斑鸠	*Streptopelia decaocto* (Frivaldszky)
AV11001013000500	山斑鸠	*Streptopelia orientalis* (Latham)
AV11001013000700	棕斑鸠	*Streptopelia senegalensis* (Linnaeus)
AV11001013000900	欧斑鸠	*Streptopelia turtur* (Linnaeus)
AV11001015000000	绿鸠属	*Treron*
AV11001015000100	针尾绿鸠	*Treron apicauda* (Blyth)
AV11001015000300	橙胸绿鸠	*Treron bicincta* (Jerdon)
AV11001015000500	厚嘴绿鸠	*Treron curvirostra* (Gmelin)
AV11001015000700	红顶绿鸠	*Treron formosae* Swinhoe
AV11001015000900	黄脚绿鸠	*Treron phoenicoptera* Latham
AV11001015001100	灰头绿鸠	*Treron pompadora* (Gmelin)
AV11001015001300	红翅绿鸠	*Treron sieboldii* (Temminck)

表 1（续）

代　码	中　文　名　称	拉　丁　名　称
AV11001015001500	楔尾绿鸠	*Treron sphenura* (Vigors)
AV11003000000000	沙鸡科	Pteroclididae
AV11003001000000	沙鸡属	*Pterocles*
AV11003001000100	黑腹沙鸡	*Pterocles orientalis* Linnaeus
AV11003003000000	毛腿沙鸡属	*Syrrhaptes*
AV11003003000100	毛腿沙鸡	*Syrrhaptes paradoxus* (Pallas)
AV11003003000300	西藏毛腿沙鸡	*Syrrhaptes tibetanus* (Gould)
AV13000000000000	佛法僧目	CORACIIFORMES
AV13001000000000	翠鸟科	Alcedinidae
AV13001001000000	翠鸟属	*Alcedo*
AV13001001000100	普通翠鸟	*Alcedo atthis* (Linnaeus)
AV13001001000300	斑头大翠鸟	*Alcedo hercules* Laubmann
AV13001001000500	蓝耳翠鸟	*Alcedo meninting* Horsfield
AV13001003000000	鱼狗属	*Ceryle*
AV13001003000100	冠鱼狗	*Ceryle lugubris* (Temminck)
AV13001003000300	斑鱼狗	*Ceryle rudis* (Linnaeus)
AV13001005000000	三趾翠鸟属	*Ceyx*
AV13001005000100	三趾翠鸟	*Ceyx erithacus* (Linnaeus)
AV13001007000000	翡翠属	*Halcyon*
AV13001007000100	白领翡翠	*Halcyon chloris* (Boddaert)
AV13001007000300	赤翡翠	*Halcyon coromanda* (Latham)
AV13001007000500	蓝翡翠	*Halcyon pileata* (Boddaert)
AV13001007000700	白胸翡翠	*Halcyon smyrnensis* (Linnaeus)
AV13001009000000	鹳嘴翡翠属	*Pelargopsis*
AV13001009000100	鹳嘴翡翠	*Pelargopsis capensis* (Linnaeus)
AV13003000000000	犀鸟科	Bucerotidae
AV13003001000000	无盔犀鸟属	*Aceros*
AV13003001000100	棕颈(无盔)犀鸟	*Aceros nipalensis* (Hodgson)
AV13003001000300	花冠皱盔犀鸟	*Aceros undulatus*
AV13003003000000	斑犀鸟属	*Anthracoceros*
AV13003003000100	冠斑犀鸟	*Anthracoceros coronatus* (Boddaert)
AV13003005000000	犀鸟属	*Buceros*
AV13003005000100	双角犀鸟	*Buceros bicornis* Linnaeus
AV13003007000000	小盔犀鸟属	*Ptilolaemus*
AV13003007000100	白喉(小盔)犀鸟	*Ptilolaemus tickelli* (Jerdon)
AV13005000000000	佛法僧科	Coraciidae
AV13005001000000	佛法僧属	*Coracias*
AV13005001000100	棕胸佛法僧	*Coracias benghalensis* (Linnaeus)
AV13005001000300	蓝胸佛法僧	*Coracias garrulus* Linnaeus
AV13005003000000	三宝鸟属	*Eurystomus*
AV13005003000100	三宝鸟	*Eurystomus orientalis* (Linnaeus)
AV13007000000000	蜂虎科	Meropidae
AV13007001000000	蜂虎属	*Merops*
AV13007001000100	黄喉蜂虎	*Merops apiaster* Linnaeus
AV13007001000300	黑胸蜂虎	*Merops leschenaulti* Vieillot
AV13007001000500	绿喉蜂虎	*Merops orientalis* Latham
AV13007001000700	栗喉蜂虎	*Merops philippinus* Linnaeus

表 1 (续)

代　　码	中 文 名 称	拉 丁 名 称
AV13007001000900	蓝喉蜂虎	*Merops viridis* Linnaeus
AV13007003000000	夜蜂虎属	*Nyctyornis*
AV13007003000100	(蓝须)夜蜂虎	*Nyctyornis athertoni* (Jardine *et* Selby)
AV13009000000000	戴胜科	Upupidae
AV13009001000000	戴胜属	*Upupa*
AV13009001000100	戴胜	*Upupa epops* Linnaeus
AV15000000000000	鹃形目	CUCULIFORMES
AV15001000000000	杜鹃科	Cuculidae
AV15001001000000	鸦鹃属	*Centropus*
AV15001001000100	褐翅鸦鹃	*Centropus sinensis* (Stephens)
AV15001001000300	小鸦鹃	*Centropus toulou* (P. L. S. Mueller)
AV15001003000000	金鹃属	*Chalcites*
AV15001003000100	翠金鹃	*Chalcites maculatus* (Gmelin)
AV15001003000300	紫金鹃	*Chalcites xanthorhynchus* (Horsfield)
AV15001005000000	凤头鹃属	*Clamator*
AV15001005000100	红翅凤头鹃	*Clamator coromandus* (Linnaeus)
AV15001005000300	斑翅凤头鹃	*Clamator jacobinus* (Boddaert)
AV15001007000000	杜鹃属	*Cuculus*
AV15001007000100	大杜鹃	*Cuculus canorus* Linnaeus
AV15001007000300	棕腹杜鹃	*Cuculus fugax* Horsfield
AV15001007000500	霍氏中杜鹃	*Cuculus horsfieldi* Moore
AV15001007000700	八声杜鹃	*Cuculus merulinus* Scopoli
AV15001007000900	四声杜鹃	*Cuculus micropterus* Gould
AV15001007001100	小杜鹃	*Cuculus poliocephalus* Latham
AV15001007001300	中杜鹃	*Cuculus saturatus* Blyth *et* Hodgson
AV15001007001500	栗斑杜鹃	*Cuculus sonneratii* Latham
AV15001007001700	鹰鹃	*Cuculus sparverioides* Vigors
AV15001009000000	噪鹃属	*Eudynamys*
AV15001009000100	噪鹃	*Eudynamys scolopacea* (Linnaeus)
AV15001011000000	地鹃属	*Phaenicophaeus*
AV15001011000100	绿嘴地鹃	*Phaenicophaeus tristis* (Lesson)
AV15001013000000	乌鹃属	*Surniculus*
AV15001013000100	乌鹃	*Surniculus lugubris* (Horsfield)
AV17000000000000	隼形目	FALCONIFORMES
AV17001000000000	鹰科	Accipitridae
AV17001001000000	鹰属	*Accipiter*
AV17001001000100	褐耳鹰	*Accipiter badius* (Gmelin)
AV17001001000300	苍鹰	*Accipiter gentilis* (Linnaeus)
AV17001001000500	雀鹰	*Accipiter nisus* (Linnaeus)
AV17001001000700	赤腹鹰	*Accipiter soloensis* (Horsfield)
AV17001001000900	凤头鹰	*Accipiter trivirgatus* (Temminck)
AV17001001001100	松雀鹰	*Accipiter virgatus* (Temminck)
AV17001003000000	秃鹫属	*Aegypius*
AV17001003000100	秃鹫	*Aegypius monachus* (Linnaeus)
AV17001005000000	雕属	*Aquila*
AV17001005000100	金雕	*Aquila chrysaetos* (Linnaeus)
AV17001005000300	乌雕	*Aquila clanga* Pallas

表 1（续）

代　码	中 文 名 称	拉 丁 名 称
AV17001005000500	白肩雕	*Aquila heliaca* Savigny
AV17001005000700	草原雕	*Aquila rapax* (Temminck)
AV17001007000000	鹃隼属	*Aviceda*
AV17001007000100	褐冠鹃隼	*Aviceda jerdoni* (Blyth)
AV17001007000300	黑冠鹃隼	*Aviceda leuphotes* (Dumont)
AV17001009000000	鵟鹰属	*Butastur*
AV17001009000100	灰脸鵟鹰	*Butastur indicus* (Gmelin)
AV17001009000300	棕翅鵟鹰	*Butastur liventer* (Temminck)
AV17001009000500	白眼鵟鹰	*Butastur teesa* (Franklin)
AV17001011000000	鵟属	*Buteo*
AV17001011000100	普通鵟	*Buteo buteo* (Linnaeus)
AV17001011000300	大鵟	*Buteo hemilasius* Temminck *et* Schlegel
AV17001011000500	毛脚鵟	*Buteo lagopus* (Pontoppidan)
AV17001011000700	棕尾鵟	*Buteo rufinus* (Cretzschmar)
AV17001013000000	短趾雕属	*Circaetus*
AV17001013000100	短趾雕	*Circaetus gallicus* (Gmelin)
AV17001015000000	鹞属	*Circus*
AV17001015000100	白头鹞	*Circus aeruginosus* (Linnaeus)
AV17001015000300	白尾鹞	*Circus cyaneus* (Linnaeus)
AV17001015000500	草原鹞	*Circus macrourus* (Gmelin)
AV17001015000700	鹊鹞	*Circus melanoleucos* (Pennant)
AV17001015000900	乌灰鹞	*Circus pygargus* (Linnaeus)
AV17001015001100	白腹鹞	*Circus spilonotus* Kaup
AV17001017000000	黑翅鸢属	*Elanus*
AV17001017000100	黑翅鸢	*Elanus caeruleus* (Desfontaines)
AV17001019000000	胡兀鹫属	*Gypaetus*
AV17001019000100	胡兀鹫	*Gypaetus barbatus* (Linnaeus)
AV17001021000000	兀鹫属	*Gyps*
AV17001021000100	白背兀鹫	*Gyps bengalensis* Elliot
AV17001021000300	高山兀鹫	*Gyps himalayensis* Hume
AV17001023000000	海雕属	*Haliaeetus*
AV17001023000100	白尾海雕	*Haliaeetus albicilla* (Linnaeus)
AV17001023000300	白腹海雕	*Haliaeetus leucogaster* (Gmelin)
AV17001023000500	玉带海雕	*Haliaeetus leucoryphus* Pallas
AV17001023000700	虎头海雕	*Haliaeetus pelagicus* (Pallas)
AV17001025000000	栗鸢属	*Haliastur*
AV17001025000100	栗鸢	*Haliastur indus* (Boddaert)
AV17001027000000	隼雕属	*Hieraaetus*
AV17001027000100	白腹隼雕	*Hieraaetus fasciata* (Vieillot)
AV17001027000300	棕腹隼雕	*Hieraaetus kienerii* E. Geoffroy
AV17001027000500	靴隼雕	*Hieraaetus pennatus* (Gmelin)
AV17001029000000	渔雕属	*Ichthyophaga*
AV17001029000100	渔雕	*Ichthyophaga humilis* (Mueller *et* Schlegel)
AV17001031000000	林雕属	*Ictinaetus*
AV17001031000100	林雕	*Ictinaetus malayensis* (Temminck)
AV17001033000000	鸢属	*Milvus*
AV17001033000100	(黑)鸢	*Milvus migrans* (Boddaert)

表 1（续）

代　　码	中　文　名　称	拉　丁　名　称
AV17001035000000	鹗属	*Pandion*
AV17001035000100	鹗	*Pandion haliaetus* (Linnaeus)
AV17001037000000	蜂鹰属	*Pernis*
AV17001037000100	凤头蜂鹰	*Pernis ptilorhynchus* Lesson
AV17001039000000	黑兀鹫属	*Sarcogyps*
AV17001039000100	黑兀鹫	*Sarcogyps calvus* (Scopoli)
AV17001041000000	蛇雕属	*Spilornis*
AV17001041000100	蛇雕	*Spilornis cheela* (Latham)
AV17001043000000	鹰雕属	*Spizaetus*
AV17001043000100	鹰雕	*Spizaetus nipalensis* Hodgson
AV17003000000000	隼科	Falconidae
AV17003001000000	隼属	*Falco*
AV17003001000100	阿尔泰隼	*Falco altaicus* (Menzbier)
AV17003001000300	红角隼	*Falco amurensis* Radde
AV17003001000500	猎隼	*Falco cherrug* J. E. Gray
AV17003001000700	灰背隼	*Falco columbarius* Linnaeus
AV17003001000900	黄爪隼	*Falco naumanni* Fleischer
AV17003001001100	游隼	*Falco peregrinus* Tunstall
AV17003001001300	矛隼	*Falco rusticolus* Linnaeus
AV17003001001500	猛隼	*Falco severus* Horsfield
AV17003001001700	燕隼	*Falco subbuteo* Linnaeus
AV17003001001900	红隼	*Falco tinnunculus* Linnaeus
AV17003001002100	西红脚隼	*Falco vespertinus* Linnaeus
AV17003003000000	小隼属	*Microhierax*
AV17003003000100	红腿小隼	*Microhierax caerulescens* (Linnaeus)
AV17003003000300	（白腿）小隼	*Microhierax melanoleucos* (Blyth)
AV19000000000000	鸡形目	GALLIFORMES
AV19001000000000	雉科	Phasianidae
AV19001001000000	石鸡属	*Alectoris*
AV19001001000100	石鸡	*Alectoris chukar* (J. E. Gray)
AV19001001000300	大石鸡	*Alectoris magna* (Przevalski)
AV19001003000000	山鹧鸪属	*Arborophila*
AV19001003000100	海南山鹧鸪	*Arborophila ardens* (Styan)
AV19001003000300	白颊山鹧鸪	*Arborophila atrogularis* Blyth
AV19001003000500	褐胸山鹧鸪	*Arborophila brunneopectus* (Blyth)
AV19001003000700	绿脚山鹧鸪	*Arborophila chloropus* (Blyth)
AV19001003000900	台湾山鹧鸪	*Arborophila crudigularis* (Swinhoe)
AV19001003001100	白眉山鹧鸪	*Arborophila gingica* (Gmelin)
AV19001003001300	红胸山鹧鸪	*Arborophila mandellii* Hume
AV19001003001500	四川山鹧鸪	*Arborophila rufipectus* Boulton
AV19001003001700	红喉山鹧鸪	*Arborophila rufogularis* Blyth
AV19001003001900	环颈山鹧鸪	*Arborophila torqueola* (Valenciennes)
AV19001005000000	竹鸡属	*Bambusicola*
AV19001005000100	棕胸竹鸡	*Bambusicola fytchii* Anderson
AV19001005000300	灰胸竹鸡	*Bambusicola thoracica* (Temminck)
AV19001007000000	锦鸡属	*Chrysolophus*
AV19001007000100	白腹锦鸡	*Chrysolophus amherstiae* (Leadbeater)

表 1（续）

代　　码	中 文 名 称	拉 丁 名 称
AV19001007000300	红腹锦鸡	*Chrysolophus pictus* (Linnaeus)
AV19001009000000	鹌鹑属	*Coturnix*
AV19001009000100	蓝胸鹑	*Coturnix chinensis* (Linnaeus)
AV19001009000300	鹌鹑	*Coturnix coturnix* (Linnaeus)
AV19001011000000	马鸡属	*Crossoptilon*
AV19001011000100	蓝马鸡	*Crossoptilon auritum* (Pallas)
AV19001011000300	白马鸡	*Crossoptilon crossoptilon* (Hodgson)
AV19001011000500	藏马鸡	*Crossoptilon harmani* Elwes
AV19001011000700	褐马鸡	*Crossoptilon mantchuricum* Swinhoe
AV19001013000000	鹧鸪属	*Francolinus*
AV19001013000100	（中华）鹧鸪	*Francolinus pintadeanus* (Scopoli)
AV19001015000000	原鸡属	*Gallus*
AV19001015000100	原鸡	*Gallus gallus* (Linnaeus)
AV19001017000000	血雉属	*Ithaginis*
AV19001017000100	血雉	*Ithaginis cruentus* (Hardwicke)
AV19001019000000	雪鹑属	*Lerwa*
AV19001019000100	雪鹑	*Lerwa lerwa* (Hodgson)
AV19001021000000	虹雉属	*Lophophorus*
AV19001021000100	棕尾虹雉	*Lophophorus impejanus* (Latham)
AV19001021000300	绿尾虹雉	*Lophophorus lhuysii* Geoffroy St. Hilaire
AV19001021000500	白尾梢虹雉	*Lophophorus sclateri* Jerdon
AV19001023000000	鹇属	*Lophura*
AV19001023000100	黑鹇	*Lophura leucomelana* (Latham)
AV19001023000300	白鹇	*Lophura nycthemera* (Linnaeus)
AV19001023000500	蓝鹇	*Lophura swinhoii* (Gould)
AV19001025000000	孔雀属	*Pavo*
AV19001025000100	绿孔雀	*Pavo muticus* (Linnaeus)
AV19001027000000	山鹑属	*Perdix*
AV19001027000100	斑翅山鹑	*Perdix dauuricae* (Pallas)
AV19001027000300	高原山鹑	*Perdix hodgsoniae* (Hodgson)
AV19001027000500	灰山鹑	*Perdix perdix* (Linnaeus)
AV19001029000000	雉属	*Phasianus*
AV19001029000100	雉鸡	*Phasianus colchicus* Linnaeus
AV19001031000000	孔雀雉属	*Polyplectron*
AV19001031000100	灰孔雀雉	*Polyplectron bicalcaratum* (Linnaeus)
AV19001031000300	海南孔雀雉	*Polyplectron katsumatae* Rothschild
AV19001033000000	勺鸡属	*Pucrasia*
AV19001033000100	勺鸡	*Pucrasia macrolopha* (Lesson)
AV19001035000000	长尾雉属	*Syrmaticus*
AV19001035000100	白颈长尾雉	*Syrmaticus ellioti* (Swinhoe)
AV19001035000300	黑颈长尾雉	*Syrmaticus humiae* (Hume)
AV19001035000500	黑长尾雉	*Syrmaticus mikado* (Ogilvie-Grant)
AV19001035000700	白冠长尾雉	*Syrmaticus reevesii* (J. E. Gray)
AV19001037000000	雪鸡属	*Tetraogallus*
AV19001037000100	阿尔泰雪鸡	*Tetraogallus altaicus* Gebler
AV19001037000300	暗腹雪鸡	*Tetraogallus himalayensis* G. R. Gray
AV19001037000500	藏雪鸡	*Tetraogallus tibetanus* Gould

表 1（续）

代　　码	中　文　名　称	拉　丁　名　称
AV19001039000000	雉鹑属	*Tetraophasis*
AV19001039000100	雉鹑	*Tetraophasis obscurus* (J. Verreaux)
AV19001039000300	四川雉鹑	*Tetraophasis szechenyii* Madarász
AV19001041000000	角雉属	*Tragopan*
AV19001041000100	灰腹角雉	*Tragopan blythii* (Jerdon)
AV19001041000300	黄腹角雉	*Tragopan caboti* (Gould)
AV19001041000500	黑头角雉	*Tragopan melanocephalus* (J. E. Gray)
AV19001041000700	红胸角雉	*Tragopan satyra* (Linnaeus)
AV19001041000900	红腹角雉	*Tragopan temminckii* (J. E. Gray)
AV19003000000000	松鸡科	Tetraonidae
AV19003001000000	榛鸡属	*Bonasa*
AV19003001000100	花尾榛鸡	*Bonasa bonasia* (Linnaeus)
AV19003001000300	斑尾榛鸡	*Bonasa sewerzowi* Przevalski
AV19003003000000	镰翅鸡属	*Dendragapus*
AV19003003000100	镰翅鸡	*Dendragapus falcipennis* (Hartlaub)
AV19003005000000	雷鸟属	*Lagopus*
AV19003005000100	柳雷鸟	*Lagopus lagopus* (Linnaeus)
AV19003005000300	岩雷鸟	*Lagopus mutus* (Montin)
AV19003007000000	琴鸡属	*Lyrurus*
AV19003007000100	黑琴鸡	*Lyrurus tetrix* (Linnaeus)
AV19003009000000	松鸡属	*Tetrao*
AV19003009000100	黑嘴松鸡	*Tetrao parvirostris* Bonaparte
AV19003009000300	（西方）松鸡	*Tetrao urogallus* Linnaeus
AV21000000000000	潜鸟目	GAVIIFORMES
AV21001000000000	潜鸟科	Gaviidae
AV21001001000000	潜鸟属	*Gavia*
AV21001001000100	白嘴潜鸟	*Gavia adamsii* (G. R. Gray)
AV21001001000300	黑喉潜鸟	*Gavia arctica* (Linnaeus)
AV21001001000500	太平洋潜鸟	*Gavia pacifica* Lawrence
AV21001001000700	红喉潜鸟	*Gavia stellata* (Pontoppidan)
AV23000000000000	鹤形目	GRUIFORMES
AV23001000000000	鹤科	Gruidae
AV23001001000000	蓑羽鹤属	*Anthropoides*
AV23001001000100	蓑羽鹤	*Anthropoides virgo* (Linnaeus)
AV23001003000000	鹤属	*Grus*
AV23001003000100	赤颈鹤	*Grus antigone* (Linnaeus)
AV23001003000300	沙丘鹤	*Grus canadensis* (Linnaeus)
AV23001003000500	灰鹤	*Grus grus* (Linnaeus)
AV23001003000700	丹顶鹤	*Grus japonensis* (P. L. S. Müller)
AV23001003000900	白鹤	*Grus leucogeranus* Pallas
AV23001003001100	白头鹤	*Grus monacha* Temminck
AV23001003001300	黑颈鹤	*Grus nigricollis* (Przevalski)
AV23001003001500	白枕鹤	*Grus vipio* Pallas
AV23003000000000	鸨科	Otidae
AV23003001000000	大鸨属	*Otis*
AV23003001000100	大鸨	*Otis tarda* Linnaeus
AV23003001000300	小鸨	*Otis tetrax* Linnaeus

表 1（续）

代　　码	中　文　名　称	拉　丁　名　称
AV23003001000500	波斑鸨	*Otis undulata* (Jacquin)
AV23005000000000	秧鸡科	Rallidae
AV23005001000000	苦恶鸟属	*Amaurornis*
AV23005001000100	红脚苦恶鸟	*Amaurornis akool* (Sykes)
AV23005001000300	白胸苦恶鸟	*Amaurornis phoenicurus* (Pennant)
AV23005003000000	长脚秧鸡属	*Crex*
AV23005003000100	长脚秧鸡	*Crex crex* (Linnaeus)
AV23005005000000	骨顶属	*Fulica*
AV23005005000100	骨顶鸡	*Fulica atra* Linnaeus
AV23005007000000	董鸡属	*Gallicrex*
AV23005007000100	董鸡	*Gallicrex cinerea* (Gmelin)
AV23005009000000	黑水鸡属	*Gallinula*
AV23005009000100	黑水鸡	*Gallinula chloropus* (Linnaeus)
AV23005011000000	紫水鸡属	*Porphyrio*
AV23005011000100	紫水鸡	*Porphyrio porphyrio* (Linnaeus)
AV23005013000000	田鸡属	*Porzana*
AV23005013000100	棕背田鸡	*Porzana bicolor* Walden
AV23005013000300	白眉田鸡	*Porzana cinerea* Vieillot
AV23005013000500	花田鸡	*Porzana exquisita* Swinhoe
AV23005013000700	红胸田鸡	*Porzana fusca* (Linnaeus)
AV23005013000900	姬田鸡	*Porzana parva* Scopoli
AV23005013001100	斑胁田鸡	*Porzana paykullii* (Ljungh)
AV23005013001300	斑胸田鸡	*Porzana porzana* (Linnaeus)
AV23005013001500	小田鸡	*Porzana pusilla* (Pallas)
AV23005015000000	斑秧鸡属	*Rallina*
AV23005015000100	白喉斑秧鸡	*Rallina eurizonoides* Lafresnaye
AV23005015000300	红腿斑秧鸡	*Rallina fasciata* (Raffles)
AV23005017000000	秧鸡属	*Rallus*
AV23005017000100	普通秧鸡	*Rallus aquaticus* Linnaeus
AV23005017000300	蓝胸秧鸡	*Rallus striatus* Linnaeus
AV23007000000000	三趾鹑科	Turnicidae
AV23007001000000	三趾鹑属	*Turnix*
AV23007001000100	棕三趾鹑	*Turnix suscitator* (Gmelin)
AV23007001000300	林三趾鹑	*Turnix sylvatica* (Desfontaines)
AV23007001000500	黄脚三趾鹑	*Turnix tanki* Blyth
AV25000000000000	鸥形目	LARIFORMES
AV25001000000000	海雀科	Alcidae
AV25001001000000	斑海雀属	*Brachyramphus*
AV25001001000100	斑海雀	*Brachyramphus marmoratus* Gmelin
AV25001003000000	角嘴海雀属	*Cerorhinca*
AV25001003000100	角嘴海雀	*Cerorhinca monocerata* (Pallas)
AV25001005000000	扁嘴海雀属	*Synthliboramphus*
AV25001005000100	扁嘴海雀	*Synthliboramphus antiquus* (Gmelin)
AV25001005000300	冠海雀	*Synthliboramphus wumizusume* (Temminck)
AV25003000000000	鸥科	Laridae
AV25003001000000	玄燕鸥属	*Anous*
AV25003001000100	白顶玄鸥	*Anous stolidus* (Linnaeus)

表 1（续）

代　　码	中　文　名　称	拉　丁　名　称
AV25003003000000	浮鸥属	*Chlidonias*
AV25003003000100	须浮鸥	*Chlidonias hybrida* (Pallas)
AV25003003000300	白翅浮鸥	*Chlidonias leucoptera* (Temminck)
AV25003003000500	黑浮鸥	*Chlidonias niger* (Linnaeus)
AV25003005000000	噪鸥属	*Gelochelidon*
AV25003005000100	鸥嘴噪鸥	*Gelochelidon nilotica* (Gmelin)
AV25003007000000	玄鸥属	*Gygis*
AV25003007000100	白玄鸥	*Gygis alba* Sparrman
AV25003009000000	巨鸥属	*Hydroprogne*
AV25003009000100	红嘴巨鸥	*Hydroprogne caspia* (Pallas)
AV25003011000000	鸥属	*Larus*
AV25003011000100	银鸥	*Larus argentatus* Pontoppidan
AV25003011000300	棕头鸥	*Larus brunnicephalus* Jerdon
AV25003011000500	黄腿银鸥	*Larus cachinnans* Pallas
AV25003011000700	海鸥	*Larus canus* Linnaeus
AV25003011000900	黑尾鸥	*Larus crassirostris* Vieillot
AV25003011001100	细嘴鸥	*Larus genei* Breme
AV25003011001300	灰翅鸥	*Larus glaucescens* Naumann
AV25003011001500	北极鸥	*Larus hyperboreus* Gunnerus
AV25003011001700	渔鸥	*Larus ichthyaetus* Pallas
AV25003011001900	小鸥	*Larus minutus* Pallas
AV25003011002100	遗鸥	*Larus relictus* (Loennberg)
AV25003011002300	红嘴鸥	*Larus ridibundus* Linnaeus
AV25003011002500	黑嘴鸥	*Larus saundersi* (Swinhoe)
AV25003011002700	灰背鸥	*Larus schistisagus* Stejneger
AV25003013000000	楔尾鸥属	*Rhodostethia*
AV25003013000100	楔尾鸥	*Rhodostethia rosea* (Macgillivray)
AV25003015000000	三趾鸥属	*Rissa*
AV25003015000100	三趾鸥	*Rissa tridactyla* (Linnaeus)
AV25003017000000	燕鸥属	*Sterna*
AV25003017000100	黑腹燕鸥	*Sterna acuticauda* J. E. Gray
AV25003017000300	白额燕鸥	*Sterna albifrons* Pallas
AV25003017000500	白腰燕鸥	*Sterna aleutica*
AV25003017000700	褐翅燕鸥	*Sterna anaethetus* Scopoli
AV25003017000900	黄嘴河燕鸥	*Sterna aurantia* J. E. Gray
AV25003017001100	粉红燕鸥	*Sterna dougallii* Montagu
AV25003017001300	乌燕鸥	*Sterna fuscata* Linnaeus
AV25003017001500	普通燕鸥	*Sterna hirundo* Linnaeus
AV25003017001700	黑枕燕鸥	*Sterna sumatrana* Raffles
AV25003019000000	凤头燕鸥属	*Thalasseus*
AV25003019000100	小凤头燕鸥	*Thalasseus bengalensis* (Lesson)
AV25003019000300	大凤头燕鸥	*Thalasseus bergii* (Lichtenstein)
AV25003019000500	黑嘴端凤头燕鸥	*Thalasseus bernsteini* (Reichenow)
AV25005000000000	剪嘴鸥科	Rynchopidae
AV25005001000000	剪嘴鸥属	*Rynchops*
AV25005001000100	剪嘴鸥	*Rynchops albicollis* (Vieillot)
AV25007000000000	贼鸥科	Stercorariidae

表 1（续）

代　　码	中　文　名　称	拉　丁　名　称
AV25007001000000	大贼鸥属	*Stercorarius*
AV25007001000100	长尾贼鸥	*Stercorarius longicaudus* Vieillot
AV25007001000300	短尾贼鸥	*Stercorarius parasiticus* (Linnaeus)
AV25007001000500	中贼鸥	*Stercorarius pomarinus* (Temminck)
AV25007001000700	大贼鸥	*Stercorarius skua* Brunnich
AV27000000000000	雀形目	PASSERIFORMES
AV27001000000000	百灵科	Alaudidae
AV27001001000000	云雀属	*Alauda*
AV27001001000100	云雀	*Alauda arvensis* Hume
AV27001001000300	小云雀	*Alauda gulgula* Franklin
AV27001003000000	短趾百灵属	*Calandrella*
AV27001003000100	细嘴短趾百灵	*Calandrella acutirostris* Hume
AV27001003000300	亚洲短趾百灵	*Calandrella cheleensis* (Swinhoe)
AV27001003000500	短趾百灵	*Calandrella cinerea* (Gmelin)
AV27001005000000	角百灵属	*Eremophila*
AV27001005000100	角百灵	*Eremophila alpestris* (Linnaeus)
AV27001007000000	凤头百灵属	*Galerida*
AV27001007000100	凤头百灵	*Galerida cristata* (Linnaeus)
AV27001009000000	百灵属	*Melanocorypha*
AV27001009000100	二斑百灵	*Melanocorypha bimaculata* Menetries
AV27001009000300	草原百灵	*Melanocorypha calandra* (Linnaeus)
AV27001009000500	白翅百灵	*Melanocorypha leucoptera* (Pallas)
AV27001009000700	长嘴百灵	*Melanocorypha maxima* Blyth
AV27001009000900	(蒙古)百灵	*Melanocorypha mongolica* (Pallas)
AV27001009001100	黑百灵	*Melanocorypha yeltoniensis* Forster
AV27001011000000	歌百灵属	*Mirafra*
AV27001011000100	歌百灵	*Mirafra javanica* Horsfield
AV27003000000000	燕鵙科	Artamidae
AV27003001000000	燕鵙属	*Artamus*
AV27003001000100	灰燕鵙	*Artamus fuscus* Vieillot
AV27005000000000	太平鸟科	Bombycillidae
AV27005001000000	太平鸟属	*Bombycilla*
AV27005001000100	太平鸟	*Bombycilla garrulus* (Linnaeus)
AV27005001000300	小太平鸟	*Bombycilla japonica* (Siebold)
AV27007000000000	山椒鸟科	Campephagidae
AV27007001000000	鹃鵙属	*Coracina*
AV27007001000100	暗灰鹃鵙	*Coracina melaschistos* (Hodgson)
AV27007001000300	大鹃鵙	*Coracina novaehollandiae* (Gmelin)
AV27007003000000	鹊鵙属	*Hemipus*
AV27007003000100	褐背鹊鵙	*Hemipus picatus* (Sykes)
AV27007005000000	山椒鸟属	*Pericrocotus*
AV27007005000100	短嘴山椒鸟	*Pericrocotus brevirostris* (Vigors)
AV27007005000300	小灰山椒鸟	*Pericrocotus cantonensis* Swinhoe
AV27007005000500	灰山椒鸟	*Pericrocotus divaricatus* (Raffles)
AV27007005000700	长尾山椒鸟	*Pericrocotus ethologus* Bangs
AV27007005000900	赤红山椒鸟	*Pericrocotus flammeus* (Forster)
AV27007005001100	粉红山椒鸟	*Pericrocotus roseus* (Vieillot)

表 1（续）

代　　码	中　文　名　称	拉　丁　名　称
AV27007005001300	灰喉山椒鸟	*Pericrocotus solaris* Blyth
AV27007007000000	钩嘴林鵙属	*Tephrodornis*
AV27007007000100	钩嘴林鵙	*Tephrodornis gularis* (Raffles)
AV27009000000000	旋木雀科	Certhiidae
AV27009001000000	旋木雀属	*Certhia*
AV27009001000100	褐喉旋木雀	*Certhia discolor* Blyth
AV27009001000300	旋木雀	*Certhia familiaris* Linnaeus
AV27009001000500	高山旋木雀	*Certhia himalayana* Vigors
AV27009001000700	锈红腹旋木雀	*Certhia nipalensis* Blyth
AV27011000000000	河乌科	Cinclidae
AV27011001000000	河乌属	*Cinclus*
AV27011001000100	河乌	*Cinclus cinclus* (Linnaeus)
AV27011001000300	褐河乌	*Cinclus pallasii* Temminck
AV27013000000000	鸦科	Corvidae
AV27013001000000	绿鹊属	*Cissa*
AV27013001000100	蓝绿鹊	*Cissa chinensis* (Boddaert)
AV27013001000300	东方绿鹊	*Cissa thalassina* (Teminck)
AV27013003000000	鸦属	*Corvus*
AV27013003000100	渡鸦	*Corvus corax* Linnaeus
AV27013003000300	小嘴乌鸦	*Corvus corone* Linnaeus
AV27013003000500	达乌里寒鸦	*Corvus dauuricus* Pallas
AV27013003000700	秃鼻乌鸦	*Corvus frugilegus* Linnaeus
AV27013003000900	大嘴乌鸦	*Corvus macrorhynchos* Wagler
AV27013003001100	寒鸦	*Corvus monedula* Linnaeus
AV27013003001300	家鸦	*Corvus splendens* Vieillot
AV27013003001500	白颈鸦	*Corvus torquatus* Lesson
AV27013005000000	盘尾树鹊属	*Crypsirina*
AV27013005000100	盘尾树鹊	*Crypsirina temia* Daudin
AV27013007000000	灰喜鹊属	*Cyanopica*
AV27013007000100	灰喜鹊	*Cyanopica cyana* (Pallas)
AV27013009000000	树鹊属	*Dendrocitta*
AV27013009000100	灰树鹊	*Dendrocitta formosae* Swinhoe
AV27013009000300	黑额树鹊	*Dendrocitta frontalis* McClelland
AV27013009000500	棕腹树鹊	*Dendrocitta vagabunda* (Latham)
AV27013011000000	松鸦属	*Garrulus*
AV27013011000100	松鸦	*Garrulus glandarius* (Linnaeus)
AV27013013000000	星鸦属	*Nucifraga*
AV27013013000100	星鸦	*Nucifraga caryocatactes* Kleinschmidt *et* Weigold
AV27013015000000	噪鸦属	*Perisoreus*
AV27013015000100	北噪鸦	*Perisoreus infaustus* (Linnaeus)
AV27013015000300	黑头噪鸦	*Perisoreus internigrans* (Thayer *et* Bangs)
AV27013017000000	鹊属	*Pica*
AV27013017000100	喜鹊	*Pica pica* (Linnaeus)
AV27013019000000	地鸦属	*Podoces*
AV27013019000100	白尾地鸦	*Podoces biddolphi* Hume
AV27013019000300	黑尾地鸦	*Podoces hendersoni* Hume
AV27013021000000	拟地鸦属	*Pseudopodoces*

表 1（续）

代　码	中　文　名　称	拉　丁　名　称
AV27013021000100	褐背拟地鸦	*Pseudopodoces humilis* (Hume)
AV27013023000000	山鸦属	*Pyrrhocorax*
AV27013023000100	黄嘴山鸦	*Pyrrhocorax graculus* Hemprich *et* Ehrenberg
AV27013023000300	红嘴山鸦	*Pyrrhocorax pyrrhocorax* (Linnaeus)
AV27013025000000	塔尾树鹊属	*Temnurus*
AV27013025000100	塔尾树鹊	*Temnurus temnurus* (Temminck)
AV27013027000000	蓝鹊属	*Urocissa*
AV27013027000100	台湾暗蓝鹊	*Urocissa caerulea* Gould
AV27013027000300	红嘴蓝鹊	*Urocissa erythrorhyncha* (Birckhead)
AV27013027000500	黄嘴蓝鹊	*Urocissa flavirostris* (Blyth)
AV27013027000700	白翅蓝鹊	*Urocissa whiteheadi* Ogilvie-Grant
AV27015000000000	啄花鸟科	Dicaeidae
AV27015001000000	啄花鸟属	*Dicaeum*
AV27015001000100	厚嘴啄花鸟	*Dicaeum agile* (Tickell)
AV27015001000300	黄肛啄花鸟	*Dicaeum chrysorrheum* Temminck
AV27015001000500	纯色啄花鸟	*Dicaeum conclor* (Jerdon)
AV27015001000700	朱背啄花鸟	*Dicaeum cruentatum* (Linnaeus)
AV27015001000900	红胸啄花鸟	*Dicaeum ignipectus* (Blyth)
AV27015001001100	黄腹啄花鸟	*Dicaeum melanozanthum* (Blyth)
AV27017000000000	卷尾科	Dicruridae
AV27017001000000	卷尾属	*Dicrurus*
AV27017001000100	古铜色卷尾	*Dicrurus aeneus* Vieillot
AV27017001000300	鸦嘴卷尾	*Dicrurus annectans* (Hodgson)
AV27017001000500	发冠卷尾	*Dicrurus hottentottus* (Linnaeus)
AV27017001000700	灰卷尾	*Dicrurus leucophaeus* Vieillot
AV27017001000900	黑卷尾	*Dicrurus macrocercus* Vieillot
AV27017001001100	大盘尾	*Dicrurus paradiseus* (Gould)
AV27017001001300	小盘尾	*Dicrurus remifer* (Temminck)
AV27019000000000	阔嘴鸟科	Eurylaimidae
AV27019001000000	阔嘴鸟属	*Psarisomus*
AV27019001000100	长尾阔嘴鸟	*Psarisomus dalhousiae* (Jameson)
AV27019003000000	丝冠鸟属	*Serilophus*
AV27019003000100	银胸丝冠鸟	*Serilophus lunatus* (Gould)
AV27021000000000	雀科	Fringillidae
AV27021001000000	铁爪鹀属	*Calcarius*
AV27021001000100	铁爪鹀	*Calcarius lapponicus* (Linnaeus)
AV27021003000000	金翅属	*Carduelis*
AV27021003000100	黑头金翅(雀)	*Carduelis ambigua* (Oustalet)
AV27021003000300	赤胸朱顶雀	*Carduelis cannabina* (Linnaeus)
AV27021003000500	绿金翅	*Carduelis carduelis* Vigors
AV27021003000700	白腰朱顶雀	*Carduelis flammea* (Linnaeus)
AV27021003000900	黄嘴朱顶雀	*Carduelis flavirostris* (Linnaeus)
AV27021003001100	极北朱顶雀	*Carduelis hornemanni* (Holboll)
AV27021003001300	金翅(雀)	*Carduelis sinica* (Linnaeus)
AV27021003001500	高山金翅(雀)	*Carduelis spinoides* Vigors
AV27021003001700	黄雀	*Carduelis spinus* (Linnaeus)
AV27021003001900	藏黄雀	*Carduelis thibetana* (Hume)

表 1（续）

代　　码	中　文　名　称	拉　丁　名　称
AV27021005000000	朱雀属	*Carpodacus*
AV27021005000100	棕朱雀	*Carpodacus edwardsii* Verreaux
AV27021005000300	曙红朱雀	*Carpodacus eos* (Stresemann)
AV27021005000500	(普通)朱雀	*Carpodacus erythrinus* (Pallas)
AV27021005000700	暗胸朱雀	*Carpodacus nipalensis* (Hodgson)
AV27021005000900	红眉朱雀	*Carpodacus pulcherrimus* (Moore)
AV27021005001100	红胸朱雀	*Carpodacus puniceus* (Blyth)
AV27021005001300	红腰朱雀	*Carpodacus rhodochlamys* (Brandt)
AV27021005001500	玫红眉朱雀	*Carpodacus rhodochrous* (Vigors)
AV27021005001700	点翅朱雀	*Carpodacus rhodopeplus* (Vigors)
AV27021005001900	北朱雀	*Carpodacus roseus* (Pallas)
AV27021005002100	赤朱雀	*Carpodacus rubescens* (Blanford)
AV27021005002300	大朱雀	*Carpodacus rubicilla* (Gueldenstadt)
AV27021005002500	拟大朱雀	*Carpodacus rubicilloides* Przevalski
AV27021005002700	沙色朱雀	*Carpodacus synoicus* (Temminck)
AV27021005002900	白眉朱雀	*Carpodacus thura* Bonaparte *et* Schlegel
AV27021005003100	斑翅朱雀	*Carpodacus trifasciatus* Verreaux
AV27021005003300	酒红朱雀	*Carpodacus vinaceus* Verreaux
AV27021007000000	锡嘴属	*Coccothraustes*
AV27021007000100	锡嘴雀	*Coccothraustes coccothraustes* (Linnaeus)
AV27021009000000	鹀属	*Emberiza*
AV27021009000100	黄胸鹀	*Emberiza aureola* Pallas
AV27021009000300	褐头鹀	*Emberiza bruniceps* Brandt
AV27021009000500	灰颈鹀	*Emberiza buchanani* Blyth
AV27021009000700	黍鹀	*Emberiza calandra* Linnaeus
AV27021009000900	黄眉鹀	*Emberiza chrysophrys* Pallas
AV27021009001100	淡灰眉岩鹀	*Emberiza cia* Linnaeus
AV27021009001300	三道眉草鹀	*Emberiza cioides* Brandt
AV27021009001500	黄鹀	*Emberiza citrinella* Linnaeus
AV27021009001700	黄喉鹀	*Emberiza elegans* Temminck
AV27021009001900	赤胸鹀	*Emberiza fucata* Pallas
AV27021009002100	灰眉岩鹀	*Emberiza godlewskii*
AV27021009002300	圃鹀	*Emberiza hortulana* Linnaeus
AV27021009002500	栗斑腹鹀	*Emberiza jankowskii* Taczanovski
AV27021009002700	藏鹀	*Emberiza koslowi* Bianchi
AV27021009002900	白头鹀	*Emberiza leucocephala* Gmelin
AV27021009003100	黑头鹀	*Emberiza melanocephala* Scopoli
AV27021009003300	苇鹀	*Emberiza pallasi* (Cabanis)
AV27021009003500	小鹀	*Emberiza pusilla* Pallas
AV27021009003700	田鹀	*Emberiza rustica* Pallas
AV27021009003900	栗鹀	*Emberiza rutila* Pallas
AV27021009004100	芦鹀	*Emberiza schoeniclus* Linnaeus
AV27021009004300	蓝鹀	*Emberiza siemsseni* (Martens)
AV27021009004500	灰头鹀	*Emberiza spodocephala* Pallas
AV27021009004700	硫黄鹀	*Emberiza sulphurata* Temminck *et* Schlegel
AV27021009004900	白眉鹀	*Emberiza tristrami* Swinhoe
AV27021009005100	灰鹀	*Emberiza variabilis* Temminck

表 1（续）

代　　码	中　文　名　称	拉　丁　名　称
AV27021009005300	红颈苇鹀	*Emberiza yessoensis* (Swinhoe)
AV27021011000000	蜡嘴属	*Eophona*
AV27021011000100	黑尾蜡嘴雀	*Eophona migratoria* Hartert
AV27021011000300	黑头蜡嘴雀	*Eophona personata* (Temminck *et* Schlegel)
AV27021013000000	燕雀属	*Fringilla*
AV27021013000100	苍头燕雀	*Fringilla coelebs* Linnaeus
AV27021013000300	燕雀	*Fringilla montifringilla* Linnaeus
AV27021015000000	血雀属	*Haematospiza*
AV27021015000100	血雀	*Haematospiza sipahi* (Hodgson)
AV27021017000000	藏雀属	*Kozlowia*
AV27021017000100	藏雀	*Kozlowia roborowskii* (Przevalski)
AV27021019000000	岭雀属	*Leucosticte*
AV27021019000100	粉红腹岭雀	*Leucosticte arctoa* (Pallas)
AV27021019000300	高山岭雀	*Leucosticte brandti* (Bonaparte)
AV27021019000500	林岭雀	*Leucosticte nemoricola* (Hodgson)
AV27021019000700	桂红头岭雀	*Leucosticte sillemi* Fu *et* Song
AV27021021000000	交嘴雀属	*Loxia*
AV27021021000100	红交嘴雀	*Loxia curvirostra* Linnaeus
AV27021021000300	白翅交嘴雀	*Loxia leucoptera* Gmelin
AV27021023000000	凤头鹀属	*Melophus*
AV27021023000100	凤头鹀	*Melophus lathami* (J. E. Gray)
AV27021025000000	拟蜡嘴属	*Mycerobas*
AV27021025000100	黑翅拟蜡嘴雀	*Mycerobas affinis* (Blyth)
AV27021025000300	白斑翅拟蜡嘴雀	*Mycerobas carnipes* (Hodgson)
AV27021025000500	白点翅拟蜡嘴雀	*Mycerobas melanozanthos* (Hodgson)
AV27021027000000	松雀属	*Pinicola*
AV27021027000100	松雀	*Pinicola enucleator* (Linnaeus)
AV27021027000300	红眉松雀	*Pinicola subhimachala* (Hodgson)
AV27021029000000	雪鹀属	*Plectrophenax*
AV27021029000100	雪鹀	*Plectrophenax nivalis* (Linnaeus)
AV27021031000000	黑雀属	*Pyrrhoplectes*
AV27021031000100	金枕黑雀	*Pyrrhoplectes epauletta* (Hodgson)
AV27021033000000	灰雀属	*Pyrrhula*
AV27021033000100	灰头灰雀	*Pyrrhula erythaca* Blyth
AV27021033000300	红头灰雀	*Pyrrhula erythrocephala* Vigors
AV27021033000500	灰腹灰雀	*Pyrrhula griseiventris* Lafresnaye
AV27021033000700	褐灰雀	*Pyrrhula nipalensis* Hodgson
AV27021033000900	红腹灰雀	*Pyrrhula pyrrhula* (Linnaeus)
AV27021035000000	沙雀属	*Rhodopechys*
AV27021035000100	蒙古沙雀	*Rhodopechys mongolica* (Swinhoe)
AV27021035000300	巨嘴沙雀	*Rhodopechys obsoleta* (Lichenstein)
AV27021035000500	赤翅沙雀	*Rhodopechys sanguinea* (Gould)
AV27021037000000	丝雀属	*Serinus*
AV27021037000100	金额丝雀	*Serinus pusillus* (Pallas)
AV27021039000000	长尾雀属	*Uragus*
AV27021039000100	长尾雀	*Uragus sibiricus* (Pallas)
AV27021041000000	朱鹀属	*Urocynchramus*

表 1（续）

代　　码	中　文　名　称	拉　丁　名　称
AV27021041000100	朱鹀	*Urocynchramus pylzowi* Przevalski
AV27023000000000	燕科	Hirundinidae
AV27023001000000	毛脚燕属	*Delichon*
AV27023001000100	烟腹毛脚燕	*Delichon dasypus* (Bonaparte)
AV27023001000300	黑喉毛脚燕	*Delichon nipalensis* Horsfield *et* Moore
AV27023001000500	（白腹）毛脚燕	*Delichon urbica* (Linnaeus)
AV27023003000000	燕属	*Hirundo*
AV27023003000100	金腰燕	*Hirundo daurica* Linnaues
AV27023003000300	家燕	*Hirundo rustica* Linnaeus
AV27023003000500	斑腰燕	*Hirundo striolata* Temminck *et* Schlegel
AV27023003000700	洋斑燕	*Hirundo tahitica* Gmelin
AV27023005000000	岩燕属	*Ptyonoprogne*
AV27023005000100	纯色岩燕	*Ptyonoprogne concolor* Sykes
AV27023005000300	岩燕	*Ptyonoprogne rupestris* (Scopoli)
AV27023007000000	沙燕属	*Riparia*
AV27023007000100	淡色崖沙燕	*Riparia diluta* (Sharp *et* Wyatt)
AV27023007000300	褐喉沙燕	*Riparia paludicola* (Vieillot)
AV27023007000500	崖沙燕	*Riparia riparia* (Linnaeus)
AV27025000000000	和平鸟科	Irenidae
AV27025001000000	雀鹎属	*Aegithina*
AV27025001000100	大绿雀鹎	*Aegithina lafresnayei* (Hartlaub)
AV27025001000300	黑翅雀鹎	*Aegithina tiphia* (Linnaeus)
AV27025003000000	叶鹎属	*Chloropsis*
AV27025003000100	金额叶鹎	*Chloropsis aurifrons* (Temminck)
AV27025003000300	蓝翅叶鹎	*Chloropsis cochinchinensis* (Gmelin)
AV27025003000500	橙腹叶鹎	*Chloropsis hardwickii* Jardine *et* Selby
AV27025005000000	和平鸟属	*Irena*
AV27025005000100	和平鸟	*Irena puella* (Latham)
AV27027000000000	伯劳科	Laniidae
AV27027001000000	伯劳属	*Lanius*
AV27027001000100	牛头伯劳	*Lanius bucephalus* Temminck *et* Schlegel
AV27027001000300	红背伯劳	*Lanius collurio* Linnaeus
AV27027001000500	栗背伯劳	*Lanius collurioides* Lesson
AV27027001000700	红尾伯劳	*Lanius cristatus* Linnaeus
AV27027001000900	灰伯劳	*Lanius excubitor* Linnaeus
AV27027001001100	荒漠伯劳	*Lanius isabellinus* Hemprich *et* Ehrenberg
AV27027001001300	黑额伯劳	*Lanius minor* Gmelin
AV27027001001500	棕背伯劳	*Lanius schach* Linnaeus
AV27027001001700	楔尾伯劳	*Lanius sphenocercus* Cabanis
AV27027001001900	灰背伯劳	*Lanius tephronotus* (Vigors)
AV27027001002100	虎纹伯劳	*Lanius tigrinus* Drapiez
AV27029000000000	鹡鸰科	Motacillidae
AV27029001000000	鹨属	*Anthus*
AV27029001000100	平原鹨	*Anthus campestris* Linnaeus
AV27029001000300	红喉鹨	*Anthus cervinus* (Pallas)
AV27029001000500	不莱氏鹨	*Anthus godleuskii* (Taczanowski)
AV27029001000700	北鹨	*Anthus gustavi* Swinhoe

表 1（续）

代　码	中 文 名 称	拉 丁 名 称
AV27029001000900	树鹨	*Anthus hodgsoni* Richmond
AV27029001001100	田鹨	*Anthus novaeseelandiae* (Gmelin)
AV27029001001300	草地鹨	*Anthus pratensis* (Linnaeus)
AV27029001001500	粉红胸鹨	*Anthus roseatus* Blyth
AV27029001001700	水鹨	*Anthus spinoletta* Linnaeus
AV27029001001900	山鹨	*Anthus sylvanus* (Hodgson)
AV27029001002100	林鹨	*Anthus trivialis* (Linnaeus)
AV27029003000000	山鹡鸰属	*Dendronanthus*
AV27029003000100	山鹡鸰	*Dendronanthus indicus* (Gmelin)
AV27029005000000	鹡鸰属	*Motacilla*
AV27029005000100	白鹡鸰	*Motacilla alba* Linnaeus
AV27029005000300	灰鹡鸰	*Motacilla cinerea* Tunstall
AV27029005000500	黄头鹡鸰	*Motacilla citreola* Pallas
AV27029005000700	黄鹡鸰	*Motacilla flava* Linnaeus
AV27029005000900	日本鹡鸰	*Motacilla grandis* Sharpe
AV27029005001100	印度鹡鸰	*Motacilla maderaspatensis* Gmelin
AV27031000000000	鹟科	Muscicapidae
AV27031001000000	拟鹟莺属	*Abroscopus*
AV27031001000100	棕脸鹟莺	*Abroscopus albogularis* (Horsfield *et* Moore)
AV27031001000300	黑脸鹟莺	*Abroscopus schisticeps* (G. R. Gray)
AV27031001000500	黄腹鹟莺	*Abroscopus superciliaris* (Blyth)
AV27031003000000	苇莺属	*Acrocephalus*
AV27031003000100	厚嘴苇莺	*Acrocephalus aedon* (Pallas)
AV27031003000300	稻田苇莺	*Acrocephalus agricola* (Jerdon)
AV27031003000500	大苇莺	*Acrocephalus arundinaceus* Linnaeus
AV27031003000700	黑眉苇莺	*Acrocephalus bistrigiceps* Swinhoe
AV27031003000900	钝翅(稻田)苇莺	*Acrocephalus concinens* (Swinhoe)
AV27031003001100	布氏苇莺	*Acrocephalus dumetorum* Blyth
AV27031003001300	东方大苇莺	*Acrocephalus orientalis* (Temminck *et* Schlegel)
AV27031003001500	水蒲苇莺	*Acrocephalus schoenobaenus* (Linnaeus)
AV27031003001700	芦苇莺	*Acrocephalus scirpaceus* (Herman)
AV27031003001900	细纹苇莺	*Acrocephalus sorghophilus* (Swinhoe)
AV27031003002100	噪大苇莺	*Acrocephalus stentoreus* (Hemprich *et* Ehrenberg)
AV27031005000000	斑翅鹛属	*Actinodura*
AV27031005000100	锈额斑翅鹛	*Actinodura egertoni* Gould
AV27031005000300	台湾斑翅鹛	*Actinodura morrisoniana* Ogilvie-Grant
AV27031005000500	纹头斑翅鹛	*Actinodura nipalensis* (Hodgson)
AV27031005000700	白眶斑翅鹛	*Actinodura ramsayi* (Walden)
AV27031005000900	灰头斑翅鹛	*Actinodura souliei* Oustalet
AV27031005001100	纹胸斑翅鹛	*Actinodura waldeni* Godwin-Austen
AV27031007000000	雀鹛属	*Alcippe*
AV27031007000100	褐顶雀鹛	*Alcippe brunnea* Gould
AV27031007000300	栗头雀鹛	*Alcippe castaneceps* (Hodgson)
AV27031007000500	金胸雀鹛	*Alcippe chrysotis* (Hodgson)
AV27031007000700	黄喉雀鹛	*Alcippe cinerea* (Blyth)
AV27031007000900	褐头雀鹛	*Alcippe cinereiceps* (Verreaux)
AV27031007001100	褐胁雀鹛	*Alcippe dubia* (Hume)

表 1 (续)

代 码	中文名称	拉丁名称
AV27031007001300	路氏雀鹛	*Alcippe ludlowi* (Kinnear)
AV27031007001500	灰眶雀鹛	*Alcippe morrisonia* Swinhoe
AV27031007001700	白眶雀鹛	*Alcippe nipalensis* (Hodgson)
AV27031007001900	褐脸雀鹛	*Alcippe poioicephala* (Jerdon)
AV27031007002100	棕头雀鹛	*Alcippe ruficapilla* (Verreaux)
AV27031007002300	棕喉雀鹛	*Alcippe rufogularis* (Gould)
AV27031007002500	高山雀鹛	*Alcippe striaticollis* (Verreaux)
AV27031007002700	金额雀鹛	*Alcippe variegaticeps* Yen
AV27031007002900	白眉雀鹛	*Alcippe vinipectus* (Hodgson)
AV27031009000000	草鹛属	*Babax*
AV27031009000100	棕草鹛	*Babax koslowi* (Bianchi)
AV27031009000300	矛纹草鹛	*Babax lanceolatus* (Verreaux)
AV27031009000500	大草鹛	*Babax waddelli* Dresser
AV27031011000000	短翅鸫属	*Brachypteryx*
AV27031011000100	锈腹短翅鸫	*Brachypteryx hyperythra* Jerdon *et* Blyth
AV27031011000300	白喉短翅鸫	*Brachypteryx leucophrys* (Temminck)
AV27031011000500	蓝短翅鸫	*Brachypteryx montana* Horsfield
AV27031011000700	栗背短翅鸫	*Brachypteryx stellata* Gould
AV27031013000000	短翅莺属	*Bradypterus*
AV27031013000100	台湾短翅莺	*Bradypterus alishanensis*
AV27031013000300	棕褐短翅莺	*Bradypterus luteoventris* (Hodgson)
AV27031013000500	巨嘴短翅莺	*Bradypterus major* (Brooks)
AV27031013000700	高山短翅莺	*Bradypterus seebohmi* (Ogilvie-Grant)
AV27031013000900	中华短翅莺	*Bradypterus tacsanowskius* (Swinhoe)
AV27031013001100	斑胸短翅莺	*Bradypterus thoracicus* (Blyth)
AV27031015000000	薮鸲属	*Cercotrochas*
AV27031015000100	棕薮鸲	*Cercotrochas galactotes*
AV27031017000000	树莺属	*Cettia*
AV27031017000100	棕顶树莺	*Cettia brunnifrons* (Hodgson)
AV27031017000300	宽尾树莺	*Cettia cetti* (Marmora)
AV27031017000500	日本树莺	*Cettia diphone* (Kittlitz)
AV27031017000700	异色树莺	*Cettia flavolivaceus* (Blyth)
AV27031017000900	强脚树莺	*Cettia fortipes* (Hodgson)
AV27031017001100	大树莺	*Cettia major* (Moore)
AV27031017001300	淡脚树莺	*Cettia pallidipes* (Blanford)
AV27031017001500	黄腹树莺	*Cettia robustipes* Swinhoe
AV27031017001700	鳞头树莺	*Cettia squameiceps* (Swinhoe)
AV27031019000000	溪鸲属	*Chaimarrornis*
AV27031019000100	白顶溪鸲	*Chaimarrornis leucocephalus* (Vigors)
AV27031021000000	鹛雀属	*Chrysomma*
AV27031021000100	金眼鹛雀	*Chrysomma sinense* (Gmelin)
AV27031023000000	地鸲属	*Cinclidium*
AV27031023000100	蓝额(长脚)地鸲	*Cinclidium frontale* Blyth
AV27031023000300	白尾蓝(地)鸲	*Cinclidium leucurum* (Hodgson)
AV27031025000000	扇尾莺属	*Cisticola*
AV27031025000100	金头扇尾莺	*Cisticola exilis* (Vigors *et* Horsfield)
AV27031025000300	棕扇尾莺	*Cisticola juncidis* (Rafinesque)

表 1（续）

代　码	中 文 名 称	拉 丁 名 称
AV27031027000000	宽嘴鸫属	*Cochoa*
AV27031027000100	紫宽嘴鸫	*Cochoa purpurea* Hodgson
AV27031027000300	绿宽嘴鸫	*Cochoa viridis* Hodgson
AV27031029000000	红嘴鸦雀属	*Conostoma*
AV27031029000100	红嘴鸦雀	*Conostoma aemodium* Hodgson
AV27031031000000	鹊鸲属	*Copsychus*
AV27031031000100	白腰鹊鸲	*Copsychus malabaricus* (Scopoli)
AV27031031000300	鹊鸲	*Copsychus saularis* (Linnaeus)
AV27031033000000	方尾鹟属	*Culicicapa*
AV27031033000100	方尾鹟	*Culicicapa ceylonensis* (Swainson)
AV27031035000000	姬鹛属	*Cutia*
AV27031035000100	斑胁姬鹛	*Cutia nipalensis* Hodgson
AV27031037000000	燕尾属	*Enicurus*
AV27031037000100	黑背燕尾	*Enicurus leschenaulti* (Vieillot)
AV27031037000300	斑背燕尾	*Enicurus maculatus* Vigors
AV27031037000500	灰背燕尾	*Enicurus schistaceus* (Hodgson)
AV27031037000700	小燕尾	*Enicurus scouleri* Vigors
AV27031039000000	欧亚鸲属	*Erithacus*
AV27031039000100	欧亚鸲	*Erithacus rubecula* (Linnaeus)
AV27031041000000	姬鹟属	*Ficedula*
AV27031041000100	白腹(姬)鹟	*Ficedula cyanomelana* (Temminck)
AV27031041000300	锈胸蓝(姬)鹟	*Ficedula hodgsonii* (Verreaux)
AV27031041000500	棕胸蓝(姬)鹟	*Ficedula hyperythra* (Blyth)
AV27031041000700	灰蓝(姬)鹟	*Ficedula leucomelanura* (Hodgson)
AV27031041000900	白喉(姬)鹟	*Ficedula monileger* (Hodgson)
AV27031041001100	鸲(姬)鹟	*Ficedula mugimaki* (Temminck)
AV27031041001300	黄眉(姬)鹟	*Ficedula narcissina* (Temminck)
AV27031041001500	红喉(姬)鹟	*Ficedula parva* (Bechstein)
AV27031041001700	玉头(姬)鹟	*Ficedula sapphira* (Blyth)
AV27031041001900	橙胸(姬)鹟	*Ficedula strophiata* (Hodgson)
AV27031041002100	白眉蓝(姬)鹟	*Ficedula superciliaris* (Jerdon)
AV27031041002300	小斑(姬)鹟	*Ficedula westermanni* (Sharpe)
AV27031041002500	白眉(姬)鹟	*Ficedula zanthopygia* (Hay)
AV27031043000000	白头鵙鹛属	*Gampsorhynchus*
AV27031043000100	白头鵙鹛	*Gampsorhynchus rufulus* Blyth
AV27031045000000	噪鹛属	*Garrulax*
AV27031045000100	黑顶噪鹛	*Garrulax affinis* Blyth
AV27031045000300	白喉噪鹛	*Garrulax albogularis* (Gould)
AV27031045000500	白点噪鹛	*Garrulax bieti* (Oustalet)
AV27031045000700	灰胁噪鹛	*Garrulax caerulatus* (Hodgson)
AV27031045000900	画眉	*Garrulax canorus* (Linnaeus)
AV27031045001100	黑喉噪鹛	*Garrulax chinensis* (Scopoli)
AV27031045001300	灰翅噪鹛	*Garrulax cineraceus* (Godwin-Austen)
AV27031045001500	山噪鹛	*Garrulax davidi* (Swinhoe)
AV27031045001700	橙翅噪鹛	*Garrulax elliotii* (Varreaux)
AV27031045001900	红头噪鹛	*Garrulax erythrocephalus* (Vigors)
AV27031045002100	丽色噪鹛	*Garrulax formosus* (Verreaux)

表 1（续）

代　　码	中　文　名　称	拉　丁　名　称
AV27031045002300	黄喉噪鹛	*Garrulax galbanus* Godwin-Austen
AV27031045002500	灰腹噪鹛	*Garrulax henrici* (Oustalet)
AV27031045002700	白冠噪鹛	*Garrulax leucolophus* (Hardwicke)
AV27031045002900	细纹噪鹛	*Garrulax lineatus* (Vigors)
AV27031045003100	斑背噪鹛	*Garrulax lunulatus* (Verreaux)
AV27031045003300	褐胸噪鹛	*Garrulax maesi* (Oustalet)
AV27031045003500	大噪鹛	*Garrulax maximus* (Verreaux)
AV27031045003700	斑胸噪鹛	*Garrulax merulinus* Blyth
AV27031045003900	赤尾噪鹛	*Garrulax milnei* (David)
AV27031045004100	小黑领噪鹛	*Garrulax monileger* (Hodgson)
AV27031045004300	玉山噪鹛	*Garrulax morrisonianus* (Ogilvie-Grant)
AV27031045004500	眼纹噪鹛	*Garrulax ocellatus* (Vigors)
AV27031045004700	黑领噪鹛	*Garrulax pectoralis* (Gould)
AV27031045004900	黑脸噪鹛	*Garrulax perspicillatus* (Gmelin)
AV27031045005100	棕噪鹛	*Garrulax poecilorhynchus* Gould
AV27031045005300	栗颈噪鹛	*Garrulax ruficollis* (Jardine *et* Selby)
AV27031045005500	白颊噪鹛	*Garrulax sannio* Swinhoe
AV27031045005700	蓝翅噪鹛	*Garrulax squamatus* (Gould)
AV27031045005900	白颈噪鹛	*Garrulax strepitans* Blyth
AV27031045006100	条纹噪鹛	*Garrulax striatus* (Vigors)
AV27031045006300	纯色噪鹛	*Garrulax subunicolor* (Blyth)
AV27031045006500	黑额山噪鹛	*Garrulax sukatschewi* (Berezovski *et* Bianchi)
AV27031045006700	杂色噪鹛	*Garrulax variegatus* (Vigors)
AV27031047000000	大草莺属	*Graminicola*
AV27031047000100	大草莺	*Graminicola bengalensis* Jerdon
AV27031049000000	大翅鸲属	*Grandala*
AV27031049000100	蓝大翅鸲	*Grandala coelicolor* Hodgson
AV27031051000000	奇鹛属	*Heterophasia*
AV27031051000100	栗背奇鹛	*Heterophasia annectens* (Blyth)
AV27031051000300	白耳奇鹛	*Heterophasia auricularis* (Swinhoe)
AV27031051000500	黑头奇鹛	*Heterophasia capistrata* (Vigors)
AV27031051000700	灰奇鹛	*Heterophasia gracilis* (Horsfield)
AV27031051000900	黑顶奇鹛	*Heterophasia melanoleuca* (Blyth)
AV27031051001100	长尾奇鹛	*Heterophasia picaoides* Hodgson
AV27031051001300	丽色奇鹛	*Heterophasia pulchella* (Godwin-Austen)
AV27031053000000	篱莺属	*Hippolais*
AV27031053000100	靴篱莺	*Hippolais caligata* (Lichtenstein)
AV27031053000300	草绿篱莺	*Hippolais pallida* (Ehrenberg)
AV27031055000000	短翅鸲属	*Hodgsonius*
AV27031055000100	白腹短翅鸲	*Hodgsonius phoenicuroides* (G. R. Gray)
AV27031057000000	黑枕王鹟属	*Hypothymis*
AV27031057000100	黑枕王鹟	*Hypothymis azurea* (Boddaert)
AV27031059000000	相思鸟属	*Leiothrix*
AV27031059000100	银耳相思鸟	*Leiothrix argentauris* (Hodgson)
AV27031059000300	红嘴相思鸟	*Leiothrix lutea* (Scopoli)
AV27031061000000	雀莺属	*Leptopoecile*
AV27031061000100	凤头雀莺	*Leptopoecile elegans* (Przevalski)

表 1（续）

代　　码	中 文 名 称	拉 丁 名 称
AV27031061000300	花彩雀莺	*Leptopoecile sophiae* Severtzov
AV27031063000000	薮鹛属	*Liocichla*
AV27031063000100	灰胸薮鹛	*Liocichla omeiensis* Riley
AV27031063000300	红翅薮鹛	*Liocichla phoenicea* (Gould)
AV27031063000500	黄痣薮鹛	*Liocichla steerii* Swinhoe
AV27031065000000	蝗莺属	*Locustella*
AV27031065000100	小蝗莺	*Locustella certhiola* (Pallas)
AV27031065000300	苍眉蝗莺	*Locustella fasciolata* (G. R. Gray)
AV27031065000500	矛斑蝗莺	*Locustella lanceolata* (Temminck)
AV27031065000700	鸲蝗莺	*Locustella luscinioides* Savi
AV27031065000900	黑斑蝗莺	*Locustella naevia* (Boddaert)
AV27031065001100	北蝗莺	*Locustella ochotensis* (Middendorff)
AV27031065001300	史氏蝗莺	*Locustella pleskei* Taczanovski
AV27031067000000	歌鸲属	*Luscinia*
AV27031067000100	(日本)歌鸲	*Luscinia akahige* (Temminck)
AV27031067000300	栗腹歌鸲	*Luscinia brunnea* (Hodgson)
AV27031067000500	红点颏,红喉歌鸲	*Luscinia calliope* (Pallas)
AV27031067000700	蓝歌鸲	*Luscinia cyane* (Pallas)
AV27031067000900	新疆歌鸲	*Luscinia megarhynchos* Brehm
AV27031067001100	黑喉歌鸲	*Luscinia obscura* (Berezowsky *et* Bianchi)
AV27031067001300	金胸歌鸲	*Luscinia pectardens* (David *et* Oustalet)
AV27031067001500	黑胸歌鸲	*Luscinia pectoralis* (Gould)
AV27031067001700	棕头歌鸲	*Luscinia ruficeps* (Hartert)
AV27031067001900	红尾歌鸲	*Luscinia sibilans* (Swinhoe)
AV27031067002100	蓝喉歌鸲	*Luscinia svecica* (Linnaeus)
AV27031069000000	纹胸鹛属	*Macronous*
AV27031069000100	纹胸巨鹛	*Macronous gularis* (Horsfield)
AV27031071000000	大尾莺属	*Megalurus*
AV27031071000100	沼泽大尾莺	*Megalurus palustris* Horsfield
AV27031071000300	斑背大尾莺	*Megalurus pryeri* Seebohm
AV27031073000000	希鹛属	*Minla*
AV27031073000100	蓝翅希鹛	*Minla cyanouroptera* (Hodgson)
AV27031073000300	火尾希鹛	*Minla ignotincta* Hodgson
AV27031073000500	斑喉希鹛	*Minla strigula* (Hodgson)
AV27031075000000	矶鸫属	*Monticola*
AV27031075000100	蓝头矶鸫	*Monticola cinclorhynchus* (Vigors)
AV27031075000300	栗腹矶鸫	*Monticola rufiventris* (Jardine *et* Selby)
AV27031075000500	白背矶鸫	*Monticola saxatilis* (Linnaeus)
AV27031075000700	蓝矶鸫	*Monticola solitarius* (Linnaeus)
AV27031077000000	宝兴鹛雀属	*Moupinia*
AV27031077000100	宝兴鹛雀	*Moupinia poecilotis* (Verreaux)
AV27031079000000	鹟属	*Muscicapa*
AV27031079000100	棕尾褐鹟	*Muscicapa ferruginea* (Hodgson)
AV27031079000300	灰斑鹟	*Muscicapa griseisticta* (Swinhoe)
AV27031079000500	北灰鹟	*Muscicapa latirostris* Raffles
AV27031079000700	褐胸鹟	*Muscicapa muttui* (Layard)
AV27031079000900	乌鹟	*Muscicapa sibirica* Gmelin

表 1（续）

代　　码	中　文　名　称	拉　丁　名　称
AV27031079001100	斑鹟	*Muscicapa striata* (Pallas)
AV27031079001300	铜蓝鹟	*Muscicapa thalassina* Swainson
AV27031081000000	啸鸫属	*Myiophoneus*
AV27031081000100	紫啸鸫	*Myiophoneus caeruleus* (Scopoli)
AV27031081000300	台湾紫啸鸫	*Myiophoneus insularis* (Gould)
AV27031083000000	绿鹛属	*Myzornis*
AV27031083000100	火尾绿鹛	*Myzornis pyrrhoura* Blyth
AV27031085000000	鹪鹛属	*Napothera*
AV27031085000100	短尾鹪鹛	*Napothera brevicaudata* (Blyth)
AV27031085000300	灰岩鹪鹛	*Napothera crispifrons* (Blyth)
AV27031085000500	纹胸鹪鹛	*Napothera epilepidota* (Temminck)
AV27031087000000	仙鹟属	*Niltava*
AV27031087000100	山蓝仙鹟	*Niltava banyumas* (Horsfield)
AV27031087000300	白尾蓝仙鹟	*Niltava concreta* (S. Mueller)
AV27031087000500	棕腹大仙鹟	*Niltava davidi* La Touche
AV27031087000700	大仙鹟	*Niltava grandis* (Blyth)
AV27031087000900	海南蓝仙鹟	*Niltava hainana* (Ogilvie-Grant)
AV27031087001100	侏蓝仙鹟	*Niltava hodgsoni* (Moore)
AV27031087001300	小仙鹟	*Niltava macgrigoriae* (Burton)
AV27031087001500	灰颊仙鹟	*Niltava poliogenys* (Brooks)
AV27031087001700	蓝喉仙鹟	*Niltava rubeculoides* (Vigors)
AV27031087001900	棕腹仙鹟	*Niltava sundara* Hodgson
AV27031087002100	纯蓝仙鹟	*Niltava unicolor* (Blyth)
AV27031087002300	棕腹蓝仙鹟	*Niltava vivida* (Swinhoe)
AV27031089000000	鵖属	*Oenanthe*
AV27031089000100	漠鵖	*Oenanthe deserti* (Temminck)
AV27031089000300	白顶鵖	*Oenanthe hispanica* (Linnaeus)
AV27031089000500	沙鵖	*Oenanthe isabellina* (Cretzschmar)
AV27031089000700	穗鵖	*Oenanthe oenanthe* (Linnaeus)
AV27031091000000	缝叶莺属	*Orthotomus*
AV27031091000100	黑喉缝叶莺	*Orthotomus atrogularis* Temminck
AV27031091000300	金头缝叶莺	*Orthotomus cucullatus* Temminck
AV27031091000500	长尾缝叶莺	*Orthotomus sutorius* (Pennant)
AV27031093000000	文须雀属	*Panurus*
AV27031093000100	文须雀	*Panurus biarmicus* (Linnaeus)
AV27031095000000	鸦雀属	*Paradoxornis*
AV27031095000100	黑眉鸦雀	*Paradoxornis atrosuperciliaris* (Godwin-Austen)
AV27031095000300	褐翅鸦雀	*Paradoxornis brunneus* (Anderson)
AV27031095000500	白眶鸦雀	*Paradoxornis conspicillatus* (David)
AV27031095000700	短尾鸦雀	*Paradoxornis davidianus* (Slater)
AV27031095000900	斑胸鸦雀	*Paradoxornis flavirostris* Gould
AV27031095001100	黄额鸦雀	*Paradoxornis fulvifrons* (Hodgson)
AV27031095001300	灰头鸦雀	*Paradoxornis gularis* G. R. Gray
AV27031095001500	点胸鸦雀	*Paradoxornis guttaticollis* David
AV27031095001700	震旦鸦雀	*Paradoxornis heudei* David
AV27031095001900	橙额鸦雀	*Paradoxornis nipalensis* (Hodgson)
AV27031095002100	三趾鸦雀	*Paradoxornis paradoxus* (Verreaux)

表 1（续）

代　　码	中　文　名　称	拉　丁　名　称
AV27031095002300	灰冠鸦雀	*Paradoxornis przewalskii* (Berezovski *et* Bianchi)
AV27031095002500	红头鸦雀	*Paradoxornis ruficeps* Blyth
AV27031095002700	褐鸦雀	*Paradoxornis unicolor* (Hodgson)
AV27031095002900	棕头鸦雀	*Paradoxornis webbianus* (G. R. Gray)
AV27031095003100	暗色鸦雀	*Paradoxornis zappeyi* (Thayer *et* Bangs)
AV27031097000000	幽鹛属	*Pellorneum*
AV27031097000100	白腹幽鹛	*Pellorneum albiventre* (Godwin-Austen)
AV27031097000300	棕头幽鹛	*Pellorneum ruficeps* Swainson
AV27031099000000	红尾鸲属	*Phoenicurus*
AV27031099000100	贺兰山红尾鸲	*Phoenicurus alaschanicus* (Przevalski)
AV27031099000300	北红尾鸲	*Phoenicurus auroreus* (Pallas)
AV27031099000500	蓝头红尾鸲	*Phoenicurus caeruleocephalus* Vigors
AV27031099000700	红腹红尾鸲	*Phoenicurus erythrogaster* (Guldenstadt)
AV27031099000900	红背红尾鸲	*Phoenicurus erythronotus* (Eversmann)
AV27031099001100	蓝额红尾鸲	*Phoenicurus frontalis* Vigors
AV27031099001300	黑喉红尾鸲	*Phoenicurus hodgsoni* (Moore)
AV27031099001500	赭红尾鸲	*Phoenicurus ochruros* (Gmelin)
AV27031099001700	欧亚红尾鸲	*Phoenicurus phoenicurus* (Linnaeus)
AV27031099001900	白喉红尾鸲	*Phoenicurus schisticeps* (G. R. Gray)
AV27031101000000	柳莺属	*Phylloscopus*
AV27031101000100	黄腹柳莺	*Phylloscopus affinis* (Tickell)
AV27031101000300	棕眉柳莺	*Phylloscopus armandii* (Milne-Edwards)
AV27031101000500	极北柳莺	*Phylloscopus borealis* (Blasius)
AV27031101000700	叽咋柳莺	*Phylloscopus collybita* (Vieillot)
AV27031101000900	冕柳莺	*Phylloscopus coronatus* (Temminck *et* Schlegel)
AV27031101001100	白斑尾柳莺	*Phylloscopus davisoni* (Oates)
AV27031101001300	峨眉柳莺	*Phylloscopus emeiansis* Alotrom *et* Olsson
AV27031101001500	烟柳莺	*Phylloscopus fuligiventer* (Hodgson)
AV27031101001700	褐柳莺	*Phylloscopus fuscatus* (Blyth)
AV27031101001900	灰柳莺	*Phylloscopus griseolus* Blyth
AV27031101002100	海南柳莺	*Phylloscopus hainanus* Olsson
AV27031101002300	黄眉柳莺	*Phylloscopus inornatus* (Blyth)
AV27031101002500	灰喉柳莺	*Phylloscopus maculipennis* (Blyth)
AV27031101002700	乌嘴柳莺	*Phylloscopus magnirostris* Blyth
AV27031101002900	双斑绿柳莺	*Phylloscopus plumbeitarsus* (Swingoe)
AV27031101003100	黄腰柳莺	*Phylloscopus proregulus* (Pallas)
AV27031101003300	橙斑翅柳莺	*Phylloscopus pulcher* Blyth
AV27031101003500	冠纹柳莺	*Phylloscopus reguloides* (Blyth)
AV27031101003700	黑眉柳莺	*Phylloscopus ricketti* (Slater)
AV27031101003900	巨嘴柳莺	*Phylloscopus schwarzi* (Radde)
AV27031101004100	林柳莺	*Phylloscopus sibilatrix* (Bechstein)
AV27031101004300	四川柳莺	*Phylloscopus sichuanensis* Alstrom *et* Olsson
AV27031101004500	东方叽咋柳莺	*Phylloscopus sindianus* Brooks
AV27031101004700	棕腹柳莺	*Phylloscopus subaffinis* Ogilvie-Grant
AV27031101004900	灰脚柳莺	*Phylloscopus tenellipes* Swinhoe
AV27031101005100	暗绿柳莺	*Phylloscopus trochiloides* (Sundevall)
AV27031103000000	鳞鹪鹛属	*Pnoepyga*

表 1（续）

代　　码	中　文　名　称	拉　丁　名　称
AV27031103000100	鳞胸鹪鹛	*Pnoepyga albiventer* (Hodgson)
AV27031103000300	小鳞(胸)鹪鹛	*Pnoepyga pusilla* Hodgson
AV27031105000000	钩嘴鹛属	*Pomatorhinus*
AV27031105000100	锈脸钩嘴鹛	*Pomatorhinus erythrogenys* Vigors
AV27031105000300	红嘴钩嘴鹛	*Pomatorhinus ferruginosus* Blyth
AV27031105000500	长嘴钩嘴鹛	*Pomatorhinus hypoleucos* (Blyth)
AV27031105000700	棕头钩嘴鹛	*Pomatorhinus ochraceiceps* Walden
AV27031105000900	棕颈钩嘴鹛	*Pomatorhinus ruficollis* Hodgson
AV27031107000000	鹪莺属	*Prinia*
AV27031107000100	黑喉山鹪莺	*Prinia atrogularis* (Horsfield *et* Moore)
AV27031107000300	山鹪莺	*Prinia criniger* Hodgson
AV27031107000500	黄腹鹪莺	*Prinia flaviventris* (Delessert)
AV27031107000700	灰胸鹪莺	*Prinia hodgsonii* Blyth
AV27031107000900	褐山鹪莺	*Prinia polychroa* (Temminck)
AV27031107001100	暗冕鹪莺	*Prinia rufescens* Blyth
AV27031107001300	褐头鹪莺	*Prinia subflava* (Gmelin)
AV27031109000000	鵙鹛属	*Pteruthius*
AV27031109000100	栗额鵙鹛	*Pteruthius aenobarbus* (Temminck)
AV27031109000300	红翅鵙鹛	*Pteruthius flaviscapis* (Temminck)
AV27031109000500	栗喉鵙鹛	*Pteruthius melanotis* Hodgson
AV27031109000700	棕腹鵙鹛	*Pteruthius rufiventer* Blyth
AV27031109000900	淡绿鵙鹛	*Pteruthius xanthochlorus* J. E. Gray
AV27031111000000	戴菊属	*Regulus*
AV27031111000100	台湾戴菊	*Regulus goodfellowi* Ogilvie-Grant
AV27031111000300	戴菊	*Regulus regulus* (Linnaeus)
AV27031113000000	林鹟属	*Rhinomyias*
AV27031113000100	白喉林鹟	*Rhinomyias brunneata* (Slater)
AV27031115000000	扇尾鹟属	*Rhipidura*
AV27031115000100	白喉扇尾鹟	*Rhipidura albicollis* (Vieillot)
AV27031115000300	白眉扇尾鹟	*Rhipidura aureola* Lesson
AV27031115000500	黄腹扇尾鹟	*Rhipidura hypoxantha* Blyth
AV27031117000000	山鹛属	*Rhopophilus*
AV27031117000100	山鹛	*Rhopophilus pekinensis* (Swinhoe)
AV27031119000000	水鸲属	*Rhyacornis*
AV27031119000100	红尾水鸲	*Rhyacornis fuliginosus* (Vigors)
AV27031121000000	石䳭属	*Saxicola*
AV27031121000100	白斑黑石䳭	*Saxicola caprata* Linnaeus
AV27031121000300	灰林䳭	*Saxicola ferrea* G. R. Gray
AV27031121000500	白喉石䳭	*Saxicola insignis* G. R. Gray
AV27031121000700	黑白林䳭	*Saxicola jerdoni* (Blyth)
AV27031121000900	黑喉石䳭	*Saxicola torquata* (Linnaeus)
AV27031123000000	鹟莺属	*Seicercus*
AV27031123000100	白眶鹟莺	*Seicercus affinis* (Horsfield *et* Moore)
AV27031123000300	金眶鹟莺	*Seicercus burkii* (Burton)
AV27031123000500	栗头鹟莺	*Seicercus castaniceps* (Blyth)
AV27031123000700	灰脸鹟莺	*Seicercus poliogenys* (Blyth)
AV27031123000900	灰头鹟莺	*Seicercus xanthoschistos* (G. R. Gray)

表 1（续）

代　　码	中 文 名 称	拉 丁 名 称
AV27031125000000	鹪鹛属	*Spelaeornis*
AV27031125000100	长尾鹪鹛	*Spelaeornis chocolatinus* (Godwin-Austen *et* Walden)
AV27031125000300	丽星鹪鹛	*Spelaeornis formosus* (Walden)
AV27031125000500	斑翅鹪鹛	*Spelaeornis troglodytoides* (Verreaux)
AV27031127000000	楔嘴鹪鹛属	*Sphenocichla*
AV27031127000100	楔头鹪鹛	*Sphenocichla humei* Han
AV27031129000000	穗鹛属	*Stachyris*
AV27031129000100	黄喉穗鹛	*Stachyris ambigua* (Harington)
AV27031129000300	金头穗鹛	*Stachyris chrysaea* Blyth
AV27031129000500	黑头穗鹛	*Stachyris nigriceps* Blyth
AV27031129000700	弄岗穗鹛	*Stachyris nonggangensis* (Zhou *et* Jiang)
AV27031129000900	红头穗鹛	*Stachyris ruficeps* Blyth
AV27031129001100	斑颈穗鹛	*Stachyris striolata* (Müller)
AV27031131000000	莺属	*Sylvia*
AV27031131000100	灰(白喉)林莺	*Sylvia communis* Latham
AV27031131000300	白喉林莺	*Sylvia curruca* (Linnaeus)
AV27031131000500	沙白喉林莺	*Sylvia minula* Hume
AV27031131000700	漠地林莺	*Sylvia nana* (Hemprich *et* Ehrenberg)
AV27031131000900	横斑林莺	*Sylvia nisoria* (Bechstein)
AV27031133000000	鸲属	*Tarsiger*
AV27031133000100	金色林鸲	*Tarsiger chrysaeus* Hodgson
AV27031133000300	红胁蓝尾鸲	*Tarsiger cyanurus* (Pallas)
AV27031133000500	棕腹林鸲	*Tarsiger hyperythrus* (Blyth)
AV27031133000700	白眉林鸲	*Tarsiger indicus* (Vieillot)
AV27031133000900	台湾林鸲	*Tarsiger johnstoniae* (Ogilvie-Grant)
AV27031135000000	寿带属	*Terpsiphone*
AV27031135000100	紫寿带(鸟)	*Terpsiphone atrocaudata* (Eyton)
AV27031135000300	寿带(鸟)	*Terpsiphone paradisi* (Linnaeus)
AV27031137000000	地莺属	*Tesia*
AV27031137000100	栗头地莺	*Tesia castaneocoronata* (Burton)
AV27031137000300	灰腹地莺	*Tesia cyaniventer* Hodgson
AV27031137000500	金冠地莺	*Tesia olivea* (Horsfield)
AV27031139000000	宽嘴鹟莺属	*Tickellia*
AV27031139000100	宽嘴鹟莺	*Tickellia hodgsoni* (Horsfield *et* Moore)
AV27031141000000	鹛属	*Timalia*
AV27031141000100	红顶鹛	*Timalia pileata* Horsfield
AV27031143000000	雅鹛属	*Trichastoma*
AV27031143000100	棕胸雅鹛	*Trichastoma tickelli* (Blyth)
AV27031145000000	鸫属	*Turdus*
AV27031145000100	白颈鸫	*Turdus albocinctus* Royle
AV27031145000300	灰翅鸫	*Turdus boulboul* (Latham)
AV27031145000500	乌灰鸫	*Turdus cardis* Temminck
AV27031145000700	赤胸鸫	*Turdus chrysolaus* Temminck
AV27031145000900	黑胸鸫	*Turdus dissimilis* Blyth
AV27031145001100	褐头鸫	*Turdus feae* (Salvadori)
AV27031145001300	灰背鸫	*Turdus hortulorum* Sclater
AV27031145001500	白眉歌鸫	*Turdus iliacus* Linnaeus

表 1（续）

代　　码	中　文　名　称	拉　丁　名　称
AV27031145001700	棕背黑头鸫	*Turdus kessleri* Przevalski
AV27031145001900	乌鸫	*Turdus merula* Linnaeus
AV27031145002100	宝兴歌鸫	*Turdus mupinensis* Laubmann
AV27031145002300	斑鸫	*Turdus naumanni* Temminck
AV27031145002500	白眉鸫	*Turdus obscurus* Gmelin
AV27031145002700	白腹鸫	*Turdus pallidus* Gmelin
AV27031145002900	欧歌鸫	*Turdus philomelos* Brehm
AV27031145003100	田鸫	*Turdus pilaris* Linnaeus
AV27031145003300	岛鸫	*Turdus poliocephalus* Latham
AV27031145003500	灰头鸫	*Turdus rubrocanus* G. R. Gray
AV27031145003700	赤颈鸫	*Turdus ruficollis* Pallas
AV27031145003900	槲鸫	*Turdus viscivorus* Linnaeus
AV27031147000000	剑嘴鹛属	*Xiphirhynchus*
AV27031147000100	剑嘴鹛	*Xiphirhynchus superciliaris* (Blyth)
AV27031149000000	凤鹛属	*Yuhina*
AV27031149000100	白项凤鹛	*Yuhina bakeri* Rothschild
AV27031149000300	褐头凤鹛	*Yuhina brunneiceps* Ogilvie-Grant
AV27031149000500	栗耳凤鹛	*Yuhina castaniceps* (Horsfield *et* Moore)
AV27031149000700	白领凤鹛	*Yuhina diademata* Verreaux
AV27031149000900	黄颈凤鹛	*Yuhina flavicollis* Hodgson
AV27031149001100	纹喉凤鹛	*Yuhina gularis* Hodgson
AV27031149001300	黑额凤鹛	*Yuhina nigrimenta* Blyth
AV27031149001500	棕肛凤鹛	*Yuhina occipitalis* Hodgson
AV27031149001700	白腹凤鹛	*Yuhina zantholeuca* (Blyth)
AV27031151000000	地鸫属	*Zoothera*
AV27031151000100	橙头地鸫	*Zoothera citrina* (Latham)
AV27031151000300	虎斑地鸫	*Zoothera dauma* (Latham)
AV27031151000500	长尾地鸫	*Zoothera dixoni* (Seebohm)
AV27031151000700	长嘴地鸫	*Zoothera marginata* Blyth
AV27031151000900	光背地鸫	*Zoothera mollissima* (Blyth)
AV27031151001100	白眉地鸫	*Zoothera sibirica* (Pallas)
AV27033000000000	太阳鸟科	Nectariniidae
AV27033001000000	太阳鸟属	*Aethopyga*
AV27033001000100	叉尾太阳鸟	*Aethopyga christinae* Swinhoe
AV27033001000300	蓝喉太阳鸟	*Aethopyga gouldiae* (Vigors)
AV27033001000500	火尾太阳鸟	*Aethopyga ignicauda* (Hodgson)
AV27033001000700	绿喉太阳鸟	*Aethopyga nipalensis* (Hodgson)
AV27033001000900	黑胸太阳鸟	*Aethopyga saturata* (Hodgson)
AV27033001001100	黄腰太阳鸟	*Aethopyga siparaja* (Raffles)
AV27033003000000	直嘴太阳鸟属	*Anthreptes*
AV27033003000100	紫颊直嘴太阳鸟	*Anthreptes singalensis* (Gmelin)
AV27033005000000	捕蛛鸟属	*Arachnothera*
AV27033005000100	长嘴捕蛛鸟	*Arachnothera longirostris* (Latham)
AV27033005000300	纹背捕蛛鸟	*Arachnothera magna* Hodgson
AV27033007000000	花蜜鸟属	*Nectarinia*
AV27033007000100	紫色蜜鸟	*Nectarinia asiatica* (Latham)
AV27033007000300	蓝枕花蜜鸟	*Nectarinia hypogrammica* Müller

表 1（续）

代码	中文名称	拉丁名称
AV27033007000500	黄腹花蜜鸟	*Nectarinia jugularis* (Linnaeus)
AV27035000000000	黄鹂科	Oriolidae
AV27035001000000	黄鹂属	*Oriolus*
AV27035001000100	黑枕黄鹂	*Oriolus chinensis* Linnaeus
AV27035001000300	鹊鹂	*Oriolus mellianus* Stresemann
AV27035001000500	金色黄鹂	*Oriolus oriolus* (Linnaeus)
AV27035001000700	朱鹂	*Oriolus traillii* (Vigors)
AV27035001000900	黑头黄鹂	*Oriolus xanthornus* (Linnaeus)
AV27037000000000	山雀科	Paridae
AV27037001000000	长尾山雀属	*Aegithalos*
AV27037001000100	银喉(长尾)山雀	*Aegithalos caudatus* (Linnaeus)
AV27037001000300	红头(长尾)山雀	*Aegithalos concinnus* (Gould)
AV27037001000500	银脸(长尾)山雀	*Aegithalos fuliginosus* (Verreaux)
AV27037001000700	黑眉(长尾)山雀	*Aegithalos iouschistos* (Hodgson)
AV27037003000000	冕雀属	*Melanochlora*
AV27037003000100	冕雀	*Melanochlora sultanea* (Hodgson)
AV27037005000000	山雀属	*Parus*
AV27037005000100	煤山雀	*Parus ater* Linnaeus
AV27037005000300	西域山雀	*Parus bokharensis* Lichtenstein
AV27037005000500	灰蓝山雀	*Parus cyanus* Pallas
AV27037005000700	红腹山雀	*Parus davidi* (Berezovski *et* Bianchi)
AV27037005000900	褐冠山雀	*Parus dichrous* Blyth
AV27037005001100	台湾黄山雀	*Parus holsti* Seebohm
AV27037005001300	大山雀	*Parus major* Linnaeus
AV27037005001500	褐头山雀	*Parus montanus* Baldenstein
AV27037005001700	绿背山雀	*Parus monticolus* Vigors
AV27037005001900	沼泽山雀	*Parus palustris* Linnaeus
AV27037005002100	黑冠山雀	*Parus rubidiventris* Blyth
AV27037005002300	黄颊山雀	*Parus spilonotus* Bonaparte
AV27037005002500	白眉山雀	*Parus superciliosus* (Przevalski)
AV27037005002700	杂色山雀	*Parus varius* Temminck *et* Schlegel
AV27037005002900	黄腹山雀	*Parus venustulus* Swinhoe
AV27037007000000	林雀属	*Sylviparus*
AV27037007000100	黄眉林雀	*Sylviparus modestus* Burton
AV27039000000000	八色鸫科	Pittidae
AV27039001000000	八色鸫属	*Pitta*
AV27039001000100	蓝翅八色鸫	*Pitta brachyura* (P. L. S. Müller)
AV27039001000300	蓝八色鸫	*Pitta cyanea* Blyth
AV27039001000500	蓝枕八色鸫	*Pitta nipalensis* (Hodgson)
AV27039001000700	仙八色鸫	*Pitta nympha* (Linnaeus)
AV27039001000900	栗头八色鸫	*Pitta oatesi* (Hume)
AV27039001001100	双辫八色鸫	*Pitta phayrei* (Blyth)
AV27039001001300	绿胸八色鸫	*Pitta sordida* (Müller)
AV27039001001500	蓝背八色鸫	*Pitta soror* Ramsay
AV27041000000000	文鸟科	Ploceidae
AV27041001000000	梅花雀属	*Estrilda*
AV27041001000100	(红)梅花雀	*Estrilda amandava* (Linnaeus)

表 1（续）

代　　码	中　文　名　称	拉　丁　名　称
AV27041003000000	文鸟属	*Lonchura*
AV27041003000100	栗腹文鸟	*Lonchura malacca* (Linnaeus)
AV27041003000300	斑文鸟	*Lonchura punctulata* (Linnaeus)
AV27041003000500	白腰文鸟	*Lonchura striata* (Linnaeus)
AV27041005000000	雪雀属	*Montifringilla*
AV27041005000100	褐翅雪雀	*Montifringilla adamsi* Adams
AV27041005000300	棕背雪雀	*Montifringilla blanfordi* Hume
AV27041005000500	黑喉雪雀	*Montifringilla davidiana* (Verreaux)
AV27041005000700	藏雪雀	*Montifringilla henrici* (Oustalet)
AV27041005000900	白斑翅雪雀	*Montifringilla nivalis* (Linnaeus)
AV27041005001100	棕颈雪雀	*Montifringilla ruficollis* Blanford
AV27041005001300	白腰雪雀	*Montifringilla taczanowskii* (Przevalski)
AV27041007000000	禾雀属	*Padda*
AV27041007000100	禾雀	*Padda oryzivora* (Linnaeus)
AV27041009000000	麻雀属	*Passer*
AV27041009000100	黑顶麻雀，西域麻雀	*Passer ammodendri* Gould
AV27041009000300	家麻雀	*Passer domesticus* (Linnaeus)
AV27041009000500	黑胸麻雀	*Passer hispaniolensis* (Temminck)
AV27041009000700	（树）麻雀	*Passer montanus* (Linnaeus)
AV27041009000900	山麻雀	*Passer rutilans* (Temminck)
AV27041011000000	石雀属	*Petronia*
AV27041011000100	石雀	*Petronia petronia* (Linnaeus)
AV27041013000000	织布鸟属	*Ploceus*
AV27041013000100	黑喉织布鸟	*Ploceus bengalensis* (Linnaeus)
AV27041013000300	黄胸织布鸟	*Ploceus philippinus* (Linnaeus)
AV27043000000000	岩鹨科	Prunellidae
AV27043001000000	岩鹨属	*Prunella*
AV27043001000100	黑喉岩鹨	*Prunella atrogularis* (Brandt)
AV27043001000300	领岩鹨	*Prunella collaris* (Scopoli)
AV27043001000500	褐岩鹨	*Prunella fulvescens* (Severtzov)
AV27043001000700	高原岩鹨	*Prunella himalayana* (Blyth)
AV27043001000900	栗背岩鹨	*Prunella immaculata* (Hodgson)
AV27043001001100	贺兰山岩鹨	*Prunella koslowi* (Przevalski)
AV27043001001300	棕眉山岩鹨	*Prunella montanella* (Pallas)
AV27043001001500	鸲岩鹨	*Prunella rubeculoides* (Moore)
AV27043001001700	棕胸岩鹨	*Prunella strophiata* (Horsfield et)
AV27045000000000	鹎科	Pycnonotidae
AV27045001000000	冠鹎属	*Criniger*
AV27045001000100	黄腹冠鹎	*Criniger flaveolus* (Gould)
AV27045001000300	白喉冠鹎	*Criniger pallidus* Swinhoe
AV27045003000000	短脚鹎属	*Hypsipetes*
AV27045003000100	栗耳（短脚）鹎	*Hypsipetes amaurotis* (Temminck)
AV27045003000300	栗背短脚鹎	*Hypsipetes castanonotus* (Swinhoe)
AV27045003000500	灰短脚鹎	*Hypsipetes flavala* (Blyth)
AV27045003000700	黑（短脚）鹎	*Hypsipetes madagascariensis* (Müller)
AV27045003000900	绿翅短脚鹎	*Hypsipetes mcclellandii* Horsfield
AV27045003001100	灰眼短脚鹎	*Hypsipetes propinquus* (Oustalet)

表 1（续）

代　　码	中　文　名　称	拉　丁　名　称
AV27045005000000	鹎属	*Pycnonotus*
AV27045005000100	黑头鹎	*Pycnonotus atriceps* (Temminck)
AV27045005000300	白喉红臀鹎	*Pycnonotus aurigaster* (Vieillot)
AV27045005000500	黑喉红臀鹎	*Pycnonotus cafer* (Linnaeus)
AV27045005000700	纹喉鹎	*Pycnonotus finlaysoni* Strickland
AV27045005000900	黄绿鹎	*Pycnonotus flavescens* Blyth
AV27045005001100	红耳鹎	*Pycnonotus jocosus* (Linnaeus)
AV27045005001300	黑冠黄鹎	*Pycnonotus melanicterus* (Gmelin)
AV27045005001500	白头鹎	*Pycnonotus sinensis* (Gmelin)
AV27045005001700	纵纹绿鹎	*Pycnonotus striatus* (Blyth)
AV27045005001900	台湾鹎	*Pycnonotus taivanus* Styan
AV27045005002100	黄臀鹎	*Pycnonotus xanthorrhous* Anderson
AV27045007000000	雀嘴鹎属	*Spizixos*
AV27045007000100	凤头雀嘴鹎	*Spizixos canifrons* Blyth
AV27045007000300	领雀嘴鹎	*Spizixos semitorques* Swinhoe
AV27047000000000	攀雀科	Remizidae
AV27047001000000	火冠雀属	*Cephalopyrus*
AV27047001000100	火冠雀	*Cephalopyrus flammiceps* (Burton)
AV27047003000000	攀雀属	*Remiz*
AV27047003000100	攀雀	*Remiz pendulinus* (Linnaeus)
AV27049000000000	䴓科	Sittidae
AV27049001000000	䴓属	*Sitta*
AV27049001000100	栗腹䴓	*Sitta castanea* Lesson
AV27049001000300	普通䴓	*Sitta europaea* Linnaeus
AV27049001000500	丽䴓	*Sitta formosa* Blyth
AV27049001000700	绒额䴓	*Sitta frontalis* Swainson
AV27049001000900	白尾䴓	*Sitta himalayensis* Jardine *et* Selby
AV27049001001100	白脸䴓	*Sitta leucopsis* Gould
AV27049001001300	巨䴓	*Sitta magna* Ramsay
AV27049001001500	淡紫䴓	*Sitta solangiae* Delacour *et* Jabouille
AV27049001001700	黑头䴓	*Sitta villosa* Verreaux
AV27049001001900	滇䴓	*Sitta yunnanensis* Ogilvie-Grant
AV27049003000000	旋壁雀属	*Tichodroma*
AV27049003000100	红翅旋壁雀	*Tichodroma muraria* (Linnaeus)
AV27051000000000	椋鸟科	Sturnidae
AV27051001000000	八哥属	*Acridotheres*
AV27051001000100	白领八哥	*Acridotheres albocinctus* Godwin-Austen *et* Walden
AV27051001000300	八哥	*Acridotheres cristatellus* (Linnaeus)
AV27051001000500	林八哥	*Acridotheres grandis* Moore
AV27051001000700	家八哥	*Acridotheres tristis* (Linnaeus)
AV27051003000000	树八哥属	*Ampeliceps*
AV27051003000100	金冠树八哥	*Ampeliceps coronatus* Blyth
AV27051005000000	鹩哥属	*Gracula*
AV27051005000100	鹩哥	*Gracula religiosa* Linnaeus
AV27051007000000	椋鸟属	*Sturnus*
AV27051007000100	红嘴椋鸟	*Sturnus burmannicus* (Jerdon)
AV27051007000300	灰椋鸟	*Sturnus cineraceus* Temminck

表 1（续）

代　　码	中　文　名　称	拉　丁　名　称
AV27051007000500	斑椋鸟	*Sturnus contra* Linnaeus
AV27051007000700	灰头椋鸟	*Sturnus malabaricus* (Gmelin)
AV27051007000900	黑领椋鸟	*Sturnus nigricollis* (Paykull)
AV27051007001100	黑冠椋鸟	*Sturnus pagodarum* (Gmelin)
AV27051007001300	紫背椋鸟	*Sturnus philippensis* (Forster)
AV27051007001500	粉红椋鸟	*Sturnus roseus* (Linnaeus)
AV27051007001700	丝光椋鸟	*Sturnus sericeus* (Gmelin)
AV27051007001900	灰背椋鸟	*Sturnus sinensis* (Gmelin)
AV27051007002100	北椋鸟	*Sturnus sturninus* (Pallas)
AV27051007002300	紫翅椋鸟	*Sturnus vulgaris* Linnaeus
AV27053000000000	鹪鹩科	Troglodytidae
AV27053001000000	鹪鹩属	*Troglodytes*
AV27053001000100	鹪鹩	*Troglodytes troglodytes* (Linnaeus)
AV27055000000000	绣眼鸟科	Zosteropidae
AV27055001000000	绣眼鸟属	*Zosterops*
AV27055001000100	红胁绣眼鸟	*Zosterops erythropleura* Swinhoe
AV27055001000300	暗绿绣眼鸟	*Zosterops japonica* Temminck *et* Schlegel
AV27055001000500	灰腹绣眼鸟	*Zosterops palpebrosa* (Temminck)
AV29000000000000	鹈形目	PELECANIFORMES
AV29001000000000	军舰鸟科	Fregatidae
AV29001001000000	军舰鸟属	*Fregata*
AV29001001000100	白腹军舰鸟	*Fregata andrewsi* Mathews
AV29001001000300	白斑军舰鸟	*Fregata ariel* (G. R. Gray)
AV29001001000500	（小）军舰鸟	*Fregata minor* (Gmelin)
AV29003000000000	鹈鹕科	Pelecanidae
AV29003001000000	鹈鹕属	*Pelecanus*
AV29003001000100	白鹈鹕	*Pelecanus onocrotalus* Linnaeus
AV29003001000300	斑嘴鹈鹕	*Pelecanus philippensis* Gmelin
AV29005000000000	鹲科	Phaethontidae
AV29005001000000	鹲属	*Phaethon*
AV29005001000100	红嘴鹲	*Phaethon aethereus* Linnaeus
AV29005001000300	白尾鹲	*Phaethon lepturus* Daudin
AV29005001000500	红尾鹲	*Phaethon rubricauda* Boddaert
AV29007000000000	鸬鹚科	Phalacrocoracidae
AV29007001000000	鸬鹚属	*Phalacrocorax*
AV29007001000100	暗绿（背）鸬鹚	*Phalacrocorax capillatus* (Temminck *et* Schlegel)
AV29007001000300	普通鸬鹚	*Phalacrocorax carbo* Linnaeus
AV29007001000500	黑颈鸬鹚	*Phalacrocorax niger* (Vieillot)
AV29007001000700	海鸬鹚	*Phalacrocorax pelagicus* Pallas
AV29007001000900	红脸鸬鹚	*Phalacrocorax urile* (Gmelin)
AV29009000000000	鲣鸟科	Sulidae
AV29009001000000	鲣鸟属	*Sula*
AV29009001000100	褐鲣鸟	*Sula leucogaster* (Boddaert)
AV29009001000300	红脚鲣鸟	*Sula sula* (Linnaeus)
AV31000000000000	䴕形目	PICIFORMES
AV31001000000000	须䴕科	Capitonidae
AV31001001000000	拟啄木属	*Megalaima*

表 1（续）

代　码	中 文 名 称	拉 丁 名 称
AV31001001000100	蓝喉拟啄木鸟	*Megalaima asiatica* (Latham)
AV31001001000300	蓝耳拟啄木鸟	*Megalaima australis* (Horsfield)
AV31001001000500	黄纹拟啄木鸟	*Megalaima faiostricta* (Temminck)
AV31001001000700	金喉拟啄木鸟	*Megalaima franklinii* (Blyth)
AV31001001000900	赤胸拟啄木鸟	*Megalaima haemacephala* (Muller)
AV31001001001100	黑眉拟啄木鸟	*Megalaima oorti* (Muller)
AV31001001001300	大拟啄木鸟	*Megalaima virens* (Boddaert)
AV31001001001500	(斑头)绿拟啄木鸟	*Megalaima zeylanica* (Gmelin)
AV31003000000000	响密䴕科	Indicatoridae
AV31003001000000	响密䴕属	*Indicator*
AV31003001000100	黄腰响蜜䴕	*Indicator xanthonotus* Blyth
AV31005000000000	啄木鸟科	Picidae
AV31005001000000	噪啄木鸟属	*Blythipicus*
AV31005001000100	黄嘴噪啄木鸟	*Blythipicus pyrrhotis* (Hodgson)
AV31005003000000	栗啄木鸟属	*Celeus*
AV31005003000100	栗啄木鸟	*Celeus brachyurus* (Vieillot)
AV31005005000000	大金背啄木鸟属	*Chrysocolaptes*
AV31005005000100	大金背啄木鸟	*Chrysocolaptes lucidus* (Scopoli)
AV31005007000000	金背三趾啄木鸟属	*Dinopium*
AV31005007000100	金背三趾啄木鸟	*Dinopium javanense* (Ljungh)
AV31005009000000	黑啄木鸟属	*Dryocopus*
AV31005009000100	白腹黑啄木鸟	*Dryocopus javensis* (Horsfield)
AV31005009000300	黑啄木鸟	*Dryocopus martius* (Linnaeus)
AV31005011000000	竹啄木鸟属	*Gecinulus*
AV31005011000100	竹啄木鸟	*Gecinulus grantia* (McClelland)
AV31005013000000	蚁䴕属	*Jynx*
AV31005013000100	蚁䴕	*Jynx torquilla* Linnaeus
AV31005015000000	灰啄木鸟属	*Mulleripicus*
AV31005015000100	大灰啄木鸟	*Mulleripicus pulverulentus* (Temminck)
AV31005017000000	啄木鸟属	*Picoides*
AV31005017000100	纹胸啄木鸟	*Picoides atratus* (Blyth)
AV31005017000300	星头啄木鸟	*Picoides canicapillus* (Blyth)
AV31005017000500	赤胸啄木鸟	*Picoides cathpharius* (Blyth)
AV31005017000700	黄颈啄木鸟	*Picoides darjellensis* (Blyth)
AV31005017000900	棕腹啄木鸟	*Picoides hyperythrus* (Vigors)
AV31005017001100	小星头啄木鸟	*Picoides kizuki* (Temminck)
AV31005017001300	白翅啄木鸟	*Picoides leucopterus* (Salvadori)
AV31005017001500	白背啄木鸟	*Picoides leucotos* (Bechstein)
AV31005017001700	大斑啄木鸟	*Picoides major* (Linnaeus)
AV31005017001900	小斑啄木鸟	*Picoides minor* (Linnaeus)
AV31005017002100	三趾啄木鸟	*Picoides tridactylus* (Linnaeus)
AV31005019000000	姬啄木鸟属	*Picumnus*
AV31005019000100	斑姬啄木鸟	*Picumnus innominatus* Burton
AV31005021000000	绿啄木鸟属	*Picus*
AV31005021000100	灰头啄木鸟	*Picus canus* Gmelin
AV31005021000300	黄冠啄木鸟	*Picus chlorolophus* Vieillot
AV31005021000500	大黄冠啄木鸟	*Picus flavinucha* Gould

表 1（续）

代　码	中文名称	拉丁名称
AV31005021000700	红颈啄木鸟	*Picus rabieri* (Oustalet)
AV31005021000900	鳞腹啄木鸟	*Picus squamatus* Vigors
AV31005021001100	花腹啄木鸟	*Picus vittatus* Vieillot
AV31005021001300	鳞喉啄木鸟	*Picus xanthopygaeus* J. E. *et* G. R. Gray
AV31005023000000	棕啄木鸟属	*Sasia*
AV31005023000100	白眉棕啄木鸟	*Sasia ochracea* Hodgson
AV33000000000000	䴙䴘目	PODICIPEDIFORMES
AV33001000000000	䴙䴘科	Podicipedidae
AV33001001000000	䴙䴘属	*Podiceps*
AV33001001000100	角䴙䴘	*Podiceps auritus* (Linnaeus)
AV33001001000300	凤头䴙䴘	*Podiceps cristatus* (Linnaeus)
AV33001001000500	赤颈䴙䴘	*Podiceps grisegena* (Boddaert)
AV33001001000700	黑颈䴙䴘	*Podiceps nigricollis* Brehm
AV33001003000000	小䴙䴘属	*Tachybaptus*
AV33001003000100	小䴙䴘	*Tachybaptus ruficollis* (Pallas)
AV35000000000000	鹱形目	PROCELLARIIFORMES
AV35001000000000	信天翁科	Diomedeidae
AV35001001000000	信天翁属	*Diomedea*
AV35001001000100	短尾信天翁	*Diomedea albatrus* Pallas
AV35001001000300	黑脚信天翁	*Diomedea nigripes* Audubon
AV35003000000000	海燕科	Hydrobatidae
AV35003001000000	叉尾海燕属	*Oceanodroma*
AV35003001000100	白腰叉尾海燕	*Oceanodroma leucorhoa* (Vieillot)
AV35003001000300	黑叉尾海燕	*Oceanodroma monorhis* (Swinhoe)
AV35005000000000	鹱科	Procellariidae
AV35005001000000	纯褐鹱属	*Bulweria*
AV35005001000100	纯褐鹱	*Bulweria bulwerii* (Jardine *et* Selby)
AV35005003000000	暴雪鹱属	*Fulmarus*
AV35005003000100	暴雪鹱	*Fulmarus glacialis* (Linnaeus)
AV35005005000000	圆尾鹱属	*Pterodroma*
AV35005005000100	白额圆尾鹱	*Pterodroma hypoleuca* (Salvin)
AV35005005000300	钩嘴圆尾鹱	*Pterodroma rostrata* (Peale)
AV35005007000000	剪水鹱属	*Puffinus*
AV35005007000100	灰鹱	*Puffinus griseus* (Gmelin)
AV35005007000300	白额鹱	*Puffinus leucomelas* (Temminck)
AV35005007000500	曳尾鹱	*Puffinus pacificus* (Gmelin)
AV35005007000700	短尾鹱	*Puffinus tenuirostris* (Temminck)
AV37000000000000	鹦形目	PSITTACIFORMES
AV37001000000000	鹦鹉科	Pasittacidae
AV37001001000000	短尾鹦鹉属	*Loriculus*
AV37001001000100	短尾鹦鹉	*Loriculus vernalis* (Sparrman)
AV37001003000000	鹦鹉属	*Psittacula*
AV37001003000100	绯胸鹦鹉	*Psittacula alexandri* (Linnaeus)
AV37001003000300	大紫胸鹦鹉	*Psittacula derbiana* (Fraser)
AV37001003000500	灰头鹦鹉	*Psittacula himalayana* (Lesson)
AV37001003000700	红领绿鹦鹉	*Psittacula krameri* (Scopoli)
AV37001003000900	花头鹦鹉	*Psittacula roseata* (Linnaeus)

表 1（续）

代　　码	中　文　名　称	拉　丁　名　称
AV39000000000000	鸮形目	STRIGIFORMES
AV39001000000000	鸱鸮科	Strigidae
AV39001001000000	鬼鸮属	*Aegolius*
AV39001001000100	鬼鸮	*Aegolius funereus* (Linnaeus)
AV39001003000000	耳鸮属	*Asio*
AV39001003000100	短耳鸮	*Asio flammeus* (Pontoppidan)
AV39001003000300	长耳鸮	*Asio otus* (Linnaeus)
AV39001005000000	小鸮属	*Athene*
AV39001005000100	横斑腹小鸮	*Athene brama* (Timminck)
AV39001005000300	纵纹腹小鸮	*Athene noctua* (Scopoli)
AV39001007000000	雕鸮属	*Bubo*
AV39001007000100	雕鸮	*Bubo bubo* (Linnaeus)
AV39001007000300	乌雕鸮	*Bubo coromandus* (Latham)
AV39001007000500	林雕鸮	*Bubo nipalensis* Hodgson
AV39001009000000	鸺鹠属	*Glaucidium*
AV39001009000100	领鸺鹠	*Glaucidium brodiei* (Burton)
AV39001009000300	斑头鸺鹠	*Glaucidium cuculoides* (Vigors)
AV39001009000500	花头鸺鹠	*Glaucidium passerinum* (Linnaeus)
AV39001011000000	渔鸮属	*Ketupa*
AV39001011000100	毛腿渔鸮	*Ketupa blakistoni* (Seebohm)
AV39001011000300	黄脚渔鸮	*Ketupa flavipes* (Hodgson)
AV39001011000500	褐渔鸮	*Ketupa zeylonensis* (Gmelin)
AV39001013000000	鹰鸮属	*Ninox*
AV39001013000100	鹰鸮	*Ninox scutulata* (Raffles)
AV39001015000000	雪鸮属	*Nyctea*
AV39001015000100	雪鸮	*Nyctea scandiaca* (Linnaeus)
AV39001017000000	角鸮属	*Otus*
AV39001017000100	领角鸮	*Otus bakkamoena* Pennant
AV39001017000300	纵纹角鸮	*Otus brucei* (Hume)
AV39001017000500	琉球角鸮	*Otus elegans* (Cassin)
AV39001017000700	西红角鸮	*Otus scops* (Linnaeus)
AV39001017000900	黄嘴角鸮	*Otus spilocephalus* (Blyth)
AV39001019000000	林鸮属	*Strix*
AV39001019000100	灰林鸮	*Strix aluco* Linnaeus
AV39001019000300	四川林鸮	*Strix davidi* (Sharpe)
AV39001019000500	褐林鸮	*Strix leptogrammica* Temminck
AV39001019000700	乌林鸮	*Strix nebulosa* Forster
AV39001019000900	长尾林鸮	*Strix uralensis* Pallas
AV39001021000000	猛鸮属	*Surnia*
AV39001021000100	猛鸮	*Surnia ulula* (Linnaeus)
AV39003000000000	草鸮科	Tytonidae
AV39003001000000	栗鸮属	*Phodilus*
AV39003001000100	栗鸮	*Phodilus badius* (Horsfield)
AV39003003000000	草鸮属	*Tyto*
AV39003003000100	仓鸮	*Tyto alba* (Scopoli)
AV39003003000300	草鸮	*Tyto capensis* (Smith)
AV41000000000000	咬鹃目	TROGONIFORMES

表 1（续）

代　码	中 文 名 称	拉 丁 名 称
AV41001000000000	咬鹃科	Trogonidae
AV41001001000000	咬鹃属	*Harpactes*
AV41001001000100	红头咬鹃	*Harpactes erythrocephalus* (Gould)
AV41001001000300	橙胸咬鹃	*Harpactes oreskios* (Temminck)
AV41001001000500	红腹咬鹃	*Harpactes wardi* (Kinnear)
MA00000000000000	**哺乳纲**	**MAMMALIA**
MA01000000000000	偶蹄目	ARTIODACTYLA
MA01001000000000	洞角科	Bovidae
MA01001001000000	牛属	*Bos*
MA01001001000100	野牛	*Bos frontalis* Lambert
MA01001001000300	野牦牛	*Bos grunniens* Linnaeus
MA01001001000500	爪哇野牛	*Bos javanicus* d'Alton
MA01001003000000	羚牛属	*Budorcas*
MA01001003000100	羚牛，扭角羚	*Budorcas taxicolor* Hodgson
MA01001005000000	山羊属	*Capra*
MA01001005000100	北山羊	*Capra ibex* Linnaeus
MA01001007000000	鬣羚属	*Capricornis*
MA01001007000100	日本鬣羚	*Capricornis crispus* (Temminck)
MA01001007000300	鬣羚	*Capricornis sumatraensis* (Bechstein)
MA01001009000000	羚羊属	*Gazella*
MA01001009000100	鹅喉羚	*Gazella subgutturosa* (Guldenstaedt)
MA01001011000000	塔尔羊属	*Hemitragus*
MA01001011000100	喜马拉雅塔尔羊	*Hemitragus jemlahicus* (C. H. Smith)
MA01001013000000	斑羚属	*Naemorhedus*
MA01001013000100	红斑羚	*Naemorhedus baileyi cranbrooki* Pocock
MA01001013000300	斑羚	*Naemorhedus goral* (Hardwicke)
MA01001015000000	盘羊属	*Ovis*
MA01001015000100	盘羊	*Ovis ammon* (Linnaeus)
MA01001017000000	藏羚属	*Pantholops*
MA01001017000100	藏羚	*Pantholops hodgsoni* (Abel)
MA01001019000000	原羚属	*Procapra*
MA01001019000100	黄羊	*Procapra gutturosa* (Pallas)
MA01001019000300	藏原羚	*Procapra picticaudata* Hodgson
MA01001019000500	普氏原羚	*Procapra przewalskii* (Buechner)
MA01001021000000	岩羊属	*Pseudois*
MA01001021000100	岩羊	*Pseudois nayaur* (Hodgson)
MA01001021000300	矮岩羊	*Pseudois schaeferi* Haltenorth
MA01001023000000	赛加羚羊属	*Saiga*
MA01001023000100	赛加羚羊	*Saiga tatarica* (Linnaeus)
MA01003000000000	骆驼科	Camelidae
MA01003001000000	骆驼属	*Camelus*
MA01003001000100	双峰驼	*Camelus bactrianus* Linnaeus
MA01005000000000	鹿科	Cervidae
MA01005001000000	驼鹿属	*Alces*
MA01005001000100	驼鹿	*Alces alces* (Linnaeus)
MA01005003000000	华鹿属	*Axis*
MA01005003000100	豚鹿	*Axis porcinus* (Zimmermann)

表 1（续）

代　码	中 文 名 称	拉 丁 名 称
MA01005005000000	狍属	*Capreolus*
MA01005005000100	狍	*Capreolus capreolus* (Linnaeus)
MA01005007000000	鹿属	*Cervus*
MA01005007000100	马鹿	*Cervus elaphus* Linnaeus
MA01005007000300	梅花鹿	*Cervus nippon* Temminck
MA01005009000000	毛冠鹿属	*Elaphodus*
MA01005009000100	毛冠鹿	*Elaphodus cephalophus* Milne-Edwards
MA01005011000000	麋鹿属	*Elaphurus*
MA01005011000100	麋鹿	*Elaphurus davidianus* Milne-Edwards
MA01005013000000	獐属	*Hydropotes*
MA01005013000100	獐	*Hydropotes inermis* Swinhoe
MA01005015000000	麂属	*Muntiacus*
MA01005015000100	黑麂	*Muntiacus crinifrons* (Sclater)
MA01005015000300	菲氏麂	*Muntiacus feae* (Thomas *et* Doria)
MA01005015000500	赤麂	*Muntiacus muntjak* (Zimmermann)
MA01005015000700	小麂	*Muntiacus reevesi* (Ogilby)
MA01005017000000	白唇鹿属	*Przewalskium*
MA01005017000100	白唇鹿	*Przewalskium albirostris* (Przewalski)
MA01005019000000	驯鹿属	*Rangifer*
MA01005019000100	驯鹿	*Rangifer tarandus* (Linnaeus)
MA01005021000000	沼鹿属	*Rucervus*
MA01005021000100	海南坡鹿	*Rucervus eldii hainanus* (M'Clelland)
MA01005023000000		*Rusa*
MA01005023000100	水鹿	*Rusa unicolor* (Kerr)
MA01007000000000	麝科	Moschidae
MA01007001000000	麝属	*Moschus*
MA01007001000100	林麝	*Moschus berezovskii* Flerov
MA01007001000300	马麝	*Moschus chrysogaster* (Hodgson)
MA01007001000500	黑麝	*Moschus fuscus* Li
MA01007001000700	喜马拉雅麝	*Moschus leucogaster* Hodgson
MA01007001000900	原麝	*Moschus moschiferus* Linnaeus
MA01009000000000	猪科	Suidae
MA01009001000000	野猪属	*Sus*
MA01009001000100	野猪	*Sus scrofa* Linnaeus
MA01011000000000	鼷鹿科	Tragulidae
MA01011001000000	鼷鹿属	*Tragulus*
MA01011001000100	鼷鹿	*Tragulus javanicus* (Osbeck)
MA03000000000000	食肉目	CARNIVORA
MA03001000000000	小熊猫科	Ailuridea
MA03001001000000	小熊猫属	*Ailurus*
MA03001001000100	小熊猫	*Ailurus fulgens* F. Cuvier
MA03003000000000	犬科	Canidae
MA03003001000000	犬属	*Canis*
MA03003001000100	狼	*Canis lupus* Linnaeus
MA03003003000000	豺属	*Cuon*
MA03003003000100	豺	*Cuon alpinus* (Pallas)
MA03003005000000	貉属	*Nyctereutes*

表 1（续）

代　码	中 文 名 称	拉 丁 名 称
MA03003005000100	貉	*Nyctereutes procyonoides* Gray
MA03003007000000	狐属	*Vulpes*
MA03003007000100	沙狐	*Vulpes corsac* (Linnaeus)
MA03003007000300	藏狐	*Vulpes ferrilata* Hodgson
MA03003007000500	赤狐	*Vulpes vulpes* (Linnaeus)
MA03005000000000	猫科	Felidae
MA03005001000000	金猫属	*Catopuma*
MA03005001000100	金猫	*Catopuma temminckii* (Vigors *et* Horsfield)
MA03005003000000	猫属	*Felis*
MA03005003000100	漠猫	*Felis bieti* Milne-Edwards
MA03005003000300	丛林猫	*Felis chaus* Schreber
MA03005003000500	兔狲	*Felis manul* Pallas
MA03005003000700	野猫	*Felis silvestris* Schreber
MA03005005000000	猞猁属	*Lynx*
MA03005005000100	猞猁	*Lynx lynx* (Linnaeus)
MA03005007000000	云豹属	*Neofelis*
MA03005007000100	云豹	*Neofelis nebulosa* (Griffith)
MA03005009000000	豹属	*Panthera*
MA03005009000100	豹	*Panthera pardus* (Linnaeus)
MA03005009000300	虎	*Panthera tigris* (Linnaeus)
MA03005011000000	纹猫属	*Pardofelis*
MA03005011000100	云猫	*Pardofelis marmorata* (Martin)
MA03005013000000	豹猫属	*Prionailurus*
MA03005013000100	豹猫	*Prionailurus bengalensis* (Kerr)
MA03005013000300	鱼猫	*Prionailurus viverrina* (Bennett)
MA03005015000000	雪豹属	*Uncia*
MA03005015000100	雪豹	*Uncia uncia* (Schreber)
MA03007000000000	獴科	Herpestidae
MA03007001000000	獴属	*Herpestes*
MA03007001000100	红颊獴	*Herpestes javanicus* (E. Geoffroy Saint-Hilaire)
MA03007001000300	食蟹獴	*Herpestes urva* (Hodgson)
MA03009000000000	鼬科	Mustelidae
MA03009001000000	小爪水獭属	*Aonyx*
MA03009001000100	小爪水獭	*Aonyx cinerea* (Illiger)
MA03009003000000	猪獾属	*Arctonyx*
MA03009003000100	猪獾	*Arctonyx collaris* F. G. Cuvier
MA03009005000000	貂熊属	*Gulo*
MA03009005000100	貂熊	*Gulo gulo* (Linnaeus)
MA03009007000000	水獭属	*Lutra*
MA03009007000100	水獭	*Lutra lutra* (Linnaeus)
MA03009007000300	江獭	*Lutra perspicillata* (I. Geoffroy Saint-Hilaire)
MA03009009000000	貂属	*Martes*
MA03009009000100	青鼬	*Martes flavigula* (Boddaert)
MA03009009000300	石貂	*Martes foina* (Erxleben)
MA03009009000500	紫貂	*Martes zibellina* (Linnaeus)
MA03009011000000	狗獾属	*Meles*
MA03009011000100	狗獾	*Meles meles* (Linnaeus)

表 1（续）

代　码	中 文 名 称	拉 丁 名 称
MA03009013000000	鼬獾属	*Melogale*
MA03009013000100	鼬獾	*Melogale moschata* (Gray)
MA03009013000300	缅甸鼬獾	*Melogale personata* I. Geoffroy Saint-Hilaire
MA03009015000000	鼬属	*Mustela*
MA03009015000100	香鼬	*Mustela altaica* Pallas
MA03009015000300	白鼬	*Mustela erminea* Linnaeus
MA03009015000500	艾鼬	*Mustela eversmanii* Lesson
MA03009015000700	黄腹鼬	*Mustela kathiah* Hodgson
MA03009015000900	伶鼬	*Mustela nivalis* Linnaeus
MA03009015001100	黄鼬	*Mustela sibirica* Pallas
MA03009015001300	纹鼬	*Mustela strigidorsa* Gray
MA03009017000000	虎鼬属	*Vormela*
MA03009017000100	虎鼬	*Vormela peregusna* (Guldenstaedt)
MA03011000000000	海狮科	Otariidae
MA03011001000000	海狗属	*Callorbinus*
MA03011001000100	北海狗	*Callorbinus ursinus* (Linnaeus)
MA03011003000000	北海狮属	*Eumetopias*
MA03011003000100	北海狮	*Eumetopias jubatus* (Schreber)
MA03013000000000	海豹科	Phocidae
MA03013001000000	髯海豹属	*Erignathus*
MA03013001000100	髯海豹	*Erignathus barbatus* (Erxleben)
MA03013003000000		*Histriophoca*
MA03013003000100	环海豹	*Histriophoca hispida* (Schreber)
MA03013005000000	海豹属	*Phoca*
MA03013005000100	西太平洋斑海豹	*Phoca largha* Pallas
MA03015000000000	熊科	Ursidae
MA03015001000000	大熊猫属	*Ailuropoda*
MA03015001000100	大熊猫	*Ailuropoda melanoleuca* (David)
MA03015003000000	马来熊属	*Helarctos*
MA03015003000100	马来熊	*Helarctos malayanus* (Raffles)
MA03015005000000	棕熊属	*Ursus*
MA03015005000100	棕熊	*Ursus arctos* Linnaeus
MA03015005000300	马熊	*Ursus pruinosus* Blyth
MA03015005000500	黑熊	*Ursus thibetanus* G. [Baron] Cuvier
MA03017000000000	灵猫科	Viverridae
MA03017001000000	熊狸属	*Arctictis*
MA03017001000100	熊狸	*Arctictis binturong* (Raffles)
MA03017003000000	小齿狸属	*Arctogalidia*
MA03017003000100	小齿狸	*Arctogalidia trivirgata* (Gray)
MA03017005000000	带狸属	*Chrotogale*
MA03017005000100	缟灵猫	*Chrotogale owstoni* Thomas
MA03017007000000	花面狸属	*Paguma*
MA03017007000100	花面狸	*Paguma larvata* (C. E. H. Smith)
MA03017009000000	椰子狸属	*Paradoxurus*
MA03017009000100	椰子狸	*Paradoxurus hermaphroditus* (Pallas)
MA03017011000000	灵猫属	*Prionodon*
MA03017011000100	斑灵猫	*Prionodon pardicolor* Hodgson

表 1（续）

代　　码	中　文　名　称	拉　丁　名　称
MA03017013000000	大灵猫属	*Viverra*
MA03017013000100	大斑灵猫	*Viverra megaspila* Blyth
MA03017013000300	大灵猫	*Viverra zibetha* Linnaeus
MA03017015000000	小灵猫属	*Viverricula*
MA03017015000100	小灵猫	*Viverricula indica* (I. Geoffroy Saint-Hilaire)
MA05000000000000	鲸目	CETACEA
MA05001000000000	露脊鲸科	Balaenidae
MA05001001000000	露脊鲸属	*Eubalaena*
MA05001001000100	露脊鲸	*Eubalaena japonica* (Lacépède)
MA05003000000000	须鲸科	Balaenopteridae
MA05003001000000	须鲸属	*Balaenoptera*
MA05003001000100	小鳁鲸	*Balaenoptera acutorostrata* Lacépède
MA05003001000300	北须鲸	*Balaenoptera borealis* Lesson
MA05003001000500	鳀鲸	*Balaenoptera edeni* Anderson
MA05003001000700	蓝鲸	*Balaenoptera musculus* (Linnaeus)
MA05003001000900	长须鲸	*Balaenoptera physalus* (Linnaeus)
MA05003003000000	座头鲸属	*Megaptera*
MA05003003000100	座头鲸	*Megaptera novaeangliae* (Borowski)
MA05005000000000	海豚科	Delphinidae
MA05005001000000	海豚属	*Delphinus*
MA05005001000100	热带真海豚	*Delphinus capensis* Gray
MA05005001000300	真海豚	*Delphinus delphis* Linnaeus
MA05005003000000	矮鲸属	*Feresa*
MA05005003000100	矮鲸	*Feresa attenuata* Gray
MA05005005000000	领航鲸属	*Globicephala*
MA05005005000100	短肢领航鲸	*Globicephala macrorhynchus* Gray
MA05005007000000	灰海豚属	*Grampus*
MA05005007000100	灰海豚	*Grampus griseus* Cuvier
MA05005009000000	沙捞越海豚属	*Lagenodelphis*
MA05005009000100	沙捞越海豚	*Lagenodelphis hosei* Fraser
MA05005011000000	短吻海豚属	*Lagenorhynchus*
MA05005011000100	太平洋短吻海豚	*Lagenorhynchus obliquidens* Gill
MA05005013000000	虎鲸属	*Orcinus*
MA05005013000100	虎鲸	*Orcinus orca* (Linnaeus)
MA05005015000000	瓜头鲸属	*Peponocephala*
MA05005015000100	瓜头鲸	*Peponocephala electra* (Gray)
MA05005017000000	伪虎鲸属	*Pseudorca*
MA05005017000100	伪虎鲸	*Pseudorca crassidens* (Owen)
MA05005019000000	驼海豚属	*Sousa*
MA05005019000100	中华白海豚	*Sousa chinensis* (Osbeck)
MA05005021000000	原海豚属	*Stenella*
MA05005021000100	白吻原海豚	*Stenella attenuata* (Gray)
MA05005021000300	条纹原海豚	*Stenella coeruleoalba* (Meyen)
MA05005021000500	花斑原海豚	*Stenella frontalis* (G. Cuvier)
MA05005021000700	长吻原海豚	*Stenella longirostris* (Gray)
MA05005023000000	糙齿海豚属	*Steno*
MA05005023000100	糙齿海豚	*Steno bredanensis* (Lesson)

表 1（续）

代　　码	中　文　名　称	拉　丁　名　称
MA05005025000000	宽吻海豚属	*Tursiops*
MA05005025000100	南宽吻海豚	*Tursiops aduncus* (Ehrenberg)
MA05005025000300	宽吻海豚	*Tursiops truncatus* (Montagu)
MA05007000000000	灰鲸科	Eschrichtidae
MA05007001000000	灰鲸属	*Eschrichtius*
MA05007001000100	灰鲸	*Eschrichtius robustus* (Lilljeborg)
MA05009000000000	鼠海豚科	Phocoenidae
MA05009001000000	江豚属	*Neophocaena*
MA05009001000100	江豚	*Neophocaena phocaenoides* (G. Cuvier)
MA05011000000000	抹香鲸科	Physeteridae
MA05011001000000	小抹香鲸属	*Kogia*
MA05011001000100	小抹香鲸	*Kogia breviceps* (Blainville)
MA05011001000300	侏儒抹香鲸	*Kogia sima* (Owen)
MA05011003000000	抹香鲸属	*Physeter*
MA05011003000100	抹香鲸	*Physeter catodon* Linnaeus
MA05013000000000	淡水豚科	Platanistidae
MA05013001000000	白鱀豚属	*Lipotes*
MA05013001000100	白鱀豚	*Lipotes vexillifer* Miller
MA05015000000000	喙鲸科	Ziphiidae
MA05015001000000	中喙鲸属	*Mesoplodon*
MA05015001000100	瘤齿喙鲸	*Mesoplodon densirostris* (Blainville)
MA05015001000300	银杏齿喙鲸	*Mesoplodon ginkgodens* Nishiwaki *et* Kamiya
MA05015003000000	喙鲸属	*Ziphius*
MA05015003000100	剑吻鲸	*Ziphius cavirostris* G. Cuvier
MA07000000000000	翼手目	CHIROPTERA
MA07001000000000	鞘尾蝠科	Emballonuridae
MA07001001000000	墓蝠属	*Taphozous*
MA07001001000100	黑髯墓蝠	*Taphozous melanopogon* Temminck
MA07003000000000	蹄蝠科	Hipposideridae
MA07003001000000	三叶蹄蝠属	*Aselliscus*
MA07003001000100	三叶蹄蝠	*Aselliscus stoliczkanus* (dobson)
MA07003003000000	蹄蝠属	*Hipposideros*
MA07003003000100	大蹄蝠	*Hipposideros armiger* (Hodgson)
MA07003003000300	双色蹄蝠	*Hipposideros bicolor* (Temminck)
MA07003003000500	中蹄蝠	*Hipposideros larvatus* (Horsfield)
MA07003003000700	果树蹄蝠	*Hipposideros pomona* (K. Andersen)
MA07003003000900	普氏蹄蝠	*Hipposideros pratti* Thomas
MA07005000000000	假吸血蝠科	Megadermatidae
MA07005001000000	假吸血蝠属	*Megaderma*
MA07005001000100	印度假吸血蝠	*Megaderma lyra* E. Geoffroy
MA07007000000000	犬吻蝠科	Molossidae
MA07007001000000	犬吻蝠属	*Tadarida*
MA07007001000100	犬吻蝠	*Tadarida plicata* Buchanan
MA07007001000300	宽耳犬吻蝠	*Tadarida teniotis* (Rafinesque)
MA07009000000000	狐蝠科	Pteropodidae
MA07009001000000	犬蝠属	*Cynopterus*
MA07009001000100	短耳犬蝠	*Cynopterus brachyotis* (Muller)

表 1（续）

代　码	中　文　名　称	拉　丁　名　称
MA07009001000300	犬蝠	*Cynopterus sphinx* (Vahl)
MA07009003000000	长舌果蝠属	*Eonycteris*
MA07009003000100	长舌果蝠	*Eonycteris spelaea* (Dobson)
MA07009005000000	狐蝠属	*Pteropus*
MA07009005000100	琉球狐蝠	*Pteropus dasymallus* Temminck
MA07009005000300	大蝠狐	*Pteropus giganteus* (Brunnich)
MA07009005000500	泰国狐蝠	*Pteropus lylei* K. Andersen
MA07009007000000	果蝠属	*Rousettus*
MA07009007000100	棕果蝠	*Rousettus leschenaultii* (Desmarest)
MA07009009000000	球果蝠属	*Sphaerias*
MA07009009000100	布氏球果蝠	*Sphaerias blanfordi* (Thomas)
MA07011000000000	菊头蝠科	Rhinolophidae
MA07011001000000	无尾蹄蝠属	*Coelops*
MA07011001000100	无尾蹄蝠	*Coelops frithii* Blyth
MA07011003000000	菊头蝠属	*Rhinolophus*
MA07011003000100	中菊头蝠	*Rhinolophus affinis* Horsfield
MA07011003000300	角菊头蝠	*Rhinolophus cornutus* Temminck
MA07011003000500	马铁菊头蝠	*Rhinolophus ferrumequinum* (Schreber)
MA07011003000700	短翼菊头蝠	*Rhinolophus lepidus* Blyth
MA07011003000900	大菊头蝠	*Rhinolophus luctus* Temminck
MA07011003001100	大耳菊头蝠	*Rhinolophus macrotis* Blyth
MA07011003001300	单角菊头蝠	*Rhinolophus monoceros* Andersen
MA07011003001500	皮氏菊头蝠	*Rhinolophus pearsoni* Horsfield
MA07011003001700	菲菊头蝠	*Rhinolophus pusillus* Temminck
MA07011003001900	贵州菊头蝠	*Rhinolophus rex* G. M. Allen
MA07011003002100	鲁氏菊头蝠	*Rhinolophus rouxii* Temminck
MA07011003002300	托氏菊头蝠	*Rhinolophus thomasi* K. Andersen
MA07011003002500	云南菊头蝠	*Rhinolophus yunanensis* Dobson
MA07013000000000	蝙蝠科	Vespertilionidae
MA07013001000000	宽耳蝠属	*Barbastella*
MA07013001000100	宽耳蝠	*Barbastella leucomelas* (Cretzschmar)
MA07013003000000	棕蝠属	*Eptesicus*
MA07013003000100	北棕蝠	*Eptesicus nilssonii* (Keyserling *et* Blasius)
MA07013003000300	肥耳棕蝠	*Eptesicus pachyotis* (Dobson)
MA07013003000500	大棕蝠	*Eptesicus serotinus* (Schreber)
MA07013005000000	毛翼管鼻蝠属	*Harpiocephalus*
MA07013005000100	毛翼管鼻蝠	*Harpiocephalus harpia* (Temminck)
MA07013007000000		*Hypsugo*
MA07013007000100	萨氏伏翼	*Hypsugo savii* (Bonaparte)
MA07013009000000	南蝠属	*Ia*
MA07013009000100	南蝠	*Ia io* Thomas
MA07013011000000	彩蝠属	*Kerivoula*
MA07013011000100	哈氏彩蝠	*Kerivoula hardwickii* (Horsfield)
MA07013011000300	彩蝠	*Kerivoula picta* Pallas
MA07013013000000	长翼蝠属	*Miniopterus*
MA07013013000100	南长翼蝠	*Miniopterus australis* Tomes
MA07013013000300	几内亚长翼蝠	*Miniopterus magnater* Sanborn

表 1（续）

代　码	中 文 名 称	拉 丁 名 称
MA07013013000500	普通长翼蝠	*Miniopterus schreibersii* (Kuhl)
MA07013015000000	管鼻蝠属	*Murina*
MA07013015000100	小管鼻蝠	*Murina aurata* Milne-Edwards
MA07013015000300	圆耳管鼻蝠	*Murina cyclotis* Dobson
MA07013015000500	东北管鼻蝠	*Murina fusca* Sowerby
MA07013015000700	中管鼻蝠	*Murina huttoni* Peters
MA07013015000900	白腹管鼻蝠	*Murina leucogaster* Milne-Edwards
MA07013015001100	台湾管鼻蝠	*Murina puta* Kishida
MA07013017000000	鼠耳蝠属	*Myotis*
MA07013017000100	郝氏鼠耳蝠	*Myotis adversus* (Horsfield)
MA07013017000300	西南鼠耳蝠	*Myotis altarium* Thomas
MA07013017000500	缺齿鼠耳蝠	*Myotis annectans* (Dobson)
MA07013017000700	狭耳鼠耳蝠	*Myotis blythii* (Tomes)
MA07013017000900	布氏鼠耳蝠	*Myotis brandtii* (Eversmann)
MA07013017001100	栉鼠耳蝠	*Myotis capaccinii* (Bonaparte)
MA07013017001300	中华鼠耳蝠	*Myotis chinensis* (Tomes)
MA07013017001500	沼鼠耳蝠	*Myotis dasycneme* (Boie)
MA07013017001700	水鼠耳蝠	*Myotis daubentonii* (Kuhl)
MA07013017001900	小鼠耳蝠	*Myotis davidii* Peters
MA07013017002100	毛腿鼠耳蝠	*Myotis fimbriatus* (Peters)
MA07013017002300	徘鼠耳蝠	*Myotis formosus* (Hodgson)
MA07013017002500	长尾鼠耳蝠	*Myotis frater* G. M. Allen
MA07013017002700	爪哇鼠耳蝠	*Myotis horsfieldii* (Temminck)
MA07013017002900	伊氏鼠耳蝠	*Myotis ikonnikovi* Ognev
MA07013017003100	日本鼠耳蝠	*Myotis macrodactylus* (Temminck)
MA07013017003300	云南鼠耳蝠	*Myotis montivagus* (Dobson)
MA07013017003500	喜马拉雅鼠耳蝠	*Myotis muricola* (Gray)
MA07013017003700	大鼠耳蝠	*Myotis myotis* (Borkhausen)
MA07013017003900	须鼠耳蝠	*Myotis mystacinus* (Kuhl)
MA07013017004100	纳氏鼠耳蝠	*Myotis nattereri* (Kuhl)
MA07013017004300	尼泊尔鼠耳蝠	*Myotis nipalensis* Dobson
MA07013017004500	北京鼠耳蝠	*Myotis pequinius* Thomas
MA07013017004700	大足鼠耳蝠	*Myotis ricketti* (Thomas)
MA07013017004900	高颅鼠耳蝠	*Myotis siligorensis* (Horsfieid)
MA07013019000000	山蝠属	*Nyctalus*
MA07013019000100	日本山蝠	*Nyctalus aviator* (Thomas)
MA07013019000300	毛翼山蝠	*Nyctalus lasiopterus* (Schreber)
MA07013019000500	山蝠	*Nyctalus noctula* (Schreber)
MA07013019000700	绒山蝠	*Nyctalus plancyi* Gerbe
MA07013021000000	伏翼属	*Pipistrellus*
MA07013021000100	普通伏翼	*Pipistrellus abramus* (Temminck)
MA07013021000300	茶褐伏翼	*Pipistrellus affinis* (Dobson)
MA07013021000500	锡兰伏翼	*Pipistrellus ceylonicus* (Kelaart)
MA07013021000700	黑伏翼	*Pipistrellus circumdatus* (Temminck)
MA07013021000900	印度伏翼	*Pipistrellus coromandra* (Gray)
MA07013021001100	爪哇伏翼	*Pipistrellus javanicus* (Gray)
MA07013021001300	古氏伏翼	*Pipistrellus kuhlii* (Kuhl)

表 1（续）

代　　码	中　文　名　称	拉　丁　名　称
MA07013021001500	小伏翼	*Pipistrellus mimus* Wroughton
MA07013021001700	棒茎伏翼	*Pipistrellus paterculus* Thomas
MA07013021001900	伏翼	*Pipistrellus pipistrellus* (Schreber)
MA07013021002100	灰伏翼	*Pipistrellus pulveratus* (Peters)
MA07013023000000	长耳蝠属	*Plecotus*
MA07013023000100	普通长耳蝠	*Plecotus auritus* (Linnaeus)
MA07013023000300	长耳蝠	*Plecotus austriacus* (J. Fischer)
MA07013023000500	柯氏长耳蝠	*Plecotus kozlovi* Bobrinski
MA07013025000000	斑蝠属	*Scotomanes*
MA07013025000100	斑蝠	*Scotomanes ornatus* (Blyth)
MA07013027000000	黄蝠属	*Scotophilus*
MA07013027000100	大黄蝠	*Scotophilus heathii* (Horsfield)
MA07013027000300	小黄蝠	*Scotophilus kuhlii* Leach
MA07013029000000	拟伏翼属	*Scotozous*
MA07013029000100	道氏拟伏翼	*Scotozous dormeri* Dobson
MA07013031000000	扁颅蝠属	*Tylonycteris*
MA07013031000100	扁颅蝠	*Tylonycteris pachypus* (Temminck)
MA07013031000300	褐扁颅蝠	*Tylonycteris robustula* Thomas
MA07013033000000	蝙蝠属	*Vespertilio*
MA07013033000100	普通蝙蝠	*Vespertilio murinus* Linnaeus
MA07013033000300	东方蝙蝠	*Vespertilio sinensis* (Peters)
MA09000000000000	猬目	ERINACEOMORPHA
MA09001000000000	猬科	Erinaceidae
MA09001001000000	猬属	*Erinaceus*
MA09001001000100	刺猬	*Erinaceus amurensis* Schrenk
MA09001003000000	大耳猬属	*Hemiechinus*
MA09001003000100	大耳猬	*Hemiechinus auritus* (Gmelin)
MA09001005000000	毛猬属	*Hylomys*
MA09001005000100	毛猬	*Hylomys suillus* Mueller
MA09001007000000	林猬属	*Mesechinus*
MA09001007000100	达乌尔猬	*Mesechinus dauricus* (Sundevall)
MA09001007000300	林猬	*Mesechinus hughi* (Thomas)
MA09001009000000	新毛猬属	*Neohylomys*
MA09001009000100	海南毛猬	*Neohylomys hainanensis* Shaw *et* Wong
MA09001011000000	鼩猬属	*Neotetracus*
MA09001011000100	中国鼩猬	*Neotetracus sinensis* Trouessart
MA11000000000000	兔形目	LAGOMORPHA
MA11001000000000	兔科	Leporidae
MA11001001000000	兔属	*Lepus*
MA11001001000100	草兔	*Lepus capensis* Linnaeus
MA11001001000300	云南兔	*Lepus comus* Allen
MA11001001000500	海南兔	*Lepus hainanus* Swinhoe
MA11001001000700	东北兔	*Lepus mandshuricus* Radde
MA11001001000900	高原兔	*Lepus oiostolus* Hodgson
MA11001001001100	华南兔	*Lepus sinensis* Gray
MA11001001001300	雪兔	*Lepus timidus* Linnaeus
MA11001001001500	塔里木兔	*Lepus yarkandensis* Guenther

表 1（续）

代　码	中文名称	拉丁名称
MA11003000000000	鼠兔科	Ochotonidae
MA11003001000000	鼠兔属	*Ochotona*
MA11003001000100	高山鼠兔	*Ochotona alpina* (Pallas)
MA11003001000300	贺兰山鼠兔	*Ochotona argentata* Howell
MA11003001000500	间颅鼠兔	*Ochotona cansus* Lyon
MA11003001000700	高原鼠兔	*Ochotona curzoniae* (Hodgson)
MA11003001000900	达乌尔鼠兔	*Ochotona daurica* (Pallas)
MA11003001001100	红耳鼠兔	*Ochotona erythrotis* (Buchner)
MA11003001001300	灰颈鼠兔	*Ochotona forresti* Thomas
MA11003001001500	高黎贡鼠兔	*Ochotona gaoligongensis* Wang, Gong and Duan
MA11003001001700	川西鼠兔	*Ochotona gloveri* Thomas
MA11003001001900	喜马拉雅鼠兔	*Ochotona himalayana* Feng
MA11003001002100	秦岭鼠兔	*Ochotona huangensis* (Matschie)
MA11003001002300	东北鼠兔	*Ochotona hyperborea* (Pallas)
MA11003001002500	伊犁鼠兔	*Ochotona iliensis* Li *et* Ma
MA11003001002700	康坞鼠兔	*Ochotona kamensis* Argyropulo
MA11003001002900	柯氏鼠兔	*Ochotona koslowi* (Buchner)
MA11003001003100	拉达克鼠兔	*Ochotona ladacensis* (Gunther)
MA11003001003300	大耳鼠兔	*Ochotona macrotis* (Gunther)
MA11003001003500	木里鼠兔	*Ochotona muliensis* Pen *et* Feng
MA11003001003700	奴布拉鼠兔	*Ochotona nubrica* Thomas
MA11003001003900	蒙古鼠兔	*Ochotona pallasi* (Gray)
MA11003001004100	灰鼠兔	*Ochotona roylei* (Ogilby)
MA11003001004300	红鼠兔	*Ochotona rutila* (Severtzov)
MA11003001004500	藏鼠兔	*Ochotona thibetana* (Milne-Edwardw)
MA11003001004700	狭颅鼠兔	*Ochotona thomasi* Argyropulo
MA13000000000000	奇蹄目	PERISSODACTYLA
MA13001000000000	马科	Equidae
MA13001001000000	马属	*Equus*
MA13001001000100	野马	*Equus caballus* Linnaeus
MA13001001000300	蒙古野驴	*Equus hemionus* Pallas
MA13001001000500	藏野驴	*Equus kiang* Moorcroft
MA15000000000000	鳞甲目	PHOLIDOTA
MA15001000000000	穿山甲科	Manidae
MA15001001000000	穿山甲属	*Manis*
MA15001001000100	印度穿山甲	*Manis crassicaudata* E. Geoffroy
MA15001001000300	穿山甲	*Manis pentadactyla* Linnaeus
MA17000000000000	灵长目	PRIMATES
MA17001000000000	猴科	Cercopithecidae
MA17001001000000	猕猴属	*Macaca*
MA17001001000100	(红面)短尾猴	*Macaca arctoides* (I. Geoffroy)
MA17001001000300	熊猴	*Macaca assamensis* (M'Clelland)
MA17001001000500	台湾猴	*Macaca cyclopis* (Swinhoe)
MA17001001000700	猕猴	*Macaca mulatta* (Zimmermann)
MA17001001000900	豚尾猴	*Macaca nemestrina* (Linnaeus)
MA17001001001100	藏酋猴，毛面短尾猴	*Macaca thibetana* (Milne-Edwards)
MA17001003000000	白臀叶猴属	*Pygathrix*

表 1（续）

代　　码	中　文　名　称	拉　丁　名　称
MA17001003000100	白臀叶猴	*Pygathrix nemaeus* (Linnaeus)
MA17001005000000	金丝猴属	*Rhinopithecus*
MA17001005000100	滇金丝猴	*Rhinopithecus bieti* Milne-Edwards
MA17001005000300	黔金丝猴	*Rhinopithecus brelichi* (Thomas)
MA17001005000500	川金丝猴	*Rhinopithecus roxellana* Milne-Edwards
MA17001007000000	长尾叶猴属	*Semnopithecus*
MA17001007000100	长尾叶猴	*Semnopithecus schistaceus* (Hodgson)
MA17001009000000	乌叶猴属	*Trachypithecus*
MA17001009000100	黑叶猴	*Trachypithecus francoisi* (Pousargues)
MA17001009000300	菲氏叶猴	*Trachypithecus phayrei* (Blyth)
MA17001009000500	白头叶猴	*Trachypithecus poliocephalus* (Pousargues)
MA17001009000700	戴帽叶猴	*Trachypithecus shortridgei* (Wroughton)
MA17003000000000	长臂猿科	Hylobatidae
MA17003001000000	白眉长臂猿属	*Bunopithecus*
MA17003001000100	白眉长臂猿	*Bunopithecus hoolock* (Harlan)
MA17003003000000	长臂猿属	*Hylobates*
MA17003003000100	白掌长臂猿	*Hylobates lar* (Linnaeus)
MA17003005000000	黑长臂猿属	*Nomascus*
MA17003005000100	黑长臂猿	*Nomascus concolor* (Harlan)
MA17003005000300	海南长臂猿	*Nomascus hainanus* (Thomas)
MA17003005000500	白颊长臂猿	*Nomascus leucogenys* Ogilby
MA17005000000000	懒猴科	Lorisidae
MA17005001000000	蜂猴属	*Nycticebus*
MA17005001000100	蜂猴	*Nycticebus bengalensis* (Lacépède)
MA17005001000300	倭蜂猴	*Nycticebus pygmaeus* Bonhote
MA19000000000000	长鼻目	PROBOSCIDEA
MA19001000000000	象科	Elephantidae
MA19001001000000	象属	*Elephas*
MA19001001000100	亚洲象	*Elephas maximus* Linnaeus
MA21000000000000	啮齿目	RODENTIA
MA21001000000000	河狸科	Castoridae
MA21001001000000	河狸属	*Castor*
MA21001001000100	河狸	*Castor fiber* Linnaeus
MA21003000000000	仓鼠科	Cricetidae
MA21003001000000	短尾仓鼠属	*Allocricetulus*
MA21003001000100	短尾仓鼠	*Allocricetulus eversmanni* (Brandt)
MA21003003000000	高山䶄属	*Alticola*
MA21003003000100	银色高山䶄	*Alticola argentata* (Severtzov)
MA21003003000300	戈壁阿尔泰高山䶄	*Alticola barakshin* Bannikov
MA21003003000500	大耳高山䶄	*Alticola macrotis* (Radde)
MA21003003000700	高山䶄	*Alticola roylei* (Gray)
MA21003003000900	蒙古高山䶄	*Alticola semicanus* (G. M. Allen)
MA21003003001100	斯氏高山䶄	*Alticola stoliczkanus* Blanford
MA21003003001300	库蒙高山䶄	*Alticola stracheyi* Thomas
MA21003003001500	扁颅高山䶄	*Alticola strelzowi* (Kastschenko)
MA21003005000000	水䶄属	*Arvicola*
MA21003005000100	水䶄	*Arvicola amphibius* (Linnaeus)

表 1（续）

代　　码	中　文　名　称	拉　丁　名　称
MA21003007000000	短耳沙鼠属	*Brachiones*
MA21003007000100	短耳沙鼠	*Brachiones przewalskii* (Buchstein)
MA21003009000000	甘肃仓鼠属	*Cansumys*
MA21003009000100	甘肃仓鼠	*Cansumys canus* G. M. Allen
MA21003011000000	绒鼾属	*Caryomys*
MA21003011000100	洮州绒鼾	*Caryomys eva* (Thomas)
MA21003011000300	苛岚绒鼾	*Caryomys inez* (Thomas)
MA21003013000000	仓鼠属	*Cricetulus*
MA21003013000100	黑线仓鼠	*Cricetulus barabensis* (Pallas)
MA21003013000300	藏仓鼠	*Cricetulus kamensis* (Satunin)
MA21003013000500	长尾仓鼠	*Cricetulus longicaudatus* (Milne-Edwards)
MA21003013000700	灰仓鼠	*Cricetulus migratorius* (Pallas)
MA21003015000000	原仓鼠属	*Cricetus*
MA21003015000100	原仓鼠	*Cricetus cricetus* (Linnaeus)
MA21003017000000	鼹形田鼠属	*Ellobius*
MA21003017000100	鼹形田鼠	*Ellobius tancrei* Blasius
MA21003019000000	黄兔尾鼠属	*Eolagurus*
MA21003019000100	黄兔尾鼠	*Eolagurus luteus* (Eversmann)
MA21003019000300	蒙古黄兔尾鼠	*Eolagurus przewalskii* Buchner
MA21003021000000	绒鼠属	*Eothenomys*
MA21003021000100	克钦绒鼠	*Eothenomys cachinus* (Thomas)
MA21003021000300	中华绒鼠	*Eothenomys chinensis* (Thomas)
MA21003021000500	西南绒鼠	*Eothenomys custos* (Thomas)
MA21003021000700	滇绒鼠	*Eothenomys eleusis* (Thomas)
MA21003021000900	黑腹绒鼠	*Eothenomys melanogaster* (Milne-Edwards)
MA21003021001100	大绒鼠	*Eothenomys miletus* (Thomas)
MA21003021001300	昭通绒鼠	*Eothenomys olitor* (Thomas)
MA21003021001500	玉龙绒鼠	*Eothenomys proditor* Hinton
MA21003021001700	德钦绒鼠	*Eothenomys wardi* (Thomas)
MA21003023000000	兔尾鼠属	*Lagurus*
MA21003023000100	草原兔尾鼠	*Lagurus lagurus* (Pallas)
MA21003025000000	毛族田鼠属	*Lasiopodomys*
MA21003025000100	布氏田鼠	*Lasiopodomys brandtii* (Radde)
MA21003025000300	青海田鼠	*Lasiopodomys fuscus* (Buchner)
MA21003025000500	棕色田鼠	*Lasiopodomys mandnarinus* (Milne-Edwards)
MA21003025000700	莫氏田鼠	*Lasiopodomys maximowiczii* (Schrenk)
MA21003025000900	蒙古田鼠	*Lasiopodomys mongolicus* (Radde)
MA21003025001100	根田鼠	*Lasiopodomys oeconomus* (Pallas)
MA21003025001300	社田鼠	*Lasiopodomys socialis* Pallas
MA21003027000000	田鼠属	*Microtus*
MA21003027000100	黑田鼠	*Microtus agrestis* (Linnaeus)
MA21003027000300	普通田鼠	*Microtus arvalis* (Pallas)
MA21003027000500	克氏田鼠	*Microtus clarkei* (Hinton)
MA21003027000700	东方田鼠	*Microtus fortis* Buchner
MA21003027000900	狭颅田鼠	*Microtus gregalis* (Pallas)
MA21003027001100	伊犁田鼠	*Microtus ilaeus* Thomas
MA21003027001300	台湾田鼠	*Microtus kikuchii* Kuroda

表 1（续）

代　　码	中　文　名　称	拉　丁　名　称
MA21003027001500	经营田鼠	*Microtus limnophilus* Buchner
MA21003029000000	鼾属	*Myodes*
MA21003029000100	灰棕背鼾	*Myodes centralis* (Miller)
MA21003029000300	棕背鼾	*Myodes rufocanus* (Sundevall)
MA21003029000500	红背鼾	*Myodes rutilus* (Pallas)
MA21003029000700	山西鼾	*Myodes shanseius* (Thomas)
MA21003031000000	林旅鼠属	*Myopus*
MA21003031000100	林旅鼠	*Myopus schisticolor* (Lilljeborg)
MA21003033000000	亚洲松田鼠属	*Neodon*
MA21003033000100	云南松田鼠	*Neodon forresti* Hinton
MA21003033000300	松田鼠	*Neodon irene* (Thomas)
MA21003033000500	帕米尔松田鼠	*Neodon juldaschi* (Severtzov)
MA21003033000700	锡金松田鼠	*Neodon sikimensis* (Horsfield)
MA21003035000000	麝鼠属	*Ondatra*
MA21003035000100	麝鼠	*Ondatra zibethicus* (Linnaeus)
MA21003037000000	白尾松田鼠属	*Phaiomys*
MA21003037000100	白尾松田鼠	*Phaiomys leucurus* (Blyth)
MA21003039000000	毛足鼠属	*Phodopus*
MA21003039000100	坎氏毛足鼠	*Phodopus campbelli* (Thomas)
MA21003039000300	小毛足鼠	*Phodopus roborovskii* (Satunin)
MA21003039000500	黑线毛足鼠	*Phodopus sungorus* (Pallas)
MA21003041000000	沟牙田鼠属	*Proedromys*
MA21003041000100	沟牙田鼠	*Proedromys bedfordi* Thomas
MA21003043000000	大仓鼠属	*Tscherskia*
MA21003043000100	大仓鼠	*Tscherskia triton* (de Winton)
MA21003045000000	川田鼠属	*Volemys*
MA21003045000100	四川田鼠	*Volemys millicens* (Thomas)
MA21003045000300	川西田鼠	*Volemys musseri* Lawrence
MA21005000000000	跳鼠科	Dipodidae
MA21005001000000	地兔属	*Alactagulus*
MA21005001000100	地兔	*Alactagulus pumilio* Kerr
MA21005003000000	五趾跳鼠属	*Allactaga*
MA21005003000100	游跳鼠	*Allactaga balikunica* Hsia *et* Fang
MA21005003000300	巨泡五趾跳鼠	*Allactaga bullata* G. Allen
MA21005003000500	小五趾跳鼠	*Allactaga elater* (Lichstenstein)
MA21005003000700	大五趾跳鼠	*Allactaga major* (Kerr)
MA21005003000900	五趾跳鼠	*Allactaga sibirica* (Forster)
MA21005005000000	五趾心颅跳鼠属	*Cardiocranius*
MA21005005000100	五趾心颅跳鼠	*Cardiocranius paradoxus* Satunin
MA21005007000000	三趾跳鼠属	*Dipus*
MA21005007000100	三趾跳鼠	*Dipus sagitta* (Pallas)
MA21005009000000	林跳鼠属	*Eozapus*
MA21005009000100	林跳鼠	*Eozapus setchuanus* (Pousargues)
MA21005011000000	长耳跳鼠属	*Euchoreutes*
MA21005011000100	长耳跳鼠	*Euchoreutes naso* Sclater
MA21005013000000	肥尾跳鼠属	*Pygeretmus*
MA21005013000100	小地兔	*Pygeretmus pumilio* (Kerr)

表 1（续）

代　　码	中 文 名 称	拉 丁 名 称
MA21005015000000	三趾心颅跳鼠属	*Salpingotus*
MA21005015000100	肥尾心颅跳鼠	*Salpingotus crassicauda* Vinogradov
MA21005015000300	三趾心颅跳鼠	*Salpingotus kozlovi* Vinogradov
MA21005017000000	蹶鼠属	*Sicista*
MA21005017000100	林蹶鼠	*Sicista betulina* (Pallas)
MA21005017000300	蹶鼠	*Sicista concolor* (Buchner)
MA21005017000500	草原蹶鼠	*Sicista subtilis* (Pallas)
MA21005019000000	羽尾跳鼠属	*Stylodipus*
MA21005019000100	蒙古羽尾跳鼠	*Stylodipus andrewsi* Allen
MA21005019000300	羽尾跳鼠	*Stylodipus telum* (Lichtenstein)
MA21007000000000	睡鼠科	Gliridae
MA21007001000000	无尾睡鼠属	*Chaetocauda*
MA21007001000100	四川毛尾睡鼠	*Chaetocauda sichuanensis* Wang
MA21007003000000	林睡鼠属	*Dryomys*
MA21007003000100	睡鼠	*Dryomys nitedula* (Pallas)
MA21009000000000	豪猪科	Hystricidae
MA21009001000000	帚尾豪猪属	*Atherurus*
MA21009001000100	帚尾豪猪	*Atherurus macrourus* (Linnaeus)
MA21009003000000	豪猪属	*Hystrix*
MA21009003000100	马来豪猪	*Hystrix brachyura* Gray
MA21011000000000	鼠科	Muridae
MA21011001000000	姬鼠属	*Apodemus*
MA21011001000100	黑线姬鼠	*Apodemus agrarius* (Pallas)
MA21011001000300	高山姬鼠	*Apodemus chevrieri* (Milne-Edwards)
MA21011001000500	中华姬鼠	*Apodemus draco* (Barrett-Hamieton)
MA21011001000700	大耳姬鼠	*Apodemus latronum* Thomas
MA21011001000900	大林姬鼠	*Apodemus peninsulae* (Thomas)
MA21011001001100	台湾姬鼠	*Apodemus semotus* Thomas
MA21011001001300	小林姬鼠	*Apodemus sylvaticus* (Linnaeus)
MA21011003000000	板齿鼠属	*Bandicota*
MA21011003000100	板齿鼠	*Bandicota indica* (Bechstein)
MA21011005000000	长尾巨鼠属	*Berylmys*
MA21011005000100	巨泡灰鼠	*Berylmys berdmorei* Blyth
MA21011005000300	青毛鼠	*Berylmys bowersi* Andeeson
MA21011005000500	小泡灰鼠	*Berylmys manipulus* Thomas
MA21011007000000	笔尾树鼠属	*Chiropodomys*
MA21011007000100	笔尾树鼠	*Chiropodomys gliroides* (Blyth)
MA21011009000000	大齿鼠属	*Dacnomys*
MA21011009000100	大齿鼠	*Dacnomys millardi* Thomas
MA21011011000000	壮鼠属	*Hadromys*
MA21011011000100	休氏壮鼠	*Hadromys humei* (Thomas)
MA21011011000300	云南壮鼠	*Hadromys yunnanensis* Yang *et* Wang
MA21011013000000	猇鼠属	*Hapalomys*
MA21011013000100	拟猇鼠	*Hapalomys delacouri* Thomas
MA21011013000300	（长尾）猇鼠	*Hapalomys longicaudatus* Blyth
MA21011015000000	长尾大鼠属	*Leopoldamys*
MA21011015000100	小泡巨鼠	*Leopoldamys edwardsi* (Thomas)

表 1（续）

代 码	中 文 名 称	拉 丁 名 称
MA21011017000000	王鼠属	*Maxomys*
MA21011017000100	短尾锋毛鼠	*Maxomys musschenbroeki* Jentink
MA21011017000300	王鼠	*Maxomys rajah* Thomas
MA21011019000000	沙鼠属	*Meriones*
MA21011019000100	吐鲁番沙鼠	*Meriones chengi* Wang
MA21011019000300	红尾沙鼠	*Meriones libycus* Lichtenstein
MA21011019000500	子午沙鼠	*Meriones meridianus* (Pallas)
MA21011019000700	柽柳沙鼠	*Meriones tamariscinus* (Pallas)
MA21011019000900	长爪沙鼠	*Meriones unguiculatus* (Milne-Edwards)
MA21011021000000	巢鼠属	*Micromys*
MA21011021000100	巢鼠	*Micromys minutus* (Pallas)
MA21011023000000	小鼠属	*Mus*
MA21011023000100	卡氏小鼠	*Mus caroli* Bonhote
MA21011023000300	仔鹿鼠	*Mus cervicolor* Hodgson
MA21011023000500	丛林鼠	*Mus famulus* Bonhote
MA21011023000700	小家鼠	*Mus musculus* Linnaeus
MA21011023000900	锡金小鼠	*Mus pahari* Thomas
MA21011025000000	地鼠属	*Nesokia*
MA21011025000100	印度地鼠	*Nesokia indica* (Gray)
MA21011027000000	白腹鼠属	*Niviventer*
MA21011027000100	北社鼠	*Niviventer confucianus* (Milne-Edwards)
MA21011027000300	白腹巨鼠	*Niviventer coxingi* (Swinhoe)
MA21011027000500	黑尾鼠	*Niviventer cremoriventer* (Miller)
MA21011027000700	高山白腹鼠	*Niviventer culturatus* (Thomas)
MA21011027000900	灰腹鼠	*Niviventer eha* Wroughton
MA21011027001100	川西白腹鼠	*Niviventer excelsior* (Thomas)
MA21011027001300	针毛鼠	*Niviventer fulvescens* (Gray)
MA21011027001500	社鼠	*Niviventer niviventer* (Hodgson)
MA21011029000000	家鼠属	*Rattus*
MA21011029000100	缅鼠	*Rattus exulans* (Peale)
MA21011029000300	黄毛鼠	*Rattus losea* (Swinhoei)
MA21011029000500	大足鼠	*Rattus nitidus* (Hodgson)
MA21011029000700	褐家鼠	*Rattus norvegicus* (Berkenhout)
MA21011029000900	拟家鼠	*Rattus pyctoris* Hodgson
MA21011029001100	屋顶鼠	*Rattus rattus* (Linnaeus)
MA21011029001300	黄胸鼠	*Rattus tanezumi* Temminck
MA21011031000000	大沙鼠属	*Rhombomys*
MA21011031000100	大沙鼠	*Rhombomys opimus* (Lichtenstein)
MA21011033000000	长尾攀鼠属	*Vandeleuria*
MA21011033000100	长尾攀鼠	*Vandeleuria oleracea* (Bennett)
MA21011035000000	攀鼠属	*Vernaya*
MA21011035000100	攀鼠	*Vernaya fulva* (G. M. Allen)
MA21013000000000	猪尾鼠科	Platacanthomyidae
MA21013001000000	猪尾鼠属	*Typhlomys*
MA21013001000100	猪尾鼠	*Typhlomys cinereus* Milne-Edwards
MA21015000000000	竹鼠科	Rhizomyidae
MA21015001000000	小竹鼠属	*Cannomys*

表 1（续）

代 码	中文名称	拉丁名称
MA21015001000100	小竹鼠	*Cannomys badius* (Hodgson)
MA21015003000000	竹鼠属	*Rhizomys*
MA21015003000100	银星竹鼠	*Rhizomys pruinosus* Blyth
MA21015003000300	中华竹鼠	*Rhizomys sinensis* Gray
MA21015003000500	大竹鼠	*Rhizomys sumatrensis* (Raffles)
MA21017000000000	松鼠科	Sciuridae
MA21017001000000	沟牙鼯鼠属	*Aeretes*
MA21017001000100	沟牙鼯鼠	*Aeretes melanopterus* (Milne-Edwards)
MA21017003000000	毛耳飞鼠属	*Belomys*
MA21017003000100	毛耳飞鼠	*Belomys pearsonii* (Gray)
MA21017005000000	丽松鼠属	*Callosciurus*
MA21017005000100	金背松鼠	*Callosciurus caniceps* (Gray)
MA21017005000300	赤腹松鼠	*Callosciurus erythraeus* (Pallas)
MA21017005000500	白背松鼠	*Callosciurus finlaysonii* (Horsfield)
MA21017005000700	黄足松鼠	*Callosciurus phayrei* (Blyth)
MA21017005000900	蓝腹松鼠	*Callosciurus pygerythrus* (I. Geoffroy Saint Hilaire)
MA21017005001100	五纹松鼠	*Callosciurus quinquestriatus* (Anderson)
MA21017007000000	长吻松鼠属	*Dremomys*
MA21017007000100	橙腹长吻松鼠	*Dremomys lokriah* (Hodgson)
MA21017007000300	珀氏长吻松鼠	*Dremomys pernyi* (Milne-Edwards)
MA21017007000500	红腿长吻松鼠	*Dremomys pyrrhomerus* (Thomas)
MA21017007000700	红颊长吻松鼠	*Dremomys rufigenis* 9Blanford)
MA21017009000000	绒鼯鼠属	*Eupetaurus*
MA21017009000100	羊绒鼯鼠	*Eupetaurus cinereus* Thomas
MA21017011000000	低泡飞鼠属	*Hylopetes*
MA21017011000100	黑白飞鼠	*Hylopetes alboniger* (Hodgson)
MA21017011000300	低泡飞鼠	*Hylopetes phayrei* (Blyth)
MA21017013000000	旱獭属	*Marmota*
MA21017013000100	灰旱獭	*Marmota baibacina* (Kastschenko)
MA21017013000300	旱獭	*Marmota bobak* (Muller)
MA21017013000500	长尾旱獭	*Marmota caudata* (Geoffroy)
MA21017013000700	喜马拉雅旱獭	*Marmota himalayana* (Hodgson)
MA21017013000900	蒙古旱獭	*Marmota sibirica* (Radde)
MA21017015000000	条纹松鼠属	*Menetes*
MA21017015000100	条纹松鼠	*Menetes berdmorei* (Blyth)
MA21017017000000	鼯鼠属	*Petaurista*
MA21017017000100	红白鼯鼠	*Petaurista alborufus* (Milne-Edwards)
MA21017017000300	小鼯鼠	*Petaurista elegans* (Muller)
MA21017017000500	白颊鼯鼠	*Petaurista leucogenys*
MA21017017000700	栗褐鼯鼠	*Petaurista magnificus* (Hodgson)
MA21017017000900	台湾鼯鼠	*Petaurista pectoralis* Swinhoe
MA21017017001100	灰背大鼯鼠	*Petaurista philippensis* (Elliot)
MA21017017001300	灰鼯鼠	*Petaurista xanthotis* (Milne-Edwards)
MA21017019000000	飞鼠属	*Pteromys*
MA21017019000100	小飞鼠	*Pteromys volans* (Linnaeus)
MA21017021000000	巨松鼠属	*Ratufa*
MA21017021000100	巨松鼠	*Ratufa bicolor* (Sparrmann)

表 1（续）

代　　码	中　文　名　称	拉　丁　名　称
MA21017023000000	岩松鼠属	*Sciurotamias*
MA21017023000100	岩松鼠	*Sciurotamias davidianus* (Milne-Edwards)
MA21017023000300	侧纹岩松鼠	*Sciurotamias forresti* (Thomas)
MA21017025000000	松鼠属	*Sciurus*
MA21017025000100	松鼠	*Sciurus vulgaris* Linnaeus
MA21017027000000	黄鼠属	*Spermophilus*
MA21017027000100	阿拉善黄鼠	*Spermophilus alaschanicus* Buchner
MA21017027000300	蒙古黄鼠	*Spermophilus dauricus* Brandt
MA21017027000500	赤颊黄鼠	*Spermophilus erythrogenys* Brandt
MA21017027000700	大黄鼠	*Spermophilus major* (Pallas)
MA21017027000900	天山黄鼠	*Spermophilus relictus* (Kashkarov)
MA21017027001100	长尾黄鼠	*Spermophilus undulatus* (Pallas)
MA21017029000000	花松鼠属	*Tamias*
MA21017029000100	花鼠	*Tamias sibiricus* (Laxmann)
MA21017031000000	明纹花松鼠属	*Tamiops*
MA21017031000100	明纹花松鼠	*Tamiops macclellandii* (Horsfield)
MA21017031000300	隐纹花松鼠	*Tamiops swinhoei* (Milne-Edwards)
MA21017033000000	复齿鼯鼠属	*Trogopterus*
MA21017033000100	复齿鼯鼠	*Trogopterus xanthipes* Milne-Edwards
MA21019000000000	鼢鼠科	Spalacidae
MA21019001000000	鼢鼠属	*Myospalax*
MA21019001000100	草原鼢鼠	*Myospalax aspalax* (Pallas)
MA21019001000300	高原鼢鼠	*Myospalax baileyi* Thomas
MA21019001000500	中华鼢鼠	*Myospalax fontanierii* (Milne-Edwards)
MA21019001000700	阿尔泰鼢鼠	*Myospalax myospalax* (Laxmann)
MA21019001000900	东北鼢鼠	*Myospalax psilurus* (Milne-Edwards)
MA21019001001100	罗氏鼢鼠	*Myospalax rothschildi* (Thomas)
MA21019001001300	斯氏鼢鼠	*Myospalax smithii* (Thomas)
MA23000000000000	树鼩目	SCANDENTIA
MA23001000000000	树鼩科	Tupaiidae
MA23001001000000	树鼩属	*Tupaia*
MA23001001000100	树鼩	*Tupaia belangeri* (Wagner)
MA25000000000000	海牛目	SIRENIA
MA25001000000000	儒艮科	Dugongidae
MA25001001000000	儒艮属	*Dugong*
MA25001001000100	儒艮	*Dugong dugon* (Muller)
MA27000000000000	鼩鼱目	SORICOMORPHA
MA27001000000000	鼩鼱科	Soricidae
MA27001001000000	短尾鼩属	*Anourosorex*
MA27001001000100	四川短尾鼩	*Anourosorex squamipes* Milne-Edwards
MA27001003000000	短尾鼩鼱属	*Blarinella*
MA27001003000100	甘肃川鼩	*Blarinella griselda* Thomas
MA27001003000300	川鼩	*Blarinella quadraticauda* Milne-Edwards
MA27001003000500	缅甸短尾鼩	*Blarinella wardi* Thomas
MA27001005000000	水麝鼩属	*Chimarrogale*
MA27001005000100	喜马拉雅水麝鼩	*Chimarrogale himalayica* (Gray)
MA27001005000300	斯氏水麝鼩	*Chimarrogale styani* de Winton

表 1（续）

代码	中文名称	拉丁名称
MA27001007000000		*Chodsigoa*
MA27001007000100	川西长尾鼩	*Chodsigoa hypsibia* De Winton
MA27001007000300	小长尾鼩	*Chodsigoa parva* G. M. Allen
MA27001007000500	大长尾鼩	*Chodsigoa salenskii* (Kastschenko)
MA27001007000700	斯氏长尾鼩	*Chodsigoa smithii* Thomas
MA27001009000000	麝鼩属	*Crocidura*
MA27001009000100	灰麝鼩	*Crocidura attenuata* Milne-Edwards
MA27001009000300	长尾大麝鼩	*Crocidura fuliginosa* (Blyth)
MA27001009000500	南小麝鼩	*Crocidura horsfieldii* (Thomes)
MA27001009000700	大麝鼩	*Crocidura lasiura* Dobson
MA27001009000900	白腹麝鼩	*Crocidura leucodon* (Hermann)
MA27001009001100	华南中麝鼩	*Crocidura rapax* G. Allen
MA27001009001300	中麝鼩	*Crocidura russula* (Hermann)
MA27001009001500	山东小麝鼩	*Crocidura shantungensis* Miller
MA27001009001700	北小麝鼩	*Crocidura suaveolens* Pallas
MA27001009001900	台湾灰麝鼩	*Crocidura tanakae* Kuroda
MA27001009002100	西南中麝鼩	*Crocidura vorax* G. Allen
MA27001009002300	海南中麝鼩	*Crocidura wuchihensis* Wang
MA27001011000000	大长尾鼩属	*Episoriculus*
MA27001011000100	长尾鼩	*Episoriculus caudatus* (Horsfield)
MA27001011000300	台湾长尾鼩	*Episoriculus fumidus* (Thomas)
MA27001011000500	印度长尾鼩	*Episoriculus leucops* (Horsfield)
MA27001011000900	缅甸长尾鼩	*Episoriculus macrurus* (Blanford)
MA27001013000000	蹼小麝鼩属	*Nectogale*
MA27001013000100	蹼麝鼩	*Nectogale elegans* Milne-Edwards
MA27001015000000	水鼩鼱属	*Neomys*
MA27001015000100	水鼩	*Neomys fodiens* (Pennant)
MA27001017000000	鼩鼱属	*Sorex*
MA27001017000100	普通鼩鼱	*Sorex araneus* Linnaeus
MA27001017000300	粗鼩鼱	*Sorex asper* Tomas
MA27001017000500	小纹背鼩鼱	*Sorex bedfordiae* Thomas
MA27001017000700	帕米尔鼩鼱	*Sorex buchariensis* Ognev
MA27001017000900	中鼩鼱	*Sorex caecutiens* Laxmann
MA27001017001100	甘肃鼩鼱	*Sorex cansulus* Thomas
MA27001017001300	纹背鼩鼱	*Sorex cylindricauda* Milne-Edwards
MA27001017001500	栗齿鼩鼱	*Sorex daphaenodon* Thomas
MA27001017001700	云南鼩鼱	*Sorex excelsus* G. M. Allen
MA27001017001900	细鼩鼱	*Sorex gracillimus* Thomas
MA27001017002100	东北鼩鼱	*Sorex isodon* Turov
MA27001017002300	科氏鼩鼱	*Sorex kozlovi* Stroganov
MA27001017002500	姬鼩鼱	*Sorex minutissimus* Zimmermann
MA27001017002700	小鼩鼱	*Sorex minutus* Linnaeus
MA27001017002900	大鼩鼱	*Sorex mirabilis* Ognev
MA27001017003100	阿尔泰鼩鼱	*Sorex roboratus* Hollister
MA27001017003300	暗色鼩鼱	*Sorex sinalis* Thomas
MA27001017003500	西藏鼩鼱	*Sorex thibetanus* Kastschenko
MA27001017003700	阿拉斯加鼩鼱	*Sorex tundrensis* Merriam

表 1（续）

代　　码	中 文 名 称	拉 丁 名 称
MA27001017003900	长爪鼩鼱	*Sorex unguiculatus* Dobson
MA27001019000000	长尾鼩属	*Soriculus*
MA27001019000100	锡金长尾鼩	*Soriculus nigrescens* (Gray)
MA27001021000000	臭鼩属	*Suncus*
MA27001021000100	小臭鼩	*Suncus etruscus* (Savi)
MA27001021000300	大臭鼩	*Suncus murinus* (Linnaeus)
MA27001021000500	中臭鼩	*Suncus stoliczkanus* (Anderson)
MA27003000000000	鼹科	Talpidae
MA27003001000000	东方鼹属	*Euroscaptor*
MA27003001000100	巨鼹	*Euroscaptor grandis* Miller
MA27003001000300	长吻鼹	*Euroscaptor longirostris* (Milne-Edwards)
MA27003003000000	缺齿鼹属	*Mogera*
MA27003003000100	小(华南)缺齿鼹	*Mogera insularis* (Swinhoe)
MA27003003000300	缺齿鼹	*Mogera wogura* (Temminck)
MA27003005000000	白尾鼹属	*Parascaptor*
MA27003005000100	白尾鼹	*Parascaptor leucura* (Blyth)
MA27003007000000	甘肃鼹属	*Scapanulus*
MA27003007000100	甘肃鼹	*Scapanulus oweni* Thomas
MA27003009000000	麝鼹属	*Scaptochirus*
MA27003009000100	麝鼹	*Scaptochirus moschatus* Milne-Edwards
MA27003011000000	长尾鼩鼹属	*Scaptonyx*
MA27003011000100	针尾鼹	*Scaptonyx fusicaudus* Milne-Edwards
MA27003013000000	鼩鼹属	*Uropsilus*
MA27003013000100	长吻鼩鼹	*Uropsilus gracilis* (Thomas)
MA27003013000300	鼩鼹	*Uropsilus soricipes* Milne-Edwards
PS00000000000000	鱼纲	PISCES
PS01000000000000	鲟形目	ACIPENSERIFORMES
PS01001000000000	鲟科	Acipenseridae
PS01001001000000	鲟属	*Acipenser*
PS01001001000100	西伯利亚鲟	*Acipenser baeri* Brandt
PS01001001000300	达氏鲟	*Acipenser dabryanus* Demeril
PS01001001000500	裸腹鲟	*Acipenser nudiventris* Lovetzky
PS01001001000700	小体鲟	*Acipenser ruthenus* Linnaeus
PS01001001000900	施氏鲟	*Acipenser schrenckii* (Brandt)
PS01001001001100	中华鲟	*Acipenser sinensis* Gray
PS01001003000000	鳇属	*Huso*
PS01001003000100	鳇	*Huso dauricus* (Georgi)
PS01003000000000	匙吻鲟科	Polyodontidae
PS01003001000000	白鲟属	*Psephurus*
PS01003001000100	白鲟	*Psephurus gladius* Martens
PS03000000000000	鳗鲡目	ANGUILLIFORMES
PS03001000000000	鳗鲡科	Anguillidae
PS03001001000000	鳗鲡属	*Anguilla*
PS03001001000100	短头鳗鲡	*Anguilla breviceps* Chu *et* Jin
PS03001001000300	福州鳗鲡	*Anguilla foochowensis* Chu *et* Jin
PS03001001000500	鳗鲡	*Anguilla japonica* Temminck *et* Schlegel
PS03001001000700	花鳗鲡	*Anguilla marmorata* Quoy *et* Gaimard

表 1（续）

代　码	中 文 名 称	拉 丁 名 称
PS03001001000900	云纹鳗鲡	*Anguilla nebulosa* (Griffith)
PS03001001001100	乌耳鳗鲡	*Anguilla nigricans* Chu *et* Wu
PS03003000000000	康吉鳗科	Congridae
PS03003001000000	奇鳗属	*Alloconger*
PS03003001000100	奇鳗	*Alloconger anagoides* (Bleeker)
PS03003003000000	齐头鳗属	*Anago*
PS03003003000100	齐头鳗	*Anago anago* (Temminck *et* Schlegel)
PS03003005000000	海康吉鳗属	*Bathymurus*
PS03003005000100	铿吻海康吉鳗	*Bathymurus simus* Smith
PS03003007000000	深尾鳗属	*Bathyuroconger*
PS03003007000100	深尾鳗	*Bathyuroconger vicinus* (Vaillant)
PS03003009000000	短尾康吉鳗属	*Coloconger*
PS03003009000100	南海短尾康吉鳗	*Coloconger scholesi* Chan
PS03003011000000	康吉鳗属	*Conger*
PS03003011000100	灰康吉鳗	*Conger cinereus* Ruppell
PS03003011000300	日本康吉鳗	*Conger japonicus* Bleeker
PS03003011000500	星康吉鳗	*Conger myriaster* (Brevoort)
PS03003013000000	南鳗属	*Japonoconger*
PS03003013000100	南鳗	*Japonoconger sivicola* (Matsubara *et* Ochiai)
PS03003015000000	拟海康吉鳗属	*Parabathymurus*
PS03003015000100	大眼拟海康吉鳗	*Parabathymurus macrophthalmus* Kamohara
PS03003017000000	吻鳗属	*Rhynchoconger*
PS03003017000100	短吻吻鳗	*Rhynchoconger brevirostris* Chen *et* Weng
PS03003017000300	黑尾吻鳗	*Rhynchoconger ectenurus* (Jordan *et* Richardson)
PS03003019000000	突吻鳗属	*Rhynchocymba*
PS03003019000100	银色突吻鳗	*Rhynchocymba nystromi* (Jordan *et* Snyder)
PS03005000000000	前肛鳗科	Dysommidae
PS03005001000000	前肛鳗属	*Dysomma*
PS03005001000100	前肛鳗	*Dysomma anguillaris* Barnard
PS03005001000300	黑尾前肛鳗	*Dysomma melanurum* Chen *et* Weng
PS03007000000000	蠕鳗科	Echelidae
PS03007001000000	喙吻鳗属	*Avocettina*
PS03007001000100	喙吻鳗	*Avocettina infans* (Gunther)
PS03007003000000	虫鳗属	*Muraenichthys*
PS03007003000100	裸鳍虫鳗	*Muraenichthys gymnopterus* Bleeker
PS03007003000300	短鳍虫鳗	*Muraenichthys hattae* Jordan *et* Snyder
PS03007003000500	大鳍虫鳗	*Muraenichthys macropterus* Bleeker
PS03007003000700	马拉邦虫鳗	*Muraenichthys malabonensis* Herre
PS03007005000000	油鳗属	*Myrophis*
PS03007005000100	陈氏油鳗	*Myrophis cheni* Chen *et* Weng
PS03009000000000	蚓鳗科	Moringuidae
PS03009001000000	蚓鳗属	*Moringua*
PS03009001000100	线蚓鳗	*Moringua abbreviata* (Bleeker)
PS03009001000300	大头蚓鳗	*Moringua macrocephala* (Bleeker)
PS03009001000500	大鳍蚓鳗	*Moringua macrochir* (Bleeker)
PS03011000000000	海鳗科	Muraenesocidae
PS03011001000000	海鳗属	*Muraenesox*

表 1（续）

代　　码	中　文　名　称	拉　丁　名　称
PS03011001000100	海鳗	*Muraenesox cinereus* Forskal
PS03011001000300	原鹤海鳗	*Muraenesox talabon* (Cuvier)
PS03011001000500	鹤海鳗	*Muraenesox talabonoides* (Bleeker)
PS03011001000700	山口海鳗	*Muraenesox yamaguchiensis* Katayama *et* Takai
PS03011003000000	细颌鳗属	*Oxyconger*
PS03011003000100	细颌鳗	*Oxyconger leptognathus* (Bleeker)
PS03013000000000	海鳝科	Muraenidae
PS03013001000000	蛇鳝属	*Echidna*
PS03013001000100	棕斑蛇鳝	*Echidna delicatula* (Kaup)
PS03013001000300	云纹蛇鳝	*Echidna nebulosa* Ahl
PS03013001000500	多带蛇鳗	*Echidna polyzona* (Richardson)
PS03013001000700	条纹蛇鳝	*Echidna zebra* (Shaw)
PS03013003000000	勾吻鳝属	*Enchelycore*
PS03013003000100	裂吻钩吻鳝	*Enchelycore schismatorhynchus* (Bleeker)
PS03013005000000	裸胸鳝属	*Gymnothorax*
PS03013005000100	班氏裸胸鳝	*Gymnothorax berndti* Snyder
PS03013005000300	博氏裸胸鳝	*Gymnothorax boschi* (Bleeker)
PS03013005000500	伯恩斯裸胸鳝	*Gymnothorax buroansis* (Bleeker)
PS03013005000700	云纹裸胸鳝	*Gymnothorax chilospilus* Bleeker
PS03013005000900	豆点裸胸鳝	*Gymnothorax favagineus* Bloch *et* Schneider
PS03013005001100	细斑裸胸鳝	*Gymnothorax fimbriata* (Bennett)
PS03013005001300	黄边裸胸鳝	*Gymnothorax flavimarginatus* (Ruppell)
PS03013005001500	爪哇裸胸鳝	*Gymnothorax javanicus* (Bleeker)
PS03013005001700	蠕纹裸胸鳝	*Gymnothorax kidako* (Temminck *et* Schlegel)
PS03013005001900	白斑裸胸鳝	*Gymnothorax leucostigma* Jordan *et* Richardson
PS03013005002100	黄体裸胸鳝	*Gymnothorax melatremus* Schultz
PS03013005002300	徽身裸胸鳝，斑点裸胸鳝	*Gymnothorax meleagris* Schultz
PS03013005002500	花斑裸胸鳝	*Gymnothorax neglectus* Tanaka
PS03013005002700	花点裸胸鳝	*Gymnothorax pictus* (Ahl)
PS03013005002900	密网裸胸鳝	*Gymnothorax pseudothyrsoideus* (Bleeker)
PS03013005003100	斑条裸胸鳝	*Gymnothorax punctatofasciatus* Bleeker
PS03013005003300	匀斑裸胸鳝	*Gymnothorax reevesii* (Richardson)
PS03013005003500	网纹裸胸鳝	*Gymnothorax reticularis* Bloch
PS03013005003700	异纹裸胸鳝	*Gymnothorax richardsoni* (Bleeker)
PS03013005003900	密花裸胸鳝	*Gymnothorax thyrsoideus* (Richardson)
PS03013005004100	波纹裸胸鳝	*Gymnothorax undulatus* Lacpepde
PS03013005004300	带尾裸胸鳝	*Gymnothorax zonipectis* Seale
PS03013007000000	海鳝属	*Muraena*
PS03013007000100	豹纹海鳝	*Muraena pardalis* Temminck *et* Schlegel
PS03013009000000	管鼻海鳝属	*Rhinomuraena*
PS03013009000100	管鼻海鳝	*Rhinomuraena quaesita* Garman
PS03013011000000	长海鳝属	*Strophidon*
PS03013011000100	斑长海鳝	*Strophidon brummeri* (Bleeker)
PS03013013000000	长体鳝属	*Thyrsoidea*
PS03013013000100	长体鳝	*Thyrsoidea macrurus* (Hodgson)
PS03013015000000	裸海鳝属	*Uropterygius*
PS03013015000100	小鳍裸海鳝	*Uropterygius micropterus* (Bleeker)

表 1（续）

代　　码	中 文 名 称	拉 丁 名 称
PS03013015000300	虎斑裸海鳝	*Uropterygius tigrinus* (Lesson)
PS03015000000000	新鳗科	Neenchelyidae
PS03015001000000	新鳗属	*Neenchelys*
PS03015001000100	微鳍新鳗	*Neenchelys parvipectoralis* Chu, Wu *et* Jin
PS03017000000000	线鳗科	Nemichthyidae
PS03017001000000	线鳗属	*Nemichthys*
PS03017001000100	线鳗	*Nemichthys scolopaceus* Richardson
PS03019000000000	鸭嘴鳗科	Nettastomidae
PS03019001000000	草鳗属	*Chlopsis*
PS03019001000100	丝尾草鳗	*Chlopsis fierasfer* Jordan *et* Snyder
PS03019001000300	台湾鸭嘴鳗	*Chlopsis taiwanensis* Chen *et* Weng
PS03021000000000	蛇鳗科	Ophichthyidae
PS03021001000000	褐蛇鳗属	*Bascanichthys*
PS03021001000100	盲蛇鳗	*Bascanichthys kirkii* (Gunther)
PS03021003000000	短体鳗属	*Brachysomorphis*
PS03021003000100	大口蛇鳗	*Brachysomorphis cirrhocheilos* (Bleeker)
PS03021003000300	鳄形短体鳗	*Brachysomorphis crocodilinus* (Bennett)
PS03021005000000	盲蛇鳗属	*Caecula*
PS03021005000100	长鳍喉鳃鳗	*Caecula longipinnis* (Kner *et* Steindachner)
PS03021007000000	丽鳗属	*Callechelys*
PS03021007000100	斑纹丽鳗	*Callechelys maculatus* Chu, Wu *et* Jin
PS03021009000000	须鳗属	*Cirrhimuraena*
PS03021009000100	中华须鳗	*Cirrhimuraena chinensis* Kaup
PS03021011000000	平盖鳗属	*Leiuranus*
PS03021011000100	半环平盖鳗	*Leiuranus semicinctus* (Lay *et* Bennett)
PS03021013000000	花蛇鳗属	*Myrichthys*
PS03021013000100	斑竹花蛇鳗	*Myrichthys colubrinus* (Boddaert)
PS03021013000300	黑斑花蛇鳗	*Myrichthys maculosus* (Cuvier)
PS03021015000000	匙鳗属	*Mystriophis*
PS03021015000100	紫匙鳗	*Mystriophis porphyreus* (Temminck *et* Schlegel)
PS03021017000000	蛇鳗属	*Ophichthus*
PS03021017000100	尖吻蛇鳗	*Ophichthus apicalis* (Bennett)
PS03021017000300	短尾蛇鳗	*Ophichthus brevicaudatus* Chu, Wu *et* Jin
PS03021017000500	西里伯蛇鳗	*Ophichthus celebicus* (Bleeker)
PS03021017000700	颈带蛇鳗	*Ophichthus cephalzona* (Bleeker)
PS03021017000900	斑纹小齿蛇鳗	*Ophichthus erabo* Jordan *et* Snyder
PS03021017001100	艾氏蛇鳗	*Ophichthus evermanni* Jordan *et* Richardson
PS03021017001300	横带小齿蛇鳗	*Ophichthus fasciatus* Chu, Wu *et* Jin
PS03021017001500	黄斑小齿蛇鳗	*Ophichthus intermedius* (Regan)
PS03021017001700	长身蛇鳗	*Ophichthus macrochir* (Bleeker)
PS03021017001900	眼斑小齿蛇鳗	*Ophichthus polyophthalmus* (Bleeker)
PS03021017002100	窄鳍蛇鳗	*Ophichthus sternopterus* Cope
PS03021017002300	锦蛇鳗	*Ophichthus tsuchidai* Jordan *et* Snyder
PS03021017002500	裙鳍蛇鳗	*Ophichthus urolophus* (Temminck *et* Schlegel)
PS03021019000000	沙蛇鳗属	*Ophisurus*
PS03021019000100	大吻沙蛇鳗	*Ophisurus macrorhynchus* Bleeker
PS03021021000000	豆齿鳗属	*Pisoodonophis*

表 1（续）

代　　码	中　文　名　称	拉　丁　名　称
PS03021021000100	杂食豆齿鳗	*Pisoodonophis boro* (Hamilton-Buchanan)
PS03021021000300	豆齿鳗	*Pisoodonophis cancrivorus* (Richardson)
PS03021021000500	红色豆齿鳗	*Pisoodonophis rubicandus* Chen
PS03021023000000	光唇鳗属	*Xyrias*
PS03021023000100	光唇鳗	*Xyrias revulsus* Jordan *et* Snyder
PS03023000000000	锯犁鳗科	Serrivomeridae
PS03023001000000	锯犁鳗属	*Serrivomer*
PS03023001000100	锯犁鳗	*Serrivomer beani* Gill *et* Ryder
PS03025000000000	合鳃鳗科	Synaphobranchidae
PS03025001000000	合鳃鳗属	*Synaphobranchus*
PS03025001000100	合鳃盲糯鳗	*Synaphobranchus affinis* (Gunther)
PS03025001000300	柯氏合鳃鳗	*Synaphobranchus kaupii* Johnson
PS05000000000000	银汉鱼目	ATHERINIFORMES
PS05001000000000	银汉鱼科	Atherinidae
PS05001001000000	银汉鱼属	*Allanetta*
PS05001001000100	白氏银汉鱼	*Allanetta bleekeri* (Gunther)
PS05001001000300	大眼银汉鱼	*Allanetta forskali* (Ruppell)
PS05001001000500	吴氏银汉鱼	*Allanetta woodwardi* (Jordan *et* Starks)
PS05001003000000	南洋银汉鱼属	*Atherinomorus*
PS05001003000100	南洋银汉鱼	*Atherinomorus lacunosus* (Bloch *et* Schneiber)
PS05001005000000	麦银汉鱼属	*Atherion*
PS05001005000100	麦银汉鱼	*Atherion elymus* Jordan *et* Starks
PS05001007000000	浪花银汉鱼属	*Iso*
PS05001007000100	浪花银汉鱼	*Iso flosmaris* Jordan *et* Starks
PS05001007000300	刀浪花银汉鱼	*Iso rhothophilus* (Ogilby)
PS07000000000000	颌针鱼目	BELONIFORMES
PS07001000000000	颌针鱼科	Belonidae
PS07001001000000	扁颌针鱼属	*Ablennes*
PS07001001000100	横带扁颚针鱼	*Ablennes hians* (Cuvier *et* Valenciennes)
PS07001003000000	宽尾颌针鱼属	*Platybelone*
PS07001003000100	宽尾颌针鱼	*Platybelone argalus* (Bennett)
PS07001005000000	柱颌针鱼属	*Strongylura*
PS07001005000100	尖嘴柱颌针鱼	*Strongylura anastomella* (Cuvier *et* Valenciennes)
PS07001005000300	无斑柱颌针鱼	*Strongylura leiurus* (Bleeker)
PS07001005000500	斑尾柱颌针鱼	*Strongylura strongylura* (van Hasselt)
PS07001007000000	圆颌针鱼属	*Tylosurus*
PS07001007000100	鳄形圆颌针鱼	*Tylosurus crocodilus* (Lesueur)
PS07001007000300	大圆颌针鱼	*Tylosurus giganteus* (Temminck *et* Schlegel)
PS07001007000500	黑背圆颌针鱼	*Tylosurus melanotus* (Bleeker)
PS07003000000000	飞鱼科	Exocoetidae
PS07003001000000	燕鳐属	*Cypselurus*
PS07003001000100	细头燕鳐	*Cypselurus angusticeps* Nichols *et* Breder
PS07003001000300	弓头燕鳐鱼	*Cypselurus arcticeps* (Gunther)
PS07003001000500	半斑燕鳐鱼	*Cypselurus atrisignis* Jenkins
PS07003001000700	背斑燕鳐鱼	*Cypselurus bahiensis* (Ranzani)
PS07003001000900	短鳍燕鳐	*Cypselurus brevipinnis* (Valenciennes)
PS07003001001100	小燕鳐	*Cypselurus brevis* Weber *et* de Beaufort

表 1（续）

代　　码	中　文　名　称	拉　丁　名　称
PS07003001001300	横斑燕鳐	*Cypselurus cyanopterus* Cuvier *et* Valenciennes
PS07003001001500	黄斑燕鳐	*Cypselurus katoptron* (Bleeker)
PS07003001001700	垂须燕鳐	*Cypselurus naresi* (Gunther)
PS07003001001900	小鳞燕鳐鱼	*Cypselurus oligolepis* (Bleeker)
PS07003001002100	后鳍燕鳐	*Cypselurus opisthopus* (Bleeker)
PS07003001002300	尖头燕鳐鱼	*Cypselurus oxycephalus* (Bleeker)
PS07003001002500	花鳍燕鳐鱼	*Cypselurus poecilopterus* (Cuvier *et* Valenciennes)
PS07003001002700	单峰燕鳐	*Cypselurus simus* (Cuvier *et* Valenciennes)
PS07003001002900	尖鳍燕鳐鱼	*Cypselurus speculiger* (Cuvier *et* Valenciennes)
PS07003001003100	紫鳍燕鳐	*Cypselurus spilonotopterus* (Bleeker)
PS07003001003300	点鳍燕鳐鱼	*Cypselurus spilopterus* (Cuvier *et* Valenciennes)
PS07003001003500	三峰燕鳐	*Cypselurus starksi* Abe
PS07003001003700	斑条燕鳐	*Cypselurus suttoni* (Whitley *et* Colefax)
PS07003001003900	单色燕鳐	*Cypselurus unicolor* (Valenciennes)
PS07003003000000	飞鱼属	*Exocoetus*
PS07003003000100	单须飞鱼	*Exocoetus monocirrhus* Richardson
PS07003003000300	翱翔飞鱼	*Exocoetus volitans* Linnaeus
PS07003005000000	拟飞鱼属	*Parexocoetus*
PS07003005000100	短鳍拟飞鱼	*Parexocoetus brachypterus* (Richardson)
PS07003005000300	长颌拟飞鱼	*Parexocoetus mento* (Cuvier *et* Valenciennes)
PS07003007000000	真燕鳐属	*Prognichthys*
PS07003007000100	真燕鳐鱼	*Prognichthys agoo* (Temminck *et* Schlegel)
PS07003007000300	白斑真燕鳐	*Prognichthys albimaculatus* Fowler
PS07003007000500	黑鳍真燕鳐	*Prognichthys rondeleti* (Cuvier *et* Valenciennes)
PS07005000000000	鱵科	Hemiramphidae
PS07005001000000	长臂鱵属	*Euleptorhamphus*
PS07005001000100	长吻鱵	*Euleptorhamphus viridis* (van Hasselt)
PS07005003000000	鱵属	*Hemiramphus*
PS07005003000100	斑鱵	*Hemiramphus far* (Forskal)
PS07005003000300	长臂无斑鱵,南洋鱵	*Hemiramphus lutkei* Valenciennes
PS07005005000000	下鱵鱼属	*Hyporhamphus*
PS07005005000100	杜氏下鱵	*Hyporhamphus dussumieri* (Valenciennes)
PS07005005000300	简氏下鱵	*Hyporhamphus gernaerti* (Cuvier *et* Valenciennes)
PS07005005000500	间下鱵	*Hyporhamphus intermedius* (Cantor)
PS07005005000700	边鱵	*Hyporhamphus limbatus* (Valenciennes)
PS07005005000900	少耙下鱵	*Hyporhamphus paucirastris* Collette *et* Parin
PS07005005001100	瓜氏下鱵	*Hyporhamphus quoyi* Cuvier *et* Valenciennes
PS07005005001300	沙氏下鱵	*Hyporhamphus sajori* (Temminck *et* Schlegel)
PS07005005001500	台湾下鱵	*Hyporhamphus taiwanensis* Collette *et* Su
PS07005007000000	吻鱵鱼属	*Rhynchorhamphus*
PS07005007000100	乔氏鱵,乔氏吻鱵	*Rhynchorhamphus georgii* (Valenciennes)
PS07005009000000	异鳞鱵属	*Zenarchopterus*
PS07005009000100	异鳞鱵	*Zenarchopterus buffoni* (Cuvier *et* Valenciennes)
PS07007000000000	针飞鱼科	Oxyporhamphidae
PS07007001000000	针飞鱼属	*Oxyporhamphus*
PS07007001000100	黑鳍飞鱵,黑鳍针飞鱼	*Oxyporhamphus convexus* (Weber *et* de Beaufort)
PS07007001000300	小鳍针飞鱼,白鳍飞鱵	*Oxyporhamphus micropterus* (Cuvier *et* Valenciennes)

表 1（续）

代　　码	中　文　名　称	拉　丁　名　称
PS07009000000000	竹刀鱼科	Scombresocidae
PS07009001000000	秋刀鱼属	*Cololabis*
PS07009001000100	秋刀鱼	*Cololabis saira* (Brevoort)
PS09000000000000	金眼鲷目	BERYCIFORMES
PS09001000000000	奇眼鲷科	Anomalopidae
PS09001001000000	奇眼鲷属	*Anomalops*
PS09001001000100	灯颊鲷	*Anomalops katoptron* (Bleeker)
PS09003000000000	金眼鲷科	Berycidae
PS09003001000000	金眼鲷属	*Beryx*
PS09003001000100	红金眼鲷	*Beryx splendens* Lowe
PS09003003000000	拟棘鲷属	*Centroberyx*
PS09003003000100	金眼拟棘鲷	*Centroberyx rubricaudus* Liu *et* Shen
PS09005000000000	洞鳍鲷科	Diretmidae
PS09005001000000	洞鳍鲷属	*Diretmus*
PS09005001000100	银眼鲷	*Diretmus argenteus* Johnson
PS09007000000000	鳂科	Holocentridae
PS09007001000000	双棘鳂属	*Dispinus*
PS09007001000100	红双棘鳂	*Dispinus ruber* (Forskal)
PS09007003000000	锯鳞鱼属	*Myripristis*
PS09007003000100	焦黑锯鳞鱼	*Myripristis adustus* Bleeker
PS09007003000300	伯恩特锯鳞鱼	*Myripristis berndti* Jordan *et* Evermann
PS09007003000500	金鳍锯鳞鱼	*Myripristis chryseres* Jordan *et* Evermann
PS09007003000700	齿颏锯鳞鱼	*Myripristis hexagonus* (Lacepede)
PS09007003000900	黑肩锯鳞鱼	*Myripristis kuntee* Valenciennes
PS09007003001100	锯鳞鱼	*Myripristis murdjan* (Forskal)
PS09007003001300	小牙锯鳞鱼	*Myripristis parvidens* Cuvier *et* Valenciennes
PS09007003001500	红锯鳞鱼	*Myripristis pralinius* Cuvier *et* Valenciennes
PS09007003001700	塞舌尔锯鳞鱼，塞昔耳松球鱼	*Myripristis seychellensis* Cuvier
PS09007003001900	紫色锯鳞鱼	*Myripristis violaceus* Bleeker
PS09007003002100	红条锯鳞鱼	*Myripristis vittatus* Cuvier
PS09007005000000	长颏鳂属	*Neoniphon*
PS09007005000100	白边长颏鳂	*Neoniphon opercularis* (Cuvier *et* Valenciennes)
PS09007005000300	条纹长颏鳂	*Neoniphon sammara* (Forsskal)
PS09007007000000	骨鳂属	*Ostichthys*
PS09007007000100	骨鳞鱼	*Ostichthys japonicus* (Cuvier *et* Valenciennes)
PS09007007000300	卡伊岛骨鳂	*Ostichthys kaianus* (Gunther)
PS09007007000500	沈氏骨鳂	*Ostichthys sheni* Chen, Shao *et* Mok
PS09007009000000	锯眶鳂属	*Plectrypops*
PS09007009000100	锉形锯眶鳂	*Plectrypops lima* (Valenciennes)
PS09007011000000	鳂属	*Sargocentron*
PS09007011000100	斑尾鳂	*Sargocentron caudimaculatus* (Ruppell)
PS09007011000300	角鳂	*Sargocentron cornutus* (Bleeker)
PS09007011000500	黑鳍鳂	*Sargocentron diadema* (Lacepede)
PS09007011000700	银带鳂	*Sargocentron ittodai* (Jordan *et* Fowler)
PS09007011000900	乳斑鳂	*Sargocentron lacteoguttatum* (Cuvier)
PS09007011001100	棘鳂	*Sargocentron spinifer* (Forsskal)
PS09007011001300	多刺鳂	*Sargocentron spinosissimus* Temminck *et* Schlegel

表 1（续）

代　码	中 文 名 称	拉 丁 名 称
PS09007011001500	赤鳂	*Sargocentron tiere* (Cuvier *et* Valenciennes)
PS09009000000000	孔头鲷科	Melamphaidae
PS09009001000000	犀孔鲷属	*Poromitra*
PS09009001000100	厚头犀孔鲷	*Poromitra crassiceps* (Gunther)
PS09009001000300	小眼犀孔鲷	*Poromitra oscitans* Ebeling
PS09009003000000	灯孔鲷属	*Scopeloberyx*
PS09009003000100	壮体灯孔鲷	*Scopeloberyx robustus* (Gunther)
PS09009005000000	鳞孔鲷属	*Scopelogadus*
PS09009005000100	大鳞鳞孔鲷	*Scopelogadus mizolepis* (Gunther)
PS09011000000000	松球鱼科	Monocentridae
PS09011001000000	松球鱼属	*Monocentris*
PS09011001000100	松球鱼	*Monocentris japonicus* (Houttuyn)
PS09013000000000	须鳂科	Polymixiidae
PS09013001000000	须鳂属	*Polymixia*
PS09013001000100	短须须鳂	*Polymixia berndti* Gilbert
PS09013001000300	日本须鳂	*Polymixia japonica* Gunther
PS09013001000500	长棘须鳂	*Polymixia longispina* Deng, Xiong *et* Zhan
PS09015000000000	棘鲷科	Trachichthyidae
PS09015001000000	桥棘鲷属	*Gephyroberyx*
PS09015001000100	日本桥棘鲷	*Gephyroberyx japonicus* (Doderlein)
PS09015003000000	棘胸鲷属	*Hoplostethus*
PS09015003000100	红棘胸鲷	*Hoplostethus mediterraneus* Cuvier
PS09015005000000	棘臀鲷属	*Paratrachichthys*
PS09015005000100	前肛棘臀鲷	*Paratrachichthys prosthemius* (Jordan *et* Fowler)
PS11000000000000	真鲨目	CARCHARHINIFORMES
PS11001000000000	真鲨科	Carcharhinidae
PS11001001000000	直齿鲨属	*Aprionodon*
PS11001001000100	短鳍直齿鲨	*Aprionodon brevipinna* (Muller *et* Henle)
PS11001003000000	真鲨属	*Carcharhinus*
PS11001003000100	白边真鲨	*Carcharhinus albimarginatus* (Ruppell)
PS11001003000300	大鼻真鲨	*Carcharhinus altimus* (Springer)
PS11001003000500	黑背真鲨	*Carcharhinus atrodorsus* Deng, Xiong *et* Zhan
PS11001003000700	短尾真鲨	*Carcharhinus brachyurus* (Gunther)
PS11001003000900	真齿真鲨	*Carcharhinus brevipinna* (Muller *et* Henle)
PS11001003001100	杜氏真鲨	*Carcharhinus dussumieri* Compagno
PS11001003001300	镰形真鲨	*Carcharhinus falciformis* (Bibron)
PS11001003001500	恒河真鲨	*Carcharhinus gangeticus* Zhu
PS11001003001700	公牛真鲨	*Carcharhinus leucas* (Valenciennes)
PS11001003001900	侧边真鲨	*Carcharhinus limbatus* (Valenciennes)
PS11001003002100	长鳍真鲨	*Carcharhinus longimanus* (Poey)
PS11001003002300	枪头真鲨	*Carcharhinus macloti* Muller *et* Henle
PS11001003002500	乌翅真鲨	*Carcharhinus melanopterus* (Quoy *et* Gaimard)
PS11001003002700	黑印真鲨	*Carcharhinus menisorrah* (Muller *et* Henle)
PS11001003002900	小眼真鲨	*Carcharhinus microphthalmus* Chu
PS11001003003100	暗体真鲨	*Carcharhinus obscurella* Deng, Xiong *et* Zhan
PS11001003003300	灰真鲨	*Carcharhinus obscurus* (Lesueur)
PS11001003003500	侧条真鲨	*Carcharhinus pleurotaenia* (Bleeker)

表 1（续）

代　码	中 文 名 称	拉 丁 名 称
PS11001003003700	阔口真鲨	*Carcharhinus plumbeus* (Nardo)
PS11001003003900	远鳍真鲨	*Carcharhinus remotoides* Deng, Xiong *et* Zhan
PS11001003004100	沙拉真鲨	*Carcharhinus sorrah* (Muller *et* Henle)
PS11001005000000	鼬鲨属	*Galeocerdo*
PS11001005000100	鼬鲨	*Galeocerdo cuvier* (Lesueur)
PS11001007000000	基齿鲨属	*Hypoprion*
PS11001007000100	黑鳍基齿鲨	*Hypoprion atripinnis* Chu
PS11001007000300	长吻基齿鲨	*Hypoprion macloti* (Muller *et* Henle)
PS11001009000000	柠檬鲨属	*Negaprion*
PS11001009000100	柠檬鲨	*Negaprion queenslandicus* (Whitley)
PS11001011000000	沙条鲨属	*Negogaleus*
PS11001011000100	鲍氏沙条鲨	*Negogaleus balfouri* Zhu
PS11001011000300	大孔沙条鲨	*Negogaleus macrostoma* Zhu
PS11001011000500	小孔沙条鲨	*Negogaleus microstoma* Zhu
PS11001013000000	副沙条鲨属	*Paragaleus*
PS11001013000100	尖鳍副沙条鲨	*Paragaleus acutiventralis* Chu
PS11001013000300	邓氏沙条鲨	*Paragaleus tengi* (Chen)
PS11001015000000	大青鲨属	*Prionace*
PS11001015000100	大青鲨	*Prionace glauca* (Linnaeus)
PS11001017000000	斜齿鲨属	*Scoliodon*
PS11001017000100	杜氏斜齿鲨	*Scoliodon dumerili* Zhu
PS11001017000300	宽尾斜齿鲨	*Scoliodon laticaudus* Muller *et* Henle
PS11001017000500	短鳍斜齿鲨	*Scoliodon palasorrah* Zhu
PS11001017000700	尖头斜齿鲨	*Scoliodon sorrakowah* (Bleeker)
PS11001017000900	瓦氏斜齿鲨	*Scoliodon walbeehmi* (Bleeker)
PS11001019000000	三齿鲨属	*Triaenodon*
PS11001019000100	三齿鲨	*Triaenodon obesus* (Ruppell)
PS11003000000000	拟皱唇鲨科	Pseudotriakidae
PS11003001000000	拟皱唇鲨属	*Pseudotriakis*
PS11003001000100	拟皱唇鲨	*Pseudotriakis microdon* Capello
PS11005000000000	猫鲨科	Scyliorhinidae
PS11005001000000	光尾鲨属	*Apristurus*
PS11005001000100	短体光尾鲨	*Apristurus abbreviatus* Deng, Xiong *et* Zhan
PS11005001000300	无斑光尾鲨	*Apristurus acanutus* Meng *et* Li
PS11005001000500	灰光尾鲨	*Apristurus canutus* Springer *et* Heemstra
PS11005001000700	驼背光尾鲨	*Apristurus gibbosus* Meng, Chu *et* Li
PS11005001000900	霍氏光尾鲨	*Apristurus herklotsi* (Fowler)
PS11005001001100	日本光尾鲨	*Apristurus japonicus* Nakaya
PS11005001001300	长头光尾鲨	*Apristurus longicephalus* Nakaya
PS11005001001500	大吻光尾鲨	*Apristurus macrorhynchus* (Tanaka)
PS11005001001700	大口光尾鲨	*Apristurus macrostomus* Meng, Chu *et* Li
PS11005001001900	粗体光尾鲨	*Apristurus pinguis* Deng, Xiong *et* Zhan
PS11005001002100	扁吻光尾鲨	*Apristurus platyrhynchus* (Tanaka)
PS11005001002300	中华光尾鲨	*Apristurus sinensis* Chu *et* Wu
PS11005001002500	异鳞光尾鲨	*Apristurus xenolepis* Meng, Chu *et* Li
PS11005003000000	斑鲨属	*Atelomycterus*
PS11005003000100	斑鲨	*Atelomycterus marmoratus* (Bennett)

表 1（续）

代 码	中 文 名 称	拉 丁 名 称
PS11005005000000	绒毛鲨属	*Cephaloscyllium*
PS11005005000100	网纹绒毛鲨	*Cephaloscyllium fasciatum* Chan
PS11005005000300	真阴影绒毛鲨	*Cephaloscyllium isabellum* (Bonaterre)
PS11005005000500	阴影绒毛鲨	*Cephaloscyllium umbratile* Jordan *et* Fowler
PS11005007000000	双锯鲨属	*Figaro*
PS11005007000100	黑鳃双锯鲨	*Figaro melanobranchius* Deng
PS11005009000000	锯尾鲨属	*Galeus*
PS11005009000100	伊氏锯尾鲨	*Galeus eastmani* (Jordan *et* Snyder)
PS11005009000300	日本锯尾鲨	*Galeus nipponensis* Nakaya
PS11005009000500	沙氏锯尾鲨	*Galeus sauteri* (Jordan *et* Richardson)
PS11005011000000	梅花鲨属	*Halaelurus*
PS11005011000100	梅花鲨	*Halaelurus burgeri* (Muller *et* Henle)
PS11005011000300	无斑梅花鲨	*Halaelurus immaculatus* Chu *et* Meng
PS11005013000000	台湾鲨属	*Proscyllium*
PS11005013000100	哈氏台湾鲨	*Proscyllium habereri* Hilgendorf
PS11005015000000	猫鲨属	*Scyliorhinus*
PS11005015000100	虎纹猫鲨	*Scyliorhinus torazame* (Tanaka)
PS11007000000000	双髻鲨科	Sphyrnidae
PS11007001000000	双髻鲨属	*Sphyrna*
PS11007001000100	丁字双髻鲨	*Sphyrna blochi* (Cuvier)
PS11007001000300	路氏双髻鲨	*Sphyrna lewini* (Griffith *et* Smith)
PS11007001000500	无沟双髻鲨	*Sphyrna mokarran* (Ruppell)
PS11007001000700	锤头双髻鲨	*Sphyrna zygaena* (Linnaeus)
PS11009000000000	皱唇鲨科	Triakidae
PS11009001000000	光唇鲨属	*Eridacnis*
PS11009001000100	光唇鲨	*Eridacnis radcliffei* Smith
PS11009003000000	星鲨属	*Mustelus*
PS11009003000100	灰星鲨	*Mustelus griseus* Pietschmann
PS11009003000300	前鳍星鲨	*Mustelus kanekonis* (Tanaka)
PS11009003000500	白斑星鲨	*Mustelus manazo* Bleeker
PS11009005000000	皱唇鲨属	*Triakis*
PS11009005000100	皱唇鲨	*Triakis scyllium* Muller *et* Henle
PS11009005000300	斑点皱唇鲨	*Triakis venustum* Zhu *et* Meng
PS13000000000000	鲸头鱼目	CETOMIMIFORMES
PS13001000000000	辫鱼科	Ateleopodidae
PS13001001000000	辫鱼属	*Ateleopus*
PS13001001000100	紫辫鱼	*Ateleopus purpureus* Tanaka
PS13003000000000	刺鲸科	Barbourisiidae
PS13003001000000	刺鲸属	*Barbourisia*
PS13003001000100	刺皮鲸口鱼	*Barbourisia rufa* Parr
PS13005000000000	大鼻鱼科	Megalomycteridae
PS13005001000000	狮鼻鱼属	*Vitiaziella*
PS13005001000100	狮鼻鱼	*Vitiaziella cubiceps* Rass
PS13007000000000	龙氏鱼科	Rondeletiidae
PS13007001000000	龙氏鱼属	*Rondeletia*
PS13007001000100	网肩龙氏鱼	*Rondeletia loricata* Abe *et* Hotta
PS15000000000000	银鲛目	CHIMAERIFORMES

表 1（续）

代　　码	中　文　名　称	拉　丁　名　称
PS15001000000000	银鲛科	Chimaeridae
PS15001001000000	银鲛属	*Chimaera*
PS15001001000100	乔氏银鲛	*Chimaera jordani* Tanaka
PS15001001000300	黑线银鲛	*Chimaera phantasma* Jordan *et* Snyder
PS15001003000000	尖吻银鲛属	*Harriotta*
PS15001003000100	后鳍尖吻银鲛	*Harriotta opisthoptera* Deng, Xiong *et* Zhan
PS15001005000000	兔银鲛属	*Hydrolagus*
PS15001005000100	曾氏兔银鲛	*Hydrolagus tsengi* (Fang *et* Wang)
PS15001007000000	冬银鲛属	*Psychichthys*
PS15001007000100	冬银鲛	*Psychichthys mitsukurii* (Dean)
PS15003000000000	吻银鲛科	Rhinochimaeridae
PS15003001000000	吻银鲛属	*Rhinochimaera*
PS15003001000100	太平洋吻银鲛	*Rhinochimaera pacifica* (Mitsukuri)
PS17000000000000	鲱形目	CLUPEIFORMES
PS17001000000000	宝刀鱼科	Chirocentridae
PS17001001000000	宝刀鱼属	*Chirocentrus*
PS17001001000100	宝刀鱼	*Chirocentrus dorab* (Forsskal)
PS17001001000300	长颌宝刀鱼	*Chirocentrus nudus* Swainson
PS17003000000000	鲱科	Clupeidae
PS17003001000000	钝腹沙丁属	*Amblygaster*
PS17003001000100	多斑钝腹沙丁	*Amblygaster sirm* (Walbaum)
PS17003003000000	无齿鰶属	*Anodontostoma*
PS17003003000100	无齿鰶	*Anodontostoma chacunda* (Buchanan-Hamilton)
PS17003005000000	鰶属	*Clupanodon*
PS17003005000100	花点鲥	*Clupanodon kelee* (Cuvier)
PS17003005000300	花鰶	*Clupanodon thrissa* (Linnaeus)
PS17003007000000	鲱属	*Clupea*
PS17003007000100	鲱	*Clupea harengus* Linnaeus
PS17003009000000	圆腹鲱鱼属	*Dussumieria*
PS17003009000100	尖吻圆腹鲱	*Dussumieria acuta* Valenciennes
PS17003009000300	圆腹鲱	*Dussumieria elopsoides* Bleeker
PS17003011000000	洁白鲱属	*Eseualosa*
PS17003011000100	洁白鲱	*Eseualosa thoracata* (Valenciennes)
PS17003013000000	脂眼鲱属	*Etrumeus*
PS17003013000100	脂眼鲱	*Etrumeus teres* (De Kay)
PS17003015000000	青鳞属	*Herklotsichthys*
PS17003015000100	四点青鳞	*Herklotsichthys quadrimaculatus* (Ruppell)
PS17003017000000	鳓属	*Ilisha*
PS17003017000100	鳓鱼	*Ilisha elongata* (Bennett)
PS17003017000300	黑口鳓	*Ilisha melastoma* (Bloch *et* Schneider)
PS17003019000000	斑鰶属	*Konosirus*
PS17003019000100	斑鰶	*Konosirus punctatus* (Temminck *et* Schlegel)
PS17003021000000	海鰶属	*Nematalosa*
PS17003021000100	环球海鰶	*Nematalosa come* (Richardson)
PS17003021000300	日本海鰶	*Nematalosa japonica* Regan
PS17003021000500	圆吻海鰶	*Nematalosa nasus* (Bloch)
PS17003023000000	后鳍鱼属	*Opisthopterus*

表 1（续）

代　码	中 文 名 称	拉 丁 名 称
PS17003023000100	后鳍鱼	*Opisthopterus tardoore* (Cuvier *et* Valenciennes)
PS17003025000000	拟鳓属	*Pellona*
PS17003025000100	庇隆鳓	*Pellona ditchela* Valenciennes
PS17003027000000	沙丁鱼属	*Sardinella*
PS17003027000100	白沙丁鱼	*Sardinella albella* (Valenciennes)
PS17003027000300	短体小沙丁鱼	*Sardinella brachysoma* Bleeker
PS17003027000500	短颌沙丁鱼	*Sardinella clupeoides* (Bleeker)
PS17003027000700	繸鳞沙丁鱼	*Sardinella fimbriata* (Valenciennes)
PS17003027000900	金带沙丁鱼	*Sardinella gibbosa* (Bleeker)
PS17003027001100	花莲沙丁鱼	*Sardinella hualiensis* (Chu *et* Tsai)
PS17003027001300	裘氏沙丁鱼	*Sardinella jussieui* (Valenciennes)
PS17003027001500	金色沙丁鱼	*Sardinella lemuru* Bleeker
PS17003027001700	黑尾沙丁鱼	*Sardinella melanura* (Cuvier)
PS17003027001900	理氏沙丁鱼	*Sardinella richardsoni* Whitehead
PS17003027002100	信德沙丁鱼	*Sardinella sindensis* (Day)
PS17003027002300	青鳞沙丁鱼	*Sardinella zunasi* (Bleeker)
PS17003029000000	莎瑙鱼属	*Sardinops*
PS17003029000100	斑点莎瑙鱼	*Sardinops melanosticta* (Temminck *et* Schlegel)
PS17003031000000	银带鲱属	*Spratelloides*
PS17003031000100	日本银带鲱	*Spratelloides gracilis* (Temminck *et* Schlegel)
PS17003033000000	鲥属	*Tenualosa*
PS17003033000100	鲥	*Tenualosa reevesi* (Richardson)
PS17005000000000	鳀科	Engraulidae
PS17005001000000	鲚属	*Coilia*
PS17005001000100	短颌鲚	*Coilia brachygnathus* Kreyenberg *et* Pappenbein
PS17005001000300	刀鲚	*Coilia ectenes* Jordan *et* Seale
PS17005001000500	七丝鲚	*Coilia grayii* Richardson
PS17005001000700	凤鲚	*Coilia mystus* (Linnaeus)
PS17005003000000	鳀属	*Engraulis*
PS17005003000100	日本鳀	*Engraulis japonicus* Schlegel
PS17005005000000	黄鲫属	*Setipinna*
PS17005005000100	黄鲫	*Setipinna taty* (Cuvier *et* Valenciennes)
PS17005007000000	小公鱼属	*Stolephorus*
PS17005007000100	中华小公鱼	*Stolephorus chinensis* (Gunther)
PS17005007000300	康氏小公鱼	*Stolephorus commersonii* Lacepede
PS17005007000500	尖吻小公鱼	*Stolephorus heterolobus* (Ruppell)
PS17005007000700	印度小公鱼	*Stolephorus indicus* (van Hasselt)
PS17005007000900	岛屿小公鱼	*Stolephorus insularis* Hardenberg
PS17005007001100	棘小公鱼	*Stolephorus punctifer* (Fowler)
PS17005007001300	山东小公鱼，多棘小公鱼	*Stolephorus shantungensis* (Li)
PS17005007001500	棘背小公鱼，印尼小公鱼	*Stolephorus tri* (Bleeker)
PS17005007001700	青带小公鱼	*Stolephorus zollingeri* (Bleeker)
PS17005009000000	棱鳀属	*Thryssa*
PS17005009000100	芝芜棱鳀	*Thryssa chefuensis* (Gunther)
PS17005009000300	杜氏棱鳀	*Thryssa dussumieri* (Cuvier *et* Valenciennes)
PS17005009000500	汉氏棱鳀	*Thryssa hamiltonii* Gray
PS17005009000700	赤鼻棱鳀	*Thryssa kammalensis* (Bleeker)

表 1（续）

代　码	中 文 名 称	拉 丁 名 称
PS17005009000900	中颌棱鳀	*Thryssa mystax* (Bloch *et* Schneider)
PS17005009001100	长颌棱鳀	*Thryssa setirostris* (Broussonet)
PS17005009001300	黄吻棱鳀	*Thryssa vitirostris* (Gilchrist *et* Thompson)
PS17007000000000	长背鱼科	Pterothrissidae
PS17007001000000	长背鱼属	*Pterothrissus*
PS17007001000100	长背鱼	*Pterothrissus gissu* Hilgendorf
PS19000000000000	鲤形目	CYPRINIFORMES
PS19001000000000	胭脂鱼科	Catostomidae
PS19001001000000	胭脂鱼属	*Myxocyprinus*
PS19001001000100	胭脂鱼	*Myxocyprinus asiaticus* (Bleeker)
PS19003000000000	鳅科	Cobitidae
PS19003001000000	阿波鳅属	*Aborichthys*
PS19003001000100	墨脱阿波鳅	*Aborichthys kempi* Chaudhuri
PS19003003000000	马头鳅属	*Acanthopsis*
PS19003003000100	马头鳅	*Acanthopsis choirorhyrchos* (Bleeker)
PS19003005000000	拟长鳅属	*Acanthopsoides*
PS19003005000100	拟长鳅	*Acanthopsoides gracilis* Fowler
PS19003007000000	须鳅属	*Barbatula*
PS19003007000100	阿勒泰须鳅	*Barbatula altayensis* Zhu
PS19003007000300	北方须鳅	*Barbatula barbatula nudus* (Bleeker)
PS19003007000500	穗唇须鳅	*Barbatula labiata* (McClelland)
PS19003007000700	小眼须鳅	*Barbatula microphthalma* (Kessler)
PS19003009000000	沙鳅属	*Botia*
PS19003009000100	斑鳍沙鳅	*Botia beauforti* Smith *et* Chu
PS19003009000300	缅甸沙鳅	*Botia berdmorei* (Blyth)
PS19003009000500	伊洛瓦底沙鳅	*Botia histrionica* Blyth
PS19003009000700	南方沙鳅	*Botia lucasbahi* Fowler
PS19003009000900	黑线沙鳅	*Botia nigrolineata* (Kottelat *et* Chu)
PS19003009001100	美丽沙鳅	*Botia pulchra* Wu
PS19003009001300	宽体沙鳅	*Botia reevesae* Chang
PS19003009001500	壮体沙鳅	*Botia robusta* Wu
PS19003009001700	突吻沙鳅	*Botia rostrata* Gunther
PS19003009001900	中华沙鳅	*Botia superciliaris* Gunther
PS19003009002100	云南沙鳅	*Botia yunnanensis* Chen
PS19003011000000	花鳅属	*Cobitis*
PS19003011000100	沙花鳅	*Cobitis arenae* (Lin)
PS19003011000300	北方花鳅	*Cobitis granoci* Rendahl
PS19003011000500	斑条花鳅	*Cobitis laterimaculata* Yan *et* Zheng
PS19003011000700	黑龙江花鳅	*Cobitis lutheri* Rendahl
PS19003011000900	大斑花鳅	*Cobitis macrostigma* Dabry
PS19003011001100	中华花鳅	*Cobitis sinensis* Sauvage *et* Dabry
PS19003013000000	间条鳅属	*Heminoemacheilus*
PS19003013000100	郑氏间条鳅	*Heminoemacheilus zhengbaoshani* Zhu *et* Cao
PS19003015000000	北鳅属	*Lefua*
PS19003015000100	北鳅	*Lefua costata* (Kessler)
PS19003017000000	鳞头鳅属	*Lepidocephalus*
PS19003017000100	鳞头鳅	*Lepidocephalus octocirrhus* (van Hasselt)

表 1（续）

代　　码	中　文　名　称	拉　丁　名　称
PS19003019000000	薄鳅属	*Leptobotia*
PS19003019000100	短薄鳅	*Leptobotia curta* (Temminck *et* Schlegel)
PS19003019000300	长薄鳅	*Leptobotia elongata* (Bleeker)
PS19003019000500	黄线薄鳅	*Leptobotia flavolineata* Wang
PS19003019000700	桂林薄鳅	*Leptobotia guilinensis* Chen
PS19003019000900	小眼薄鳅	*Leptobotia microphthalrna* Fu *et* Ye
PS19003019001100	东方薄鳅	*Leptobotia orientalis* Xu
PS19003019001300	薄鳅	*Leptobotia pellegrini* Fang
PS19003019001500	后鳍薄鳅	*Leptobotia posterodoralis* Lan *et* Chen
PS19003019001700	红唇薄鳅	*Leptobotia rubrilabris* (Dabry *et* Thiersant)
PS19003019001900	紫薄鳅	*Leptobotia taeniops* (Sauvage)
PS19003019002100	张氏薄鳅	*Leptobotia tchangi* Fang
PS19003019002300	扁尾薄鳅	*Leptobotia tientaiensis* (Wu)
PS19003019002500	斑纹薄鳅	*Leptobotia zebra* (Wu)
PS19003021000000	小条鳅属	*Micronemacheilus*
PS19003021000100	美丽小条鳅	*Micronemacheilus pulcher* (Nichols *et* Pope)
PS19003023000000	泥鳅属	*Misgurnus*
PS19003023000100	泥鳅	*Misgurnus anguillicaudatus* (Cantor)
PS19003023000300	北方泥鳅	*Misgurnus bipartitus* (Sauvage *et* Dabry)
PS19003023000500	黑龙江泥鳅	*Misgurnus mohoity* (Dybowski)
PS19003025000000	条鳅属	*Nemacheilus*
PS19003025000100	厚唇新条鳅	*Nemacheilus labeosus* (Kottelat)
PS19003025000300	多纹条鳅	*Nemacheilus polytaenia* Zhu
PS19003025000500	葡萄条鳅	*Nemacheilus putaoensis* Rendahl
PS19003025000700	双江条鳅	*Nemacheilus shuangjiangensis* Zhu *et* Wang
PS19003025000900	浅棕条鳅	*Nemacheilus subfuscus* (McClelland)
PS19003025001100	盈江条鳅	*Nemacheilus yingjiangensis* Zhu
PS19003027000000	新条鳅属	*Neonoemacheilus*
PS19003027000100	孟定新条鳅	*Neonoemacheilus mengdingensis* Zhu *et* Guo
PS19003029000000	平头鳅属	*Oreonectes*
PS19003029000100	无眼平头鳅,无眼平鳅	*Oreonectes anophthalmus* Chen *et* Chu
PS19003029000300	叉尾平头鳅	*Oreonectes furcocaudalis* Zhu *et* Cao
PS19003029000500	平头鳅	*Oreonectes platycephalus* Gunther
PS19003031000000	副沙鳅属	*Parabotia*
PS19003031000100	武昌副沙鳅	*Parabotia banarescui* (Nalbant)
PS19003031000300	双斑副沙鳅	*Parabotia bimaculata* Chen
PS19003031000500	花斑副沙鳅	*Parabotia fasciata* Dabry
PS19003031000700	漓江副沙鳅	*Parabotia lijiangensis* Chen
PS19003031000900	点面副沙鳅	*Parabotia maculosa* (Wu)
PS19003031001100	小副沙鳅	*Parabotia parva* Chen
PS19003033000000	副鳅属	*Paracobitis*
PS19003033000100	拟鳗副鳅	*Paracobitis anguillioides* Zhu *et* Wang
PS19003033000300	洱海副鳅	*Paracobitis erhaiensis* Zhu *et* Cao
PS19003033000500	寡鳞副鳅	*Paracobitis oligolepis* Cao *et* Zhu
PS19003033000700	短体副鳅	*Paracobitis potanini* Gunther
PS19003033000900	红尾副鳅	*Paracobitis variegatus* (Sauvage *et* Dabry)
PS19003033001100	乌江副鳅	*Paracobitis wujiangensis* Ding *et* Deng

表 1（续）

代　　码	中　文　名　称	拉　丁　名　称
PS19003035000000	细头鳅属	*Paralepidocephalus*
PS19003035000100	细头鳅	*Paralepidocephalus yui* Tchang
PS19003037000000	副泥鳅属	*Paramisgurnus*
PS19003037000100	大鳞副泥鳅	*Paramisgurnus dabryanus* Sauvage
PS19003039000000	南鳅属	*Schistura*
PS19003039000100	鼓颊南鳅	*Schistura bucculentus* (Smith)
PS19003039000300	美斑南鳅	*Schistura callichroma* (Zhu *et* Wang)
PS19003039000500	锥吻南鳅	*Schistura conirostris* Steindachner
PS19003039000700	戴氏南鳅	*Schistura dabryi* (Sarvage)
PS19003039000900	横纹南鳅	*Schistura fasciolatus* (Nichols *et* Pope)
PS19003039001100	个旧盲南鳅	*Schistura gejiuensis* (Chu *et* Chen)
PS19003039001300	无斑南鳅	*Schistura incerta* (Nichols)
PS19003039001500	侧带南鳅	*Schistura laterivittata* (Zhu *et* Wang)
PS19003039001700	宽纹南鳅	*Schistura latifasciata* (Zhu *et* Wang)
PS19003039001900	长南鳅	*Schistura longus* (Zhu)
PS19003039002100	南方南鳅	*Schistura meridionalis* (Zhu)
PS19003039002300	南定南鳅	*Schistura nandingensis* (Zhu *et* Wang)
PS19003039002500	稀有南鳅	*Schistura rara* (Zhu *et* Cao)
PS19003039002700	泰国南鳅	*Schistura thai* (Fowler)
PS19003039002900	密纹南鳅	*Schistura vinciguerrae* (Hore)
PS19003039003100	湘西盲南鳅	*Schistura xiangxiensis* (Yang)
PS19003041000000	球鳔鳅属	*Sphaerophysa*
PS19003041000100	滇池球鳔鳅	*Sphaerophysa dianchiensis* Cao *et* Zhu
PS19003043000000	高原鳅属	*Triplophysa*
PS19003043000100	阿里高原鳅	*Triplophysa aliensis* (Wu *et* Zhu)
PS19003043000300	隆头高原鳅	*Triplophysa alticeps* (Herzenstein)
PS19003043000500	安氏高原鳅	*Triplophysa angeli* (Fang)
PS19003043000700	前鳍高原鳅	*Triplophysa anterodorsalis* Zhu *et* Cao
PS19003043000900	勃氏高原鳅	*Triplophysa bleekeri* (Sauvage *et* Dabry)
PS19003043001100	隆额高原鳅	*Triplophysa bombifrons* (Herzenstein)
PS19003043001300	茶卡高原鳅	*Triplophysa cakaensis* Cao *et* Zhu
PS19003043001500	软口高原鳅，铲颌高原鳅	*Triplophysa chondrostoma* (Herzenstein)
PS19003043001700	粗唇高原鳅	*Triplophysa crassilabris* Ding
PS19003043001900	尖头高原鳅	*Triplophysa cuneicephala* (Shaw *et* Tchang)
PS19003043002100	达里湖高原鳅	*Triplophysa dalaica* (Kessler)
PS19003043002300	黑背高原鳅	*Triplophysa dorsalis* (Kessler)
PS19003043002500	暗色高原鳅	*Triplophysa furva* Zhu
PS19003043002700	抚仙高原鳅	*Triplophysa fuxianensis* Yang *et* Chu
PS19003043002900	昆明高原鳅	*Triplophysa grahami* (Regan)
PS19003043003100	郃阳高原鳅	*Triplophysa heyangensis* Zhu
PS19003043003300	忽吉图高原鳅	*Triplophysa hutjertjuensis* (Rendahl)
PS19003043003500	湖高原鳅	*Triplophysa lacustris* Wu *et* Lin
PS19003043003700	梭形高原鳅	*Triplophysa leptosoma* (Herzenstein)
PS19003043003900	蛇形高原鳅	*Triplophysa longianguis* Wu *et* Wu
PS19003043004100	大斑高原鳅	*Triplophysa macromaculatus* Yang
PS19003043004300	大眼高原鳅	*Triplophysa macrophthalma* Ishiyama
PS19003043004500	麻尔柯高原鳅，麻尔柯河高原鳅	*Triplophysa markehenensis* (Zhu *et* Wu)

表 1（续）

代　　码	中 文 名 称	拉 丁 名 称
PS19003043004700	小鳔高原鳅	*Triplophysa microphysa* (Fang)
PS19003043004900	小眼高原鳅	*Triplophysa microps* (Steindachner)
PS19003043005100	小体高原鳅	*Triplophysa minuta* (Li)
PS19003043005300	岷县高原鳅	*Triplophysa minxianensis* (Wang *et* Zhu)
PS19003043005500	墨曲高原鳅	*Triplophysa moquensis* Ding
PS19003043005700	黑体高原鳅	*Triplophysa obscura* Wang
PS19003043005900	东方高原鳅	*Triplophysa orientalis* (Herzenstein)
PS19003043006100	黄河高原鳅	*Triplophysa pappenheimi* (Fang)
PS19003043006300	拟硬刺高原鳅	*Triplophysa pseudoscleroptera* (Zhu *et* Wu)
PS19003043006500	甘肃高原鳅	*Triplophysa robusta* (Kessler)
PS19003043006700	圆腹高原鳅	*Triplophysa rotundiventris* (Wu *et* Chen)
PS19003043006900	硬刺高原鳅	*Triplophysa scleroptera* (Herzenstein)
PS19003043007100	赛丽高原鳅	*Triplophysa sellaefer* (Nichols)
PS19003043007300	石林盲高原鳅	*Triplophysa shilinensis* (Chen *et* Yang)
PS19003043007500	拟鲶高原鳅	*Triplophysa siluroides* (Herzenstein)
PS19003043007700	细尾高原鳅	*Triplophysa stenura* (Herzenstein)
PS19003043007900	刺突高原鳅	*Triplophysa stewarti* (Hora)
PS19003043008100	斯氏高原鳅	*Triplophysa stoliczkae* (Steindachner)
PS19003043008300	黑斑高原鳅	*Triplophysa strauchii* (Kessler)
PS19003043008500	窄尾高原鳅	*Triplophysa tenuicauda* (Steindachner)
PS19003043008700	长身高原鳅	*Triplophysa tenuis* (Day)
PS19003043008900	西藏高原鳅	*Triplophysa tibetana* (Regan)
PS19003043009100	秀丽高原鳅	*Triplophysa venusta* Zhu *et* Cao
PS19003043009300	武威高原鳅	*Triplophysa wuweiensis* (Li *et* Chang)
PS19003043009500	西昌高原鳅	*Triplophysa xichangensis* Zhu *et* Cao
PS19003043009700	云南高原鳅	*Triplophysa yunnanensis* Yang
PS19003045000000	云南鳅属	*Yunnanilus*
PS19003045000100	高体云南鳅	*Yunnanilus altus* Kottelat *et* Chu
PS19003045000300	长臀云南鳅	*Yunnanilus analis* Yang
PS19003045000500	异色云南鳅	*Yunnanilus discoloris* Zhou *et* He
PS19003045000700	纺锤云南鳅	*Yunnanilus elakatis* Cao *et* Zhu
PS19003045000900	长鳔云南鳅	*Yunnanilus longibulla* Yang
PS19003045001100	膨腹云南鳅	*Yunnanilus macrogaster* Kottelat *et* Chu
PS19003045001300	黑体云南鳅	*Yunnanilus niger* Kottelat *et* Chu
PS19003045001500	黑斑云南鳅	*Yunnanilus nigromaculatus* (Regan)
PS19003045001700	宽头云南鳅	*Yunnanilus pachycephalus* Kottelat *et* Chu
PS19003045001900	沼泽云南鳅	*Yunnanilus paludosus* Kottelat *et* Chu
PS19003045002100	小云南鳅	*Yunnanilus parvus* Kottelat *et* Chu
PS19003045002300	侧纹云南鳅	*Yunnanilus plenrotaenia* (Regan)
PS19003045002500	阳宗海云南鳅	*Yunnanilus yanzonghaiensis* Cao *et* Zhu
PS19005000000000	鲤科	Cyprinidae
PS19005001000000	棒花鱼属	*Abbottina*
PS19005001000100	辽宁棒花鱼	*Abbottina liaoningensis* Qin
PS19005001000300	钝吻棒花鱼	*Abbottina obtusirostris* Wu *et* Wang
PS19005003000000	欧鳊属	*Abramis*
PS19005003000100	欧鳊	*Abramis brama* Berg
PS19005005000000	刺鮈属	*Acanthogobio*

表 1(续)

代　码	中 文 名 称	拉 丁 名 称
PS19005005000100	刺鮈	*Acanthogobio guentheri* Herzenstein
PS19005007000000	鱊属	*Acheilognathus*
PS19005007000100	短须鱊	*Acheilognathus barbatulus* Gunther
PS19005007000300	须鱊	*Acheilognathus barbatus* Nichols
PS19005007000500	兴凯鱊	*Acheilognathus chankaensis* Dybowski
PS19005007000700	长身鱊	*Acheilognathus elongatus* Regan
PS19005007000900	无须鱊	*Acheilognathus gracilis* Nichols
PS19005007001100	寡鳞鱊	*Acheilognathus hypselonotus* Bleeker
PS19005007001300	大鳍鱊	*Acheilognathus macropterus* Bleeker
PS19005007001500	峨眉鱊	*Acheilognathus omeiensis* Shih *et* Tchang
PS19005007001700	多鳞鱊	*Acheilognathus polylepis* Woo
PS19005007001900	巨口鱊	*Acheilognathus tabira* Jordan *et* Thompson
PS19005009000000	光唇鱼属	*Acrossocheilus*
PS19005009000100	多耙光唇鱼	*Acrossocheilus clivosius* (Lin)
PS19005009000300	细身光唇鱼	*Acrossocheilus elongatus* (Pellegrin *et* Chevey)
PS19005009000500	光唇鱼	*Acrossocheilus fasciatus* (Steindachner)
PS19005009000700	半刺厚唇鱼	*Acrossocheilus hemispinus* Nichols
PS19005009000900	大鳞光唇鱼	*Acrossocheilus ikedai* (Harada)
PS19005009001100	虹彩光唇鱼	*Acrossocheilus iridescens* (Nichols *et* Pope)
PS19005009001300	河口光唇鱼	*Acrossocheilus krempfi* (Pellegrin *et* Chevey)
PS19005009001500	薄颌光唇鱼	*Acrossocheilus kreyenbergi* (Regan)
PS19005009001700	厚唇鱼	*Acrossocheilus labiatus* (Regan)
PS19005009001900	宽口光唇鱼	*Acrossocheilus monticola* Gunther
PS19005009002100	侧条厚唇鱼	*Acrossocheilus parallens* (Nichols)
PS19005009002300	窄条光唇鱼	*Acrossocheilus stenotaeniatus* Chu *et* Cui
PS19005009002500	温州厚唇鱼	*Acrossocheilus wenchowensis* Wang
PS19005009002700	云南光唇鱼	*Acrossocheilus yunnanensis* (Regan)
PS19005011000000	白鱼属	*Anabarilius*
PS19005011000100	银白鱼	*Anabarilius alburnops* (Regan)
PS19005011000300	星云白鱼	*Anabarilius andersoni* Regan
PS19005011000500	鱇鲍白鱼	*Anabarilius grahami* Regan
PS19005011000700	西昌白鱼	*Anabarilius liui* Chang
PS19005011000900	长尾白鱼	*Anabarilius longicaudatus* Chen
PS19005011001100	大鳞白鱼	*Anabarilius macrolepis* Yih *et* Woo
PS19005011001300	斑白鱼	*Anabarilius maculatus* Chen *et* Chu
PS19005011001500	多鳞白鱼	*Anabarilius polylepis* (Regan)
PS19005011001700	杞麓白鱼	*Anabarilius qiluensis* Chen *et* Chu
PS19005011001900	邛海白鱼	*Anabarilius qionghaiensis* Chen
PS19005011002100	嵩明白鱼	*Anabarilius songmingensis* Chen *et* Chu
PS19005011002300	山白鱼	*Anabarilius transmontana* (Nichols)
PS19005011002500	寻甸白鱼	*Anabarilius xundianensis* He
PS19005011002700	阳宗白鱼	*Anabarilius yangzonensis* Chen *et* Chu
PS19005013000000	近红鲌属	*Ancherythroculter*
PS19005013000100	高体近红鲌	*Ancherythroculter kurematsui* (Kimura)
PS19005013000300	大眼近红鲌	*Ancherythroculter lini* Luo
PS19005013000500	黑尾近红鲌	*Ancherythroculter nigrocauda* Yih *et* Woo
PS19005013000700	汪氏近红鲌,短鳍近红鲌	*Ancherythroculter wangi* (Tchang)

表 1(续)

代码	中文名称	拉丁名称
PS19005015000000	细鲫属	*Aphyocypris*
PS19005015000100	中华细鲫	*Aphyocypris chinensis* Gunther
PS19005015000300	台湾细鲫	*Aphyocypris kikuchii* Oshima
PS19005015000500	林氏细鲫	*Aphyocypris lini* Weitzman *et* Chan
PS19005017000000	鳙属	*Aristichthys*
PS19005017000100	鳙	*Aristichthys nobilis* (Richardson)
PS19005019000000	异鲴属	*Aspidoparia*
PS19005019000100	异鲴	*Aspidoparia morar* Hamilton
PS19005021000000	扁吻鱼属	*Aspiorhynchus*
PS19005021000100	扁吻鱼	*Aspiorhynchus laticeps* (Day)
PS19005023000000	黑线䱗属	*Atrilinea*
PS19005023000100	大鳞黑线䱗	*Atrilinea macrolepis* Song *et* Fang
PS19005023000300	大眼黑线䱗	*Atrilinea macrops* Lin
PS19005023000500	黑线䱗	*Atrilinea roulei* (Wu)
PS19005025000000	袋唇鱼属	*Balantiocheilus*
PS19005025000100	袋唇鱼	*Balantiocheilus hekouensis* (Wu)
PS19005027000000	四须鲃属	*Barbodes*
PS19005027000100	软鳍四须鲃	*Barbodes benasi* (Pellegrin *et* Chevey)
PS19005027000300	棱四须鲃	*Barbodes carinatus* Wu *et* Lin
PS19005027000500	湖四须鲃	*Barbodes chonglingchungi* Tchang
PS19005027000700	洱海四须鲃	*Barbodes daliensis* Wu *et* Lin
PS19005027000900		*Barbodes daruphani*
PS19005027001100	油四须鲃	*Barbodes exigua* Wu *et* Lin
PS19005027001300	抚仙四须鲃	*Barbodes fuxianhuensis* (Wang *et* al)
PS19005027001500	墨脱四须鲃	*Barbodes hexagonlepis* McClelland
PS19005027001700	云南四须鲃	*Barbodes huangchuchieni* (Tchang)
PS19005027001900	宽头四须鲃	*Barbodes laticeps* Lin *et* Zhang
PS19005027002100	太平四须鲃	*Barbodes margarianus* (Anderson)
PS19005027002300	后鳍四须鲃	*Barbodes opisthoptera* Wu
PS19005027002500	小四须鲃	*Barbodes parva* Wu *et* lin
PS19005027002700	高体四须鲃	*Barbodes pierrei* (Sauvage)
PS19005027002900	多鳞四须鲃	*Barbodes polylepis* Chen *et* Li
PS19005027003100	保山四须鲃	*Barbodes wynaadensis* (Day)
PS19005029000000	低线鱲属	*Barilius*
PS19005029000100	滇西低线鱲	*Barilius barila* (Hamilton)
PS19005029000300	斑尾低线鱲	*Barilius caudiocellatus* Chu
PS19005029000500	丽色低线鱲	*Barilius pulchellus* Smith
PS19005031000000	似鮈属	*Belligobio*
PS19005031000100	似鮈	*Belligobio nummifer* (Boulenger)
PS19005031000300	彭县似鮈	*Belligobio pengxianensis* Lo, Yao *et* Chen
PS19005033000000	须鱲属	*Candidia*
PS19005033000100	须鱲	*Candidia barbata* (Regan)
PS19005035000000	二须鲃属	*Capoeta*
PS19005035000100	条纹小鲃,条纹二须鲃	*Capoeta semifasciolata* Oshima
PS19005037000000	须鲫属	*Carassioides*
PS19005037000100	须鲫	*Carassioides cantonensis* Heincke
PS19005039000000	鲫属	*Carassius*

表 1（续）

代码	中文名称	拉丁名称
PS19005039000100	鲫	*Carassius auratus* (Linnaeus)
PS19005039000300	黑鲫	*Carassius carassius* (Linnaeus)
PS19005041000000	黄河鱼属	*Chuanchia*
PS19005041000100	骨唇黄河鱼	*Chuanchia labiosa* Herzenstein
PS19005043000000	鲮属	*Cirrhinus*
PS19005043000100	鲮	*Cirrhinus molitorella* (Cuvier *et* Valenciennes)
PS19005045000000	铜鱼属	*Coreius*
PS19005045000100	圆口铜鱼	*Coreius guichenoti* (Sauvage *et* Dabry)
PS19005045000300	铜鱼	*Coreius heterodon* (Bleeker)
PS19005045000500	北方铜鱼	*Coreius septentrionalis* Nichols
PS19005047000000	方口鲃属	*Cosmochilus*
PS19005047000100	红鳍方口鲃	*Cosmochilus cardinalis* Chu *et* Roberts
PS19005047000300	南腊方口鲃	*Cosmochilus nanlaensis* Chen
PS19005049000000	缨唇鲃属	*Crossocheilus*
PS19005049000100	巴马缨唇鲃	*Crossocheilus bamaensis* Fang
PS19005049000300	彩花缨唇鲃	*Crossocheilus latius* (Halmiton)
PS19005049000500	张氏缨唇鲃，网纹缨唇鲃	*Crossocheilus reticulatus* Fowler
PS19005051000000	草鱼属	*Ctenopharyngodon*
PS19005051000100	草鱼	*Ctenopharyngodon idellus* (Cuvier *et* Valenciennes)
PS19005053000000	鲌属	*Culter*
PS19005053000100	翘嘴鲌	*Culter alburnus* Basilewsky
PS19005053000300	达氏鲌	*Culter dabryi* Bleeker
PS19005053000500	蒙古鲌	*Culter mongolicus* Basilewsky
PS19005053000700	拟尖头鲌	*Culter oxycephaloides* Kreyenberg *et* Pappenheim
PS19005053000900	尖头鲌	*Culter oxycephalus* Bleeker
PS19005055000000	原鲌属	*Cultrichthys*
PS19005055000100	扁体原鲌	*Cultrichthys compressocorpus* Yih *et* Chu
PS19005055000300	红鳍原鲌	*Cultrichthys erythropterus* Basilewsky
PS19005057000000	圆唇鱼属	*Cyclocheilichthys*
PS19005057000100	圆唇鱼	*Cyclocheilichthys sinensis* Bleeker
PS19005059000000	鲤属	*Cyprinus*
PS19005059000100	尖鳍鲤	*Cyprinus acutidorsalis* Wang
PS19005059000300	鲤	*Cyprinus carpio* Linnaeus
PS19005059000500	厚唇鲤	*Cyprinus chilia* Wu *et* al
PS19005059000700	翘嘴鲤	*Cyprinus ilishaectomus* Chen *et* Hwang
PS19005059000900	春鲤	*Cyprinus longipectoralis* Chen *et* Hwang
PS19005059001100	龙州鲤	*Cyprinus longzhouensis* Yang *et* Hwang
PS19005059001300	大眼鲤	*Cyprinus megalophthalmus* Wu *et* al.
PS19005059001500	小鲤	*Cyprinus micristius* Regan
PS19005059001700	三角鲤	*Cyprinus multitaeniata* Fellegrin *et* Chevey
PS19005059001900	大头鲤	*Cyprinus pellegrini* Tchang
PS19005059002100	邛海鲤	*Cyprinus qionghaiensis* Liu
PS19005059002300	异龙中鲤	*Cyprinus yilongensis* Yang *et* al.
PS19005059002500	云南鲤	*Cyprinus yunnanensis* Tchang
PS19005061000000	鿕属	*Danio*
PS19005061000100	波条鿕	*Danio aequipinnatus* (McClelland)
PS19005061000300	缺须鿕	*Danio apogon* Chu

表 1（续）

代码	中文名称	拉丁名称
PS19005061000500	金线鲃	*Danio chrysotaeniatus* Chu
PS19005061000700	半线鲃	*Danio interrupta* (Day)
PS19005061000900	红蚌鲃	*Danio kakhienensis* Anderson
PS19005061001100	麦氏鲃	*Danio myersi* (Smith)
PS19005063000000	重唇鱼属	*Diptychus*
PS19005063000100	斑重唇鱼	*Diptychus maculatus* Steindachner
PS19005065000000	盘鮈属	*Discogobio*
PS19005065000100	双珠盘鮈	*Discogobio bismargaritus* Chu
PS19005065000300	短体盘鮈	*Discogobio brachyphysallidos* Huang
PS19005065000500	长体盘鮈	*Discogobio elongatus* huang
PS19005065000700	宽头盘鮈	*Discogobio laticeps* Chu
PS19005065000900	长须盘鮈	*Discogobio longibarbatus* Wu
PS19005065001100	长鳔盘鮈	*Discogobio macrophysallidos* Huang
PS19005065001300	四须盘鮈	*Discogobio tetrabarbatus* Lin
PS19005065001500	云南盘鮈	*Discogobio yunnanensis* (Regan)
PS19005067000000	盘鲮属	*Discolabeo*
PS19005067000100	伍氏盘鲮	*Discolabeo wui* Chen *et* Lan
PS19005069000000	圆吻鲴属	*Distoechodon*
PS19005069000100	湖北圆吻鲴	*Distoechodon hupeinensis* Yih
PS19005069000300	圆吻鲴	*Distoechodon tumirostris* Peters
PS19005071000000	鳡属	*Elopichthys*
PS19005071000100	鳡	*Elopichthys bambusa* (Richardson)
PS19005073000000	角鱼属	*Epalzeorhynchus*
PS19005073000100	角鱼	*Epalzeorhynchus bicornis* Wu
PS19005075000000	墨头鱼属	*Garra*
PS19005075000100	高体墨头鱼	*Garra alticorpora* Chu *et* Cui
PS19005075000300	沟额墨头鱼	*Garra gravelyi* (Annandale)
PS19005075000500	西藏墨头鱼	*Garra kempi* Hora
PS19005075000700	奇额墨头鱼	*Garra mirofrontis* Chu *et* Cui
PS19005075000900	东方墨头鱼	*Garra orientalis* Nichols
PS19005075001100	墨头鱼	*Garra pingi* Tchang
PS19005075001300	桥街墨头鱼	*Garra qiaojiensis* Wu *et* Yao
PS19005075001500	条纹墨头鱼	*Garra taeniata* Smith
PS19005077000000	颌须鮈属	*Gnathopogon*
PS19005077000100	嘉陵颌须鮈	*Gnathopogon herzensteini* Gunther
PS19005077000300	短须颌须鮈	*Gnathopogon imberbis* Sauvage *et* Dabry
PS19005077000500	东北颌须鮈	*Gnathopogon mantschuricus* (Berg)
PS19005077000700	隐须颌须鮈	*Gnathopogon nicholsi* (Fang)
PS19005077000900	多纹颌须鮈	*Gnathopogon polytaenia* (Nichols)
PS19005077001100	细纹颌须鮈	*Gnathopogon taeniellus* (Nichols)
PS19005077001300	济南颌须鮈	*Gnathopogon tsinanensis* (Mori)
PS19005079000000	鮈属	*Gobio*
PS19005079000100	尖鳍鮈	*Gobio acutipnnatus* Men'schikov
PS19005079000300	似铜鮈	*Gobio coriparoides* Nichols
PS19005079000500	犬首鮈	*Gobio cynocephalus* Dybowsky
PS19005079000700	黄河鮈	*Gobio huanghensis* Lo, Yao *et* Chen
PS19005079000900	凌源鮈	*Gobio lingyuanensis* Mori

表 1（续）

代　码	中文名称	拉丁名称
PS19005079001100	大头鮈	*Gobio macrocephalus* Mori
PS19005079001300	南方鮈	*Gobio meriodionalis* Xu
PS19005079001500	棒花鱼	*Gobio rivularis* Basilewsky
PS19005079001700	棒花鮈	*Gobio rivuloides* Nichols
PS19005079001900	高体鮈	*Gobio soldatovi* Berg
PS19005079002100	细体鮈	*Gobio tenuicorpus* Mori
PS19005081000000	鳅鮀属	*Gobiobotia*
PS19005081000100	短身鳅鮀	*Gobiobotia abbreviata* Fang *et* Wang
PS19005081000300	短吻鳅鮀	*Gobiobotia brevirostris* Chen *et* Tsao
PS19005081000500	台湾鳅鮀，陈氏鳅鮀	*Gobiobotia cheni* Banarescu *et* Nalbant
PS19005081000700	宜昌鳅鮀	*Gobiobotia filifer* (Garman)
PS19005081000900	桂林鳅鮀	*Gobiobotia guilinensis* Chen
PS19005081001100	平鳍鳅鮀	*Gobiobotia homalopteroidea* Rendahl
PS19005081001300	海南鳅鮀	*Gobiobotia kolleri* Banarescu *et* Nalbant
PS19005081001500	长须鳅鮀	*Gobiobotia longibarba* Fang *et* Wang
PS19005081001700	南方鳅鮀	*Gobiobotia meridionalis* Chen *et* Tsao
PS19005081001900	鳅鮀，潘氏鳅鮀	*Gobiobotia pappenheimi* (Fang)
PS19005081002100	少耙鳅鮀	*Gobiobotia paucirastella* Zheng *et* Yan
PS19005081002300	裸胸鳅鮀，董氏鳅鮀	*Gobiobotia tungi* Fang
PS19005083000000	鮈鲫属	*Gobiocypris*
PS19005083000100	稀有鮈鲫	*Gobiocypris rarus* Ye *et* Fu
PS19005085000000	裸鲤属	*Gymnocypris*
PS19005085000100	兰格湖裸鲤	*Gymnocypris chui* Tchang
PS19005085000300	软刺裸鲤	*Gymnocypris dobula* Gunther
PS19005085000500	花斑裸鲤	*Gymnocypris eckloni* Herzenstein
PS19005085000700	松潘裸鲤	*Gymnocypris potanini* Herzenstein
PS19005085000900	青海湖裸鲤	*Gymnocypris przewalskii* Kessler
PS19005085001100	高原裸鲤	*Gymnocypris waddelli* Regan
PS19005087000000	裸重唇鱼属	*Gymnodiptychus*
PS19005087000100	新疆裸重唇鱼	*Gymnodiptychus dybowskii* Bepr
PS19005087000300	全裸裸重唇鱼	*Gymnodiptychus integrigymnatus* Huang
PS19005087000500	厚唇裸重唇鱼	*Gymnodiptychus pachycheilus* Herzenstein
PS19005089000000	海南鳘属	*Hainania*
PS19005089000100	锯齿海南鳘，海南鳘	*Hainania serrata* Koller
PS19005091000000	南方鲃属	*Hampala*
PS19005091000100	南方鲃	*Hampala macrolepidota* Hasselt
PS19005093000000	䱻属	*Hemibarbus*
PS19005093000100	短鳍䱻	*Hemibarbus brevipennus* Yue
PS19005093000300	唇䱻	*Hemibarbus laboe* (Pallas)
PS19005093000500	长吻䱻	*Hemibarbus longirostris* (Regan)
PS19005093000700	大刺䱻	*Hemibarbus macracanthus* Lo
PS19005093000900	花䱻	*Hemibarbus maculatus* Bleeker
PS19005093001100	间䱻	*Hemibarbus medius* Yue
PS19005093001300	钱江䱻	*Hemibarbus qianjiangensis* Yu
PS19005093001500	花棘䱻	*Hemibarbus umbrifer* (Lin)
PS19005095000000	鳘属	*Hemiculter*
PS19005095000100	油鳘，贝氏鳘	*Hemiculter bleekeri* Warpachowski

表 1（续）

代　　码	中 文 名 称	拉 丁 名 称
PS19005095000300	䱗	*Hemiculter leucisculus* (Basilewsky)
PS19005095000500	张氏䱗	*Hemiculter tchangi* Fang
PS19005097000000	半䱗属	*Hemiculterella*
PS19005097000100	大鳞半䱗	*Hemiculterella macrolepis* Chen
PS19005097000300	半䱗	*Hemiculterella sauvagi* Warpachowski
PS19005097000500	伍氏半䱗	*Hemiculterella wui* (Wang)
PS19005099000000	单吻鱼属	*Henicorhynchus*
PS19005099000100	单吻鱼，条纹鲮	*Henicorhynchus lineatus* Smith
PS19005101000000	胡鮈属	*Huigobio*
PS19005101000100	胡鮈	*Huigobio chenhsienensis* Fang
PS19005101000300	清徐胡鮈	*Huigobio chinssuensis* (Nichols)
PS19005103000000	鲢属	*Hypophthalmichthys*
PS19005103000100	大鳞鲢	*Hypophthalmichthys harmandi* Sauvage
PS19005103000300	鲢	*Hypophthalmichthys molitrix* Cuvier *et* Valenciennes
PS19005105000000	野鲮属	*Labeo*
PS19005105000100	云南野鲮	*Labeo yunnanensis* Chaudhuri
PS19005107000000	长背鲃属	*Labiobarbus*
PS19005107000100	长背鲃	*Labiobarbus lineatus* Sauvage
PS19005109000000	平口鮈属	*Ladislavia*
PS19005109000100	平口鮈	*Ladislavia taczanowskii* (Dybowsky)
PS19005111000000	雅罗鱼属	*Leuciscus*
PS19005111000100	倍加尔雅罗鱼	*Leuciscus baicalensis* (Dybowski)
PS19005111000300	黄河雅罗鱼	*Leuciscus chuanchicus* Kessler
PS19005111000500	高体雅罗鱼	*Leuciscus idus* (Linnaeus)
PS19005111000700	新疆雅罗鱼	*Leuciscus merzbacheri* (Zugmayer)
PS19005111000900	东北雅罗鱼	*Leuciscus waleckii* (Dybowski)
PS19005113000000	舌唇鱼属	*Lobocheilus*
PS19005113000100	舌唇鱼	*Lobocheilus melanotaenia* (Fowler)
PS19005115000000	鯮属	*Luciobrama*
PS19005115000100	鯮	*Luciobrama macrocephalus* (Lacepede)
PS19005117000000	似鳡属	*Luciocyprinus*
PS19005117000100	似鳡	*Luciocyprinus langsoni* Vaillant
PS19005117000300	细纹似鳡	*Luciocyprinus striolatus* Cui *et* Chu
PS19005119000000	大鳍鱼属	*Macrochirichthys*
PS19005119000100	大鳍鱼	*Macrochirichthys macrochirius* (Cuvier *et* Valenciennes)
PS19005121000000	鲂属	*Megalobrama*
PS19005121000100	团头鲂	*Megalobrama amblycephala* Yih
PS19005121000300	长体鲂	*Megalobrama elongata* Huang *et* Zhang
PS19005121000500	厚颌鲂	*Megalobrama pellegrini* (Tchang)
PS19005121000700	鲂	*Megalobrama skolkovii* Dybowsky
PS19005121000900	三角鲂	*Megalobrama terminalis* (Richardson)
PS19005123000000	中鮈属	*Mesogobio*
PS19005123000100	中鮈，鸭绿江中鮈	*Mesogobio lachneri* Banarescu *et* Nabant
PS19005123000300	图们江中鮈	*Mesogobio tumenensis* Chang
PS19005125000000	小鳔鮈属	*Microphysogobio*
PS19005125000100	短吻小鳔鮈	*Microphysogobio brevirostris* (Gunther)
PS19005125000300	长体小鳔鮈	*Microphysogobio elongatus* (Yao *et* Yang)

表 1（续）

代　　码	中　文　名　称	拉　丁　名　称
PS19005125000500	福建小鳔鮈	*Microphysogobio fukiensis* (Nichols)
PS19005125000700	嘉积小鳔鮈	*Microphysogobio kachekensis* (Oshima)
PS19005125000900	乐山小鳔鮈	*Microphysogobio kiatingensis* (Wu)
PS19005125001100	似鲮小鳔鮈	*Microphysogobio labeoides* (Nichols *et* Pope)
PS19005125001300	凌河小鳔鮈	*Microphysogobio lingheensis* Xie
PS19005125001500	小口小鳔鮈	*Microphysogobio microstomus* Yue
PS19005125001700	建德小鳔鮈	*Microphysogobio tafangensis* (Wang)
PS19005125001900	洞庭小鳔鮈	*Microphysogobio tungtingensis* (Nichols)
PS19005125002100	云南小鳔鮈	*Microphysogobio yunnanensis* (Yao *et* Yang)
PS19005127000000	青鱼属	*Mylopharyngodon*
PS19005127000100	青鱼	*Mylopharyngodon piceus* (Richardson)
PS19005129000000	长臂鲃属	*Mystacoleucus*
PS19005129000100	月斑长臂鲃	*Mystacoleucus chilopterus* Fowler
PS19005129000300	细尾长臂鲃	*Mystacoleucus lepturus* Huang
PS19005129000500	长臂鲃	*Mystacoleucus marginatus* Cuvier *et* Valenciennes
PS19005131000000	拟细鲫属	*Nicholsicypris*
PS19005131000100	拟细鲫	*Nicholsicypris normalis* (Nichols *et* Pope)
PS19005133000000	鳍属	*Ochetobius*
PS19005133000100	鳍	*Ochetobius elongatus* (Kner)
PS19005135000000	白甲鱼属	*Onychostoma*
PS19005135000100	高体白甲鱼	*Onychostoma alticorpus* (Oshima)
PS19005135000300	四川白甲鱼	*Onychostoma angustistomata* (Fang)
PS19005135000500	短身白甲鱼	*Onychostoma brevis* Wu *et* Chen
PS19005135000700	大渡白甲鱼	*Onychostoma daduensis* Ding
PS19005135000900	南方白甲鱼	*Onychostoma gerlachi* (Peters)
PS19005135001100	小口白甲鱼	*Onychostoma lini* (Wu)
PS19005135001300	多鳞白甲鱼	*Onychostoma macrolepis* (Bleeker)
PS19005135001500	卵形白甲鱼	*Onychostoma ovalis* Pellegrin *et* Chevey
PS19005135001700	稀有白甲鱼	*Onychostoma rara* Lin
PS19005135001900	白甲鱼	*Onychostoma sima* (Sauvage *et* Dabry)
PS19005137000000	马口鱼属	*Opsariichthys*
PS19005137000100	马口鱼	*Opsariichthys bidens* Gunther
PS19005139000000	纹唇鱼属	*Osteochilus*
PS19005139000100	纹唇鱼	*Osteochilus salsburyi* Nichols *et* Pope
PS19005141000000	尖裸鲤属	*Oxygymnocypris*
PS19005141000100	尖裸鲤	*Oxygymnocypris stewarti* (Lloyd)
PS19005143000000	鳊属	*Parabramis*
PS19005143000100	鳊	*Parabramis pekinensis* (Basilewsky)
PS19005145000000	似刺鳊鮈属	*Paracanthobrama*
PS19005145000100	似刺鳊鮈	*Paracanthobrama guichenoti* Bleeker
PS19005147000000	副鱊属	*Paracheilognathus*
PS19005147000100	革条副鱊	*Paracheilognathus himantegus* Gunther
PS19005147000300	彩副鱊	*Paracheilognathus imberbis* (Gunther)
PS19005147000500	广西副鱊	*Paracheilognathus meridianus* Wu
PS19005149000000	罗碧鱼属	*Paralaubuca*
PS19005149000100	罗碧鱼	*Paralaubuca barroni* (Fowler)
PS19005151000000	似白鮈属	*Paraleucogobio*

表 1（续）

代　码	中　文　名　称	拉　丁　名　称
PS19005151000100	似白鮈	*Paraleucogobio notacantus* Berg
PS19005151000300	条纹似白鮈	*Paraleucogobio strigatus* (Regan)
PS19005153000000	异华鲮属	*Parasinilabeo*
PS19005153000100	异华鲮	*Parasinilabeo assimilis* Wu *et* Yao
PS19005155000000	异鱲属	*Parazacco*
PS19005155000100	异鱲	*Parazacco spilurus* (Gunther)
PS19005157000000	鲈鲤属	*Percocypris*
PS19005157000100	鲈鲤	*Percocypris pingi* Tchang
PS19005159000000	鱥属	*Phoxinus*
PS19005159000100	短尾鱥	*Phoxinus brachyurus* Berg
PS19005159000300	花江鱥	*Phoxinus czekanowskii* Dybowski
PS19005159000500	吐鲁番鱥	*Phoxinus grumi* Berg
PS19005159000700	斑鳍鱥	*Phoxinus kumkang* (Uchida)
PS19005159000900	拉氏鱥,洛氏鱥	*Phoxinus lagowskii* Dybowski
PS19005159001100	尖头鱥	*Phoxinus oxycephalus* (Sauvage *et* Dabry)
PS19005159001300	湖鱥	*Phoxinus percnurus* (Pallas)
PS19005159001500	真鱥	*Phoxinus phoxinus* (Linnaeus)
PS19005161000000	盆唇鱼属	*Placocheilus*
PS19005161000100	纹尾盆唇鱼	*Placocheilus caudofasciatus* Pellegrin *et* Chevey
PS19005161000300	缺须盆唇鱼	*Placocheilus cryptonemus* Cui *et* Li
PS19005163000000	扁咽齿鱼属	*Platypharodon*
PS19005163000100	扁咽齿鱼	*Platypharodon extremus* Herzenstein
PS19005165000000	片唇鮈属	*Platysmacheilus*
PS19005165000100	片唇鮈	*Platysmacheilus exiguus* (Lin)
PS19005165000300	长须片唇鮈	*Platysmacheilus longibarbatus* Brauer
PS19005165000500	裸腹片唇鮈	*Platysmacheilus nudiventris* Lo, Yao *et* Chen
PS19005167000000	须鳊属	*Pogobrama*
PS19005167000100	须华鳊,须鳊	*Pogobrama barbatula* (Luo *et* Huang)
PS19005169000000	原鲤属	*Procypris*
PS19005169000100	乌原鲤	*Procypris merus* Lin
PS19005169000300	岩原鲤	*Procypris rabaudi* (Tchang)
PS19005171000000	石鲋属	*Psedoperilampus*
PS19005171000100	蒙古石鲋	*Psedoperilampus monguonnsis* Li
PS19005173000000	拟赤梢鱼属	*Pseudaspius*
PS19005173000100	拟赤梢鱼	*Pseudaspius leptocephalus* (Pallas)
PS19005175000000	似鳊属	*Pseudobrama*
PS19005175000100	似鳊	*Pseudobrama simoni* (Bleeker)
PS19005177000000	似鮈属	*Pseudogobio*
PS19005177000100	桂林似鮈	*Pseudogobio guilienesis* Yao *et* Yang
PS19005177000300	似鮈	*Pseudogobio vaillanti* (Sauvage)
PS19005179000000	拟鳘属	*Pseudohemiculter*
PS19005179000100	南方拟鳘	*Pseudohemiculter dispar* (Peters)
PS19005179000300	海南拟鳘	*Pseudohemiculter hainanensis* Nichols *et* Pope
PS19005179000500	贵州拟鳘	*Pseudohemiculter kweichowensis* Tang
PS19005181000000	飘鱼属	*Pseudolaubuca*
PS19005181000100	寡鳞飘鱼	*Pseudolaubuca engraulis* (Nichols)
PS19005181000300	银飘鱼	*Pseudolaubuca sinensis* Bleeker

表 1（续）

代码	中文名称	拉丁名称
PS19005183000000	麦穗鱼属	*Pseudorasbora*
PS19005183000100	长麦穗鱼	*Pseudorasbora elongata* Wu
PS19005183000300	麦穗鱼	*Pseudorasbora parva* (Tamminck *et* Schlegel)
PS19005185000000	卷口鱼属	*Ptychidio*
PS19005185000100	卷口鱼	*Ptychidio jordani* Myers
PS19005185000300	长须卷口鱼	*Ptychidio longibarbus* Chen *et* Chen
PS19005185000500	大眼卷口鱼	*Ptychidio macrops* Fang
PS19005187000000	叶须鱼属	*Ptychobarbus*
PS19005187000100	中甸叶须鱼	*Ptychobarbus chungtienensis* Tsao
PS19005187000300	锥吻叶须鱼	*Ptychobarbus conirostris* Steindachner
PS19005187000500	双须叶须鱼	*Ptychobarbus dipogon* (Regan)
PS19005187000700	裸腹叶须鱼	*Ptychobarbus kaznakovi* Nikolsky
PS19005189000000	扁吻鮈属	*Pungtungia*
PS19005189000100	扁吻鮈	*Pungtungia herzi* Herzenstein
PS19005191000000	鲃鲤属	*Puntioplites*
PS19005191000100	鲃鲤	*Puntioplites proctozysron* (Bleeker)
PS19005191000300	爪哇鲃鲤	*Puntioplites waandersi* (Bleeker)
PS19005193000000	弓鱼属	*Racoma*
PS19005193000100	异唇弓鱼	*Racoma heterochilus* Ye *et* Fu
PS19005193000300	四川弓鱼	*Racoma kozlovi* Nikolsky
PS19005193000500	长须弓鱼	*Racoma longibarbus* (Fang)
PS19005195000000	长嘴鱲属	*Raiamas*
PS19005195000100	长嘴鱲	*Raiamas guttatus* (Day)
PS19005197000000	波鱼属	*Rasbora*
PS19005197000100	麦氏波鱼	*Rasbora myersi* Brittan
PS19005197000300	南方波鱼	*Rasbora steineri* Nichols *et* Pope
PS19005199000000	细鳊属	*Rasborinus*
PS19005199000100	台细鳊	*Rasborinus formosae* Oshima
PS19005199000300	细鳊	*Rasborinus lineatus* (Pellegrin)
PS19005201000000	直口鲮属	*Rectoris*
PS19005201000100	泸溪直口鲮	*Rectoris luxiensis* Wu *et* Yao
PS19005201000300	变形直口鲮	*Rectoris mutabilis* (Lin)
PS19005201000500	直口鲮	*Rectoris posehensis* Lin
PS19005203000000	吻鮈属	*Rhinogobio*
PS19005203000100	圆筒吻鮈	*Rhinogobio cylindricus* Gunther
PS19005203000300	湖南吻鮈	*Rhinogobio hunanensis* Tang
PS19005203000500	大鼻吻鮈	*Rhinogobio nasutus* (Kessler)
PS19005203000700	吻鮈	*Rhinogobio typus* Bleeker
PS19005203000900	长鳍吻鮈	*Rhinogobio ventralis* Sauvage *et* Dabry
PS19005205000000	鳑鲏属	*Rhodeus*
PS19005205000100	方氏鳑鲏	*Rhodeus fangi* (Miao)
PS19005205000300	彩石鳑鲏	*Rhodeus lighti* (Wu)
PS19005205000500	高体鳑鲏	*Rhodeus ocellatus* (Kner)
PS19005205000700	黑龙江鳑鲏	*Rhodeus sericeus* (Pallas)
PS19005205000900	刺鳍鳑鲏	*Rhodeus spinalis* Oshima
PS19005207000000	突吻鮈属	*Rostrogobio*
PS19005207000100	突吻鮈	*Rostrogobio amurensis* Taranetz

表 1（续）

代　码	中 文 名 称	拉 丁 名 称
PS19005207000300	辽河突吻鮈	*Rostrogobio liaoheensis* Qin
PS19005209000000	拟鲤属	*Rutilus*
PS19005209000100	拟鲤	*Rutilus rutilus* Linnaeus
PS19005211000000	鳈属	*Sarcocheilichthys*
PS19005211000100	克氏黑鳍鳈	*Sarcocheilichthys czerskii* (Berg)
PS19005211000300	川西鳈	*Sarcocheilichthys davidi* (Sauvage)
PS19005211000500	江西鳈	*Sarcocheilichthys kiangsiensis* Nichols
PS19005211000700	东北鳈	*Sarcocheilichthys lacustris* (Dybowski)
PS19005211000900	黑鳍鳈	*Sarcocheilichthys nigripinnis* (Gunther)
PS19005211001100	小鳈	*Sarcocheilichthys parvus* Nichols
PS19005211001300	华鳈	*Sarcocheilichthys sinensis* Bleeker
PS19005213000000	蛇鮈属	*Saurogobio*
PS19005213000100	蛇鮈	*Saurogobio dabryi* Bleeker
PS19005213000300	长蛇鮈	*Saurogobio dumerili* Bleeker
PS19005213000500	细尾蛇鮈	*Saurogobio gracilicaudatus* Yao *et* Yang
PS19005213000700	光唇蛇鮈	*Saurogobio gymnocheilus* Lo, Yao *et* Chen
PS19005213000900	无斑蛇鮈	*Saurogobio immaculatus* Koller
PS19005213001100	湘江蛇鮈	*Saurogobio xiangjiangensis* Tang
PS19005215000000	裸裂尻鱼属	*Schizopygopsis*
PS19005215000100	柴达木裸裂尻鱼	*Schizopygopsis kessleri* Herzenstein
PS19005215000300	嘉陵裸裂尻鱼	*Schizopygopsis kialingensis* Tsao *et* Tun
PS19005215000500	软刺裸裂尻鱼	*Schizopygopsis malacanthus* Herzenstein
PS19005215000700	小头裸裂尻鱼	*Schizopygopsis microcephalus* Herzenstein
PS19005215000900	黄河裸裂尻鱼	*Schizopygopsis pylzovi* Kessler
PS19005215001100	高原裸裂尻鱼	*Schizopygopsis stoliczkai* Lloyd
PS19005215001300	温泉裸裂尻鱼	*Schizopygopsis thermalis* Herzecnstein
PS19005215001500	拉萨裸裂尻鱼	*Schizopygopsis younghusbandi* Regan
PS19005217000000	裂腹鱼属	*Schizothorax*
PS19005217000100	银色弓鱼	*Schizothorax argentatus* Kessler
PS19005217000300	塔里木弓鱼	*Schizothorax biddulphi* Gunther
PS19005217000500	隐鳞裂腹鱼	*Schizothorax cryptolepis* Fu *et* Ye
PS19005217000700	重口弓鱼	*Schizothorax davidi* (Sauvage)
PS19005217000900	独龙裂腹鱼	*Schizothorax dulongensis* Huang
PS19005217001100	长身裂腹鱼	*Schizothorax elongatus* Huang
PS19005217001300	贡山弓鱼	*Schizothorax gongshanensis* Tsao
PS19005217001500	灰色弓鱼	*Schizothorax griseus* Pellegrin
PS19005217001700	西藏弓鱼	*Schizothorax labiata* McClelland
PS19005217001900	厚唇弓鱼	*Schizothorax labrosus* Wang, Zhuang *et* Gao
PS19005217002100	澜沧弓鱼	*Schizothorax lantsangensis* Tsao
PS19005217002300	巨须弓鱼	*Schizothorax macropogon* Regan
PS19005217002500	软刺裂腹鱼	*Schizothorax malacanthus* Huang
PS19005217002700	南方裂腹鱼	*Schizothorax meridionalis* Tsao
PS19005217002900	小口弓鱼	*Schizothorax microstomus* Huang
PS19005217003100	墨脱裂腹鱼	*Schizothorax molesworthi* Tchang
PS19005217003300	吸口裂腹鱼	*Schizothorax myzostomus* Tsao
PS19005217003500	宁蒗弓鱼	*Schizothorax ninglangensis* Wang, Zhang *et* Zhuang
PS19005217003700	少鳞裂腹鱼	*Schizothorax oligolepis* Huang

表 1（续）

代　码	中　文　名　称	拉　丁　名　称
PS19005217003900	小弓鱼	*Schizothorax parvus* Tsao
PS19005217004100	横口裂腹鱼	*Schizothorax plagiostomus* Heckel
PS19005217004300	伊犁弓鱼	*Schizothorax pseudaksaiensis* Herzenstein
PS19005217004500	大理弓鱼	*Schizothorax taliensis* Regan
PS19005217004700	拉萨弓鱼	*Schizothorax waltoni* Regan
PS19005217004900	云南弓鱼	*Schizothorax yunnanensis* Tsao
PS19005219000000	唇鲮属	*Semilabeo*
PS19005219000100	唇鲮	*Semilabeo notabilis* Peters
PS19005219000300	暗色唇鲮	*Semilabeo obscurus* Lin
PS19005219000500	泉水鱼	*Semilabeo prochilus* (Sauvage *et* Dabry)
PS19005221000000	短吻鱼属	*Sikukia*
PS19005221000100	黄尾短吻鱼	*Sikukia flavicaudata* Chu *et* Chen
PS19005221000300	短吻鱼	*Sikukia stejnegeri* Barbour
PS19005223000000	华鳊属	*Sinibrama*
PS19005223000100	四川华鳊	*Sinibrama changi* Chang
PS19005223000300	大眼华鳊	*Sinibrama macrops* Gunther
PS19005223000500	海南华鳊	*Sinibrama melrosei* (Nichols *et* Pope)
PS19005223000700	华鳊,伍氏华鳊	*Sinibrama wui* (Rendahl)
PS19005225000000	华鲮属	*Sinilabeo*
PS19005225000100	似鲮华鲮	*Sinilabeo cirrhinoides* Wu *et* Lin
PS19005225000300	桂华鲮	*Sinilabeo decorus* (Peters)
PS19005225000500	墨脱华鲮	*Sinilabeo dero* (Hamilton)
PS19005225000700	盆唇华鲮	*Sinilabeo discognathoides* (Nichols *et* Pope)
PS19005225000900	宽头华鲮	*Sinilabeo laticeps* Wu *et* Lin
PS19005225001100	滇华鲮	*Sinilabeo lemassoni* (Pellegrin *et* Chevey)
PS19005225001300	华鲮	*Sinilabeo rendahli* (Kimura)
PS19005225001500	河口华鲮	*Sinilabeo tonkinensis* Pellegrin *et* Chevey
PS19005225001700	湘华鲮	*Sinilabeo tungting* (Nichols)
PS19005225001900	云南华鲮	*Sinilabeo yunnanensis* Chu *et* Wang
PS19005225002100	朱氏华鲮	*Sinilabeo zhui* Zheng *et* Chen
PS19005227000000	华缨鱼属	*Sinocrossocheilus*
PS19005227000100	华缨鱼	*Sinocrossocheilus guizhouensis* Wu
PS19005229000000	金线鲃属	*Sinocyclocheilus*
PS19005229000100	鸭嘴金线鲃	*Sinocyclocheilus anatirostris* Lin *et* Luo
PS19005229000300	角金线鲃	*Sinocyclocheilus angularis* Zheng *et* Wang
PS19005229000500	狭孔金线鲃	*Sinocyclocheilus angustiporus* Zheng *et* Xie
PS19005229000700	无眼金线鲃	*Sinocyclocheilus anophthalmus* Chen *et* Chu
PS19005229000900	短身金线鲃	*Sinocyclocheilus brevis* Chen *et* Lan
PS19005229001100	金线鲃	*Sinocyclocheilus grahami* (Regan)
PS19005229001300	透明金线鲃	*Sinocyclocheilus hyalinus* Chen *et* Yang
PS19005229001500	季氏金线鲃	*Sinocyclocheilus jii* Zhang *et* Dai
PS19005229001700	侧条金线鲃	*Sinocyclocheilus lateristritus* Li
PS19005229001900	路南金线鲃	*Sinocyclocheilus lunanensis* Li
PS19005229002100	大头金线鲃	*Sinocyclocheilus macrocephalus* Li
PS19005229002300	大鳞金线鲃	*Sinocyclocheilus macrolepis* Wang
PS19005229002500	麦田河金线鲃	*Sinocyclocheilus maitianheensis* Li
PS19005229002700	软鳍金线鲃	*Sinocyclocheilus malacopterus* Chu *et* Cui

表 1 (续)

代　码	中 文 名 称	拉 丁 名 称
PS19005229002900	小眼金线鲃	*Sinocyclocheilus microphthalmus* Chen
PS19005229003100	贵州金线鲃	*Sinocyclocheilus multipunctatus* (Pellegrin)
PS19005229003300	尖头金线鲃	*Sinocyclocheilus oxycephalus* Li
PS19005229003500	紫色金线鲃	*Sinocyclocheilus purpureus* Li
PS19005229003700	粗壮金线鲃	*Sinocyclocheilus robustus* Chen *et* Zhao
PS19005231000000	倒刺鲃属	*Spinibarbus*
PS19005231000100	刺鲃	*Spinibarbus caldwelli* (Nichols)
PS19005231000300	倒刺鲃	*Spinibarbus denticulatus* (Oshima)
PS19005231000500	长身刺鲃	*Spinibarbus elongatus* Oshima
PS19005231000700	光倒刺鲃	*Spinibarbus hollandi* Oshima
PS19005231000900	中华倒刺鲃	*Spinibarbus sinensis* Bleeker
PS19005233000000	银鮈属	*Squalidus*
PS19005233000100	银鮈	*Squalidus argentatus* (Sauvage *et* Dabry)
PS19005233000300	暗斑银鮈	*Squalidus atromaculatus* (Nichols *et* Pope)
PS19005233000500	兴凯银鮈	*Squalidus chankaensis* Dybowsky
PS19005233000700	台湾银鮈	*Squalidus iijimae* (Oshima)
PS19005233000900	中间银鮈	*Squalidus intermedius* (Nichols)
PS19005233001100	小银鮈	*Squalidus minor* (Harada)
PS19005233001300	亮银鮈	*Squalidus nitens* Gunther
PS19005233001500	点纹银鮈	*Squalidus woltestorffi* (Regan)
PS19005235000000	赤眼鳟属	*Squaliobarbus*
PS19005235000100	赤眼鳟	*Squaliobarbus curriculus* (Richardson)
PS19005237000000	唐鱼属	*Tanichthys*
PS19005237000100	唐鱼	*Tanichthys albonubes* Lin
PS19005239000000	丁鲅属	*Tinca*
PS19005239000100	丁鲅	*Tinca tinca* (Linnaeus)
PS19005241000000	结鱼属	*Tor*
PS19005241000100	瓣结鱼	*Tor brevifilis* (Peters)
PS19005241000300	大鳞结鱼	*Tor douronensis* (Cuvier *et* Valenciennes)
PS19005241000500	半刺结鱼	*Tor hemispinus* Chen *et* Chu
PS19005241000700	黄鳍结鱼	*Tor putitora* (Hamilton)
PS19005241000900	桥街结鱼	*Tor qiaojiensis* Wu
PS19005241001100	中国结鱼	*Tor sinensis* Wu
PS19005241001300	云南瓣结鱼	*Tor yunnanensis* Wang *et* al
PS19005241001500	叶结鱼	*Tor zonatus* Lin
PS19005243000000	似鳊属	*Toxabramis*
PS19005243000100	小似鳊	*Toxabramis hoffmanni* Lin
PS19005243000300	海南似鳊	*Toxabramis houdermeri* Pellegrin
PS19005243000500	似鳊	*Toxabramis swinhonis* Gunther
PS19005245000000	三块鱼属	*Tribolodon*
PS19005245000100	三块鱼	*Tribolodon brandti* (Dybowsky)
PS19005245000300	珠星三块鱼	*Tribolodon hakonensis* Gunther
PS19005247000000	盲鲃属	*Typhlobarbus*
PS19005247000100	裸腹盲鲃	*Typhlobarbus nudiventris* Chu *et* Chen
PS19005249000000	突吻鱼属	*Varicorhinus*
PS19005249000100	少鳞白甲鱼	*Varicorhinus acanthopterus* (Fowler)
PS19005249000300	台湾铲颌鱼	*Varicorhinus barbatulus* Wu

表 1（续）

代　码	中 文 名 称	拉 丁 名 称
PS19005249000500	粗须铲颌鱼	*Varicorhinus barbatus* Lin
PS19005249000700	细尾铲颌鱼	*Varicorhinus lepturus* Lin
PS19005249000900	长鳍白甲鱼	*Varicorhinus macracanthus* Wu
PS19005251000000	似鲴属	*Xenocyprioides*
PS19005251000100	棱似鲴	*Xenocyprioides carinatus* Chen *et* Huang
PS19005251000300	小似鲴	*Xenocyprioides parvulus* Chen
PS19005253000000	鲴属	*Xenocypris*
PS19005253000100	银鲴	*Xenocypris argentea* Gunther
PS19005253000300	黄尾鲴	*Xenocypris davidi* Bleeker
PS19005253000500	宜宾鲴，方氏鲴	*Xenocypris fangi* Tchang
PS19005253000700	细鳞斜颌鲴，细鳞鲴	*Xenocypris microlepis* Bleeker
PS19005253000900	云南鲴	*Xenocypris yunnanensis* Nichols
PS19005255000000	异鳔鳅鮀属	*Xenophysogobio*
PS19005255000100	异鳔鳅鮀	*Xenophysogobio boulengeri* (Tchang)
PS19005255000300	裸体异鳔鳅鮀	*Xenophysogobio nudicorpa* (Huang *et* Zhang)
PS19005257000000	瑶山鲤属	*Yaoshanicus*
PS19005257000100	瑶山鲤	*Yaoshanicus arcus* Lin
PS19005259000000	鱲属	*Zacco*
PS19005259000100	成都鱲	*Zacco chengtui* Kimura
PS19005259000300	粗首鱲	*Zacco pachycephalus* Gunther
PS19005259000500	宽鳍鱲	*Zacco platypus* (Temminck *et* Schlegel)
PS19005259000700	台湾鱲	*Zacco taiwanensis* Chen
PS19007000000000	双孔鱼科	Gyrinocheilidae
PS19007001000000	双孔鱼属	*Gyrinocheilus*
PS19007001000100	双孔鱼	*Gyrinocheilus aymonieri* (Tirant)
PS19009000000000	平鳍鳅科	Homalopteridae
PS19009001000000	爬鳅属	*Balitora*
PS19009001000100	爬鳅	*Balitora brucei* Gray
PS19009001000300	长体间吸鳅，长体爬鳅	*Balitora elongata* Chen *et* Li
PS19009001000500	澜沧江华平鳅	*Balitora lancangjiangensis* (Zheng)
PS19009001000700	怒江爬鳅，怒江间吸鳅	*Balitora nujiangensis* (Zhang *et* Zheng)
PS19009001000900	彭氏爬鳅，彭氏间吸鳅	*Balitora pengi* Huang
PS19009001001100	张氏爬鳅	*Balitora tchangi* Zheng
PS19009003000000	云南原爬鳅属	*Balitoropsis*
PS19009003000100	云南原爬鳅	*Balitoropsis yunnanensis* Chen
PS19009005000000	爬岩鳅属	*Beaufortia*
PS19009005000100	圆体爬岩鳅	*Beaufortia cyclica* Chen
PS19009005000300	黄果树爬岩鳅	*Beaufortia huangguoshuensis* Zheng *et* Zhang
PS19009005000500	贵州爬岩鳅	*Beaufortia kweichowensis* Fang
PS19009005000700	爬岩鳅	*Beaufortia leveretti* (Nichols *et* Pope)
PS19009005000900	侧沟爬岩鳅	*Beaufortia liui* Chang
PS19009005001100	条斑爬岩鳅	*Beaufortia pingi* (Fang)
PS19009005001300	多鳞爬岩鳅	*Beaufortia polylepis* Chen
PS19009005001500	四川爬岩鳅	*Beaufortia szechuanensis* (Fang)
PS19009007000000	缨口鳅属	*Crossostoma*
PS19009007000100	缨口鳅	*Crossostoma davidi* Sauvage
PS19009007000300	花尾缨口鳅	*Crossostoma fascicauda* Nichols

表 1（续）

代　　码	中 文 名 称	拉 丁 名 称
PS19009007000500	台湾缨口鳅	*Crossostoma lacustre* Steindachner
PS19009007000700	少鳞缨口鳅	*Crossostoma paucisquama* Zheng
PS19009007000900	斑纹缨口鳅	*Crossostoma stigmata* Nichols
PS19009007001100	广东缨口鳅	*Crossostoma tinkhami* Herre
PS19009009000000	间吸鳅属	*Hemimyzon*
PS19009009000100	台湾间吸鳅	*Hemimyzon formosanum* (Boulenger)
PS19009009000300	大鳍间吸鳅	*Hemimyzon macroptera* Zheng
PS19009009000500	大眼间吸鳅	*Hemimyzon megalopseos* Li *et* Chen
PS19009009000700	矮身间吸鳅	*Hemimyzon pumilicorporora* Zheng *et* Zhang
PS19009009000900	中华间吸鳅	*Hemimyzon sinensis* Trouessart
PS19009009001100	台东间吸鳅	*Hemimyzon taitungensis* Tzeng *et* Shen
PS19009009001300	窑滩间吸鳅	*Hemimyzon yaotanensis* (Fang)
PS19009011000000	金沙鳅属	*Jinshaia*
PS19009011000100	短身间吸鳅	*Jinshaia abbreviata* Gunther
PS19009013000000	犁头鳅属	*Lepturichthys*
PS19009013000100	长鳍犁头鳅	*Lepturichthys dolichopterus* Dai
PS19009013000300	犁头鳅	*Lepturichthys fimbriata* Gunther
PS19009015000000	拟平鳅属	*Liniparhomaloptera*
PS19009015000100	拟平鳅	*Liniparhomaloptera disparis* (Lin)
PS19009015000300	钝吻拟平鳅	*Liniparhomaloptera obtusirostris* Zheng *et* Chen
PS19009017000000	后平鳅属	*Metahomaloptera*
PS19009017000100	峨眉后平鳅	*Metahomaloptera omeiensis* Chang
PS19009019000000	似原吸鳅属	*Paraprotomyzon*
PS19009019000100	似原吸鳅	*Paraprotomyzon multifasciatus* Pellegrin *et* Fang
PS19009021000000	近腹吸鳅属	*Plesiomyzon*
PS19009021000100	保亭近腹吸鳅	*Plesiomyzon baotingensis* Zheng *et* Chen
PS19009023000000	原吸鳅属	*Protomyzon*
PS19009023000100	厚唇原吸鳅	*Protomyzon pachychilus* Chen
PS19009023000300	中华原吸鳅	*Protomyzon sinensis* Chen
PS19009025000000	拟腹吸鳅属	*Pseudogastromyzon*
PS19009025000100	长汀拟腹吸鳅	*Pseudogastromyzon changtingensis* Liang
PS19009025000300	圆斑拟腹吸鳅	*Pseudogastromyzon cheni* Liang
PS19009025000500	珠江拟腹吸鳅	*Pseudogastromyzon fangi* Nichgi
PS19009025000700	拟腹吸鳅	*Pseudogastromyzon fasciatus* (Sauvage)
PS19009025000900	宽头拟腹吸鳅	*Pseudogastromyzon laticeps* Chen *et* Zheng
PS19009025001100	练江拟腹吸鳅	*Pseudogastromyzon lianjiangensis* Zheng
PS19009025001300	麦氏拟腹吸鳅	*Pseudogastromyzon myersi* Herre
PS19009025001500	密斑拟腹吸鳅	*Pseudogastromyzon peristictus* Zheng *et* Li
PS19009027000000	华吸鳅属	*Sinogastromyzon*
PS19009027000100	南盘江华吸鳅	*Sinogastromyzon nanpanjiangensis* Li
PS19009027000300	埔里华吸鳅	*Sinogastromyzon puliensis* Liang
PS19009027000500	西昌华吸鳅	*Sinogastromyzon sichangensis* Chang
PS19009027000700	四川华吸鳅	*Sinogastromyzon sichuanensis* Fang
PS19009027000900	越南华吸鳅	*Sinogastromyzon tonkinensis* Pellegrin *et* Chevey
PS19009027001100	刺臀华吸鳅	*Sinogastromyzon wui* Fang
PS19009029000000	华平鳅属	*Sinohomaloptera*
PS19009029000100	广西华平鳅	*Sinohomaloptera kwangsiensis* Fang

表 1（续）

代　　码	中 文 名 称	拉 丁 名 称
PS19009029000300	长须华平鳅	*Sinohomaloptera longibarbatus* Chen
PS19009031000000	原缨口鳅属	*Vanmanenia*
PS19009031000100	纵纹原缨口鳅	*Vanmanenia caldwelli* (Nichols)
PS19009031000300	裸腹原缨口鳅	*Vanmanenia gymnetrus* Chen
PS19009031000500	海南原缨口鳅	*Vanmanenia hainanensis* Chen *et* Zheng
PS19009031000700	线纹原缨口鳅	*Vanmanenia lineata* (Fang)
PS19009031000900	平舟原缨口鳅	*Vanmanenia pingchowensis* (Fang)
PS19009031001100	原缨口鳅	*Vanmanenia stenosoma* (Boulenger)
PS19009031001300	横斑原缨口鳅	*Vanmanenia tetraloba* (Mai)
PS19009031001500	信宜原缨口鳅	*Vanmanenia xinyiensis* Zheng *et* Chen
PS19011000000000	裸吻鱼科	Psilorhynchidae
PS19011001000000	裸吻鱼属	*Psilorhynchus*
PS19011001000100	平鳍裸吻鱼	*Psilorhynchus homaloptera* Hora *et* Mukerji
PS21000000000000	鳉形目	CYPRINODONTIFORMES
PS21001000000000	青鳉科	Oryziatidae
PS21001001000000	青鳉属	*Oryzias*
PS21001001000100	青鳉	*Oryzias latipes* (Temminck *et* Schlegel)
PS21001001000300	小青鳉	*Oryzias minutillus* Smith
PS21003000000000	胎鳉科	Poeciliidae
PS21003001000000	食蚊鱼属	*Gambusia*
PS21003001000100	食蚊鱼	*Gambusia affinis* (Baird *et* Girard)
PS23000000000000	海鲢目	ELOPIFORMES
PS23001000000000	北梭鱼科	Albulidae
PS23001001000000	北梭鱼属	*Albula*
PS23001001000100	北梭鱼	*Albula glossodonta* (Forsskal)
PS23003000000000	海鲢科	Elopidae
PS23003001000000	海鲢属	*Elops*
PS23003001000100	海鲢	*Elops machnata* (Forsskal)
PS23005000000000	大海鲢科	Megalopidae
PS23005001000000	大海鲢属	*Megalops*
PS23005001000100	大眼海鲢	*Megalops cyprinoides* (Broussonet)
PS25000000000000	鳕形目	GADIFORMES
PS25001000000000	犀鳕科	Bregmacerotidae
PS25001001000000	犀鳕属	*Bregmaceros*
PS25001001000100	阿拉伯犀鳕	*Bregmaceros arabicus* D'Ancona *et* Cavinato
PS25001001000300	大西洋犀鳕	*Bregmaceros atlanticus* Goode *et* Bean
PS25001001000500	麦氏犀鳕	*Bregmaceros macclellandii* Thompson
PS25001001000700	银腰犀鳕	*Bregmaceros nectabanus* Whitley
PS25001001000900	少鳞犀鳕	*Bregmaceros rarisquamosus* Munro
PS25003000000000	鳕科	Gadidae
PS25003001000000	宽突鳕属	*Eleginus*
PS25003001000100	细身宽突鳕	*Eleginus gracilis* (Tilesius)
PS25003003000000	鳕属	*Gadus*
PS25003003000100	大头鳕	*Gadus macrocephalus* Tilesius
PS25003005000000	江鳕属	*Lota*
PS25003005000100	江鳕	*Lota lota* (Linnaeus)
PS25003007000000	狭鳕属	*Theragra*

表 1（续）

代码	中文名称	拉丁名称
PS25003007000100	黄线狭鳕	*Theragra chalcogramma* (Pallas)
PS25005000000000	长尾鳕科	Macrouridae
PS25005001000000	腔吻鳕属	*Coelorhynchus*
PS25005001000100	横带腔吻鳕，带斑腔吻鳕	*Coelorhynchus cingulatus* Gilbert *et* Hubbs
PS25005001000300	变异腔吻鳕，尖腔吻鳕	*Coelorhynchus commutabilis* Smith *et* Radcliffe
PS25005001000500	台湾腔吻鳕	*Coelorhynchus formosanus* Okamura
PS25005001000700	蒲原腔吻鳕	*Coelorhynchus kamoharai* Matsubara
PS25005001000900	斑肩腔吻鳕，岸上腔吻鳕	*Coelorhynchus kishinouyei* Jordan *et* Snyder
PS25005001001100	多刺腔吻鳕	*Coelorhynchus multispinulosus* Katayama
PS25005001001300	东京腔吻鳕	*Coelorhynchus tokiensis* (Steindachner *et* Doderlein)
PS25005003000000	鲯鳅鳕属	*Coryphaenoides*
PS25005003000100	黑边鲯鳅鳕	*Coryphaenoides marginatus* Steindachner *et* Doderlein
PS25005005000000	鼠鳕属	*Gadomus*
PS25005005000100	多丝鼠鳕	*Gadomus multifilis* (Gunther)
PS25005007000000	膜头鳕属	*Hymenocephalus*
PS25005007000100	刺吻膜头鳕	*Hymenocephalus lethonemus* Jordan *et* Gilbert
PS25005007000300	长头膜头鳕	*Hymenocephalus longiceps* Smith *et* Radcliffe
PS25005007000500	纹喉膜头鳕	*Hymenocephalus striatissimus* Jordan *et* Gilbert
PS25005009000000	软首鳕属	*Malacocephalus*
PS25005009000100	滑软首鳕	*Malacocephalus laevis* (Lowe)
PS25005011000000	纲鳞鳕属	*Nezumia*
PS25005011000100	原始奈氏鳕	*Nezumia proximus* (Simth *et* Radcliffe)
PS25005013000000	鲨鳕属	*Squalogadus*
PS25005013000100	卵首鳕	*Squalogadus modificatus* Gilbert *et* Hubbs
PS25005015000000	凹腹鳕属	*Ventrifossa*
PS25005015000100	岐异凹腹鳕	*Ventrifossa divergens* Gilbert *et* Hubbs
PS25005015000300	加曼凹腹鳕	*Ventrifossa garmani* (Jordan *et* Gilbert)
PS25005015000500	黑鳍凹腹鳕	*Ventrifossa nigrodorsalis* Gilbert *et* Hubbs
PS25007000000000	深海鳕科	Moridae
PS25007001000000	矶鳕属	*Lotella*
PS25007001000100	褐矶鳕	*Lotella phycis* (Temminck *et* Schlegel)
PS25007003000000	小褐鳕属	*Physiculus*
PS25007003000100	日本小褐鳕	*Physiculus japonicus* Hilgendorf
PS25007003000300	乔氏小褐鳕	*Physiculus jordani* Bohlke *et* Mead
PS25007003000500	马氏小褐鳕	*Physiculus maximowiczi* (Herzenstein)
PS25007003000700	灰小褐鳕	*Physiculus nigrescens* Smith *et* Radcliffe
PS27000000000000	刺鱼目	GASTEROSTEIFORMES
PS27001000000000	管口鱼科	Aulostomidae
PS27001001000000	管口鱼属	*Aulostomus*
PS27001001000100	中华管口鱼	*Aulostomus chinensis* (Linnaeus)
PS27003000000000	玻甲鱼科	Centriscidae
PS27003001000000	虾鱼属	*Aeoliscus*
PS27003001000100	条纹虾鱼	*Aeoliscus strigatus* (Gunther)
PS27003003000000	玻甲鱼属	*Centriscus*
PS27003003000100	玻甲鱼	*Centriscus scutus* Linnaeus
PS27005000000000	烟管鱼科	Fistulariidae
PS27005001000000	烟管鱼属	*Fistularia*

表 1（续）

代　　码	中　文　名　称	拉　丁　名　称
PS27005001000100	鳞烟管鱼	*Fistularia petimba* Lacepede
PS27005001000300	毛烟管鱼	*Fistularia villosa* Klunzinger
PS27007000000000	刺鱼科	Gasterosteidae
PS27007001000000	刺鱼属	*Gasterosteus*
PS27007001000100	三刺鱼	*Gasterosteus aculeatus* (Linnaeus)
PS27007003000000	多刺鱼属	*Pungitius*
PS27007003000100	中华多刺鱼	*Pungitius sinensis* (Guichenot)
PS27009000000000	长吻鱼科	Macrorhamphosidae
PS27009001000000	长吻鱼属	*Macrorhamphosus*
PS27009001000100	日本长吻鱼	*Macrorhamphosus japonicus* (Gunther)
PS27011000000000	剃刀鱼科	Solenostomidae
PS27011001000000	剃刀鱼属	*Solenostomus*
PS27011001000100	锯齿剃刀鱼	*Solenostomus armatus* Weber
PS27011001000300	蓝鳍剃刀鱼	*Solenostomus cyanopterus* Bleeker
PS27011001000500	细吻剃刀鱼	*Solenostomus paradoxus* (Pallas)
PS27013000000000	海龙科	Syngnathidae
PS27013001000000	冠海龙属	*Corythoichthys*
PS27013001000100	刺冠海龙	*Corythoichthys crenulatus* (Weber)
PS27013001000300	冠海龙	*Corythoichthys fasciatus* (Gray)
PS27013003000000	矛吻海龙属	*Doryrhamphus*
PS27013003000100	蓝带矛吻海龙	*Doryrhamphus excisus* Kaup
PS27013003000300	矛吻海龙	*Doryrhamphus melanopleura* (Bleeker)
PS27013005000000	海蠋鱼属	*Halicampus*
PS27013005000100	葛氏海蠋鱼	*Halicampus grayi* Kaup
PS27013007000000	海马属	*Hippocampus*
PS27013007000100	冠海马	*Hippocampus coronatus* Temminck *et* Schlegel
PS27013007000300	刺海马	*Hippocampus histrix* Kaup
PS27013007000500	日本海马	*Hippocampus japonicus* Kaup
PS27013007000700	管海马	*Hippocampus kuda* Bleeker
PS27013007000900	斑海马	*Hippocampus trimaculatus* Leach
PS27013009000000	鱼海龙属	*Ichthyocampus*
PS27013009000100	勃氏鱼海龙	*Ichthyocampus belcheri* Kaup
PS27013011000000	腹囊海龙属	*Microphis*
PS27013011000100	宝珈腹囊海龙	*Microphis boaja* (Bleeker)
PS27013013000000	刀海龙属	*Solegnathus*
PS27013013000100	刀海龙	*Solegnathus hardwichii* (Gray)
PS27013015000000	拟海龙属	*Syngnathoides*
PS27013015000100	拟海龙	*Syngnathoides biaculeatus* (Bloch)
PS27013017000000	海龙属	*Syngnathus*
PS27013017000100	尖海龙	*Syngnathus acus* Linnaeus
PS27013017000300	珠海龙	*Syngnathus argyrostictus* Kaup
PS27013017000500	蓝海龙	*Syngnathus cyanospilus* Bleeker
PS27013017000700	低海龙	*Syngnathus djarong* Bleeker
PS27013017000900	飘海龙	*Syngnathus pelagicus* Linnacus
PS27013017001100	繐海龙	*Syngnathus spicifer* Ruppell
PS27013019000000	粗吻海龙属	*Trachyrhamphus*
PS27013019000100	粗吻海龙	*Trachyrhamphus serratus* (Temminck *et* Schlegel)

表 1（续）

代　　码	中　文　名　称	拉　丁　名　称
PS27013021000000	吻海龙属	*Yozia*
PS27013021000100	吻海龙	*Yozia bicoarctatus* Bleeker
PS29000000000000	喉盘鱼目	GOBIESOCIFORMES
PS29001000000000	喉盘鱼科	Gobiesocidae
PS29001001000000	锥齿喉盘鱼属	*Conidens*
PS29001001000100	纹头锥齿喉盘鱼	*Conidens laticephalus* (Tanaka)
PS29001003000000	喉盘鱼属	*Diademichthys*
PS29001003000100	线纹喉盘鱼	*Diademichthys lineatus* (Sauvage)
PS29001005000000	盘孔喉盘鱼属	*Discotrema*
PS29001005000100	盘孔喉盘鱼	*Discotrema crinophila* Briggs
PS29001007000000	黄喉盘鱼属	*Lepadichthys*
PS29001007000100	黄喉盘鱼	*Lepadichthys frenatus* Waite
PS31000000000000	鼠鱚目	GONORHYNCHIFORMES
PS31001000000000	遮目鱼科	Chanidae
PS31001001000000	遮目鱼属	*Chanos*
PS31001001000100	虱目鱼	*Chanos chanos* (Forsskal)
PS31003000000000	鼠鱚科	Gonorhynchidae
PS31003001000000	鼠鱚属	*Gonorhynchus*
PS31003001000100	鼠鱚	*Gonorhynchus abbreviatus* Temminck *et* Schlegel
PS33000000000000	虎鲨目	HETERODONTIFORMES
PS33001000000000	虎鲨科	Heterodontidae
PS33001001000000	虎鲨属	*Heterodontus*
PS33001001000100	宽纹虎鲨	*Heterodontus japonicus* (Maclay *et* Macleay)
PS33001001000300	狭纹虎鲨	*Heterodontus zebra* (Gray)
PS35000000000000	六鳃鲨目	HEXANCHIFORMES
PS35001000000000	六鳃鲨科	Hexanchidae
PS35001001000000	七鳃鲨属	*Heptranchias*
PS35001001000100	达氏七鳃鲨	*Heptranchias dakini* Whitley
PS35001001000300	尖吻七鳃鲨	*Heptranchias perlo* (Bonnaterre)
PS35001003000000	六鳃鲨属	*Hexanchus*
PS35001003000100	灰六鳃鲨	*Hexanchus griseus* (Bonnaterre)
PS35001003000300	大眼六鳃鲨	*Hexanchus vitulus* Springer *et* Waller
PS35001005000000	哈那鲨属	*Notorhynchus*
PS35001005000100	扁头哈那鲨	*Notorhynchus cepedianus* (Peron)
PS37000000000000	鲭鲨目	ISURIFORMES
PS37001000000000	长尾鲨科	Alopiidae
PS37001001000000	长尾鲨属	*Alopias*
PS37001001000100	浅海长尾鲨	*Alopias pelagicus* Nakamura
PS37001001000300	深海长尾鲨	*Alopias superciliosus* Lowe
PS37001001000500	狐形长尾鲨	*Alopias vulpinus* (Bonnaterre)
PS37003000000000	锥齿鲨科	Carchariidae
PS37003001000000	锥齿鲨属	*Carcharias*
PS37003001000100	沙锥齿鲨	*Carcharias arenarias* Ogilby
PS37003001000300	欧氏锥齿鲨	*Carcharias owstoni* Garman
PS37005000000000	姥鲨科	Cetorhinidae
PS37005001000000	姥鲨属	*Cetorhinus*
PS37005001000100	姥鲨	*Cetorhinus maximus* (Gunner)

表 1（续）

代　　码	中　文　名　称	拉　丁　名　称
PS37007000000000	鲭鲨科	Isuridae
PS37007001000000	噬人鲨属	*Carcharodon*
PS37007001000100	噬人鲨	*Carcharodon carcharias* (Linnaeus)
PS37007003000000	鲭鲨属	*Isurus*
PS37007003000100	灰鲭鲨	*Isurus oxyrinchus* Rafinesque
PS37007003000300	长臂灰鲭鲨	*Isurus paucus* Guitart Manday
PS39000000000000	月鱼目	LAMPRIFORMES
PS39001000000000	皇带鱼科	Regalecidae
PS39001001000000	皇带鱼属	*Regalecus*
PS39001001000100	(勒氏)皇带鱼	*Regalecus russellii* (Shaw)
PS39003000000000	粗鳍鱼科	Trachipteridae
PS39003001000000	丝鳍鱼属	*Zu*
PS39003001000100	冠丝鳍鱼	*Zu cristatus* (Bonelli)
PS39005000000000	旗月鱼科	Veliferidae
PS39005001000000	旗月鱼属	*Velifer*
PS39005001000100	旗月鱼	*Velifer hypselopterus* Bleeker
PS41000000000000	鮟鱇目	LOPHIIFORMES
PS41001000000000	躄鱼科	Antennariidae
PS41001001000000	躄鱼属	*Antennarius*
PS41001001000100	双斑躄鱼	*Antennarius biocellatus* (Cuvier)
PS41001001000300	康氏躄鱼	*Antennarius commersonii* (Latreille)
PS41001001000500	驼背躄鱼	*Antennarius dorehensis* Bleeker
PS41001001000700	毛躄鱼	*Antennarius hispidus* (Bloch *et* Schneider)
PS41001001000900	钱斑躄鱼	*Antennarius nummifer* (Cuvier)
PS41001001001100	三齿躄鱼	*Antennarius pinniceps* Commerson
PS41001001001300	兰道躄鱼	*Antennarius randalli* Allen
PS41001001001500	条纹躄鱼	*Antennarius striatus* (Shaw *et* Nodder)
PS41001003000000	隐棘躄鱼属	*Histiophryne*
PS41001003000100	隐棘躄鱼	*Histiophryne cryptacanthus* (Weber)
PS41001005000000	裸躄鱼属	*Histrio*
PS41001005000100	裸躄鱼	*Histrio histrio* (Linnaeus)
PS41003000000000	角鮟鱇科	Ceratiidae
PS41003001000000	角鮟鱇属	*Ceratias*
PS41003001000100	角鮟鱇	*Ceratias holboelli* Kroyer
PS41005000000000	单棘躄鱼科	Chaunacidae
PS41005001000000	单棘躄鱼属	*Chaunax*
PS41005001000100	单棘躄鱼	*Chaunax fimbriatus* Hilgendorf
PS41007000000000	鮟鱇科	Lophiidae
PS41007001000000	黑鮟鱇属	*Lophiomus*
PS41007001000100	黑鮟鱇	*Lophiomus setigerus* (Vahl)
PS41007003000000	黄鮟鱇属	*Lophius*
PS41007003000100	黄鮟鱇	*Lophius litulon* (Jordan)
PS41009000000000	蝙蝠鱼科	Ogcocephalidae
PS41009001000000	牙棘茄鱼属	*Halicmetus*
PS41009001000100	牙棘茄鱼	*Halicmetus reticulatus* Smith *et* Radcliffe
PS41009003000000	棘茄鱼属	*Halieutaea*
PS41009003000100	费氏棘茄鱼	*Halieutaea fitzsimonsi* (Gilchrist *et* Thompson)

表 1（续）

代　码	中 文 名 称	拉 丁 名 称
PS41009003000300	烟纹棘茄鱼	*Halieutaea fumosa* Alcock
PS41009003000500	突额棘茄鱼	*Halieutaea indica* Annandale *et* Jenkins
PS41009003000700	中华棘茄鱼	*Halieutaea sinica* Tchang *et* Chang
PS41009003000900	棘茄鱼	*Halieutaea stellata* (Vahl)
PS41009005000000	蝙蝠鱼属	*Malthopsis*
PS41009005000100	矛吻海蝠鱼	*Malthopsis lutea* Alcock
PS43000000000000	鲻形目	MUGILIFORMES
PS43001000000000	鲻科	Mugilidae
PS43001001000000	粒唇鲻属	*Crenimugil*
PS43001001000100	粒唇鲻	*Crenimugil crenilabis* (Forskal)
PS43001003000000	黄鲻属	*Ellochelon*
PS43001003000100	黄鲻	*Ellochelon vaigiensis* (Quoy *et* Gaimard)
PS43001005000000	鲅属	*Liza*
PS43001005000100	粗鳞鲅	*Liza dussumieri* (Cuvier *et* Valenciennes)
PS43001005000300	鲅	*Liza haematocheila* (Temminck *et* Schlegel)
PS43001005000500	大鳞鲅	*Liza macrolepis* (Smith)
PS43001005000700	尖头鲅	*Liza tade* (Forskal)
PS43001007000000	鲻属	*Mugil*
PS43001007000100	头鲻	*Mugil cephalus* Linnaeus
PS43001009000000	骨鲻属	*Osteomugil*
PS43001009000100	前鳞骨鲻	*Osteomugil ophuyseni* (Bleeker)
PS43001009000300	硬头骨鲻	*Osteomugil strongylocephalus* (Richardson)
PS43001011000000	褶唇鲻属	*Plicomugil*
PS43001011000100	褶唇鲻	*Plicomugil labiosus* (Cuvier *et* Valenciennes)
PS43001013000000	凡鲻属	*Valamugil*
PS43001013000100	平吻凡鲻	*Valamugil buchanani* (Bleeker)
PS43001013000300	圆吻凡鲻	*Valamugil seheli* (Forskal)
PS43003000000000	马鲅科	Polynemidae
PS43003001000000	四指马鲅属	*Eleutheronema*
PS43003001000100	四指马鲅	*Eleutheronema tetradactylum* (Shaw)
PS43003003000000	马鲅属	*Polynemus*
PS43003003000100	五指马鲅	*Polynemus plebeius* Broussonet
PS43003003000300	六指马鲅	*Polynemus sextarius* Bloch *et* Schneider
PS43005000000000	魣科	Sphyraenidae
PS43005001000000	魣属	*Sphyraena*
PS43005001000100	大魣	*Sphyraena barracuda* (Walbaum)
PS43005001000300	大眼魣	*Sphyraena forsteri* Cuvier *et* Valenciennes
PS43005001000500	黄带魣	*Sphyraena helleri* Jenkins
PS43005001000700	日本魣	*Sphyraena japonica* Cuvier *et* Valenciennes
PS43005001000900	斑条魣	*Sphyraena jello* Cuvier *et* Valenciennes
PS43005001001100	钝魣	*Sphyraena obtusata* Cuvier *et* Valenciennes
PS43005001001300	油魣	*Sphyraena pinguis* Gunther
PS45000000000000	灯笼鱼目	MYCTOPHIFORMES
PS45001000000000	帆蜥科	Alepisauridae
PS45001001000000	帆蜥鱼属	*Alepisaurus*
PS45001001000100	帆蜥鱼	*Alepisaurus ferox* Lowe
PS45003000000000	仙鱼科	Aulopodidae

表 1（续）

代　　码	中　文　名　称	拉　丁　名　称
PS45003001000000	仙鱼属	*Aulopus*
PS45003001000100	日本仙鱼	*Aulopus japonicus* Gunther
PS45005000000000	蓑蛛鱼科	Bathypteroidae
PS45005001000000	蓑蛛鱼属	*Bathypterois*
PS45005001000100	黑蓑蛛鱼	*Bathypterois atricolor* Alcock
PS45007000000000	青眼鱼科	Chlorophthalmidae
PS45007001000000	青眼鱼属	*Chlorophthalmus*
PS45007001000100	隆背青眼鱼	*Chlorophthalmus acutifrons* Hiyama
PS45007001000300	大眼青眼鱼	*Chlorophthalmus albatrossis* Jordan *et* Starks
PS45007001000500	黑缘青眼鱼	*Chlorophthalmus nigromarginatus* (Kamohara)
PS45009000000000	齿口鱼科	Evermannellidae
PS45009001000000	齿口鱼属	*Evermannella*
PS45009001000100	齿口鱼	*Evermannella indica* Brauer
PS45009003000000	常眼齿口鱼属	*Odontostomops*
PS45009003000100	常眼齿口鱼	*Odontostomops normalops* (Parr)
PS45011000000000	龙头鱼科	Harpadontidae
PS45011001000000	龙头鱼属	*Harpadon*
PS45011001000100	小鳍龙头鱼	*Harpadon microchir* Gunther
PS45011001000300	龙头鱼	*Harpadon nehereus* (Hamilton)
PS45013000000000	灯笼鱼科	Myctophidae
PS45013001000000	底灯鱼属	*Benthosema*
PS45013001000100	带底灯鱼	*Benthosema fibulatum* (Gilbert *et* Cramer)
PS45013001000300	七星底灯鱼	*Benthosema pterotum* (Alcock)
PS45013001000500	耀眼底灯鱼	*Benthosema suborbitale* (Gilbert)
PS45013003000000	虹灯鱼属	*Bolinichthys*
PS45013003000100	长鳍虹灯鱼	*Bolinichthys longipes* (Brauer)
PS45013003000300	南沙虹灯鱼	*Bolinichthys nanshanensis* Yang *et* Huang
PS45013005000000	锦灯鱼属	*Centrobranchus*
PS45013005000100	牡锦灯鱼	*Centrobranchus andreae* (Lutken)
PS45013005000300	椭锦灯鱼	*Centrobranchus choerocephalus* Fowler
PS45013007000000	角灯鱼属	*Ceratoscopelus*
PS45013007000100	尾明角灯鱼	*Ceratoscopelus warmingii* (Lutken)
PS45013009000000	眶灯鱼属	*Diaphus*
PS45013009000100	长距眶灯鱼	*Diaphus aliciae* Fowler
PS45013009000300	条带眶灯鱼	*Diaphus brachycephalus* Taning
PS45013009000500	金鼻眶灯鱼	*Diaphus chrysorhynchus* Gilbert *et* Cramer
PS45013009000700	天蓝眶灯鱼	*Diaphus coeruleus* (Klunzinger)
PS45013009000900	冠冕眶灯鱼	*Diaphus diademophilus* Nafpaktitus
PS45013009001100	灿烂眶灯鱼	*Diaphus fulgens* (Brauer)
PS45013009001300	喀氏眶灯鱼	*Diaphus garmani* Gilbert
PS45013009001500	颜氏眶灯鱼	*Diaphus jenseni* Taning
PS45013009001700	吕氏眶灯鱼	*Diaphus luetkeni* (Brauer)
PS45013009001900	马来眶灯鱼	*Diaphus malayanus* Weber
PS45013009002100	短距眶灯鱼	*Diaphus mollis* Taning
PS45013009002300	巴氏眶灯鱼	*Diaphus parri* Taning
PS45013009002500	华丽眶灯鱼	*Diaphus perspicillatus* (Ogilby)
PS45013009002700	翘光眶灯鱼	*Diaphus regani* Taning

表 1（续）

代　　码	中 文 名 称	拉 丁 名 称
PS45013009002900	李氏眶灯鱼	*Diaphus richardsoni* Taning
PS45013009003100	后光眶灯鱼	*Diaphus signatus* Gilbert
PS45013009003300	光腺眶灯鱼	*Diaphus suborbitalis* Weber
PS45013009003500	瓦氏眶灯鱼	*Diaphus watasei* Jordan *et* Starks
PS45013011000000	明灯鱼属	*Diogenichthys*
PS45013011000100	西明灯鱼	*Diogenichthys atlanticus* (Taning)
PS45013011000300	朗明灯鱼	*Diogenichthys laternatus* (Garman)
PS45013011000500	印明灯鱼	*Diogenichthys panurgus* Bolin
PS45013013000000	壮灯鱼属	*Hygophum*
PS45013013000100	黑壮灯鱼	*Hygophum atratum* (Garman)
PS45013013000300	近壮灯鱼	*Hygophum proximum* Bekker
PS45013015000000	炬灯鱼属	*Lampadena*
PS45013015000100	发光炬灯鱼	*Lampadena luminosa* (Garman)
PS45013015000300	暗柄炬灯鱼	*Lampadena speculigera* Goode *et* Bean
PS45013017000000	珍灯鱼属	*Lampanyctus*
PS45013017000100	细斑珍灯鱼	*Lampanyctus alatus* Goode *et* Bean
PS45013017000300	后点珍灯鱼	*Lampanyctus hubbsi* Wisner
PS45013017000500	大鳍珍灯鱼	*Lampanyctus macropterus* (Brauer)
PS45013017000700	黑色珍灯鱼	*Lampanyctus niger* (Gunther)
PS45013017000900	同点珍灯鱼	*Lampanyctus omostigma* Gilbert
PS45013019000000	灯笼鱼属	*Myctophum*
PS45013019000100	粗鳞灯笼鱼	*Myctophum asperum* Richardson
PS45013019000300	金焰灯笼鱼	*Myctophum aurolaternatum* Garman
PS45013019000500	短颌灯笼鱼	*Myctophum brachygnathum* (Bleeker)
PS45013019000700	双灯灯笼鱼	*Myctophum lychnobium* Bolin
PS45013019000900	闪光灯笼鱼	*Myctophum nitidulum* Garman
PS45013019001100	钝吻灯笼鱼	*Myctophum obtusirostre* Taning
PS45013019001300	栉刺灯笼鱼	*Myctophum spinosum* (Steindachner)
PS45013021000000	肩灯鱼属	*Notoscopelus*
PS45013021000100	闪光肩灯鱼	*Notoscopelus resplendens* (Richardson)
PS45013023000000	标灯鱼属	*Symbolophorus*
PS45013023000100	光彩标灯鱼	*Symbolophorus evermanni* (Gilbert)
PS45013025000000	月灯鱼属	*Taaningichthys*
PS45013025000100	月灯鱼	*Taaningichthys bathyphilus* (Taning)
PS45013027000000	尾灯鱼属	*Triphoturus*
PS45013027000100	小鳍尾灯鱼	*Triphoturus micropterus* (Brauer)
PS45013027000300	浅黑尾灯鱼	*Triphoturus nigrescens* (Brauer)
PS45015000000000	新灯鱼科	Neoscopelidae
PS45015001000000	新灯鱼属	*Neoscopelus*
PS45015001000100	大鳞新灯鱼	*Neoscopelus macrolepidotus* Johnson
PS45015001000300	短丝指鼬鳚，小鳍新灯鱼	*Neoscopelus microchir* Matsubara
PS45015001000500	多孔新灯鱼	*Neoscopelus porosus* Arai
PS45015003000000	拟灯笼鱼属	*Scopelengys*
PS45015003000100	拟灯笼鱼	*Scopelengys tristis* Alcock
PS45017000000000	锤颌鱼科	Omosudidae
PS45017001000000	锤颌鱼属	*Omosudis*
PS45017001000100	锤颌鱼	*Omosudis lowei* Gunther

表 1（续）

代　　码	中　文　名　称	拉　丁　名　称
PS45019000000000	魣蜥鱼科	Paralepididae
PS45019001000000	魣蜥鱼属	*Lestidium*
PS45019001000100	长裸喙鱼	*Lestidium prolixum* Harry
PS45019003000000	裸蜥鱼属	*Lestrolepis*
PS45019003000100	日本裸蜥鱼	*Lestrolepis japonica* (Tanaka)
PS45021000000000	珠目鱼科	Scopelarchidae
PS45021001000000	深海珠目鱼属	*Benthalbella*
PS45021001000100	深海珠目鱼	*Benthalbella linguidens* (Mead *et* Bohlke)
PS45021003000000	拟珠目鱼属	*Scopelarchoides*
PS45021003000100	丹娜拟珠目鱼	*Scopelarchoides danae* Johnson
PS45021005000000	珠目鱼属	*Scopelarchus*
PS45021005000100	柔珠目鱼	*Scopelarchus analis* (Brauer)
PS45021005000300	珠目鱼	*Scopelarchus guentheri* Alcock
PS45023000000000	狗母鱼科	Synodontidae
PS45023001000000	蛇鲻属	*Saurida*
PS45023001000100	长蛇鲻，长条蛇鲻	*Saurida elongata* (Temminck *et* Schlegel)
PS45023001000300	细蛇鲻	*Saurida gracilis* (Quoy *et* Gaimard)
PS45023001000500	多齿蛇鲻	*Saurida tumbil* (Bloch)
PS45023001000700	花斑蛇鲻	*Saurida undosquamis* (Richardson)
PS45023001000900	鳄蛇鲻	*Saurida wanieso* Shindo *et* Yamada
PS45023003000000	狗母鱼属	*Synodus*
PS45023003000100	纵带狗母鱼	*Synodus englemani* Schultz
PS45023003000300	裸类狗母鱼	*Synodus jaculum* Russell *et* Cressey
PS45023003000500	方斑狗母鱼	*Synodus kaianus* (Gunther)
PS45023003000700	叉斑狗母鱼	*Synodus macrops* Tanaka
PS45023003000900	红斑狗母鱼	*Synodus rubromarmoratus* Russell *et* Cressey
PS45023003001100	杂斑狗母鱼	*Synodus variegatus* (Lacepede)
PS45023005000000	大头狗母鱼属	*Trachinocephalus*
PS45023005000100	大头狗母鱼	*Trachinocephalus myops* ((Forster)
PS47000000000000	鲼形目	MYLIOBATIFORMES
PS47001000000000	鹞鲼科	Aetobatidae
PS47001001000000	鹞鲼属	*Aetobatus*
PS47001001000100	无斑鹞鲼	*Aetobatus flagellum* (Bloch *et* Schneider)
PS47001001000300	斑点鹞鲼	*Aetobatus narnari* (Euphrasen)
PS47003000000000	魟科	Dasyatidae
PS47003001000000	魟属	*Dasyatis*
PS47003001000100	赤魟	*Dasyatis akajei* (Muller *et* Henle)
PS47003001000300	黑魟	*Dasyatis atratus* Ishiyama *et* Okada
PS47003001000500	黄魟	*Dasyatis bennetti* (Muller *et* Henle)
PS47003001000700	齐氏魟	*Dasyatis gerrardi* (Gray)
PS47003001000900	瓦魟	*Dasyatis imbricatus* (Bloch *et* Schneider)
PS47003001001100	古氏魟	*Dasyatis kuhlii* (Muller *et* Henle)
PS47003001001300	光魟	*Dasyatis laevigatus* Chu
PS47003001001500	鬼魟	*Dasyatis lata* (Garman)
PS47003001001700	小眼魟	*Dasyatis microphthalmus* Chen
PS47003001001900	奈氏魟	*Dasyatis navarrae* (Steindachner)
PS47003001002100	中国魟	*Dasyatis sinensis* (Steindachner)

表 1（续）

代码	中文名称	拉丁名称
PS47003001002300	花点魟	*Dasyatis uarnak* (Forsskal)
PS47003001002500	牛魟	*Dasyatis ushiei* Jordan *et* Hubbs
PS47003001002700	尖嘴魟	*Dasyatis zugei* (Muller *et* Henle)
PS47003003000000	条尾魟属	*Taeniura*
PS47003003000100	黑斑条尾魟	*Taeniura melanospilos* Bleeker
PS47003005000000	沙粒魟属	*Urogymnus*
PS47003005000100	非洲沙粒魟	*Urogymnus africana* (Bloch *et* Schneider)
PS47005000000000	燕魟科	Gymnuridae
PS47005001000000	鸢魟属	*Aetoplatea*
PS47005001000100	条尾鸢魟	*Aetoplatea zonura* Bleeker
PS47005003000000	燕魟属	*Gymnura*
PS47005003000100	双斑燕魟	*Gymnura bimaculata* (Norman)
PS47005003000300	日本燕魟	*Gymnura japonica* (Temminck *et* Schlegel)
PS47005003000500	花尾燕魟	*Gymnura poecilura* (Shaw)
PS47007000000000	六鳃魟科	Hexatrygonidae
PS47007001000000	六鳃魟属	*Hexatrygon*
PS47007001000100	六鳃魟	*Hexatrygon bickelli* Heemstra *et* Smith
PS47007001000300	短吻六鳃魟	*Hexatrygon brevirostra* Shen
PS47007001000500	长吻六鳃魟	*Hexatrygon longirostrum* (Chu *et* Meng)
PS47007001000700	台湾六鳃魟	*Hexatrygon taiwanensis* Shen
PS47007001000900	杨氏六鳃魟	*Hexatrygon yangi* Shen *et* Liu
PS47009000000000	蝠鲼科	Mobulidae
PS47009001000000	前口蝠鲼属	*Manta*
PS47009001000100	双吻前口蝠鲼	*Manta birostris* (Walbaum)
PS47009003000000	蝠鲼属	*Mobula*
PS47009003000100	无刺蝠鲼	*Mobula diabolus* (Shaw)
PS47009003000300	台湾蝠鲼	*Mobula formosana* Teng
PS47009003000500	日本蝠鲼	*Mobula japonica* (Muller *et* Henle)
PS47011000000000	鲼科	Myliobatidae
PS47011001000000	无刺鲼属	*Aetomylaeus*
PS47011001000100	花点无刺鲼	*Aetomylaeus maculatus* (Gray)
PS47011001000300	鹰状无刺鲼	*Aetomylaeus milvus* (Muller *et* Henle)
PS47011001000500	聂氏无刺鲼	*Aetomylaeus nichofii* (Bloch *et* Schneider)
PS47011001000700	蝠状无刺鲼	*Aetomylaeus vespertilio* (Bleeker)
PS47011003000000	鲼属	*Myliobatis*
PS47011003000100	鸢鲼	*Myliobatis tobijei* Bleeker
PS47013000000000	牛鼻鲼科	Rhinopteridae
PS47013001000000	牛鼻鲼属	*Rhinopterus*
PS47013001000100	爪哇牛鼻鲼	*Rhinopterus javanica* Muller *et* Henle
PS47013001000300	海南牛鼻鲼	*Rhinopterus sewelli* Misra
PS47015000000000	扁魟科	Urolophidae
PS47015001000000	扁魟属	*Urolophus*
PS47015001000100	褐黄扁魟	*Urolophus aurantiacus* Muller *et* Henle
PS47015001000300	斑纹扁魟	*Urolophus marmoratus* Chu, Hu *et* Li
PS47015003000000	巨尾魟属	*Urotrygon*
PS47015003000100	达氏巨尾魟	*Urotrygon daviesi* Wallace
PS49000000000000	背棘鱼目	NOTACANTHIFORMES

表 1(续)

代　　码	中 文 名 称	拉 丁 名 称
PS49001000000000	海蜥鱼科	Halosauridae
PS49001001000000	异鳞海蜥鱼属	*Halosauropsis*
PS49001001000100	异鳞海蜥鱼	*Halosauropsis affinis* (Gunther)
PS49001003000000	海蜥鱼属	*Halosaurus*
PS49001003000100	中华海蜥鱼	*Halosaurus sinensis* Abe
PS49003000000000	背棘鱼科	Notacanthidae
PS49003001000000	背棘鱼属	*Notacanthus*
PS49003001000100	背棘鱼	*Notacanthus abbotti* Fowler
PS51000000000000	蛇鳚目	OPHIDIIFORMES
PS51001000000000	胶鼬鳚科	Aphyonidae
PS51001001000000	胶鼬鳚属	*Aphyonus*
PS51001001000100	博林胶鼬鳚	*Aphyonus bolini* Nielsen
PS51001003000000	渊鼬鳚属	*Barathronus*
PS51001003000100	盲鼬鳚	*Barathronus diaphanus* Brauer
PS51003000000000	胎鼬鳚科	Bythitidae
PS51003001000000	小鼬鳚属	*Brotulina*
PS51003001000100	棕黄小鼬鳚	*Brotulina fusca* Fowler
PS51003003000000	双趾鼬鳚属	*Dinematichthys*
PS51003003000100	粗吻双须鼬鳚,粗吻双线鼬鳚	*Dinematichthys dasyrhynchus* Cohen *et* Hutchins
PS51003003000300	细眼双须鼬鳚	*Dinematichthys minyomma* Sedor *et* Cohen
PS51003005000000	双棘鼬鳚属	*Diplacanthopoma*
PS51003005000100	褐双棘鼬鳚	*Diplacanthopoma brunnea* Smith *et* Radeliffe
PS51003007000000	独趾鼬鳚属	*Oligopus*
PS51003007000100	短体独趾鼬鳚	*Oligopus robustus* (Smith *et* Radcliffe)
PS51003009000000	囊胃鼬鳚属	*Saccogaster*
PS51003009000100	毛突囊胃鼬鳚	*Saccogaster tubercularis* (Chan)
PS51005000000000	潜鱼科	Carapidae
PS51005001000000	潜鱼属	*Carapus*
PS51005001000100	霍姆潜鱼,大牙潜鱼	*Carapus homei* (Richardson)
PS51005001000300	鹿儿岛潜鱼	*Carapus kagoshimanus* (Steindachner *et* Doderlein)
PS51005001000500	细扁潜鱼	*Carapus lumbricoides* (Bleeker)
PS51005001000700	小鳍潜鱼,细尾潜鱼	*Carapus parvipinnis* (Kaup)
PS51005003000000	蛇齿潜鱼属	*Echiodon*
PS51005003000100	日本蛇齿潜鱼	*Echiodon owasianus* (Matsubara)
PS51005005000000	鳗潜鱼属	*Encheliophis*
PS51005005000100	纤细隐鱼	*Encheliophis gracilis* (Bleeker)
PS51005005000300	密星隐鱼	*Encheliophis sagamianus* (Tanaka)
PS51005007000000	爪齿潜鱼属	*Onuxodon*
PS51005007000100	珠贝爪齿潜鱼,珠贝钩潜鱼	*Onuxodon margaritiferae* (Rendahl)
PS51005007000300	牡蛎隐鱼	*Onuxodon parvibrachium* (Fowler)
PS51007000000000	蛇鳚科	Ophidiidae
PS51007001000000	残鼬鳚属	*Bassobythites*
PS51007001000100	大鳍残鼬鳚	*Bassobythites macropterus* (Smith *et* Radcliffe)
PS51007003000000	索深鼬鳚属	*Bassozetus*
PS51007003000100	壮体索深鼬鳚	*Bassozetus robustus* Smith *et* Radcliffe
PS51007005000000	须鼬鳚属	*Brotula*
PS51007005000100	多须须鼬鳚	*Brotula multibarbata* Temminck *et* Schlegel

表 1（续）

代码	中文名称	拉丁名称
PS51007007000000	指鼬鳚属	*Dicrolene*
PS51007007000100	五指丝指鼬鳚	*Dicrolene quinquarius* (Gunther)
PS51007009000000	长趾鼬鳚属	*Homostolus*
PS51007009000100	日本长趾鼬鳚	*Homostolus japonicus* Matsubara
PS51007011000000	棘鼬鳚属	*Hoplobrotula*
PS51007011000100	棘鳚，棘鼬鳚	*Hoplobrotula armata* (Termminck *et* Schlegel)
PS51007013000000	矛鼬鳚属	*Luciobrotula*
PS51007013000100	巴什矛鼬鳚	*Luciobrotula bartschi* Smith *et* Radcliffe
PS51007015000000	单趾鼬鳚属	*Monomitopus*
PS51007015000100	熊吉单趾鼬鳚，库马单指鼬鳚	*Monomitopus kumae* Jordan *et* Hubbs
PS51007015000300	长头单趾鼬鳚	*Monomitopus longiceps* Smith *et* Radcliffe
PS51007017000000	新鼬鳚属	*Neobythites*
PS51007017000100	横带新鼬鳚	*Neobythites fasciatus* Smith *et* Radcliffe
PS51007017000300	黑斑新鼬鳚	*Neobythites nigromaculatus* Kamohara
PS51007017000500	黑潮新鼬鳚	*Neobythites sivicola* (Jordan *et* Snyder)
PS51007019000000	蛇鳚属	*Ophidion*
PS51007019000100	席鳞鼬鳚	*Ophidion asiro* (Jordan *et* Fowler)
PS51007019000300	鳗鳞鼬鳚	*Ophidion muraenolepis* Gunther
PS51007021000000	厚鼬鳚属	*Pycnocraspedum*
PS51007021000100	细鳞厚边鼬鳚	*Pycnocraspedum microlepis* (Matsubara)
PS51007023000000	仙鼬鳚属	*Sirembo*
PS51007023000100	仙鼬鳚	*Sirembo imberbis* (Temminck *et* Schlegel)
PS51007023000300	菲律宾仙鼬鳚，带纹仙鼬鳚	*Sirembo marmoratum* (Goode *et* Bean)
PS53000000000000	须鲨目	ORECTOLOBIFORMES
PS53001000000000	橙黄鲨科	Cirrhoscylliidae
PS53001001000000	橙黄鲨属	*Cirrhoscyllium*
PS53001001000100	橙黄鲨	*Cirrhoscyllium expolitum* Smith *et* Radcliffe
PS53003000000000	须鲨科	Orectolobidae
PS53003001000000	斑竹鲨属	*Chiloscyllium*
PS53003001000100	长鳍斑竹鲨	*Chiloscyllium colax* Zhu
PS53003001000300	灰斑竹鲨	*Chiloscyllium griseum* Muller *et* Henle
PS53003001000500	印度斑竹鲨	*Chiloscyllium indicum* (Gmelin)
PS53003001000700	条纹斑竹鲨	*Chiloscyllium plagiosum* (Bennett)
PS53003001000900	点纹斑竹鲨	*Chiloscyllium punctatum* (Müller *et* Henle)
PS53003003000000	铰口鲨属	*Ginglymostoma*
PS53003003000100	锈色铰口鲨	*Ginglymostoma ferrugineum* Liu
PS53003005000000	光鳞鲨属	*Nebrius*
PS53003005000100	光鳞鲨	*Nebrius macrurus* (Garman)
PS53003007000000	须鲨属	*Orectolobus*
PS53003007000100	日本须鲨	*Orectolobus japonicus* Regan
PS53003007000300	斑纹须鲨	*Orectolobus maculatus* (Bonnaterre)
PS53003009000000	豹纹鲨属	*Stegostoma*
PS53003009000100	豹纹鲨	*Stegostoma fasciatus* (Hermann)
PS53005000000000	鲸鲨科	Rhincodontidae
PS53005001000000	鲸鲨属	*Rhincodon*
PS53005001000100	鲸鲨	*Rhincodon typus* Smith
PS55000000000000	海蛾鱼目	PEGASIFORMES

表 1（续）

代　　码	中　文　名　称	拉　丁　名　称
PS55001000000000	海蛾鱼科	Pegasidae
PS55001001000000	龙海蛾鱼属	*Eurypegasus*
PS55001001000100	龙海蛾鱼	*Eurypegasus draconis* (Linnaeus)
PS55001003000000	海蛾鱼属	*Pegasus*
PS55001003000100	短尾海蛾鱼	*Pegasus laternarius* Cuvier
PS55001003000300	飞海蛾鱼	*Pegasus volitans* Linnaeus
PS57000000000000	鲈形目	PERCIFORMES
PS57001000000000	棘鲉科	Acanthoclinidae
PS57001001000000	针鳍鲉属	*Belonepterygion*
PS57001001000100	横带针鳍鲉	*Belonepterygion fasciolatum* Ogilby
PS57003000000000	刺尾鱼科	Acanthuridae
PS57003001000000	刺尾鱼属	*Acanthurus*
PS57003001000100	圆斑刺尾鱼	*Acanthurus bariene* Lesson
PS57003001000300	蓝线刺尾鱼	*Acanthurus bleekeri* Gunther
PS57003001000500	额带刺尾鱼	*Acanthurus dussumieri* Cuvier *et* Valenciennes
PS57003001000700	黑斑刺尾鱼	*Acanthurus gahhm* (Forskal)
PS57003001000900	灰额刺尾鱼	*Acanthurus glaucopareius* Cuvier
PS57003001001100	白斑刺尾鱼	*Acanthurus leucopareius* (Jenkins)
PS57003001001300	彩带刺尾鱼	*Acanthurus lineatus* (Linnaeus)
PS57003001001500	斑头刺尾鱼	*Acanthurus maculiceps* (Ahl)
PS57003001001700	暗色刺尾鱼	*Acanthurus mata* (Cuvier)
PS57003001001900	双斑刺尾鱼	*Acanthurus nigrofuscus* (Forskal)
PS57003001002100	橙斑刺尾鱼	*Acanthurus olivaceus* Bloch *et* Schneider
PS57003001002300	黑鳃刺尾鱼	*Acanthurus pyroferus* Kittlitz
PS57003001002500	黄尾刺尾鱼	*Acanthurus thompsoni* Fowler
PS57003001002700	横带刺尾鱼	*Acanthurus triostegus* (Linnaeus)
PS57003001002900	黄翼刺尾鱼	*Acanthurus xanthopterus* Cuvier *et* Valenciennes
PS57003003000000	单板盾尾鱼属	*Axinurus*
PS57003003000100	单板盾尾鱼	*Axinurus thynnoides* Cuvier *et* Valenciennes
PS57003005000000	双板盾尾鱼属	*Callicanthus*
PS57003005000100	小齿双板盾尾鱼	*Callicanthus hexacanthus* (Bleeker)
PS57003005000300	颊纹双板盾尾鱼	*Callicanthus lituratus* (Bloch *et* Schneider)
PS57003007000000	栉齿刺尾鱼属	*Ctenochaetus*
PS57003007000100	栉齿刺尾鱼	*Ctenochaetus striatus* (Quoy *et* Gaimard)
PS57003009000000	鼻鱼属	*Naso*
PS57003009000100	突角鼻鱼	*Naso annulatus* (Quoy *et* Gaimard)
PS57003009000300	短吻鼻鱼	*Naso brevirostris* (Cuvier *et* Valenciennes)
PS57003009000500	剑角鼻鱼	*Naso herrei* Smith
PS57003009000700	六线鼻鱼	*Naso hexacanthus* (Bleeker)
PS57003009000900	光头鼻鱼	*Naso lituratus* (Bloch *et* Schneider)
PS57003009001100	老氏鼻鱼	*Naso lopezi* Herre
PS57003009001300	似鲔鼻鱼	*Naso thynnoides* (Valenciennes)
PS57003009001500	长吻鼻鱼	*Naso unicornis* (Forskal)
PS57003009001700	丝尾鼻鱼	*Naso vlamingii* (Cuvier *et* Valenciennes)
PS57003011000000	副刺尾鱼属	*Paracanthurus*
PS57003011000100	副刺尾鱼	*Paracanthurus hepatus* (Linnaeus)
PS57003013000000	多板盾尾鱼属	*Prionurus*

表 1（续）

代　　码	中　文　名　称	拉　丁　名　称
PS57003013000100	多板盾尾鱼	*Prionurus scalprus* Cuvier *et* Valenciennes
PS57003015000000	高鳍刺尾鱼属	*Zebrasoma*
PS57003015000100	黄高鳍刺尾鱼	*Zebrasoma flavescens* (Bannett)
PS57003015000300	小高鳍刺尾鱼	*Zebrasoma scopas* (Cuvier)
PS57003015000500	高鳍刺尾鱼	*Zebrasoma veliferum* (Bloch)
PS57005000000000	发光鲷科	Acropomidae
PS57005001000000	发光鲷属	*Acropoma*
PS57005001000100	圆鳞发光鲷	*Acropoma hanedai* Matsubara
PS57005001000300	发光鲷	*Acropoma japonicum* Gunther
PS57007000000000	双边鱼科	Ambassidae
PS57007001000000	双边鱼属	*Ambassis*
PS57007001000100	眶棘双边鱼	*Ambassis gymnocephalus* Lacepede
PS57007001000300	古氏双边鱼	*Ambassis kopsi* Bleeker
PS57007001000500	少棘双边鱼	*Ambassis miops* Gunther
PS57007001000700	尾纹双边鱼	*Ambassis urotaenia* Bleeker
PS57009000000000	玉筋鱼科	Ammodytidae
PS57009001000000	玉筋鱼属	*Ammodytes*
PS57009001000100	玉筋鱼	*Ammodytes personatus* Girard
PS57009003000000	布氏筋鱼属	*Bleekeria*
PS57009003000100	绿布氏筋鱼	*Bleekeria anguilliviridis* (Fowler)
PS57009005000000	台湾筋鱼属	*Embolichthys*
PS57009005000100	台湾筋鱼	*Embolichthys mitsukurii* (Jordan *et* Evermann)
PS57011000000000	攀鲈科	Anabantidae
PS57011001000000	攀鲈属	*Anabas*
PS57011001000100	攀鲈	*Anabas testudineus* (Bloch)
PS57013000000000	鹰鲻科	Aplodactylidae
PS57013001000000	鹰鲻属	*Goniistius*
PS57013001000100	素尾鹰鲻	*Goniistius quadricornis* (Gunther)
PS57013001000300	花尾鹰鲻	*Goniistius zonatus* (Cuvier *et* Valenciennes)
PS57015000000000	天竺鲷科	Apogonidae
PS57015001000000	天竺鲷属	*Apogon*
PS57015001000100	弓线天竺鲷	*Apogon amboinensis* Bleeker
PS57015001000300	细带天竺鲷	*Apogon angustatus* (Smith *et* Radelffe)
PS57015001000500	正天竺鲷	*Apogon apogonides* (Bleeker)
PS57015001000700	环天竺鲷	*Apogon aureus* (Lacepede)
PS57015001000900	颊纹天竺鲷	*Apogon bandanensis* Bleeker
PS57015001001100	陈氏天竺鲷	*Apogon cheni* Hayashi
PS57015001001300	多线天竺鲷	*Apogon chrysotaenia* Bleeker
PS57015001001500	小凑天竺鲷,红天竺鲷	*Apogon coccineus* Ruppell
PS57015001001700	裂带天竺鲷	*Apogon compressus* (Smith *et* Radcliffe)
PS57015001001900	库氏天竺鲷	*Apogon cookii* Macleay
PS57015001002100	短鳍天竺鲷	*Apogon crassiceps* Garman
PS57015001002300	蓝身天竺鲷	*Apogon cyanosoma* Bleeker
PS57015001002500	斗氏天竺鲷	*Apogon doederleini* Jordan *et* Snyder
PS57015001002700	长棘天竺鲷	*Apogon doryssa* (Jordan *et* Seale)
PS57015001002900	黑边天竺鲷	*Apogon ellioti* Day
PS57015001003100	小条天竺鲷	*Apogon endekataenia* Bleeker

表 1（续）

代　码	中 文 名 称	拉 丁 名 称
PS57015001003300	粉红天竺鲷	*Apogon erythrinus* Snyder
PS57015001003500	单线天竺鲷	*Apogon exostiyma* (Jordan *et* Starks)
PS57015001003700	带天竺鲷	*Apogon fasciatus* White
PS57015001003900	斑柄天竺鲷	*Apogon fleurieu* (Lacepede)
PS57015001004100	套缰天竺鲷	*Apogon fraenatus* Cuvier *et* Valenciennes
PS57015001004300	棕天竺鲷	*Apogon fusca* Quoy *et* Caimard
PS57015001004500	云线天竺鲷	*Apogon guamemsis* Valenciennes
PS57015001004700	美鳍天竺鲷	*Apogon kallopterus* Bleeker
PS57015001004900	中线天竺鲷	*Apogon kiensis* Jordan *et* Snyder
PS57015001005100	侧带天竺鲷	*Apogon lateralis* Valenciennds
PS57015001005300	细条纹天竺鲷，细条天竺鲷	*Apogon lineatus* Temminck *et* Schlegel
PS57015001005500	褐天竺鲷	*Apogon melas* Bleeker
PS57015001005700	马六甲天竺鲷	*Apogon moluccensis* Valenciennes
PS57015001005900	黑带天竺鲷	*Apogon nigrofasciatus* Lachner
PS57015001006100	褐尾天竺鲷	*Apogon nitidus* Smith
PS57015001006300	驼背天竺鲷	*Apogon notatus* (Houttuyn)
PS57015001006500	九线天竺鲷	*Apogon novemfasciatus* Cuvier *et* Valenciennes
PS57015001006700	斑带天竺鲷	*Apogon orbicularis* Cuvier *et* Valenciennes
PS57015001006900	拟双线天竺鲷	*Apogon pseudotaeniatus* Gon
PS57015001007100	四线天竺鲷	*Apogon quadrifasciatus* Cuvier *et* Valenciennes
PS57015001007300	粗体天竺鲷	*Apogon robustus* Smith *et* Radcliffe
PS57015001007500	半线天竺鲷	*Apogon semilineatus* Temminck *et* Schlegel
PS57015001007700	双斜天竺鲷	*Apogon semiornatus* Peters
PS57015001007900	宽条天竺鲷	*Apogon striatus* (Smith *et* Radciliffe)
PS57015001008100	双带天竺鲷	*Apogon taeniatus* Cuvier *et* Valenciennes
PS57015001008300	褐带天竺鲷	*Apogon taeniophorus* Regan
PS57015001008500	绿身天竺鲷	*Apogon timorensis* Bleeker
PS57015001008700	三斑天竺鲷	*Apogon trimaculatus* Cuvier *et* Valenciennes
PS57015003000000	天竺鱼属	*Apogonichthys*
PS57015003000100	黑鳃天竺鱼	*Apogonichthys arafurae* (Gunther)
PS57015003000300	短条天竺鱼	*Apogonichthys brachygrammus* (Jenkins)
PS57015003000500	斑鳍天竺鱼	*Apogonichthys carinatus* Cuvier *et* Valenciennes
PS57015003000700	黑天竺鱼	*Apogonichthys niger* Doderlein
PS57015003000900	眼斑天竺鱼	*Apogonichthys ocellatus* (Weger)
PS57015003001100	夏威夷天竺鱼	*Apogonichthys waikiki* Jordan *et* Evermann
PS57015005000000	长鳍天竺鲷属	*Archamia*
PS57015005000100	双斑长鳍天竺鲷	*Archamia biguttata* Lachner
PS57015005000300	横纹长鳍天竺鲷	*Archamia dispilus* Lachner
PS57015005000500	褐斑长鳍天竺鲷	*Archamia fucata* (Cantor)
PS57015005000700	龚氏长鳍天竺鲷	*Archamia goni* Chen *et* Shao
PS57015005000900	条长鳍天竺鲷	*Archamia lineolata* (Cuvier *et* Valenciennes)
PS57015005001100	长鳍天竺鲷	*Archamia macropterus* (Cuvier *et* Valenciennes)
PS57015007000000	巨牙天竺鲷属	*Cheilodipterus*
PS57015007000100	巨牙天竺鲷	*Cheilodipterus macrodon* (Lacepede)
PS57015007000300	平颊巨牙天竺鲷	*Cheilodipterus subalatus* Weber
PS57015009000000	小天竺鲷属	*Foa*
PS57015009000100	白点富天竺鲷	*Foa abocellata* (Goren *et* Karplus)

表 1（续）

代　　码	中　文　名　称	拉　丁　名　称
PS57015011000000	月氏天竺鲷属	*Fowleria*
PS57015011000100	颊斑弗氏天竺鲷	*Fowleria variegata* (Valenciennes)
PS57015013000000	乳突天竺鲷属	*Papillapogon*
PS57015013000100	乳突天竺鲷	*Papillapogon auritus* (Gmelin)
PS57015015000000	副天竺鲷属	*Paramia*
PS57015015000100	五带副天竺鲷	*Paramia quinquelineatus* (Cuvier *et* Valeneiennes)
PS57015017000000	箭天竺鲷属	*Rhabdamia*
PS57015017000100	短箭天竺鲷	*Rhabdamia cypselurus* Weber
PS57015017000300	箭天竺鲷	*Rhabdamia gracilis* (Bleeker)
PS57015019000000	管天竺鲷属	*Siphamia*
PS57015019000100	马岛氏管天竺鲷,马氏管天竺鲷	*Siphamia majimai* Mataubara *et* Iwia
PS57015021000000	高身天竺鲷属	*Sphaeramia*
PS57015021000100	丝鳍高身天竺鲷	*Sphaeramia nematopterus* (Bleeker)
PS57017000000000	无齿鲳科	Ariommidae
PS57017001000000	无齿鲳属	*Ariomma*
PS57017001000100	无齿鲳	*Ariomma evermanni* Jordan *et* Snyder
PS57017001000300	印度无齿鲳	*Ariomma indica* (Gray *et* Hardwicke)
PS57019000000000	寿鱼科	Banjosidae
PS57019001000000	寿鱼属	*Banjos*
PS57019001000100	寿鱼	*Banjos banjos* (Richardson)
PS57021000000000	斗鱼科	Belontiidae
PS57021001000000	斗鱼属	*Macropodus*
PS57021001000100	圆尾斗鱼	*Macropodus chinensis* (Bloch)
PS57021001000300	叉尾斗鱼	*Macropodus opercularis* (Linnaeus)
PS57021003000000	毛足鲈属	*Trichogaster*
PS57021003000100	毛足鲈	*Trichogaster trichopterus* (Pallas)
PS57023000000000	鲬状鱼科	Bembropidae
PS57023001000000	鲬状鱼属	*Bembrops*
PS57023001000100	曲线鲬状鱼	*Bembrops curvatura* Okada *et* Suzuki
PS57023003000000	低线鱼属	*Chrionema*
PS57023003000100	黄斑低线鱼	*Chrionema chryseres* Gilbert
PS57025000000000	鳚科	Blenniidae
PS57025001000000	弹鳚属	*Alticus*
PS57025001000100	跳弹鳚	*Alticus saliens* (Forster)
PS57025003000000	吸盘鳚属	*Andamia*
PS57025003000100	太平洋吸盘鳚	*Andamia pacifica* Tomiyama
PS57025003000300	四齿吸盘鳚	*Andamia tetradactylus* (Bleeker)
PS57025005000000	盾齿鳚属	*Aspidontus*
PS57025005000100	长鳍盾齿鳚	*Aspidontus filamentosus* (Cuvier *et* Valenciennes)
PS57025005000300	纵带盾齿鳚	*Aspidontus taeniatus* Quoy *et* Gaimard
PS57025007000000	乌鳚属	*Atrosalarias*
PS57025007000100	乌鳚	*Atrosalarias fuscus* (Ruppell)
PS57025009000000	鳚属	*Blennius*
PS57025009000100	矶鳚	*Blennius yatabei* Jordan *et* Snyder
PS57025011000000	緦肩鳚属	*Cirripectes*
PS57025011000100	黑斑緦肩鳚	*Cirripectes castaneus* (Valenciennes)
PS57025011000300	微斑緦肩鳚	*Cirripectes fuscoguttatus* Strasburg *et* Schultz

表 1（续）

代　　码	中　文　名　称	拉　丁　名　称
PS57025011000500	摹仿繐肩鳚	*Cirripectes imitator* Williams
PS57025011000700	袋繐肩鳚	*Cirripectes perustus* Smith
PS57025011000900	多斑繐肩鳚	*Cirripectes polyzona* (Bleeker)
PS57025011001100	斑繐肩鳚	*Cirripectes quagga* (Fowler *et* Ball)
PS57025011001300	繐肩鳚	*Cirripectes variolosus* (Cuvier *et* Valenciennes)
PS57025013000000	美鳚属	*Dasson*
PS57025013000100	纵带美鳚	*Dasson trossulus* (Jordan *et* Snyder)
PS57025015000000	异齿鳚属	*Ecsenius*
PS57025015000100	额异齿鳚	*Ecsenius frontalis* (Cuvier *et* Valenciennes)
PS57025015000300	红尾异齿鳚	*Ecsenius namiyei* (Jordan *et* Evermann)
PS57025015000500	红岛异齿鳚	*Ecsenius yaeyamaensis* (Aoyagi)
PS57025017000000	颈须鳚属	*Entomacrodus*
PS57025017000100	星带颈须鳚	*Entomacrodus caudofasciatus* (Regan)
PS57025017000300	网纹颈须鳚	*Entomacrodus decussatus* Bleeker
PS57025017000500	横带颈须鳚	*Entomacrodus striatus* (Quoy *et* Gaimard)
PS57025019000000	蛙鳚属	*Istiblennius*
PS57025019000100	对斑蛙鳚	*Istiblennius bilitonensis* (Bleeker)
PS57025019000300	红点蛙鳚	*Istiblennius cyanostigma* (Bleeker)
PS57025019000500	杜氏蛙鳚	*Istiblennius dussumieri* (Valenciennes)
PS57025019000700	条纹蛙鳚	*Istiblennius edentulus* (Bloch *et* Schneider)
PS57025019000900	断纹蛙鳚	*Istiblennius interruptus* (Bleeker)
PS57025019001100	纹身蛙鳚	*Istiblennius lineatus* (Valenciennes)
PS57025021000000	拟鳚属	*Mimoblennius*
PS57025021000100	拟鳚	*Mimoblennius atrocinctus* (Regan)
PS57025023000000	肩鳃鳚属	*Omobranchus*
PS57025023000100	美肩鳃鳚	*Omobranchus elegans* (Steindachner)
PS57025023000300	斑头肩鳃鳚	*Omobranchus fasciolaticeps* (Richardson)
PS57025023000500	花肩鳃鳚	*Omobranchus germaini* (Sauvage)
PS57025023000700	日本肩鳃鳚	*Omobranchus japonicus* (Bleeker)
PS57025023000900	黑肩鳃鳚	*Omobranchus kraussi* (Klunzinger)
PS57025023001100	冠肩鳃鳚	*Omobranchus uekii* (Katayama)
PS57025025000000	短带鳚属	*Plagiotremus*
PS57025025000100	叉尾短带鳚	*Plagiotremus spilistius* Gill
PS57025027000000	凤鳚属	*Salarias*
PS57025027000100	杜氏凤鳚	*Salarias dussumieri* (Cuvier *et* Valenciennes)
PS57025027000300	暗纹凤鳚	*Salarias edentulus* (Bloch *et* Schneider)
PS57025027000500	细纹凤鳚	*Salarias fasciatus* (Bloch)
PS57025027000700	雨斑凤鳚	*Salarias guttatus* (Cuvier *et* Valenciennes)
PS57025027000900	线纹凤鳚	*Salarias lineatus* (Cuvier *et* Valenciennes)
PS57025027001100	线斑凤鳚	*Salarias margaritatus* (Kendall *et* Radcliffe)
PS57025027001300	眼斑凤鳚	*Salarias periophthalmus* (Cuvier *et* Valenciennes)
PS57025029000000	带鳚属	*Xiphasia*
PS57025029000100	带鳚	*Xiphasia setifer* Swainson
PS57027000000000	乌鲂科	Bramidae
PS57027001000000	乌鲂属	*Brama*
PS57027001000100	日本乌鲂	*Brama japonica* Hilgendorf
PS57029000000000	方头鱼科	Branchiostegidae

表 1（续）

代　　码	中　文　名　称	拉　丁　名　称
PS57029001000000	方头鱼属	*Branchiostegus*
PS57029001000100	银方头鱼	*Branchiostegus argentatus* Cuvier *et* Valenciennes
PS57029001000300	斑鳍方头鱼	*Branchiostegus auratus* Kishinouye
PS57029001000500	日本方头鱼	*Branchiostegus japonicus* Houttuyn
PS57029003000000	弱棘鱼属	*Malacanthus*
PS57029003000100	尾带弱棘鱼	*Malacanthus hoedti* Bleeker
PS57029003000300	侧条弱棘鱼	*Malacanthus latovittatus* (Lacepede)
PS57031000000000	䲗科	Callionymidae
PS57031001000000	䲗属	*Callionymus*
PS57031001000100	大鳍䲗	*Callionymus altipinnis* Fricke
PS57031001000300	绯䲗	*Callionymus beniteguri* Jordan *et* Snyder
PS57031001000500	弯棘䲗	*Callionymus curvicornis* Valenciennes
PS57031001000700	斑鳍䲗	*Callionymus enneactis* Bleeker
PS57031001000900	台湾䲗	*Callionymus formosanus* Fricke
PS57031001001100	海南䲗	*Callionymus hainanensis* Li
PS57031001001300	汉氏䲗	*Callionymus hindsi* Richardson
PS57031001001500	基岛䲗	*Callionymus kaianus* Gunther
PS57031001001700	月斑䲗	*Callionymus lunatus* Temminck *et* Schlegel
PS57031001001900	南方䲗	*Callionymus meridionalis* Suwardji
PS57031001002100	斑臀䲗	*Callionymus octostigmatus* Fricke
PS57031001002300	香䲗	*Callionymus olidus* Gunther
PS57031001002500	饰鳍䲗	*Callionymus ornatipinnis* Regan
PS57031001002700	扁䲗	*Callionymus planus* Ochiai
PS57031001002900	沙氏䲗	*Callionymus schaapi* Bleeker
PS57031001003100	瓦氏䲗	*Callionymus valenciennei* Temminck *et* Schlegel
PS57031001003300	丝鳍䲗	*Callionymus virgis* Jordan *et* Fowler
PS57031003000000	美尾䲗属	*Calliurichthys*
PS57031003000100	丝鳍美尾䲗	*Calliurichthys doryssus* Jordan *et* Fowler
PS57031003000300	单丝美尾䲗	*Calliurichthys filamentosus* (Cuvier *et* Valenciennes)
PS57031003000500	美尾䲗	*Calliurichthys japonicus* (Houttuyn)
PS57031003000700	反棘美尾䲗	*Calliurichthys recurvispinnis* Li
PS57031003000900	曳丝美尾䲗	*Calliurichthys variegatus* (Temminck *et* Schlegel)
PS57031005000000	指脚䲗属	*Dactylopus*
PS57031005000100	指脚䲗	*Dactylopus dactylopus* (Bennett)
PS57031007000000	单鳍䲗属	*Draculo*
PS57031007000100	单鳍䲗	*Draculo mirabilis* Snyder
PS57031009000000	连鳍䲗属	*Synchiropus*
PS57031009000100	红连鳍䲗	*Synchiropus altivelis* (Temminck *et* Schlegel)
PS57031009000300	眼斑连鳍䲗	*Synchiropus ocellatus* (Pallas)
PS57031009000500	花斑连鳍䲗	*Synchiropus splendidus* (Herre)
PS57033000000000	鲹科	Carangidae
PS57033001000000	丝鲹属	*Alectis*
PS57033001000100	短吻丝鲹	*Alectis ciliaris* (Bloch)
PS57033001000300	长吻丝鲹	*Alectis indicus* Ruppell
PS57033003000000	沟鲹属	*Atropus*
PS57033003000100	沟鲹	*Atropus atropus* (Bloch *et* Schneider)
PS57033005000000	鲹属	*Caranx*

表 1（续）

代　码	中 文 名 称	拉 丁 名 称
PS57033005000100	甲裸胸鲹	*Caranx armatus* (Forskal)
PS57033005000300	大口鲹	*Caranx bucculentus* Alleyne *et* Macleay
PS57033005000500	长吻裸胸鲹	*Caranx chrysophrys* Cuvier *et* Valenciennes
PS57033005000700	青羽裸胸鲹	*Caranx coeruleopinnatus* Ruppell
PS57033005000900	美长吻鲹	*Caranx delicatissimus* (Doderlein)
PS57033005001100	双线裸胸鲹	*Caranx dinema* (Bleeker)
PS57033005001300	及达叶鲹	*Caranx djeddaba* (Forskal)
PS57033005001500	高体若鲹	*Caranx equula* Temminck *et* Schlegel
PS57033005001700	平线若鲹	*Caranx ferdau* (Forskal)
PS57033005001900	白舌尾甲鲹	*Caranx helvolus* (Forster)
PS57033005002100	马鲹	*Caranx hippos* (Linnaeus)
PS57033005002300	珍鲹	*Caranx ignobilis* (Forskal)
PS57033005002500	黑体鲹	*Caranx ishikawai* Wakiya
PS57033005002700	丽叶鲹	*Caranx kalla* Cuvier *et* Valenciennes
PS57033005002900	阔步鲹	*Caranx lugubris* Poey
PS57033005003100	大尾叶鲹	*Caranx macrurus* Bleeker
PS57033005003300	马拉巴裸胸鲹	*Caranx malabaricus* (Bloch *et* Schneidr)
PS57033005003500	黑鳍叶鲹	*Caranx malam* (Bleeker)
PS57033005003700	游鳍叶鲹	*Caranx mate* Cuvier *et* Valenciennes
PS57033005003900	黑尻鲹	*Caranx melampygus* Cuvier *et* Valenciennes
PS57033005004100	椭圆裸胸鲹	*Caranx oblongus* Cuvier
PS57033005004300	黑边鲹	*Caranx oshimai* Wakiya
PS57033005004500	巴布亚鲹	*Caranx papuensis* (Alleyne *et* Macleay)
PS57033005004700	钝鳍叶鲹	*Caranx pectoralis* Chu *et* Cheng
PS57033005004900	斜条若鲹	*Caranx plagiotaenia* (Bleeker)
PS57033005005100	扁长吻鲹	*Caranx platessa* (Cuvier *et* Valenciennes)
PS57033005005300	铅灰裸胸鲹	*Caranx plumbeus* Quoy *et* Gaimard
PS57033005005500	斑鳍若鲹	*Caranx praeustus* Benneu
PS57033005005700	散鲹	*Caranx sansun* (Forskal)
PS57033005005900	六带鲹	*Caranx sexfasciatus* (Cuvier *et* Valenciennes)
PS57033005006100	星点鲹	*Caranx stellatus* Eydoux *et* Souleyet
PS57033005006300	镰鳍裸胸鲹	*Caranx talamparoides* (Bleeker)
PS57033005006500	泰利若鲹	*Caranx tille* Cuvier *et* Valenciennes
PS57033007000000	鲳鲹属	*Chorinemus*
PS57033007000100	台湾鲳鲹	*Chorinemus formosanus* Wakiya
PS57033007000300	海南鲳鲹	*Chorinemus hainanensis* Chu *et* Cheng
PS57033007000500	针鳞鲳鲹	*Chorinemus moadetta* Cuvier *et* Valenciennes
PS57033007000700	东方鲳鲹	*Chorinemus orientalis* Temminck *et* Schlegel
PS57033007000900	细长鲳鲹	*Chorinemus sanctipetri* Cuvier *et* Valenciennes
PS57033007001100	泰拉鲳鲹	*Chorinemus tala* (Cuvier *et* Valenciennes)
PS57033007001300	红海鲳鲹	*Chorinemus tolooparah* (Ruppell)
PS57033009000000	圆鲹属	*Decapterus*
PS57033009000100	条纹圆鲹	*Decapterus fasciatus* Bleeker
PS57033009000300	无斑圆鲹	*Decapterus kurroides* Bleeker
PS57033009000500	颌圆鲹	*Decapterus lajang* Bleeker
PS57033009000700	长体圆鲹	*Decapterus macrosoma* Bleeker
PS57033009000900	蓝圆鲹	*Decapterus maruadsi* (Temminck *et* Schlegel)

表 1（续）

代　码	中　文　名　称	拉　丁　名　称
PS57033009001100	赭带圆鲹	*Decapterus muruadsi* (Temminck *et* Schlegel)
PS57033009001300	红鳍圆鲹	*Decapterus russelli* Ruppell
PS57033009001500	泰勃圆鲹	*Decapterus tabl* (Berry)
PS57033011000000	纺锤鰤属	*Elagatis*
PS57033011000100	纺锤鰤	*Elagatis bipinnulatus* (Quoy *et* Gaimard)
PS57033013000000	无齿鲹属	*Gnathanodon*
PS57033013000100	黄鹂无齿鲹	*Gnathanodon speciosus* (Forskal)
PS57033015000000	大甲鲹属	*Megalaspis*
PS57033015000100	大甲鲹	*Megalaspis cordyla* (Linnaeus)
PS57033017000000	舟鰤属	*Naucrates*
PS57033017000100	舟鰤	*Naucrates ductor* (Linnaeus)
PS57033019000000	凹肩鲹属	*Selar*
PS57033019000100	牛眼凹肩鲹	*Selar boops* Cuvier *et* Valenciennes
PS57033019000300	脂眼凹肩鲹	*Selar crumenophthalmus* (Bloch)
PS57033021000000	细鲹属	*Selaroides*
PS57033021000100	金带细鲹	*Selaroides leptolepis* (Cuvier *et* Valenciennes)
PS57033023000000	鰤属	*Seriola*
PS57033023000100	黄条鰤	*Seriola aureovittata* Temminck *et* Schlegel
PS57033023000300	高体鰤	*Seriola dumerili* Risso
PS57033023000500	五条鰤	*Seriola quinqueradiata* Temminck *et* Schlegel
PS57033025000000	鲳鲹属	*Trachinotus*
PS57033025000100	小斑鲳鲹	*Trachinotus bailloni* (Lacepede)
PS57033025000300	卵形鲳鲹	*Trachinotus blochii* (Lacepede)
PS57033025000500	大斑鲳鲹	*Trachinotus russelli* Cuvier *et* Valenciennes
PS57033027000000	竹荚鱼属	*Trachurus*
PS57033027000100	竹荚鱼	*Trachurus japonicus* Temminck *et* Schlegel
PS57033029000000	羽鳃鲹属	*Ulua*
PS57033029000100	羽鳃鲹	*Ulua mandibularis* (Macleay)
PS57033031000000	条鰤属	*Zonichthys*
PS57033031000100	黑纹条鰤	*Zonichthys nigrofasciata* (Ruppell)
PS57035000000000	猿鳚科	Cebidichthyidae
PS57035001000000	小锦鳚属	*Zoarchias*
PS57035001000100	小锦鳚	*Zoarchias uchidai* Matsubara
PS57037000000000	长鲳科	Centrolophidae
PS57037001000000	栉鲳属	*Hyperoglyphe*
PS57037001000100	日本栉鲳	*Hyperoglyphe japonicus* (Doderlein)
PS57037003000000	刺鲳属	*Psenopsis*
PS57037003000100	刺鲳	*Psenopsis anomala* (Temminck *et* Schlegel)
PS57037005000000	花鲳属	*Schedophilus*
PS57037005000100	花鲳	*Schedophilus maculatus* Gunther
PS57039000000000	赤刀鱼科	Cepolidae
PS57039001000000	棘赤刀鱼属	*Acanthocepola*
PS57039001000100	印度棘赤刀鱼	*Acanthocepola indica* (Day)
PS57039001000300	克氏棘赤刀鱼	*Acanthocepola krusensterni* (Temminck *et* Schlegel)
PS57039001000500	背点棘赤刀鱼	*Acanthocepola limbata* Cuvier *et* Valenciennes
PS57039003000000	赤刀鱼属	*Cepola*
PS57039003000100	赤刀鱼	*Cepola schlegeli* (Day)

表 1（续）

代 码	中 文 名 称	拉 丁 名 称
PS57041000000000	蝴蝶鱼科	Chaetodontidae
PS57041001000000	刺尻鱼属	*Centropyge*
PS57041001000100	二色刺尻鱼	*Centropyge bicolor* (Bloch)
PS57041001000300	双棘刺尻鱼	*Centropyge bispinosus* (Gunther)
PS57041001000500	绣红刺尻鱼	*Centropyge ferrugatus* Randall *et* Burgess
PS57041001000700	黄刺尻鱼	*Centropyge heraldi* Woods *et* Schultz
PS57041001000900	白斑刺尻鱼	*Centropyge tibicen* Cuvier *et* Valenciennes
PS57041001001100	棕刺尻鱼	*Centropyge vroliki* (Bleeker)
PS57041003000000	蝴蝶鱼属	*Chaetodon*
PS57041003000100	项斑蝴蝶鱼	*Chaetodon adiergastos* Seale
PS57041003000300	银色蝴蝶鱼	*Chaetodon argentatus* Smith *et* Radcliffe
PS57041003000500	丝蝴蝶鱼	*Chaetodon auriga* Forskal
PS57041003000700	条纹蝴蝶鱼	*Chaetodon auripes* Jordan *et* Snyder
PS57041003000900	曲纹蝴蝶鱼	*Chaetodon baronessa* Cuvier
PS57041003001100	双绦蝴蝶鱼	*Chaetodon bennetti* Cuvier *et* Valenciennes
PS57041003001300	桔尾蝴蝶鱼	*Chaetodon chrysurus* Desjardins
PS57041003001500	密点蝴蝶鱼	*Chaetodon citrinellus* Cuvier *et* Valenciennes
PS57041003001700	叉纹蝴蝶鱼	*Chaetodon collare* Bloch
PS57041003001900	鞭蝴蝶鱼	*Chaetodon ephippium* Cuvier *et* Valenciennes
PS57041003002100	纹带蝴蝶鱼	*Chaetodon falcula* Bloch
PS57041003002300	贡氏蝴蝶鱼	*Chaetodon guentheri* Ahl
PS57041003002500	珠蝴蝶鱼	*Chaetodon kleini* Bloch
PS57041003002700	细纹蝴蝶鱼	*Chaetodon lineolatus* Cuvier *et* Valenciennes
PS57041003002900	新月蝴蝶鱼	*Chaetodon lunula* Lacepede
PS57041003003100	黑背蝴蝶鱼	*Chaetodon melanotus* Bloch *et* Schneider
PS57041003003300	梅尔蝴蝶鱼	*Chaetodon meyeri* Bloch *et* Scheider
PS57041003003500	朴蝴蝶鱼	*Chaetodon modestus* Temminck *et* Schlegel
PS57041003003700	八带蝴蝶鱼	*Chaetodon octofasciatus* Bloch
PS57041003003900	橙带蝴蝶鱼	*Chaetodon ornatissimus* Cuvier *et* Valenciennes
PS57041003004100	篮斑蝴蝶鱼	*Chaetodon plebeius* Broussonet
PS57041003004300	斑带蝴蝶鱼	*Chaetodon punctatofasciatus* Cuvier *et* Valenciennes
PS57041003004500	四点蝴蝶鱼	*Chaetodon quadrimaculatus* (Gray)
PS57041003004700	格纹蝴蝶鱼	*Chaetodon rafflesii* Bennett
PS57041003004900	紫蝴蝶鱼	*Chaetodon reticulatus* Cuvier *et* Valenciennes
PS57041003005100	弯月蝴蝶鱼	*Chaetodon selene* Bleeker
PS57041003005300	细点蝴蝶鱼	*Chaetodon semeion* Bleeker
PS57041003005500	镜蝴蝶鱼	*Chaetodon speculum* Cuvier *et* Valenciennes
PS57041003005700	羽纹蝴蝶鱼	*Chaetodon strigangulus* Gmelin
PS57041003005900	三角蝴蝶鱼	*Chaetodon triangulum* Cuvier *et* Valenciennes
PS57041003006100	三带蝴蝶鱼	*Chaetodon trifasciatus* Mungo Park
PS57041003006300	单斑蝴蝶鱼	*Chaetodon unimaculatus* Bloch
PS57041003006500	斜纹蝴蝶鱼	*Chaetodon vagabundus* Linnaeus
PS57041003006700	美蝴蝶鱼	*Chaetodon wiebeli* Kaup
PS57041003006900	红尾蝴蝶鱼	*Chaetodon xanthurus* Bleeker
PS57041005000000	荷包鱼属	*Chaetodontoplus*
PS57041005000100	眼带荷包鱼	*Chaetodontoplus duboulayi* (Gunther)
PS57041005000300	荷包鱼	*Chaetodontoplus septentrionalis* (Temminck *et* Schlegel)

表 1（续）

代　　码	中　文　名　称	拉　丁　名　称
PS57041007000000	钻嘴鱼属	*Chelmon*
PS57041007000100	钻嘴鱼	*Chelmon rostratus* (Linnaeus)
PS57041009000000	少女鱼属	*Coradion*
PS57041009000100	少女鱼	*Coradion chrysozonus* (Cuvier *et* Valenciennes)
PS57041011000000	剑盖鱼属	*Euxiphipops*
PS57041011000100	六带剑盖鱼	*Euxiphipops sexstriatus* Cuvier *et* Valenciennes
PS57041013000000	镊口鱼属	*Forcipiger*
PS57041013000100	深黄镊口鱼	*Forcipiger flavissimus* Jordan *et* McGreyor
PS57041013000300	镊口鱼	*Forcipiger longirostris* (Broussonet)
PS57041015000000	月蝶鱼属	*Genicanthus*
PS57041015000100	中沙月蝶鱼	*Genicanthus macclesfieldiensis* Chan
PS57041015000300	月蝶鱼	*Genicanthus melanospilos* (Bleeker)
PS57041017000000	霞蝶鱼属	*Hemitaurichthys*
PS57041017000100	多鳞霞蝶鱼	*Hemitaurichthys polylepis* (Bleeker)
PS57041017000300	霞蝶鱼	*Hemitaurichthys zoster* (Bennett)
PS57041019000000	马夫鱼属	*Heniochus*
PS57041019000100	马夫鱼	*Heniochus acuminatus* Linnaeus
PS57041019000300	黄口马夫鱼	*Heniochus chrysostomus* Cuvier
PS57041019000500	单角马夫鱼	*Heniochus monoceros* Cuvier *et* Valenciennes
PS57041019000700	三带马夫鱼	*Heniochus permutatus* Cuvier *et* Valenciennes
PS57041019000900	四带马夫鱼	*Heniochus singularius* Smith *et* Radcliffe
PS57041019001100	白带马夫鱼	*Heniochus varius* (Cuvier)
PS57041021000000	刺蝶鱼属	*Holacanthus*
PS57041021000100	三斑刺蝶鱼	*Holacanthus trimaculatus* Cuvier *et* Valenciennes
PS57041023000000	副蝴蝶鱼属	*Parachaetodon*
PS57041023000100	副蝴蝶鱼	*Parachaetodon ocellatus* (Cuvier *et* Valenciennes)
PS57041025000000	刺盖鱼属	*Pomacanthus*
PS57041025000100	肩环刺盖鱼	*Pomacanthus annularis* (Bloch)
PS57041025000300	主刺盖鱼	*Pomacanthus imperator* (Bloch)
PS57041025000500	半环刺盖鱼	*Pomacanthus semicirculatus* Cuvier *et* Valenciennes
PS57041027000000	甲尻鱼属	*Pygoplites*
PS57041027000100	甲尻鱼	*Pygoplites diacanthus* Boddaert
PS57043000000000	鳄齿鱼科	Champsodontidae
PS57043001000000	鳄齿鱼属	*Champsodon*
PS57043001000100	弓背鳄齿鱼	*Champsodon atridorsalis* Ochiai *et* Nakamura
PS57043001000300	鳄齿鱼	*Champsodon capensis* Gunther
PS57043001000500	短鳄齿鱼	*Champsodon snyderi* Franz
PS57045000000000	鳢科	Channidae
PS57045001000000	鳢属	*Channa*
PS57045001000100	乌鳢	*Channa argus* (Cantor)
PS57045001000300	月鳢	*Channa asiatica* (Linnaeus)
PS57045001000500	宽额鳢	*Channa gachua* (Hamilton)
PS57045001000700	斑鳢	*Channa maculata* (Lacepede)
PS57045001000900	线鳢	*Channa striata* (Bloch)
PS57047000000000	鳎科	Cirrhitidae
PS57047001000000	钝鳎属	*Amblycirrhitus*
PS57047001000100	双斑钝鳎	*Amblycirrhitus bimacula* (Jenkins)

表 1（续）

代　　码	中　文　名　称	拉　丁　名　称
PS57047003000000	金鳊属	*Cirrhitichthys*
PS57047003000100	斑金鳊	*Cirrhitichthys aprinus* (Cuvier *et* Valenciennes)
PS57047003000300	金鳊	*Cirrhitichthys aureus* (Temminck *et* Schlegel)
PS57047003000500	真丝金鳊	*Cirrhitichthys falco* Randall
PS57047003000700	尖头金鳊	*Cirrhitichthys oxycephalus* (Bleeker)
PS57047005000000	鳊属	*Cirrhitus*
PS57047005000100	鳊	*Cirrhitus pinnulatus* (Bloch *et* Schneider)
PS57047007000000	鲤鳊属	*Cyprinocirrhites*
PS57047007000100	长鳍鲤鳊	*Cyprinocirrhites polyactis* (Bleeker)
PS57047009000000	尖吻鳊属	*Oxycirrhites*
PS57047009000100	长吻鳊	*Oxycirrhites typus* Bleeker
PS57047011000000	副鳊属	*Paracirrhites*
PS57047011000100	副鳊	*Paracirrhites arcatus* (Cuvier *et* Valenciennes)
PS57047011000300	福氏副鳊	*Paracirrhites forsteri* (Bloch *et* Schneider)
PS57049000000000	胎鳚科	Clinidae
PS57049001000000	胎鳚属	*Springeratus*
PS57049001000100	黄身胎鳚	*Springeratus xanthosoma* (Bleeker)
PS57051000000000	鲯鳅科	Coryphaenidae
PS57051001000000	鲯鳅属	*Coryphaena*
PS57051001000100	鲯鳅	*Coryphaena hippurus* Linnaeus
PS57053000000000	蜥鳉科	Draconettidae
PS57053001000000	蜥鳉属	*Draconetta*
PS57053001000100	珠点蜥鳉	*Draconetta margarostigma* Cheng *et* Tian
PS57053001000300	蜥鳉	*Draconetta xenica* Jordan *et* Fowler
PS57055000000000	鸡笼鲳科	Drepanidae
PS57055001000000	鸡笼鲳属	*Drepane*
PS57055001000100	条纹鸡笼鲳	*Drepane longimana* (Bloch *et* Schneider)
PS57055001000300	斑点鸡笼鲳	*Drepane punctata* Linnaeus
PS57057000000000	䲟科	Echeneidae
PS57057001000000	䲟属	*Echeneis*
PS57057001000100	䲟	*Echeneis naucrates* Linnaeus
PS57057003000000	短䲟属	*Remora*
PS57057003000100	白短䲟	*Remora albescens* (Temminck *et* Schlegel)
PS57057003000300	短臂短䲟	*Remora brachyptera* (Lowe)
PS57057003000500	短䲟	*Remora remora* (Linnaeus)
PS57059000000000	塘鳢科	Eleotridae
PS57059001000000	星塘鳢属	*Asterropteryx*
PS57059001000100	星塘鳢	*Asterropteryx semipunctatus* Ruppell
PS57059003000000	乌塘鳢属	*Bostrichthys*
PS57059003000100	乌塘鳢	*Bostrichthys sinensis* (Lacepede)
PS57059005000000	嵴塘鳢属	*Butis*
PS57059005000100	嵴塘鳢	*Butis butis* (Hamilton)
PS57059007000000	塘鳢属	*Eleotris*
PS57059007000100	条纹塘鳢	*Eleotris fasciatus* Chen
PS57059007000300	褐塘鳢	*Eleotris fusca* (Bloch *et* Schneider)
PS57059007000500	黑体塘鳢	*Eleotris melanosoma* Bleeker
PS57059007000700	尖头塘鳢	*Eleotris oxycephala* (Temminck *et* Schlegel)

表 1（续）

代　　码	中　文　名　称	拉　丁　名　称
PS57059009000000	矶塘鳢属	*Eviota*
PS57059009000100	矶塘鳢	*Eviota abax* (Jordan *et* Snyder)
PS57059011000000	黄黝鱼属	*Hypseleotris*
PS57059011000100	黄黝鱼	*Hypseleotris swinhonis* (Gunther)
PS57059013000000	沙塘鳢属	*Odontobutis*
PS57059013000100	暗色沙塘鳢	*Odontobutis obscurus* (Temminck *et* Schlegel)
PS57059015000000	蛇塘鳢属	*Ophiocara*
PS57059015000100	无孔蛇塘鳢	*Ophiocara aporos* (Bleeker)
PS57059015000300	孔头蛇塘鳢	*Ophiocara porocephala* (Cuvier *et* Valenciennes)
PS57059017000000	尖塘鳢属	*Oxyeleotris*
PS57059017000100	云斑尖塘鳢	*Oxyeleotris marmorata* (Bleeker)
PS57059017000300	尾斑尖塘鳢	*Oxyeleotris urophthalmus* (Bleeker)
PS57059019000000	窄颅塘鳢属	*Oxymetopon*
PS57059019000100	侧扁窄颅塘鳢	*Oxymetopon compressus* Chan
PS57059021000000	鲈塘鳢属	*Perccottus*
PS57059021000100	葛氏鲈塘鳢	*Perccottus glehni* Dybowski
PS57059023000000	细齿塘鳢属	*Philypnus*
PS57059023000100	海南细齿塘鳢	*Philypnus chalmersi* (Nichols *et* Pope)
PS57059025000000	锯塘鳢属	*Prionobutis*
PS57059025000100	锯塘鳢	*Prionobutis koilomatodon* (Bleeker)
PS57059027000000	凹尾塘鳢属	*Ptereleotris*
PS57059027000100	凹尾塘鳢	*Ptereleotris microlepis* (Bleeker)
PS57061000000000	海鲫科	Embiotocidae
PS57061001000000	海鲫属	*Ditrema*
PS57061001000100	海鲫	*Ditrema temmincki* Bleeker
PS57063000000000	谐鱼科	Emmelichthyidae
PS57063001000000	细谐鱼属	*Dipterygonotus*
PS57063001000100	细谐鱼	*Dipterygonotus leucogrammicus* (Bleeker)
PS57063003000000	鯥属	*Emmelichthys*
PS57063003000100	史氏鯥	*Emmelichthys struhsakeri* Heemstra *et* Randall
PS57063005000000	谐鱼属	*Erythrocles*
PS57063005000100	谐鱼	*Erythrocles schlegelii* (Richardson)
PS57065000000000	白鲳科	Ephippidae
PS57065001000000	白鲳属	*Ephippus*
PS57065001000100	白鲳	*Ephippus orbis* (Bloch)
PS57065003000000	燕鱼属	*Platax*
PS57065003000100	印尼燕鱼	*Platax batavianus* Cuvier *et* Valenciennes
PS57065003000300	圆燕鱼	*Platax orbicularis* Forskal
PS57065003000500	圆翅燕鱼	*Platax pinnatus* (Linnaeus)
PS57065003000700	燕鱼	*Platax teira* Forskal
PS57067000000000	乌鲳科	Formionidae
PS57067001000000	乌鲳属	*Formio*
PS57067001000100	乌鲳	*Formio niger* (Bloch)
PS57069000000000	蛇鲭科	Gempylidae
PS57069001000000	蛇鲭属	*Gempylus*
PS57069001000100	蛇鲭	*Gempylus serpens* Cuvier *et* Valenciennes
PS57069003000000	异鳞蛇鲭属	*Lepidocybium*

表 1（续）

代　码	中 文 名 称	拉 丁 名 称
PS57069003000100	异鳞蛇鲭	*Lepidocybium flavobrunneum* (Smith)
PS57069005000000	东洋蛇鲭属	*Neoepinnula*
PS57069005000100	东洋蛇鲭	*Neoepinnula orientalis* (Gilchrist *et* VonBonde)
PS57069007000000	纺锤蛇鲭属	*Promethichthys*
PS57069007000100	纺锤蛇鲭	*Promethichthys prometheus* (Cuvier *et* Valenciennes)
PS57069009000000	棘鳞蛇鲭属	*Ruvettus*
PS57069009000100	棘鳞蛇鲭	*Ruvettus pretrosus* Cocco
PS57069011000000	黑鳍蛇鲭属	*Thyrsitoides*
PS57069011000100	黑鳍蛇鲭	*Thyrsitoides marleyi* Fowler
PS57071000000000	银鲈科	Gerridae
PS57071001000000	十棘银鲈属	*Gerreomorpha*
PS57071001000100	日本十棘银鲈	*Gerreomorpha japonica* (Bleeker)
PS57071003000000	银鲈属	*Gerres*
PS57071003000100	短体银鲈	*Gerres abbreviatus* Bleeker
PS57071003000300	长鳍银鲈	*Gerres acinaces* Bleeker
PS57071003000500	素银鲈	*Gerres argyreus* (Bloch *et* Schneider)
PS57071003000700	长棘银鲈	*Gerres filamentosus* Cuvier
PS57071003000900	短棘银鲈	*Gerres lucidus* Cuvier
PS57071003001100	长体银鲈	*Gerres macrosoma* Bleeker
PS57071003001300	长圆银鲈	*Gerres oblongus* Cuvier
PS57071003001500	红尾银鲈	*Gerres oyena* (Forskal)
PS57071003001700	强棘银鲈	*Gerres poeti* Cuvier *et* Valenciennes
PS57071005000000	五棘银鲈属	*Pentaprion*
PS57071005000100	五棘银鲈	*Pentaprion longimanus* Cantor
PS57073000000000	鮀科	Girellidae
PS57073001000000	鮀属	*Girella*
PS57073001000100	黑鮀	*Girella melenichthys* (Richardson)
PS57073001000300	黄带鮀	*Girella mezina* Jordan *et* Starks
PS57073001000500	鮀	*Girella punctata* Gray
PS57075000000000	叶鲷科	Glaucosomidae
PS57075001000000	叶鲷属	*Glaucosoma*
PS57075001000100	叶鲷	*Glaucosoma hebraicum* Richardson
PS57077000000000	虾虎鱼科	Gobiidae
PS57077001000000	阿匍虾虎鱼属	*Aboma*
PS57077001000100	对马阿匍虾虎鱼	*Aboma tsushimae* Jordan *et* Snyder
PS57077003000000	刺虾虎鱼属	*Acanthogobius*
PS57077003000100	黄鳍刺虾虎鱼	*Acanthogobius flavimanus* (Temminck *et* Schlegel)
PS57077003000300	雅氏刺虾虎鱼	*Acanthogobius jacoti* Fowler
PS57077005000000	细棘虾虎鱼属	*Acentrogobius*
PS57077005000100	高伦细棘虾虎鱼	*Acentrogobius cauerensis* (Bleeker)
PS57077005000300	绿斑细棘虾虎鱼	*Acentrogobius chlorosigmatoides* (Bleeker)
PS57077005000500	青细棘虾虎鱼	*Acentrogobius cyanomos* (Bleeker)
PS57077005000700	霍氏细棘虾虎鱼	*Acentrogobius hoepplii* (Wu)
PS57077005000900	梅氏细棘虾虎鱼	*Acentrogobius masoni* (Day)
PS57077005001100	小眼细棘虾虎鱼	*Acentrogobius microps* Chu *et* Wu
PS57077005001300	三角细棘虾虎鱼	*Acentrogobius triangularis* (Weber)
PS57077005001500	济南细棘虾虎鱼	*Acentrogobius tsinanensis* (Fowler)

表 1（续）

代　码	中文名称	拉丁名称
PS57077005001700	青斑细棘虾虎鱼	*Acentrogobius viridipunctatus* (Cuvier *et* Valenciennes)
PS57077007000000	钝虾虎鱼属	*Amblygobius*
PS57077007000100	白条钝虾虎鱼	*Amblygobius albimaculatus* (Ruppell)
PS57077007000300	百瑙钝虾虎鱼	*Amblygobius bynoensis* (Richardson)
PS57077009000000	钝牙虾虎鱼属	*Apocryptichthys*
PS57077009000100	中华钝牙虾虎鱼	*Apocryptichthys sericus* Herre
PS57077011000000	叉牙虾虎鱼属	*Apocryptodon*
PS57077011000100	少齿叉牙虾虎鱼	*Apocryptodon glyphisodon* (Bleeker)
PS57077011000300	马都拉叉牙虾虎鱼	*Apocryptodon madurensis* (Bleeker)
PS57077011000500	细点叉牙虾虎鱼	*Apocryptodon malcolmi* Smich
PS57077013000000	阿胡虾虎鱼属	*Awaous*
PS57077013000100	黑首阿胡虾虎鱼	*Awaous melanocephalus* (Bleeker)
PS57077013000300	睛斑阿胡虾虎鱼	*Awaous ocellaris* (Broussenet)
PS57077015000000	深虾虎鱼属	*Bathygobius*
PS57077015000100	深虾虎鱼	*Bathygobius fuscus* (Ruppell)
PS57077017000000	美虾虎鱼属	*Callogobius*
PS57077017000100	圆鳞美虾虎鱼	*Callogobius liolepis* Koumans
PS57077017000300	美虾虎鱼	*Callogobius sclateri* (Steindachner)
PS57077019000000	裸头虾虎鱼属	*Chaenogobius*
PS57077019000100	条尾裸头虾虎鱼	*Chaenogobius urotaenia* (Hilgendorf)
PS57077021000000	矛尾虾虎鱼属	*Chaeturichthys*
PS57077021000100	矛尾虾虎鱼	*Chaeturichthys stigmatias* Richardson
PS57077023000000	大口虾虎鱼属	*Chasmichthys*
PS57077023000100	大口虾虎鱼	*Chasmichthys gulosus* (Guichenot)
PS57077025000000	项冠虾虎鱼属	*Cristatogobius*
PS57077025000100	浅色项冠虾虎鱼	*Cristatogobius albius* Chen
PS57077027000000	丝虾虎鱼属	*Cryptocentrus*
PS57077027000100	长丝虾虎鱼	*Cryptocentrus filifer* (Cuvier *et* Valenciennes)
PS57077027000300	裸头丝虾虎鱼	*Cryptocentrus gymnocephalus* (Bleeker)
PS57077027000500	巴布亚丝虾虎鱼	*Cryptocentrus papuanus* (Peters)
PS57077027000700	孔雀丝虾虎鱼	*Cryptocentrus pavoninoides* (Bleeker)
PS57077027000900	红丝虾虎鱼	*Cryptocentrus russus* (Cantor)
PS57077027001100	杨氏丝虾虎鱼	*Cryptocentrus yangi* Chen
PS57077027001300	谷津丝虾虎鱼	*Cryptocentrus yatsui* Tomiyama
PS57077029000000	带虾虎鱼属	*Eutaeniichthys*
PS57077029000100	带虾虎鱼	*Eutaeniichthys gilli* Jordan *et* Snyder
PS57077031000000	舌虾虎鱼属	*Glossogobius*
PS57077031000100	双斑舌虾虎鱼	*Glossogobius biocellatus* (Cuvier *et* Valenciennes)
PS57077031000300	舌虾虎鱼	*Glossogobius giuris* (Hamilton)
PS57077031000500	斑纹舌虾虎鱼	*Glossogobius olivaceus* (Temminck *et* Schlegel)
PS57077033000000	颌鳞虾虎鱼属	*Gnatholepis*
PS57077033000100	美尾颌鳞虾虎鱼	*Gnatholepis calliurus* Jordan *et* Seale
PS57077035000000	叶虾虎鱼属	*Gobiodon*
PS57077035000100	红点叶虾虎鱼	*Gobiodon erythrospilus* Bleeker
PS57077035000300	多线叶虾虎鱼	*Gobiodon multilineatus* Wu
PS57077035000500	眼带叶虾虎鱼	*Gobiodon oculolineatus* Wu
PS57077035000700	黄体叶虾虎鱼	*Gobiodon okinawae* Sawada

表 1（续）

代　码	中　文　名　称	拉　丁　名　称
PS57077035000900	五线叶虾虎鱼	*Gobiodon quinquestrigatus* (Cuvier *et* Valenciennes)
PS57077035001100	纵纹叶虾虎鱼	*Gobiodon verticalis* Alleyne *et* Macleay
PS57077037000000	鳍虾虎鱼属	*Gobiopterus*
PS57077037000100	大鳞鳍虾虎鱼	*Gobiopterus macrolepis* Cheng
PS57077039000000	蝌蚪虾虎鱼属	*Lophiogobius*
PS57077039000100	睛尾蝌蚪虾虎鱼	*Lophiogobius ocellicauda* Gunther
PS57077041000000	竿虾虎鱼属	*Luciogobius*
PS57077041000100	竿虾虎鱼	*Luciogobius guttatus* Gill
PS57077043000000	鲻虾虎鱼属	*Mugilogobius*
PS57077043000100	阿部鲻虾虎鱼	*Mugilogobius abei* (Jordan *et* Snyder)
PS57077043000300	泰加拉鲻虾虎鱼	*Mugilogobius tagala* (Herre)
PS57077045000000	寡鳞虾虎鱼属	*Oligolepis*
PS57077045000100	尖鳍寡鳞虾虎鱼	*Oligolepis acutipinnis* (Cuvier *et* Valenciennes)
PS57077045000300	横带寡鳞虾虎鱼	*Oligolepis fasciatus* Wu *et* Lin
PS57077047000000	刺盖虾虎鱼属	*Oplopomus*
PS57077047000100	刺盖虾虎鱼	*Oplopomus caninoides* (Bleeker)
PS57077049000000	沟虾虎鱼属	*Oxyurichthys*
PS57077049000100	台湾沟虾虎鱼	*Oxyurichthys formosanus* Nichols
PS57077049000300	大鳞沟虾虎鱼	*Oxyurichthys macrolepis* Chu *et* Wu
PS57077049000500	小鳞沟虾虎鱼	*Oxyurichthys microlepis* (Bleeker)
PS57077049000700	眼瓣沟虾虎鱼	*Oxyurichthys ophthalmonema* (Bleeker)
PS57077049000900	巴布亚沟虾虎鱼	*Oxyurichthys papuensis* (Cuvier *et* Valenciennes)
PS57077049001100	触角沟虾虎鱼	*Oxyurichthys tentacularis* (Cuvier *et* Valenciennes)
PS57077051000000	拟矛尾虾虎鱼属	*Parachaeturichthys*
PS57077051000100	拟矛尾虾虎鱼	*Parachaeturichthys polynema* (Bleeker)
PS57077053000000	副叶虾虎鱼属	*Paragobiodon*
PS57077053000100	棘头副叶虾虎鱼	*Paragobiodon echinocephalus* (Ruppell)
PS57077053000300	黑副叶虾虎鱼	*Paragobiodon melanosomus* (Bleeker)
PS57077053000500	黄副叶虾虎鱼	*Paragobiodon xanthosomus* (Bleeker)
PS57077055000000	副平牙虾虎鱼属	*Parapocryptes*
PS57077055000100	大鳞副平牙虾虎鱼	*Parapocryptes macrolepis* (Bleeker)
PS57077057000000	拟平牙虾虎鱼属	*Pseudapocryptes*
PS57077057000100	矛状拟平牙虾虎鱼	*Pseudapocryptes lanceolatus* (Bloch *et* Schneider)
PS57077059000000	高鳍虾虎鱼属	*Pterogobius*
PS57077059000100	蛇首高鳍虾虎鱼	*Pterogobius elapoides* (Gunther)
PS57077059000300	横带高鳍虾虎鱼	*Pterogobius zacalles* Jordan *et* Snyder
PS57077061000000	羽虾虎鱼属	*Quisquilius*
PS57077061000100	马来羽虾虎鱼	*Quisquilius malayanus* Herre
PS57077063000000	瓢鳍虾虎鱼属	*Sicyopterus*
PS57077063000100	日本瓢鳍虾虎鱼	*Sicyopterus japonicus* (Tanaka)
PS57077065000000	狭虾虎鱼属	*Stenogobius*
PS57077065000100	条纹狭虾虎鱼	*Stenogobius genivittatus* (Cuvier *et* Valenciennes)
PS57077067000000	点虾虎鱼属	*Stigmatogobius*
PS57077067000100	霍氏点虾虎鱼	*Stigmatogobius hoeveni* (Bleeker)
PS57077069000000	复虾虎鱼属	*Synechogobius*
PS57077069000100	矛尾复虾虎鱼	*Synechogobius hasta* (Temminck *et* Schlegel)
PS57077069000300	斑尾复虾虎鱼	*Synechogobius ommaturus* (Richardson)

表1（续）

代　码	中 文 名 称	拉 丁 名 称
PS57077071000000	缟虾虎鱼属	*Tridentiger*
PS57077071000100	暗缟虾虎鱼	*Tridentiger obscurus* (Temminck *et* Schlegel)
PS57077071000300	纹缟虾虎鱼	*Tridentiger trigonocephalus* (Gill)
PS57079000000000	双犁鱼科	Hemerocoetidae
PS57079001000000	棘吻鱼属	*Acanthaphritis*
PS57079001000100	大鳞棘吻鱼	*Acanthaphritis grandisquamis* Gunther
PS57081000000000	帆鳍鱼科	Histiopteridae
PS57081001000000	帆鳍鱼属	*Histiopterus*
PS57081001000100	帆鳍鱼	*Histiopterus typus* Temminck *et* Schlegel
PS57083000000000	旗鱼科	Istiophoridae
PS57083001000000	旗鱼属	*Istiophorus*
PS57083001000100	平鳍旗鱼	*Istiophorus platypterus* (Shaw *et* Nodder)
PS57083003000000	枪鱼属	*Makaira*
PS57083003000100	印度枪鱼	*Makaira indica* (Cuvier)
PS57083003000300	蓝枪鱼	*Makaira mazara* (Jordan *et* Snyder)
PS57083005000000	四鳍旗鱼属	*Tetrapturus*
PS57083005000100	尖吻四鳍旗鱼	*Tetrapturus angustirostris* Tanaka
PS57083005000300	条纹四鳍旗鱼	*Tetrapturus audax* Philippi
PS57085000000000	汤鲤科	Kuhliidae
PS57085001000000	汤鲤属	*Kuhlia*
PS57085001000100	黑边汤鲤	*Kuhlia marginata* Cuvier
PS57085001000300	花尾汤鲤	*Kuhlia mugil* (Forster)
PS57085001000500	大口汤鲤	*Kuhlia rupestris* (Lacepedei)
PS57087000000000	鮀科	Kyphosidae
PS57087001000000	鮀属	*Kyphosus*
PS57087001000100	长鳍鮀	*Kyphosus cinerascens* Forskal
PS57087001000300	短鳍鮀	*Kyphosus lembus* Cuvier *et* Valenciennes
PS57089000000000	隆头鱼科	Labridae
PS57089001000000	阿南鱼属	*Anampses*
PS57089001000100	青斑阿南鱼	*Anampses caeruleopunctatus* Ruppell
PS57089001000300	线阿南鱼	*Anampses diadematus* Ruppell
PS57089001000500	蠕纹阿南鱼	*Anampses geographius* Cuvier *et* Valenciennes
PS57089001000700	尾斑阿南鱼	*Anampses melanurus* Bleeker
PS57089001000900	黄尾阿南鱼	*Anampses meleagrides* Cuvier *et* Valenciennes
PS57089001001100	星阿南鱼	*Anampses twisti* Bleeker
PS57089003000000	普提鱼属	*Bodianus*
PS57089003000100	腋斑普提鱼	*Bodianus axillaris* (Bennett)
PS57089003000300	普提鱼	*Bodianus bilunulatus* (Lacepede)
PS57089003000500	鳍斑普提鱼	*Bodianus diana* Lacepede
PS57089003000700	斜斑普提鱼	*Bodianus hirsutus* (Lacepede)
PS57089003000900	尖头普提鱼	*Bodianus oxycephalus* (Bleeker)
PS57089003001100	红普提鱼	*Bodianus perditio* (Quoy *et* Gaimard)
PS57089005000000	唇鱼属	*Cheilinus*
PS57089005000100	双斑唇鱼	*Cheilinus bimaculatus* Cuvier *et* Valenciennes
PS57089005000300	长吻唇鱼	*Cheilinus celebieus* Bleeker
PS57089005000500	绿尾唇鱼	*Cheilinus chlorurus* (Bloch)
PS57089005000700	多线唇鱼	*Cheilinus diagramma* (Lacepede)

表 1（续）

代　　码	中　文　名　称	拉　丁　名　称
PS57089005000900	横带唇鱼	*Cheilinus faseiatus* (Bloch)
PS57089005001100	侧斑唇鱼	*Cheilinus mentalis* Ruppell
PS57089005001300	尖头唇鱼	*Cheilinus oxycephalus* Bleeker
PS57089005001500	红唇鱼	*Cheilinus rhodochrous* Gunther
PS57089005001700	三叶唇鱼	*Cheilinus trilobatus* Lacepede
PS57089005001900	波纹唇鱼	*Cheilinus undulatus* Ruppell
PS57089007000000	管唇鱼属	*Cheilio*
PS57089007000100	管唇鱼	*Cheilio inermis* Forskal
PS57089009000000	猪齿鱼属	*Choerodon*
PS57089009000100	鞍斑猪齿鱼	*Choerodon anchorago* (Bloch)
PS57089009000300	蓝猪齿鱼	*Choerodon azurio* (Jordan *et* Snyder)
PS57089009000500	大斑猪齿鱼	*Choerodon melanostigma* Fowler *et* Bean
PS57089009000700	鳞斑猪齿鱼	*Choerodon nectemblema* (Jordan *et* Evermann)
PS57089009000900	纵带猪齿鱼	*Choerodon pescadorensis* Yu
PS57089009001100	黑斑猪齿鱼	*Choerodon schoenleinii* (Cuvier *et* Valenciennes)
PS57089011000000	丝隆头鱼属	*Cirrhilabrus*
PS57089011000100	绿丝隆头鱼	*Cirrhilabrus solorensis* Bleeker
PS57089013000000	盔鱼属	*Coris*
PS57089013000100	鳃斑盔鱼	*Coris aygula* Lacepede
PS57089013000300	露珠盔鱼	*Coris gaimard* (Quoy *et* Gaimard)
PS57089015000000	钝头鱼属	*Cymolutes*
PS57089015000100	钝头鱼	*Cymolutes lecluse* (Quoy *et* Gaimard)
PS57089017000000	锯盖鱼属	*Duymaeria*
PS57089017000100	长棘锯盖鱼	*Duymaeria flagellifera* (Cuvier *et* Valenciennes)
PS57089019000000	伸口鱼属	*Epibulus*
PS57089019000100	伸口鱼	*Epibulus insidiator* (Pallas)
PS57089021000000	尖嘴鱼属	*Gomphosus*
PS57089021000100	杂色尖嘴鱼	*Gomphosus varius* Lacepede
PS57089023000000	海猪鱼属	*Halichoeres*
PS57089023000100	全珠海猪鱼	*Halichoeres argus* (Bloch *et* Schneider)
PS57089023000300	蓝侧海猪鱼	*Halichoeres cyanopleura* (Bleeker)
PS57089023000500	纵带海猪鱼	*Halichoeres hartzfeldi* (Bleeker)
PS57089023000700	赫氏海猪鱼	*Halichoeres hyrtli* (Bleeker)
PS57089023000900	柄斑海猪鱼	*Halichoeres leparensis* (Bleeker)
PS57089023001100	斑点海猪鱼	*Halichoeres margaritaceus* (Cuvier *et* Valenciennes)
PS57089023001300	绿边海猪鱼	*Halichoeres marginatus* Ruppell
PS57089023001500	胸斑海猪鱼	*Halichoeres melanochir* (Fowler *et* Bean)
PS57089023001700	黄斑海猪鱼	*Halichoeres melanurus* Bleeker
PS57089023001900	臀点海猪鱼	*Halichoeres miniatus* (Cuvier *et* Valenciennes)
PS57089023002100	云纹海猪鱼	*Halichoeres nebulosus* (Cuvier *et* Valenciennes)
PS57089023002300	云斑海猪鱼	*Halichoeres nigrescens* (Bloch *et* Schneider)
PS57089023002500	花鳍海猪鱼	*Halichoeres poecilopterus* Temminck *et* Schlegel
PS57089023002700	体珠海猪鱼	*Halichoeres purpurascens* (Bleeker)
PS57089023002900	侧带海猪鱼	*Halichoeres scapularis* (Bennett)
PS57089023003100	细棘海猪鱼	*Halichoeres tenuispinis* (Gunther)
PS57089023003300	三斑海猪鱼	*Halichoeres trimaculatus* (Quoy *et* Gaimard)
PS57089025000000	粗唇鱼属	*Hemigymnus*

表 1（续）

代　码	中文名称	拉丁名称
PS57089025000100	横带粗唇鱼	*Hemigymnus fasciatus* Bloch
PS57089025000300	黑鳍粗唇鱼	*Hemigymnus melapterus* (Bloch)
PS57089027000000	离鳍鱼属	*Hemipteronotus*
PS57089027000100	暗带离鳍鱼	*Hemipteronotus aneitensis* (Gunther)
PS57089027000300	红斑离鳍鱼	*Hemipteronotus caerulopunctatus* Yu
PS57089027000500	鳃斑离鳍鱼	*Hemipteronotus evides* Jordan *et* Richardson
PS57089027000700	黑斑离鳍鱼	*Hemipteronotus melanopus* (Bleeker)
PS57089027000900	五斑离鳍鱼	*Hemipteronotus pentadactylus* (Linnaeus)
PS57089027001100	侧斑离鳍鱼	*Hemipteronotus verrens* (Jordan *et* Evermann)
PS57089029000000	颈鳍鱼属	*Iniistius*
PS57089029000100	洛神颈鳍鱼	*Iniistius dea* (Temminck *et* Schlegel)
PS57089029000300	孔雀颈鳍鱼	*Iniistius pavo* (Curier *et* Valenciennes)
PS57089031000000	突唇鱼属	*Labrichthys*
PS57089031000100	突唇鱼	*Labrichthys cyanotaenia* Bleeker
PS57089033000000	裂唇鱼属	*Labroides*
PS57089033000100	裂唇鱼	*Labroides dimidiatus* (Cuvier *et* Valenciennes)
PS57089035000000	褶唇鱼属	*Labropsis*
PS57089035000100	胸斑褶唇鱼	*Labropsis manabei* Schmidt
PS57089037000000	大咽齿鱼属	*Macropharyngodon*
PS57089037000100	珠斑大咽齿鱼	*Macropharyngodon meleagris* Cuvier *et* Valenciennes
PS57089039000000	新丝隆头鱼属	*Neocirrhilabrus*
PS57089039000100	尖尾新丝隆头鱼	*Neocirrhilabrus oxyurus* Cheng *et* Wang
PS57089041000000	连鳍鱼属	*Novaculichthys*
PS57089041000100	花尾连鳍鱼	*Novaculichthys taeniourus* (Lacepede)
PS57089043000000	拟唇鱼属	*Pseudocheilinus*
PS57089043000100	拟唇鱼	*Pseudocheilinus hexataenia* (Bleeker)
PS57089045000000	拟盔鱼属	*Pseudocoris*
PS57089045000100	带尾拟盔鱼	*Pseudocoris awayae* (Schmidt)
PS57089045000300	棕红拟盔鱼	*Pseudocoris yamashiroi* (Schmidt)
PS57089047000000	拟隆头鱼属	*Pseudolabrus*
PS57089047000100	细拟隆头鱼	*Pseudolabrus gracilis* (Steindachner)
PS57089047000300	粗拟隆头鱼	*Pseudolabrus japonicus* (Houttuyn)
PS57089049000000	紫胸鱼属	*Stethojulis*
PS57089049000100	黑星紫胸鱼	*Stethojulis axillaris* (Quoy *et* Gaimard)
PS57089049000300	断纹紫胸鱼	*Stethojulis interrupta* (Bleeker)
PS57089049000500	美体紫胸鱼	*Stethojulis kalosoma* (Bleeker)
PS57089049000700	线纹紫胸鱼	*Stethojulis linearis* (Schultz)
PS57089049000900	侧星紫胸鱼	*Stethojulis phekadopleura* (Bleeker)
PS57089049001100	双线紫胸鱼	*Stethojulis renardi* (Bleeker)
PS57089049001300	腹纹紫胸鱼	*Stethojulis strigiventer* Bennett
PS57089049001500	三线紫胸鱼	*Stethojulis trilineata* (Bloch *et* Schneider)
PS57089051000000	锦鱼属	*Thalassoma*
PS57089051000100	钝头锦鱼	*Thalassoma amblycephalus* (Bleeker)
PS57089051000300	斑带锦鱼	*Thalassoma cupido* (Temminck *et* Schlegel)
PS57089051000500	栅纹锦鱼	*Thalassoma fuscum* Lacepede
PS57089051000700	鞍斑锦鱼	*Thalassoma hardwicki* (Bennett)
PS57089051000900	大斑锦鱼	*Thalassoma janseni* (Bleeker)

表 1（续）

代　　码	中　文　名　称	拉　丁　名　称
PS57089051001100	新月锦鱼	*Thalassoma lunare* Linnaeus
PS57089051001300	胸斑锦鱼	*Thalassoma lutescens* (Lay *et* Bennett)
PS57089051001500	紫额锦鱼	*Thalassoma purpureum* (Forskal)
PS57089051001700	纵纹锦鱼	*Thalassoma quinquevittatus* Lay *et* Bennett
PS57089051001900	暗斑锦鱼	*Thalassoma umbrostigma* Ruppell
PS57089053000000	剑唇鱼属	*Xiphocheilus*
PS57089053000100	四斑剑唇鱼	*Xiphocheilus quadrimaculatus* Gunther
PS57089053000300	剑唇鱼	*Xiphocheilus typus* Bleeker
PS57091000000000	乳香鱼科	Lactariidae
PS57091001000000	乳香鱼属	*Lactarius*
PS57091001000100	乳香鱼	*Lactarius lactarius* (Bloch *et* Schneider)
PS57093000000000	尖吻鲈科	Latidae
PS57093001000000	尖吻鲈属	*Lates*
PS57093001000100	尖吻鲈	*Lates calcarifer* (Bloch)
PS57093003000000	沙鲈属	*Psammoperca*
PS57093003000100	沙鲈	*Psammoperca waigiensis* (Cuvier *et* Valenciennes)
PS57095000000000	鲾科	Leiognathidae
PS57095001000000	牙鲾属	*Gazza*
PS57095001000100	小牙鲾	*Gazza minuta* (Bloch)
PS57095003000000	鲾属	*Leiognathus*
PS57095003000100	细纹鲾	*Leiognathus berbis* (Cuvier *et* Valenciennes)
PS57095003000300	黄斑鲾	*Leiognathus bindus* (Cuvier *et* Valenciennes)
PS57095003000500	短吻鲾	*Leiognathus brevirostris* Cuvier *et* Valenciennes
PS57095003000700	黑斑鲾	*Leiognathus daura* (Cuvier)
PS57095003000900	杜氏鲾	*Leiognathus dussumieri* Cuvier *et* Valenciennes
PS57095003001100	长鲾	*Leiognathus elongatus* Gunther
PS57095003001300	短棘鲾	*Leiognathus equulus* (Forskal)
PS57095003001500	长棘鲾	*Leiognathus fasciatus* Lacepede
PS57095003001700	曳丝鲾	*Leiognathus leuciscus* Gunther
PS57095003001900	粗纹鲾	*Leiognathus lineolatus* Cuvier *et* Valenciennes
PS57095003002100	颈带鲾	*Leiognathus nuchalis* (Temminck *et* Schlegel)
PS57095003002300	条鲾	*Leiognathus rivulatus* (Temminck *et* Schlegel)
PS57095003002500	鹿斑鲾	*Leiognathus ruconius* (Hamilton)
PS57095003002700	黑边鲾	*Leiognathus splendens* Cuvier
PS57095005000000	仰口鲾属	*Secutor*
PS57095005000100	静鲾，长吻仰口鲾	*Secutor insidiator* (Bloch)
PS57097000000000	裸颊鲷科	Lethrinidae
PS57097001000000	裸颊鲷属	*Lethrinus*
PS57097001000100	红鳍裸颊鲷	*Lethrinus haematopterus* Temminck *et* Schlegel
PS57097001000300	单斑裸颊鲷	*Lethrinus harak* (Forskal)
PS57097001000500	丽鳍裸颊鲷	*Lethrinus kallopterus* Bleeker
PS57097001000700	纵带裸颊鲷	*Lethrinus leutjanus* Bleeker
PS57097001000900	白点裸颊鲷	*Lethrinus mahsena* (Forskal)
PS57097001001100	长吻裸颊鲷	*Lethrinus miniatus* Bloch *et* Schneider
PS57097001001300	星斑裸颊鲷	*Lethrinus nebulosus* Forskal
PS57097001001500	丝棘裸颊鲷	*Lethrinus nematacanthus* Bleeker
PS57097001001700	短吻裸颊鲷	*Lethrinus ornatus* Cuvier *et* Valenciennes

表 1（续）

代　　码	中　文　名　称	拉　丁　名　称
PS57097001001900	黑斑裸颊鲷	*Lethrinus rhodopterus* Bleeker
PS57097001002100	红鳃裸颊鲷	*Lethrinus rubrioperculatus* Sato
PS57097001002300	长身裸颊鲷	*Lethrinus semicinctus* (Valenciennes)
PS57097001002500	杂色裸颊鲷	*Lethrinus variegatus* Cuvier *et* Valenciennds
PS57097001002700	黄唇裸颊鲷	*Lethrinus xanthochilus* Klunzinger
PS57099000000000	松鲷科	Lobotidae
PS57099001000000	松鲷属	*Lobotes*
PS57099001000100	松鲷	*Lobotes surinamensis* (Bloch)
PS57101000000000	笛鲷科	Lutjanidae
PS57101001000000	叉尾鲷属	*Aphareus*
PS57101001000100	叉尾鲷	*Aphareus furcatus* (Lacepede)
PS57101001000300	莠色叉尾鲷,锈色细齿笛鲷	*Aphareus rutilans* Cuvier
PS57101003000000	短鳍鱼属	*Aprion*
PS57101003000100	绿短鳍鱼	*Aprion virescens* Cuvier *et* Valenciennes
PS57101005000000	梅鲷属	*Caesio*
PS57101005000100	金带梅鲷	*Caesio chrysozona* Cuvier *et* Valenciennes
PS57101005000300	褐梅鲷	*Caesio coerulaureus* Lacepede
PS57101005000500	二带梅鲷	*Caesio diagramma* Bleeker
PS57101005000700	黄梅鲷	*Caesio erythrogaster* Cuvier *et* Valenciennes
PS57101005000900	新月梅鲷	*Caesio lunaris* Cuvier *et* Valenciennes
PS57101005001100	长背梅鲷	*Caesio tile* Cuvier *et* Valenciennes
PS57101005001300	黄背梅鲷	*Caesio xanthonotus* Bleeker
PS57101007000000	红钻鱼属	*Etelis*
PS57101007000100	红钻鱼	*Etelis carbunculus* Cuvier *et* Valenciennes
PS57101007000300	闪灼红钻鱼	*Etelis coruscans* Valenciennes
PS57101007000500	大口红钻鱼	*Etelis radiosus* Anderson
PS57101009000000	丝鳍笛鲷属	*Glabrilutjanus*
PS57101009000100	丝鳍笛鲷	*Glabrilutjanus nematophorus* (Bleeker)
PS57101011000000	笛鲷属	*Lutjanus*
PS57101011000100	高额笛鲷	*Lutjanus altifrontalis* Chan
PS57101011000300	紫红笛鲷	*Lutjanus argentimaculatus* (Forskal)
PS57101011000500	白斑笛鲷	*Lutjanus bohar* (Forskal)
PS57101011000700	菊条笛鲷	*Lutjanus chrysotaenia* Bleeker
PS57101011000900	金焰笛鲷	*Lutjanus fulviflamma* (Forskal)
PS57101011001100	焦黄笛鲷	*Lutjanus fulvus* (Forster)
PS57101011001300	驼背笛鲷	*Lutjanus gibbus* (Forskal)
PS57101011001500	约氏笛鲷	*Lutjanus johni* (Bloch)
PS57101011001700	四带笛鲷	*Lutjanus kasmira* (Forskal)
PS57101011001900	线纹笛鲷	*Lutjanus lineolatus* Ruppell
PS57101011002100	黄笛鲷	*Lutjanus lutjanus* Bloch
PS57101011002300	单斑笛鲷	*Lutjanus monostigma* (Cuvier *et* Valenciennes)
PS57101011002500	篮点笛鲷	*Lutjanus rivulatus* Cuvier *et* Valenciennes
PS57101011002700	勒氏笛鲷	*Lutjanus russelli* Bleeker
PS57101011002900	红笛鲷	*Lutjanus sanguineus* (Cuvier *et* Valenciennes)
PS57101011003100	千年笛鲷	*Lutjanus sebae* (Cuvier *et* Valenciennes)
PS57101011003300	五带笛鲷	*Lutjanus spilurus* Bennett
PS57101011003500	金带笛鲷	*Lutjanus vaigiensis* Quoy *et* Gaimard

表 1（续）

代　码	中 文 名 称	拉 丁 名 称
PS57101011003700	画眉笛鲷	*Lutjanus vitta* (Quoy *et* Gaimard)
PS57101013000000	羽鳃笛鲷属	*Macolor*
PS57101013000100	黑羽鳃笛鲷	*Macolor niger* Forskal
PS57101015000000	若梅鲷属	*Paracaesio*
PS57101015000100	蓝若梅鲷	*Paracaesio caeruleus* (Katayama)
PS57101015000300	草下若梅鲷	*Paracaesio kusakarii* Abe
PS57101015000500	若梅鲷	*Paracaesio xanthurus* Bleeker
PS57101017000000	斜鳞鲷属	*Pinjalo*
PS57101017000100	斜鳞鲷	*Pinjalo pinjalo* (Bleeker)
PS57101019000000	紫鱼属	*Pristipomoides*
PS57101019000100	黄尾紫鱼	*Pristipomoides auricilla* (Jordan)
PS57101019000300	丝鳍紫鱼	*Pristipomoides filamentosus* Valenciennes
PS57101019000500	黄鳍紫鱼	*Pristipomoides flavipinnis* Shinohara
PS57101019000700	细鳞紫鱼	*Pristipomoides microlepis* Bleeker
PS57101019000900	纹面紫鱼	*Pristipomoides multidens* (Day)
PS57101019001100	舌齿紫鱼	*Pristipomoides sieboldii* Bleeker
PS57101019001300	紫鱼	*Pristipomoides typus* Bleeker
PS57101021000000	长鳍笛鲷属	*Symphorus*
PS57101021000100	长鳍笛鲷	*Symphorus spilurus* Gunther
PS57101023000000	唇笛鲷属	*Tangia*
PS57101023000100	黄唇笛鲷	*Tangia carnolabrum* Chan
PS57101025000000	花笛鲷属	*Tropidinius*
PS57101025000100	花笛鲷	*Tropidinius amoenus* (Snyder)
PS57101025000300	横带花笛鲷	*Tropidinius zonatus* Valenciennes
PS57103000000000	刺鳅科	Mastacembelidae
PS57103001000000	刺鳅属	*Mastacembelus*
PS57103001000100	刺鳅	*Mastacembelus aculeatus* (Basilewsky)
PS57103001000300	大刺鳅	*Mastacembelus armatus* (Lacepede)
PS57105000000000	眼镜鱼科	Menidae
PS57105001000000	眼镜鱼属	*Mene*
PS57105001000100	眼镜鱼	*Mene maculata* (Bloch *et* Schneider)
PS57107000000000	羊鱼科	Mullidae
PS57107001000000	拟羊鱼属	*Mulloidichthys*
PS57107001000100	金带拟羊鱼	*Mulloidichthys auriflamma* Forskal
PS57107001000300	黄线拟羊鱼	*Mulloidichthys flavolineatus* (Lacepede)
PS57107001000500	红背拟羊鱼	*Mulloidichthys pfluegeri* (Steindachner)
PS57107001000700	斑带拟羊鱼	*Mulloidichthys samoensis* Gunther
PS57107001000900	无斑拟羊鱼	*Mulloidichthys vanicolensis* Cuvier *et* Valenciennes
PS57107003000000	副绯鲤属	*Parupeneus*
PS57107003000100	拟单带副绯鲤	*Parupeneus barberinoides* (Bleeker)
PS57107003000300	条斑副绯鲤	*Parupeneus barberinus* Lacepede
PS57107003000500	二带副绯鲤	*Parupeneus bifasciatus* Lacepede
PS57107003000700	头带副绯鲤	*Parupeneus chryserdros* (Lacepede)
PS57107003000900	黄带副绯鲤	*Parupeneus chrysopleuron* (Temminck *et* Schlegel)
PS57107003001100	纵条副绯鲤	*Parupeneus ciliatus* (Lacepede)
PS57107003001300	圆口副绯鲤	*Parupeneus cyclostomus* (Lacepede)
PS57107003001500	印度副绯鲤	*Parupeneus indicus* (Shaw)

表 1（续）

代　　码	中　文　名　称	拉　丁　名　称
PS57107003001700	黄副绯鲤	*Parupeneus luteus* (Cuvier *et* Valenciennes)
PS57107003001900	大眼副绯鲤	*Parupeneus megalops* Tanaka
PS57107003002100	多带副绯鲤	*Parupeneus multifasciatus* (Quoy *et* Gaimard)
PS57107003002300	侧斑副绯鲤	*Parupeneus pleurospilos* (Bennett)
PS57107003002500	黑斑副绯鲤	*Parupeneus pleurostigma* (Bennett)
PS57107003002700	三带副绯鲤	*Parupeneus trifasciatus* Lacepede
PS57107005000000	绯鲤属	*Upeneus*
PS57107005000100	条尾绯鲤	*Upeneus bensasi* (Temminck *et* Schlegel)
PS57107005000300	吕宋绯鲤	*Upeneus luzonius* Jordan *et* Seale
PS57107005000500	摩鹿加绯鲤	*Upeneus moluccensis* Bleeker
PS57107005000700	四带绯鲤	*Upeneus quadrilineatus* Cheng *et* Wang
PS57107005000900	纵带绯鲤	*Upeneus subvittatus* Temminck *et* Schlegel
PS57107005001100	黄带绯鲤	*Upeneus sulphureus* Cuvier *et* Valenciennes
PS57107005001300	黑斑绯鲤	*Upeneus tragula* Richardson
PS57107005001500	斑尾绯鲤	*Upeneus vittatus* Forskal
PS57109000000000	金线鱼科	Nemipteridae
PS57109001000000	金线鱼属	*Nemipterus*
PS57109001000100	深水金线鱼	*Nemipterus bathybius* Snyder
PS57109001000300	六齿金线鱼	*Nemipterus hexodon* (Quoy *et* Gaimard)
PS57109001000500	日本金线鱼	*Nemipterus japonicus* Bloch
PS57109001000700	横斑金线鱼	*Nemipterus oveni* (Bleeker)
PS57109001000900	波鳍金线鱼	*Nemipterus tolu* (Cuvier *et* Valenciennes)
PS57109001001100	金线鱼	*Nemipterus virgatus* Houttuyn
PS57109001001300	姬金线鱼	*Nemipterus zysron* (Bleeker)
PS57111000000000	双鳍鲳科	Nomeidae
PS57111001000000	方头鲳属	*Cubiceps*
PS57111001000100	鳞首方头鲳	*Cubiceps squamiceps* (Lloyd)
PS57111003000000	双鳍鲳属	*Nomeus*
PS57111003000100	双鳍鲳	*Nomeus gronovii* (Gmelin)
PS57111005000000	玉鲳属	*Psenes*
PS57111005000100	玻璃玉鲳	*Psenes cyanophrys* Valenciennes
PS57111005000300	玉鲳	*Psenes pellucidus* Lutken
PS57113000000000	后颌螣科	Opisthognathidae
PS57113001000000	长颌螣属	*Gnathypops*
PS57113001000100	纹鳍长颌螣	*Gnathypops evermanni* Jordan *et* Snyder
PS57113003000000	后颌螣属	*Opistognathus*
PS57113003000100	后颌螣	*Opistognathus castelnaui* Bleeker
PS57113005000000	叉棘螣属	*Stalix*
PS57113005000100	无斑叉棘螣	*Stalix immculatus* Xu *et* Zhan
PS57113005000300	沈氏叉棘螣	*Stalix sheni* Smith Vaniz
PS57115000000000	石鲷科	Oplegnathidae
PS57115001000000	石鲷属	*Oplegnathus*
PS57115001000100	条石鲷	*Oplegnathus fasciatus* (Temminck *et* Schlegel)
PS57115001000300	斑石鲷	*Oplegnathus punctatus* (Temminck *et* Schlegel)
PS57117000000000	欧氏螣科	Owstonidae
PS57117001000000	欧氏螣属	*Owstonia*
PS57117001000100	土佐欧氏螣	*Owstonia tosaensis* Kamohara

表 1（续）

代码	中文名称	拉丁名称
PS57119000000000	拟鲈科	Parapercidae
PS57119001000000	拟鲈属	*Parapercis*
PS57119001000100	白斑拟鲈	*Parapercis alboguttata* (Gunther)
PS57119001000300	赤拟鲈	*Parapercis aurantiaca* Doderlein
PS57119001000500	圆拟鲈	*Parapercis cylindrica* (Bloch)
PS57119001000700	斑尾拟鲈	*Parapercis hexophthalma* (Cuvier *et* Valenciennes)
PS57119001000900	多横斑拟鲈	*Parapercis multifasciata* (Doderlein)
PS57119001001100	鞍带拟鲈	*Parapercis muronis* Tanaka
PS57119001001300	眼斑拟鲈	*Parapercis ommatura* (Jordan *et* Snyber)
PS57119001001500	美拟鲈	*Parapercis pulchella* (Temminck *et* Schlegel)
PS57119001001700	斑点拟鲈	*Parapercis punctata* (Cuvier *et* Valenciennes)
PS57119001001900	四棘拟鲈	*Parapercis quadrispinosus* Weber
PS57119001002100	六带拟鲈	*Parapercis sexfasciata* (Temminck *et* Schlegel)
PS57119001002300	背斑拟鲈	*Parapercis snyderi* (Jordan *et* Starks)
PS57119001002500	斑棘拟鲈	*Parapercis striolata* (Weber)
PS57119001002700	斑纹拟鲈	*Parapercis tetracanthus* (Lacepede)
PS57119001002900	黄纹拟鲈	*Parapercis xanthozona* (Bleeker)
PS57121000000000	单鳍鱼科	Pempheridae
PS57121001000000	拟单鳍鱼属	*Parapriacanthus*
PS57121001000100	拟单鳍鱼	*Parapriacanthus ransonneti* Steindachner
PS57121003000000	单鳍鱼属	*Pempheris*
PS57121003000100	日本单鳍鱼	*Pempheris japonicus* Doderlein
PS57121003000300	白边单鳍鱼	*Pempheris nyctereutes* Jordan *et* Evermann
PS57121003000500	黑边单鳍鱼	*Pempheris oualensis* Cuvier *et* Valenciennes
PS57121003000700	黑缘单鳍鱼	*Pempheris vanicolensis* Cuvier
PS57121003000900	黄鳍单鳍鱼	*Pempheris xanthopterus* Tominaga
PS57123000000000	锥齿鲷科	Pentapodidae
PS57123001000000	齿颌鲷属	*Gnathodentex*
PS57123001000100	金带齿颌鲷	*Gnathodentex aurolineatus* (Lecepede)
PS57123003000000	裸顶鲷属	*Gymnocranius*
PS57123003000100	灰裸顶鲷	*Gymnocranius griseus* Temminck *et* Schlegel
PS57123005000000	锥齿鲷属	*Pentapus*
PS57123005000100	线尾锥齿鲷	*Pentapus setosus* Cuvier *et* Valenciennes
PS57125000000000	鲈科	Percidae
PS57125001000000	梅花鲈属	*Acerina*
PS57125001000100	梅花鲈	*Acerina cernua* (Linnaeus)
PS57125003000000	梭鲈属	*Lucioperca*
PS57125003000100	梭鲈	*Lucioperca lucioperca* (Linnaeus)
PS57125005000000	鲈属	*Perca*
PS57125005000100	河鲈	*Perca fluviatilis* Linnacus
PS57125005000300	伊犁鲈	*Perca schrenki* Kessler
PS57127000000000	弹涂鱼科	Periophthalmidae
PS57127001000000	大弹涂鱼属	*Boleophthalmus*
PS57127001000100	大弹涂鱼	*Boleophthalmus pectinirostris* (Linnaeus)
PS57127003000000	弹涂鱼属	*Periophthalmus*
PS57127003000100	银线弹涂鱼	*Periophthalmus argentilineatus* Cuvier *et* Valenciennes
PS57127003000300	弹涂鱼	*Periophthalmus cantonensis* (Osbeck)

表 1（续）

代　码	中文名称	拉丁名称
PS57127005000000	青弹涂鱼属	*Scartelaos*
PS57127005000100	大青弹涂鱼	*Scartelaos gigas* Chu *et* Wu
PS57127005000300	青弹涂鱼	*Scartelaos viridis* (Hamilton)
PS57129000000000	锦鳚科	Pholidae
PS57129001000000	繸鳚属	*Azuma*
PS57129001000100	繸鳚	*Azuma emmnion* Jordan *et* Snyder
PS57129003000000	网鳚属	*Dictyosoma*
PS57129003000100	网鳚	*Dictyosoma burgeri* Van der Hoeven
PS57129005000000	云鳚属	*Enedrias*
PS57129005000100	方氏云鳚	*Enedrias fangi* Wang *et* Wang
PS57129005000300	云鳚	*Enedrias nebulosus* (Temminck *et* Schlegel)
PS57131000000000	鮗科	Plesiopidae
PS57131001000000	燕尾七夕鱼属	*Assesor*
PS57131001000100	蓝氏七夕鱼	*Assesor randalli* Allen *et* Kuitar
PS57131003000000	鮗属	*Plesiops*
PS57131003000100	绿纹鮗	*Plesiops coeruleolineatus* Ruppell
PS57131003000300	珊瑚鮗	*Plesiops corallicola* Bleeker
PS57131003000500	黑鮗	*Plesiops melas* Bleeker
PS57133000000000	雀鲷科	Pomacentridae
PS57133001000000	豆娘鱼属	*Abudefduf*
PS57133001000100	攀鲈豆娘鱼	*Abudefduf anabatoides* (Bleeker)
PS57133001000300	金豆娘鱼	*Abudefduf aureus* (Cuvier *et* Valenciennes)
PS57133001000500	班刻豆娘鱼	*Abudefduf bankieri* (Richardson)
PS57133001000700	班氏豆娘鱼	*Abudefduf behnii* (Bleeker)
PS57133001000900	孟加拉豆娘鱼	*Abudefduf bengalensis* (Bloch)
PS57133001001100	双斑豆娘鱼	*Abudefduf biocellatus* (Quoy *et* Gaimard)
PS57133001001300	蓝豆娘鱼	*Abudefduf coelestinus* (Cuvier *et* Valenciennes)
PS57133001001500	库拉索豆娘鱼	*Abudefduf curacao* (Bloch)
PS57133001001700	吻带豆娘鱼	*Abudefduf cyaneus* (Quoy *et* Gaimard)
PS57133001001900	弧带豆娘鱼	*Abudefduf dicki* (Lienard)
PS57133001002100	素豆娘鱼	*Abudefduf glaucus* (Cuvier *et* Valenciennes)
PS57133001002300	荧点豆娘鱼	*Abudefduf lacrymatus* (Quoy *et* Gaimard)
PS57133001002500	白腹豆娘鱼	*Abudefduf leucogaster* (Bleeker)
PS57133001002700	劳氏豆娘鱼	*Abudefduf lorenzi* Hensley *et* Allen
PS57133001002900	黑豆娘鱼	*Abudefduf melas* (Cuvier *et* Valenciennes)
PS57133001003100	黄尾豆娘鱼	*Abudefduf notatus* (Day)
PS57133001003300	黑边豆娘鱼	*Abudefduf richardsoni* Snyder
PS57133001003500	七纹豆娘鱼	*Abudefduf septemfasciatus* (Cuvier *et* Valenciennes)
PS57133001003700	六带豆娘鱼	*Abudefduf sexfasciatus* (Lacepede)
PS57133001003900	豆娘鱼	*Abudefduf sordidus* (Forskal)
PS57133001004100	胸带豆娘鱼	*Abudefduf thoracotaeniatus* Fowler *et* Bean
PS57133001004300	单斑豆娘鱼	*Abudefduf uniocellatus* (Quoy *et* Gaimard)
PS57133001004500	五带豆娘鱼	*Abudefduf vaigiensis* (Quoy *et* Gaimard)
PS57133001004700	黄带豆娘鱼	*Abudefduf xanthozona* (Bleeker)
PS57133001004900	黄斑豆娘鱼	*Abudefduf zonatus* (Cuvier *et* Valenciennes)
PS57133003000000	宽齿雀鲷属	*Amblyglyphidodon*
PS57133003000100	黄身宽齿雀鲷	*Amblyglyphidodon aureus* (Cuvier)

表 1（续）

代　　码	中　文　名　称	拉　丁　名　称
PS57133003000300	黑吻宽齿雀鲷	*Amblyglyphidodon curacao* (Bloch)
PS57133005000000	双锯鱼属	*Amphiprion*
PS57133005000100	背纹双锯鱼	*Amphiprion akallopisus* Bleeker
PS57133005000300	二带双锯鱼	*Amphiprion bicinctus* Ruppell
PS57133005000500	白条双锯鱼	*Amphiprion frenatus* Brevoort
PS57133005000700	三带双锯鱼	*Amphiprion percula* (Lacepede)
PS57133005000900	颈环双锯鱼	*Amphiprion perideraion* Bleeker
PS57133005001100	黑双锯鱼	*Amphiprion polymnus* (Linnaeus)
PS57133007000000	锯唇鱼属	*Cheiloprion*
PS57133007000100	锯唇鱼	*Cheiloprion labiatus* (Day)
PS57133009000000	光鳃鱼属	*Chromis*
PS57133009000100	艾伦光鳃鱼	*Chromis alleni* Randall
PS57133009000300	长臂光鳃鱼	*Chromis analis* (Cuvier)
PS57133009000500	月腋光鳃鱼	*Chromis atripectoralis* Weland *et* Schultz
PS57133009000700	黑鳍光鳃鱼	*Chromis atripes* Fowler *et* Bean
PS57133009000900	蓝光鳃鱼	*Chromis caeruleus* (Cuvier *et* Valenciennes)
PS57133009001100	长棘光鳃鱼	*Chromis chrysura* (Bliss)
PS57133009001300	双色光鳃鱼	*Chromis dimidiatus* Klunzinger
PS57133009001500	伊乐光鳃鱼	*Chromis elerae* Fowler *et* Bean
PS57133009001700	烟色光鳃鱼	*Chromis fumea* (Tanaka)
PS57133009001900	细鳞光鳃鱼	*Chromis lepidolepis* Bleeker
PS57133009002100	二色光鳃鱼	*Chromis margaritifer* Fowler
PS57133009002300	斑鳍光鳃鱼	*Chromis notatus* (Temminck *et* Schlegel)
PS57133009002500	卵形光鳃鱼	*Chromis ovatiformis* Fowler
PS57133009002700	黑带光鳃鱼	*Chromis retrofasciatus* Weber
PS57133009002900	条尾光鳃鱼	*Chromis ternatensis* (Bleeker)
PS57133009003100	凡氏光鳃鱼	*Chromis vanderbilti* (Fowler)
PS57133009003300	蓝绿光鳃鱼	*Chromis virides* (Cuvier)
PS57133009003500	魏氏光鳃鱼	*Chromis weberi* Fowler *et* Bean
PS57133009003700	黄光鳃鱼	*Chromis xanthochir* (Bleeker)
PS57133009003900	黄尾光鳃鱼	*Chromis xanthurus* (Bleeker)
PS57133011000000	刻齿雀鲷属	*Chrysiptera*
PS57133011000100	二点刻齿雀鲷	*Chrysiptera biocellatus* (Quoy *et* Gainard)
PS57133011000300	蓝刻齿雀鲷	*Chrysiptera cyaneus* (Quoy *et* Gaimard)
PS57133011000500	灰刻齿雀鲷	*Chrysiptera glauca* Cuvier
PS57133013000000	宅泥鱼属	*Dascyllus*
PS57133013000100	宅泥鱼	*Dascyllus aruanus* (Linnaeus)
PS57133013000300	灰边宅泥鱼	*Dascyllus marginatus* (Ruppell)
PS57133013000500	黑尾宅泥鱼	*Dascyllus melanurus* Bleeker
PS57133013000700	网纹宅泥鱼	*Dascyllus reticulatus* Richardson
PS57133013000900	三斑宅泥鱼	*Dascyllus trimaculatus* (Ruppell)
PS57133015000000	台雅鱼属	*Daya*
PS57133015000100	乔氏台雅鱼	*Daya jordani* (Rutter)
PS57133017000000	密鳃鱼属	*Hemiglyphidodon*
PS57133017000100	密鳃鱼	*Hemiglyphidodon plagiometopon* (Bleeker)
PS57133019000000	棘雀鲷属	*Plectroglyphidodon*
PS57133019000100	戴氏棘雀鲷	*Plectroglyphidodon dickii* (Lienard)

表 1（续）

代　码	中 文 名 称	拉 丁 名 称
PS57133019000300	带尾棘雀鲷	*Plectroglyphidodon johnstonianus* Fowler *et* Ball
PS57133019000500	珠点棘雀鲷	*Plectroglyphidodon lacrymatus* (Quoy *et* Gaimard)
PS57133019000700	白棘雀鲷	*Plectroglyphidodon leucozona* (Bleeker)
PS57133021000000	雀鲷属	*Pomacentrus*
PS57133021000100	白带雀鲷	*Pomacentrus albifasciatus* Schlegel *et* Muller
PS57133021000300	安邦雀鲷	*Pomacentrus amboinensis* Bleeker
PS57133021000500	班卡雀鲷	*Pomacentrus bankanensis* Bleeker
PS57133021000700	白尾雀鲷	*Pomacentrus chrysurus* Cuvier
PS57133021000900	霓虹雀鲷	*Pomacentrus coelestis* Jordan *et* Starks
PS57133021001100	黑边雀鲷	*Pomacentrus jenkinsi* Jordan *et* Evermann
PS57133021001300	颊鳞雀鲷	*Pomacentrus lepidogenys* Fowler *et* Bean
PS57133021001500	长吻雀鲷	*Pomacentrus lividus* (Bloch *et* Schneider)
PS57133021001700	黑鳍雀鲷	*Pomacentrus melanopterus* Bleeker
PS57133021001900	黄雀鲷	*Pomacentrus moluccensis* Bleeker
PS57133021002100	长崎雀鲷	*Pomacentrus nagasakiensis* Tanaka
PS57133021002300	黑雀鲷	*Pomacentrus nigricans* (Lacepede)
PS57133021002500	黑鳍缘雀鲷	*Pomacentrus nigromarginatus* Allen
PS57133021002700	暗色雀鲷	*Pomacentrus niomatus* De Vis
PS57133021002900	黑背雀鲷	*Pomacentrus notophthalmus* Bleeker
PS57133021003100	孔雀雀鲷	*Pomacentrus pavo* (Bloch)
PS57133021003300	黑斑雀鲷	*Pomacentrus perspicilliatus* Cuvier *et* Valenciennes
PS57133021003500	黄鳍雀鲷	*Pomacentrus philippinus* Evermann *et* Seale
PS57133021003700	纹面雀鲷	*Pomacentrus prosopotaenia* Bleeker
PS57133021003900	斑点雀鲷	*Pomacentrus stigma* Montalbon
PS57133021004100	条尾雀鲷	*Pomacentrus taeniurus* Bleeker
PS57133021004300	三斑雀鲷	*Pomacentrus tripunctatus* Cuvier *et* Valenciennes
PS57133021004500	王子雀鲷	*Pomacentrus vaiuli* Jordan *et* Seale
PS57133021004700	紫雀鲷	*Pomacentrus violascens* (Bleeker)
PS57133023000000	波纹光鳃鱼属	*Pomachromis*
PS57133023000100	理氏波纹光鳃鱼	*Pomachromis richardsonni* (Snyder)
PS57133025000000	海湾雀鲷属	*Prislotis*
PS57133025000100	约氏海湾雀鲷	*Prislotis jerdoni* (Day)
PS57133027000000	真雀鲷属	*Stegustes*
PS57133027000100	羽真雀鲷	*Stegustes altus* (Okada *et* Ikeda)
PS57133027000300	澳洲真雀鲷	*Stegustes apicalis* (De Vis)
PS57133027000500	太平洋真雀鲷	*Stegustes fasciolatus* (Ogilby)
PS57135000000000	石鲈科	Pomadasyidae
PS57135001000000	髭鲷属	*Hapalogenys*
PS57135001000100	纵带髭鲷	*Hapalogenys kishinouyei* Smith *et* Pope
PS57135001000300	横带髭鲷	*Hapalogenys mucronatus* (Eydoux *et* Souleyet)
PS57135001000500	斜带髭鲷	*Hapalogenys nitens* (Richardson)
PS57135003000000	矶鲈属	*Parapristipoma*
PS57135003000100	三线矶鲈	*Parapristipoma trilineatus* (thunberg)
PS57135005000000	胡椒鲷属	*Plectorhynchus*
PS57135005000100	斑胡椒鲷	*Plectorhynchus chaetodonoides* Lacepede
PS57135005000300	花尾胡椒鲷	*Plectorhynchus cinctus* (Temminck *et* Schlegel)
PS57135005000500	四带胡椒鲷	*Plectorhynchus diagrammus* (Linnaeus)

表 1（续）

代码	中文名称	拉丁名称
PS57135005000700	黄带胡椒鲷	*Plectorhynchus foetela* (Forskal)
PS57135005000900	斜纹胡椒鲷	*Plectorhynchus goldmanni* Bleeker
PS57135005001100	条纹胡椒鲷	*Plectorhynchus lineatus* Cuvier *et* Valenciennes
PS57135005001300	黑胡椒鲷	*Plectorhynchus nigrus* (Cuvier)
PS57135005001500	东方胡椒鲷	*Plectorhynchus orientalis* Bloch
PS57135005001700	胡椒鲷	*Plectorhynchus pictus* Thunberg
PS57135005001900	密点胡椒鲷	*Plectorhynchus punctatissimus* Playfair
PS57135005002100	网纹胡椒鲷	*Plectorhynchus reticulatus* Gunther
PS57135005002300	中华胡椒鲷	*Plectorhynchus sinensis* Zhu
PS57135007000000	石鲈属	*Pomadasys*
PS57135007000100	银石鲈	*Pomadasys argenteus* Forskal
PS57135007000300	赤笔石鲈	*Pomadasys furcatus* (Bloch *et* Schneider)
PS57135007000500	鳃斑石鲈	*Pomadasys grunniens* Bloch *et* Schneider
PS57135007000700	断斑石鲈	*Pomadasys hasta* (Bloch)
PS57135007000900	大斑石鲈	*Pomadasys maculatus* (Bloch)
PS57135007001100	单斑石鲈	*Pomadasys unimaculatus* Tian
PS57137000000000	大眼鲷科	Priacanthidae
PS57137001000000	大眼鲷属	*Priacanthus*
PS57137001000100	布氏大眼鲷	*Priacanthus blochi* Bleeker
PS57137001000300	黑鳍大眼鲷	*Priacanthus boops* (Blosh *et* Schneider)
PS57137001000500	斑鳍大眼鲷	*Priacanthus cruentatus* (Lacepede)
PS57137001000700	金目大眼鲷	*Priacanthus hamrur* (Forskal)
PS57137001000900	短尾大眼鲷	*Priacanthus macracanthus* Cuvier *et* Valenciennes
PS57137001001100	长尾大眼鲷	*Priacanthus tayenus* Richardson
PS57137003000000	拟大眼鲷属	*Pseudopriacanthus*
PS57137003000100	多带拟大眼鲷	*Pseudopriacanthus multifasciatus* Yoshino *et* Iwai
PS57137003000300	拟大眼鲷	*Pseudopriacanthus niphonius* Cuvier *et* Valenciennes
PS57139000000000	鸢鱼科	Psettidae
PS57139001000000	大眼鲳属	*Monodactylus*
PS57139001000100	银大眼鲳	*Monodactylus argenteus* Linnaeus
PS57141000000000	拟雀鲷科	Pseudochromidae
PS57141001000000	丹波鱼属	*Dampieria*
PS57141001000100	环眼丹波鱼	*Dampieria cyclophthalmus* (Muller *et* Troschel)
PS57141001000300	黑线丹波鱼	*Dampieria melanotaenia* (Bleeker)
PS57141003000000	拟雀鲷属	*Pseudochromis*
PS57141003000100	蓝带拟雀鲷	*Pseudochromis cyanotaenia* Bleeker
PS57141003000300	棕拟雀鲷	*Pseudochromis fuscus* Muller *et* Troschel
PS57141003000500	紫拟雀鲷	*Pseudochromis porphyreus* Lubbock *et* Goldman
PS57141003000700	狭身拟雀鲷	*Pseudochromis tapeinosoma* Bleeker
PS57141003000900	黄腕拟雀鲷	*Pseudochromis xanthochir* Bleeker
PS57143000000000	军曹鱼科	Rachycentridae
PS57143001000000	军曹鱼属	*Rachycentron*
PS57143001000100	军曹鱼	*Rachycentron canadus* (Linnaeus)
PS57145000000000	溪鳢科	Rhyacichthyidae
PS57145001000000	溪鳢属	*Rhyacichthys*
PS57145001000100	溪鳢	*Rhyacichthys aspro* Cuvier *et* van Valenciennes
PS57147000000000	鹦嘴鱼科	Scaridae

表 1（续）

代　　码	中　文　名　称	拉　丁　名　称
PS57147001000000	大鹦嘴鱼属	*Bolbometopon*
PS57147001000100	二色大鹦嘴鱼	*Bolbometopon bicolor* Ruppell
PS57147001000300	驼背大鹦嘴鱼	*Bolbometopon muricatus* (Cuvier *et* Valenciennes)
PS57147003000000	绚鹦嘴鱼属	*Calotomus*
PS57147003000100	圆尾绚鹦嘴鱼	*Calotomus japonicus* (Cuvier *et* Valenciennes)
PS57147003000300	凹尾绚鹦嘴鱼	*Calotomus spinidens* (Quoy *et* Gaimard)
PS57147005000000	纤鹦嘴鱼属	*Leptoscarus*
PS57147005000100	纤鹦嘴鱼	*Leptoscarus vaigiensis* (Quoy *et* Gaimard)
PS57147007000000	钝头鹦嘴鱼属	*Scarops*
PS57147007000100	钝头鹦嘴鱼	*Scarops rubroviolaceus* Bleeker
PS57147009000000	鹦嘴鱼属	*Scarus*
PS57147009000100	条腹鹦嘴鱼	*Scarus aeruginosus* Cuvier *et* Valenciennes
PS57147009000300	红鹦嘴鱼	*Scarus atropectoralis* Schultz
PS57147009000500	包氏鹦嘴鱼	*Scarus bowersi* (Snyder)
PS57147009000700	绿牙鹦嘴鱼	*Scarus chlorodon* Jenyns
PS57147009000900	弧带鹦嘴鱼	*Scarus dimidiatus* Bleeker
PS57147009001100	带纹鹦嘴鱼	*Scarus fasciatus* Cuvier *et* Valenciennes
PS57147009001300	横纹鹦嘴鱼	*Scarus festivus* Valenciennes
PS57147009001500	绿唇鹦嘴鱼	*Scarus forsteri* Cuvier *et* Valenciennes
PS57147009001700	网条鹦嘴鱼	*Scarus frenatus* Laceped
PS57147009001900	青点鹦嘴鱼	*Scarus ghobban* Forskal
PS57147009002100	小吻鹦嘴鱼	*Scarus gibbus* Ruppell
PS57147009002300	黑斑鹦嘴鱼	*Scarus globiceps* Cuvier *et* Valenciennes
PS57147009002500	蓝颊鹦嘴鱼	*Scarus janthochir* Bleeker
PS57147009002700	侧带鹦嘴鱼	*Scarus lepidus* Jenyns
PS57147009002900	长头鹦嘴鱼	*Scarus longiceps* Cuvier *et* Valenciennes
PS57147009003100	新月鹦嘴鱼	*Scarus lunula* (Snyder)
PS57147009003300	黑鹦嘴鱼	*Scarus niger* Forskal
PS57147009003500	疣鹦嘴鱼	*Scarus oedema* (Snyder)
PS57147009003700	黄鞍鹦嘴鱼	*Scarus oviceps* Cuvier *et* Valenciennes
PS57147009003900	突额鹦嘴鱼	*Scarus ovifrons* (Temminck *et* Schlegel)
PS57147009004100	缘颌鹦嘴鱼	*Scarus prasiognathos* Valenciennes
PS57147009004300	鹦鹉鹦嘴鱼	*Scarus psittacus* Forskal
PS57147009004500	红尾鹦嘴鱼	*Scarus pyrrhurus* (Jordan *et* Seale)
PS57147009004700	杂纹鹦嘴鱼	*Scarus rivulatus* Valenciennes
PS57147009004900	横带鹦嘴鱼	*Scarus scaber* Cuvier *et* Valenciennes
PS57147009005100	史氏鹦嘴鱼	*Scarus schlebeli* (Bleeker)
PS57147009005300	灰鹦嘴鱼	*Scarus sordidus* Forskal
PS57147009005500	带尾鹦嘴鱼	*Scarus taeniurus* Cuvier *et* Valenciennes
PS57147009005700	五带鹦嘴鱼	*Scarus venosus* Cuvier *et* Valenciennes
PS57149000000000	金钱鱼科	Scatophagidae
PS57149001000000	金钱鱼属	*Scatophagus*
PS57149001000100	金钱鱼	*Scatophagus argus* Linnaeus
PS57151000000000	微体鱼科	Schindleriidae
PS57151001000000	微体鱼属	*Schindleria*
PS57151001000100	早熟微体鱼	*Schindleria praematura* (Schindler)
PS57153000000000	石首鱼科	Sciaenidae

表 1（续）

代　　码	中　文　名　称	拉　丁　名　称
PS57153001000000	白姑鱼属	*Argyrosomus*
PS57153001000100	白姑鱼	*Argyrosomus argentatus* Houttuyn
PS57153001000300	日本白姑鱼	*Argyrosomus japonica* (Temminck *et* Schlegel)
PS57153001000500	大头白姑鱼	*Argyrosomus macrocephalus* (Tang)
PS57153001000700	斑鳍白姑鱼	*Argyrosomus pawak* Lin
PS57153003000000	黑姑鱼属	*Atrobucca*
PS57153003000100	黑姑鱼	*Atrobucca nibe* (Jordan *et* Thompson)
PS57153005000000	黄唇鱼属	*Bahaba*
PS57153005000100	黄唇鱼	*Bahaba taipingensis* (Lin)
PS57153007000000	黄鳍牙鰔属	*Chrysochir*
PS57153007000100	尖头黄鳍牙鰔	*Chrysochir aureus* Richardson
PS57153009000000	梅童鱼属	*Collichthys*
PS57153009000100	棘头梅童鱼	*Collichthys lucidus* Richardson
PS57153009000300	黑鳃梅童鱼	*Collichthys niveatus* Jordan *et* Starks
PS57153011000000	叫姑鱼属	*Johnius*
PS57153011000100	团头叫姑鱼	*Johnius amblycephalus* Bleeker
PS57153011000300	条纹叫姑鱼	*Johnius fasciatus* Chu
PS57153011000500	大鼻孔叫姑鱼	*Johnius macrorhynus* (Mohan)
PS57153013000000	毛鲿属	*Megalonibea*
PS57153013000100	褐毛鲿	*Megalonibea fusca* Chu
PS57153015000000	鮸属	*Miichthys*
PS57153015000100	鮸	*Miichthys miiuy* (Basilewsky)
PS57153017000000	黄姑鱼属	*Nibea*
PS57153017000100	黄姑鱼	*Nibea albiflora* (Richardson)
PS57153017000300	元鼎黄姑鱼	*Nibea chui* Trewavas
PS57153017000500	半花黄姑鱼	*Nibea semifasciata* (Chu, Lao *et* Wu)
PS57153019000000	牙鰔属	*Otolithes*
PS57153019000100	红牙鰔	*Otolithes ruber* Bloch *et* Schneider
PS57153021000000	副黄姑鱼属	*Paranibea*
PS57153021000100	黑鳍副黄姑鱼	*Paranibea semiluctuosa* (Cuvier *et* Valenciennes)
PS57153023000000	黄鱼属	*Pseudosciaena*
PS57153023000100	大黄鱼	*Pseudosciaena crocea* (Richardson)
PS57153023000300	小黄鱼	*Pseudosciaena polyactis* Bleeker
PS57155000000000	眶棘鲈科	Scolopsidae
PS57155001000000	眶棘鲈属	*Scolopsis*
PS57155001000100	双线眶棘鲈	*Scolopsis bilineatus* (Bloch)
PS57155001000300	双斑眶棘鲈	*Scolopsis bimaculatus* Ruppell
PS57155001000500	栅纹眶棘鲈	*Scolopsis cancellatus* (Cuvier *et* Valenciennes)
PS57155001000700	齿颌眶棘鲈	*Scolopsis ciliatus* (Lacepede)
PS57155001000900	弱眶棘鲈	*Scolopsis eriomma* Jordan *et* Richardson
PS57155001001100	横带眶棘鲈	*Scolopsis inernus* Temminck *et* Schlegel
PS57155001001300	珠斑眶棘鲈	*Scolopsis margaritifer* Cuvier *et* Valenciennes
PS57155001001500	条纹眶棘鲈	*Scolopsis taeniopterus* (Cuvier *et* Valenciennes)
PS57155001001700	伏氏眶棘鲈	*Scolopsis vosmeri* (Bloch)
PS57157000000000	鲭科	Scombridae
PS57157001000000	刺鲅属	*Acanthocybium*
PS57157001000100	刺鲅	*Acanthocybium solandi* (Cuvier *et* Valenciennes)

表 1（续）

代　码	中 文 名 称	拉 丁 名 称
PS57157003000000	羽鳃鲐属	*Rastrelliger*
PS57157003000100	富氏羽鳃鲐	*Rastrelliger faughni* Matsui
PS57157003000300	羽鳃鲐	*Rastrelliger kanagurta* (Cuvier)
PS57157005000000	鲭属	*Scomber*
PS57157005000100	澳洲鲭	*Scomber australasicus* Cuvier
PS57157005000300	日本鲭	*Scomber japonicus* Houttuyn
PS57157007000000	马鲛属	*Scomberomorus*
PS57157007000100	康氏马鲛	*Scomberomorus commersoni* Lacepede
PS57157007000300	斑点马鲛	*Scomberomorus guttatus* (Bloch *et* Schneider)
PS57157007000500	朝鲜马鲛	*Scomberomorus koreanus* (Kishinouye)
PS57157007000700	蓝点马鲛	*Scomberomorus niphonius* (Cuvier *et* Valenciennes)
PS57157007000900	中华马鲛	*Scomberomorus sinensis* (Lacepede)
PS57159000000000	蝎鱼科	Scorpidae
PS57159001000000	细刺鱼属	*Microcanthus*
PS57159001000100	细刺鱼	*Microcanthus strigatus* Cuvier *et* Valenciennes
PS57161000000000	鮨科	Serranidae
PS57161001000000	黑鲈属	*Aethaloperca*
PS57161001000100	烟鲈	*Aethaloperca rogaa* (Forskal)
PS57161003000000	花鮨属	*Anthias*
PS57161003000100	吕宋花鮨	*Anthias luzonensis* Katayama *et* Masuda
PS57161003000300	厚唇花鮨	*Anthias pascalus* (Jordan *et* Tanaka)
PS57161003000500	侧带花鮨	*Anthias pleurotaenia* Bleeker
PS57161003000700	长棘花鮨	*Anthias squamipinnis* (Peters)
PS57161003000900	截形花鮨	*Anthias truncatus* Katayama *et* Masuda
PS57161005000000	光腭鲈属	*Anyperodon*
PS57161005000100	白线光腭鲈	*Anyperodon leucogrammicus* (Cuvier *et* Valenciennes)
PS57161007000000	紫鲈属	*Aulacocephalus*
PS57161007000100	紫鲈	*Aulacocephalus temmincki* Bleeker
PS57161009000000	花美鮨属	*Callanthias*
PS57161009000100	花美鮨	*Callanthias japonicus* Frang
PS57161011000000	菱齿鮨属	*Caprodon*
PS57161011000100	菱齿鮨	*Caprodon schlegeli* (Gunther)
PS57161013000000	九棘鲈属	*Cephalopholis*
PS57161013000100	斑点九棘鲈	*Cephalopholis argus* (Bloch *et* Schneider)
PS57161013000300	伊氏九棘鲈	*Cephalopholis igarashiensis* Katayama
PS57161013000500	豹纹九棘鲈	*Cephalopholis leopardus* (Bloch *et* Schneider)
PS57161013000700	青星九棘鲈	*Cephalopholis miniatus* (Forskal)
PS57161013000900	六斑九棘鲈	*Cephalopholis sexmaculatus* (Ruppell)
PS57161013001100	红九棘鲈	*Cephalopholis sonnerati* (Cuvier *et* Valenciennes)
PS57161013001300	黑缘九棘鲈	*Cephalopholis spiloparaea* (Valenciennes)
PS57161013001500	尾纹九棘鲈	*Cephalopholis urodelus* (Bloch *et* Schneider)
PS57161015000000	赤鮨属	*Chelidoperca*
PS57161015000100	燕赤鮨	*Chelidoperca hirundinacea* (Cuvier *et* Valenciennes)
PS57161015000300	珠赤鮨	*Chelidoperca margaritifera* Weber
PS57161015000500	侧斑赤鮨	*Chelidoperca pleurospilus* (Gunther)
PS57161017000000	粗尾鲈属	*Chorististium*
PS57161017000100	日本粗尾鲈	*Chorististium japonicum* (Doderlein)

表 1（续）

代　码	中 文 名 称	拉 丁 名 称
PS57161017000300	宽带粗尾鲈	*Chorististium latifasciata* (Tanaka)
PS57161019000000	驼背鲈属	*Chromileptes*
PS57161019000100	驼背鲈	*Chromileptes altivelis* Valenciennes
PS57161021000000	少鳞鳜属	*Coreoperca*
PS57161021000100	朝鲜少鳞鳜	*Coreoperca herzi* Herzenstein
PS57161021000300	日本少鳞鳜	*Coreoperca kawamebari* (Temminck *et* Schlegel)
PS57161021000500	漓江少鳞鳜	*Coreoperca loona* (Wu)
PS57161021000700	中国少鳞鳜	*Coreoperca whiteheadi* Boulenger
PS57161023000000	长身鳜属	*Coreosiniperca*
PS57161023000100	长身鳜	*Coreosiniperca roulei* (Wu)
PS57161025000000	黄鲈属	*Diploprion*
PS57161025000100	双带黄鲈	*Diploprion bifasciatum* (Kuhl *et* van Hasselt)
PS57161027000000	赤鲑属	*Doederleinia*
PS57161027000100	赤鲑	*Doederleinia berycoides* (Hilgendorf)
PS57161029000000	石斑鱼属	*Epinephelus*
PS57161029000100	赤点石斑鱼	*Epinephelus akaara* (Temminck *et* Schlegel)
PS57161029000300	镶点石斑鱼	*Epinephelus amblycephalus* (Bleeker)
PS57161029000500	宝石石斑鱼	*Epinephelus areolatus* (Forskal)
PS57161029000700	青石斑鱼	*Epinephelus awoara* (Temminck *et* Schlegel)
PS57161029000900	橙点石斑鱼	*Epinephelus bleekeri* (Vaillant *et* Bocourt)
PS57161029001100	点列石斑鱼	*Epinephelus bontoides* (Bleeker)
PS57161029001300	褐石斑鱼	*Epinephelus brunneus* (Bloch)
PS57161029001500	萤点石斑鱼	*Epinephelus caeruleopunctatus* (Bloch)
PS57161029001700	网纹石斑鱼	*Epinephelus chlorostigma* (Cuvier *et* Valenciennes)
PS57161029001900	点带石斑鱼	*Epinephelus coioides* (Hamilton)
PS57161029002100	弧纹石斑鱼	*Epinephelus cometae* Tanaka
PS57161029002300	棕斑石斑鱼	*Epinephelus corallicola* (Cuvier *et* Valenciennes)
PS57161029002500	高体石斑鱼	*Epinephelus cyanopodus* (Richardson)
PS57161029002700	小点石斑鱼	*Epinephelus epistictus* (Temminck *et* Schlegel)
PS57161029002900	斑带石斑鱼	*Epinephelus fasciatomaculosus* (Peters)
PS57161029003100	黑边石斑鱼	*Epinephelus fasciatus* (Forskal)
PS57161029003300	六角石斑鱼	*Epinephelus hexagonatus* (Bloch *et* Schneider)
PS57161029003500	宽带石斑鱼	*Epinephelus latifasciatus* (Temminck *et* Schlegel)
PS57161029003700	花点石斑鱼	*Epinephelus maculatus* (Bloch)
PS57161029003900	指印石斑鱼	*Epinephelus megachir* (Richardson)
PS57161029004100	黑点石斑鱼	*Epinephelus melanostigma* Schultz
PS57161029004300	蜂巢石斑鱼	*Epinephelus merra* (Bloch)
PS57161029004500	小牙石斑鱼	*Epinephelus microdon* (Bleeker)
PS57161029004700	弓斑石斑鱼	*Epinephelus morrhua* (Cuvier *et* Valenciennes)
PS57161029004900	琉璃石斑鱼	*Epinephelus poecilonotus* (Temminck *et* Schlegel)
PS57161029005100	玳瑁石斑鱼	*Epinephelus quoyanus* (Cuvier *et* Valenciennes)
PS57161029005300	云纹石斑鱼	*Epinephelus radiatus* (Day)
PS57161029005500	截尾石斑鱼	*Epinephelus retouti* Bleeker
PS57161029005700	霜点石斑鱼	*Epinephelus rivulatus* Valenciennes
PS57161029005900	六带石斑鱼	*Epinephelus sexfasciatus* (Cuvier *et* Valenciennes)
PS57161029006100	斑吻石斑鱼	*Epinephelus spilotoceps* Schultz
PS57161029006300	巨石斑鱼	*Epinephelus tauvina* (Forskal)

表 1（续）

代 码	中 文 名 称	拉 丁 名 称
PS57161029006500	鲑点石斑鱼	*Epinephelus trimaculatus* (Valenciennes)
PS57161029006700	黑斑石斑鱼	*Epinephelus tukula* Morgans
PS57161029006900	波纹石斑鱼	*Epinephelus undulosus* (Quoy *et* Gaimard)
PS57161031000000	长棘鮨属	*Franzia*
PS57161031000100	带拟花鮨	*Franzia fasciatus* Kamohara
PS57161033000000	巨花鮨属	*Giganthias*
PS57161033000100	无斑巨花鮨	*Giganthias immaculatus* Katayama
PS57161035000000	纤齿鲈属	*Gracila*
PS57161035000100	纤齿鲈	*Gracila albomarginatus* (Fowler *et* Bean)
PS57161037000000	线纹鱼属	*Grammistes*
PS57161037000100	线纹鱼	*Grammistes sexlineatus* Thunberg
PS57161039000000	金花鮨属	*Holanthias*
PS57161039000100	波旁金花鮨	*Holanthias borbonius* (Valenciennes)
PS57161041000000	花鲈属	*Lateolabrax*
PS57161041000100	花鲈	*Lateolabrax japonicus* (Cuvier *et* Valenciennes)
PS57161043000000	软鱼属	*Malakichthys*
PS57161043000100	美软鱼	*Malakichthys elegans* Matsubara *et* Yamaguchi
PS57161043000300	灰软鱼	*Malakichthys griseus* Doderlein
PS57161043000500	软鱼	*Malakichthys wakiyai* Jordan *et* Hubbs
PS57161045000000	异唇鮨属	*Mirolabrichthys*
PS57161045000100	异唇鮨	*Mirolabrichthys tuka* Herre
PS57161047000000	东洋鲈属	*Niphon*
PS57161047000100	东海鲈	*Niphon spinosus* Cuvier *et* Valenciennes
PS57161049000000	齿花鮨属	*Odontanthias*
PS57161049000100	红鳍齿花鮨	*Odontanthias rhodopeplus* Gunther
PS57161049000300	单斑齿花鮨	*Odontanthias unimaculatus* Taraka
PS57161051000000	棘花鮨属	*Plectranthias*
PS57161051000100	距棘花鮨	*Plectranthias anthioides* (Gunther)
PS57161051000300	菊棘花鮨	*Plectranthias helenae* Randall
PS57161051000500	日本棘花鮨	*Plectranthias japonicus* (Steindachner)
PS57161051000700	凯氏棘花鮨	*Plectranthias kelloggi* Jordan Evermann
PS57161051000900	长突棘花鮨	*Plectranthias longimanus* Weber
PS57161051001100	矮棘花鮨	*Plectranthias nanus* Randall
PS57161051001300	槐氏棘花鮨	*Plectranthias whiteheadi* Randall
PS57161051001500	山川棘花鮨	*Plectranthias yamakawai* Yoshino
PS57161053000000	鳃棘鲈属	*Plectropomus*
PS57161053000100	鳃棘鲈	*Plectropomus leopardus* (Lacepede)
PS57161053000300	线点鳃棘鲈	*Plectropomus oligacanthus* Bleeker
PS57161053000500	截尾鳃棘鲈	*Plectropomus truncatus* Fowler *et* Bean
PS57161055000000	宽额鲈属	*Promicrops*
PS57161055000100	宽额鲈	*Promicrops lanceolatus* (Bloch)
PS57161057000000	拟花鮨属	*Pseudanthias*
PS57161057000100	丽拟花鮨	*Pseudanthias cichlops* (Bleeker)
PS57161057000300	长拟花鮨	*Pseudanthias elongatus* (Franz)
PS57161059000000	珠斑鮨属	*Sacura*
PS57161059000100	珠斑鮨	*Sacura margaritacea* (Hilgendorf)
PS57161061000000	贫鲈属	*Saloptia*

表 1（续）

代　码	中 文 名 称	拉 丁 名 称
PS57161061000100	褒氏贫鲈	*Saloptia powelli* Smith
PS57161063000000	石首鱼属	*Sciaena*
PS57161063000100	台湾九棘鲈	*Sciaena formosa* Shaw *et* Nodder
PS57161065000000	月花鮨属	*Selenanthias*
PS57161065000100	臀斑月花鮨	*Selenanthias analis* Tanaka
PS57161067000000	宽身花鮨属	*Serranocirrhitus*
PS57161067000100	宽身须花鮨	*Serranocirrhitus latus* Watanabe
PS57161069000000	鳜属	*Siniperca*
PS57161069000100	鳜	*Siniperca chuatsi* (Basilewsky)
PS57161069000300	大眼鳜	*Siniperca kneri* Garman
PS57161069000500	暗鳜	*Siniperca obscura* Nichols
PS57161069000700	斑鳜	*Siniperca scherzeri* Steindachner
PS57161069000900	波纹鳜	*Siniperca undulata* Fang *et* Chong
PS57161071000000	尖牙鲈属	*Synagrops*
PS57161071000100	尖牙鲈	*Synagrops japonicus* (Steindachner *et* Doderlein)
PS57161071000300	腹棘尖牙鲈	*Synagrops philippinensis* (Gunther)
PS57161071000500	锯棘尖牙鲈	*Synagrops serratospinosus* Smith *et* Radcliffe
PS57161073000000	姬鮨属	*Tosana*
PS57161073000100	姬鮨	*Tosana niwae* Smith *et* Pope
PS57161075000000	三棱鲈属	*Trisotropis*
PS57161075000100	细鳞三棱鲈	*Trisotropis dermopterus* (Temminck *et* Schlegel)
PS57161077000000	侧牙鲈属	*Variola*
PS57161077000100	白边侧牙鲈	*Variola albimarginata* Baissac
PS57161077000300	侧牙鲈	*Variola louti* (Forskal)
PS57163000000000	蓝子鱼科	Siganidae
PS57163001000000	蓝子鱼属	*Siganus*
PS57163001000100	银蓝子鱼	*Siganus argenteus* (Quoy *et* Gaimard)
PS57163001000300	沟蓝子鱼	*Siganus canaliculatus* (Park)
PS57163001000500	金点蓝子鱼	*Siganus chrysospilos* (Bleeker)
PS57163001000700	凹吻蓝子鱼	*Siganus corallinus* (Cuvier *et* Valenciennes)
PS57163001000900	褐蓝子鱼	*Siganus fuscescens* (Houttuyn)
PS57163001001100	点斑蓝子鱼	*Siganus guttatus* (Bloch)
PS57163001001300	爪哇蓝子鱼	*Siganus javus* (Linnaeus)
PS57163001001500	黄斑蓝子鱼	*Siganus oramin* Bloch *et* Schneider
PS57163001001700	眼带蓝子鱼	*Siganus puellus* (Schlegel)
PS57163001001900	钝吻蓝子鱼	*Siganus rostratus* (Cuvier *et* Valenciennes)
PS57163001002100	刺蓝子鱼	*Siganus spinus* (Linnaeus)
PS57163001002300	带蓝子鱼	*Siganus virgatus* Cuvier *et* Valenciennes
PS57163001002500	狐蓝子鱼	*Siganus vulpinus* (Schlegel *et* Muller)
PS57165000000000	鱚科	Sillaginidae
PS57165001000000	鱚属	*Sillago*
PS57165001000100	湾沙鱚	*Sillago ingenuua* Mckay
PS57165001000300	少鳞鱚	*Sillago japonica* Temminck *et* Schlegel
PS57165001000500	斑鱚	*Sillago maculata* Quoy *et* Gaimard
PS57165001000700	多鳞鱚	*Sillago sihama* (Forskal)
PS57167000000000	鲷科	Sparidae
PS57167001000000	四长棘鲷属	*Argyrops*

表 1（续）

代码	中文名称	拉丁名称
PS57167001000100	四长棘鲷	*Argyrops bleekeri* Oshima
PS57167003000000	犁齿鲷属	*Evynnis*
PS57167003000100	犁齿鲷	*Evynnis japonicus* Tanaka
PS57167005000000	单列齿鲷属	*Monotaxis*
PS57167005000100	单列齿鲷	*Monotaxis grandoculis* (Forskal)
PS57167007000000	真鲷属	*Pagrosomus*
PS57167007000100	真鲷	*Pagrosomus major* Temminck *et* Schlegel
PS57167009000000	二长棘鲷属	*Parargyrops*
PS57167009000100	二长棘鲷	*Parargyrops edita* Tanaka
PS57167011000000	平鲷属	*Rhabdosargus*
PS57167011000100	平鲷	*Rhabdosargus sarba* (Forskal)
PS57167013000000	鲷属	*Sparus*
PS57167013000100	灰鳍鲷	*Sparus berda* Forskal
PS57167013000300	黄鳍鲷	*Sparus latus* Watanabe
PS57167013000500	黑鲷	*Sparus macrocephalus* Basilewsky
PS57167015000000	黄鲷属	*Taius*
PS57167015000100	黄鲷	*Taius tumifrons* (Temminck *et* Schlegel)
PS57169000000000	线鳚科	Stichaeidae
PS57169001000000	鸡冠鳚属	*Alectrias*
PS57169001000100	鸡冠鳚	*Alectrias benjamini* Jordan *et* Snyder
PS57169003000000	六线鳚属	*Ernogrammus*
PS57169003000100	六线鳚	*Ernogrammus hexagrammus* (Temminck *et* Schlegel)
PS57171000000000	鲳科	Stromateidae
PS57171001000000	鲳属	*Pampus*
PS57171001000100	银鲳	*Pampus argenteus* (Euphrasen)
PS57171001000300	中国鲳	*Pampus chinensis* (Euphrasen)
PS57171001000500	燕尾鲳	*Pampus nozawae* (Ishikawa)
PS57173000000000	鳗虾虎鱼科	Taenioididae
PS57173001000000	钝孔虾虎鱼属	*Amblyotrypauchen*
PS57173001000100	钝孔虾虎鱼	*Amblyotrypauchen arctocephalus* (Alcock)
PS57173003000000	盲虾虎鱼属	*Brachyamblyopus*
PS57173003000100	短体盲虾虎鱼	*Brachyamblyopus brachysoma* (Bleeker)
PS57173005000000	栉孔虾虎鱼属	*Ctenotrypauchen*
PS57173005000100	中华栉孔虾虎鱼	*Ctenotrypauchen chinensis* Steindachner
PS57173005000300	小头栉孔虾虎鱼	*Ctenotrypauchen microcephalus* (Bleeker)
PS57173007000000	狼牙虾虎鱼属	*Odontamblyopus*
PS57173007000100	红狼牙虾虎鱼	*Odontamblyopus rubicundus* (Hamilton)
PS57173009000000	鳗虾虎鱼属	*Taenioides*
PS57173009000100	鳗虾虎鱼	*Taenioides anguillaris* (Linnaeus)
PS57173009000300	须鳗虾虎鱼	*Taenioides cirratus* (Blyth)
PS57175000000000	鯻科	Theraponidae
PS57175001000000	叉牙鯻属	*Helotes*
PS57175001000100	叉牙鯻	*Helotes sexlineatus* Quoy *et* Gaimard
PS57175003000000	列牙鯻属	*Pelates*
PS57175003000100	列牙鯻	*Pelates quadrilineatus* Bloch
PS57175005000000	鯻属	*Therapon*
PS57175005000100	细鳞鯻	*Therapon jarbua* Forskal

表 1（续）

代　　码	中　文　名　称	拉　丁　名　称
PS57175005000300	尖吻鯻	*Therapon oxyrhynchus* Temminck *et* Schlegel
PS57175005000500	鯻	*Therapon theraps* Cuvier *et* Valenciennes
PS57177000000000	金枪鱼科	Thunnidae
PS57177001000000	舵鲣属	*Auxis*
PS57177001000100	扁舵鲣	*Auxis thazard* (Lacepede)
PS57177003000000	鲔属	*Euthynnus*
PS57177003000100	白卜鲔	*Euthynnus yaito* Kishinouye
PS57177005000000	裸狐鲣属	*Gymnosarda*
PS57177005000100	裸狐鲣	*Gymnosarda unicolor* (Rupple)
PS57177007000000	鲣属	*Katsuwonus*
PS57177007000100	鲣	*Katsuwonus pelamis* (Linnaeus)
PS57177009000000	狐鲣属	*Sarda*
PS57177009000100	东方狐鲣	*Sarda orientalis* (Temminck *et* Schlegel)
PS57177011000000	金枪鱼属	*Thunnus*
PS57177011000100	长鳍金枪鱼	*Thunnus alalunga* (Bonnaterre)
PS57177011000300	黄鳍金枪鱼	*Thunnus albacora* (Lowe)
PS57177011000500	大眼金枪鱼	*Thunnus obesus* Lowe
PS57177011000700	金枪鱼	*Thunnus thunnus* (Linnaeus)
PS57177011000900	青甘金枪鱼	*Thunnus tonggol* (Bleeker)
PS57179000000000	带鱼科	Trichiuridae
PS57179001000000	小带鱼属	*Eupleurogrammus*
PS57179001000100	小带鱼	*Eupleurogrammus muticus* (Gray)
PS57179003000000	沙带鱼属	*Lepturacanthus*
PS57179003000100	沙带鱼	*Lepturacanthus savala* (Cuvier)
PS57179005000000	窄颅带鱼属	*Tentoriceps*
PS57179005000100	窄颅带鱼	*Tentoriceps cristatus* Klunzinger
PS57181000000000	毛背鱼科	Trichonotidae
PS57181001000000	毛背鱼属	*Trichonotus*
PS57181001000100	线鳍毛背鱼	*Trichonotus filamentosus* (Steindachner)
PS57181001000300	毛背鱼	*Trichonotus setiger* Bloch *et* Schneider
PS57183000000000	三鳍鳚科	Tripterygiidae
PS57183001000000	九棘鳚属	*Enneapterygius*
PS57183001000100	半黑九棘鳚	*Enneapterygius hemimelas* (Kner *et* Steindachner)
PS57183001000300	小九棘鳚	*Enneapterygius minutus* (Gunther)
PS57183003000000	弯线鳚属	*Helcogramma*
PS57183003000100	线头弯线鳚	*Helcogramma habena* Wiliam *et* McCormick
PS57183003000300	条纹弯线鳚	*Helcogramma striata* Hadley Hansen
PS57183005000000	三鳍鳚属	*Tripterygion*
PS57183005000100	三鳍鳚	*Tripterygion etheostoma* Jordan *et* Snyder
PS57183005000300	黑尾三鳍鳚	*Tripterygion fuligicauda* (Fowler)
PS57185000000000	䲢科	Uranoscopidae
PS57185001000000	青䲢属	*Gnathagnus*
PS57185001000100	青䲢	*Gnathagnus elongatus* (Temminck *et* Schlege)l
PS57185003000000	披肩䲢属	*Ichthyoscopus*
PS57185003000100	披肩䲢	*Ichthyoscopus lebeck* (Bloch *et* Schneider)
PS57185005000000	䲢属	*Uranoscopus*
PS57185005000100	双斑䲢	*Uranoscopus bicinctus* Temminck *et* Schlegel

表 1（续）

代　码	中 文 名 称	拉 丁 名 称
PS57185005000300	日本謄	*Uranoscopus japonicus* Houttuyn
PS57185005000500	少鳞謄	*Uranoscopus oligolepis* Bleeker
PS57185007000000	项鳞謄属	*Zalescopus*
PS57185007000100	项鳞謄	*Zalescopus tosae* Jordan *et* Hubbs
PS57187000000000	剑鱼科	Xiphiidae
PS57187001000000	剑鱼属	*Xiphias*
PS57187001000100	剑鱼	*Xiphias gladius* Linnaeus
PS57189000000000	镰鱼科	Zanclidae
PS57189001000000	镰鱼属	*Zanclus*
PS57189001000100	镰鱼	*Zanclus cornutus* (Linnaeus)
PS57191000000000	绵鳚科	Zoarcidae
PS57191001000000	长绵鳚属	*Enchelyopus*
PS57191001000100	长绵鳚	*Enchelyopus elongatus* Kner
PS59000000000000	鲽形目	PLEURONECTIFORMES
PS59001000000000	鲆科	Bothidae
PS59001001000000	羊舌鲆属	*Arnoglossus*
PS59001001000100	无斑羊舌鲆	*Arnoglossus aspilos* (Bleeker)
PS59001001000300	角羊舌鲆	*Arnoglossus japonicus* Hubbs
PS59001001000500	多斑羊舌鲆	*Arnoglossus polyspilus* (Gunther)
PS59001001000700	大羊舌鲆	*Arnoglossus scapha* (Bloch *et* Schneider)
PS59001001000900	长鳍羊舌鲆	*Arnoglossus tapeinosoma* (Bleeker)
PS59001001001100	纤羊舌鲆	*Arnoglossus tenuis* Gunther
PS59001003000000	角鲆属	*Asterorhombus*
PS59001003000100	中间角鲆	*Asterorhombus intermedius* (Bleeker)
PS59001005000000	鲆属	*Bothus*
PS59001005000100	圆鳞鲆	*Bothus assimilis* (Gunther)
PS59001005000300	凹吻鲆	*Bothus mancus* (Broussonet)
PS59001005000500	繁星鲆	*Bothus myriaster* (Temminck *et* Schlegel)
PS59001005000700	豹鲆	*Bothus pantherinus* (Ruppell)
PS59001007000000	大口鲆属	*Chascanopsetta*
PS59001007000100	大口鲆	*Chascanopsetta lugubris* Alcock
PS59001009000000	缨鲆属	*Crossorhombus*
PS59001009000100	青缨鲆	*Crossorhombus azureus* (Alcock)
PS59001009000300	多牙缨鲆	*Crossorhombus kanekonis* (Tanaka)
PS59001009000500	长臂缨鲆	*Crossorhombus kobensis* (Jordan *et* Starks)
PS59001009000700	宽额缨鲆	*Crossorhombus valderostratus* (Alcock)
PS59001011000000	短额鲆属	*Engyprosopon*
PS59001011000100	长鳍短额鲆	*Engyprosopon filipennis* Wu *et* Tang
PS59001011000300	大鳞短额鲆	*Engyprosopon grandisquama* (Temminck *et* Schlegel)
PS59001011000500	宽额短额鲆	*Engyprosopon latifrons* (Regan)
PS59001011000700	长脚短额鲆	*Engyprosopon longipelvis* Amaoka
PS59001011000900	大鳍短额鲆	*Engyprosopon macroptera* Amaoka
PS59001011001100	黑斑短额鲆	*Engyprosopon mogkii* (Bleeker)
PS59001011001300	多鳞短额鲆	*Engyprosopon multisquama* Amaoka
PS59001013000000	双线鲆属	*Grammatobothus*
PS59001013000100	克氏双线鲆	*Grammatobothus krempfi* Chabanaud
PS59001013000300	三斑双线鲆	*Grammatobothus polyophthalmus* (Bleeker)

表 1（续）

代　码	中 文 名 称	拉 丁 名 称
PS59001015000000	鳄口鲆属	*Kamoharaia*
PS59001015000100	大嘴鳄口鲆	*Kamoharaia megastoma* (Kamohara)
PS59001017000000	左鲆属	*Laeops*
PS59001017000100	矛状左鲆	*Laeops lanceolata* Franz
PS59001017000300	小头左鲆	*Laeops parviceps* Gunther
PS59001019000000	新左鲆属	*Neolaeops*
PS59001019000100	小眼新左鲆	*Neolaeops microphthalmus* (Von Bonde)
PS59001021000000	拟鲆属	*Parabothus*
PS59001021000100	绿斑拟鲆	*Parabothus chlorospilus* (Gilbert)
PS59001021000300	短腹拟鲆	*Parabothus coarctatus* (Gilbert)
PS59001023000000	鳒鲆属	*Psettina*
PS59001023000100	丝指鳒鲆	*Psettina filimanus* Li *et* Wang
PS59001023000300	大鳒鲆	*Psettina gigantea* Amaoka
PS59001023000500	海南鳒鲆	*Psettina hainanensis* (Wu *et* Tang)
PS59001023000700	大斑鳒鲆	*Psettina iijimae* (Jordan *et* Starks)
PS59001023000900	土佐鳒鲆	*Psettina tosana* Amaoka
PS59003000000000	棘鲆科	Citharidae
PS59003001000000	短鲽属	*Brachypleura*
PS59003001000100	短鲽	*Brachypleura novaezeelandiae* Gunther
PS59003003000000	拟棘鲆属	*Citharoides*
PS59003003000100	大鳞拟棘鲆	*Citharoides macrolepidotus* Hubbs
PS59003005000000	鳞眼鲽属	*Lepidoblepharon*
PS59003005000100	鳞眼鲽	*Lepidoblepharon ophthalmolepis* Weber
PS59005000000000	舌鳎科	Cynoglossidae
PS59005001000000	舌鳎属	*Cynoglossus*
PS59005001000100	短吻舌鳎	*Cynoglossus abbreviatus* (Gray)
PS59005001000300	印度舌鳎	*Cynoglossus arel* (Bloch *et* Schneider)
PS59005001000500	双线舌鳎	*Cynoglossus bilineatus* (Lacepede)
PS59005001000700	窄体舌鳎	*Cynoglossus gracilis* Gunther
PS59005001000900	断线舌鳎	*Cynoglossus interruptus* Gunther
PS59005001001100	单孔舌鳎	*Cynoglossus itinus* (Snyder)
PS59005001001300	短吻红舌鳎	*Cynoglossus joyneri* Gunther
PS59005001001500	考普斯(短头)舌鳎	*Cynoglossus kopsii* (Bleeker)
PS59005001001700	南洋舌鳎	*Cynoglossus lida* (Bleeker)
PS59005001001900	长吻红舌鳎	*Cynoglossus lighti* Norman
PS59005001002100	线纹舌鳎	*Cynoglossus lineolatus* Steindachner
PS59005001002300	大鳞舌鳎	*Cynoglossus macrolepidotus* (Bleeker)
PS59005001002500	黑尾舌鳎	*Cynoglossus melampetalus* (Richardson)
PS59005001002700	小鳞舌鳎	*Cynoglossus microlepis* (Bleeker)
PS59005001002900	高眼舌鳎	*Cynoglossus monopus* (Bleeker)
PS59005001003100	黑鳍舌鳎	*Cynoglossus nigropinnatus* Ochiai
PS59005001003300	少鳞舌鳎	*Cynoglossus oligolepis* (Bleeker)
PS59005001003500	斑头双线舌鳎,斑头舌鳎,斑首舌鳎	*Cynoglossus puncticeps* (Richardson)
PS59005001003700	紫斑舌鳎	*Cynoglossus purpureomaculatus* Regan
PS59005001003900	宽体舌鳎	*Cynoglossus robustus* Gunther
PS59005001004100	黑鳃舌鳎	*Cynoglossus roulei* Wu
PS59005001004300	半滑舌鳎	*Cynoglossus semilaevis* Gunther

表 1 (续)

代　　码	中 文 名 称	拉 丁 名 称
PS59005001004500	西宝舌鳎	*Cynoglossus sibogae* (Weber)
PS59005001004700	中华(双线)舌鳎	*Cynoglossus sinicus* Wu
PS59005001004900	三线舌鳎	*Cynoglossus trigrammus* Gunther
PS59005003000000	须鳎属	*Paraplagusia*
PS59005003000100	长钩须鳎	*Paraplagusia bilineata* (Bloch)
PS59005003000300	短钩须鳎	*Paraplagusia blochi* (Bleeker)
PS59005003000500	栉鳞须鳎	*Paraplagusia guttata* Macleay
PS59005003000700	日本须鳎	*Paraplagusia japonica* (Temminck *et* Schlegel)
PS59005005000000	无线鳎属	*Symphurus*
PS59005005000100	九带无线鳎	*Symphurus novemfasciatus* Shen *et* Lin
PS59005005000300	东方无线鳎	*Symphurus orientalis* (Bleeker)
PS59005005000500	西方细纹无线鳎	*Symphurus strictus* Smith
PS59007000000000	牙鲆科	Paralichthyidae
PS59007001000000	牙鲆属	*Paralichthys*
PS59007001000100	褐牙鲆	*Paralichthys olivaceus* (Temminck *et* Schlegel)
PS59007003000000	斑鲆属	*Pseudorhombus*
PS59007003000100	大牙斑鲆	*Pseudorhombus arsius* (Hamilton)
PS59007003000300	桂皮斑鲆	*Pseudorhombus cinnamomeus* (Temminck *et* Schlegel)
PS59007003000500	栉鳞斑鲆	*Pseudorhombus ctenosquamis* (Oshima)
PS59007003000700	双瞳斑鲆	*Pseudorhombus dupliocellatus* Regan
PS59007003000900	高体斑鲆	*Pseudorhombus elevatus* Ogilby
PS59007003001100	爪哇斑鲆	*Pseudorhombus javanicus* (Bleeker)
PS59007003001300	圆鳞斑鲆	*Pseudorhombus levisquamis* (Oshima)
PS59007003001500	马来斑鲆	*Pseudorhombus malayanus* Bleeker
PS59007003001700	南海斑鲆	*Pseudorhombus neglectus* Bleeker
PS59007003001900	少牙斑鲆	*Pseudorhombus oligodon* (Bleeker)
PS59007003002100	五眼斑鲆	*Pseudorhombus pentophthalmus* Gunther
PS59007003002300	五点斑鲆	*Pseudorhombus quinquocellatus* Weber *et* Beaufort
PS59007003002500	三眼斑鲆	*Pseudorhombus triocellatus* (Bloch *et* Schneider)
PS59007005000000	大鳞鲆属	*Tarphops*
PS59007005000100	高体大鳞鲆	*Tarphops oligolepis* (Bleeker)
PS59007007000000	华鲆属	*Tephrinectes*
PS59007007000100	华鲆	*Tephrinectes sinensis* (Lacepede)
PS59009000000000	鲽科	Pleuronectidae
PS59009001000000	高眼鲽属	*Cleisthenes*
PS59009001000100	高眼鲽	*Cleisthenes herzensteini* (Schmidt)
PS59009003000000	粒鲽属	*Clidoderma*
PS59009003000100	粒鲽	*Clidoderma asperrima* (Temminck *et* Schlegel)
PS59009005000000	虫鲽属	*Eopsetta*
PS59009005000100	虫鲽	*Eopsetta grigorjewi* (Herzenstein)
PS59009007000000	拟庸鲽属	*Hippoglossoides*
PS59009007000100	大牙拟庸鲽	*Hippoglossoides dubius* Schmidt
PS59009009000000	石鲽属	*Kareius*
PS59009009000100	石鲽	*Kareius bicoloratus* (Basilewsky)
PS59009011000000	光鲽属	*Liopsetta*
PS59009011000100	黑光鲽	*Liopsetta obscurus* (Herzenstein)
PS59009013000000	油鲽属	*Microstomus*

表 1（续）

代码	中文名称	拉丁名称
PS59009013000100	亚洲油鲽	*Microstomus achne* (Jordan *et* Starks)
PS59009015000000	江鲽属	*Platichthys*
PS59009015000100	星突江鲽	*Platichthys stellatus* (Pallas)
PS59009017000000	木叶鲽属	*Pleuronichthys*
PS59009017000100	角木叶鲽	*Pleuronichthys cornutus* (Temminck *et* Schlegel)
PS59009019000000	瓦鲽属	*Poecilopsetta*
PS59009019000100	黑斑瓦鲽	*Poecilopsetta colorata* Gunther
PS59009019000300	大鳞瓦鲽	*Poecilopsetta megalepis* Fowler
PS59009019000500	纳塔尔瓦鲽	*Poecilopsetta natalensis* Norman
PS59009019000700	瓦鲽	*Poecilopsetta plinthus* (Jordan *et* Starks)
PS59009019000900	普来隆瓦鲽	*Poecilopsetta praelonga* Alcock
PS59009021000000	黄盖鲽属	*Pseudopleuronectes*
PS59009021000100	尖吻黄盖鲽	*Pseudopleuronectes herzensteini* (Jordan *et* Snyder)
PS59009021000300	钝吻黄盖鲽	*Pseudopleuronectes yokohamae* (Gunther)
PS59009023000000	长鲽属	*Tanakius*
PS59009023000100	长鲽	*Tanakius kitaharae* (Jordan *et* Starks)
PS59009025000000	星鲽属	*Verasper*
PS59009025000100	条斑星鲽	*Verasper moseri* Jordan *et* Gilbert
PS59009025000300	圆斑星鲽	*Verasper variegatus* (Temminck *et* Schlegel)
PS59011000000000	鳒科	Psettodidae
PS59011001000000	鳒属	*Psettodes*
PS59011001000100	大口鳒	*Psettodes erumei* (Bloch *et* Schneider)
PS59013000000000	冠鲽科	Samaridae
PS59013001000000	斜鲽属	*Plagiopsetta*
PS59013001000100	纵带斜鲽	*Plagiopsetta fasciatus* (Fowler)
PS59013001000300	褐斜鲽	*Plagiopsetta glossa* Franz
PS59013003000000	冠鲽属	*Samaris*
PS59013003000100	冠鲽	*Samaris cristatus* Gray
PS59013005000000	沙鲽属	*Samariscus*
PS59013005000100	丝鳍沙鲽	*Samariscus filipectoralis* Shen
PS59013005000300	胡氏沙鲽	*Samariscus huysmani* Weber
PS59013005000500	短颌沙鲽	*Samariscus inornatus* (Lloyd)
PS59013005000700	满月沙鲽	*Samariscus latus* Matsubara *et* Takamuki
PS59013005000900	长臂沙鲽	*Samariscus longimanus* Norman
PS59015000000000	鳎科	Soleidae
PS59015001000000	角鳎属	*Aesopia*
PS59015001000100	角鳎	*Aesopia cornuta* Kaup
PS59015003000000	栉鳞鳎属	*Aseraggodes*
PS59015003000100	网纹栉鳞鳎	*Aseraggodes kaianus* (Gunther)
PS59015003000300	褐斑栉鳞鳎	*Aseraggodes kobensis* (Steindachner)
PS59015005000000	箬鳎属	*Brachirus*
PS59015005000100	环纹箬鳎	*Brachirus annularis* Fowler
PS59015005000300	东方箬鳎	*Brachirus orientalis* (Bloch *et* Schneider)
PS59015005000500	异鳞箬鳎	*Brachirus pan* (Hamilton)
PS59015005000700	纵带箬鳎	*Brachirus swinhonis* (Steindachner)
PS59015007000000	钩嘴鳎属	*Heteromycteris*
PS59015007000100	日本钩嘴鳎	*Heteromycteris japonicus* (Temminck *et* Schlegel)

表 1 (续)

代　　码	中 文 名 称	拉 丁 名 称
PS59015007000300	人字钩嘴鳎	*Heteromycteris matsubarai* Ochiai
PS59015009000000	圆鳞鳎属	*Liachirus*
PS59015009000100	黑点圆鳞鳎	*Liachirus melanospilus* (Bleeker)
PS59015011000000	单臂鳎属	*Monochirus*
PS59015011000100	毛鳍单臂鳎	*Monochirus trichodactylus* (Linnaeus)
PS59015013000000	豹鳎属	*Pardachirus*
PS59015013000100	眼斑豹鳎	*Pardachirus pavoninus* (Lacepede)
PS59015015000000	鳎属	*Solea*
PS59015015000100	卵鳎	*Solea ovata* Richardson
PS59015017000000	长鼻鳎属	*Soleichthys*
PS59015017000100	异吻长鼻鳎	*Soleichthys heterorhinos* (Bleeker)
PS59015019000000	条鳎属	*Zebrias*
PS59015019000100	缨鳞条鳎	*Zebrias crossolepis* Cheng *et* Chang
PS59015019000300	日本条鳎	*Zebrias japonicus* (Bleeker)
PS59015019000500	峨眉条鳎	*Zebrias quagga* (Kaup)
PS59015019000700	带纹条鳎	*Zebrias zebra* (Bloch)
PS61000000000000	锯鳐目	PRISTIFORMES
PS61001000000000	锯鳐科	Pristidae
PS61001001000000	锯鳐属	*Pristis*
PS61001001000100	尖齿锯鳐	*Pristis cuspidatus* Latham
PS61001001000300	小齿锯鳐	*Pristis microdon* Latham
PS63000000000000	锯鲨目	PRISTIOPHORIFORMES
PS63001000000000	锯鲨科	Pristiophoridae
PS63001001000000	锯鲨属	*Pristiophorus*
PS63001001000100	日本锯鲨	*Pristiophorus japonicus* Gunther
PS65000000000000	鳐形目	RAJIFORMES
PS65001000000000	无刺鳐科	Anacanthobatidae
PS65001001000000	无刺鳐属	*Anacanthobatis*
PS65001001000100	加里曼丹无刺鳐	*Anacanthobatis borneensis* Chan
PS65001001000300	东海无刺鳐	*Anacanthobatis donghaiensis* (Deng, Xiong *et* Zhan)
PS65001003000000	施氏鳐属	*Springeria*
PS65001003000100	黑身史氏裸鲔	*Springeria melanosoma* Chan
PS65001003000300	南海无刺鳐	*Springeria nanhaiensis* Meng *et* Li
PS65001003000500	狭体无刺鳐	*Springeria stenosoma* Li *et* Hu
PS65003000000000	团扇鳐科	Platyrhinidae
PS65003001000000	团扇鳐属	*Platyrhina*
PS65003001000100	林氏团扇鳐	*Platyrhina limboonkengi* Tang
PS65003001000300	中国团扇鳐	*Platyrhina sinensis* (Bloch *et* Schneider)
PS65005000000000	鳐科	Rajidae
PS65005001000000	深水鳐属	*Bathyraja*
PS65005001000100	匀棘深水鳐	*Bathyraja isotrachys* (Gunther)
PS65005003000000	短鳐属	*Breviraja*
PS65005003000100	短鳐	*Breviraja tobitukai* (Hiyama)
PS65005005000000	鳐属	*Raja*
PS65005005000100	尖棘鳐	*Raja acutispinna* Ishiyama
PS65005005000300	鲍氏鳐	*Raja boesemani* Ishihara
PS65005005000500	华鳐	*Raja chinensis* Zhu

表 1（续）

代　码	中 文 名 称	拉 丁 名 称
PS65005005000700	巨鳐	*Raja gigas* Ishiyama
PS65005005000900	何氏鳐	*Raja hollandi* Jordan *et* Richardson
PS65005005001100	网纹鳐	*Raja katsukii* Zhu *et* Meng
PS65005005001300	斑鳐	*Raja kenojei* Muller *et* Henle
PS65005005001500	广东鳐	*Raja kwangtungensis* Chu
PS65005005001700	大尾鳐	*Raja macrocauda* Ishiyama
PS65005005001900	大眼鳐	*Raja macrophthalma* Ishiyama
PS65005005002100	孔鳐	*Raja porosa* Gunther
PS65005005002300	美鳐	*Raja pulchra* Liu
PS65005005002500	尖尾鳐	*Raja tengu* Jordan *et* Fowler
PS65007000000000	圆犁头鳐科	Rhinidae
PS65007001000000	圆犁头鳐属	*Rhina*
PS65007001000100	圆犁头鳐	*Rhina ancylostoma* Bloch *et* Schneider
PS65009000000000	犁头鳐科	Rhinobatidae
PS65009001000000	犁头鳐属	*Rhinobatos*
PS65009001000100	台湾犁头鳐	*Rhinobatos formosensis* Norman
PS65009001000300	斑纹犁头鳐	*Rhinobatos hynnicephalus* Richardson
PS65009001000500	许氏犁头鳐	*Rhinobatos schlegelii* Muller *et* Henle
PS65009003000000	颗粒犁头鳐属	*Scobatus*
PS65009003000100	颗粒犁头鳐	*Scobatus granulatus* Cuvier
PS65011000000000	尖犁头鳐科	Rhynchobatidae
PS65011001000000	尖犁头鳐属	*Rhynchobatus*
PS65011001000100	及达尖犁头鳐	*Rhynchobatus djiddensis* (Forsskal)
PS67000000000000	鲑形目	SALMONIFORMES
PS67001000000000	黑头鱼科	Alepocephalidae
PS67001001000000	黑头鱼属	*Alepocephalus*
PS67001001000100	黑头鱼	*Alepocephalus bicolor* Alcock
PS67001001000300	长吻平头鱼	*Alepocephalus longirostris* Okamura *et* Kawanishi
PS67001001000500	欧氏平头鱼	*Alepocephalus owstoni* Tanaka
PS67001001000700	尖吻平头鱼	*Alepocephalus triangularis* Okamura *et* Kawanishi
PS67001001000900	暗首平头鱼	*Alepocephalus umbriceps* Jordan *et* Thopson
PS67001003000000	裸体鱼属	*Leptoderma*
PS67001003000100	裸体鱼	*Leptoderma retropinnum* Fowler
PS67001005000000	黑口鱼属	*Narcetes*
PS67001005000100	黑口鱼	*Narcetes lloydi* Fowler
PS67001007000000	珍鱼属	*Rouleina*
PS67001007000100	珍鱼	*Rouleina guentheri* (Alcock)
PS67001007000300	瓦氏珍鱼	*Rouleina watasei* (Tanaka)
PS67001009000000	塔氏鱼属	*Talismania*
PS67001009000100	安的列斯塔氏鱼	*Talismania antillarum* (Goode *et* Bean)
PS67001009000300	短头塔氏鱼	*Talismania brachycephala* Sazonov
PS67001011000000	平额鱼属	*Xenodermichthys*
PS67001011000100	平额鱼	*Xenodermichthys nodulosus* Gunther
PS67003000000000	水珍鱼科	Argentinidae
PS67003001000000	水珍鱼属	*Argentina*
PS67003001000100	鹿儿岛水珍鱼	*Argentina kagoshimae* Jordan *et* Snyder
PS67003003000000	半纹水珍鱼属	*Glossanodon*

表 1（续）

代　码	中 文 名 称	拉 丁 名 称
PS67003003000100	半纹水珍鱼	*Glossanodon semifasciata* (Kishinouye)
PS67005000000000	星衫鱼科	Astronesthidae
PS67005001000000	星衫鱼属	*Astronesthes*
PS67005001000100	金星衫鱼	*Astronesthes chrysophekadion* (Bleeker)
PS67005001000300	印度星衫鱼	*Astronesthes indicus* Brauer
PS67005001000500	萤光星衫鱼	*Astronesthes lucifer* Gilbert
PS67007000000000	蝰鱼科	Chauliodontidae
PS67007001000000	蝰鱼属	*Chauliodus*
PS67007001000100	蝰鱼	*Chauliodus sloani* Bloch *et* Schneider
PS67009000000000	狗鱼科	Esocidae
PS67009001000000	狗鱼属	*Esox*
PS67009001000100	白斑狗鱼	*Esox lucius* Linnaeus
PS67009001000300	黑斑狗鱼	*Esox reicherti* Dybowski
PS67011000000000	钻光鱼科	Gonostomidae
PS67011001000000	圆帆鱼属	*Cyclothone*
PS67011001000100	斜齿圆帆鱼	*Cyclothone acclinidens* Garman
PS67011001000300	白圆帆鱼	*Cyclothone alba* Brauer
PS67011001000500	暗圆帆鱼	*Cyclothone obscura* Brauer
PS67011001000700	近苍圆帆鱼	*Cyclothone pseudopallida* Mukacheve
PS67011003000000	双光鱼属	*Diplophos*
PS67011003000100	条纹双光鱼	*Diplophos taenia* Gunther
PS67011003000300	细双钻光鱼	*Diplophos taenia* Matsubara
PS67011005000000	钻光鱼属	*Gonostoma*
PS67011005000100	西钻光鱼	*Gonostoma atlanticus* Norman
PS67011005000300	长钻光鱼	*Gonostoma elongatus* Gunther
PS67011005000500	纤钻光鱼	*Gonostoma gracile* Gunther
PS67011007000000	刀光鱼属	*Polymetme*
PS67011007000100	长峡光鱼	*Polymetme elongata* (Matsubara)
PS67011007000300	刀光鱼	*Polymetme illustris* (McCulloch)
PS67011009000000	参钻光鱼属	*Triplophls*
PS67011009000100	参钻光鱼	*Triplophls hemingi* (McArdle)
PS67011011000000	丛光鱼属	*Valenciennellus*
PS67011011000100	丛光鱼	*Valenciennellus tripunctulatus* (Esmark)
PS67011013000000	串光鱼属	*Vinciguerria*
PS67011013000100	串光鱼	*Vinciguerria nimbara* (Jordan *et* Williams)
PS67013000000000	奇棘鱼科	Idiacanthidae
PS67013001000000	奇棘鱼属	*Idiacanthus*
PS67013001000100	奇棘鱼	*Idiacanthus fasciola* Peters
PS67015000000000	软颌鱼科	Malacosteidae
PS67015001000000	软颌鱼属	*Malacosteus*
PS67015001000100	黑软颌鱼	*Malacosteus niger* Ayres
PS67017000000000	黑巨口鱼科	Melanostomiatidae
PS67017001000000	深巨口鱼属	*Bathophilus*
PS67017001000100	长羽深巨口鱼	*Bathophilus longipinnis* (Pappenheim)
PS67017003000000	真巨口鱼属	*Eustomias*
PS67017003000100	长须真巨口鱼	*Eustomias longibarba* Parr
PS67017005000000	纤巨口鱼属	*Leptostomias*

表 1（续）

代　　码	中　文　名　称	拉　丁　名　称
PS67017005000100	粗须细巨口鱼	*Leptostomias robustus* Imai
PS67017007000000	黑巨口鱼属	*Melanostomias*
PS67017007000100	乌须黑巨口鱼	*Melanostomias melanopogon* Regan *et* Trewavas
PS67017009000000	脂巨口鱼属	*Opostomias*
PS67017009000100	脂巨口鱼	*Opostomias mitsuii* Imai
PS67017011000000	厚巨口鱼属	*Pachystomias*
PS67017011000100	厚巨口鱼	*Pachystomias microdon* Gunther
PS67017013000000	袋巨口鱼属	*Photonectes*
PS67017013000100	明鳍袋巨口鱼	*Photonectes albipennis* (Doderlein)
PS67017015000000	缨巨口鱼属	*Thysanactis*
PS67017015000100	缨鳍巨口鱼	*Thysanactis dentex* Rogan *et* Trewavas
PS67019000000000	后肛鱼科	Opisthoproctidae
PS67019001000000	后肛鱼属	*Opisthoproctus*
PS67019001000100	后肛鱼	*Opisthoproctus soleatus* Vaillant
PS67021000000000	胡瓜鱼科	Osmeridae
PS67021001000000	公鱼属	*Hypomesus*
PS67021001000100	日本公鱼	*Hypomesus japonicus* (Brevoort)
PS67021001000300	西太公鱼	*Hypomesus nipponensis* McAllister
PS67021001000500	池沼公鱼	*Hypomesus olidus* Pallas
PS67021003000000	毛鳞鱼属	*Mallotus*
PS67021003000100	毛鳞鱼	*Mallotus villosus* (Muller)
PS67021005000000	胡瓜鱼属	*Osmerus*
PS67021005000100	胡瓜鱼	*Osmerus mordax* (Mitchill)
PS67023000000000	香鱼科	Plecoglossidae
PS67023001000000	香鱼属	*Plecoglossus*
PS67023001000100	香鱼	*Plecoglossus altivelis* (Temminck *et* Schlegel)
PS67025000000000	银鱼科	Salangidae
PS67025001000000	间银鱼属	*Hemisalanx*
PS67025001000100	短吻间银鱼	*Hemisalanx brachyrostralis* (Fang)
PS67025001000300	前颌间银鱼	*Hemisalanx prognathus* Regan
PS67025003000000	白肌银鱼属	*Leucosoma*
PS67025003000100	白肌银鱼	*Leucosoma chinensis* (Osbeck)
PS67025005000000	新银鱼属	*Neosalanx*
PS67025005000100	安氏新银鱼	*Neosalanx anderssoni* (Rendahl)
PS67025005000300	短吻新银鱼	*Neosalanx brevirostris* Pellegrin
PS67025005000500	乔氏新银鱼	*Neosalanx jordani* Wakiya *et* Takahasi
PS67025005000700	寡齿新银鱼	*Neosalanx oligodontis* Chen
PS67025005000900	近太湖新银鱼	*Neosalanx pseudotaihuensis* Zhang
PS67025005001100	太湖新银鱼	*Neosalanx taihuensis* Chen
PS67025005001300	陈氏新银鱼	*Neosalanx tangkahkeii* (Wu)
PS67025007000000	大银鱼属	*Protosalanx*
PS67025007000100	大银鱼	*Protosalanx hyalocranius* (Abott)
PS67025009000000	日本银鱼属	*Salangichthys*
PS67025009000100	小齿日本银鱼	*Salangichthys microdon* Bleeker
PS67025011000000	银鱼属	*Salanx*
PS67025011000100	有明银鱼	*Salanx ariakensis* Kishinouye
PS67025011000300	居氏银鱼	*Salanx cuvieri* Valenciennes

表 1（续）

代　码	中 文 名 称	拉 丁 名 称
PS67027000000000	鲑科	Salmonidae
PS67027001000000	细鳞鲑属	*Brachymystax*
PS67027001000100	(秦岭)细鳞鲑	*Brachymystax lenok* Li
PS67027003000000	白鲑属	*Coregonus*
PS67027003000100	卡达白鲑	*Coregonus chadary* Dybowski
PS67027003000300	乌苏里白鲑	*Coregonus ussuriensis* Berg
PS67027005000000	哲罗鱼属	*Hucho*
PS67027005000100	四川哲罗鱼	*Hucho bleekeri* Kimura
PS67027005000300	石川哲罗鱼	*Hucho ishikawai* Mori
PS67027005000500	哲罗鲑	*Hucho taimen* (Pallas)
PS67027007000000	大麻哈鱼属	*Oncorhynchus*
PS67027007000100	驼背大麻哈鱼	*Oncorhynchus gorbuscha* Walbaum
PS67027007000300	大麻哈鱼	*Oncorhynchus keta* Walbaum
PS67027007000500	马苏麻哈鱼	*Oncorhynchus masou* Brevoort
PS67027007000700	虹鳟	*Oncorhynchus mykiss* (Walbaum)
PS67027009000000	红点鲑属	*Salvelinus*
PS67027009000100	白斑红点鲑	*Salvelinus leucomaenis* (Pallas)
PS67027009000300	花羔红点鲑	*Salvelinus malma* (Walbaum)
PS67027011000000	北鲑属	*Stenodus*
PS67027011000100	北鲑	*Stenodus leucichthys* (Pallas)
PS67029000000000	褶胸鱼科	Sternoptychidae
PS67029001000000	银斧鱼属	*Argyropelecus*
PS67029001000100	刺银斧鱼	*Argyropelecus aculeatus* Valenciennes
PS67029001000300	长银斧鱼	*Argyropelecus affinis* Garman
PS67029001000500	银斧鱼	*Argyropelecus hemigymnus* Cocco
PS67029001000700	高银斧鱼	*Argyropelecus sladeni* Regan
PS67029003000000	暗光鱼属	*Maurolicus*
PS67029003000100	穆氏暗光鱼	*Maurolicus muelleri* (Gmelin)
PS67029005000000	烛光鱼属	*Polyipnus*
PS67029005000100	烛光鱼	*Polyipnus spinosus* Gunther
PS67029005000300	闪电烛光鱼	*Polyipnus stereope* Jordan *et* Starks
PS67029005000500	三齿烛光鱼	*Polyipnus tridentifer* McCulloch
PS67029005000700	三烛光鱼	*Polyipnus triphanos* Schultz
PS67029007000000	褶胸鱼属	*Sternoptyx*
PS67029007000100	褶胸鱼	*Sternoptyx diaphana* Hermann
PS67029007000300	低褶胸鱼	*Sternoptyx obscura* Garman
PS67029007000500	似低褶胸鱼	*Sternoptyx pseudobscura* Baird
PS67031000000000	巨口鱼科	Stomiatidae
PS67031001000000	巨口鱼属	*Stomias*
PS67031001000100	巨口鱼	*Stomias affinis* Gunther
PS67031001000300	星云巨口鱼	*Stomias nebulosus* Alcock
PS67033000000000	茴鱼科	Thymallidae
PS67033001000000	茴鱼属	*Thymallus*
PS67033001000100	黑龙江茴鱼,北极茴鱼	*Thymallus arcticus* Dybowskii
PS69000000000000	鲉形目	SCORPAENIFORMES
PS69001000000000	八角鱼科	Agonidae
PS69001001000000	足沟鱼属	*Podothecus*

表 1（续）

代　码	中 文 名 称	拉 丁 名 称
PS69001001000100	拟鲟足沟鱼	*Podothecus sturioides* (Guichenot)
PS69003000000000	红鲬科	Bembridae
PS69003001000000	红鲬属	*Bembras*
PS69003001000100	红鲬	*Bembras japonicus* Cuvier *et* Valenciennes
PS69005000000000	棘颊鲉科	Caracanthus
PS69005001000000	棘颊鲉属	*Caracanthidae*
PS69005001000100	斑点棘颊鲉	*Caracanthidae maculatus* (Gray)
PS69007000000000	前鳍鲉科	Congiopodidae
PS69007001000000	单棘鲉属	*Acanthosphex*
PS69007001000100	单棘鲉	*Acanthosphex leurynnis* (Jordan *et* Seale)
PS69007003000000	钝顶鲉属	*Amblyapistus*
PS69007003000100	长棘钝顶鲉	*Amblyapistus macracanthus* (Bleeker)
PS69007003000300	钝顶鲉	*Amblyapistus taenianotus* (Cuvier *et* Valenciennes)
PS69007005000000	疣鲉属	*Aploactis*
PS69007005000100	绒皮鲉	*Aploactis aspera* (Richardson)
PS69007007000000	刺皮鲉属	*Caracanthus*
PS69007007000100	刺皮鲉	*Caracanthus macultus* (Gray)
PS69007009000000	鳞鲉属	*Centropogon*
PS69007009000100	褐鳞鲉	*Centropogon fuscovirens* (Cuvier *et* Valenciennes)
PS69007009000300	斑尾鳞鲉	*Centropogon urostigma* (Bleeker)
PS69007011000000	拟翅鲉属	*Cottapistus*
PS69007011000100	拟翅鲉	*Cottapistus cottoides* (Linnaeus)
PS69007013000000	虻鲉属	*Erisphex*
PS69007013000100	虻鲉	*Erisphex potti* (Steindachner)
PS69007015000000	赤鲉属	*Hypodytes*
PS69007015000100	印度赤鲉	*Hypodytes indicus* (Day)
PS69007015000300	长棘赤鲉	*Hypodytes longispinis* (Cuvier *et* Valenciennes)
PS69007015000500	红鳍赤鲉	*Hypodytes rubripinnis* (Temminck *et* Schlegel)
PS69007017000000	新鳞鲉属	*Neocentropogon*
PS69007017000100	新鳞鲉	*Neocentropogon aeglefinus* Weber
PS69007019000000	裸绒鲉属	*Ocosia*
PS69007019000100	黑带裸绒鲉	*Ocosia fasciata* (Matsubara)
PS69007019000300	裸绒鲉	*Ocosia vespa* Jordan *et* Starks
PS69007021000000	发鲉属	*Sthenopus*
PS69007021000100	发鲉	*Sthenopus mollis* (Richardson)
PS69007023000000	裸皮鲉属	*Tetraroge*
PS69007023000100	裸皮鲉	*Tetraroge leucogaster* Richardson
PS69007025000000	蜂鲉属	*Vespicula*
PS69007025000100	中华蜂鲉	*Vespicula sinensis* (Bleeker)
PS69007025000300	粗蜂鲉	*Vespicula trachinoides* (Cuvier *et* Valenciennes)
PS69009000000000	杜父鱼科	Cottidae
PS69009001000000	小杜父鱼属	*Cottiusculus*
PS69009001000100	小杜父鱼	*Cottiusculus gonez* Schmidt
PS69009003000000	杜父鱼属	*Cottus*
PS69009003000100	燕杜父鱼	*Cottus czerskii* Berg
PS69009003000300	图们江杜父鱼	*Cottus hangiongensis* Mori
PS69009003000500	杂色杜父鱼	*Cottus poecilopus* Heckel

表 1 (续)

代　码	中文名称	拉丁名称
PS69009003000700	拇指杜父鱼	*Cottus pollux* Gunther
PS69009003000900	阿尔泰杜父鱼	*Cottus sibiricus* Li *et* Ho
PS69009005000000	角杜父鱼属	*Enophrys*
PS69009005000100	角杜父鱼	*Enophrys diceraus* Pallas
PS69009007000000	旋杜父鱼属	*Ereunius*
PS69009007000100	旋杜父鱼	*Ereunius gralltor* Jordan *et* Snyder
PS69009009000000	叉杜父鱼属	*Furcina*
PS69009009000100	叉杜父鱼	*Furcina dabryi* (Guichenot)
PS69009011000000	裸杜父鱼属	*Gymnocanthus*
PS69009011000100	裸杜父鱼	*Gymnocanthus herzensteini* Jordan *et* Starks
PS69009013000000	绒杜父鱼属	*Hemitripterus*
PS69009013000100	绒杜父鱼	*Hemitripterus villosus* (Pallas)
PS69009015000000	中杜父鱼属	*Mesocottus*
PS69009015000100	中杜父鱼	*Mesocottus haitej* (Dybowskyi)
PS69009017000000	床杜父鱼属	*Myoxocephalus*
PS69009017000100	平头床杜父鱼	*Myoxocephalus platycephalus* Pallas
PS69009017000300	中华床杜父鱼	*Myoxocephalus sinensis* Sauvage
PS69009019000000	鳚杜父鱼属	*Pseudoblennius*
PS69009019000100	鳚杜父鱼	*Pseudoblennius cottoides* (Richardson)
PS69009021000000	松江鲈属	*Trachidermus*
PS69009021000100	松江鲈	*Trachidermus fasciatus* Heckel
PS69009023000000	尖头杜父鱼属	*Vellitor*
PS69009023000100	尖头杜父鱼	*Vellitor centropomus* (Richardson)
PS69011000000000	圆鳍鱼科	Cyclopteridae
PS69011001000000	雀鱼属	*Lethotremus*
PS69011001000100	雀鱼	*Lethotremus awae* Jordan *et* Snyder
PS69011003000000	副狮子鱼属	*Paraliparis*
PS69011003000100	南方副狮子鱼	*Paraliparis meridionalis* Kido
PS69013000000000	豹鲂鮄科	Dactylopteridae
PS69013001000000	豹鲂鮄属	*Dactyloptena*
PS69013001000100	短吻豹鲂鮄	*Dactyloptena gilberti* (Snyder)
PS69013001000300	东方豹鲂鮄	*Dactyloptena orientalis* Cuvier *et* Valenciennes
PS69013003000000	单棘豹鲂鮄属	*Daicocus*
PS69013003000100	单棘豹鲂鮄	*Daicocus peterseni* (Nystron)
PS69013005000000	侧线豹鲂鮄属	*Ebisinus*
PS69013005000100	侧线豹鲂鮄	*Ebisinus cheirophthalmus* (Bleeker)
PS69015000000000	六线鱼科	Hexagrammidae
PS69015001000000	斑头鱼属	*Agrammus*
PS69015001000100	斑头鱼	*Agrammus agrammus* (Temminck *et* Schlegel)
PS69015003000000	六线鱼属	*Hexagrammos*
PS69015003000100	长线六线鱼	*Hexagrammos lagocephalus* (Pallas)
PS69015003000300	叉线六线鱼	*Hexagrammos octogrammus* (Pallas)
PS69015003000500	大泷六线鱼	*Hexagrammos otakii* Jordan *et* Starks
PS69017000000000	棘鲉科	Hoplichthyidae
PS69017001000000	棘鲉属	*Hoplichthys*
PS69017001000100	短指棘鲉	*Hoplichthys gilberti* Jordan *et* Richardson
PS69017001000300	小棘棘鲉	*Hoplichthys langsdorfii* Cuvier *et* Valenciennes

表 1（续）

代　　码	中　文　名　称	拉　丁　名　称
PS69017001000500	大鳍棘鲬	*Hoplichthys regani* Jordan *et* Snyderr
PS69019000000000	狮子鱼科	Liparidae
PS69019001000000	狮子鱼属	*Liparis*
PS69019001000100	网纹狮子鱼	*Liparis chefuensis* Wu *et* Wang
PS69019001000300	黑斑狮子鱼	*Liparis choanus* Wu *et* Wang
PS69019001000500	河北狮子鱼	*Liparis petschiliensis* (Rendahl)
PS69019001000700	细纹狮子鱼	*Liparis tanakae* (Gilbert *et* Burke)
PS69021000000000	短鲬科	Parabembridae
PS69021001000000	短鲬属	*Parabembras*
PS69021001000100	短鲬	*Parabembras curtus* (Temminck *et* Schlegel)
PS69023000000000	黄鲂鮄科	Peristediidae
PS69023001000000	轮头鲂鮄属	*Gargariscus*
PS69023001000100	轮头鲂鮄	*Gargariscus prionocephalus* Dumeril
PS69023003000000	副角鲂鮄属	*Parapterygotrigla*
PS69023003000100	多点副角鲂鮄	*Parapterygotrigla multiocellata* Matsubara
PS69023005000000	黄鲂鮄属	*Peristedion*
PS69023005000100	黑带黄鲂鮄	*Peristedion nierstraszi* Weber
PS69023005000300	东方黄鲂鮄	*Peristedion orientale* Temminck *et* Schlegel
PS69023007000000	红鲂鮄属	*Satyrichthys*
PS69023007000100	须红鲂鮄	*Satyrichthys amiscus* (Jordan *et* Starks)
PS69023007000300	长臂红鲂鮄	*Satyrichthys fowleri* Beaufort *et* Griggs
PS69023007000500	短须红鲂鮄	*Satyrichthys piercei* Fowler
PS69023007000700	多板红鲂鮄	*Satyrichthys rieffeli* (Kaup)
PS69023007000900	多须红鲂鮄	*Satyrichthys welchi* (Herre)
PS69025000000000	鲬科	Platycephalidae
PS69025001000000	鳄鲬属	*Cociella*
PS69025001000100	鳄鲬	*Cociella crocodilus* (Tilesius)
PS69025003000000	孔鲬属	*Cymbacephalus*
PS69025003000100	孔鲬	*Cymbacephalus nematophthalmus* (Gunther)
PS69025005000000	丝鳍鲬属	*Elates*
PS69025005000100	丝鳍鲬	*Elates ransonnetii* (Steindachner)
PS69025007000000	棘线鲬属	*Grammoplites*
PS69025007000100	棘线鲬	*Grammoplites scaber* (Linnaeus)
PS69025009000000	瞳鲬属	*Inegocia*
PS69025009000100	斑瞳鲬	*Inegocia guttatus* (Cuvier *et* Valenciennes)
PS69025009000300	日本瞳鲬	*Inegocia japonicus* (Tilesius)
PS69025011000000	凹鳍鲬属	*Kumococius*
PS69025011000100	凹鳍鲬	*Kumococius detrusus* (Jordan *et* Seale)
PS69025013000000	鳞鲬属	*Onigocia*
PS69025013000100	大鳞鳞鲬	*Onigocia macrolepis* (Bleeker)
PS69025013000300	锯齿鳞鲬	*Onigocia spinosus* (Temminck *et* Schlegel)
PS69025013000500	粒突鳞鲬	*Onigocia tuberculatus* (Cuvier *et* Valenciennes)
PS69025015000000	鲬属	*Platycephalus*
PS69025015000100	鲬	*Platycephalus indicus* (Linnaeus)
PS69025017000000	犬牙鲬属	*Ratabulus*
PS69025017000100	犬牙鲬	*Ratabulus megacephalus* (Jordan *et* Hubbs)
PS69025019000000	倒棘鲬属	*Rogadius*

表 1（续）

代　　码	中 文 名 称	拉 丁 名 称
PS69025019000100	倒棘鲬	*Rogadius asper* (Cuvier *et* Valenciennes)
PS69025019000300	派氏倒棘鲬	*Rogadius patriciae* Knapp
PS69025021000000	大眼鲬属	*Suggrundus*
PS69025021000100	大棘大眼鲬	*Suggrundus macracanthus* Bleeker
PS69025021000300	大眼鲬	*Suggrundus meerdervoortii* (Bleeker)
PS69025021000500	鳞棘大眼鲬	*Suggrundus rodericensis* (Cuvier *et* Valenciennes)
PS69025023000000	繸鲬属	*Thysanophrys*
PS69025023000100	沙地繸鲬	*Thysanophrys arenicola* Schultz
PS69025023000300	繸鲬	*Thysanophrys bataviensis* (Bleeker)
PS69025023000500	窄眼繸鲬	*Thysanophrys chilitonae* Schultz
PS69025023000700	乳瓣繸鲬	*Thysanophrys otaitenisis* (Parkinson)
PS69027000000000	隐棘杜父鱼科	Psychrolutidae
PS69027001000000	隐棘杜父鱼属	*Psychrolutes*
PS69027001000100	光滑隐棘杜父鱼	*Psychrolutes inermis* (Vaillant)
PS69029000000000	鲉科	Scorpaenidae
PS69029001000000	须蓑鲉属	*Apistus*
PS69029001000100	须蓑鲉	*Apistus carinatus* (Bloch *et* Schneider)
PS69029003000000	锯蓑鲉属	*Brachypterois*
PS69029003000100	锯棱短鳍蓑鲉	*Brachypterois serrulatus* (Richardson)
PS69029005000000	短鳍蓑鲉属	*Dendrochirus*
PS69029005000100	美丽短鳍蓑鲉	*Dendrochirus bellus* (Jordan *et* Hubbs)
PS69029005000300	双斑短鳍蓑鲉	*Dendrochirus biocellatus* (Fowler)
PS69029005000500	花斑短鳍蓑鲉	*Dendrochirus zebra* (Quoy *et* Gaimard)
PS69029007000000	盔蓑鲉属	*Ebosia*
PS69029007000100	冠蓑鲉	*Ebosia bleekeri* (Steidachner *et* Doderlein)
PS69029009000000	无鳔鲉属	*Helicolenus*
PS69029009000100	无鳔鲉	*Helicolenus hilgendorfi* (Steindachner *et* Doderlein)
PS69029011000000	棘鲉属	*Hoplosebastes*
PS69029011000100	棘鲉	*Hoplosebastes armatus* Schmidt
PS69029013000000	眶棘鲉属	*Hozukius*
PS69029013000100	眶棘鲉	*Hozukius embremarius* (Jordan *et* Starks)
PS69029015000000	斑记鲉属	*Iracundus*
PS69029015000100	斑鲉	*Iracundus signifer* Jordan *et* Evermann
PS69029017000000	新平鲉属	*Neosebastes*
PS69029017000100	新平鲉	*Neosebastes entaxis* Jordan *et* Starks
PS69029019000000	拟蓑鲉属	*Parapterois*
PS69029019000100	拟蓑鲉	*Parapterois heterurus* (Bleeker)
PS69029021000000	圆鳞鲉属	*Parascorpaena*
PS69029021000100	斑鳍圆鳞鲉	*Parascorpaena mcadamsi* (Fowler)
PS69029021000300	黑斑圆鳞鲉	*Parascorpaena mossambica* (Peter)
PS69029021000500	圆鳞鲉	*Parascorpaena picta* (Cuvier *et* Valenciennes)
PS69029023000000	平头鲉属	*Plectrogenium*
PS69029023000100	平头鲉	*Plectrogenium nanum* Gilbert
PS69029025000000	冠带鲉属	*Pontinus*
PS69029025000100	冠带鲉	*Pontinus tentacularis* (Fowler)
PS69029027000000	狭蓑鲉属	*Pteroidichthys*
PS69029027000100	安汶狭蓑鲉	*Pteroidichthys amboinensis* Bleeker

表 1（续）

代　码	中　文　名　称	拉　丁　名　称
PS69029029000000	蓑鲉属	*Pterois*
PS69029029000100	触须蓑鲉	*Pterois antennata* (Bloch)
PS69029029000300	环纹蓑鲉	*Pterois lunulata* Temminck *et* Schlegel
PS69029029000500	辐蓑鲉	*Pterois radiata* Cuvier *et* Valenciennes
PS69029029000700	肩斑蓑鲉	*Pterois russelli* Bennett
PS69029029000900	斑鳍蓑鲉	*Pterois volitans* (Linnaeus)
PS69029031000000	鲉属	*Scorpaena*
PS69029031000100	冠棘鲉	*Scorpaena hatizyoensis* Matsubara
PS69029031000300	裸胸鲉	*Scorpaena izensis* Jordan *et* Starks
PS69029031000500	络鳃鲉，斑鳍鲉	*Scorpaena neglecta* Temminck *et* Schlegel
PS69029033000000	小鲉属	*Scorpaenodes*
PS69029033000100	关岛小鲉	*Scorpaenodes guamensis* (Quoy *et* Gaimard)
PS69029033000300	密斑小鲉	*Scorpaenodes kelloggi* (Jenkins)
PS69029033000500	岸边小鲉	*Scorpaenodes littoralis* (Tanaka)
PS69029033000700	短翅小鲉	*Scorpaenodes parvipinnis* (Garrett)
PS69029033000900	长棘小鲉	*Scorpaenodes scabra* (Ramsay *et* Ogilby)
PS69029033001100	变鳍小鲉	*Scorpaenodes varipinnis* Smith
PS69029035000000	拟鲉属	*Scorpaenopsis*
PS69029035000100	须拟鲉	*Scorpaenopsis cirrhosa* (Thunberg)
PS69029035000300	大口鲉	*Scorpaenopsis diabolis* Cuvier
PS69029035000500	驼背拟鲉	*Scorpaenopsis gibbosa* (Bloch *et* Schneider)
PS69029037000000	鳞头鲉属	*Sebastapistes*
PS69029037000100	两色鳞头鲉	*Sebastapistes albobrunnea* (Gunther)
PS69029037000300	百瑙鳞头鲉	*Sebastapistes bynoensis* (Richardson)
PS69029037000500	大鳞鳞头鲉	*Sebastapistes megalepis* (Fowler)
PS69029037000700	花腋鳞头鲉	*Sebastapistes nuchalis* (Gunther)
PS69029037000900	瓦氏鳞头鲉	*Sebastapistes vachelli* (Richardson)
PS69029039000000	平鲉属	*Sebastes*
PS69029039000100	铠平鲉	*Sebastes hubbsi* (Matsubara)
PS69029039000300	无备平鲉	*Sebastes inermis* Cuvier *et* Valenciennes
PS69029039000500	柳平鲉	*Sebastes itinus* (Jordan Starks)
PS69029039000700	六带平鲉	*Sebastes joyneri* Gunther
PS69029039000900	黑平鲉	*Sebastes nigricans* (Schmidt)
PS69029039001100	雪斑平鲉	*Sebastes nivosus* Hilgendort
PS69029039001300	厚头平鲉	*Sebastes pachycephalus* (Temminck *et* Schlegel)
PS69029039001500	许氏平鲉	*Sebastes schlegelii* Hilgendorf
PS69029039001700	五带平鲉，汤氏平鲉	*Sebastes thompsoni* (Jordan *et* Hubbs)
PS69029039001900	条平鲉	*Sebastes trivittatus* Hilgendorf
PS69029041000000	菖鲉属	*Sebastiscus*
PS69029041000100	白斑菖鲉	*Sebastiscus albofasciatus* (Lacepede)
PS69029041000300	褐菖鲉	*Sebastiscus marmoratus* (Cuvier *et* Valenciennes)
PS69029043000000	囊头鲉属	*Setarches*
PS69029043000100	斐济囊头鲉	*Setarches fidjiensis* Gunther
PS69029043000300	贡氏囊头鲉	*Setarches guntheri* Johnson
PS69029043000500	长臂囊头鲉	*Setarches longimanus* (Alcock *et* Mcgilchrist)
PS69029045000000	高身鲉属	*Taenianotus*
PS69029045000100	三棘绒鲉	*Taenianotus triacanthus* (Lacepede)

表 1（续）

代　码	中 文 名 称	拉 丁 名 称
PS69031000000000	毒鲉科	Synanceiidae
PS69031001000000	三丝鲉属	*Choridactylus*
PS69031001000100	三丝鲉	*Choridactylus multibarbis* Richardson
PS69031003000000	狮头鲉属	*Erosa*
PS69031003000100	狮头毒鲉	*Erosa erosa* Langsdorf
PS69031005000000	鬼鲉属	*Inimicus*
PS69031005000100	长吻鬼鲉	*Inimicus cuvieri* (Gray)
PS69031005000300	双指鬼鲉	*Inimicus didactylus* (Pallas)
PS69031005000500	日本鬼鲉	*Inimicus japonicus* (Cuvier *et* Valenciennes)
PS69031007000000	虎鲉属	*Minous*
PS69031007000100	无备虎鲉	*Minous inermis* Alcock
PS69031007000300	单指虎鲉	*Minous monodactylus* (Bloch *et* Schneider)
PS69031007000500	丝棘虎鲉	*Minous pusillus* Temminck *et* Schlegel
PS69031007000700	粗头虎鲉	*Minous trachycephalus* (Bleeker)
PS69031009000000	騰头鲉属	*Polycaulis*
PS69031009000100	騰头鲉	*Polycaulis uranoscopus* Bloch *et* Schneider
PS69031011000000	毒鲉属	*Synanceia*
PS69031011000100	粗毒鲉	*Synanceia horrida* (Linnaeus)
PS69031011000300	玫瑰毒鲉	*Synanceia verrucosa* Bloch *et* Schneider
PS69033000000000	鲂鮄科	Triglidae
PS69033001000000	绿鳍鱼属	*Chelidonichthys*
PS69033001000100	绿鳍鱼	*Chelidonichthys kumu* Lesson *et* Garnot
PS69033001000300	小银绿鳍鱼	*Chelidonichthys spinosus* (McClelland)
PS69033003000000	红娘鱼属	*Lepidotrigla*
PS69033003000100	深海红娘鱼	*Lepidotrigla abyssalis* Jordan *et* Starks
PS69033003000300	翼红娘鱼	*Lepidotrigla alata* Houttuyn
PS69033003000500	贡氏红娘鱼	*Lepidotrigla guntheri* Hilgendorf
PS69033003000700	姬红娘鱼	*Lepidotrigla hime* Matsubara *et* Hiyama
PS69033003000900	日本红娘鱼	*Lepidotrigla japonice* (Bleeker)
PS69033003001100	岸上红娘鱼	*Lepidotrigla kishinouyi* Snyder
PS69033003001300	鳞胸红娘鱼	*Lepidotrigla lepidojugulata* Li
PS69033003001500	长头红娘鱼	*Lepidotrigla longifasciata* Yatou
PS69033003001700	长指红娘鱼	*Lepidotrigla longimana* Li
PS69033003001900	南海红娘鱼	*Lepidotrigla marisinensis* Fowler
PS69033003002100	短鳍红娘鱼	*Lepidotrigla microptera* Gunther
PS69033003002300	大眼红娘鱼	*Lepidotrigla oglina* Fowler
PS69033003002500	斑鳍红娘鱼	*Lepidotrigla punctipectoralis* Fowler
PS69033003002700	圆吻红娘鱼	*Lepidotrigla spilopterus* Gunther
PS69033005000000	角鲂鮄属	*Pterygotrigla*
PS69033005000100	尖棘角鲂鮄	*Pterygotrigla hemisticta* (Temminck *et* Schlegel)
PS69033005000300	琉球角鲂鮄	*Pterygotrigla ryukyuensis* Matsubara *et* Hiyama
PS71000000000000	鲇形目	SILURIFORMES
PS71001000000000	粒鲇科	Akysidae
PS71001001000000	粒鲇属	*Akysis*
PS71001001000100	短须粒鲇	*Akysis brachybarbatus* Chen
PS71001001000300	中华粒鲇	*Akysis sinensis* He
PS71003000000000	钝头鮠科	Amblycipitidae

表 1（续）

代　　码	中 文 名 称	拉 丁 名 称
PS71003001000000	鉠属	*Liobagrus*
PS71003001000100	鳗尾鉠	*Liobagrus anguillicauda* Nichols
PS71003001000300	台湾鉠	*Liobagrus formosanus* Regan
PS71003001000500	金氏鉠	*Liobagrus kingi* Tchang
PS71003001000700	拟缘鉠	*Liobagrus marginatoides* (Wu)
PS71003001000900	白缘鉠	*Liobagrus marginatus* Gunther
PS71003001001100	南投鉠	*Liobagrus nantoensis* Oshima
PS71003001001300	黑尾鉠	*Liobagrus nigricauda* Regan
PS71003001001500	司氏鉠	*Liobagrus styani* Regan
PS71003001001700	修仁鉠	*Liobagrus xiuenensis* Yue
PS71005000000000	海鲇科	Ariidae
PS71005001000000	海鲇属	*Arius*
PS71005001000100	硬头海鲇	*Arius leiotetocephalus* Bleeker
PS71005001000300	中华海鲇	*Arius sinensis* Lacepede
PS71005001000500	海鲇	*Arius thalassinus* (Ruppell)
PS71007000000000	鲿科	Bagridae
PS71007001000000	鮠属	*Leiocassis*
PS71007001000100	纵带鮠	*Leiocassis argentivittatus* (Regan)
PS71007001000300	粗唇鮠	*Leiocassis crassilabris* Gunther
PS71007001000500	长须鮠	*Leiocassis longibarbus* Cui
PS71007001000700	长吻鮠	*Leiocassis longirostris* Gunther
PS71007001000900	叉尾鮠	*Leiocassis tenuifurcatus* Nichols
PS71007001001100	条纹鮠	*Leiocassis virgatus* (Oshima)
PS71007003000000	鳠属	*Mystus*
PS71007003000100	斑鳠	*Mystus guttatus* (Lacepede)
PS71007003000300	大鳍鳠	*Mystus macropterus* (Bleeker)
PS71007003000500	丝尾鳠	*Mystus nemurus* (Cuvier *et* Valenciennes)
PS71007003000700	越鳠	*Mystus pluriradiatus* (Vaillant)
PS71007005000000	黄颡鱼属	*Pelteobagrus*
PS71007005000100	长须黄颡鱼	*Pelteobagrus eupogon* (Boulenger)
PS71007005000300	黄颡鱼	*Pelteobagrus fulvidraco* (Richardson)
PS71007005000500	中间黄颡鱼	*Pelteobagrus intermedius* Nichols *et* Pope
PS71007005000700	光泽黄颡鱼	*Pelteobagrus nitidus* (Sauvage *et* Dabry)
PS71007005000900	瓦氏黄颡鱼	*Pelteobagrus vachelli* (Richardsony)
PS71007007000000	拟鲿属	*Pseudobagrus*
PS71007007000100	长脂拟鲿	*Pseudobagrus adiposalis* Oshima
PS71007007000300	长臀拟鲿	*Pseudobagrus analis* (Nichols)
PS71007007000500	短尾拟鲿	*Pseudobagrus brericaudatus* (Wu)
PS71007007000700	短臀拟鲿	*Pseudobagrus brevianalis* Regan
PS71007007000900	凹尾拟鲿	*Pseudobagrus emarginatus* (Regan)
PS71007007001100	中臀拟鲿	*Pseudobagrus medianalis* (Regan)
PS71007007001300	峨眉拟鲿	*Pseudobagrus omeihensis* (Nichols)
PS71007007001500	盎堂拟鲿	*Pseudobagrus ondan* Shaw
PS71007007001700	细体拟鲿	*Pseudobagrus pratti* (Gunther)
PS71007007001900	条纹拟鲿	*Pseudobagrus taeniatus* (Gunther)
PS71007007002100	台湾拟鲿	*Pseudobagrus taiwanensis* Oshima
PS71007007002300	圆尾拟鲿	*Pseudobagrus tenuis* (Gunther)

表 1（续）

代码	中文名称	拉丁名称
PS71007007002500	三线拟鲿	*Pseudobagrus trilineatus* (Zheng)
PS71007007002700	切尾拟鲿	*Pseudobagrus truncatus* (Regan)
PS71007007002900	乌苏拟鲿	*Pseudobagrus ussuriensis* (Dybowski)
PS71009000000000	胡子鲇科	Clariidae
PS71009001000000	胡鲇属	*Clarias*
PS71009001000100	胡鲇	*Clarias batrachus* (Linnaeus)
PS71011000000000	长臀鮠科	Cranoglanididae
PS71011001000000	长臀鮠属	*Cranoglanis*
PS71011001000100	长臀鮠	*Cranoglanis bouderius* (Koller)
PS71013000000000	𩷶科	Pangasidae
PS71013001000000	𩷶属	*Pangasius*
PS71013001000100	粗尾𩷶	*Pangasius beani* Smith
PS71013001000300	短须𩷶	*Pangasius micronemus* Bleeker
PS71013001000500	细尾𩷶	*Pangasius nasutus* (Bleeker)
PS71013001000700	长丝𩷶	*Pangasius sanitwangsei* Smith
PS71013003000000	华𩷶属	*Sinopangasius*
PS71013003000100	半棱华𩷶	*Sinopangasius semicultratus* Chang *et* Wu
PS71015000000000	鳗鲇科	Plotosidae
PS71015001000000	鳗鲇属.	*Plotosus*
PS71015001000100	鳗鲇	*Plotosus anguillaris* (Bloch)
PS71015001000300	短须鳗鲇	*Plotosus brevibarbus* Bessednov
PS71017000000000	刀鲇科	Schilbidae
PS71017001000000	刀鲇属	*Platytropius*
PS71017001000100	长臀刀鲇	*Platytropius longianalis* Huang
PS71017001000300	中华刀鲇	*Platytropius sinensis* Huang
PS71019000000000	鲇科	Siluridae
PS71019001000000	半鲇属	*Hemisilurus*
PS71019001000100	半鲇	*Hemisilurus heterorhynchus* (Bleeker)
PS71019003000000	缺鳍鲇属	*Kryptopterus*
PS71019003000100	滨河缺鳍鲇	*Kryptopterus bleekeri* Gunther
PS71019003000300	湄南缺鳍鲇	*Kryptopterus moorei* Smith
PS71019005000000	鲇属	*Silurus*
PS71019005000100	鲇	*Silurus asotus* Linnaeus
PS71019005000300	越南鲇	*Silurus cochinchinensis* Cuvier *et* Valeenciennes
PS71019005000500	西江鲇	*Silurus gilberti* Hora
PS71019005000700	抚仙鲇	*Silurus grahami* Regan
PS71019005000900	兰州鲇	*Silurus lanzhouensis* Chen
PS71019005001100	昆明鲇	*Silurus mento* Regan
PS71019005001300	大口鲇	*Silurus meridionalis* Chen
PS71019005001500	小背鳍鲇	*Silurus microdorsalis* (Mori)
PS71019005001700	怀头鲇	*Silurus soldatovi* Nikolsky *et* Soin
PS71019007000000	叉尾鲇属	*Wallago*
PS71019007000100	叉尾鲇	*Wallago attu* (Bloch *et* Schneider)
PS71021000000000	鮡科	Sisoridae
PS71021001000000	𫚔属	*Bagarius*
PS71021001000100	𫚔	*Bagarius bagarius* (Hamilton)
PS71021001000300	巨𫚔	*Bagarius yarrelli* (Sykes)

表 1（续）

代　　码	中　文　名　称	拉　丁　名　称
PS71021003000000	石爬鮡属	*Euchiloglanis*
PS71021003000100	青石爬鮡	*Euchiloglanis davidi* (Sauvage)
PS71021003000300	黄石爬鮡	*Euchiloglanis kishinouyei* Kimura
PS71021005000000	鰋属	*Exostoma*
PS71021005000100	藏鰋	*Exostoma labiatum* (McClelland)
PS71021007000000	黑鮡属	*Gagata*
PS71021007000100	黑鮡	*Gagata cenia* (Hamilton)
PS71021009000000	凿齿鮡属	*Glaridoglanis*
PS71021009000100	凿齿鮡	*Glaridoglanis andersonii* (Day)
PS71021011000000	原鮡属	*Glyptosternum*
PS71021011000100	黑斑原鮡	*Glyptosternum maculatum* (Regan)
PS71021013000000	纹胸鮡属	*Glyptothorax*
PS71021013000100	墨脱纹胸鮡	*Glyptothorax annandalei* Hora
PS71021013000300	穴形纹胸鮡	*Glyptothorax cavia* (Hamilton)
PS71021013000500	德钦纹胸鮡	*Glyptothorax deqinensis* Mo *et* Chu
PS71021013000700	亮背纹胸鮡	*Glyptothorax dorsalis* Vinciguerra
PS71021013000900	海南纹胸鮡	*Glyptothorax fukiensis* (Rendahl)
PS71021013001100	间棘纹胸鮡	*Glyptothorax interspinalum* Mai
PS71021013001300	丽纹胸鮡	*Glyptothorax lampris* Fowler
PS71021013001500	老挝纹胸鮡	*Glyptothorax laosensis* Fowler
PS71021013001700	长尾纹胸鮡	*Glyptothorax longicauda* Li
PS71021013001900	龙江纹胸鮡	*Glyptothorax longjiangensis* Mo *et* Chu
PS71021013002100	大斑纹胸鮡	*Glyptothorax macromaculatus* Li
PS71021013002300	细斑纹胸鮡	*Glyptothorax minimaculatus* Li
PS71021013002500	白线纹胸鮡	*Glyptothorax pallozonum* (Lin)
PS71021013002700	四斑纹胸鮡	*Glyptothorax quadriocellatus* Mai
PS71021013002900	中华纹胸鮡	*Glyptothorax sinense* (Regan)
PS71021013003100	三线纹胸鮡	*Glyptothorax trilineatus* Blyth
PS71021013003300	扎那纹胸鮡	*Glyptothorax zainaensis* Wu, He *et* Chu
PS71021015000000	异齿鰋属	*Oreoglanis*
PS71021015000100	细尾异齿鰋	*Oreoglanis delacouri* (Pellegrin)
PS71021015000300	大鳍异齿鰋	*Oreoglanis macropterus* (Vinciguerra)
PS71021017000000	平唇鮡属	*Parachiloglanis*
PS71021017000100	平唇鮡	*Parachiloglanis hodgarti* (Hora)
PS71021019000000	鮡属	*Pareuchiloglanis*
PS71021019000100	前臀鮡	*Pareuchiloglanis anteanalis* Fang, Xu *et* Cui
PS71021019000300	短鳍鮡	*Pareuchiloglanis feae* (Vinciguerra)
PS71021019000500	贡山鮡	*Pareuchiloglanis gongshanensis* Chu
PS71021019000700	细尾鮡	*Pareuchiloglanis gracilicaudata* (Wu *et* Chen)
PS71021019000900	扁头鮡	*Pareuchiloglanis kamengensis* (Jayaram)
PS71021019001100	长尾鮡	*Pareuchiloglanis longicauda* (Yue)
PS71021019001300	大孔鮡	*Pareuchiloglanis macrotrema* (Norman)
PS71021019001500	兰坪鮡	*Pareuchiloglanis myzostoma* (Norman)
PS71021019001700	中华鮡	*Pareuchiloglanis sinensis* (Hora *et* Silas)
PS71021021000000	褶鮡属	*Pseudecheneis*
PS71021021000100	无斑褶鮡	*Pseudecheneis immaculatus* Chu
PS71021021000300	间褶鮡	*Pseudecheneis intermedius* Chu

表1（续）

代　　码	中 文 名 称	拉 丁 名 称
PS71021021000500	黄斑褶鮡	*Pseudecheneis sulcatus* (McClelland)
PS71021023000000	拟鰋属	*Pseudexostoma*
PS71021023000100	拟鰋	*Pseudexostoma yunnanensis* Tchang
PS73000000000000	角鲨目	SQUALIFORMES
PS73001000000000	铠鲨科	Dalatiidae
PS73001001000000	铠鲨属	*Dalatias*
PS73001001000100	铠鲨	*Dalatias licha* (Bonnaterre)
PS73001003000000	达摩鲨属	*Isistius*
PS73001003000100	巴西达摩鲨	*Isistius brasiliensis* (Quoy *et* Gaimard)
PS73001003000300	唇达摩鲨	*Isistius labialis* Meng, Chu *et* Li
PS73003000000000	棘鲨科	Echinorhinidae
PS73003001000000	棘鲨属	*Echinorhinus*
PS73003001000100	笠鳞鲨	*Echinorhinus brucus* Shen
PS73003001000300	笠鳞棘鲨	*Echinorhinus cookei* Pietschmann
PS73005000000000	角鲨科	Squalidae
PS73005001000000	刺鲨属	*Centrophorus*
PS73005001000100	尖鳍刺鲨，针刺鲨	*Centrophorus acus* Garman
PS73005001000300	颗粒刺鲨	*Centrophorus granulosus* (Bloch *et* Schneider)
PS73005001000500	尖鳍刺鲨	*Centrophorus lusitanicus* Bocage *et* Capella
PS73005001000700	皱皮刺鲨	*Centrophorus moluccensis* Bleeker
PS73005001000900	台湾刺鲨	*Centrophorus niaukang* Teng
PS73005001001100	粗体刺鲨	*Centrophorus robustus* Deng, Xiong *et* Zhan
PS73005001001300	叶鳞刺鲨	*Centrophorus squamosus* (Bonnaterre)
PS73005001001500	锯齿刺鲨	*Centrophorus tesselatus* Garman
PS73005001001700	同齿刺鲨	*Centrophorus uyato* (Rafimesque)
PS73005003000000	霞鲨属	*Centroscyllium*
PS73005003000100	蒲氏霞鲨	*Centroscyllium kamoharai* Abe
PS73005005000000	荆鲨属	*Centroscymnus*
PS73005005000100	欧氏荆鲨	*Centroscymnus owstoni* Garman
PS73005007000000	田氏鲨属	*Deania*
PS73005007000100	田氏鲨	*Deania calcea* (Lowe)
PS73005009000000	乌鲨属	*Etmopterus*
PS73005009000100	乌鲨	*Etmopterus lucifer* Jordan *et* Snyder
PS73005009000300	模拉里乌鲨	*Etmopterus molleri* (Whitley)
PS73005009000500	小乌鲨	*Etmopterus pusillus* (Lowe)
PS73005009000700	斯普兰汀乌鲨	*Etmopterus splendidus* Yano
PS73005011000000	拟刺鲨属	*Pseudocentrophorus*
PS73005011000100	同齿拟刺鲨	*Pseudocentrophorus isodon* Chu, Meng *et* Liu
PS73005013000000	异鳞鲨属	*Scymnodon*
PS73005013000100	黑异鳞鲨	*Scymnodon niger* Chu *et* Meng
PS73005013000300	异鳞鲨	*Scymnodon squamulosus* Gunther
PS73005015000000	角鲨属	*Squalus*
PS73005015000100	白斑角鲨	*Squalus acanthias* Linnaeus
PS73005015000300	尖吻角鲨	*Squalus acutirostris* Chu, Meng *et* Li
PS73005015000500	日本角鲨	*Squalus japonicus* Ichikawa
PS73005015000700	短吻角鲨	*Squalus megalops* (Macleay)
PS73005015000900	长吻角鲨	*Squalus mitsukurii* Jordan *et* Snyder

表 1（续）

代 码	中 文 名 称	拉 丁 名 称
PS75000000000000	扁鲨目	SQUATINIFORMES
PS75001000000000	扁鲨科	Squatinidae
PS75001001000000	扁鲨属	*Squatina*
PS75001001000100	台湾扁鲨	*Squatina formosa* Shen *et* Ting
PS75001001000300	日本扁鲨	*Squatina japonica* Bleeker
PS75001001000500	星云扁鲨	*Squatina nebulosa* Regan
PS75001001000700	拟背斑扁鲨	*Squatina tergocellatoides* Chen
PS77000000000000	合鳃鱼目	SYNBRANCHIFORMES
PS77001000000000	合鳃鱼科	Synbranchidae
PS77001001000000	黄鳝属	*Monopterus*
PS77001001000100	黄鳝	*Monopterus albus* (Zuiew)
PS79000000000000	鲀形目	TETRAODONTIFORMES
PS79001000000000	革鲀科	Aluteridae
PS79001001000000	革鲀属	*Aluterus*
PS79001001000100	单角革鲀	*Aluterus monoceros* (Linnaeus)
PS79001001000300	拟态革鲀	*Aluterus scriptus* (Osbeck)
PS79001003000000	线鳞鲀属	*Arotrolepis*
PS79001003000100	绒纹线鳞鲀	*Arotrolepis sulcatus* (Hollard)
PS79001005000000	前孔鲀属	*Cantherhines*
PS79001005000100	棘尾前孔鲀	*Cantherhines dumerili* (Hollard)
PS79001005000300	额斑前孔鲀	*Cantherhines fronticinctus* (Gunther)
PS79001005000500	细斑前孔鲀	*Cantherhines pardalis* (Ruppell)
PS79001007000000	棘皮鲀属	*Chaetodermis*
PS79001007000100	棘皮鲀	*Chaetodermis spinosissimus* Quoy *et* Gaimard
PS79001009000000	单角鲀属	*Monacanthus*
PS79001009000100	中华单角鲀	*Monacanthus chinensis* (Osbeck)
PS79001009000300	长方副单角鲀	*Monacanthus oblongus* Temminck *et* Schlegel
PS79001011000000	马面鲀属	*Navodon*
PS79001011000100	绿鳍马面鲀	*Navodon septentrionalis* Gunther
PS79001013000000	尖吻鲀属	*Oxymonacanthus*
PS79001013000100	尖吻鲀	*Oxymonacanthus longirostris* (Bloch *et* Schneider)
PS79001015000000	副单角鲀属	*Paramonacanthus*
PS79001015000100	日本副单角鲀	*Paramonacanthus nipponensis* (Kamohara)
PS79001017000000	前角鲀属	*Pervagor*
PS79001017000100	粗尾前角鲀	*Pervagor aspicaudus* (Hollard)
PS79001017000300	前角鲀	*Pervagor janthinosoma* (Bleeker)
PS79001017000500	黑前角鲀	*Pervagor melanocephalus* (Bleeker)
PS79001017000700	暗纹前角鲀	*Pervagor nitens* (Hollard)
PS79001019000000	前棘鲀属	*Pseudalutarius*
PS79001019000100	拟革鲀	*Pseudalutarius nasicornis* (Temminck *et* Schiegel)
PS79001021000000	粗皮鲀属	*Rudarius*
PS79001021000100	粗皮鲀	*Rudarius ercodes* Jordan *et* Fowler
PS79001023000000	细鳞鲀属	*Stephanolepis*
PS79001023000100	丝背细鳞鲀	*Stephanolepis cirrhifer* (Temminck *et* Schlegel)
PS79003000000000	六棱箱鲀科	Aracanidae
PS79003001000000	六棱箱鲀属	*Aracana*
PS79003001000100	六棱箱鲀	*Aracana rosapinto* Li

表 1（续）

代码	中文名称	拉丁名称
PS79003003000000	棘箱鲀属	*Kentrocapros*
PS79003003000100	棘箱鲀	*Kentrocapros aculeatus* (Houttuyn)
PS79005000000000	鳞鲀科	Balistidae
PS79005001000000	宽尾鳞鲀属	*Abalistes*
PS79005001000100	宽尾鳞鲀	*Abalistes stellatus* (Lacepede)
PS79005003000000	美单角鲀属	*Amanses*
PS79005003000100	尾棘鲀	*Amanses scopas* (Cuvier)
PS79005005000000	钩鳞鲀属	*Balistapus*
PS79005005000100	波纹钩鳞鲀	*Balistapus undulatus* (Mungo Park)
PS79005007000000	拟鳞鲀属	*Balistoides*
PS79005007000100	圆斑拟鳞鲀	*Balistoides conspicillum* (Bloch *et* Schneider)
PS79005007000300	绿拟鳞鲀	*Balistoides viridescens* (Bloch *et* Schneider)
PS79005009000000	疣鳞鲀属	*Canthidermis*
PS79005009000100	圆斑疣鳞鲀	*Canthidermis maculatus* (Bloch)
PS79005011000000	角鳞鲀属	*Melichthys*
PS79005011000100	角鳞鲀	*Melichthys niger* (Bloch)
PS79005011000300	黑边角鳞鲀	*Melichthys vidua* (Solander)
PS79005013000000	红牙鳞鲀属	*Odonus*
PS79005013000100	红牙鳞鲀	*Odonus niger* (Ruppell)
PS79005015000000	副鳞鲀属	*Pseudobalistes*
PS79005015000100	黄边副鳞鲀	*Pseudobalistes flavimarginatus* (Ruppell)
PS79005015000300	褐副鳞鲀	*Pseudobalistes fuscus* (Bloch *et* Schneider)
PS79005017000000	锉鳞鲀属	*Rhinecanthus*
PS79005017000100	叉斑锉鳞鲀	*Rhinecanthus aculeatus* (Linnaeus)
PS79005017000300	斜带锉鳞鲀	*Rhinecanthus echarpe* (Lacepede)
PS79005017000500	大斑锉鳞鲀	*Rhinecanthus verrucosus* (Linnaeus)
PS79005019000000	多棘鳞鲀属	*Sufflamen*
PS79005019000100	颈带多棘鳞鲀	*Sufflamen bursa* (Bloch *et* Schneider)
PS79005019000300	黄鳍多棘鳞鲀	*Sufflamen chrysopterus* (Bloch *et* Schneider)
PS79005019000500	缰纹多棘鳞鲀	*Sufflamen fraenatus* (Latreille)
PS79005021000000	凹纹鳞鲀属	*Xanthichthys*
PS79005021000100	黄边凹纹鳞鲀	*Xanthichthys auromarginatus* (Bennett)
PS79005021000300	纵条凹纹鳞鲀	*Xanthichthys lineopunctatus* (Hollard)
PS79007000000000	刺鲀科	Diodontidae
PS79007001000000	短刺鲀属	*Chilomycterus*
PS79007001000100	瘤短刺鲀	*Chilomycterus affinis* Gunther
PS79007001000300	刺额短刺鲀	*Chilomycterus echinatus* Clark *et* Gohar
PS79007001000500	眶短刺鲀	*Chilomycterus orbicularis* Bloch
PS79007003000000	刺鲀属	*Diodon*
PS79007003000100	布氏刺鲀	*Diodon bleekeri* Gunther
PS79007003000300	六斑刺鲀	*Diodon holacanthus* Linnaeus
PS79007003000500	密斑刺鲀	*Diodon hystrix* Linnaeus
PS79007003000700	九斑刺鲀	*Diodon novemmaculatus* Bleeker
PS79009000000000	翻车鲀科	Molidae
PS79009001000000	矛尾翻车鲀属	*Masturus*
PS79009001000100	矛尾翻车鲀	*Masturus lanceolatus* (Lienard)
PS79009003000000	翻车鲀属	*Mola*

表 1（续）

代　码	中文名称	拉丁名称
PS79009003000100	翻车鲀	*Mola mola* (Linnaeus)
PS79011000000000	箱鲀科	Ostraciontidae
PS79011001000000	角箱鲀属	*Lactoria*
PS79011001000100	角箱鲀	*Lactoria cornutus* (Linnaeus)
PS79011001000300	棘背角箱鲀	*Lactoria diaphana* (Bloch *et* Schneider)
PS79011001000500	福氏角箱鲀	*Lactoria fornasini* (Bianconi)
PS79011003000000	箱鲀属	*Ostracion*
PS79011003000100	粒突箱鲀	*Ostracion cubicus* Linnaeus
PS79011003000300	白斑箱鲀	*Ostracion meleagris* Shaw
PS79011003000500	蓝带箱鲀	*Ostracion solorensis* Bleeker
PS79011005000000	尖鼻箱鲀属	*Rhynchostracion*
PS79011005000100	尖鼻箱鲀	*Rhynchostracion nasus* (Bloch *et* Schneider)
PS79011005000300	突吻尖鼻箱鲀	*Rhynchostracion rhinorhynchus* (Bleeker)
PS79011007000000	三棱箱鲀属	*Tetrosomus*
PS79011007000100	双峰三棱箱鲀	*Tetrosomus concatenatus* (Bloch *et* Schneider)
PS79011007000300	驼背三棱箱鲀	*Tetrosomus gibbosus* (Linnaeus)
PS79013000000000	须鲀科	Psilocephalidae
PS79013001000000	须鲀属	*Psilocephalus*
PS79013001000100	须鲀	*Psilocephalus barbatus* (Gray)
PS79015000000000	鲀科	Tetraodontidae
PS79015001000000	宽吻鲀属	*Amblyrhynchotes*
PS79015001000100	白点宽吻鲀	*Amblyrhynchotes honckenii* (Bloch)
PS79015001000300	头纹宽吻鲀	*Amblyrhynchotes hypselogencion* Bleeker
PS79015001000500	棕斑宽吻鲀	*Amblyrhynchotes rufopunctatus* Li
PS79015001000700	长棘宽吻鲀	*Amblyrhynchotes spinosissimus* (Regan)
PS79015003000000	叉鼻鲀属	*Arothron*
PS79015003000100	纹腹叉鼻鲀	*Arothron hispidus* (Linnaeus)
PS79015003000300	斑鳃叉鼻鲀	*Arothron immaculatus* (Bloch *et* Schneider)
PS79015003000500	辐纹叉鼻鲀	*Arothron mappa* (Lesson)
PS79015003000700	白点叉鼻鲀	*Arothron meleagris* (Lacepede)
PS79015003000900	黑斑叉鼻鲀	*Arothron nigropunctatus* (Bloch *et* Schneider)
PS79015003001100	网纹叉鼻鲀	*Arothron reticularis* Bloch *et* Schneider
PS79015003001300	星斑叉鼻鲀	*Arothron stellatus* (Bloch *et* Schneider)
PS79015005000000	瓣鼻鲀属	*Boesemanichthys*
PS79015005000100	瓣鼻鲀	*Boesemanichthys firmamentum* (Temminck *et* Schlegel)
PS79015007000000	扁背鲀属	*Canthigaster*
PS79015007000100	点斑扁背鲀	*Canthigaster amboinensis* (Bleeker)
PS79015007000300	虫纹扁背鲀	*Canthigaster compressus* (Proce)
PS79015007000500	圆斑扁背鲀	*Canthigaster janthinopterus* (Bleeker)
PS79015007000700	水纹扁背鲀	*Canthigaster rivulatus* (Temminck *et* Schlegel)
PS79015007000900	横带扁背鲀	*Canthigaster valentini* (Bleeker)
PS79015009000000	凹鼻鲀属	*Chelonodon*
PS79015009000100	凹鼻鲀	*Chelonodon patoca* (Hamilton-Buchanan)
PS79015011000000	腹刺鲀属	*Gastrophysus*
PS79015011000100	格氏腹刺鲀	*Gastrophysus gloveri* Abe *et* Tabeta
PS79015011000300	月腹刺鲀	*Gastrophysus lunaris* (Bloch *et* Schneider)
PS79015011000500	棕斑腹刺鲀	*Gastrophysus spadiceus* (Richardson)

表 1（续）

代　　码	中 文 名 称	拉 丁 名 称
PS79015013000000	兔头鲀属	*Lagocephalus*
PS79015013000100	黑鳃兔头鲀	*Lagocephalus inermis* MMattttttsuura
PS79015013000300	花鳍兔头鲀	*Lagocephalus oceanicus* Jordan *et* Evermann
PS79015013000500	有毒兔头鲀	*Lagocephalus sceleratus* Gmelin
PS79015013000700	淡鳍兔头鲀	*Lagocephalus wheeleri* Abe，Tabeta *et* Kitahama
PS79015015000000	密沟鲀属	*Liosaccus*
PS79015015000100	密沟鲀	*Liosaccus cutaneus* Gunther
PS79015017000000	单孔鲀属	*Monotremus*
PS79015017000100	斑腰单孔鲀	*Monotremus leiurus* (Bleeker)
PS79015017000300	网纹单孔鲀	*Monotremus palembangensis* Bleeker
PS79015019000000	扁尾鲀属	*Pleuranacanthus*
PS79015019000100	圆斑扁尾鲀	*Pleuranacanthus sceleratus* (Gmelin)
PS79015019000300	杂斑扁尾鲀	*Pleuranacanthus suezensis* (Gohar)
PS79015021000000	圆鲀属	*Sphoeroides*
PS79015021000100	密沟圆鲀	*Sphoeroides pachygaster* (Muller *et* Troschel)
PS79015023000000	东方鲀属	*Takifugu*
PS79015023000100	铅点东方鲀	*Takifugu alboplumbeus* (Richardson)
PS79015023000300	墨绿东方鲀	*Takifugu basilevskianus* (Basilewsky)
PS79015023000500	双斑东方鲀	*Takifugu bimaculatus* (Richardson)
PS79015023000700	晕环东方鲀	*Takifugu coronoidus* Ni *et* Li
PS79015023000900	菊黄东方鲀	*Takifugu flavidus* (Li，Wang *et* Wang)
PS79015023001100	星点东方鲀	*Takifugu niphobles* (Jordan *et* Snyder)
PS79015023001300	横纹东方鲀	*Takifugu oblongus* (Bloch)
PS79015023001500	暗纹东方鲀	*Takifugu obscurus*
PS79015023001700	弓斑东方鲀	*Takifugu ocellatus* (Osbeck)
PS79015023001900	豹纹东方鲀	*Takifugu pardalis* (Temminck *et* Schlegel)
PS79015023002100	紫色东方鲀	*Takifugu porphyreus* (Temminck *et* Schlegel)
PS79015023002300	假睛东方鲀	*Takifugu pseudommus* (Chu)
PS79015023002500	网纹东方鲀	*Takifugu reticularis* (Tian，Cheng *et* Wng)
PS79015023002700	红鳍东方鲀	*Takifugu rubripes* (Temminck *et* Schlegel)
PS79015023002900	密点东方鲀	*Takifugu stictonotus* (Temminck *et* Schlegel)
PS79015023003100	虫纹东方鲀	*Takifugu vermicularis* (Temminck *et* Schlegel)
PS79015023003300	黄鳍东方鲀	*Takifugu xanthopterus* (Temminck *et* Schlegel)
PS79017000000000	三刺鲀科	Triacanthidae
PS79017001000000	假三刺鲀属	*Pseudotriacanthus*
PS79017001000100	尖吻假三刺鲀	*Pseudotriacanthus strigilifer* (Cantor)
PS79017003000000	三刺鲀属	*Triacanthus*
PS79017003000100	三刺鲀	*Triacanthus biaculeatus* Bloch
PS79017003000300	短吻三刺鲀	*Triacanthus brevirostris* Temminck *et* Schlegel
PS79017003000500	牛氏三刺鲀	*Triacanthus nieuhofi* Bleeker
PS79017005000000	三足三刺鲀属	*Tripodichthys*
PS79017005000100	布氏短棘三刺鲀	*Tripodichthys blochi* (Bleeker)
PS79019000000000	拟三刺鲀科	Triacanthodidae
PS79019001000000	管吻鲀属	*Halimochirurgus*
PS79019001000100	管吻鲀	*Halimochirurgus alcocki* Weber
PS79019003000000	拟管吻鲀属	*Macrorhamphosodes*
PS79019003000100	宽口管吻鲀	*Macrorhamphosodes uradoi* (Kamohara)

表 1（续）

代　　码	中　文　名　称	拉　丁　名　称
PS79019005000000	副三刺鲀属	*Paratriacanthodes*
PS79019005000100	倒刺副三刺鲀	*Paratriacanthodes retrospinis* Fowler
PS79019007000000	拟三刺鲀属	*Triacanthodes*
PS79019007000100	拟三刺鲀	*Triacanthodes anomalus* (Temminck *et* Schlegel)
PS79019009000000	倒刺鲀属	*Tydemania*
PS79019009000100	截形倒刺鲀	*Tydemania japonica* Kamohara
PS79019009000300	尖尾倒刺鲀	*Tydemania navigatoris* Weber
PS79021000000000	三齿鲀科	Triodontidae
PS79021001000000	三齿鲀属	*Triodon*
PS79021001000100	三齿鲀	*Triodon macropterus* Lesson
PS81000000000000	电鳐目	TORPEDINIFORMES
PS81001000000000	单鳍电鳐科	Narkidae
PS81001001000000	坚皮单鳍电鳐属	*Crassinarke*
PS81001001000100	坚皮单鳍电鳐	*Crassinarke dormitor* Takagi
PS81001003000000	单鳍电鳐属	*Narke*
PS81001003000100	日本单鳍电鳐	*Narke japonica* (Temminck *et* Schlegel)
PS81003000000000	电鳐科	Torpedinidae
PS81003001000000	深海电鳐属	*Benthobatis*
PS81003001000100	深海电鳐	*Benthobatis moresbyi* Alcock
PS81003003000000	双鳍电鳐属	*Narcine*
PS81003003000100	舌形双鳍电鳐	*Narcine lingula* Richardson
PS81003003000300	黑斑双鳍电鳐	*Narcine maculata* (Shaw)
PS81003003000500	丁氏双鳍电鳐	*Narcine timlei* (Bloch *et* Schneider)
PS81003005000000	电鳐属	*Torpedo*
PS81003005000100	珍电鳐	*Torpedo nobiliana* Bonaparte
PS81003005000300	东京电鳐	*Torpedo tokionis* (Tanaka)
PS83000000000000	海鲂目	ZEIFORMES
PS83001000000000	菱鲷科	Antigonidae
PS83001001000000	菱鲷属	*Antigonia*
PS83001001000100	高菱鲷	*Antigonia capros* Lowe
PS83001001000300	红菱鲷	*Antigonia rubescens* (Gunther)
PS83001001000500	绯菱鲷	*Antigonia rubicunda* Ogilby
PS83003000000000	的鲷科	Grammicolepidae
PS83003001000000	菱的鲷属	*Xenolepidichthys*
PS83003001000100	菱的鲷	*Xenolepidichthys dalgleishi* Gilchrist
PS83005000000000	海鲂科	Zeidae
PS83005001000000	菱海鲂属	*Cyttomimus*
PS83005001000100	青菱海鲂	*Cyttomimus affinis* Weber
PS83005003000000	似海鲂属	*Cyttopsis*
PS83005003000100	似海鲂	*Cyttopsis rosens* (Lowe)
PS83005005000000	副海鲂属	*Parazen*
PS83005005000100	副海鲂	*Parazen pacificus* Kamohara
PS83005007000000	拟海鲂属	*Zen*
PS83005007000100	隆背拟海鲂	*Zen cypho* Fowler
PS83005007000300	笼拟海鲂	*Zen itea* (Jordan *et* Fowler)
PS83005009000000	小海鲂属	*Zenion*
PS83005009000100	小海鲂	*Zenion holoepis* (Goode *et* Bean)

表 1（续）

代　码	中　文　名　称	拉　丁　名　称
PS83005009000300	巨眼海鲂	*Zenion japonicum* Kamohara
PS83005011000000	亚海鲂属	*Zenopsis*
PS83005011000100	云纹亚海鲂	*Zenopsis nebulosus* Temminck *et* Schlegel
PS83005013000000	海鲂属	*Zeus*
PS83005013000100	日本海鲂	*Zeus fober* Linnaeus
RP00000000000000	**爬行纲**	**REPTILIA**
RP01000000000000	鳄目	CROCODILIA
RP01001000000000	鼍科	Alligatoridae
RP01001001000000	扬子鳄属	*Alligator*
RP01001001000100	扬子鳄，鼍	*Alligator sinensis* (Fauvel)
RP03000000000000	有鳞目	SQUAMATA
RP03001000000000	瘰鳞蛇科	Acrochordidae
RP03001001000000	瘰鳞蛇属	*Acrochordus*
RP03001001000100	瘰鳞蛇	*Acrochordus granulatus* (Schneider)
RP03003000000000	鬣蜥科	Agamidae
RP03003001000000	棘蜥属	*Acanthosaura*
RP03003001000100	长棘蜥	*Acanthosaura armata* (Hardwicke *et* Gray)
RP03003001000300	丽棘蜥	*Acanthosaura lepidogaster* (Cuvier)
RP03003003000000	树蜥属	*Calotes*
RP03003003000100	短肢树蜥	*Calotes brevipes* Werner
RP03003003000300	棕背树蜥	*Calotes emma* (Gray)
RP03003003000500	绿背树蜥	*Calotes jerdoni* Guenther
RP03003003000700	蚌西树蜥	*Calotes kakhienensis* (Anderson)
RP03003003000900	西藏树蜥	*Calotes kingdonwardi* Simth
RP03003003001100	墨脱树蜥	*Calotes medogensis* Zhao *et* Li
RP03003003001300	细鳞树蜥	*Calotes microlepis* Boulenger
RP03003003001500	白唇树蜥	*Calotes mystaceus* Duméril *et* Bibron
RP03003003001700	变色树蜥	*Calotes versicolor* (Daudin)
RP03003005000000	飞蜥属	*Draco*
RP03003005000100	裸耳飞蜥	*Draco blanfordii* Blanford
RP03003005000300	斑飞蜥	*Draco maculatus* (Gray)
RP03003007000000	龙蜥属，攀蜥属	*Japalura*
RP03003007000100	长肢龙蜥	*Japalura andersoniana* Annandale
RP03003007000300	短肢龙蜥	*Japalura brevipes* Gressitt
RP03003007000500	裸耳龙蜥	*Japalura dymondi* (Boulenger)
RP03003007000700	草绿龙蜥	*Japalura flaviceps* Barbour *et* Dunn
RP03003007000900	宜宾龙蜥	*Japalura grahami* (Stejneger)
RP03003007001100	喜山龙蜥	*Japalura kumaonensis* (Annandale)
RP03003007001300	溪头龙蜥	*Japalura makii* Ota
RP03003007001500	米仓山龙蜥	*Japalura micangshanensis* Song
RP03003007001700	琉球龙蜥	*Japalura polygonata* (Hallowell)
RP03003007001900	丽纹龙蜥	*Japalura splendida* Barbour *et* Dunn
RP03003007002100	台湾龙蜥	*Japalura swinhonis* Guenther
RP03003007002300	四川龙蜥	*Japalura szechwanensis* Hu *et* Zhao
RP03003007002500	昆明龙蜥	*Japalura varcoae* (Boulenger)
RP03003007002700	云南龙蜥	*Japalura yunnanensis* Anderson
RP03003007002900	汶川攀蜥	*Japalura zhaoermii* Goa *et* Huo

表 1（续）

代　　码	中　文　名　称	拉　丁　名　称
RP03003009000000	岩蜥属	*Laudakia*
RP03003009000100	喜山岩蜥	*Laudakia himalayana* (Steindachner)
RP03003009000300	西藏岩蜥	*Laudakia papenfussi* Zhao
RP03003009000500	拉萨岩蜥	*Laudakia sacra* (Smith)
RP03003009000700	新疆岩蜥	*Laudakia stoliczkana* (Blanford)
RP03003009000900	塔里木岩蜥	*Laudakia tarimensis* (Zugmayer)
RP03003009001100	南亚岩蜥	*Laudakia tuberculata* (Hardwicke *et* Gray)
RP03003009001300	吴氏岩蜥	*Laudakia wui* EM Zhao
RP03003011000000	蜡皮蜥属	*Leiolepis*
RP03003011000100	蜡皮蜥	*Leiolepis reevesii* (Gray)
RP03003013000000	异鳞蜥属	*Oriocalotes*
RP03003013000100	异鳞蜥	*Oriocalotes paulus* Smith
RP03003015000000	沙蜥属	*Phrynocephalus*
RP03003015000100	白条沙蜥	*Phrynocephalus albolineatus* Zhao
RP03003015000300	叶城沙蜥	*Phrynocephalus axillaris* Blanford
RP03003015000500	红尾沙蜥	*Phrynocephalus erythrurus* Zugmayer
RP03003015000700	南疆沙蜥	*Phrynocephalus forsythii* Anderson
RP03003015000900	草原沙蜥	*Phrynocephalus frontalis* Strauch
RP03003015001100	奇台沙蜥	*Phrynocephalus grumgrzimailoi* Bedriaga
RP03003015001300	乌拉尔沙蜥	*Phrynocephalus guttatus* (Gmelin)
RP03003015001500	旱地沙蜥	*Phrynocephalus helioscopus* (Pallas)
RP03003015001700	红原沙蜥	*Phrynocephalus hongyuanensis* Zhao, Jiang, and Huang
RP03003015001900	无斑沙蜥	*Phrynocephalus immaculatus* KT Zhao
RP03003015002100	白梢沙蜥	*Phrynocephalus koslowi* Bedriaga
RP03003015002300	大耳沙蜥	*Phrynocephalus mystaceus* (Pallas)
RP03003015002500	宽鼻沙蜥	*Phrynocephalus nasatus* Golubev, M. L. *et* Dunayev, E. A
RP03003015002700	荒漠沙蜥	*Phrynocephalus przewalskii* Strauch
RP03003015002900	西藏沙蜥	*Phrynocephalus theobaldi* Blyth
RP03003015003100	变色沙蜥	*Phrynocephalus versicolor* Strauch
RP03003015003300	青海沙蜥	*Phrynocephalus vlangalii* Strauch
RP03003015003500	泽当沙蜥	*Phrynocephalus zetangensis* Wang, Xiaomao, Zili, Zhijun, Guanfu, Papenfuss and Macey
RP03003017000000	长鬣蜥属	*Physignathus*
RP03003017000100	长鬣蜥	*Physignathus cocincinus* Cuvier
RP03003019000000	喉褶蜥属	*Ptyctolaemus*
RP03003019000100	喉褶蜥	*Ptyctolaemus gularis* (Peters)
RP03003021000000	草原蜥属	*Trapelus*
RP03003021000100	草原蜥	*Trapelus sanguinolenta* (Pallas)
RP03005000000000	蛇蜥科	Anguidae
RP03005001000000	脆蛇属	*Ophisaurus*
RP03005001000100	台湾脆蛇	*Ophisaurus formosensis* Kishida
RP03005001000300	细脆蛇	*Ophisaurus gracilis* (Gray)
RP03005001000500	海南脆蛇蜥	*Ophisaurus hainanensis* Yang
RP03005001000700	脆蛇	*Ophisaurus harti* Boulenger
RP03007000000000	蟒科	Boidae
RP03007001000000	沙蟒属	*Eryx*
RP03007001000100	东方沙蟒	*Eryx tataricus* (Lichtenstein)

表 1（续）

代　　码	中 文 名 称	拉 丁 名 称
RP03007003000000	蟒属	*Python*
RP03007003000100	蟒蛇	*Python molurus bivittatus* Kuhl
RP03009000000000	游蛇科	Colubridae
RP03009001000000	脊蛇属	*Achalinus*
RP03009001000100	青脊蛇	*Achalinus ater* Bourret
RP03009001000300	台湾脊蛇	*Achalinus formosanus* Boulenger
RP03009001000500	海南脊蛇	*Achalinus hainanus* Huang
RP03009001000700	井冈山脊蛇	*Achalinus jinggangensis* (Zong *et* Ma)
RP03009001000900	美姑脊蛇	*Achalinus meiguensis* Hu *et* Zhao
RP03009001001100	阿里山脊蛇	*Achalinus niger* Maki
RP03009001001300	棕脊蛇	*Achalinus rufescens* Boulenger
RP03009001001500	黑脊蛇	*Achalinus spinalis* Peters
RP03009003000000	瘦蛇属	*Ahaetulla*
RP03009003000100	绿瘦蛇	*Ahaetulla prasina* Shaw
RP03009005000000	腹链蛇属	*Amphiesma*
RP03009005000100	无颞鳞腹链蛇	*Amphiesma atemporalis* (Bourret)
RP03009005000300	黑带腹链蛇	*Amphiesma bitaeniata* (Wall)
RP03009005000500	白眉腹链蛇	*Amphiesma boulengeri* (Gressitt)
RP03009005000700	锈链腹链蛇	*Amphiesma craspedogaster* (Boulenger)
RP03009005000900	棕网腹链蛇	*Amphiesma johannis* (Boulenger)
RP03009005001100	卡西腹链蛇	*Amphiesma khasiensis* (Boulenger)
RP03009005001300	瓦山腹链蛇	*Amphiesma metusia* Inger, Zhao, Shaffer and Wu
RP03009005001500	台北腹链蛇	*Amphiesma miyajimae* (Maki)
RP03009005001700	腹斑腹链蛇	*Amphiesma modesta* (Guenther)
RP03009005001900	八线腹链蛇	*Amphiesma octolineata* (Boulenger)
RP03009005002100	丽纹腹链蛇	*Amphiesma optatum* (Hu *et* Zhao)
RP03009005002300	双带腹链蛇	*Amphiesma parallela* (Boulenger)
RP03009005002500	平头腹链蛇	*Amphiesma platyceps* (Blyth)
RP03009005002700	坡普腹链蛇	*Amphiesma popei* (Schmidt)
RP03009005002900	棕黑腹链蛇	*Amphiesma sauteri* (Boulenger)
RP03009005003100	草腹链蛇	*Amphiesma stolata* (Linnaeus)
RP03009005003300	缅北腹链蛇	*Amphiesma venningi* (Wall)
RP03009005003500	东亚腹链蛇	*Amphiesma vibakari* (Boie)
RP03009007000000	白眶蛇属	*Amphiesmoides*
RP03009007000100	白眶蛇	*Amphiesmoides ornaticeps* (Werner)
RP03009009000000	滇西蛇属	*Atretium*
RP03009009000100	滇西蛇	*Atretium yunnanensis* Anderson
RP03009011000000	珠光蛇属	*Blythia*
RP03009011000100	珠光蛇	*Blythia reticulata* (Blyth)
RP03009013000000	林蛇属	*Boiga*
RP03009013000100	绿林蛇	*Boiga cyanea* (Dumeril Bibron *et* Dumeril)
RP03009013000300	广西林蛇	*Boiga guangxiensis* Y. T Wen
RP03009013000500	绞花林蛇	*Boiga kraepelini* Stejneger
RP03009013000700	繁花林蛇	*Boiga multomaculata* (Reinwardt)
RP03009013000900	黑头林蛇	*Boiga nigriceps* Guenther
RP03009015000000	两头蛇属	*Calamaria*
RP03009015000100	尖尾两头蛇	*Calamaria pavimentata* Dumeril Bibron *et* Dumeril

表 1（续）

代　　码	中　文　名　称	拉　丁　名　称
RP03009015000300	钝尾两头蛇	*Calamaria septentrionalis* Boulenger
RP03009015000500	云南两头蛇	*Calamaria yunnanensis* Chernov
RP03009017000000	金花蛇属	*Chrysopelea*
RP03009017000100	金花蛇	*Chrysopelea ornata* (Shaw)
RP03009019000000	游蛇属	*Coluber*
RP03009019000100	花脊游蛇	*Coluber ravergieri* Menetries
RP03009019000300	黄脊游蛇	*Coluber spinalis* (Peters)
RP03009021000000	翠青蛇属	*Cyclophiops*
RP03009021000100	纯绿翠青蛇	*Cyclophiops doriae* Boulenger
RP03009021000300	翠青蛇	*Cyclophiops major* (Gunther)
RP03009021000500	横纹翠青蛇	*Cyclophiops multicinctus* (Roux)
RP03009023000000	过树蛇属	*Dendrelaphis*
RP03009023000100	喜山过树蛇	*Dendrelaphis gorei* (Wall)
RP03009023000300	过树蛇	*Dendrelaphis pictus* (Gmelin)
RP03009023000500	八莫过树蛇	*Dendrelaphis subocularis* (Boulenger)
RP03009025000000	链蛇属	*Dinodon*
RP03009025000100	黄链蛇	*Dinodon flavozonatum* Pope
RP03009025000300	粉链蛇	*Dinodon rosozonatum* Hu *et* Zhao
RP03009025000500	赤链蛇	*Dinodon rufozonatum* (Cantor)
RP03009025000700	白链蛇	*Dinodon septentrionalis* (Gunther)
RP03009027000000	锦蛇属	*Elaphe*
RP03009027000100	赤峰锦蛇	*Elaphe anomala* (Boulenger)
RP03009027000300	双斑锦蛇	*Elaphe bimaculata* Schmidt
RP03009027000500	王锦蛇	*Elaphe carinata* (Gunther)
RP03009027000700	团花锦蛇	*Elaphe davidi* (Sauvage)
RP03009027000900	白条锦蛇，枕纹锦蛇	*Elaphe dione* (Pallas)
RP03009027001100	灰腹绿锦蛇	*Elaphe frenata* (Gray)
RP03009027001300	南峰锦蛇	*Elaphe hodgsoni* (Guenther)
RP03009027001500	玉斑锦蛇	*Elaphe mandarina* (Cantor)
RP03009027001700	百花锦蛇	*Elaphe moellendorffi* (Boettger)
RP03009027001900	横斑锦蛇	*Elaphe perlacea* Stejneger
RP03009027002100	紫灰锦蛇	*Elaphe porphyracea* (Cantor)
RP03009027002300	绿锦蛇	*Elaphe prasina* (Blyth)
RP03009027002500	三索锦蛇	*Elaphe radiata* (Schlegel)
RP03009027002700	红点锦蛇	*Elaphe rufodorsata* (Cantor)
RP03009027002900	棕黑锦蛇	*Elaphe schrenckii* (Strauch)
RP03009027003100	黑眉锦蛇	*Elaphe taeniura* Cope
RP03009029000000	水蛇属	*Enhydris*
RP03009029000100	黑斑水蛇	*Enhydris bennetti* (Gray)
RP03009029000300	中国水蛇	*Enhydris chinensis* (Gray)
RP03009029000500	铅色水蛇	*Enhydris plumbea* (Boie)
RP03009031000000	滑鳞蛇属	*Liopeltis*
RP03009031000100	滑鳞蛇	*Liopeltis frenatus* (Guenther)
RP03009033000000	白环蛇属	*Lycodon*
RP03009033000100	白环蛇	*Lycodon aulicus* (Linnaeus)
RP03009033000300	双全白环蛇	*Lycodon fasciatus* (Anderson)
RP03009033000500	老挝白环蛇	*Lycodon laoensis* Guenther

表 1（续）

代码	中文名称	拉丁名称
RP03009033000700	黑背白环蛇	*Lycodon ruhstrati* (Fischer)
RP03009033000900	细白环蛇	*Lycodon subcinctus* Reinwardt
RP03009035000000	颈棱蛇属	*Macropisthodon*
RP03009035000100	颈棱蛇	*Macropisthodon rudis* Boulenger
RP03009037000000	水游蛇属	*Natrix*
RP03009037000100	水游蛇	*Natrix natrix* (Linnaeus)
RP03009037000300	棋斑游蛇	*Natrix tessellata* (Laurenti)
RP03009039000000	小头蛇属	*Oligodon*
RP03009039000100	喜山小头蛇	*Oligodon albocinctus* (Cantor)
RP03009039000300	方花小头蛇	*Oligodon bellus* (Stanley)
RP03009039000500	菱斑小头蛇	*Oligodon catenata* (Blyth)
RP03009039000700	中国小头蛇	*Oligodon chinensis* (Guenther)
RP03009039000900	紫棕小头蛇	*Oligodon cinerens* (Guenther)
RP03009039001100	管状小头蛇	*Oligodon cyclurus* (Cantor)
RP03009039001300	台湾小头蛇	*Oligodon formosanus* (Guenther)
RP03009039001500	昆明小头蛇	*Oligodon kunmingensis* Kou *et* Wu
RP03009039001700	圆斑小头蛇	*Oligodon lacroixi* Angel *et* Bourret
RP03009039001900	龙胜小头蛇	*Oligodon lungshenensis* Cheng *et* Huang
RP03009039002100	黑带小头蛇	*Oligodon melanozonatus* Wall
RP03009039002300	横纹小头蛇	*Oligodon multizonatus* Zhao *et* Jiang
RP03009039002500	宁陕小头蛇	*Oligodon ningshanensis* Yuan
RP03009039002700	饰纹小头蛇	*Oligodon ornatus* Van Denburgh
RP03009039002900	山斑小头蛇	*Oligodon taeniatus* Guenther
RP03009041000000	后棱蛇属	*Opisthotropis*
RP03009041000100	香港后棱蛇	*Opisthotropis andersonii* (Boulenger)
RP03009041000300	横纹后棱蛇	*Opisthotropis balteata* (Cope)
RP03009041000500	广西后棱蛇	*Opisthotropis guangxiensis* Zhao, Jiang and Huang
RP03009041000700	沙坝后棱蛇	*Opisthotropis jacobi* Angel *et* Bourret
RP03009041000900	挂墩后棱蛇	*Opisthotropis kuatunensis* Pope
RP03009041001100	侧条后棱蛇	*Opisthotropis lateralis* Boulenger
RP03009041001300	山溪后棱蛇	*Opisthotropis latouchii* (Boulenger)
RP03009041001500	福建后棱蛇	*Opisthotropis maxwelli* Boulenger
RP03009041001700	老挝后棱蛇	*Opisthotropis praemaxillaris* (Angel)
RP03009043000000	钝头蛇属	*Pareas*
RP03009043000100	平鳞钝头蛇	*Pareas boulengeri* (Angel)
RP03009043000300	棱鳞钝头蛇	*Pareas carinatus* (Boie)
RP03009043000500	钝头蛇	*Pareas chinensis* (Barbour)
RP03009043000700	台湾钝头蛇	*Pareas formosensis* (Van Denburgh)
RP03009043000900	缅甸钝头蛇	*Pareas hamptoni* (Boulenger)
RP03009043001100	阿里山钝头蛇	*Pareas komaii* (Maki)
RP03009043001300	横斑钝头蛇	*Pareas macularius* Theobald
RP03009043001500	横纹钝头蛇	*Pareas margaritophorus* (Jan)
RP03009043001700	喜山钝头蛇	*Pareas monticola* (Cantor)
RP03009043001900	福建钝头蛇	*Pareas stanleyi* (Boulenger)
RP03009045000000	颈斑蛇属	*Plagiopholis*
RP03009045000100	颈斑蛇	*Plagiopholis blakewayi* Boulenger
RP03009045000300	缅甸颈斑蛇	*Plagiopholis nuchalis* (Boulenger)

表 1（续）

代　　码	中　文　名　称	拉　丁　名　称
RP03009045000500	福建颈斑蛇	*Plagiopholis styani* (Boulenger)
RP03009045000700	云南颈斑蛇	*Plagiopholis unipostocularis* Zhao, Jiang, Huang
RP03009047000000	紫沙蛇属	*Psammodynastes*
RP03009047000100	紫沙蛇	*Psammodynastes pulverulentus* (Boie)
RP03009049000000	花条蛇属	*Psammophis*
RP03009049000100	花条蛇	*Psammophis lineolatus* (Brandt)
RP03009051000000	斜鳞蛇属	*Pseudoxenodon*
RP03009051000100	横纹斜鳞蛇	*Pseudoxenodon bambusicola* Vogt
RP03009051000300	崇安斜鳞蛇	*Pseudoxenodon karlschmidti* Pope
RP03009051000500	斜鳞蛇	*Pseudoxenodon macrops* (Blyth)
RP03009051000700	花尾斜鳞蛇	*Pseudoxenodon stejnegeri* Barbour
RP03009053000000	鼠蛇属	*Ptyas*
RP03009053000100	灰鼠蛇	*Ptyas korros* (Schlegel)
RP03009053000300	滑鼠蛇	*Ptyas mucosus* (Linnaeus)
RP03009055000000	颈槽蛇属	*Rhabdophis*
RP03009055000100	海南颈槽蛇	*Rhabdophis adleri* Zhao
RP03009055000300	黄腹颈槽蛇	*Rhabdophis chrysargaus* Schlegel
RP03009055000500	喜山颈槽蛇	*Rhabdophis himalayanus* (Guenther)
RP03009055000700	缅甸颈槽蛇	*Rhabdophis leonardi* (Wall)
RP03009055000900	黑纹颈槽蛇	*Rhabdophis nigrocinctus* (Blyth)
RP03009055001100	颈槽蛇	*Rhabdophis nuchalis* (Boulenger)
RP03009055001300	九龙颈槽蛇	*Rhabdophis pentasupralabialis* Jiang *et* Zhao
RP03009055001500	红脖颈槽蛇	*Rhabdophis subminiatus* (Schlegel)
RP03009055001700	台湾颈槽蛇	*Rhabdophis swinhonis* (Guenther)
RP03009055001900	虎斑颈槽蛇	*Rhabdophis tigrinus* (Boie)
RP03009057000000	黄腹杆蛇属	*Rhabdops*
RP03009057000100	黄腹杆蛇	*Rhabdops bicolor* (Blyth)
RP03009059000000	尖喙蛇属	*Rhynchophis*
RP03009059000100	尖喙蛇	*Rhynchophis boulengeri* Mocquard
RP03009061000000	剑蛇属	*Sibynophis*
RP03009061000100	黑头剑蛇	*Sibynophis chinensis* (Guenther)
RP03009061000300	黑领剑蛇	*Sibynophis collaris* (Gray)
RP03009063000000	华游蛇属	*Sinonatrix*
RP03009063000100	环纹华游蛇	*Sinonatrix aequifasciata* (Barbour)
RP03009063000300	赤链华游蛇	*Sinonatrix annularis* (Hallowell)
RP03009063000500	华游蛇	*Sinonatrix percarinata* (Boulenger)
RP03009065000000	温泉蛇属	*Thermophis*
RP03009065000100	温泉蛇	*Thermophis baileyi* (Wall)
RP03009067000000	坭蛇属	*Trachischium*
RP03009067000100	山坭蛇	*Trachischium monticola* (Cantor)
RP03009067000300	小头坭蛇	*Trachischium tenuiceps* (Blyth)
RP03009069000000	渔游蛇属	*Xenochrophis*
RP03009069000100	渔游蛇	*Xenochrophis piscator* (Schneider)
RP03009071000000	乌梢蛇属	*Zaocys*
RP03009071000100	黑网乌梢蛇	*Zaocys carinatus* (Guenther)
RP03009071000300	乌梢蛇	*Zaocys dhumnades* (Cantor)
RP03009071000500	黑线乌梢蛇	*Zaocys nigromarginatus* (Blyth)

表 1（续）

代　码	中　文　名　称	拉　丁　名　称
RP03011000000000	双足蜥科	Dibamidae
RP03011001000000	双足蜥属	*Dibamus*
RP03011001000100	香港双足蜥	*Dibamus bogadeki* Darevsky
RP03011001000300	白尾双足蜥	*Dibamus bourreti* Angel
RP03013000000000	眼镜蛇科	Elapidae
RP03013001000000	环蛇属	*Bungarus*
RP03013001000100	金环蛇	*Bungarus fasciatus* (Schneider)
RP03013001000300	银环蛇	*Bungarus multicinctus* Blyth
RP03013003000000	丽纹蛇属	*Calliophis*
RP03013003000100	福建丽纹蛇	*Calliophis kelloggi* (Pope)
RP03013003000300	丽纹蛇	*Calliophis macclellandi* (Reinhardt)
RP03013003000500	台湾丽纹蛇	*Calliophis sauteri* (Steindachner)
RP03013005000000	眼镜蛇属	*Naja*
RP03013005000100	眼镜蛇	*Naja naja* (Linnaeus)
RP03013007000000	眼镜王蛇属	*Ophiophagus*
RP03013007000100	眼镜王蛇	*Ophiophagus hannah* (Cantor)
RP03015000000000	睑虎科	Eublepharidae
RP03015001000000	睑虎属	*Goniurosaurus*
RP03015001000100	睑虎	*Goniurosaurus lichtenfelderi* (Mocquard)
RP03017000000000	壁虎科	Gekkonidae
RP03017001000000	漠虎属	*Alsophylax*
RP03017001000100	隐耳漠虎	*Alsophylax pipiens* (Pallas)
RP03017001000300	新疆漠虎	*Alsophylax przewalskii* Strauch
RP03017003000000	弯脚虎属	*Cyrtopodion*
RP03017003000100	长弯脚虎	*Cyrtopodion elongatus* (Blanford)
RP03017003000300	卡西弯脚虎	*Cyrtopodion khasiensis* (Jerdon)
RP03017003000500	墨脱弯脚虎	*Cyrtopodion medogensis* (Zhao *et* Li)
RP03017003000700	灰弯脚虎	*Cyrtopodion russowi* (Strauch)
RP03017003000900	宽斑弯脚虎	*Cyrtopodion stoliczkai* (Steindachner)
RP03017003001100	西藏弯脚虎	*Cyrtopodion tibetanus* (Boulenger)
RP03017005000000	截趾虎属	*Gehyra*
RP03017005000100	截趾虎	*Gehyra mutilata* (Wiegmann)
RP03017007000000	壁虎属	*Gekko*
RP03017007000100	耳疣壁虎	*Gekko auriverrucosus* Zhou *et* Liu
RP03017007000300	中国壁虎	*Gekko chinensis* (Gray)
RP03017007000500	大壁虎	*Gekko gecko* (Linnaeus)
RP03017007000700	铅山壁虎	*Gekko hokouensis* Pope
RP03017007000900	多疣壁虎	*Gekko japonicus* (Dumeril *et* Bibron)
RP03017007001100	蓝屿壁虎	*Gekko kikuchii* (Oshima)
RP03017007001300	荔波壁虎	*Gekko liboensis* Zhou *et* Li
RP03017007001500	粗疣壁虎	*Gekko scabridus* Liu *et* Zhou
RP03017007001700	蹼趾壁虎	*Gekko subpalmatus* (Guenther)
RP03017007001900	无蹼壁虎	*Gekko swinhonis* (Guenther)
RP03017007002100	太白壁虎	*Gekko taibaiensis* Song
RP03017009000000	蜥虎属	*Hemidactylus*
RP03017009000100	原尾蜥虎	*Hemidactylus bowringii* (Gray)
RP03017009000300	密疣蜥虎	*Hemidactylus brookii* Gray

表 1（续）

代　码	中 文 名 称	拉 丁 名 称
RP03017009000500	疣尾蜥虎	*Hemidactylus frenatus* Dumeril *et* Bibron
RP03017009000700	锯尾蜥虎	*Hemidactylus garnotii* Dumeril *et* Bibron
RP03017009000900	台湾蜥虎	*Hemidactylus stejnegeri* Ota *et* Hikida
RP03017011000000	半叶趾虎属	*Hemiphyllodactylus*
RP03017011000100	半叶趾虎	*Hemiphyllodactylus typus* Bleeker
RP03017011000300	云南半叶趾虎	*Hemiphyllodactylus yunnanensis* (Boulenger)
RP03017013000000	鳞趾虎属	*Lepidodactylus*
RP03017013000100	哀鳞趾虎	*Lepidodactylus lugubris* (Dumeril *et* Bibron)
RP03017013000300	雅美鳞趾虎	*Lepidodactylus yami* Ota
RP03017015000000	蝎虎属	*Platyurus*
RP03017015000100	蝎虎	*Platyurus platyurus* (Schneider)
RP03017017000000	沙虎属	*Teratoscincus*
RP03017017000100	新疆沙虎	*Teratoscincus przewalskii* Strauch
RP03017017000300	敦煌沙虎	*Teratoscincus roborowskii* Bedriage
RP03017017000500	伊犁沙虎	*Teratoscincus scincus* (Schlegel)
RP03019000000000	海蛇科	Hydrophiidea
RP03019001000000	棘眦海蛇属	*Acalyptophis*
RP03019001000100	棘眦海蛇	*Acalyptophis peronii* (Dumeril)
RP03019003000000	棘鳞海蛇属	*Astrotia*
RP03019003000100	棘鳞海蛇	*Astrotia stokesii* (Gray)
RP03019005000000	龟头海蛇属	*Emydocephalus*
RP03019005000100	龟头海蛇	*Emydocephalus ijimae* Stejneger
RP03019007000000	海蛇属	*Hydrophis*
RP03019007000100	青灰海蛇	*Hydrophis caerulescens* (Shaw)
RP03019007000300	青环海蛇	*Hydrophis cyanocinctus* Daudin
RP03019007000500	环纹海蛇	*Hydrophis fasciatus* (Schneider)
RP03019007000700	小头海蛇	*Hydrophis gracilis* (Shaw)
RP03019007000900	黑头海蛇	*Hydrophis melanocephalus* Gray
RP03019007001100	淡灰海蛇	*Hydrophis ornatus* (Gray)
RP03019009000000	截吻海蛇属	*Kerilia*
RP03019009000100	截吻海蛇	*Kerilia jerdonii siamensis* Simth
RP03019011000000	平颏海蛇属	*Lapemis*
RP03019011000100	平颏海蛇	*Lapemis curtus* (Shaw)
RP03019013000000	扁尾蛇属	*Laticauda*
RP03019013000100	蓝灰扁尾蛇	*Laticauda colubrina* (Schneider)
RP03019013000300	扁尾蛇	*Laticauda laticaudata* (Linnaeus)
RP03019013000500	半环扁尾蛇	*Laticauda semifasciata* (Reinwardt)
RP03019015000000	长吻海蛇属	*Pelamis*
RP03019015000100	长吻海蛇	*Pelamis platurus* (Linnaeus)
RP03019017000000	海蝰属	*Praescutata*
RP03019017000100	海蝰	*Praescutata viperina* (Schmidt)
RP03021000000000	蜥蜴科	Lacertidae
RP03021001000000	麻蜥属	*Eremias*
RP03021001000100	丽斑麻蜥	*Eremias argus* Peters
RP03021001000300	敏麻蜥	*Eremias arguta* (Pallas)
RP03021001000500	山地麻蜥	*Eremias brenchleyi* Guenther
RP03021001000700	网纹麻蜥	*Eremias grammica* (Lichtenstein)

表 1（续）

代　　码	中　文　名　称	拉　丁　名　称
RP03021001000900	麻点麻蜥	*Eremias multiocellata* Guenther
RP03021001001100	荒漠麻蜥	*Eremias przewalskii* (Strauch)
RP03021001001300	快步麻蜥	*Eremias velox* (Pallas)
RP03021001001500	虫纹麻蜥	*Eremias vermiculata* Blanford
RP03021003000000	蜥蜴属	*Lacerta*
RP03021003000100	捷蜥蜴	*Lacerta agilis* Linnaeus
RP03021003000300	胎生蜥蜴	*Lacerta vivipara* Jacquin
RP03021005000000	地蜥属	*Platyplacopus*
RP03021005000100	峨眉地蜥	*Platyplacopus intermedius* (Stejneger)
RP03021005000300	台湾地蜥	*Platyplacopus kuehnei* (Van Denburgh)
RP03021005000500	崇安地蜥	*Platyplacopus sylvaticus* (Pope)
RP03021007000000	草蜥属	*Takydromus*
RP03021007000100	黑龙江草蜥	*Takydromus amurensis* (Peters)
RP03021007000300	台湾草蜥	*Takydromus formosanus* (Boulenger)
RP03021007000500	雪山草蜥	*Takydromus hsuehshanensis* Lin *et* Cheng
RP03021007000700	恒春草蜥	*Takydromus sauteri* Van Denburgh
RP03021007000900	北草蜥	*Takydromus septentrionalis* (Guenther)
RP03021007001100	南草蜥	*Takydromus sexlineatus* Daudin
RP03021007001300	蓬莱草蜥	*Takydromus stejnegeri* VanDenburgh
RP03021007001500	白条草蜥	*Takydromus wolteri* (Fischer)
RP03023000000000	石龙子科	Scincidae
RP03023001000000	裂睑蜥属	*Asymblepharus*
RP03023001000100	阿赖山裂睑蜥	*Asymblepharus alaicus* (Elpatjevsky)
RP03023003000000	光蜥属	*Ateuchosaurus*
RP03023003000100	光蜥	*Ateuchosaurus chinensis* Gray
RP03023005000000	岛蜥属	*Emoia*
RP03023005000100	岩岸岛蜥	*Emoia atrocostata* (Lesson)
RP03023007000000	石龙子属	*Eumeces*
RP03023007000100	黄纹石龙子	*Eumeces capito* Bocourt
RP03023007000300	中国石龙子	*Eumeces chinensis* (Gray)
RP03023007000500	蓝尾石龙子	*Eumeces elegans* Boulenger
RP03023007000700	刘氏石龙子	*Eumeces liui* Hikida *et* Zhao
RP03023007000900	崇安石龙子	*Eumeces popei* Hikida
RP03023007001100	四线石龙子	*Eumeces quadrilineatus* (Blyth)
RP03023007001300	大渡石龙子	*Eumeces tunganus* Stejneger
RP03023009000000	翠蜥属	*Lamprolepis*
RP03023009000100	翠蜥	*Lamprolepis smaragdina* (Lesson)
RP03023011000000	长尾蜥属	*Mabuya*
RP03023011000100	长尾南蜥	*Mabuya longicaudata* (Hallowell)
RP03023011000300	多棱南蜥	*Mabuya multicarinata* (Gray)
RP03023011000500	多线南蜥	*Mabuya multifasciata* (Kuhl)
RP03023013000000	侏蜥属	*Riopa*
RP03023013000100	侏蜥	*Riopa bowringii* (Guenther)
RP03023015000000	滑蜥属	*Scincella*
RP03023015000100	昆明滑蜥	*Scincella barbouri* (Stejneger)
RP03023015000300	长肢滑蜥	*Scincella doriae* (Boulenger)
RP03023015000500	台湾滑蜥	*Scincella formosensis* (VanDenburgh)

表 1（续）

代　　码	中　文　名　称	拉　丁　名　称
RP03023015000700	喜山滑蜥	*Scincella himalayana* (Guenther)
RP03023015000900	桓仁滑蜥	*Scincella huanrenensis* Zhao *et* Huang
RP03023015001100	拉达克滑蜥	*Scincella ladacensis* (Guenther)
RP03023015001300	宁波滑蜥	*Scincella modesta* (Guenther)
RP03023015001500	山滑蜥	*Scincella monticola* (Schmidt)
RP03023015001700	康定滑蜥	*Scincella potanini* (Guenther)
RP03023015001900	西域滑蜥	*Scincella przewalskii* (Bedriaga)
RP03023015002100	南滑蜥	*Scincella reevesii* (Gray)
RP03023015002300	瓦山滑蜥	*Scincella schmidti* (Barbour)
RP03023015002500	锡金滑蜥	*Scincella sikimmensis* (Blyth)
RP03023015002700	秦岭滑蜥	*Scincella tsinlingensis* (Hu *et* Zhao)
RP03023017000000	蜓蜥属	*Sphenomorphus*
RP03023017000100	墨脱蜓蜥	*Sphenomorphus courcyanus* (Annandale)
RP03023017000300	股鳞蜓蜥	*Sphenomorphus incognitus* (Thompson)
RP03023017000500	铜蜓蜥	*Sphenomorphus indicus* (Gray)
RP03023017000700	斑蜓蜥	*Sphenomorphus maculatus* (Blyth)
RP03023017000900	台湾蜓蜥	*Sphenomorphus taiwanensis* Chen *et* lue
RP03023019000000	棱蜥属	*Tropidophorus*
RP03023019000100	缅甸棱蜥	*Tropidophorus berdmorei* (Blyth)
RP03023019000300	广西棱蜥	*Tropidophorus guangxiensis* Wen
RP03023019000500	海南棱蜥	*Tropidophorus hainanus* Smith
RP03023019000700	中国棱蜥	*Tropidophorus sinicus* Boettger
RP03025000000000	鳄蜥科	Shinisauridae
RP03025001000000	鳄蜥属	*Shinisaurus*
RP03025001000100	鳄蜥	*Shinisaurus crocodilurus* Ahl
RP03027000000000	盲蛇科	Typhlopidae
RP03027001000000	钩盲蛇属	*Ramphotyphlops*
RP03027001000100	白头钩盲蛇	*Ramphotyphlops albiceps* (Boulenger)
RP03027001000300	钩盲蛇	*Ramphotyphlops braminus* (Daudin)
RP03027003000000	盲蛇属	*Typhlops*
RP03027003000100	大盲蛇	*Typhlops diardi* Schlegel
RP03027003000300	恒春盲蛇	*Typhlops koshunensis* Oshima
RP03029000000000	盾尾蛇科	Uropeltidae
RP03029001000000	管蛇属	*Cylindrophis*
RP03029001000100	红尾管蛇	*Cylindrophis ruffus* (Laurenti)
RP03031000000000	巨蜥科	Varanidae
RP03031001000000	巨蜥属	*Varanus*
RP03031001000100	圆鼻巨蜥	*Varanus salvator* (Laurenti)
RP03033000000000	蝰科	Viperidae
RP03033001000000	白头蝰属	*Azemiops*
RP03033001000100	白头蝰	*Azemiops feae* Boulenger
RP03033003000000	尖吻蝮属	*Deinagkistrodon*
RP03033003000100	尖吻蝮，五步蛇	*Deinagkistrodon acutus* (Guenther)
RP03033005000000	莽山烙铁头属	*Ermia*
RP03033005000100	莽山烙铁头	*Ermia mangshanensis* (Zhao)
RP03033007000000	亚洲蝮属	*Gloydius*
RP03033007000100	短尾蝮	*Gloydius brevicaudus* (Stejneger)

表 1（续）

代　码	中　文　名　称	拉　丁　名　称
RP03033007000300	中介蝮	*Gloydius intermedius* (Strauch)
RP03033007000500	雪山蝮	*Gloydius monticola* Werner
RP03033007000700	岩栖蝮	*Gloydius saxatilis* (Emelianov)
RP03033007000900	蛇岛腹	*Gloydius shedaoensis* (Zhao)
RP03033007001100	高原蝮	*Gloydius strauchii* (Bedriaga)
RP03033007001300	乌苏里蝮	*Gloydius ussuriensis* Emelianov
RP03033009000000	烙铁头蛇属	*Ovophis*
RP03033009000100	山烙铁头	*Ovophis monticola* (Guenther)
RP03033009000300	察隅烙铁头蛇	*Ovophis zayuensis* YM Jiang
RP03033011000000	原矛头蝮属	*Protobothrops*
RP03033011000100	菜花烙铁头	*Protobothrops jerdonii* (Guenther)
RP03033011000300	原矛头蝮	*Protobothrops mucrosquamatus* (Cantor)
RP03033013000000	竹叶青属	*Trimeresurus*
RP03033013000100	白唇竹叶青	*Trimeresurus albolabris* (Gray)
RP03033013000300	台湾烙铁头	*Trimeresurus gracilis* Oshima
RP03033013000500	墨脱竹叶青	*Trimeresurus medoensis* Zhao
RP03033013000700	竹叶青	*Trimeresurus stejnegeri* Schmidt
RP03033013000900	西藏竹叶青	*Trimeresurus tibetanus* Huang
RP03033013001100	乡城竹叶青	*Trimeresurus xiangchengensis* Zhao, Jiang and Huang
RP03033013001300	云南竹叶青	*Trimeresurus yunnanensis* Schmidt
RP03033015000000	蝰属	*Vipera*
RP03033015000100	极北蝰	*Vipera berus* (Linnaeus)
RP03033015000300	圆斑蝰	*Vipera russellii* (Shaw *et* Nodder)
RP03033015000500	草原蝰	*Vipera ursinii* (Bonaparte)
RP03035000000000	闪鳞蛇科	Xenopeltidae
RP03035001000000	闪鳞蛇属	*Xenopeltis*
RP03035001000100	海南闪鳞蛇	*Xenopeltis hainanensis* Hu *et* Zhao
RP03035001000300	闪鳞蛇	*Xenopeltis unicolor* Reinwardt
RP05000000000000	龟鳖目	TESTUDINATA
RP05001000000000	海龟科	Cheloniidae
RP05001001000000	蠵龟属	*Caretta*
RP05001001000100	蠵龟	*Caretta caretta* (Linnaeus)
RP05001003000000	海龟属	*Chelonia*
RP05001003000100	海龟	*Chelonia mydas* Linnaeus
RP05001005000000	玳瑁属	*Eretmochelys*
RP05001005000100	玳瑁	*Eretmochelys imbricata* (Linnaeus)
RP05001007000000	丽龟属	*Lepidochelys*
RP05001007000100	丽龟	*Lepidochelys olivacea* Eschscholtz
RP05003000000000	棱皮龟科	Dermochelyidae
RP05003001000000	棱皮龟属	*Dermochelys*
RP05003001000100	棱皮龟	*Dermochelys coriacea* (Vandelli)
RP05005000000000	龟科	Emydidae
RP05005001000000	乌龟属	*Chinemys*
RP05005001000100	大头乌龟	*Chinemys megalocephala* Fang
RP05005001000300	黑颈乌龟	*Chinemys nigricans* (Gray)
RP05005001000500	乌龟	*Chinemys reevesii* (Gray)
RP05005003000000	闭壳龟属	*Cuora*

表 1（续）

代　　码	中　文　名　称	拉　丁　名　称
RP05005003000100	马来闭壳龟	*Cuora amboinensis* (Daudin)
RP05005003000300	金头闭壳龟	*Cuora aurocapitata* Luo *et* Zong
RP05005003000500	黄缘闭壳龟	*Cuora flavomarginata* (Gray)
RP05005003000700	黄额闭壳龟	*Cuora galbinifrons* Bourret
RP05005003000900	百色闭壳龟	*Cuora mccordi* Ernst
RP05005003001100	潘氏闭壳龟	*Cuora pani* Song
RP05005003001300	三线闭壳龟	*Cuora trifasciata* (Bell)
RP05005003001500	云南闭壳龟	*Cuora yunnanensis* (Boulenger)
RP05005003001700	周氏闭壳龟	*Cuora zhoui* Zhao, Zhou and Ye
RP05005005000000	齿缘摄龟属	*Cyclemys*
RP05005005000100	齿缘摄龟	*Cyclemys dentata* (Gray)
RP05005007000000	地龟属	*Geoemyda*
RP05005007000100	地龟	*Geoemyda spengleri* Gmelin
RP05005009000000	拟水龟属	*Mauremys*
RP05005009000100	广西拟水龟	*Mauremys guangxiensis* Cen(Qin)
RP05005009000300	艾氏拟水龟	*Mauremys iversoni* Pritchard *et* McCord
RP05005009000500	黄喉拟水龟	*Mauremys mutica* (Cantor)
RP05005011000000	花龟属	*Ocadia*
RP05005011000100	费氏花龟	*Ocadia philippeni* McCord *et* Iverson
RP05005011000300	花龟	*Ocadia sinensis* (Gray)
RP05005013000000	锯缘摄龟属	*Pyxidea*
RP05005013000100	锯缘摄龟	*Pyxidea mouhotii* Gray
RP05005015000000	眼斑水龟属	*Sacalia*
RP05005015000100	眼斑龟	*Sacalia bealei* Gray
RP05005015000300	海南眼斑龟	*Sacalia pseudocellata* Iverson *et* McCord
RP05005015000500	四眼斑龟	*Sacalia quadriocellata* (Siebenrock)
RP05007000000000	平胸龟科	Platysternidae
RP05007001000000	平胸龟属	*Platysternon*
RP05007001000100	平胸龟	*Platysternon megacephalum* Gray
RP05009000000000	陆龟科	Testudinidae
RP05009001000000	南亚陆龟属	*Indotestudo*
RP05009001000100	缅甸陆龟	*Indotestudo elongata* (Blyth)
RP05009003000000	凹甲陆龟属	*Manouria*
RP05009003000100	凹甲陆龟	*Manouria impressa* (Guenther)
RP05009005000000	陆龟属	*Testudo*
RP05009005000100	四爪陆龟	*Testudo horsfieldii* Gray
RP05011000000000	鳖科	Trionychidae
RP05011001000000	山瑞鳖属	*Palea*
RP05011001000100	山瑞鳖	*Palea steindachneri* (Siebenrock)
RP05011003000000	鼋属	*Pelochelys*
RP05011003000100	鼋	*Pelochelys bibroni* (Owen)
RP05011003000300	斑鼋	*Pelochelys maculatus* (Heude)
RP05011005000000	鳖属	*Pelodiscus*
RP05011005000100	鳖	*Pelodiscus sinensis* Wiegmann
RP05011007000000	斯氏鳖属	*Rafetus*
RP05011007000100	斑鳖	*Rafetus swinhoei* Thomas

中文名汉语拼音索引

A

C

D

E

F

G

H

J

K

M

N

O

P

Q

R

S

T

W

X

Y

拉丁名索引

A

B

C

D

E

F

H

I

M

N

O

Q

R

T

V

W

X

Y